高等学校"十二五"规划教材
市政与环境工程系列研究生教材

U0226875

环境氧化还原处理技术原理与应用

主编　施　悦　李　宁　李永峰

主审　魏志刚

哈尔滨工业大学出版社

内 容 简 介

本书可分为四大部分:氧化还原反应原理;氧化技术在废水处理中的应用;还原技术在废水处理中的应用;大气和土壤中的氧化还原过程与环境污染。每部分具体展开以下论述:氧化还原化学、水体的氧化还原平衡、氧化还原过程的动力学,化学氧化处理、湿式氧化处理、电化学氧化处理、超临界氧化技术、物理性诱导氧化技术、光催化氧化技术、联合氧化工艺,毒害有机物电解还原处理、催化铝电解还原技术、还原处理工艺、联合还原工艺,大气中污染物的转化与环境污染、土壤的氧化还原过程与环境污染。

本书可作为市政工程、环境工程、环境科学等基础与应用学科的高年级本科和研究生教材或相关专业的培训教材,也可供科研工作者参考。

图书在版编目(CIP)数据

环境氧化还原处理技术原理与应用/施悦,李宁,李永峰
主编. —哈尔滨:哈尔滨工业大学出版社,2013.8
ISBN 978-7-5603-4226-9

Ⅰ.①环…　Ⅱ.①施…②李…③李…　Ⅲ.①氧化还原
反应-高等学校-教材　Ⅳ.①O621.25

中国版本图书馆 CIP 数据核字(2013)第 196776 号

策划编辑　贾学斌
责任编辑　苗金英
出版发行　哈尔滨工业大学出版社
社　　址　哈尔滨市南岗区复华四道街 10 号　邮编 150006
传　　真　0451 - 86414749
网　　址　http://hitpress.hit.edu.cn
印　　刷　哈尔滨工业大学印刷厂
开　　本　787mm×1092mm　1/16　印张 27.75　字数 674 千字
版　　次　2013 年 8 月第 1 版　2013 年 8 月第 1 次印刷
书　　号　ISBN 978-7-5603-4226-9
定　　价　58.00 元

(如因印装质量问题影响阅读,我社负责调换)

前　言

我国正处于经济快速增长时期,工业的迅速发展是经济快速增长的保证。但随着工业的发展,工业废水的排放量日益增加,工业废水对流域环境及居民健康造成了一定的影响。工业废水具有污染物种类多、成分复杂、COD 浓度高、可生化性差、毒害性大等特点。如果不对其进行有效的综合治理,必将造成严重的环境污染与生态破坏,危害人类身体健康,阻碍经济的进一步可持续发展。近几年来我国越来越注重工业废水的治理,2011 年 2 月,国务院批准了《重金属污染综合防治"十二五"规划》,以解决工业废水治理的难题。

工业废水中对生态安全造成威胁的主要是难降解的有机污染物。减少和消除工业污染源的排放,减少进入水环境中的有机污染物的数量,减少其造成污染的程度和范围,是水环境中有机污染物治理的重点。工业废水中的有机污染物主要来自化工、石油、冶金、炼焦、轻工等行业,污染物种类繁多,有的有机污染物浓度相对较高,对环境造成极大的危害。工业废水未经处理直接排放是造成水体有机污染的主要根源。按其来源可分为较易降解和难降解的有机污染物。易降解的有机污染物可直接采用生物法处理,具有较好的降解效果。而难降解的有机污染物直接采用生物处理很难达到排放的要求,很多有机污染物毒性较大,对微生物的活性造成一定的影响,故处理效果不佳。若采用物化方法处理,特别是氧化还原降解难生化处理的有机物,处理后可生化性提高,有机毒性大大降低,具有较好的降解效果。目前,利用生物法降解有机污染物的研究已相对成熟,而在氧化还原降解有机物方面还缺乏系统的阐述。

环境氧化还原处理是指将环境中呈溶解状态的无机物和有机物,通过化学反应被氧化或还原为微毒或无毒的物质,或者转化成容易与水分离的形态,从而达到处理的目的。氧化还原处理方法主要有化学氧化还原、臭氧氧化、电化学氧化还原、光催化氧化、湿式空气氧化、超声波和微波氧化、联合氧化还原等。本书详细地介绍了氧化还原的理论基础及其在废水处理中的应用,希望学生对氧化还原处理废水的方法有更进一步的了解。本书也可作为相关研究人员的参考资料。

使用本书的学校可免费获得电子课件,如有需要,可与李永峰教授联系(mr＿lyf@163.com)。本书的出版得到黑龙江省自然科学基金(E200936)、黑龙江省科技攻关(GA098503 - 2)、中央高校基本科研业务费专项基金(HEUCFZ1103)、东北林业大学主持的"上海市重点科技攻关项目(071605122)"的支持,特此感谢。

本书由东北林业大学、哈尔滨工程大学、香港科技大学、上海工程技术大学和琼州学院的专家们撰写。由于编者业务水平和写作经验有限，书中难免存在不足之处，真诚地希望有关专家、老师及同学们在使用过程中随时提出宝贵意见，使之更加完善。

谨以此书献给李永峰教授已故的父亲李兆孟先生(1929 年 7 月 11 日—1982 年 5 月 2 日)。

编者
2013 年 1 月

目　　录

第 1 篇　氧化还原反应原理

I

第 2 篇　氧化技术在废水处理中的应用

第3篇　还原技术在废水处理中的应用

第4篇　大气和土壤中的氧化还原过程与环境污染

第1篇　氧化还原反应原理

第1章　氧化还原化学

氧化还原反应在天然水和水处理中都有很重要的作用。天然水被有机物污染后与水中的溶解氧发生氧化还原反应,使得水中溶解氧的含量下降,导致鱼类死亡。一个分层的湖泊,由于氧化还原的气氛不同,其上下层的物质形态也会有所不同,上层多为氧化态,而下层多为还原态。底泥处于厌氧的条件中,因此还原性很强,可把 C 还原为 -4 价,形成 CH_4。水中三氮盐的转化及重金属形态的转化都与氧化还原反应有直接的关系。在水处理中,常会用到一些化学氧化剂,如 Cl_2、ClO_2、MnO_4^-、H_2O_2、O_3 等,处理的效果不仅与氧化剂的强弱有关,氧化速率也是至关重要的。在许多重要的氧化还原反应中,微生物起到催化作用。微生物参与的氧化还原作用是生物处理(如活性污泥、生物滤池、厌氧消化等废水处理)方法的基础,同时这些氧化还原反应还对水中营养物质、污染物的转化有着重要意义。此外,金属的腐蚀以及水质分析也都与氧化还原化学密不可分。

本章将在氧化还原化学理论知识的基础上,重点介绍 $p\varepsilon$-pH 图、氮化学、铁化学、金属腐蚀、氯化学和高级氧化方法等。

1.1　氧化还原化学基础

氧化还原化学的本质与电子转移有关,因此又称电化学。氧化是失电子过程,还原则是得电子过程。在反应中,还原剂被氧化失电子,而氧化剂被还原得电子。还原剂是电子给予体,氧化剂是电子受体。这与酸碱化学类似,在酸碱化学中,酸是质子给予体,碱是质子受体。

1.1.1　氧化还原反应的化学计量关系

一个氧化还原反应可以分解为两个半反应,例如

$$Fe+2H^+ \Longleftrightarrow Fe^{2+}+H_2(g)$$

可把它分解为

氧化反应
$$Fe \Longleftrightarrow Fe^{2+}+2e^-$$

还原反应
$$2H^++2e^- \Longleftrightarrow H_2(g)$$

这有助于理解一个氧化还原反应的本质,也有助于写出一个平衡的氧化还原反应的方程式。例如,在用铬法测定水中含有的 COD(COD_{Cr})时,用 Fe^{2+} 回滴过量 $Cr_2O_7^{2-}$ 的反应,可以通过下列方法写出:

氧化反应 $\qquad\qquad\qquad Fe^{2+} \Longleftrightarrow Fe^{3+}+e^-$

还原反应 $\qquad\qquad Cr_2O_7^{2-}+14H^++6e^- \Longleftrightarrow 2Cr^{3+}+7H_2O$

为了保持电子的得失平衡,将氧化反应式乘以6,再与还原反应式相加,得

$$6Fe^{2+}+Cr_2O_7^{2-}+14H^+ \Longleftrightarrow 6Fe^{3+}+2Cr^{3+}+7H_2O$$

表面的化学计量关系及实质的电子得失关系该反应均已达到平衡,在计算中必须使用这样的平衡方程式。

又如,用锰法测定 COD（COD_{Mn}）时,用草酸钠回滴过量高锰酸钾的反应,可以根据两个半反应写出:

氧化反应 $\qquad\qquad\qquad C_2O_4^{2-} \Longleftrightarrow 2CO_2+2e^-$

还原反应 $\qquad\qquad MnO_4^-+8H^++5e^- \Longleftrightarrow Mn^{2+}+4H_2O$

总反应为 $\qquad 5C_2O_4^{2-}+2MnO_4^-+16H^+ \Longleftrightarrow 10CO_2+2Mn^{2+}+8H_2O$

COD 是用化学氧化剂氧化有机污染物,以消耗氧化剂相当于氧的量表示的指标,计算时需弄清化学计量关系。

在水处理中,常用氯化合物作为氧化剂杀菌消毒,含氯化合物的杀菌强度常用"百分有效氯"表示。

还原 Cl_2 时,有如下半反应

$$Cl_2+2e^- \Longleftrightarrow 2Cl^-$$

每消耗 1 mol 电子需要 Cl_2 35.5 g。

还原 NaOCl 时,有如下半反应

$$NaOCl+2H^++2e^- \Longleftrightarrow Cl^-+Na^++H_2O$$

每消耗 1 mol 电子需要 NaOCl 的量为

$$\left[\frac{1}{2}(23+16+35.5)\right] g \approx 37.25\ g$$

因此,37.25 g NaOCl 与 35.5 g Cl_2 的氧化能力相当,NaOCl 的百分有效氯为

$$\frac{35.5}{37.25}\times 100\% \approx 95\%$$

意思是与 Cl_2 同样质量的 NaOCl,它的氧化能力只有 Cl_2 的 95%。

一氯胺有如下半反应

$$NH_2Cl+2H^++2e^- \Longleftrightarrow Cl^-+NH_4^+$$

消耗 1 mol 电子需要 NH_2Cl 的量为

$$\left[\frac{1}{2}(14+2+35.5)\right] g = 25.75\ g$$

因此 NH_2Cl 的百分有效氯为

$$\frac{35.5}{25.75}\times 100\% \approx 138\%$$

说明同样质量的 NH_2Cl 和 Cl_2,NH_2Cl 氧化能力比 Cl_2 强。

1.1.2　氧化还原平衡

1.电极电位

如果把一个氧化还原反应的两个半反应置于两个室中进行,如 Zn 和 $CuSO_4$ 的置换反应,为了保持离子流动,中间要用盐桥连接,如图 1.1 所示。

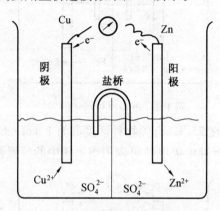

图 1.1　电极电位示意图(1)

Zn 与 $CuSO_4$ 溶液的反应为

$$Zn+Cu^{2+}+SO_4^{2-} \rightleftharpoons Zn^{2+}+Cu+SO_4^{2-}$$

两个半反应分别为

氧化反应　　　　　　　　　　$Zn \rightleftharpoons Zn^{2+}+2e^-$

还原反应　　　　　　　$Cu^{2+}+SO_4^{2-}+2e^- \rightleftharpoons Cu+SO_4^{2-}$

Zn 棒和 Cu 棒做电极,Zn 棒为阳极,Cu 棒为阴极。氧化反应总在阳极,而还原反应总在阴极。Zn 棒有溶解变为 Zn^{2+} 并释放电子的趋势,而溶液中的 Cu^{2+} 有得到电子变为 Cu 在 Cu 棒上析出的趋势。用导线连接两极并在中间接上高阻抗的伏特计,可观察到两极间存在电位差。即化学原电池的工作原理,可以把化学能转化为电能。

$$E_{电池} = E_{ox} + E_{red}$$

式中　　$E_{电池}$——原电池的电动势;

　　　　E_{ox}——氧化半反应的电极电位;

　　　　E_{red}——还原半反应的电极电位。

有许多氧化还原反应都是在溶液中发生的,如 Fe^{2+} 滴定 $Cr_2O_7^{2-}$ 的反应,电子转移直接发生在溶液中的物种之间。如果想分开两个半反应,中间用盐桥连接,在两室中各放入一根铂电极,用导线相连时也会有电流通过,如图 1.2 所示。可以看出,每个氧化还原反应都存在电极电位。

可以用已知电极电位的半反应构成电池来测定电极电位。规定:

$$H^+ + e^- \rightleftharpoons \frac{1}{2}H_2(g)$$

H^+ 活度为 1 $mol \cdot L^{-1}$,$p_{H_2} = 1$ atm(1 atm $= 101\ 325$ Pa),25 ℃时,电极电位为零,即 $E^\circ = 0$。

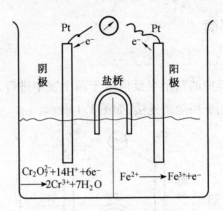

图 1.2　电极电位示意图(2)

$E°$称标准电极电位,指在 25 ℃,有关物种活度都为 1 mol·L^{-1}时的电极电位。

例如 $I_2+2e^-\rightleftharpoons 2I^-$ 的标准电极电位可以用图 1.3 中的装置测定。

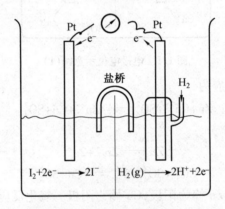

图 1.3　标准电极电位测定示意图

将条件设置为 25 ℃,$p_{H_2}=1$ atm,H$^+$和 I$^-$的活度均为 1 mol·L^{-1},此时测定的电动势即 $I_2+2e^-\rightleftharpoons 2I^-$ 的标准电极电位。由于

$$E°_{电池}=E°_{ox}+E°_{red}$$

$E°_{ox}$规定为零,则 $E°_{电池}=E°_{red}$

表 1.1 列出了水化学中常见的氧化还原半反应的标准电极电位,根据国际纯化学与应用化学联合会的约定,表中 $E°$指写成还原半反应时的标准电极电位。

表 1.1　标准电极电位(25 ℃)

反　应	$E°/V$	$p\varepsilon°(\frac{1}{n}\lg K)$
$O_3(g)+2H^++2e^-\rightleftharpoons O_2(g)+H_2O$	+2.07	+35.0
$Ag^{2+}+e^-\rightleftharpoons Ag^+$	+2.0	+33.8
$PbO_2(s)+4H^++SO_4^{2-}+2e^-\rightleftharpoons PbSO_4(s)+2H_2O$	+1.68	+28.4
$Mn^{4+}+e^-\rightleftharpoons Mn^{3+}$	+1.65	+27.9
$2HOCl+2H^++2e^-\rightleftharpoons Cl_2(aq)+2H_2O$	+1.60	+27.0
$2HOBr+2H^++2e^-\rightleftharpoons Br_2(l)+2H_2O$	+1.59	+26.9

续表 1.1

反　应	E°/V	$p\varepsilon^{\circ}(\frac{1}{n}\lg K)$
$MnO_4^- + 8H^+ + 5e^- \rightleftharpoons Mn^{2+} + 4H_2O$	+1.51	+25.5
$Au^{3+} + 3e^- \rightleftharpoons Au(s)$	+1.5	+25.3
$2HOI + 2H^+ + 2e^- \rightleftharpoons I_2(s) + 2H_2O$	+1.45	+24.5
$Cl_2(aq) + 2e^- \rightleftharpoons 2Cl^-$	+1.39	+23.5
$Cl_2(g) + 2e^- \rightleftharpoons 2Cl^-$	+1.36	+23.0
$Cr_2O_7^{2-} + 14H^+ + 6e^- \rightleftharpoons 2Cr^{3+} + 7H_2O$	+1.33	+22.5
$O_2(aq) + 4H^+ + 4e^- \rightleftharpoons 2H_2O$	+1.27	+21.5
$2NO_3^- + 12H^+ + 10e^- \rightleftharpoons N_2(g) + 6H_2O$	+1.24	+21.0
$O_2(g) + 4H^+ + 4e^- \rightleftharpoons 2H_2O$	+1.23	+20.8
$MnO_2(s) + 4H^+ + 2e^- \rightleftharpoons Mn^{2+} + 2H_2O$	+1.23	+20.8
$ClO_2 + e^- \rightleftharpoons ClO_2^-$	+1.15	+19.44
$Br_2 + 2e^- \rightleftharpoons 2Br^-$	+1.09	+18.4
$Fe(OH)_3(s) + 3H^+ + e^- \rightleftharpoons Fe^{2+} + 3H_2O$	+1.06	+17.9
$2Hg^{2+} + 2e^- \rightleftharpoons Hg_2^{2+}$	+0.91	+15.4
$NO_2^- + 8H^+ + 6e^- \rightleftharpoons NH_4^+ + 2H_2O$	+0.89	+15.0
$NO_3^- + 10H^+ + 8e^- \rightleftharpoons NH_4^+ + 3H_2O$	+0.88	+14.9
$NO_3^- + 2H^+ + 2e^- \rightleftharpoons NO_2^- + H_2O$	+0.84	+14.2
$Ag^+ + e^- \rightleftharpoons Ag(s)$	+0.8	+13.5
$Fe^{3+} + e^- \rightleftharpoons Fe^{2+}$	+0.77	+13.0
$I_2(aq) + 2e^- \rightleftharpoons 2I^-$	+0.62	+10.48
$MnO_4^- + 2H_2O + 3e^- \rightleftharpoons MnO_2(s) + 4OH^-$	+0.59	+10.0
$I_3^- + 2e^- \rightleftharpoons 3I^-$	+0.54	+9.12
$SO_4^{2-} + 8H^+ + 6e^- \rightleftharpoons S(s) + 4H_2O$	+0.35	+6.0
$SO_4^{2-} + 10H^+ + 8e^- \rightleftharpoons H_2S(g) + 4H_2O$	+0.34	+5.75
$Cu^{2+} + 2e^- \rightleftharpoons Cu(s)$	+0.34	+5.7
$N_2(g) + 8H^+ + 6e^- \rightleftharpoons 2NH_4^+$	+0.28	+4.68
$Hg_2Cl_2(s) + 2e^- \rightleftharpoons 2Hg(l) + 2Cl^-$	+0.27	+4.56
$SO_4^{2-} + 9H^+ + 8e^- \rightleftharpoons HS^- + 4H_2O$	+0.24	+4.13
$AgCl(s) + e^- \rightleftharpoons Ag(s) + Cl^-$	+0.22	+3.72
$S_4O_6^{2-} + 2e^- \rightleftharpoons 2S_2O_3^{2-}$	+0.18	+3.0
$S(s) + 2H^+ + 2e^- \rightleftharpoons H_2S(g)$	+0.17	+2.9

续表1.1

反　应	$E°/V$	$p\varepsilon°(\frac{1}{n}\lg K)$
$CO_2(g)+8H^++8e^-\Longrightarrow CH_4(g)+2H_2O$	+0.17	+2.87
$Cu^{2+}+e^-\Longrightarrow Cu^+$	+0.16	+2.7
$H^++e^-\Longrightarrow\frac{1}{2}H_2(g)$	0	0
$6CO_2(g)+24H^++24e^-\Longrightarrow C_6H_{12}O_6(葡萄糖)+6H_2O$	−0.01	−0.20
$SO_4^{2-}+2H^++2e^-\Longrightarrow SO_3^{2-}+H_2O$	−0.04	−0.68
$Pb^{2+}+2e^-\Longrightarrow Pb(s)$	−0.13	−2.2
$CO_2(g)+H^++2e^-\Longrightarrow HCOO^-(甲酸盐)$	−0.31	−5.23
$Cr^{3+}+e^-\Longrightarrow Cr^{2+}$	−0.41	−6.9
$Cd^{2+}+2e^-\Longrightarrow Cd(s)$	−0.40	−6.8
$Fe^{2+}+2e^-\Longrightarrow Fe(s)$	−0.44	−7.4
$Zn^{2+}+2e^-\Longrightarrow Zn(s)$	−0.76	−12.8
$Al^{3+}+3e^-\Longrightarrow Al(s)$	−1.68	−28.4
$Mg^{2+}+2e^-\Longrightarrow Mg(s)$	−2.37	−40.0
$Na^++e^-\Longrightarrow Na(s)$	−2.72	−46.0

注意:本书写 $E=E_{ox}+E_{red}$ 和 $E°=E°_{ox}+E°_{red}$,其中 E_{ox} 或 $E°_{ox}$ 是氧化半反应形式的电极电位,与还原半反应形式的电极电位差一个负号。如

$$I_2+2e^-\Longrightarrow 2I^-\quad E°=0.62\text{ V}$$

而

$$2I^-\Longrightarrow I_2+2e^-\quad E°_{ox}=-0.62\text{ V}$$

电池的电动势与自由能有关,关系式为

$$\Delta G=-nFE \qquad\qquad ①$$
$$\Delta G°=-nFE° \qquad\qquad ②$$

式中　ΔG——自由能的变化;

　　　n——参与反应的电子数;

　　　F——法拉第常数;

　　　E——电动势或电极电位;

　　　$\Delta G°$——标准生成自由能的变化;

　　　$E°$——标准电动势或标准电极电位。

上述公式是根据体系的自由能由于做电功($W_电$)而减少推导而来的,即

$$\Delta G=-W_电=-E\times nF=-nFE$$

因此原则上可以从 $\Delta G°$ 的数据计算得到 $E°$ 值。

2. 能斯特方程

自由能的变化与溶液中反应物及产物活度的关系式(化学反应等温式)为

$$\Delta G = \Delta G^\circ + RT \ln Q$$

对反应

$$a\text{A} + b\text{B} \Longrightarrow c\text{C} + d\text{D}$$

$$Q = \frac{\{\text{C}\}^c \{\text{D}\}^d}{\{\text{A}\}^a \{\text{B}\}^b}$$

将式②两边除以 $-nF$ 得

$$\frac{\Delta G}{-nF} = \frac{\Delta G^\circ}{-nF} + \frac{RT}{-nF} \ln Q$$

将式①和式②代入上式后得

$$E = E^\circ - \frac{RT}{nF} \ln Q \qquad\qquad ③$$

式③即为能斯特方程。

将 $T = 298$ K，$R = 8.31$ J·mol^{-1}·K^{-1}，$F = 96\,500$ C 代入式③，并把自然对数换算成常用对数，则式③可以简化为

$$E = E^\circ - \frac{0.059}{n} \lg Q$$

反应达到平衡时，$\Delta G = 0$，故 $E = 0$，则 Q 即为平衡常数 K，有

$$E^\circ = -\frac{0.059}{n} \lg K \qquad\qquad ④$$

因此平衡常数可以根据 25 ℃时电池电动势来求算。

【例 1.1】　求 25 ℃时 $\text{Zn(s)} + \text{Cu}^{2+} \Longrightarrow \text{Zn}^{2+} + \text{Cu(s)}$ 反应的平衡常数。

解　该反应可写成两个半反应，根据表 1.1 查得相应的 E°。

$$\text{Zn(s)} \Longrightarrow \text{Zn}^{2+} + 2e^- \qquad E^\circ_{\text{ox}} = 0.76 \text{ V}$$

$$\text{Cu}^{2+} + 2e^- \Longrightarrow \text{Cu(s)} \qquad E^\circ_{\text{red}} = 0.34 \text{ V}$$

氧化还原电位
$$E^\circ = E^\circ_{\text{ox}} + E^\circ_{\text{red}} = 1.10 \text{ V}$$

根据式④

$$E^\circ = -\frac{0.059}{2} \lg K$$

解得
$$K = 10^{37.2}$$

利用能斯特方程可以根据溶液中参与氧化还原反应的反应物及产物的活度来计算体系的氧化还原电位，同样也可根据氧化还原电位计算溶液中有关物种的活度。研究人员根据这一原理制成了分析仪器——pH 计和离子活度计。

能斯特方程也用于溶液中有关物种活度与半反应电极电位之间的相互换算。这是由于每个半反应都可以与氢电极组成电池，如

$$\frac{1}{2}\text{H}_2\text{(g)} \Longrightarrow \text{H}^+ + e^- \qquad E_{\text{ox}} = 0 \text{ V}$$

$$\text{Cu}^{2+} + e^- \Longrightarrow \text{Cu}^+ \qquad E_{\text{red}} = 0.16 \text{ V}$$

$$\text{Cu}^{2+} + \frac{1}{2}\text{H}_2\text{(g)} \Longrightarrow \text{Cu}^+ + \text{H}^+ \qquad E^\circ = 0.16 \text{ V}$$

有

$$E = 0.16 - \frac{RT}{F} \ln \frac{\{Cu^+\}\{H^+\}}{\{Cu^{2+}\}\{p_{H_2}\}^{\frac{1}{2}}}$$

因$\{H^+\}$和p_{H_2}均为1,所以

$$E = 0.16 - \frac{RT}{F} \ln \frac{\{Cu^+\}}{\{Cu^{2+}\}}$$

因此,对于半反应$Cu^{2+} + e^- \Longleftrightarrow Cu^+$可直接写出能斯特方程

$$E_H = E^\circ - \frac{RT}{F} \ln \frac{\{Cu^+\}}{\{Cu^{2+}\}}$$

电动势E与半反应的反应物及生成物的活度有关,而与电子的浓度无关。E_H表示用标准氢电极为参比电极的电池电动势,可以将H省略直接写成E。

根据能斯特方程可以观察到,对于同一个半反应,不论电子的得失是多少,Cr_2O_3的值均不变,即与化学计量数无关。如

$$Fe^{3+} + e^- \Longleftrightarrow Fe^{2+}$$

$$E = E^\circ - \frac{RT}{F} \ln \frac{\{Fe^{2+}\}}{\{Fe^{3+}\}}$$

如把反应写为

$$2Fe^{3+} + 2e^- \Longleftrightarrow 2Fe^{2+}$$

$$E = E^\circ - \frac{RT}{2F} \ln \frac{\{Fe^{2+}\}^2}{\{Fe^{3+}\}^2} = E^\circ - \frac{RT}{F} \ln \frac{\{Fe^{2+}\}}{\{Fe^{3+}\}}$$

E值是相同的。E°是多物种处于化学平衡时的E,因此也与电子数无关。

需要注意的是,把两个半反应相加时,E°不能直接相加,而要分别将其换算为ΔG°后才能相加。

【例1.2】 $Fe^{3+} + 3e^- \Longleftrightarrow Fe(s)$,求$E^\circ$。

解 在表1.1中查不到该半反应的E°,但可以由下列两个半反应相加得到

$$Fe^{2+} + 2e^- \Longleftrightarrow Fe(s) \quad E_1^\circ = -0.44\ V \quad \Delta G_1^\circ = -2F(-0.44)$$

$$Fe^{3+} + e^- \Longleftrightarrow Fe^{2+} \quad E_2^\circ = 0.77\ V \quad \Delta G_2^\circ = -F(0.77)$$

$$Fe^{3+} + 3e^- \Longleftrightarrow Fe(s) \quad E^\circ = ? \quad \Delta G^\circ = -3F(E^\circ)$$

由于ΔG°具有可加性,则有

$$\Delta G^\circ = \Delta G_1^\circ + \Delta G_2^\circ = F(0.88 - 0.77) = 0.11F = -3FE^\circ$$

$$E^\circ = \frac{0.11F}{-3F} \approx -0.037\ V$$

3. 电子活度的负对数 $p\varepsilon$

酸碱反应中,以氢离子活度衡量酸碱性。水中氢离子活度高为酸性,氢离子活度低为碱性。

同样的道理,氧化还原性可以用电子活度来衡量。水中的电子活度高为还原性,如厌氧消化的废水;水中电子活度低为氧化性,如以高浓度氯处理的水。

比较下列酸碱反应和氧化还原反应:

$$HCO_3^- + H^+ \longrightarrow CO_2(g) + H_2O$$

$$HCO_3^- + 8e^- + 9H^+ \longrightarrow CH_4(g) + 3H_2O$$

$$Fe(H_2O)_6^{2+} \Longrightarrow Fe(H_2O)_5OH^+ + H^+$$

$$Fe(H_2O)_6^{2+} \Longrightarrow Fe(H_2O)_6^{3+} + e^-$$

很明显可以看到相似之处。

与 $pH = -lg\{H^+\}$ 定义相同，$p\varepsilon$ 的定义为

$$p\varepsilon = -lg\{e^-\} \tag{①}$$

式中　　$\{e^-\}$——水溶液中的电子活度。

由式①可知，$p\varepsilon$ 越小，则电子活度越高，体系提供电子的倾向越强；反之，$p\varepsilon$ 越大，电子活度越低，体系接受电子的倾向越强。当 $p\varepsilon$ 增大时，体系氧化态相对浓度升高；当 $p\varepsilon$ 减小时，体系还原态浓度升高。

值得注意的是，$p\varepsilon$ 是电子活度的负对数而不是电极电位的负对数，即 $p\varepsilon \neq -lg\ E$。

对于一个氧化还原半反应，有

$$ox(氧化态) + ne^- \Longrightarrow red(还原态)$$

如果忽略离子强度的影响，则

$$K = \frac{[red]}{[ox][e^-]^n}$$

$$[e^-]^n = \frac{1}{K}\frac{[red]}{[ox]}$$

取对数

$$n lg[e^-] = lg\frac{1}{K} + lg\frac{[red]}{[ox]}$$

$$-n lg[e^-] = lg\ K + lg\frac{[ox]}{[red]}$$

$$p\varepsilon = \frac{1}{n}lg\ K + \frac{1}{n}lg\frac{[ox]}{[red]}$$

令

$$p\varepsilon^\circ = \frac{1}{n}lg\ K$$

$$p\varepsilon = p\varepsilon^\circ + \frac{1}{n}lg\frac{[ox]}{[red]} \tag{①}$$

已知能斯特方程可以写为

$$E = E^\circ + \frac{2.303RT}{nF}lg\frac{[ox]}{[red]} \tag{②}$$

将式②两边同除 $2.303RT/F$ 并与式①相比，得

$$p\varepsilon = \frac{E}{2.303RT/F}$$

$$p\varepsilon^\circ = \frac{E^\circ}{2.303RT/F}$$

25 ℃时，有

$$p\varepsilon = \frac{E}{0.0591} \approx 16.9E$$

$$p\varepsilon^\circ = \frac{E^\circ}{0.0591} \approx 16.9E^\circ$$

$p\varepsilon^\circ$ 和 E° 都能表示氧化还原性的强弱，但 $p\varepsilon^\circ$ 把数据拉开了，因此更方便比较；且 $p\varepsilon^\circ$ 有

特定的意义,即 $p\varepsilon=-\lg\{e^-\}$;再者,用 $p\varepsilon°$ 表示与半反应中物种浓度关系方程更简便。

【例 1.3】 一位研究生在取水样时缺乏经验,现场测定水样温度为 25 ℃,pH = 7.8,放在车上的水样瓶被太阳晒着带回实验室,此时 pH 值已经升为 10.2,瓶中水样上方的 p_{O_2} 增至 0.40 atm,温度依然为 25 ℃。请问造成这种情况的原因是什么?水样的 $p\varepsilon$ 在现场和实验室改变了多少?

解　水样中藻类的光合作用会消耗水中的 CO_2 和 HCO_3^-,使水中 CO_3^{2-} 比例增大,因此 pH 值升高。光合作用产生 O_2 使 DO 增加,从而水面上方氧的分压也增大。

天然水中,尽管水没有受到酸碱污染,也会有 pH 偏碱性的情况发生,这是由于剧烈的光合作用使水中的 CO_2 迅速减少,而空气中的 CO_2 来不及补充,从而使 pH 值升高。当藻类迅速生长时,pH 值可以达到 10 甚至更高。

根据题目,控制水 $p\varepsilon$ 值的物种为 O_2,根据已知条件 p_{O_2},查表 1.1 得

$$O_2(g)+4H^++4e^- \Longrightarrow 2H_2O \quad p\varepsilon°=20.8$$

实测现场水样的 $p_{O_2}=0.21$ atm,pH = 7.8,$n=4$ 代入下式

$$p\varepsilon=p\varepsilon°+\frac{1}{n}\lg\frac{p_{O_2}\{H^+\}^4}{\{H_2O\}^2}$$

$$p\varepsilon=20.8+\frac{1}{4}\lg 0.21\times(10^{-7.8})^4=12.83$$

实验室水样的 $p_{O_2}=0.40$ atm,pH = 10.2,故

$$p\varepsilon=20.8+\frac{1}{4}\lg 0.40\times(10^{-10.2})^4=10.5$$

$$\Delta p\varepsilon=10.5-12.83=-2.33$$

虽然经过光合作用,p_{O_2} 增高,但 $p\varepsilon$ 值反而下降了,这是因为 pH 与 $p\varepsilon$ 值有关。

有两种写法:

$$p\varepsilon=p\varepsilon°+\frac{1}{n}\lg\frac{\{ox\}}{\{red\}}$$

或

$$p\varepsilon=p\varepsilon°-\frac{1}{n}\lg\frac{\{red\}}{\{ox\}}$$

式中　$\{ox\}$——还原半反应氧化剂一边(左边)各物种活度幂的乘积;

　　　 $\{red\}$——还原半反应还原剂一边(右边)各物种活度幂的乘积。

气体的活度用分压表示,固体和水的活度为 1。

4. 电子平衡式与平衡计算

酸碱化学中有质子平衡式,即质子条件式,氧化还原化学中,电子得失也必须保持平衡,因此在计算中也需要利用电子平衡式。

例如,向水中加入 Cl_2,发生下列半反应

$$Cl_2+2e^- \longrightarrow 2Cl^-$$

$$Cl_2+2H_2O \longrightarrow 2HOCl+2H^++2e^-$$

把 Cl_2 作为电子参比水平,有

$$\frac{\text{HOCl}}{\text{Cl}_2}$$
$$\overline{\text{Cl}^-}$$

Cl_2 加入水中后,生成 Cl^- 和 HOCl,每生成一个 HOCl 产生 1 个电子,每生成一个 Cl^- 得到 1 个电子,故电子平衡式为

$$[HOCl] = [Cl^-]$$

又如,Fe^{2+} 和 $Cr_2O_7^{2-}$ 的反应

$$\frac{\text{Fe}^{3+}}{\text{Fe}^{2+}\quad \text{Cr}_2\text{O}_7^{2-}}$$
$$\overline{\text{Cr}^{3+}}$$

每生成一个 Fe^{3+} 产生 1 个电子,而每生成一个 Cr^{3+} 时需得到 3 个电子,故电子平衡式为

$$[Fe^{3+}] = 3[Cr^{3+}]$$

电子参比水平的物种是初始反应时的氧化剂或(和)还原剂。

【例 1.4】 在 100 mL 含有 1 $mol \cdot L^{-1}$ 硫酸的 0.01 $mol \cdot L^{-1}$ $K_2Cr_2O_7$ 溶液中加入 20 mL 含有 1 $mol \cdot L^{-1}$ $(NH_4)_2Fe(SO_4)_2$ 的 0.1 $mol \cdot L^{-1}$ H_2SO_4 溶液。求反应达到平衡后溶液中各氧化还原物种的浓度。25 ℃,忽略离子强度的影响。

解　需要求 $[Fe^{2+}]$、$[Fe^{3+}]$、$[Cr_2O_7^{2-}]$、$[Cr^{3+}]$ 和半反应 $p\varepsilon$ 5 个未知数,需要列出 5 个方程式:

① $c_{T,Cr} = 2[Cr_2O_7^{2-}] + [Cr^{3+}] = \dfrac{2 \times 0.01\ mol \cdot L^{-1} \times 0.1\ L}{(0.1 + 0.02)\ L} \approx 0.016\ 7\ mol \cdot L^{-1}$

② $c_{T,Fe} = [Fe^{2+}] + [Fe^{3+}] = \dfrac{0.1\ mol \cdot L^{-1} \times 0.02\ L}{(0.1 + 0.02)\ L} \approx 0.016\ 7\ mol \cdot L^{-1}$

③ $Fe^{3+} + e^- \rightleftharpoons Fe^{2+}$　　$p\varepsilon° = 13.0$

④ $Cr_2O_7^{2-} + 14H^+ + 6e^- \rightleftharpoons 2Cr^{3+} + 7H_2O$　　$p\varepsilon° = 22.5$　　$p\varepsilon = 22.5 + \dfrac{1}{6}\lg\dfrac{[Cr_2O_7^{2-}][H^+]^{14}}{[Cr^{3+}]^2}$

⑤ $[Fe^{3+}] = 3[Cr^{3+}]$

联立上述方程式,可解得各未知数。

总反应为

$$6Fe^{2+} + Cr_2O_7^{2-} + 14H^+ \rightleftharpoons 6Fe^{3+} + 2Cr^{3+} + 7H_2O$$

可以看出,1 mol $Cr_2O_7^{2-}$ 将与 6 mol Fe^{2+} 反应,因此本题中 $Cr_2O_7^{2-}$ 是过量的,可认为 Fe^{2+} 完全被氧化为 Fe^{3+}。则有

$$[Fe^{3+}] = 0.016\ 70\ mol \cdot L^{-1}$$

由方程⑤得

$$[Cr^{3+}] = \frac{1}{3}[Fe^{3+}] = \left(\frac{1}{3} \times 0.016\ 70\right) mol \cdot L^{-1} \approx 0.005\ 57\ mol \cdot L^{-1}$$

由方程①得

$$[Cr_2O_7^{2-}] = (c_{T,Cr} - [Cr^{3+}])/2 = \left[(0.016\ 70 - \frac{1}{3} \times 0.016\ 7)/2\right] mol \cdot L^{-1} \approx 0.005\ 57\ mol \cdot L^{-1}$$

$[H^+] = (2 \times 1)\ mol \cdot L^{-1} = 2\ mol \cdot L^{-1}$(消耗的 H^+ 相对该浓度可以忽略不计)

将有关数据代入方程④中,得到

$$p\varepsilon = 22.5 + \frac{1}{6}\lg \frac{0.005\ 57 \times 2^{14}}{(0.005\ 57)^2} = 23.6$$

$$E = \frac{p\varepsilon}{16.9} = \frac{23.6}{16.9}\text{V} = 1.40\ \text{V}$$

反应平衡时,两个半反应的电极电位是相等的,即 $p\varepsilon$ 相等,这时总反应的电动势为 0,因此将 $p\varepsilon = 22.8$ 和 $[Fe^{3+}] = 0.016\ 70$ 代入方程③,可求得反应平衡时 Fe^{2+} 的浓度。

$$23.6 = 13.0 + \lg \frac{0.016\ 70}{[Fe^{2+}]}$$

解得

$$[Fe^{2+}] = 4.2 \times 10^{-13}\ \text{mol} \cdot \text{L}^{-1}$$

5. 表观电位

表观电位是特定条件下的 $E°$ 或 $p\varepsilon°$,记作 $^F E°$ 或 $p^F\varepsilon°$。表观电位包括了对一定条件下的活度系数、酸碱反应、配合反应、离子间作用以及液接电位等各种校正因素。表观电位往往比标准电位更有实际意义。

例如,$0.1\ \text{mol} \cdot \text{L}^{-1}$ 的 H_2SO_4 溶液中,$Fe(\text{III})$–$Fe(\text{II})$ 的 $^F E° = 0.68$ V 或 $p^F\varepsilon° = 11.5$ 半反应的能斯特方程为

$$E = 0.68 + \frac{RT}{F}\ln \frac{c_{T,Fe(\text{III})}}{c_{T,Fe(\text{II})}}$$

$p\varepsilon$ 的表达式为

$$p\varepsilon = 11.5 + \lg \frac{c_{T,Fe(\text{III})}}{c_{T,Fe(\text{II})}}$$

这种情况下,已经考虑了活度系数的影响,酸碱反应如 $Fe^{3+} + H_2O \Longrightarrow FeOH^{2+} + H^+$ 的影响,配位反应如生成硫酸根合铁(III)的影响等因素,因此在公式中直接用 c_T 代替自由离子的活度。

1.2　电化学腐蚀

金属的腐蚀是危害最大的氧化还原现象之一。每年由于腐蚀导致设备、管道、建筑、文物破坏造成的损失不计其数,腐蚀还会使金属进入水体,且由于空气和水的作用而加剧。

金属的腐蚀是一个氧化还原过程,因此可以利用电化学原理加以解释。一般洗衣机的机壳都会接地,如果把洗衣机的机壳通过铜线与自来水管相接,会观察到水管开始生锈,且范围逐渐扩大直至渗水。这是由于水管、铜线、机壳和地面形成了腐蚀电池,在潮湿的环境中形成回路,导致腐蚀发生。此时把铜线拿掉,水管上的小洞就会自动堵住不再渗水,这是由于切断了腐蚀电池的回路,使其不能工作,而铁管内水中有一定含量的 Fe^{2+},当水在渗出处接触空气后,氧化还原电位升高使 Fe^{2+} 迅速被氧化为 $Fe(\text{III})$,形成溶解度很小的 $Fe(OH)_3(s)$,逐渐堵住小洞。

1.2.1　腐蚀电池

腐蚀的发生需要形成电化学电池,包括阳极、阴极外电路和内电路。外电路可以是阳极

和阴极的连接,内电路可以是与阳极和阴极接触的电解质溶液。

当金属表面形成电化学电池时,就会发生腐蚀。受到腐蚀的金属表面是阳极,发生氧化反应。用 M 表示金属,则阳极反应为

$$M \longrightarrow M^{n+}+ne^-$$

最常见的阴极反应是氢离子的还原,即

$$2H^++2e^- \longrightarrow H_2(g)$$

氧也可以参与阴极反应,即

$$O_2+4H^++4e^- \longrightarrow 2H_2O$$

$$O_2+2H_2O+2e^- \longrightarrow 2OH^-+H_2O_2$$

通过参与阴极反应,氧既可以使腐蚀加快,也可以生成保护膜减慢腐蚀速度。

将镀锌管与铜管相连,如果管内有水便形成腐蚀电池。同一块金属也可以形成腐蚀电池,由于金属表面的成分、结构、表面缺陷和所处环境均存在差异,因此可以导致金属表面的电位不同。

铁的腐蚀电池如图 1.4 所示。

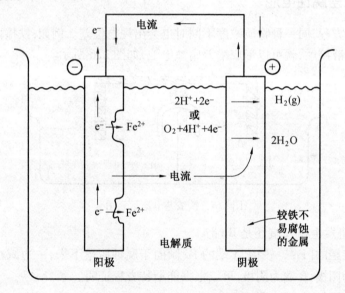

图 1.4　铁的腐蚀电池示意图

阴极反应要消耗 H^+,使溶液中 OH^- 浓度升高,OH^- 通过电解质向阳极迁移,因而在阳极上的反应为

$$Fe \Longleftrightarrow Fe^{2+}+2e^-$$

$$Fe^{2+}+2OH^- \Longleftrightarrow Fe(OH)_2(s)$$

在充氧水中的反应为

$$4Fe^{2+}+4H^++O_2(aq) \Longleftrightarrow 4Fe^{3+}+2H_2O$$

$$Fe^{3+}+3OH^- \Longleftrightarrow Fe(OH)_3(s)$$

$Fe(OH)_3(s)$ 脱水变为 Fe_2O_3,即红棕色铁锈,其反应为

$$2Fe(OH)_3(s) \Longleftrightarrow Fe_2O_3+3H_2O$$

与此同时,OH^- 浓度升高导致 $[CO_3^{2-}]$ 也升高,可生成沉淀。当与铁一起沉淀时便形成腐

蚀瘤,腐蚀瘤常发生在阳极周围,而阳极由于被腐蚀而出现腐化坑。铁管中生成腐化坑和腐蚀瘤的机理参见图1.5。

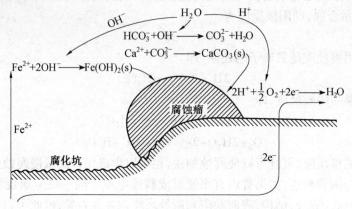

图1.5　铁管中形成腐化坑与腐蚀瘤的机理图

1.2.2　浓差腐蚀电池

根据能斯特方程,同一种物质浓度不同时也会出现电位差。例如,铁棒两端与不同 Fe^{2+} 浓度的电解质溶液接触,就可以形成浓差腐蚀电池,如图1.6所示。

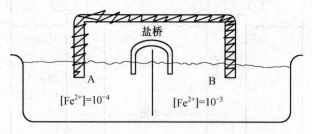

图1.6　铁浓差电池示意图

试问:腐蚀将发生在 A 端还是 B 端?

由于 A 端接触的[Fe^{2+}]较稀,A 端的 Fe 倾向于腐蚀脱落下来,一边减小两边的浓度差异。同时 A 端为阳极,B 端为阴极,可以根据能斯特方程证明。

假设 A 端为阳极,B 端为阴极:

阳极反应为 　　　　　　$Fe_A \longrightarrow Fe_A^{2+} + 2e^-$ 　　$E^\circ = 0.44$ V

阴极反应为 　　　　　　$Fe_B^{2+} + 2e^- \longrightarrow Fe_B$ 　　$E^\circ = -0.44$ V

总反应为 　　　　　　$Fe_A + Fe_B^{2+} \longrightarrow Fe_A^{2+} + Fe_B$ 　　$E^\circ = 0$ V

忽略离子强度的影响,25 ℃时能斯特方程为

$$E = E^\circ + \frac{0.059}{2}\lg\frac{[Fe_B^{2+}]}{[Fe_A^{2+}]} = 0 + \frac{0.059}{2}\lg\frac{10^{-3}}{10^{-4}} = 0.03 \ (V)$$

$$\Delta G = -nFE = -nF \times 0.03 < 0$$

因此反应可以自发进行,假设成立。

金属表面不同部位的溶解氧浓度不同也会形成浓差腐蚀电池,常把这种腐蚀称为"充

氧差腐蚀"。

例如,附着在船下的海贝类动物,使附着部分的溶解氧浓度低于直接与海水接触的周围船体部分的溶解氧浓度,参见图 1.7。

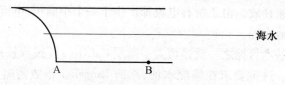

图 1.7　充氧差腐蚀电池示意图

试问:腐蚀将发生在船体的 A 点还是 B 点?

溶解氧参与的是阴极反应,因此有

$$O_2+4H^++4e^-\longrightarrow 2H_2O$$

溶解氧浓度高的部位更倾向于发生阴极反应,以减小溶解氧浓度的差异,因此 A 点为阴极。溶解氧浓度低的部位 B 点则为阳极,该点将会发生腐蚀。这就能解释金属交界面之间铁板与铆钉的接合部位为什么更易生锈。

从阴极反应中可以看出,H^+ 浓度也与该反应有关,因此不同的 pH 值下也能形成浓差腐蚀电池,缓冲强度大的水不易形成 H^+ 浓度的差异,因此不容易腐蚀。

1.2.3　腐蚀的控制

腐蚀是由于形成了电化学电池发生的,那么,只要阻止电化学电池的形成便能控制腐蚀的发生。可以借助消除阳极和阴极,消除或降低金属部位间的电位差,或借助断开内电路或外电路来控制腐蚀的进行。

1. 材料的选择

尽量选用金属材料,或者电位序低的材料。然而在某些条件下,一些电位序高的金属腐蚀产物如金属氧化物,可以保护金属,使金属"钝化",例如铝,在铝的表面总是存在它的氧化物。铝锅使用后呈浅灰色,这是因为积累了保护性的氧化膜,在膜下的腐蚀是十分缓慢的。不过,某些离子,如 Cl^- 可以穿透铝的氧化膜,并促使金属腐蚀。Cl^- 之所以明显有助于释放铝离子,可能是因为形成可溶性氯合铝配合物,并同时有助于为保持腐蚀所必需的电流通过。为此,如果要与咸水接触,就最好不要选择铝。

其他金属也能被"钝化"。例如,含 12% 铬的不锈钢在充氧的环境中能使钢表面形成氧化膜而钝化,电解质中的铬酸盐可促使在铁表面形成 $\gamma\text{-}Fe_2O_3$,使铁免遭腐蚀。

2. 涂层盖

想要金属能够抗腐蚀,还可以采用在金属表面覆盖涂料(如油漆)、电镀保护层(如镀铬)、沉淀物(如碳酸钙)以及水泥或沥青材料等方法。这样能使阳极或(和)阴极与外界隔离,从而达到抗腐蚀的目的。

油漆防腐一般要先彻底清洗金属表面,以除去所有的腐蚀产物,然后刷一道含有铬酸锌或铅酸钙等缓冲剂的底漆,再加一层厚的内涂层,目的是减少向金属表面的渗水(消除内电路的电解质),最后涂第三层抗大气的装饰漆。

在金属结构物上覆盖保护层时,特别是在阳极和阴极区的埋地管线中,常要先把阴极区保护起来。这是因为,如果阴极的涂层盖上有一个小孔,腐蚀将以十分缓慢的速率从一个大阳极到一个小阴极进行,大阳极产生的电子必须在一个很小的面积上给予氧化剂。如果同样的小孔是在阳极的涂层盖上,则形成的局面将是一个小阳极和一个大阴极,这可能造成小阳极上产生的电子迅速释放。由于所有电流都产生于一个小面积,电流的密度很大,因此阳极区的管线会被迅速地腐蚀。

市政供水处理的基本目标之一就是覆盖一薄层 $CaCO_3(s)$[或含铁盐的 $CaCO_3(s)$]来保护管道金属的内表面。这就要求在输配水前,水的 Langelier 指数需略大于零。但要注意,紧挨金属表面的 pH 值可能与本体溶液的 pH 值不同。因此,由于紧邻表面局部条件的不同,有沉淀趋向的水,即 Langelier 指数为正值的水可能并不一定真在金属表面出现沉淀。如果 $CaCO_3(s)$结垢过多或不均匀,也会导致腐蚀。因为当水中碱度和钙的浓度较低时,结垢可能被管中的水流冲刷下来,而暴露的金属区就会发生腐蚀。

3. 绝缘

有时会遇到需要把两种金属相连的情况,如把镀锌的供水管接在热水器上,热水器伸出的热水管是铜质的。此时若想阻止腐蚀电池的形成只需在镀锌管和铜管之间插入一个绝缘的管接头,它能有效地将外电路切断。

4. 化学药剂处理

利用各种化学药剂对水进行调节和处理是控制腐蚀的常用手段。缓蚀剂可以在金属表面的阳极或阴极部位形成某种不透水层,从而阻止在电极上的反应,减慢或抑制腐蚀发生。例如,各种碱金属的氢氧化物、碳酸盐、硅酸盐、硼酸盐、磷酸盐、铬酸盐和亚硝酸盐都可以促使金属表面形成稳定的表面氧化物,或者修复金属表面氧化膜上的损坏。不过,如果作阳极缓蚀剂的化学药剂用量太少,可能会在阳极上遗留下未加保护的区域,该区域的电流密度会很大,这样反而会引起局部的急剧腐蚀。当缓蚀剂选用铬酸盐和聚磷酸盐时要格外注意。

硫酸盐可以用作阴极的缓蚀剂。溶液中的 Zn^{2+} 将与阴极反应生成的 OH^- 反应,或者与碳酸盐作用,形成微溶的锌沉淀物,将阴极覆盖。

溶解氧对某些腐蚀反应来说是非常重要的。例如充氧差腐蚀和 O_2 与 H^+ 反应生成 H_2O 的阴极反应。消除电解质溶液中的溶解氧便可以防止这些问题的发生。对于热水和冷却水的循环系统以及锅炉水,常用工业水处理法来除去水中的氧气。典型的方法是用二氧化硫或亚硫酸氢钠,用钴作催化剂;也可采用蒸气脱气法。

硬度和碱度低的水易引起城市供水系统管道设备的腐蚀,pH 值降低会加快腐蚀。美国西雅图水处理厂曾在 1970 年同时采取了三项措施,使得进水 pH=7.6 降到出水 pH=6.8 ~ 7.2,导致腐蚀加剧。这三项措施为:

(1)增加 Cl_2 杀菌

$$Cl_2 + H_2O \longrightarrow H^+ + Cl^- + HOCl$$

(2)停止使用 NH_3 以保持水中的游离氯。

(3)通过加入 H_2SiF_6 来增加氟的含量。

5. 阴极保护

金属的腐蚀总是发生在阳极,因此阴极保护是将需要保护的金属构件转化为阴极来避免腐蚀的发生。阴极保护主要有以下两种方式:

(1)将"牺牲阳极"与要保护的材料相连。牺牲阳极需要选用比保护材料更易受腐蚀的材料作阳极,从而将要保护的材料转化为阴极。

通常选用镁作牺牲阳极。镁极易失电子,其氧化反应 $Mg \longrightarrow Mg^{2+}+2e^-$ 的氧化还原电位高达 $2.37\ V$;也可用锌,但它的氧化还原电位较低。牺牲电极和保护结构之间必须用锡焊或铜焊,以保证良好的接触。

(2)对系统施加一个与腐蚀电流方向相反的直流电流,大小能够抵消腐蚀电流。在这种情况下,可以用金属(如废铁或石墨)作阳极。

镀锌是另一种形式的阴极保护。镀锌管是覆盖有一层薄锌的钢管。锌对于铁是阳极,因此锌比铁先腐蚀,从而保护了铁。同时,锌的腐蚀产物(碳酸盐和氢氧化物)附着在镀锌的表面,也会使锌钝化。

控制腐蚀对节约资源和环保方面都有重要的意义。酸雨由于提供了 $2H^++2e^- \longrightarrow H_2$ 的阴极反应使腐蚀更易发生,因此想要减轻腐蚀也需要控制酸雨的发生,并能减轻腐蚀溶出的重金属对环境的破坏。海水是强电解质,为腐蚀电池提供了内电路,因此船舶、码头、海上建筑等都极易发生腐蚀,造成对海洋的污染,危害水生生物。因此腐蚀和防腐蚀是电化学家和环境化学家共同关心的问题。

1.3　铁　化　学

铁除了参与腐蚀电池的氧化反应外,在天然水和水处理中也十分重要,如地下水中铁的氧化还原反应和酸性矿排水中铁的氧化还原反应。

尽管铁在地壳的金属元素中含量排在第二位,它在水中的浓度却较小。铁的化学特性和在水中的溶解度主要取决于它在环境中的氧化程度。

铁是动植物新陈代谢过程中的一个基本元素。如果水中存在适量的铁,将会形成红色的氢氧化物沉淀。1986 年 8 月喀麦隆 Nyos 湖中 CO_2 气体突然爆发,水面有大约 200 m 直径的范围呈红色,这很可能是底部溶解性 Fe^{2+} 升到表面被氧化所致,其反应式为

$$4Fe(HCO_3)_2(aq)+O_2+2H_2O \longrightarrow 4Fe(OH)_3+8CO_2$$

这类沉淀物也存在于衣物的色斑和取暖装置中,在供水系统中是一类有害杂质。因此,水化学分析中,需要测定铁的质量浓度。饮用水标准规定铁的质量浓度上限是 $0.3\ mg \cdot L^{-1}$。

1.3.1　天然水中铁的来源和存在状态

铁在火成岩矿物如辉石、闪石、磁铁矿,尤其是岛状硅酸盐橄榄石中的含量相对较高。后者基本上是橄榄石(Mg_2SiO_4)和铁橄榄石(Fe_2SiO_4)的固体溶液,这些矿物中铁大部分以亚铁氧化态的形式存在,但也存在 Fe^{3+},如磁铁矿(Fe_3O_4)。

这些矿物溶于水时,释放出的铁会再次沉淀,形成沉积物。有硫化物还原剂存在时,可能会形成铁的多硫化合物如黄铁矿、白铁矿及不稳定的铬铁矿和针铁矿。如果硫的含量偏低,则会导致陨铁($FeCO_3$)。氧化条件下,沉淀物将是氧化铁或氢氧化铁,如赤铁矿(Fe_2O_3)、针铁矿($FeOOH$)等。初次沉淀的晶体结构很差,常认为是氢氧化铁。

磁铁矿不溶于水,通常以残渣的形式存在。硫化亚铁与煤层的关系密切。

水中铁的存在受环境条件的极大影响,尤其是随着氧化或还原程度和强度的变化而变化。当溶液中存在氢氧化铁的还原或硫化亚铁的氧化时,溶解性亚铁离子的浓度就较高。后一过程中,硫先变为硫酸盐,释放出亚铁离子。铁也存在于有机废物及土壤的植物碎屑中,生物圈活动也对铁在水中的存在起着强烈的影响。某些微生物会参与铁的氧化还原反应,并作为能源。表 1.2 列出了铁矿风化的氧化还原反应及其 $\Delta G°$ 和 $\lg K$ 值。

表 1.2 铁矿风化的氧化还原反应及其有关常数(25 ℃)

反应式	$\Delta G°/(\text{kcal} \cdot \text{mol}^{-1})$	$\lg K$
氧化铁		
$3Fe_2O_3(s)+2H^++2e^-{=\!=\!=}2Fe_3O_4(s)+H_2O$	−9.695	7.11
$Fe_2O_3(s)+6H^++2e^-{=\!=\!=}2Fe^{2+}+3H_2O$	−32.945	24.2
$Fe_3O_4(s)+8H^++2e^-{=\!=\!=}3Fe^{2+}+4H_2O$	−44.6	32.7
$Fe_3O_4(s)+8H^++8e^-{=\!=\!=}3Fe^0(s)+4H_2O$	16.33	−11.97
$Fe_2O_3(s)+6H^++6e^-{=\!=\!=}2Fe^0(s)+3H_2O$	7.65	−5.61
$Fe_3O_4(s)+2H^++2e^-{=\!=\!=}3FeO(s)+H_2O$	6.11	−4.48
$Fe_2O_3(s)+2H^++2e^-{=\!=\!=}2FeO(s)+H_2O$	0.84	−0.62
$2Fe(OH)_3(s)+6H^++2e^-{=\!=\!=}2Fe^{2+}+6H_2O$	−48.7	35.7
$Fe(OH)_2(s)+2H^++2e^-{=\!=\!=}Fe^0(s)+2H_2O$	2.19	−1.60
$Fe(OH)_3(s)+H^++e^-{=\!=\!=}Fe(OH)_2(s)+H_2O$	−6.26	4.59
$3Fe^{3+}+4H_2O+e^-{=\!=\!=}Fe_3O_4(s)+8H^+$	−8.77	6.43
$3Fe(OH)^{2+}+H_2O+e^-{=\!=\!=}Fe_3O_4(s)+5H^+$	−18.7	13.7
$3Fe(OH)_2^++e^-{=\!=\!=}Fe_3O_4(s)+2H_2O+2H^+$	−37.9	27.8
$Fe_2O_3(s)+4H^++2e^-{=\!=\!=}2Fe(OH)^++H_2O$	−9.36	6.86
$Fe_3O_4(s)+5H^++2e^-{=\!=\!=}3Fe(OH)^++H_2O$	−9.2	6.74
$Fe_2O_3(s)+H_2O+2e^-{=\!=\!=}2HFeO_2^-$	54.0	−39.6
$Fe_3O_4(s)+2H_2O+2e^-{=\!=\!=}3HFeO_2^-+H^+$	85.9	−63.0
碳酸铁		
$Fe_3O_4(s)+3CO_2(g)+2H^++2e^-{=\!=\!=}3FeCO_3(s)+H_2O$	−13.9	10.2
$Fe_2O_3(s)+3CO_2(g)+2H^++2e^-{=\!=\!=}2FeCO_3(s)+H_2O$	−12.5	9.2
$Fe(OH)_3(s)+CO_2(g)+H^++e^-{=\!=\!=}FeCO_3(s)+2H_2O$	−14.2	10.4
$Fe_3O_4(s)+3H_2CO_3+2H^++2e^-{=\!=\!=}3FeCO_3(s)+4H_2O$	−19.9	14.6
$Fe_3O_4(s)+3HCO_3^-+5H^++2e^-{=\!=\!=}3FeCO_3(s)+4H_2O$	−46.0	33.7
$Fe_3O_4(s)+3CO_3^{2-}+8H^++2e^-{=\!=\!=}3FeCO_3(s)+4H_2O$	−88.3	64.7
$Fe_2O_3(s)+2H_2CO_3+2H^++2e^-{=\!=\!=}2FeCO_3(s)+3H_2O$	−16.5	12.1
$Fe_2O_3(s)+2HCO_3^-+4H^++2e^-{=\!=\!=}2FeCO_3(s)+3H_2O$	−33.9	24.8
$Fe_2O_3(s)+2CO_3^{2-}+6H^++2e^-{=\!=\!=}2FeCO_3(s)+3H_2O$	−62.1	45.5

续表 1.2

反应式	$\Delta G^\circ /(\text{kcal} \cdot \text{mol}^{-1})$	lg K
硫化铁		
$FeS_2(s)+3.5O_2+H_2O \Longrightarrow Fe^{3+}+2SO_4^{2-}+2H^++e^-$	-262.1	192.2
$2FeS_2(s)+4H_2O+7.5O_2 \Longrightarrow Fe_2O_3(s)+4SO_4^{-2}+8H^+$	-583.8	427.9
$FeS(s)+CO_2(g)+H_2O \Longrightarrow FeCO_3(s)+2H^++S^{2-}$	34.7	-25.5
$FeS_2(s)+2e^- \Longrightarrow FeS(s)+S^{2-}$	34.5	-25.3
$Fe_3O_4(s)+8H^++3S^{2-}+2e^- \Longrightarrow 3FeS(s)+4H_2O$	-118.1	86.6
$Fe_2O_3(s)+6H^++2S^{2-}+2e^- \Longrightarrow 2FeS(s)+3H_2O$	-81.9	60.1
$3FeS_2(s)+4H_2O+4e^- \Longrightarrow Fe_3O_4(s)+8H^++6S^{2-}$	221.6	-162.4
$FeS_2(s)+H_2O+CO_2(g)+2e^- \Longrightarrow FeCO_3(s)+2H^+2S^{2-}$	69.2	-50.7
$2FeS_2(s)+3H_2O+2e^- \Longrightarrow Fe_2O_3(s)+6H^++4S^{2-}$	150.9	-110.7
$FeS_2(s)+2H^++2e^- \Longrightarrow FeS(s)+H_2S$	7.46	-5.47
$FeS_2(s)+H^++2e^- \Longrightarrow FeS(s)+HS^-$	17.0	-12.5
$Fe^{2+}+2SO_4^{2-}+16H^++14e^- \Longrightarrow FeS_2(s)+8H_2O$	-116.8	85.7
$Fe(OH)_2(s)+2SO_4^{2-}+18H^++14e^- \Longrightarrow FeS_2(s)+10H_2O$	-135.0	98.9
$Fe^{2+}+2S^0(s)+2e^- \Longrightarrow FeS_2(s)$	-18.0	13.2
$FeS_2(s)+H_2O+3.5O_2 \Longrightarrow Fe^{2+}+2H^++2SO_4^{2-}$	-102.7	75.3
$Fe_3O_4(s)+1.5S_2(g)+8H^++8e^- \Longrightarrow 3FeS(s)+4H_2O$	-85.3	62.5
$Fe_2O_3(s)+S_2(g)+6H^++6e^- \Longrightarrow 2FeS(s)+3H_2O$	-60.1	44.0
$Fe_3O_4(s)+3S_2(g)+8H^++8e^- \Longrightarrow 3FeS_2(s)+4H_2O$	-155.9	114.3
$Fe_2O_3(s)+2S_2(g)+6H^++6e^- \Longrightarrow 2FeS_2(s)+3H_2O$	-107.2	146.2
$Fe_3O_4(s)+3H_2S(g)+2H^++2e^- \Longrightarrow 3FeS(s)+4H_2O$	-36.95	27.1
$3FeS_2(s)+4H_2O+4H^++4e^- \Longrightarrow Fe_3O_4(s)+6H_2S(aq)$	59.3	-43.5
$2FeS_2(s)+3H_2O+2H^++2e^- \Longrightarrow Fe_2O_3(s)+4H_2S(aq)$	42.8	-31.4
$Fe_2O_3(s)+4SO_4^{2-}+38H^++30e^- \Longrightarrow 2FeS_2(s)+19H_2O$	-266.6	195.5
$Fe_3O_4(s)+6SO_4^{2-}+56H^++44e^- \Longrightarrow 3FeS_2(s)+28H_2O$	-395.1	289.7
$4HSO_4^-+Fe_2O_3(s)+34H^++30e^- \Longrightarrow 2FeS_2(s)+19H_2O$	-256.2	187.9
$FeS_2(s)+4H^++2e^- \Longrightarrow 2H_2S(aq)+Fe^{2+}$	4.92	-3.6
$2HSO_4^-+Fe^{2+}+14H^++14e^- \Longrightarrow FeS_2(s)+8H_2O$	-111.6	81.9
$2SO_4^{2-}+Fe^{2+}+16H^++14e^- \Longrightarrow FeS_2(s)+8H_2O$	-116.8	85.7
$FeS_2(s)+2H^++2e^- \Longrightarrow 2HS^-+Fe^{2+}$	24.0	-17.6
$FeCO_3(s)+2SO_4^{2-}+17H^++14e^- \Longrightarrow FeS_2(s)+8H_2O+HCO_3^-$	-116.4	85.3

续表1.2

反应式	$\Delta G^\circ / (\text{kcal} \cdot \text{mol}^{-1})$	lg K
$HFeO_2^-(s) + 2SO_4^{2-} + 19H^+ + 14e^- \Longrightarrow FeS_2(s) + 10H_2O$	−160.3	117.5
硅酸铁		
$2Fe(OH)_3(s) + SiO_2(s) + 2H^+ + 2e^- \Longrightarrow Fe_2SiO_4(s) + 4H_2O$	−21.1	15.5
$Fe_3O_4(s) + 3SiO_2(s) + 2H^+ + 2e^- \Longrightarrow 3FeSiO_3(s) + H_2O$	25.3	−18.5
$Fe_2O_3(s) + 2SiO_2(s) + 2H^+ + 2e^- \Longrightarrow 2FeSiO_3(s) + H_2O$	13.6	−9.99

地下水中常见的铁是亚铁离子,与铝和其他金属离子一样,亚铁离子有一个八面体的水合层,带有六个水分子,当pH>9.5时,铁主要以一羟基配合物$FeOH^+$的形式存在,即便pH小于该值时,这种配合物也有意义。pH>11.0时,水中会有阴离子$Fe(OH)_3^-$或$HFeO_2^-$,但天然水环境中pH通常不会高于这一值。当水中硫酸盐浓度为几百毫克每升时,$FeSO_4(aq)$的存在就十分重要。有许多有机分子能够形成亚铁配合物,比自由亚铁离子更难氧化。含铁的有机化合物在植物光合作用及动物血红蛋白中起到重要作用。

铁离子以Fe^{3+}、$Fe(OH)^{2+}$、$Fe(OH)_2^+$的形式存在于酸性溶液中,pH值的大小决定了羟基配合物的形态和浓度。pH>4.8时,与氢氧化铁处于平衡的这类物质的总浓度低于$10\ \mu g \cdot L^{-1}$。当溶解性铁大于$1\ 000\ mg \cdot L^{-1}$时,铁的多核配合物就变得十分重要了。但是;天然水中几乎不含有这么高浓度的铁。

铁唯一的阴离子形态是$Fe(OH)_4^-$,其对铁的溶解度没有明显的影响,除非是pH>10的情况。

溶液中铁离子能与许多阴离子配位体形成配合物。天然水中较为重要的有氯化物、氟化物、硫酸盐、磷酸盐的配合物。某些水体中也含有较高含量的铁有机配合物,配合物中亚铁离子和铁离子都有可能存在。有机配合物多与腐殖质类物质有关,胶体的聚沉作用使铁进入沉积物,尤其是在河口,截留铁入海。

氢氧化铁的表面吸附能力巨大,会影响到有关微量成分在水中的浓度。有时还会发生氧化还原共沉淀,从而控制其他金属离子的溶解度。

1.3.2　地下水中的铁

在不同的$p\varepsilon$-pH区域内,地下水中的铁均能与$Fe(OH)_3(s)$、$Fe(OH)_2$、$FeCO_3$、FeS_2处于平衡。不同层次的地下水,其性质也大不相同,如图1.8所示。图中的虚线是$c_{T,Fe}$分别为10^1、10^0、10^{-1}、10^{-2}、10^{-3}、10^{-4}和10^{-5}（$mol \cdot L^{-1}$）时的固液边界线。①、②、③分别为三个不同层次的吸水口。

①为$Fe(OH)_3$区,水中铁的含量主要由下式决定

$$Fe(OH)_3(s) + 3H^+ \Longrightarrow Fe^{3+} + 3H_2O \qquad K = 10^4$$

这个方程式可以由两个方程式相加得到

$$Fe(OH)_3(s) \Longrightarrow Fe^{3+} + 3OH^- \qquad K_{sp} = 10^{-38}$$

$$3H^+ + 3OH^- \Longrightarrow 3H_2O \qquad (1K_w)^3 = (10^{14})^3$$

虽然平衡时Fe^{3+}的浓度很低,但是该区域往往处于有大量CO_2的土壤生物活性区域,

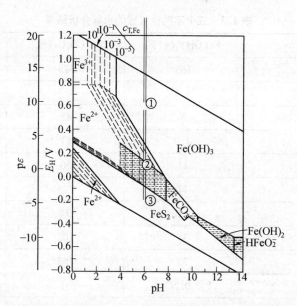

图 1.8　铁与 $Fe(OH)_3(s)$、$Fe(OH)_2$、$FeCO_3$、FeS_2 处于多相平衡的 $p\varepsilon$-pH 图

25 ℃，$c_{T,Fe} = 10 \sim 10^{-5}$ mol·L^{-1}，$c_{T,CO_3} = 10^{-3}$ mol·L^{-1}，$c_{T,S} = 10^{-4}$ mol·L^{-1}

水的 pH 值较低，具有腐蚀性，不利于延长管道的寿命。

②为 $FeCO_3$ 区，对该区域铁的含量起主要控制作用的方程式为

$$FeCO_3(s) + H^+ \Longrightarrow Fe^{2+} + HCO_3^- \qquad K = 10^{-0.4}$$

可由下面两个方程式相加得到

$$FeCO_3(s) \Longrightarrow Fe^{2+} + CO_3^{2-} \qquad K_{sp} = 10^{-10.7}$$

$$H^+ + CO_3^{2-} \Longrightarrow HCO_3^- \qquad 1K_{a,2} = 10^{10.3}$$

pH = 6，$[HCO_3^-] = 10^{-3}$ mol·L^{-1} 时，$[Fe^{2+}] = 22$ mg·L^{-1}。该区域的 Fe^{2+} 含量太高，不能接受。

③为 FeS_2 区，控制水中铁含量的主要公式为

$$FeS_2(s) \Longrightarrow Fe^{2+} + S_2^{2-} \qquad K = 10^{-26}$$

铁在该区域的浓度最低，如果不考虑形成配合物和其他硫化物的影响，则

$$[Fe^{2+}] = [(10^{-26})^{\frac{1}{2}}] \text{mol·} L^{-1} = 10^{-13} \text{mol·} L^{-1}$$

如果以该区域作吸水口，为了防止 $Fe(OH)_3$ 区氧化水的腐蚀，井壁管需要一直延伸到 FeS_2 区，且外侧需要灌浆。

三个区域的实际水质分析结果见表 1.3。水样分别为：美国匹兹堡市区，$Fe(OH)_3$，井深 7 m；美国德克萨斯州，$FeCO_3$，井深 213 m；美国匹兹堡市，FeS_2，井深 195 m。由表中数据可知，$Fe(OH)_3$ 区水样的 pH 值较低，仅为 4.3。$FeCO_3$ 区的总铁含量最高，其次是 $Fe(OH)_3$ 区，最低的为 FeS_2 区，均高于计算值，这可能与铁配合物的形成有关。

表 1.3　三个不同铁区域的水样分析结果

成分/(mg·L^{-1})	Fe(OH)$_3$(s)区	FeCO$_3$(s)区	FeS$_2$(s)区
TDS(计算值)	163	378	329
pH(pH 单位)	4.3	7.4	7.3
Ca^{2+}	6	42	3.5
Mg^{2+}	4.9	17	0.9
Na$^+$	11	50	121
K$^+$	11	7.6	2.0
总 Fe	0.18	24	0.06
HCO$_3^-$	55	102	248
SO$_4^{2-}$	22	162	48
Cl$^-$	0.2	31	18
SiO$_2$	62	18	13
电导率(25 ℃)/(μS·cm^{-1})	213	585	534

1.3.3　酸性矿排水

酸性矿排水问题普遍存在于含硫化物尤其是黄铁矿的矿山中,由于开采、风化、淋溶等原因,形成大量酸性矿排水,造成严重的生态污染。煤矿中一般都含有硫,主要以黄铁矿(FeS$_2$)的形式存在,含量为 0.3% ~0.5%,所以在开采过程中也会产生大量酸性矿排水。

酸性矿排水的一般形成机理如图 1.9 所示。

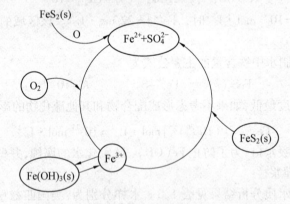

图 1.9　黄铁矿氧化酸性矿排水的机理示意图

第一步是部分 FeS$_2$ 被氧化,生成 Fe^{2+} 和 SO$_4^{2-}$,即

$$2FeS_2(s)+7O_2+2H_2O \Longrightarrow 2Fe^{2+}+4H^++4SO_4^{2-}$$

第二步是 Fe^{2+} 被氧化为 Fe^{3+},即

$$4Fe^{2+}+4H^++O_2 \Longrightarrow 4Fe^{3+}+2H_2O$$

接着 Fe^{3+} 水解,生成 Fe(OH)$_3$(s),导致污水呈红棕色,即

$$Fe^{3+}+3H_2O \Longrightarrow Fe(OH)_3(s)+3H^+$$

同时 Fe^{3+} 可以与 $FeS_2(s)$ 生成 Fe^{2+} 和 SO_4^{2-}，反应式为

$$14Fe^{3+} + FeS_2(s) + 8H_2O \Longrightarrow 15Fe^{2+} + 16H^+ + 2SO_4^{2-}$$

如此循环往复，产生大量的 H^+。

根据动力学，当 pH<5.5 时，亚铁的氧化速度很慢，方程为

$$-\frac{d[Fe^{2+}]}{dt} = k_1[Fe^{2+}]p_{O_2}$$

$$k_1 = 1 \times 10^{-25} \text{ atm}^{-1} \cdot \text{min}^{-1}$$

如果 p_{O_2} 为定值，则可以写为

$$-\frac{d\ln[Fe^{2+}]}{dt} = k_1'$$

当 pH>5.5 时，速率方程为

$$-\frac{d\ln[Fe^{2+}]}{dt} = k_2'[OH^-]^2$$

两边取对数，得

$$\lg \frac{-d\ln[Fe^{2+}]}{dt} = \lg k_2' - 2p_{OH} =$$

$$\lg k_2' - 2(14 - p_H) =$$

$$\lg k_2'' + 2p_H$$

该表达式与实验情况较吻合。当 pH<5.5 时，可以忽略不计亚铁的氧化，可以认为此时亚铁在充氧水中是稳定的。但是，这个结论与酸性矿排水的实际情况不符，实际情况中 Fe^{2+} 能被迅速氧化为 Fe^{3+}。

经证明，硫氧化硫杆菌、氧化亚铁硫杆菌、氧化亚铁亚铁杆菌等微生物可以催化氧化亚铁。通过灭菌实验可以观察到，未灭菌的水比灭菌水的氧化速率高 10^6 倍。由此可知，生物催化对酸性矿排水的形成起关键作用。

酸性矿排水的特点是水呈红棕色，且有"一低四高"，即 pH 值在 2~4 之间，硫酸根离子浓度高（达到数百至数千毫克每升），重金属离子浓度高，硬度高，TDS 高。常被称为"红龙之害"。水质参见表 1.4。

表 1.4　美国西弗吉尼亚某酸性矿排水的水样分析结果

水质标准	浓度范围	水质标准	浓度范围
pH 值	2.4~2.3	硫酸根/$(mg \cdot L^{-1})$	340~1 650
矿物酸度（以 $CaCO_3$ 计）/$(mg \cdot L^{-1})$	204~980	硬度（以 $CaCO_3$ 计）/$(mg \cdot L^{-1})$	190~740
Fe/$(mg \cdot L^{-1})$	35~260		

美国每年排放的酸性矿废水相当于 2.7×10^6 t 酸，能污染河流 12 000 km，美国酸敏感地区的淡水有 3% 的湖泊和 26% 的河流被酸性矿排水酸化，我国江西德兴铜矿排出的大量酸性废水直接进入乐安江，导致严重污染，重金属超标，危害渔业产量和农业生产。

治理酸性矿排水一般采用化学中和、抑菌等方法，但这不能解决最根本的问题，而是需要在开矿的同时综合考虑对酸性矿排水的防止及开矿后的土地复垦。

1.4 氯 化 学

氯被广泛用于废水处理领域,用作氧化剂和杀菌剂。在饮水处理中常作杀菌剂,而作为氧化剂则是用于含氰、硫化物、氨等工业废水和生活污水的处理当中,可以控制冷却塔中的生物污垢,杀灭活性污泥中的丝状微生物。还可以对游泳池进行消毒。然而,氯也可以与水中的腐殖质等发生反应,威胁人体健康。

1.4.1 概　述

氯在水中的存在形式有很多种,如 Cl_2、$HOCl$、OCl^-、NH_2Cl、$NHCl_2$ 等。常用于水处理的是钢瓶液氯,控制压力,向水中注入氯气。其他常用的有次氯酸钠($NaOCl$)和次氯酸钙 $[Ca(OCl)_2]$,后者俗称漂白粉。游泳池消毒剂也可以采用有机含氯化合物,如氯化三聚氰酸,在阳光下稳定,而在水中可水解生成游离氯。

氯气泄漏的事件常有发生,因此在氯气钢瓶的运输、保管和使用中要格外注意。

氯气在室温和大气压下是浅绿色气体,可被压缩为黄绿色液体。Cl_2 可与水形成水合物,9.4 ℃(49 ℉)以下形成 $Cl_2 \cdot 8H_2O$,即"氯冰"。

氯气在水中的溶解平衡反应为

$$Cl_2(g) \Longleftrightarrow Cl_2(aq) \quad K_H = 6.2 \times 10^{-2}$$

溶于水的氯可进一步反应,反应式为

$$Cl_2(aq) + H_2O \Longleftrightarrow HOCl + H^+ + Cl^- \quad K_h = 4 \times 10^{-4}$$

$$HOCl \Longleftrightarrow H^+ + OCl^- \quad pK_a = 7.5$$

图 1.10 是 Cl^- 浓度一定时,Cl_2、$HOCl$ 和 OCl^- 所占分数分别随 pH 变化的 α-pH 图。

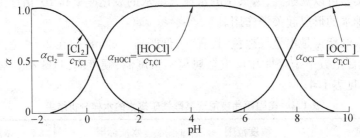

图 1.10　Cl_2、$HOCl$ 和 OCl^- 的 α-pH 图

$[Cl^-] = 10^{-3}(mol \cdot L^{-1})$,25 ℃

由图 1.10 可知,水处于一般 pH 条件时,$HOCl$ 和 OCl^- 占主要地位,pH<7.5 时,$HOCl$ 为优势物种,pH>7.5 时,OCl^- 是主要物种,这对实际应用意义重大。一般来说,杀菌能力方面 $HOCl$ 比 OCl^- 强得多,对大肠埃希氏菌,前者是后者的 80～100 倍,因此控制 pH 能够很好地提高氯的杀菌能力。

1.4.2 折点氯化

不同含氯杀菌剂对水质的影响不同。Cl_2 会使水的碱度降低,而 $NaOCl$ 会使水的碱度升高,Ca(OCl)$_2$ 则会使水的碱度和硬度都升高,并可能生成 CaCO$_3$ 沉淀而引起结垢,因此不宜用在泳池中。

在水处理的过程中,需要保持一定的余氯量。

$$需氯量=加氯量-余氯量$$

需氯量是与水中各组分反应,如阳光照射的分解反应,与各无机物和有机物之间的反应消耗掉的部分。

氯可以与氨生成氯胺化合物,如一氯胺(NH$_2$Cl)、二氯胺(NHCl$_2$)和三氯胺(NCl$_3$),其反应式为

$$NH_3(aq)+HOCl \rightleftharpoons NH_2Cl+H_2O$$

$$NH_2Cl+HOCl \rightleftharpoons NHCl_2+H_2O$$

$$NHCl_2+HOCl \rightleftharpoons NCl_3+H_2O$$

当加氯量与氨的物质的量比为 3∶2 时,生成 N$_2$,其反应式为

$$3Cl_2+2NH_3 \rightleftharpoons N_2(g)+6HCl$$

这一加氯剂量处称为“折点”,参见图 1.11。加氯量超过折点后,水中就会有自由残余氯出现,包括 Cl$_2$、HOCl 和 OCl$^-$。此后的氯化称为“折点氯化”,折点氯化能够保证氯对水的消毒作用,确保除去水中有气味的物质。

图 1.11 是折点氯化图,反映了加氯量与余氯量的关系。

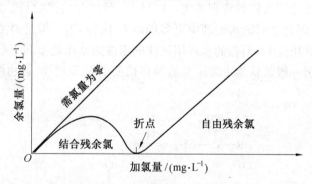

图 1.11　加氯量与余氯量关系图

氯胺化合物称为“结合残余氯”,图中凸峰指示的即是结合残余氯。加氯量与氨的物质的量比为 1∶1 时,结合残余氯达到最大值,折点时结合残余氯下降到约为零。与自由残余氯相比,结合残余氯的杀菌效果较弱,但是它更容易在供水系统中保持。

1.4.3　氯与有机反应物形成的有害副产物

1. 氯酚

氯极易与酚类化合物发生取代反应,生成氯酚,其中有些有强烈的气味。苯酚被 HOCl 氯化后,生成的各种氯酚及其嗅阈浓度如图 1.12 所示。嗅阈浓度指刚能闻到气味时,某苯

酚在水中的浓度,由图 1.12 可知:　　　　　,　　　　　,　　　　　的气味最为强烈。反

应的时间、pH 值、加氯量、酚浓度、温度都决定着氯酸产物的种类和浓度。

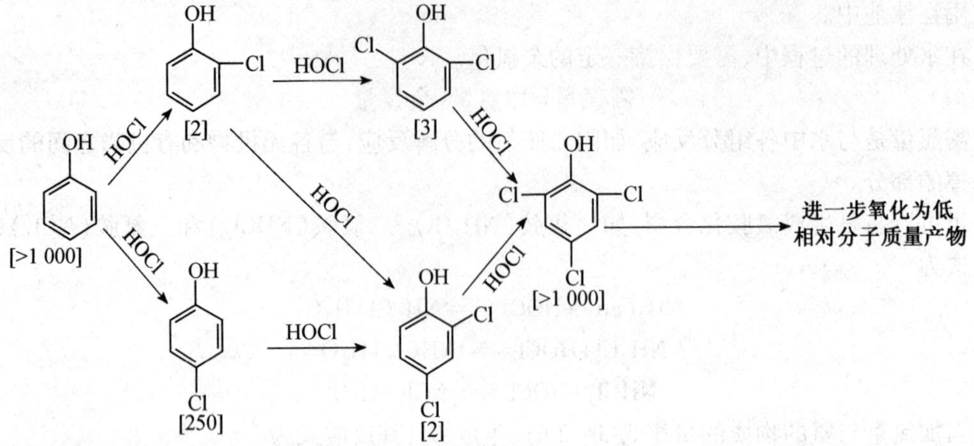

图 1.12 苯酚的氯化反应

（方括号内的数字为嗅阈浓度，单位为 $\mu g \cdot L^{-1}$）

2. 三卤甲烷

三卤甲烷简称 THMs，是一类挥发性有机物，通式为 CHX_3，X 为卤素，通常指 Cl、Br、I。由于氯仿能够致癌而受到人们的特别关注。1973 年，荷兰和美国的科学家同时在自来水中发现了氯仿的踪迹，因此之后的水处理中更多地以 O_3 代替 Cl_2。但是 O_3 的高成本限制了其普遍应用。长时间饮用经 Cl_2 消毒的水或用这样的水洗热水澡是不利于身体健康的。

自来水中的氯仿一般被认为主要来自氯与腐殖质的分解产物，如由酰基化合物反应生成，机理如下：

① $$R-C(=O)-CH_3 \xrightleftharpoons{OH^-} R-C(O^-)=CH_2+H^+$$

② $$R-C(O^-)=CH_2+HOCl \longrightarrow R-C(=O)-CH_2Cl+OH^-$$

③ $$R-C(=O)-CH_2Cl \xrightleftharpoons{OH^-} R-C(O^-)=CHCl+H^+$$

④ $$R-C(O^-)=CHCl+HOCl \longrightarrow R-C(=O)-CHCl_2+OH^-$$

⑤ $$R-C(=O)-CHCl_2 \xrightleftharpoons{OH^-} R-C(O^-)=CCl_2+H^+$$

⑥ $$R-C(O^-)=CCl_2+HOCl \longrightarrow R-C(=O)-CCl_3+OH^-$$

⑦ $$R-C(=O)-CCl_3+H_2O \xrightarrow{OH^-} R-C(=O)-OH^-+CHCl_3$$

在一些处理过的水中,除了发现 $CHCl_3$ 之外,还有其他的三卤甲烷,如 $CHCl_2Br$、$CHClBr_2$、$CHBr_3$ 和 $CHCl_2I$ 等,这是因为 HOCl 可以使水中的 Br^- 或 I^- 转化为 HOBr 或 HOI。

1.5　氮　化　学

1.5.1　氮　循　环

地球上的氮循环可以参考图 1.13。

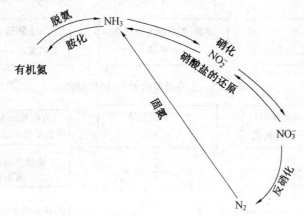

图 1.13　氮循环

硝化作用、反硝化作用、硝酸盐的还原作用和固氮作用均涉及微生物催化的氧化还原反应。只有脱氮作用和胺化作用不是氧化还原反应。

康德梦等在研究我国环境中氮循环的动态模式时,将其分为 4 部分,共 36 个单元,如图 1.14～1.17 所示。

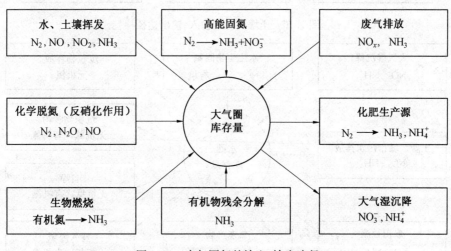

图 1.14　大气圈氮的输入、输出途径

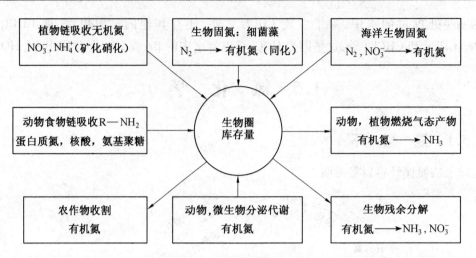

图 1.15　生物圈氮的输入、输出途径

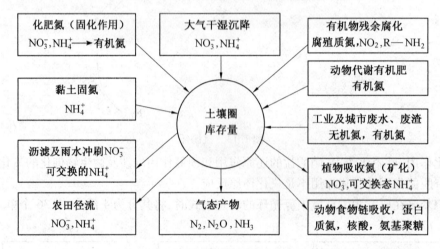

图 1.16　土壤圈氮的输入、输出途径

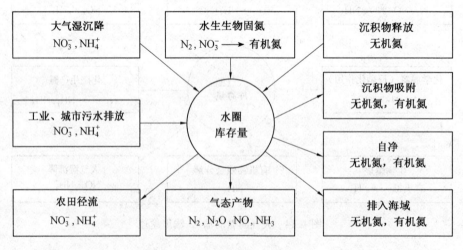

图 1.17　水圈氮的输入、输出途径

在近十年中,人类的活动严重影响了地球生物化学的循环。氮循环的变化日益严重,氮通量不断增长,进入生物圈的方式主要有三种:工业化肥、燃烧过程、人口和家畜数量的增长。氮是初级生产的关键元素,世界范围的农业生产、森林和海水中的浮游生物都受到无机氮(硝酸盐或氨)的有效性制约。自然氮固定较低的地区,其初级生产链几乎全都要靠外部的供给。现代化肥工业能够固定大气中的氮气,并转化为可被初级生产者利用的形式,这就是其成功点所在。

陆地和水生态系统另一个氮的主要来源是化石燃料的燃烧。部分有机氮能够以气态的形式通过有机物的燃烧释放,不过,主要还是靠空气中的氮气转化为其他气体成分,并以多种方式影响环境。氮氧化物如 NO 和 NO_2(统称 NO_x),由燃烧的过程产生而急剧增加,并导致沉降的增加。现在其排放甚至可以与化肥的利用相提并论。相应地,农业活动,包括家畜排放在内,也导致以 NH_4^+ 和 NH_3 形式输出的氮增加。

这样大规模的转化意味着惰性 N_2 气体向着生化活性强的物质转化。不过,人为作用对氮循环的影响数量上已经处于主要地位,这是两者间最大的区别。一直以来,大部分学者都认为细菌固氮占主要地位,远高于人为固氮,然而,现在看来这种情况已经彻底改变,燃烧和工业化肥这种人为的固氮形式已与自然生物固氮基本持平了。

1.5.2　水中含氮物种的氧化还原转化

水中的含氮物质主要有 N_2、NO_3^- 和 NH_4^+,某些条件下可能会有毒性中间产物生成 NO_2^-,由于其毒性而广受关注。

根据亨利定律,可计算 25 ℃,$p_{N_2} = 0.78$ atm 时水中的溶解量,即

$$[N_2(aq)] = K_H p_{N_2} = 6.48 \times 10^{-4} \text{ mol} \cdot L^{-1} \cdot \text{atm}^{-1} \times 0.78 \text{ atm} =$$
$$5.05 \times 10^{-4} \text{ mol} \cdot L^{-1} =$$
$$14.1 \text{ mg} \cdot L^{-1}$$

根据表 1.1 中的反应式和值,pH = 8,$p_{N_2} = 0.78$ atm 和 $c_{T,N} = 10^{-3}$ mol · L^{-1} 时,可以画出如图 1.18 所示的水中含氮物种的 pc-pε 图。其中

$$c_{T,N} = 10^{-3} \text{ mol} \cdot L^{-1} = 2[N_2(aq)] + [NH_4^+] + [NO_2^-] + [NO_3^-]$$

由图 1.18 可知,水中主要含有的无机含氮物质有 N_2、NO_3^- 和 NH_4^+,在充氧水这种氧化气氛中,以 NO_3^- 形式存在。但根据该图,当达到热力学平衡时,均要转化为 NO_3^-,同理可知,空气中的 $N_2(aq)$ 也都要转化为 NO_3^-,这与事实矛盾。实际情况下,由于 N_2 的分子结构导致水中 NO_3^- 的浓度很低。N_2 的分子结构为

$$N\equiv N$$

被三键相连的两个氮原子很难拆分,因此 N_2 必须先破坏牢固的三键才可以被氧化为 NO_3^-,这样导致了反应速度极其缓慢。

只有在固氮生物内部的还原气氛下才有以下反应生成

$$N_2(g) + 8H^+ + 6e^- \longrightarrow 2NH_4^+ \quad p\varepsilon^\circ = 4.68$$

当 pH = 8 时,该反应在低于 −6 V 时才能自发进行,固氮蓝绿藻的光合细胞内部(见图 1.18 左上角)存在于这种局部高度还原的环境,同样也存在于某些豆科植物的根瘤中及与根瘤菌共生的环境中。固氮蓝绿藻(如微囊藻、鱼腥藻、束绿藻)在光合作用下可以产生这

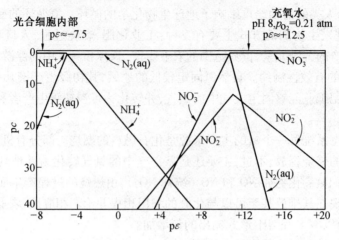

图1.18　水中含氮物种的 $pc-p\varepsilon$ 图

（ $c_{T,N}=10^{-3}\ mol\cdot L^{-1}, p_{N_2}=0.78\ atm, pH=8$ ）

样的环境。

反硝化（由 NO_3^- 转化为 N_2 ）是一个在许多细菌催化下都能保持很快速度的反应，但是其逆反应不能被细菌催化。

由于 N_2 转化为 NO_3^- 和 NH_4^+ 的速度十分缓慢，因此常可以忽略氮物种 $pc-p\varepsilon$ 图中的 N_2 ，使其变为一个与大气隔绝的水封闭体系。此时的 $pc-p\varepsilon$ 图如图1.19所示。

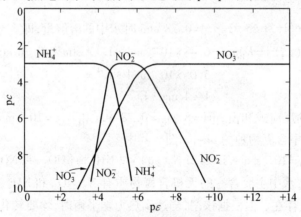

图1.19　水中三氮盐的 $pc-p\varepsilon$ 图

（ $pH=8, c_{T,N}=10^{-3}\ mol\cdot L^{-1}$ ，忽略 N_2 ）

由图1.19可知，仅在 $p\varepsilon=4.5\sim6.2$ 这个很小的范围中才有 NO_2^- 出现，它极易转化为 NO_3^- 或 NH_4^+ ，符合实际情况。

表层水的 $p\varepsilon$ 大多大于8，水中无机含氮物种主要为 NO_3^- 。如果硝酸盐在水中的含量过高就会具有毒性，尤其会增加儿童血液中的变性血红蛋白，具有潜在的危害性，当人和动物体液中溶氧不足导致 $p\varepsilon$ 明显下降时，硝酸盐会被还原为亚硝酸盐，毒害血液并引起肾脏障碍，进而形成致癌物亚硝胺。硝酸盐的这一潜在危害性，对于食物多次发酵体液 $p\varepsilon$ 较低的反刍动物更为突出。目前，我国对地面水和饮用水 NO_3^- 氮的标准分别为 $10\sim25\ mg\cdot L^{-1}$ 和 $20\ mg\cdot L^{-1}$ 。

1.5.3　氮的微生物转化

之前主要从化学角度探讨了氮化合物在水中的转化,本节主要从微生物的角度加以讨论。在氮化合物的转化过程中,微生物起到重要作用。参与催化氧化还原反应的同时,微生物也从中获取能量。氮的微生物转化是自然界中一个很活跃的动态变化过程,包括:

①固氮——分子氮固定为有机氮。

②硝化——将氨氧化为硝酸盐。

③硝酸盐的还原——硝酸盐被还原为低氧化态价的氮化合物。

④反硝化——硝酸盐或亚硝酸盐被还原为 N_2。

上述变化过程如图 1.20 所示,并参见图 1.13。

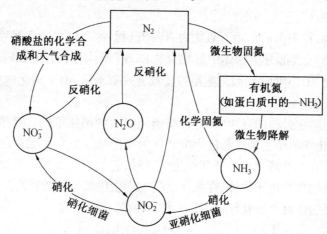

图 1.20　氮的转化过程

1. 固氮作用

生物固氮是环境中一项重要的生化过程。水环境中只有很少的微生物具有固氮能力,如光合细菌、固氮菌和一些梭菌。蓝绿藻也有这种能力。然而,大多数天然淡水中,与有机物质的降解相比,从农田肥料流失和其他外源得到的氮是相当低的,最重要的固氮菌是与豆科植物(如三叶草或紫花苜蓿)有共生关系的根瘤菌,可在豆科植物的根瘤上发现,根瘤是细菌"刺激"正在生长的豆科植物根须而产生的均有特殊结构的附着在豆科植物根上的东西,如图 1.21 所示。

根瘤与植物的循环系统直接相连,使其能够从植物直接获得光合作用产生的能量。这样,植物提供了打开 N_2 三键的能量,使 N_2 转化为还原形式,能够被植物吸收。当豆科植物死亡和腐烂时,释放出 NH_4^+ 并被微生物转化为 NO_3^-,后者能被其他植物吸收,两者都可能有部分进入天然水系统中。

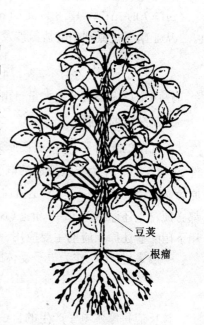

图 1.21　大豆植物的根瘤

有些非豆科被子植物可以通过根瘤中放线菌的作用固氮。这样的灌木和树木遍布田野、森林和湿地，它们的固氮率与豆科植物相当。某些草中存在的细菌也有固氮作用，如产脂螺菌。在热带，这样的细菌每年的固氮总量可达100 kg·hm^{-2}。

随着仿生科学的发展，化学模拟生物固氮工作一直在进行并不断取得进展。试图提高天然固氮效率的研究也很多，如利用重组 DNA 的方法将细菌固氮的能力直接转移到植物细胞。再如利用植物育种和生物技术提高植物与细菌间的共生关系的范围和有效性等。

随着固氮能力的提高，尤其是工业化肥的增加，人们开始担心全球的氮平衡会因此而遭到破坏，从而引起水体硝酸盐的污染以及 NO_3^- 由于细菌作用被还原为 N_2O，而 N_2O 会破坏臭氧层。

2. 硝化

硝化过程是 N^{3-} 在细菌的作用下氧化为 N^{5+} 的过程，这个过程在自然界中十分重要。好氧水中的 NO_3^- 为 N^{5+}，大部分生物体中氮化合物以 N^{3-} 形式存在，如氨基酸中的—NH_2。植物所需的氮主要从 NO_3^- 中吸收，因此施用铵盐氮肥或氨水后，由于硝化作用转化为 NO_3^-，有利于植物更好地吸收。

自然界中催化硝化过程的有两组细菌：亚硝化细菌和硝化细菌。亚硝化细菌将氨转化为亚硝酸盐，而硝化细菌使亚硝酸盐进一步氧化为硝酸盐。它们都是高度专一的专性好氧菌，因此只有在 O_2 存在的环境中才能起作用。同时，它们也是无机营养型细菌，这意味着，利用可氧化的无机物作为电子供体，在氧化反应中产生代谢过程所需的能量。

氨氮到亚硝酸盐的好氧转化涉及 1 mol 电子转移，反应式为

$$\frac{1}{4}O_2 + \frac{1}{6}NH_4^+ \longrightarrow \frac{1}{6}NO_2^- + \frac{1}{3}H^+ + \frac{1}{6}H_2O$$

pH = 7 时，$\Delta G = -10.8$ kcal·(mol 电子)$^{-1}$。

从亚硝酸盐氮到硝酸盐氮涉及 1 mol 电子转移的好氧转化，反应式为

$$\frac{1}{4}O_2 + \frac{1}{2}NO_2^- \longrightarrow \frac{1}{4}NO_3^-$$

这两个反应都会产生大量自由能，在 10 kcal·(mol 电子)$^{-1}$ 左右。

3. 硝酸盐的还原

在细菌的作用下，NO_3^- 被还原为较低氧化态的化合物，这就是硝酸盐的还原。在缺氧条件下，NO_3^- 可以作为某些细菌的电子受体。最完全的还原反应为 NO_3^- 接受 8 个电子，被还原为 NH_4^+（从+5 到-3）。N 是蛋白质的基本成分之一，任何生物体想要利用 N 合成蛋白质都必须首先还原 NO_3^- 值-3 价态（NH_4^+ 或 NH_3）。然而，结合 N 形成蛋白质不是在微生物作用下硝酸盐还原反应的主要应用，而更应该被称为硝酸盐同化。

一般来说，NO_3^- 作为电子受体的产物是 NO_2^-，反应式为

$$\frac{1}{2}NO_3^- + \frac{1}{4}\{CH_2O\} \longrightarrow \frac{1}{2}NO_2^- + \frac{1}{4}H_2O + \frac{1}{4}CO_2$$

该反应每摩尔电子产生的自由能只有以 O_2 电子受体时的 2/3，但是在缺氧的条件下，NO_3^- 是很好的电子受体。其主要的限制因素是 NO_3^- 在水体中的浓度较低，此外 NO_2^- 具有毒性，可能会抑制细菌增长至一定数量，当污水塘缺氧时可利用硝酸钠紧急帮助维持正常的细

菌增长。

4. 反硝化

有一个重要的特殊情况是反硝化过程,即硝酸盐还原时其还原产物为含氮气体。由 NO_3^- 还原为 N_2 的反应式为

$$\frac{1}{5}NO_3^- + \frac{1}{4}\{CH_2O\} + \frac{1}{5}H^+ \longrightarrow \frac{1}{10}N_2 + \frac{7}{20}H_2O + \frac{1}{4}CO_2$$

pH = 7 时,每摩尔电子的自由能变化为 -2.84 kcal。在某些种类细菌的催化作用下也可使 NO_3^- 或 NO_2^- 还原为 N_2O 和 NO 进入大气。

反硝化也是自然界中很重要的过程,在去除 N 的水处理中也有重要的应用。由于氮气无毒,不会抑制细菌增长,NO_3^- 又是很有效的电子受体,因此反硝化可使细菌在厌氧条件下增长。

厌氧条件下,不仅 NO_3^-,还有其他物质可以作为电子受体。水中分别在好氧和厌氧条件下的电子受体反应及 $p\varepsilon°$ 见表 1.5,$p\varepsilon°$ 与反应产生的能量有关。

表 1.5　在好氧和厌氧条件下的电子受体反应

条件	电子受体反应	$p\varepsilon°$	反应名称
好氧	$O_2(g) + 4H^+ + 4e^- \longrightarrow 2H_2O$	20.8	好氧呼吸
厌氧	$2NO_3^- + 12H^+ + 10e^- \longrightarrow N_2(g) + 6H_2O$	21.0	反硝化
	$NO_3^- + 10H^+ + 8e^- \longrightarrow NH_4^+ + 3H_2O$	14.9	硝酸盐还原
	$HCHO + 2H^+ + 2e^- \longrightarrow CH_3OH$	3.99	发酵
	$SO_4^{2-} + 9H^+ + 8e^- \longrightarrow HS^- + 4H_2O$	4.13	硫酸盐还原
	$CO_2 + 8H^+ + 8e^- \longrightarrow CH_4(g) + 2H_2O$	2.87	甲烷发酵

有很多微生物既可以利用氧气也可以利用硝酸盐作为电子受体,这些微生物称为兼性好氧菌。只有当溶解氧浓度很低时,它们才会利用硝酸盐。这是因为,在以 O_2 为电子受体时,获得的能量比以 NO_3^- 作电子受体要高。

利用 NO_3^- 产生 N_2 的反应(反硝化)比 NO_3^- 通过 NO_2^- 到 NH_4^+ 的还原反应更容易发生,这是因为从反硝化反应中,微生物可以获得更多可用能量。活性污泥池中,常在曝气池中由于硝化作用产生大量硝酸盐,由于二沉池中活性污泥沉淀形成污泥层,其中的细菌利用氧气作为电子受体进行呼吸,待耗尽所有溶解氧后,活性污泥中某些具有硝酸盐还原酶的微生物就开始利用 NO_3^- 作为电子受体,此时便会发生反硝化(而不是硝酸盐还原至 NH_4^+),氮气随之产生,这样就会在活性污泥层中产生许多小气泡,夹带着活性污泥颗粒一起上升至二沉池表面,引起"污泥上浮"现象,也称为"泥毯上浮",让人十分头痛。在活性污泥水处理厂同时发生着硝化和反硝化过程。

另外的例子与 NO_3^- 的反硝化作用有关。生活污水经沉淀后用活性污泥吸附,活性炭柱吸附的有机物促进微生物生长,而微生物作用使 SO_4^{2-} 还原为 HS^-,造成活性炭柱发臭。为了除臭,尝试对活性炭柱反冲洗、向进水中充 O_2 或 Cl_2,但都未收到明显效果。经实验发现,只要在进水中加入一点 $NaNO_3$ 就可以解决这个问题。这是因为与将 SO_4^{2-} 还原为 HS^- 相比,微生物更喜欢将 NO_3^- 还原为 N_2(反硝化)而获得更多的能量,具体参见表 1.5。

　　表 1.6 是解决活性炭吸附柱臭气问题的具体数据,非常具有说服力。这一方法也可应用于其他很多场合,例如可以喷洒 NO_3^- 来减轻晾晒活性污泥时散发的臭气。

表 1.6　控制活性炭吸附柱硫化物的方法及效果

控制方法	活性炭柱出水中平均总硫化物浓度(以 S 计)/(mg·L^{-1})
①表面冲洗与反冲洗(A)	2.9
②表面冲洗与反冲洗+增加柱进水溶解氧至 2~6 mg·L^{-1}(B)	1.9
③B+柱进水含 Cl_2 40 mg·L^{-1}	1.1
④A+柱进水含 NO_3^-—N 5.3 mg·L^{-1}	0.02
⑤A+柱进水含 NO_3^-—N 5.4 mg·L^{-1}	0

第2章 水体的氧化还原平衡

2.1 引 言

在本章中,我们着重强调天然水体中有关氧化还原组分的稳定性关系。但是,必须认识到的一点是,可氧化的或可还原的化合态浓度可能会与热力学的预期值相差甚远,这是因为许多氧化还原反应是缓慢的。海洋或湖泊中,接触氧气的大气表层与沉积物的最深层之间,氧化还原环境有着显著的差别。在两者之间有无数个局部的中间区域,它们是由于混合或扩散不充分及各种生物活动造成的,都不是处于真正的平衡状态。天然水体中遇到的大部分氧化还原过程,都需要生物媒介,这就意味着达到平衡状态强烈地依赖于生物体的活动。再有,在生物体小环境中可能建立起不同的氧化还原水平,不同于整个环境中的普遍情况;小环境中的生成物扩散或分散到大环境中,可能会给后者的氧化还原状况造成错误的认识;还有,由于许多氧化还原过程并不能立即互相匹配,所以在相同的区域,有几种不同的表观氧化还原水平是很有可能的。因此,对氧化还原状况和过程作出详细的、定量的说明,根本上是要取决于对水体系动力学的理解——达到平衡的速率——而不是描述总的或部分平衡组成。某些氧化还原反应生物媒介的基本知识稍后将作讨论。

考虑平衡状态,对用一般方法认识在天然水体中观察或预料的氧化还原模式,会有很大的帮助。在所有情况下,平衡计算都可提供体系必然发展趋向的边界条件。此外,即使总的平衡没有达到,部分平衡(包括某些氧化还原对,但不是全部)却时常近似达到。在某些情况下,特殊的氧化还原对具有活性均衡的作用,使我们可以预计重要的氧化还原水平,或通过计算氧化还原水平估计它们的特征和反应。即使在计算值和实测值之间有差别时,也能获得有价值的认识。因为这样就会清楚地知道,未达到平衡状态,还需要更多的资料或更复杂的理论。

在水环境中,利用电化学方法测定氧化还原电位,会存在更多困难。所得的数值取决于电极表面反应的性质和速率,并且很难作出有意义的解释。即使为测定掌握了合适的条件,结果也仅对那些电极表面电化学可逆的组分有效。

2.2 氧化还原平衡和电子活度

酸碱反应和氧化还原反应有着概念上的相似性。酸和碱可以被看作质子给予体和质子接受体,相似地,还原剂和氧化剂也可以被定义为电子给予体和电子接受体。e^- 表示电子。由于没有自由电子,每个氧化反应都伴随着一个还原反应,反之亦然;或者说,氧化剂是促使发生氧化反应,而它本身却被还原的物质。

$$O_2 + 4H^+ + 4e^- \Longrightarrow 2H_2O \qquad \text{还原}$$

$$4Fe^{2+} \Longrightarrow 4Fe^{3+} + 4e^- \qquad \text{氧化}$$

$$O_2+4Fe^{2+}+4H^+ =\!=\!=\!= 4Fe^{3+}+2H_2O \qquad 氧化还原反应$$

2.2.1 氧 化 态

由于电子迁移(从机理上说,这种迁移可能是带电子的基团发生迁移),反应物和生成物的氧化态均有变化。有时,尤其是讨论涉及有共价键的反应,对于一个特定的元素,电子得失的分配就不十分明确。氧化态(或氧化数)表示一种假定的电荷值,即,如果离子或分子发生离解,其原子会拥有的电荷值。这种假定的离解,或者电子对原子的分配,都是按照规则进行的。表2.1中给出了这种规则和例子。在本书中,古罗马数字代表氧化态,阿拉伯数字代表实际的电子电荷。氧化态概念可能很少有化学上的现实意义,但是在讨论化学计量问题时,它作为一种平衡氧化还原反应的工具,以及在系统描述化学问题时是极有用的。

有时氧化还原反应的配平会遇到一些困难。下面举例说明几种处理方法中的一种。

表 2.1 氧化态

氧化态的分配规则:

①单原子物质的氧化态与其电子电荷相等

②在共价化合物中,每个原子的氧化态数是当每个共享的电子对完全分配给分享它们的电负性更强的两个原子的剩余电荷。由两个有相同电负性的原子分享的电子对在它们之间分裂

③对分子来说氧化态的总和等于零,对离子来说则等于离子的形式电荷

例如:

氮化合物		硫化合物		碳化合物	
物质	氧化态	物质	氧化态	物质	氧化态
NH_4^+	$N=-Ⅲ, H=+1$	H_2S	$S=-Ⅱ, H=+Ⅰ$	HCO_3^-	$C=+Ⅳ$
N_2	$N=0$	$S_8(s)$	$S=0$	$HCOOH$	$C=+Ⅱ$
NO_2^-	$N=+Ⅲ, O=-Ⅱ$	SO_3^{2-}	$S=+Ⅳ, O=-Ⅱ$	$C_6H_{12}O_6$	$C=0$
NO_3^-	$N=+Ⅴ, O=-Ⅱ$	SO_4^{2-}	$S=+Ⅵ, O=-Ⅱ$	CH_3OH	$C=-Ⅱ$
HCN	$N=-Ⅲ, C=+Ⅱ, H=+1$	$S_2O_3^{2-}$	$S=+Ⅱ, O=-Ⅱ$	CH_4	$C=-Ⅳ$
SCN^-	$S=-Ⅰ, C=+Ⅲ, N=-Ⅲ$	$S_4O_6^{2-}$	$S=+2.5, O=-Ⅱ$	C_6H_5COOH	$C=-\dfrac{2}{7}$
		$S_2O_6^{2-}$	$S=+Ⅴ, O=-Ⅱ$		

【例 2.1】 氧化还原反应的配平。配平以下氧化还原反应:

(1)Mn^{2+} 被 PbO_2 氧化为 MnO_4^-;

(2)$S_2O_3^{2-}$ 被 O_2 氧化为 $S_4O_6^{2-}$。

解 (1)反应物:Mn(Ⅱ),Pb(Ⅳ);生成物:Mn(Ⅶ),Pb(Ⅱ)

氧化: $$Mn(Ⅱ) =\!=\!=\!= Mn(Ⅶ)+5e^-$$

还原: $$Pb(Ⅳ)+2e^- =\!=\!=\!= Pb(Ⅱ)$$

半反应:

$$Mn^{2+} =\!=\!=\!= Mn(Ⅶ)+5e^-$$

$$Mn(Ⅶ)+4O(-Ⅱ) =\!=\!=\!= MnO_4^-$$

$$4H_2O =\!=\!=\!= 4O(-Ⅱ)+8H^+$$

$$Mn^{2+}+4H_2O =\!=\!=\!= MnO_4^-+8H^++5e^- \qquad ①$$

$$Pb(Ⅳ)+2e^- =\!=\!=\!= Pb^{2+}$$

$$PbO_2 \Longrightarrow Pb(Ⅳ) + 2O(-Ⅱ)$$

$$2O(-Ⅱ) + 4H^+ \Longrightarrow 2H_2O$$

$$PbO_2 + 4H^+ + 2e^- \Longrightarrow Pb^{2+} + 2H_2O \qquad ②$$

将反应①和②相加并消掉 e^-，得

$$2Mn^{2+} + 5PbO_2 + 4H^+ \Longrightarrow 2MnO_4^- + 5Pb^{2+} + 2H_2O$$

（2）反应物：$S(Ⅱ)$，$O(0)$；生成物：$S(+2.5)$，$O(-Ⅱ)$

氧化：　　　　　　　$2S(Ⅱ) \Longrightarrow 2S(+2.5) + e^-$

还原：　　　　　　　$O(0) + 2e^- \Longrightarrow O(-Ⅱ)$

半反应：

$$2S(Ⅱ) \Longrightarrow 2S(+2.5) + e^-$$

$$S_2O_3^{2-} \Longrightarrow 2S(Ⅱ) + 3O(-Ⅱ)$$

$$2S(+2.5) + 3O(-Ⅱ) \Longrightarrow \frac{1}{2}S_4O_6^{2-}$$

$$S_2O_3^{2-} \Longrightarrow \frac{1}{2}S_4O_6^{2-} + e^- \qquad ③$$

$$\frac{1}{2}O_2 + 2e^- \Longrightarrow O(-Ⅱ)$$

$$O(-Ⅱ) + 2H^+ \Longrightarrow H_2O \qquad ④$$

$$\frac{1}{2}O_2 + 2H^+ + 2e^- \Longrightarrow H_2O$$

将反应③和④相加并消掉 e^-，得

$$2S_2O_3^{2-} + \frac{1}{2}O_2 + 2H^+ \Longrightarrow S_4O_6^{2-} + H_2O$$

2.2.2　电子活度和 $p\varepsilon$

水溶液中不含有自由质子和自由电子,尽管如此,仍可以确定相对的质子和电子活度。pH 定义为

$$pH = -\lg\{H^+\}$$

它衡量溶液接受或迁移质子的相对趋势。在酸溶液中,这种趋势很低,而在碱溶液中这种趋势较高。相似地,对于氧化还原强度,我们可以用一个方便的参数定义为

$$p\varepsilon = -\lg\{e^-\}$$

$p\varepsilon$ 在平衡条件下给出了(假定的)电子活度,且衡量溶液接受或迁移电子的相对趋势。在还原性很强的溶液中,供给电子的趋势,即,假定的"电子压力"或电子活度,相对较大。正如在 pH 大时假定的氢离子活度很低一样,在 $p\varepsilon$ 大时,假定的电子活度也很低。因此高的 $p\varepsilon$ 表明了相对高的氧化趋势。在平衡方程式中,H^+ 和 e^- 以同样的方式来处理。因此氧化或还原平衡常数就可以像酸度常数那样确定和处理,正如表 2.2 中方程式所示,pH 和 $p\varepsilon$ 的相对关系是以逐步的方式推导出来的。为了阐述 $p\varepsilon$ 和氧化还原平衡的关系,我们先回顾 pH 和酸碱平衡推导出的关系(表 2.2 左侧)。电子迁移反应与质子迁移反应类似,可以用两个反应步骤来解释,参见表 2.2 中式(2)和式(3)。

对质子水合作用(表 2.2 方程式(3a)),人为制定了 $\Delta G° = 0$ 的规定,与此类似,我们可

以选定 $H_2(g)$ 的氧化反应（表 2.2 方程式（3b））自由能变化为零。表 2.2 中方程式（5a）和（5b）表明 pH 和 $p\varepsilon$ 分别衡量迁移 1 mol 质子或电子包含的自由能。

表 2.2　pH 和 $p\varepsilon$

$pH = -lg\{H^+\}$	$p\varepsilon = -lg\{e^-\}$
酸碱反应：$HA+H_2O \Longrightarrow H_3O^+ + A^-$　K_1　　(1a)	氧化还原反应：$Fe^{3+} + \frac{1}{2}H_2(g) \Longrightarrow Fe^{2+} + H^+$　K_1
反应（1a）由以下两步组成：	(1b)
$HA \Longrightarrow H^+ + A^-$　K_2　　(2a)	反应（1b）由以下两步组成：
$H_2O + H^+ \Longrightarrow H_3O^+$　K_3　　(3a)	$Fe^{3+} + e^- \Longrightarrow Fe^{2+}$　K_2　　(2b)
根据热力学规定：$K_3 = 1$	$\frac{1}{2}H_2(g) \Longrightarrow H^+ + e^-$　K_3　　(3b)
因此	根据热力学规定：$K_3 = 1$
$K_1 = K_2 = K_2K_3 = \{H^+\}\{A^-\}/\{HA\}$　(4a)	因此
或	$K_1 = K_2 = K_2K_3 = \{Fe^{2+}\}/\{Fe^{3+}\}\{e^-\}$　(4b)
$pH = pK + lg[\{A^-\}/\{HA\}]$　(5a)	或
由于 $pK = -lg\,K = \Delta G^\circ/2.3RT$	$p\varepsilon = p\varepsilon^\circ + lg[\{Fe^{3+}\}/\{Fe^{2+}\}]$　(5b)
$pH = \Delta G^\circ/2.3RT + lg[\{A^-\}/\{HA\}]$　(6a)	由于 $p\varepsilon^\circ = lg\,K = -\Delta G^\circ/2.3RT$
或从酸向 H_2O 转移 1 mol H^+：	$p\varepsilon = -\Delta G^\circ/2.3RT + lg[\{Fe^{3+}\}/\{Fe^{2+}\}]$　(6b)
$\Delta G/2.3RT = \Delta G^\circ/2.3RT + lg[\{A^-\}/\{HA\}]$　(7a)	或从 H_2 向氧化剂转移 1 mol e^-：
对转移 n 个质子的一般情况：	$-\Delta G/2.3RT = -\Delta G^\circ/2.3RT + lg[\{Fe^{3+}\}/\{Fe^{2+}\}]$
$H_nB + nH_2O \Longrightarrow nH_3O^+ + B^{-n}$　β^*　(8a)	(7b)
$pH = (1/n)p\beta^* + (1/n)log[\{B^{-n}\}/\{H_nB\}]\beta$　(9a)	对转移 n 个电子的一般情况：
$pH = \Delta G/n2.3RT =$	$ox + (n/2)H_2 \Longrightarrow red + nH^+;\ ox + ne^- \Longrightarrow red;\ K^*$
$\quad \Delta G^\circ/n2.3RT + (1/n)lg[\{B^{-n}\}/\{H_nB\}]$　(10a)	(8b)
$\Delta G = -nFE$（$E=$ 酸度电位）　(11a)	$p\varepsilon = (1/n)lg\,K^* + (1/n)lg[\{ox\}/\{red\}]$
$pH = -E/(2.3RTF^{-1}) =$	$p\varepsilon = p\varepsilon^n + (1/n)lg[\{ox\}/\{red\}]$　(9b)
$\quad -E^\circ/(2.3RTF^{-1}) + (1/n)lg[\{B^{-n}\}/\{H_nB\}]$	$p\varepsilon = -\Delta G^\circ/n2.3RT + (1/n)lg[\{ox\}/\{red\}]$　(10b)
(12a)	$\Delta G = -nFE_H$（$E_H=$ 氧化还原电位）　(11b)
酸度电位：	$p\varepsilon = E_H/(2.3RTF^{-1}) =$
$E = E^\circ + (2.3RT/nF)lg[\{H_nB\}/\{B^{-n}\}]$　(13a)	$\quad E_H^\circ/(2.3RTF^{-1}) + (1/n)lg[\{ox\}/\{red\}]$　(12b)
	氧化还原电位（Peters-Nernst 方程）：
	$E_H = E_H^\circ + (2.3RT/nF)lg[\{ox\}/\{red\}]$　(13b)

任一氧化或还原都可以写成一个半反应，如

$$Fe^{3+} + e^- \Longrightarrow Fe^{2+}　　　K_3$$

这样一个还原反应总是伴随着一个氧化反应，例如，$I^- \Longrightarrow \frac{1}{2}I_2 + e^-$。虽然溶液中没有自由电子，我们可以为半反应列出平衡表达式

$$\frac{\{Fe^{2+}\}}{\{Fe^{3+}\}\{e^-\}} = K_3 \qquad lg\,K_3 = 13.0(25\ ℃)$$

该式可以改写为

$$p\varepsilon = \lg K_3 + \lg \frac{\{Fe^{3+}\}}{\{Fe^{2+}\}} \qquad ①$$

另一个例子——IO_3^- 的还原反应——可以写成以下半反应

$$IO_3^- + 3H_2O + 6e^- \Longrightarrow I^- + 6OH^- \qquad K_6$$

这样一个还原反应也伴随着一个氧化反应,例如,$3H_2O \Longrightarrow \frac{3}{2}O_2(g) + 6H^+ + 6e^-$。虽然溶液中没有自由电子,也可以为半反应列出一个平衡表达式

$$\frac{\{I^-\}\{OH^-\}^6}{\{IO_3^-\}\{e^-\}^6} = K_6 \qquad \lg K_6 = 26.1(25\ ℃)$$

或

$$p\varepsilon = \frac{1}{6}\lg K_6 + \frac{1}{6}\lg \frac{\{IO_3^-\}}{\{I^-\}\{OH^-\}^6} \qquad ②$$

方程式①和②可以被概括为

$$p\varepsilon = p\varepsilon°_{(3)} + \lg \frac{\{Fe^{3+}\}}{\{Fe^{2+}\}} \quad 或 \quad p\varepsilon = p\varepsilon° + \lg \frac{\{ox\}}{\{red\}}$$

且

$$p\varepsilon = p\varepsilon°_{(6)} + \frac{1}{6}\lg \frac{\{IO_3^-\}}{\{I^-\}\{OH^-\}^6} \quad 或 \quad p\varepsilon + p\varepsilon° = \frac{1}{n}\lg \frac{\prod_i \{ox\}^{ni}}{\prod_j \{red\}^{nj}} \qquad ③$$

其中

$$p\varepsilon°_{(3)} = \lg K_3, p\varepsilon°_{(6)} = \frac{1}{6}\lg K_6$$

或一般情况下

$$p\varepsilon° = \frac{1}{n}\lg K$$

式中　　n——反应中涉及的电子数;

　　　　K——还原半反应的平衡常数。

　　　　$\prod_i \{ox\}^{ni}$——反应物活度的产物(氧化剂在反应方程式的左边);

　　　　$\prod_j \{red\}^{nj}$——生成物活度的产物(还原剂在反应方程式的右边)。

因此对于还原反应

$$SO_4^{2-} + 10H^+ + 8e^- \Longrightarrow H_2S(g) + 4H_2O \qquad \lg K = 42.0$$

其中

$$p\varepsilon = p\varepsilon°_{(12)} + \frac{1}{8}\lg \frac{\{SO_4^{2-}\}\{H^+\}^{10}}{p_{H_2S}} \qquad p\varepsilon°_{(12)} = 5.25$$

2.2.3　平衡计算

到目前为止,我们一直把电子像络合生成反应中的配体那样处理。在《金属离子络合物的稳定常数》一书中,第一节"无机配位体"中所考虑的第一个配位体就是电子。

在接下来的例子中,我们会阐述一些基本的平衡计算。为了简单,我们假设活度近似等于浓度。

【例2.2】　按公式计算 $p\varepsilon$ 值。计算下列平衡体系的 $p\varepsilon$ 值($25\ ℃, I=0$):

(1)酸溶液中,Fe^{3+} 为 10^{-5} mol · L^{-1},Fe^{2+} 为 10^{-3} mol · L^{-1}。

（2）pH＝7.5 的天然水体与大气（p_{O_2}＝0.21 atm）保持平衡。

（3）pH＝8 的天然水体包含 10^{-5} mol·L^{-1} 的 Mn^{2+}，与 γ-MnO_2(s)保持平衡。

解　《金属离子络合物的稳定常数》一书中给出了以下平衡常数：

$$Fe^{3+}+e^-\Longrightarrow Fe^{2+}\qquad K=\frac{\{Fe^{2+}\}}{\{Fe^{3+}\}\{e^-\}}\qquad \lg K=13.0 \tag{①}$$

$$\frac{1}{2}O_2(g)+2H^++2e^-\Longrightarrow H_2O(l)\qquad K=\frac{1}{p_{O_2}^{\frac{1}{2}}\{H^+\}^2\{e^-\}^2}\qquad \lg K=41.55 \tag{②}$$

$$\gamma\text{-}MnO_2(s)+4H^++2e^-\Longrightarrow Mn^{2+}+2H_2O(l)\qquad K=\frac{\{Mn^{2+}\}}{\{H^+\}^4\{e^-\}^2}\qquad \lg K=40.84 \tag{③}$$

应用方程式①，②和③，可以得出规定条件的 $p\varepsilon$ 值：

（1）$p\varepsilon=13.0+\lg\dfrac{\{Fe^{3+}\}}{\{Fe^{2+}\}}=11.01$

（2）$p\varepsilon=20.78+\dfrac{1}{2}\lg(p_{O_2}^{\frac{1}{2}}\{H^+\}^2)=12.94$

（3）$p\varepsilon=20.42+\dfrac{1}{2}\lg\dfrac{\{H^+\}^4}{\{Mn^{2+}\}}=6.92$

【例 2.3】　简单溶液的平衡组成。计算以下溶液的平衡组成（25 ℃，$I=0$），两种溶液都和大气（p_{O_2}＝0.21 atm）处于平衡：

（1）含铁总浓度为 $c_{T,Fe}=10^{-4}$ mol·L^{-1} 的酸性溶液（pH＝2）。

（2）含 Mn^{2+} 的天然水体（pH＝7），与 MnO_2(s)保持平衡。平衡常数在例 2.2 中给出。

解　氧化还原平衡由给定的条件（p_{O_2} 和 pH）限定。因此两个例子都可按以下方程式计算 $p\varepsilon$ 值：

$$p\varepsilon=20.78+\frac{1}{2}\lg(p_{O_2}^{\frac{1}{2}}\{H^+\}^2)$$

计算得到以下数值：

（1）$p\varepsilon=18.61$

（2）$p\varepsilon=13.61$

相应地，我们可以求得下式

$$p\varepsilon=13.0+\lg\frac{\{Fe^{3+}\}}{\{Fe^{2+}\}}$$

且

$$p\varepsilon=20.42+\frac{1}{2}\lg\frac{\{H^+\}^4}{\{Mn^{2+}\}}$$

对于溶液（1），$\dfrac{\{Fe^{3+}\}}{\{Fe^{2+}\}}=10^{5.61}$，或 $\{Fe^{3+}\}=10^{-4}$ 和 $\{Fe^{2+}\}=10^{-9.61}$；对于溶液（2），$\{Mn^{2+}\}=10^{-14.38}$ mol·L^{-1}。

当然，还有计算平衡组成的其他方法。例如，我们可以先计算整个氧化还原反应的平衡常数：

$$\frac{1}{2}O_2(g)+2H^++2e^-\Longrightarrow H_2O(l)\qquad \lg K=41.55$$

$$2Fe^{2+}\Longrightarrow 2Fe^{3+}+2e^-\qquad \lg K=-26.0$$

$$\frac{1}{2}O_2(g)+2Fe^{2+}+2H^+ \Longrightarrow 2Fe^{3+}+H_2O(l) \qquad \lg K = 15.55$$

$$\frac{1}{2}O_2(g)+2H^++2e^- \Longrightarrow H_2O(l) \qquad \lg K = 41.55$$

$$Mn^{2+}+2H_2O(l) \Longrightarrow \gamma\text{-}MnO_2(s)+4H^++2e^- \quad \lg K = -40.84$$

$$\frac{1}{2}O_2(g)+Mn^{2+}+H_2O(l) \Longrightarrow \gamma\text{-}MnO_2(s)+2H^+ \quad \lg K = 0.71$$

按照给定的 p_{O_2} 和 pH，应用限定的平衡常数，就可以计算出 $\dfrac{\{Fe^{3+}\}}{\{Fe^{2+}\}}$ 的比值和 Mn^{2+} 的平衡活度。

$p\varepsilon$ 作为一个主变量，其对数平衡表达式为

$$p\varepsilon = p\varepsilon^\circ + \frac{1}{n}\lg\frac{\{ox\}}{\{red\}}$$

本身可以用双对数平衡图来描述。既然我们在酸碱平衡中用 pH 做主变量，在氧化还原平衡中就可以用 $p\varepsilon$ 做主变量进行图解描述。

例如，在 Fe^{2+} 和 Fe^{3+} 的酸溶液中（忽略水解），氧化还原平衡为

$$\frac{\{Fe^{2+}\}}{\{Fe^{3+}\}\{e^-\}} = K$$

可以与浓度条件式联立

$$[Fe^{2+}]+[Fe^{3+}] = c_{T,Fe}$$

得到稀释溶液的关系式为

$$[Fe^{3+}] = \frac{c_{T,Fe}K^{-1}}{\{e^-\}+K^{-1}}$$

及

$$[Fe^{2+}] = \frac{c_{T,Fe}\{e^-\}}{\{e^-\}+K^{-1}}$$

将这些关系写成对数式，就可以用渐近线方程来表示。对于 $\{e^-\}\gg\dfrac{1}{K}$ 或 $p\varepsilon < p\varepsilon^\circ$，有

$$\lg[Fe^{3+}] = \lg c_{T,Fe}+p\varepsilon-p\varepsilon^\circ$$

$$\lg[Fe^{2+}] = \lg c_{T,Fe}$$

相似地，对于 $\{e^-\}\ll\dfrac{1}{K}$ 或 $p\varepsilon > p\varepsilon^\circ$，有

$$\lg[Fe^{3+}] = \lg c_{T,Fe}$$

$$\lg[Fe^{2+}] = \lg c_{T,Fe}+p\varepsilon^\circ-p\varepsilon$$

这些关系可以方便地绘制成图（图 2.1）。图中表明了在 $\lg c_{T,Fe} = -3$ 时，$p\varepsilon$ 是如何随 $\{Fe^{3+}\}$ 和 $\{Fe^{2+}\}$ 的比值变化的。

对于给定 pH 的水溶液，每个 $p\varepsilon$ 值都与 H_2 和 O_2 的分压有关

$$2H^++2e^- \Longrightarrow H_2(g) \qquad \lg K = 0 \tag{①}$$

或

$$2H_2O+2e^- \Longrightarrow H_2(g)+2OH^- \qquad \lg K = -28$$

和

$$O_2(g)+4H^++4e^- \Longrightarrow 2H_2O \qquad \lg K = 83.1 \tag{②}$$

或

$$O_2(g)+2H_2O+4e^- \Longrightarrow 4OH^- \qquad \lg K = 27.1$$

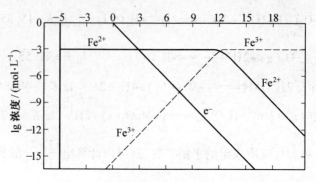

图 2.1　Fe^{3+}, Fe^{2+} 的氧化还原平衡

水性铁的 10^{-3} mol·L^{-1} 溶液的平衡分布作为 $p\varepsilon$ 的函数(酸溶液)

氧化还原平衡方程式的对数形式为

$$\lg p_{H_2} = 0 - 2pH - 2p\varepsilon$$

$$\lg p_{O_2} = -83.1 + 4pH + 4p\varepsilon$$

图 2.2 以对数形式给出了平衡式①和式②。因此,例如 pH = 10 和 $p\varepsilon = 8$ 的水体,对应 $p_{O_2} = 10^{-11}$ atm 和 $p_{H_2} = 10^{-36}$ atm。如果换用 $p\varepsilon$ 来衡量氧化强度,则以特定的 pH 和 p_{O_2} 或 p_{H_2} 来表征这种强度是有可能的(图 2.2)。表 2.2 也说明,自然水体(pH = 4 ~ 10)的 $p\varepsilon$ 范围近似于 $p\varepsilon = -10 ~ 17$;超出此数值范围的水,分别被还原为 H_2 或氧化为 O_2。

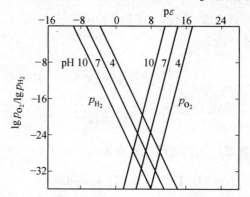

图 2.2　水的稳定性 $[H_2O(1) \rightleftharpoons H_2(g) + \frac{1}{2}O_2(g)]$

不同 pH 值下 H_2 和 O_2 的分压与水保持平衡

【例 2.4】　SO_4^{2-}-HS^- 的氧化还原平衡。绘图说明 pH = 10 和 25 ℃时,10^{-4} mol·L^{-1} SO_4^{2-}-HS^- 体系的 $p\varepsilon$ 依赖关系。反应式为

$$SO_4^{2-} + 9H^+ + 8e^- \rightleftharpoons HS^- + 4H_2O \qquad ①$$

氧化还原平衡方程式为

$$p\varepsilon = \frac{1}{8}\lg K + \frac{1}{8}\lg \frac{[SO_4^{2-}][H^+]^9}{[HS^-]} \qquad ②$$

解　我们可以用标准生成的自由能的可用数据来计算平衡常数。美国标准局给出的以下 $\bar{G}_f^\circ$ 值(kJ·mol^{-1}):SO_4^{2-},-742.0;HS^-,12.6;$H_2O(1)$,-273.2。对于水溶液中的质子和电子,$\bar{G}_f^\circ$ 值为零。因此在方程式①中,标准自由能的变化为 $\Delta G = -194.2$,相应的平衡常数

（$K = 10^{-\Delta G^\circ/2.3RT}$）为 10^{34}。因此，代入方程式②，得

$$p\varepsilon = 4.25 - 1.125pH + \frac{1}{8}\lg[SO_4^{2-}] - \frac{1}{8}\lg[HS^-] \qquad ③$$

或者，对于 $pH = 10$，

$$p\varepsilon = -7 + \frac{1}{8}\lg[SO_4^{2-}] - \frac{1}{8}\lg[HS^-] \qquad ④$$

在 $[SO_4^{2-}] + [HS^-] = 10^{-4}\ mol \cdot L^{-1}$ 的条件下，方程式④在图 2.3 中绘出。在 $pH = 10$ 时，HS^- 是 $S(\text{II})$ 主要的化合态。在 $p\varepsilon = -7$ 时，$[SO_4^{2-}]$ 和 $[HS^-]$ 两线相交；渐近线的斜率分别为 0 和 ±8。图中同样给出了 O_2 和 H_2 的平衡分压线。如图 2.3 所示，要还原 SO_4^{2-} 就需要相当高的相对电子活度。在选定的 pH 值下，SO_4^{2-} 还原所需的 $p\varepsilon$ 值比水的还原 $p\varepsilon$ 值负值略小。在氧气存在的情况下，只有硫酸盐可以存在；仅在非常缺氧的条件下还原反应才有可能发生（$p\varepsilon < -6$；$p_{O_2} < 10^{-68}\ atm$）。注意不考虑作为 SO_4^{2-} 还原为 $S(-\text{II})$ 的还原反应中可能的中间态的固体硫（或者它的络合物，如 HS^{4-}）。

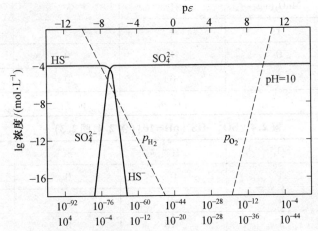

图 2.3　硫化合物的平衡分布，在 $pH = 10$，25 ℃时是 $p\varepsilon$ 的函数
化合物的总浓度为 $10^{-4}\ mol \cdot L^{-1}$（例 2.4）

2.2.4　电子作为组成部分

除了 H_2O 和 H^+ 以外，电子也可以当作组分。通过以下平衡，它可以很容易地与 O_2 和 H_2 相互联系。

$$H^+ + e^- \Longrightarrow \frac{1}{2}H_2(g)$$

$$\frac{1}{4}O_2(g) + H^+ + e^- \Longrightarrow \frac{1}{2}H_2O(l)$$

正如将要在表 2.1 中表示的，电子在平衡基体中是一种很容易表达的组分。

【例 2.5】　氧化还原反应表。为例 2.2 和 2.4 中提到的氧化还原反应建立表格，假定 $p\varepsilon$ 值已知。

表 2.1　Fe^{3+}–Fe^{2+}平衡(例 2.2(1),图 2.1)

组分	Fe^{2+}	e^-	$\lg K$
化合态　Fe^{2+}	1	0	0
Fe^{3+}	1	−1	−13.0
总 Fe^{2+} ══ $[Fe^{3+}]+[Fe^{2+}]=1.0\times10^{-3}$ mol·L^{-1}		$p\varepsilon$ 给定	

表 2.2　O_2–H_2O(例 2.2(2),图 2.2)

组分	H^+	e^-	$\lg K$
化合态 $O_2(g)$	−4	−4	−83.10
H^+	1	0	0
pH=7.5		$p\varepsilon$ 给定	

表 2.3　$MnO_2(s)$–Mn^{2+}(例 2.2(3))

组分	$MnO_2(s)$	H^+	e^-	$\lg K$
化合态　Mn^{2+}	1	4	2	40.84
H^+	0	1	0	0
$MnO_2(s)$	1	0	0	0
$\{MnO_2(s)\}=1$		pH=8	$p\varepsilon$ 给定	

表 2.4　SO_4^{2-}–HS^-(pH=10)(例 2.4,图 2.3)

组分	SO_4^{2-}	H^+	e^-	$\lg K$
化合态 SO_4^{2-}	1	0	0	0
HS^-	1	−9	8	34
H_2S	1	−10	8	41
S^{2-}	1	−8	8	20
H^+	0	1	0	0
总 $SO_4^{2-}=10^{-4}$ mol·L^{-1}		pH=10	$p\varepsilon$ 给定	

【例 2.6】　pH=7 时 NO_3^- 还原为 NH_4^+ 的还原反应。氧化还原平衡的公式为

$$NO_3^-+10H^++8e^- ══ NH_4^++3H_2O \tag{①}$$

$$[NH_4^+]/([NO_3^-][H^+]^{10}\{e^-\}^8)=10^{119.2}(25\ ℃) \tag{②}$$

可以对 pH=7 定义一个有效条件平衡常数

$$[NH_4^+]/([NO_3^-]\{e^-\}^8)=K_{pH=7}=10^{119.2}/[H^+]^{10}=10^{49.2} \tag{③}$$

这个问题与之前的例子是一种类型,双对数图(图 2.4)可以很容易地建立。由于依赖于 $\{e^-\}^8$,$d\lg[NO_3^-]/dp\varepsilon$ 及 $d\lg[NH_4^+]/dp\varepsilon$ 的斜率分别为+8 和−8。显然,$p\varepsilon°(w)$ 在 NH_4^+ 和 NO_3^- 之间占优势地位[$p\varepsilon<p\varepsilon°(w)$],确定了一个相当明显的界限。

$[NH_4^+]+[NO_3^-]=10^{-4}$ mol·L^{-1}。对亚硝酸盐 NO_2 的处理简化了,并没有被看做中间产物(参见图 2.9(c)和 2.13(a))。此外,化合态 NH_4^+ 和 NO_3^- 作为关于 N_2 介稳的化合物处理;即将 N_2 看作氧化还原惰性化合物(参见图 2.9(b))。

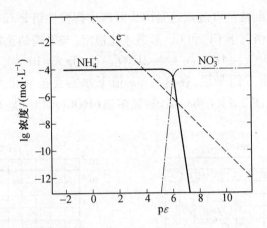

图 2.4　pH=7 时 $NO_3^- - NH_4^+$ 平衡(例 2.6)

【例 2.7】　氯的氧化还原平衡。氯(氧化态为 0 的 Cl),常用于水消毒,经历电子迁移反应转变为 Cl^1($HOCl$)和 Cl^{-1}(Cl^-)。形式上,反应可以写为

$$\frac{1}{2}Cl_2(aq)+e^- \Longrightarrow Cl^- \qquad \log K=23.6(25 \ ℃) \qquad ①$$

$$HOCl+H^++e^- \Longrightarrow \frac{1}{2}Cl_2+H_2O \qquad \log K=26.9 \qquad ②$$

$$HOCl \Longrightarrow H^++OCl^- \qquad \log K=-7.3 \qquad ③$$

$$HOCl+H^++2e^- \Longrightarrow Cl^-+H_2O \qquad \log K=50.8 \qquad ④$$

$Cl_2(aq)$,$HOCl$,OCl^- 和 Cl^- 在总 $Cl=10^{-5}$ mol·L^{-1} 的溶液中是怎样依赖 $p\varepsilon$ 值的呢?如果对几种选定的 pH 值,比方说 pH=2,pH=5 和 pH=8,能够解出以上提到的四个方程式,那么各种化合态的浓度对 $p\varepsilon$ 的函数作图就可以简化。表 2.5 总结了平衡的条件。

第 2 行和第 3 行的化学计量需要一些解释:$HOCl \Longrightarrow Cl^-+H_2O-H^+-2e^-$;且 $OCl^- \Longrightarrow Cl^-+H_2O-2H^+-2e^-$。平衡常数可以从方程式①～④给出的质量定律方程式结合得到。

表 2.5　Cl 化合态的氧化还原平衡

组分	Cl^-	H^+	e^-	$\log K$
(1)化合态 $Cl_2(aq)$	2	0	-2	-47.2
(2)$HOCl$	1	-1	-2	-50.5
(3)OCl^-	1	-2	-2	57.8
(4)Cl^-	1	0	0	0
(5)H^+	0	1	0	0
总 $Cl^- = 10^{-5}$ mol·L^{-1}		pH 给定	$p\varepsilon$ 给定	
总 $Cl^- = 2[Cl_2(aq)]+[HOCl]+[OCl^-]+[Cl^-]=10^{-5}$ mol·L^{-1}				

图 2.5 给出了结果。以下的几点很重要:

(1)$Cl_2(aq)$ 不是优势态。它的相对浓度随着 pH 的降低而增大。显然,加入水中的 Cl_2 发生歧化反应生成 $HOCl$ 或 OCl^- 和 Cl^-:

$$Cl_2(aq)+H_2O \Longrightarrow HOCl+H^++Cl^- \qquad \lg K=-3.3 \quad (25 \ ℃)$$

联立方程式①和②就得到这个反应。一种含有效氯的平衡溶液,可以在高 pH 的溶液

中储备("漂白剂",次氯酸盐消毒液),这是因为溶液中挥发性组分 Cl_2 的含量极少。

(2)仅在高 $p\varepsilon$ 值的情况下 Cl^0 和 Cl^1 形态才能稳定(与平衡的比较),即

$$O_2(g)+4H^++4e^-\Longrightarrow 2H_2O \qquad \lg K=10^{-83.1}$$

这揭示了,从热力学方面来说,在这些 $p\varepsilon$ 值下水需要被氧化为 O_2;例如,pH = 8 时 $p\varepsilon>13$,$p_{O_2}>1$ 的情况(见图 2.2)。换句话说,氯溶液($HOCl$,OCl^-)是亚稳态的;它们需要去氧化水。

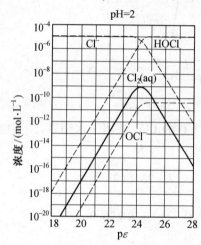

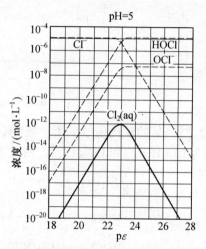

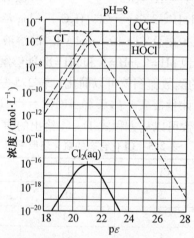

图 2.5   三种不同 pH 下氯溶液的氧化还原平衡

2.3   电极电位:能斯特方程和电化学电池

电极反应的标准电极电位 E,就是指当反应涉及 H_2 分子转变为溶剂化质子的氧化反应时,也就是电池反应的一个标准电位(Parsons,1985)。

$$E^\circ[Zn^{2+}(aq)+H_2(g)\longrightarrow 2H^+(aq)+Zn(s)]$$

$Cl_2(aq)$ 不是优势化合态。其相对浓度随着 pH 的增加而降低。

$$总 Cl^-=2[Cl_2(aq)]+[HOCl]+[OCl^-]+[Cl^-]=10^{-5} mol \cdot L^{-1}$$

可以缩写为[假设 $H_2(g) \longrightarrow 2H^+(aq)+2e^-$ 的反应总是存在]

$$E°[Zn^{2+}(aq)+2e^- \longrightarrow Zn(s)] = E°_{Zn^{2+}|Zn}$$

当电池反应中所有的化合态均处于它们的标准态(纯固体,单位标准浓度等)时,电池的电动势(通常用伏特衡量),近似估计等于电池中反应的标准电位 E,通常通过以下公式给定,即

$$E°_H = -\frac{\Delta G°}{nF} = \frac{RT}{nF}\ln K = \frac{2.3RT}{nF}\lg K = \frac{2.3RT}{F}p\varepsilon°$$

式中　ΔG——在电池反应中标准吉布斯自由能的变化;

　　　K——这个反应的热力学平衡常数;

　　　n——反应的电荷数,即反应中写出的电子数,或者是在外电路中传送的电子数;

　　　F——法拉第常数。

如表 2.2 中给出的,$p\varepsilon$ 与电极电位 E[通常也称作氧化还原电位 E_H(下标 H 表示电位是以氢标度,即指标准氢电极)]有关。

$$p\varepsilon = \frac{F}{2.3RT}E \quad 且 \quad p\varepsilon° = \frac{F}{2.3RT}E° \qquad ①$$

电位 E(或 E_H)与溶液组分的热力学关系通常用能斯特方程表示

$$E_H = E°_H + \frac{2.3RT}{nF}\lg \frac{\prod_i \{ox\}^{ni}}{\prod_j \{red\}^{nj}}$$

或者用 $p\varepsilon$ 单位表示

$$p\varepsilon = p\varepsilon° + \frac{1}{n}\lg \frac{\prod_i \{ox\}^{ni}}{\prod_j \{red\}^{nj}}$$

例如,对反应

$$NO_3^- + 6H^+ + 5e^- \Longrightarrow \frac{1}{2}N_2(g) + 3H_2O$$

$$E_H = E°_H + \frac{2.3RT}{5F}\lg \frac{\{NO_3^-\}\{H^+\}^6}{p_{N_2}^{\frac{1}{2}}}$$

或

$$p\varepsilon = p\varepsilon° + \frac{1}{5}\lg \frac{\{NO_3^-\}\{H^+\}^6}{p_{N_2}^{\frac{1}{2}}}$$

其中 $E°_H$,标准氧化还原电位(即单位活度下,在氧化还原反应中如果所有的物质均处于它们的标准态时所获得的电位)与电池反应中自由能的变化 ΔG,或还原反应的平衡常数(参见方程式①)有关:

$$E°_H = -\frac{\Delta G°}{nF} = \frac{RT}{nF}\ln K = \frac{2.3RT}{nF}\lg K = \frac{2.3RT}{F}p\varepsilon°$$

有必要区别电位的概念和电位的测量。氧化还原电位或电极电位由平衡数据、热量数据,以及关于已知氧化剂和还原剂的氧化还原对的化学行为导出,或者通过对电化学电池的直接测定获得。因此没有一个用可测电极电位来鉴别热力学氧化还原电位的先验理由。

我们可以用 $p\varepsilon$ 或伏特来表示(相对)电子活度。利用 $p\varepsilon$,由于其量纲为 1,因此比用 E_H 计算要简单,因为活度比率每变化十倍,就会引起 $p\varepsilon$ 变化一个单位。此外,由于一个电子可

以还原一个质子,氧化反应的强度参数可能更好地用单位表示,等同于 $p\varepsilon$。当然,对氧化强度进行直接的电化学测定的过程中,电动势(伏特)也被测定,但是同样也对 pH 的测定适用,且在半个世纪之前,"酸度电位"被用来表征 H^+ 的相对离子活度。

2.3.1　电化序

表2.3 列出了许多有代表性的标准电极电位(或还原电位)。图2.6 举例说明了电化学电池的原理。氢电极由一个 Pt 电极(不直接参与反应),表面被 $H_2(g)$ 覆盖组成 $[H_2(g)\Longrightarrow2H^++2e^-]$。Pt 充当 H^+ 和 $H_2(g)$ 反应的催化剂,并且获得反应的电位特性。两个电池之间的盐桥包含盐的浓缩溶液(例如 KCl)并容许离子态扩散进入或逸出半电池;这就允许了每个半电池保持电中性。

表2.3　某些还原半反应的平衡常数和标准电极电位

反应	$\lg K(25\ ℃)$	标准电极电位 $/V(25\ ℃)$	$p\varepsilon°$
$Na^++e^-\Longrightarrow Na(s)$	−46	−2.71	−46
$Mg^{2+}+2e^-\Longrightarrow Mg(s)$	−79.7	−2.35	−39.7
$Zn^{2+}+2e^-\Longrightarrow Zn(s)$	−26	−0.76	−13
$Fe^{2+}+2e^-\Longrightarrow Fe(s)$	−14.9	−0.44	−2.45
$Co^{2+}+2e^-\Longrightarrow Co(s)$	−9.5	−0.28	−4.75
$V^{2+}+2e^-\Longrightarrow V(s)$	−4.3	−0.26	−4.30
$2H^++2e^-\Longrightarrow H_2(g)$	0.0	0.00	0
$S(s)+2H^++2e^-\Longrightarrow H_2S$	+4.8	+0.14	2.4
$Cu^{2+}+e^-\Longrightarrow Cu^+$	+2.7	+0.16	2.7
$AgCl(s)+e^-\Longrightarrow Ag(s)+Cl^-$	+3.7	+0.22	3.7
$Cu^{2+}+2e^-\Longrightarrow Cu(s)$	+11.4	0.34	5.7
$Cu^++e^-\Longrightarrow Cu(s)$	+8.8	+0.52	8.8
$Fe^{3+}+e^-\Longrightarrow Fe^{2+}$	+13.0	+0.77	13.0
$Ag^++e^-\Longrightarrow Ag(s)$	+13.5	+0.80	13.5
$Fe(OH)_3(s)+3H^++e^-\Longrightarrow Fe^{2+}+3H_2O$	+17.1	+1.01	17.1
$IO_3^-+6H^++5e^-\Longrightarrow\frac{1}{2}I_2(s)+3H_2O$	+104	+1.23	20.8
$MnO_2(s)+4H^++2e^-\Longrightarrow Mn^{2+}+2H_2O$	+43.6	+1.29	21.8
$Cl_2(g)+2e^-\Longrightarrow 2Cl^-$	+46	+1.36	23
$Co^{3+}+e^-\Longrightarrow Co^{2+}$	+31	+1.82	31

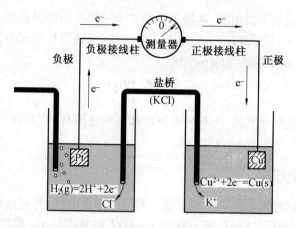

图 2.6   电化学电池原理

液接电位由过渡区离子态的迁移产生。液接电位对电池的电动势有贡献;它随着形成单一接界的两种溶液差异的增大而增加。通过利用浓缩盐桥,也可以将液接电位维持在很低的水平。

其他的电极代表的氧化还原对,它们的氧化和还原型是溶液中的可溶化合态,且在惰性电极上(Pt,Au)发生电子的迁移。例如,一个铂电极浸没在 Fe^{2+} 和 Fe^{3+}($Pt|Fe^{3+}$,Fe^{2+})的酸溶液中,是获得 $Fe^{3+}|Fe^{2+}$ 对的电位特性的有利条件。

$$Fe^{3+}+e^- \Longrightarrow Fe^{2+}$$

一系列的标准电极电位(如表 2.3 中的),可以称作一个电化序,序列中逐渐降低的金属(有正电极电位)被称为惰性金属。在电化学电池中任意 E 值非零的半反应的结合,均可用作原电池(即一个电池)。如果反应是用外部电位推动的,我们称其为电解池。阴极还原,阳极氧化。表 2.3 中的还原反应按电位或 $p\varepsilon$ 值的增加来排序。反应中 $p\varepsilon$(或 E)值较大的氧化剂能够氧化 $p\varepsilon$(或 E)值较小的还原剂,反之亦然;例如,联立半反应可以得到总的氧化还原反应

$$Cu^{2+}+2e^- \Longrightarrow Cu^\circ(s) \qquad \lg K_1=11.4 \quad p\varepsilon_1^\circ=5.7 \quad E_1^\circ=0.34\ V$$
$$Fe(s) \Longrightarrow Fe^{2+}+2e^- \qquad \lg K_2^{-1}=14.9 \quad p\varepsilon_2^\circ=-7.45 \quad E_2^\circ=-0.44\ V$$
$$Cu^{2+}+Fe(s) \Longrightarrow Fe^{2+}+Cu(s) \qquad \lg K=26.3 \quad p\varepsilon_1^\circ-p\varepsilon_2^\circ=13.15 \qquad E_1^\circ-E_2^\circ=0.78\ V$$

迄今为止,我们已经看到了怎样结合 $\lg K$ 值或不同半反应的还原电位,并由此得到完整的氧化还原反应。因此

$$\Delta G^\circ=-RT\ln(K_1-K_2)=-RTn(p\varepsilon_1^\circ-p\varepsilon_2^\circ)$$

这里,热力学原理是半反应 ΔG° 的加和,由此得到标准自由能及全部氧化还原反应的电位差(ΔE 或 $\Delta p\varepsilon$);例如,$Cu^{2+}+Fe(s)\Longrightarrow Fe^{2+}+Cu(s)$,$\Delta p\varepsilon^\circ=13.15$。获得半反应的还原电位很简单,它们是其他半反应以相同方式的线性组合,即,半反应自由能的代数相加。例如,表 2.3 给出了以下反应的 $p\varepsilon$ 值,即

$$Cu^{2+}+e^- \Longrightarrow Cu^+$$
$$Cu^{2+}+2e^- \Longrightarrow Cu(s)$$
$$Cu^++e^- \Longrightarrow Cu(s)$$

这些反应中只有两个是独立的,第三个是前两个的线性组合。第一个还原反应的标准

电位为 0.16 V,是通过如下自由能,从第二和第三个还原反应中得到的:$(0.34 \times 2 \times F - 0.52 \times 1 \times F)/(1 \times F) = 0.16$ V $= E^{\circ}$(或 $p\varepsilon^{\circ} = 2.4$)。一般来说,当还原反应 $n > 0$ 和氧化反应 $n < 0$ 时,结合两个独立的半反应得到最终的 $p\varepsilon^{\circ}$ 为

$$p\varepsilon^{\circ} = \frac{(n_1 p\varepsilon_1^{\circ} + n_2 p\varepsilon_2^{\circ})}{(n_1 + n_2)}$$

符号规定:如之前所指出的,所有的半反应都写作还原反应,其符号相当于还原反应的 $\lg K$ 符号。

2.3.2　参比电极

在实际情况中,标准氢电极不是很方便。其他的参比电极,尤其是那些趋向保持恒定电极电位的,通常较为方便。典型的例子就是 $Ag \mid AgCl$ 和 $Hg \mid Hg_2Cl_2$ 电极。有了这些电极,与电极金属关联的阳离子活度根据溶度积原理,就可以通过缓冲保持恒定。因此一个 $Ag \mid AgCl$ 电极,理论上由一个涂有 $AgCl$ 的银电极浸没于高浓度 $[Cl^-]$ 中组成。由于 $AgCl(s)$ 的存在,Ag^+ 的活度表示为

$$\{Ag^+\} = \frac{K_{s0(AgCl)}}{\{Cl^-\}}$$

此外,如果有的 Ag^+ 被还原为 $Ag(s)$,或有的 $Ag(s)$ 被氧化为 Ag^+,$AgCl$ 就会随之溶解或沉淀,以保持 $\{Ag^+\}$ 的恒定。因此,即使半电池中有电流通过(非极化电极),$Ag \mid AgCl$ 电极电位也会保持恒定。当然,电流必须足够小,这样才不会超过反应的交换电流

$$AgCl(s) + e^- \Longrightarrow Ag(s) + Cl^-$$

这样的非极化电极是一个很方便的参比电极。另一个重要的参比电极是甘汞电极,其半反应为

$$Hg_2Cl_2(s) + 2e^- \Longrightarrow 2Hg(l) + 2Cl^-$$

它的电极电位取决于氯离子的活度。

当半电池在电化学电池中结合时,电池的电动势为

$$E_{总} = E_{右} - E_{左}$$

$$E_{总} = E_{H右} - E_{H左}$$

如果左边的电极为参比电极,也可以写成

$$E_{总} = E_{H(ox-red)} - E_{ref}$$

表 2.4　参比电极电位

温度 /℃	甘汞		AgCl|Ag	
	0.1 mol · L⁻¹ KCl	饱和的	0.1 mol · L⁻¹	饱和的
12	0.336 2	0.252 8	—	—
20	0.336 0	0.250 8	—	—
25	0.335 6	0.244 4	0.290 0	0.198 8

【例 2.8】　Fe^{3+}-Fe^{2+} 体系的电极电位。考虑下面的电池并计算它的电动势。

$$Hg \mid Hg_2Cl_2, KCl_{sat'd} \parallel HClO_4(1 \text{ mol} \cdot L^{-1}), Fe^{3+}(10^{-3}), Fe^{2+}(10^{-2}) \mid Pt$$

根据表 2.4,饱和甘汞电极的电位(25 ℃)是 0.244 V。因此

$$E_{总} = E_{Fe^{3+}, Fe^{2+}} - 0.244$$

且

$$E_{Fe^{3+},Fe^{2+}} = 0.771 + 0.059 \lg \frac{10^{-3}}{10^{-2}} = 0.712 \text{ V}$$

$$E_{电池} = 0.468 \text{ V}$$

【例 2.9a】 标准电动势的溶液组成。由惰性 Pt 和饱和甘汞参比电极组成的电极对,置于 pH = 6.4(25 ℃)的沉积物——水分界面样品中,其标准电位差是 0.47 V。沉积物包含固体无定形 Fe(OH)$_3$,假定标准电极符合水生环境的氧化还原电位。

(1)试样的 E_H 和 pε 是多少?

(2)Fe^{2+} 的活度是多少?

(3)氧化还原水平能够指示需氧条件或厌氧条件吗?

(4)下列电池测电动势

$$\text{Hg}, \text{Hg}_2\text{Cl}_2 \mid \text{KCl} \mid \text{ox, red} \mid \text{Pt}$$

且

$$E_{电池} = E_{H(ox-red)} - E_{ref}$$

由于 $E_{ref} = 0.244$,得到 $E_{H(ox-red)} = (0.47 + 0.244)\text{V} = 0.714 \text{ V}$。这等价于

$$p\varepsilon = \frac{0.714 \text{ V}}{0.059 \ 16 \text{ V}} \approx 12.1$$

Fe(OH)$_3$ 与 Fe^{2+} 平衡时,氧化还原反应为

$$\text{Fe(OH)}_3(\text{s}) + 3\text{H}^+ + \text{e}^- \Longrightarrow \text{Fe}^{2+} + 3\text{H}_2\text{O} \qquad \lg K = 16$$

因此 $E_{H(ox-red)}$ 和 pε 分别给定为

$$E_{H(ox-red)} = E^\circ_{Fe(OH)_3-Fe^{2+}} + 2.3\frac{RT}{nF}\lg\frac{\{H^+\}^3}{\{Fe^{2+}\}}$$

$$p\varepsilon = p\varepsilon^\circ_{Fe(OH)_3-Fe^{2+}} + \lg\frac{\{H^+\}^3}{\{Fe^{2+}\}}$$

可以通过方程式①生成的自由能来计算 $E^\circ_{Fe(OH)_3-Fe^{2+}}$ 或 $p\varepsilon^\circ_{Fe(OH)_3-Fe^{2+}}$ 的值。25 ℃ 时,还原反应的 = −91.4 kJ,log K = 16.0。由此可以计算

$$E^\circ_{Fe(OH)_3-Fe^{2+}} = \frac{91 \ 400}{96 \ 485} \text{ V} \approx 0.947 \text{ V 或}$$

$$p\varepsilon^\circ_{Fe(OH)_3-Fe^{2+}} = 16.0$$

Fe^{2+} 的活度可以通过下式计算

$$p\varepsilon = p\varepsilon^\circ + \lg\frac{\{H^+\}^3}{\{Fe^{2+}\}}$$

$$12.1 = 16 - 3\text{pH} + p_{Fe^{2+}}$$

pH = 6.4 时 $\qquad\qquad p_{Fe^{2+}} = 15.3$

为了判断是否符合含氧或缺氧的条件,必须计算 p_{O_2}。

$$\text{O}_2 + 4\text{H}^+ + 4\text{e}^- \Longrightarrow 2\text{H}_2\text{O} \qquad p\varepsilon^\circ = 20.8$$

因为

$$p\varepsilon = p\varepsilon^\circ + \frac{1}{4}\lg p_{O_2}\{H^+\}^4$$

$$12.1 = 20.8 - \text{pH} + \frac{1}{4}\lg p_{O_2}$$

$$\lg p_{O_2} = 4(12.1 - 20.8 + \text{pH})$$

$$p_{O_2} = 10^{-9.2} \text{ atm}$$

这与约10^{-12} mol·L^{-1}溶解氧相符合。可以确切地说是缺氧条件。

【例2.9b】　$Cl_2|Cl^-$对的标准电位。Faita等(1967)确定了$Cl_2|Cl^-$电极的标准电位。他们利用下面的电池测得电动势：

$$Pt|Ag|AgCl|1.75\ mol·L^{-1}HCl|Cl_2(=1atm)|Pt-Ir(45\%),Ta|Pt \qquad ①$$

右手边的电极由一个涂有铂-铱合金的钽箔构成。这种用作Cl_2电极的合金含有45%的铱，是由于在HCl存在的情况下，Pt易受Cl_2的腐蚀而不适宜单独使用。电池①结果如下：25 ℃：$E_{电池①}=1.135\ 96$ V；30 ℃：$E_{电池①}=1.133\ 09$ V；40 ℃：$E_{电池①}=1.127\ 11$ V；50 ℃：$E_{电池①}=1.121\ 10$ V。

(1)电池中发生了怎样的化学反应？

(2)$Cl_2|Cl^-$电极的标准电位是多少？

(3)由实验数据$\Delta G°$，$\Delta H°$和$\Delta S°$分别判断Cl_2转变为Cl^-的电池还原反应。

标准$Ag|AgCl|Cl^-$电极，$E°_{AgCl|Ag}$，有下列值(伏特)：

$E°_{AgCl|Ag}$：25℃，0.222 34；30℃，0.219 04；40℃，0.212 08；50℃，0.204 49

此外，电池①中HCl的浓度已被选定，因此$\{Cl^-\}=1.0$。

(1)电池①中发生的化学反应由以下半反应构成

$$Ag(s)+Cl^-\!\!=\!\!=\!\!=AgCl(s)+e^-$$

$$\frac{1}{2}Cl_2+e^-\!\!=\!\!=\!\!=Cl^-$$

$$Ag(s)+\frac{1}{2}Cl_2\!\!=\!\!=\!\!=AgCl(s)$$

电动势 $E_{电池①}$ 由反应的自由能直接测得，$\Delta G°=-nFE°_{电池}$。因此在25 ℃，$\Delta G°=-109.612$ kJ。

(2)$Cl_2|Cl^-$电极的标准电位，$\frac{1}{2}Cl_2(g)+e^-\!\!=\!\!=\!\!=Cl^-$，由下式给定

$$E_{cell①}\!\!=\!\!=\!\!=E_{Cl_2-Cl}-E_{AgCl-Cl}$$

因此

$$E_{Cl_2-Cl}\!\!=\!\!=\!\!=E_{cell①}+E_{AgCl-Cl}$$

且，在25 ℃时，$E°_{Cl_2|Cl}=1.358\ 30$ V。因此$\frac{1}{2}Cl_2(g)+e^-\!\!=\!\!=\!\!=Cl^-$反应的$\Delta G$[与反应$\frac{1}{2}H_2(g)+\frac{1}{2}Cl_2(g)\!\!=\!\!=\!\!=H^++Cl^-$相同]为$-131.068$ kJ·mol^{-1}，与$\lg K$值为22.97一致。

(3)电池反应$Ag(s)+\frac{1}{2}Cl_2(g)=AgCl(s)$的$\Delta S°$和$\Delta H°$可以根据$\Delta S=nF(dE_{电池}/dT)$和$\Delta H=-nFE+nFT(dE_{电池}/dT)$计算。$E_{电池①}$的数据可以拟合为绝对温度$T$(最小二乘方法)的函数，有

$$E_{电池①}=1.289\ 58-(4.315\ 62\times10^{-1})T-(2.792\ 2\times10^{-7})T^2$$

在25 ℃时，这个方程的一阶导数为-5.986×10^{-4}($V·deg^{-1}$)。(这个温度依存关系也可以通过绘制$E_{电池}$对$1/T$图来近似获得)。因此，$\Delta H_{(25℃)}=-126.82$ kJ·mol^{-1}。相似地，25 ℃时$\Delta S°$和$\Delta H°$的值(或其他温度时)可以通过$E°_{Cl_2|Cl^-}$的温度依存关系获得。后者为$-1.246\times10^{-3}V·deg^{-1}$(25℃)，相应地，$\Delta S°_{(25℃)}=-120.2$ J·$deg^{-1}·mol^{-1}$且$\Delta H_{(25℃)}=-167$ kJ·mol^{-1}。

2.3.3　离子强度和络合物生成对电极电位的影响:表观电位

在处理氧化还原平衡时,我们也会面临计算活度校正值或把活度保持恒定的问题。如果列入方程式的是参与反应的活度和真实化合态,能斯特方程才能严格地应用。之前讨论的活度标度,无限稀释标度和离子介质标度,均可以使用。在无限稀释标度下,标准电位或标准 $p\varepsilon$ 与平衡常数的关系式,对 $I=0$ 的还原反应为

$$\frac{F}{RT(\ln 10)}E_H^\circ = \frac{1}{n}\lg K = p\varepsilon^\circ$$

标准电位通常或是外推测定的结果,或是测定无限稀释时的电位求得。

在一个恒定的离子介质中,浓度商变为平衡常数 K,且相应地可以定义出 $^cE_H^\circ$ 和 $p^c\varepsilon^\circ$

$$\frac{F}{RT(\ln 10)}{}^cE_H^\circ = \frac{1}{n}\lg K = p^c\varepsilon^\circ$$

络合生成络合生成怎样影响标准电位,可以用锌的溶解来说明

$$Zn(s)+2H^+ \Longrightarrow Zn^{2+}+H_2(g)$$

用半反应来表征

$$Zn^{2+}+2e^- \Longrightarrow Zn(s) \qquad \Delta G_1^\circ = -RT\ln K = -2FE_{Zn^{2+},Zn(s)}^\circ \qquad ①$$

如果锌的溶解发生在含有配位体的介质中,则配位体就可以置换出锌离子的配位水而生成络合物。例如 Cl^- 与 Zn^{2+} 的反应,生成 $ZnCl_4^{2-}$。

$$ZnCl_4^{2-} \Longrightarrow Zn^{2+}+4Cl^- \qquad \Delta G_2^\circ = RT\ln \beta_4 \qquad ②$$

其中 β_4 是生成常数 $\left[\dfrac{\{ZnCl_4^{2-}\}}{(\{Zn^{2+}\}\{Cl^-\})^4}\right]$,然后就可以对总的半反应表征为

$$ZnCl_4^{2-}+2e^- \Longrightarrow Zn(s)+4Cl^-$$

$$\Delta G_3^\circ = -RT\ln {}^+K = -2FE_{ZnCl_4^{2-},Zn(s)}^\circ$$

这是方程式①和②的加和。相应地,可以写出关系式为

$$\Delta G_3^\circ = \Delta G_1^\circ + \Delta G_2^\circ$$

$$\lg {}^+K = \lg K - \lg \beta_4$$

$$p\varepsilon_{ZnCl_4^{2-},Zn(s)}^\circ = p\varepsilon_{Zn^{2+},Zn(s)}^\circ - \frac{1}{2}\log \beta_4$$

$$E_{ZnCl_4^{2-},Zn(s)}^\circ = E_{Zn^{2+},Zn(s)}^\circ - \frac{RT(\ln 10)}{2F}\lg \beta_4$$

这些方程式表明 Cl^- 稳定着较高的氧化态,加速了 Zn 的溶解。能斯特方程现在既可以用自由 Zn^{2+},也可以用 $ZnCl_4^{2-}$ 来表达。

$$E = E_{Zn^{2+},Zn(s)}^\circ + \frac{RT(\ln 10)}{2F}\log\{Zn^{2+}\} =$$

$$E_{ZnCl_4^{2-},Zn(s)}^\circ + \frac{RT(\ln 10)}{2F}\lg\{ZnCl_4^{2-}\} - \frac{2RT(\ln 10)}{F}\lg\{Cl^-\}$$

表观电位:条件常数,即在特别选定条件下有效的常数,例如,给定的 pH 和给定的离子介质。正如条件常数那样,条件电位或表观电位也是很有用的。

$$\frac{F}{RT(\ln 10)}{}^FE_H^\circ = \frac{1}{n}\lg P = p^F\varepsilon^\circ$$

表观 $p\varepsilon$ 或表观电极电位的测定由电化学电池电动势的测定组成，在特定条件下，电池中两个氧化态的分析浓度是有所改变的。例如，在 $0.1\ mol\cdot L^{-1}$ 的 H_2SO_4 溶液中，$Fe(III)-Fe(II)$ 的表观电极电位是 $0.68\ V$，与此相比，$Fe^{3+}|Fe^{2+}(I=0)$ 体系中表观电极电位是 $0.77\ V$：

$$^{F}E_{I=0.1\ mol\cdot L^{-1}H_2SO_4}=0.68+\frac{RT}{F}\ln\frac{Fe(III)}{Fe(II)_T}$$

在这种情况下，表观电位包括对活度系数，酸碱现象（Fe^{3+} 水解成 $FeOH^{2+}$），络合生成（硫酸根络合物），以及所提到的参比电极和半电池之间所用的液接电位等的校正系数。尽管严格来说，这种校正只对测定时所用的浓度有效，但表观电位往往比标准电位得到更好的预测，这是因为它们提供的数值属于实验室直接测定值。

【例 2.10】 F^- 存在下 $Fe(III)-Fe(II)$ 体系的表观电位。计算 $[H^+]=10^{-2}\ mol\cdot L^{-1}$ 和 $[F^-]=10^{-2}\ mol\cdot L^{-1}$，$I=0.1\ mol\cdot L^{-1}$ 的溶液中 $Fe(III)-Fe(II)$ 对的表观电位。下列常数可用：

$$Fe^{3+}+e^-=\!=\!=Fe^{2+}\qquad \lg K(I=0)=13.0 \qquad ①$$
$$Fe^{3+}+H_2O=\!=\!=FeOH^{2+}+H^+\qquad \lg K_H(I=0.1)=-2.7$$
$$Fe^{3+}+F^-=\!=\!=FeF^{2+}\qquad \lg\beta_1(I=0.1)=5.2$$
$$Fe^{3+}+2F^-=\!=\!=FeF_2^+\qquad \lg\beta_2(I=0.1)=9.2$$
$$Fe^{3+}+3F^-=\!=\!=FeF_3\qquad \lg\beta_3(I=0.1)=11.9$$

为了计算表观电位，先要考虑 $Fe^{3+}-Fe^{2+}$ 电极的活度校正。应用 Guntelberg 的近似值，$K_①$ 校正为 $^cK_①$，即

$$\frac{[Fe^{2+}]}{[Fe^{3+}]\{e^-\}}=^cK=K\frac{f_{Fe^{3+}}}{f_{Fe^{2+}}}=K\frac{0.083}{0.33}=10^{12.4}\qquad p^c\varepsilon^\circ=12.4$$

据此得到 $^cE_H^\circ$ 为 $0.73\ V$。假定液接电位的贡献可以忽略不计，如果考虑下式，可以得到同样的结果，即

$$^cE_{Fe^{3+},Fe^{2+}}^\circ=E_{Fe^{3+},Fe^{2+}}^\circ+\frac{RT}{F}\ln\frac{f_{Fe^{3+}}}{f_{Fe^{2+}}}$$

接下来，可以考虑由水解和络合生成所引起的校正。对特定条件，$FeOH^{2+}$ 是唯一重要的水解化合态，即

$$Fe(III)_T=[Fe^{3+}]+[FeOH^{2+}]+[Fe^{2+}]+[FeF_2^+]+[FeF_3]\qquad ②$$

在特定条件下，铁离子不与 F^- 和 OH^- 生成络合物，因此

$$Fe(II)_T=[Fe^{2+}]$$

方程式②可以重新写为

$$Fe(III)_T=[Fe^{3+}]\left(1+\frac{K_H}{[H^+]}+\beta_1[F^-]+\beta_2[F^-]^2+\beta_3[F^-]^3\right)$$

对特定条件

$$\alpha_{Fe}=\frac{Fe(III)_T}{[Fe^{3+}]}=9.5\times10^5$$

平衡式可以列为

$$\frac{Fe(II)_T}{Fe(III)_T\{e^-\}}=\frac{^cK}{\alpha_{Fe}}=P$$

且

$$\lg P=6.4=p^F\varepsilon^\circ$$

相应地,Fe^{3+}-Fe^{2+} 电极的表观电位在给定条件下为 $^FE^\circ=0.38$ V。电位当然都是相同的,无论使用真实浓度还是分析浓度来表示:

$$E=0.73+\frac{RT}{F}\ln\frac{[Fe^{3+}]}{[Fe^{2+}]}=0.38+\frac{RT}{F}\ln\frac{Fe(III)_T}{Fe(II)_T}$$

或

$$p\varepsilon=12.4+\lg\frac{[Fe^{3+}]}{[Fe^{2+}]}=6.4+\lg\frac{Fe(III)_T}{Fe(II)_T}$$

注意从电极动力学的角度来看,能斯特方程并没有给出构成电极电位的真实化合态的任何信息。在含氟化物的溶液中,参与电极上电子交换反应的,很可能是某种氟-铁(III)络合物而不是 Fe^{3+} 离子。络合作用通常会稳定一个体系而阻碍还原作用。在上述例子中,由于对 Fe(III)的络合作用比 Fe(II)强,故 Fe(III)还原为 Fe(II)的趋势减弱。很明显,与给予体基团的配位作用,一般来说,会降低氧化还原电位。只有在相当少的情况下才对较低的氧化态是有利的(例如,水溶性铁与非咯啉的络合作用),氧化还原电位由于配位作用而增加。

强度和容量:$p\varepsilon$ 是强度因素,它测定氧化强度。氧化或还原容量必须用体系电子的数量来描述,为了得到给定的 $p\varepsilon$,必须增加或减少其数量。这与有关质子的酸或碱中和容量类似;例如,碱度和酸度根据质子条件来衡量。因此有关一个给定电子能水平的体系,其氧化容量将与这个能量水平之下等价的所有氧化剂减去之上的所有还原剂。例如,溶液中电子水平上与 Cu(s)一致的氧化容量为

$$2[Cu^{2+}]+2[I_3^-]+[Fe^{3+}]+4[O_2]-2[H_2]$$

2.4 $p\varepsilon$-pH,电位-pH 图

迄今为止,已经尝试过用相对简单的图示法来描述各种可溶和不可溶态分布的稳定性关系。已经用过的大概有两种类型:第一,特定氧化态,随 pH 及溶液组成变化的化合态之间的平衡关系;第二,在特定 pH 下,随 $p\varepsilon$(或 E_H)变化的各化合态之间的平衡关系。显然,这些图可以结合成为 $p\varepsilon$-pH 图。这样的 $p\varepsilon$-pH 稳定区域图可以用综合的方式表现质子和电子是怎样同时在不同条件下使平衡移动的,并且可以指示哪种化合态可以在任何给定的 $p\varepsilon$ 和 pH 条件下占据优势。

$p\varepsilon$-pH 图的价值主要在于它能够同时表示许多反应,包括为阐明平衡常数(自由能数据)提供帮助。当然,这样的图,像其他平衡图一样,仅代表绘制时所选用的信息。

天然水体通常在氧化还原反应方面是处于高度动态中的,并不是处于或接近平衡。大多数氧化还原反应都有比酸碱反应慢得多的趋势,尤其是在没有合适的生化催化剂时。尽管如此,平衡图可以在试图了解天然水及水处理工艺体系中可能的氧化还原状态时,给予很大的帮助。

2.4.1 $p\varepsilon$-pH 图的绘制

$p\varepsilon$-pH 图的绘制可以通过考虑水的氧化还原稳定性来加以介绍。如前所述,H_2O 可以

被氧化为 O_2，或被还原为 H_2。$\lg p_{H_2}=0-2pH-2p\varepsilon$ 和 $\lg p_{O_2}=-83.1+4pH+4p\varepsilon$ 可以改写成

$$p\varepsilon=0-pH-\frac{1}{2}\lg p_{H_2} \qquad \text{①}$$

$$p\varepsilon=20.78-pH+\frac{1}{4}\lg p_{O_2} \qquad \text{②}$$

这些方程式可以被绘制在 $p\varepsilon$-pH 图中(图 2.9(a))。这两个方程式的直线斜率为 $\frac{dp\varepsilon}{dpH}=-1$，且在 pH=0 时，它们的纵轴截距分别为 $p\varepsilon=20.78(p_{O_2}=1)$ 和 $p\varepsilon=0(p_{H_2}=1)$。在上方直线上，水变为有效还原剂(产生氧)；在下方直线下，水是一种有效氧化剂(产生氢)，在 H_2O 的范围内，O_2 充当氧化剂，H_2 充当还原剂。

对于任何 O_2 分压，水和氧之间的平衡由斜率 $\frac{dp\varepsilon}{dpH}=-1$ 的直线来表征；p_{O_2} 每降低 10^4，该直线就下移一个 $p\varepsilon$ 单位(图 2.2)。

【例 2.11】 硫体系的 $p\varepsilon$-pH 图。为 SO_4^{2-}-S(s)-H_2S(aq)体系绘制 $p\varepsilon$-pH 图，假设可溶 S 化合态的浓度为 10^{-2} mol·L^{-1}。

$p\varepsilon$-pH 图中的线表征如图 2.7 所示。

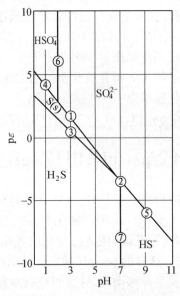

图 2.7　SO_4^{2-}-S(s)-H_2S(aq)体系的 $p\varepsilon$-pH 图(编号直线的方程式在例 2.11 中给出)

总溶解 S 化合态浓度为 10^{-2} mol·L^{-1}

①对于以下反应

$$SO_4^{2-}+8H^++6e^-\Longrightarrow S(s)+4H_2O \quad \lg K=36.2$$

$$p\varepsilon=\frac{36.2}{6}+\frac{1}{6}\lg[SO_4^{2-}]-\frac{8}{6}pH$$

②对于以下反应

$$SO_4^{2-}+10H^++8e^-\Longrightarrow H_2S(aq)+4H_2O \quad \lg K=41.0$$

$$p\varepsilon=\frac{41}{8}+\frac{1}{8}\lg\frac{[SO_4^{2-}]}{[H_2S(aq)]}-\frac{10}{8}pH$$

③对于以下反应

$$S(s)+2H^++2e^-\!=\!\!=\!\!H_2S(aq) \quad \lg K=4.8$$

$$p\varepsilon=\frac{4.8}{2}-pH-\frac{1}{2}\lg[H_2S]$$

④对于以下反应

$$HSO_4^-+7H^++6e^-\!=\!\!=\!\!S(s)+4H_2O \quad \lg K=34.2$$

$$p\varepsilon=\frac{34.2}{6}+\frac{1}{6}\lg[HSO_4^-]-\frac{7}{6}pH$$

⑤对于以下反应

$$SO_4^{2-}+9H^++8e^-\!=\!\!=\!\!HS^-+4H_2O \quad \lg K=34.0$$

$$p\varepsilon=\frac{34.0}{8}+\frac{1}{8}\lg\frac{[SO_4^{2-}]}{HS^-}-\frac{9}{8}pH$$

⑥对于以下反应

$$HSO_4^-\!=\!\!=\!\!SO_4^{2-}+H^+ \quad \lg K=-2.0$$

$$\lg\frac{[SO_4^{2-}]}{[HSO_4^-]}-pH=-2.0$$

⑦对于以下反应

$$H_2S(aq)\!=\!\!=\!\!H^++HS^- \quad \lg K=-7.0$$

$$\lg\frac{[HS^-]}{[H_2S]}-pH=-7.0$$

在还原 SO_4^{2-} 或氧化硫化物的过程中,除了固体 S,例如 SO_3^{2-},$S_2O_3^{2-}$,$S_4O_6^{2-}$ 之外,还能生成许多中间氧化态的化合物。这些中间体的产物通常受生物作用的控制。胶体硫化物可以与 HS^- 生成聚硫化物,如 HS_n^- 或 S_n^{2-}。

【例 2.12】　$Fe-CO_2-H_2O$ 体系的 $p\varepsilon-pH$ 图。绘制 $Fe-CO_2-H_2O$ 体系的 $p\varepsilon-pH$ 图 (25 ℃);描绘固相 Fe,$Fe(OH)_2$,$FeCO_3$,及不定形 $Fe(OH)_3$ 的稳定性条件;$c_T=10^{-3}\ mol\cdot L^{-1}$;可溶 Fe 化合态浓度为 $10^{-5}\ mol\cdot L^{-1}$。表 2.5 和表 2.6 给出了有关的平衡方程。在图 2.8 中列出了结果。

表 2.5　绘制图 2.8 所用的方程式

建立 $p\varepsilon-pH$ 图所用的方程式	$p\varepsilon$ 函数	
$Fe^{3+}+e^-\!=\!\!=\!\!Fe^{2+}$	$p\varepsilon=13+\lg\dfrac{[Fe^{3+}]}{[Fe^{2+}]}$	①
$Fe^{2+}+2e^-\!=\!\!=\!\!Fe(s)$	$p\varepsilon=-6.9+\dfrac{1}{2}\lg[Fe^{2+}]$	②
$Fe(OH)_3(不定形,s)+3H^++e^-\!=\!\!=\!\!Fe^{2+}+3H_2O$	$p\varepsilon=16-\dfrac{1}{2}\lg[Fe^{2+}]-3pH$	③
$Fe(OH)_3(不定形,s)+2H^++HCO_3^-+e^-\!=\!\!=\!\!FeCO_3(s)+3H_2O$	$p\varepsilon=16-2pH+\lg[HCO_3^-]$	④
	$[HCO_3^-]=c_T\alpha_1$	
$FeCO_3(s)+H^++2e^-\!=\!\!=\!\!Fe(s)+HCO_3^-$	$p\varepsilon=-7.0-\dfrac{1}{2}pH-\dfrac{1}{2}\lg[HCO_3^-]$	⑤

续表2.5

建立 $p\varepsilon$-pH 图所用的方程式	$p\varepsilon$ 函数	
$Fe(OH)_2(s)+2H^++2e^- \rule[0.5ex]{1em}{0.4pt}\rule[0.5ex]{1em}{0.4pt} Fe(s)+2H_2O$	$p\varepsilon=-1.1-pH$	⑥
$Fe(OH)_3(s)+H^++e^- \rule[0.5ex]{1em}{0.4pt}\rule[0.5ex]{1em}{0.4pt} Fe(OH)_2(s)+H_2O$	$p\varepsilon=4.3-pH$	⑦
$FeOH^{2+}+H^++e^- \rule[0.5ex]{1em}{0.4pt}\rule[0.5ex]{1em}{0.4pt} Fe^{2+}+H_2O$	$p\varepsilon=15.2-pH-lg\dfrac{[Fe^{2+}]}{[FeOH^{2+}]}$	⑧
	pH 函数	
$FeCO_3(s)+2H_2O \rule[0.5ex]{1em}{0.4pt}\rule[0.5ex]{1em}{0.4pt} Fe(OH)_2(s)+H^++HCO_3^-$	$pH=11.9+lg[HCO_3^-]$	a
$FeCO_3(s)+H^+ \rule[0.5ex]{1em}{0.4pt}\rule[0.5ex]{1em}{0.4pt} Fe^{2+}+HCO_3^-$	$pH=0.2-lg[Fe^{2+}]-lg[HCO_3^-]$	b
$FeOH^{2+}+2H_2O \rule[0.5ex]{1em}{0.4pt}\rule[0.5ex]{1em}{0.4pt} Fe(OH)_3(s)+2H^+$	$pH=0.4-\dfrac{1}{2}lg[FeOH^{2+}]$	c
$Fe^{3+}+H_2O \rule[0.5ex]{1em}{0.4pt}\rule[0.5ex]{1em}{0.4pt} FeOH^{2+}+H^+$	$pH=2.2-lg\dfrac{[Fe^{3+}]}{[FeOH^{2+}]}$	d
$Fe(OH)_3(s)+H_2O \rule[0.5ex]{1em}{0.4pt}\rule[0.5ex]{1em}{0.4pt} Fe(OH)_4^-+H^+$	$pH=19.2+lg[Fe(OH)_4^-]$	e

表 2.6　$Fe-CO_2-H_2O$ 体系的平衡

组分	H^+	e^-	HCO_3^-	Fe^{2+}	$lg\,K$	图2.8中的数字编号
化合态 H^+	1					
OH^-	−1				−14.0	
Fe^{2+}				1		
Fe^{3+}		−1		1	13.0	①
Fe^0		2		1	−14.9	②
$FeCO_3(s)$	−1		1	1	0.2	
$Fe(OH)_2(s)$	−2			1	13.3	
$Fe(OH)_3(s)$	−3			1	−16.5	③
$FeOH^{2+}$	−1	−1		1	−15.2	⑧
$Fe(OH)_4^-$	−4	−1		1	34.6	
H_2CO_3	1		1		6.3	
HCO_3^-			1			
CO_3^{2-}	−1		1		−10.3	

体系的 pH 固定、$p\varepsilon$ 固定　　　$c_T=1\times10^{-3}\ mol\cdot L^{-1}$　$c_{T,Fe}=1\times10^{-5}\ mol\cdot L^{-1}$

　　比较各种平衡图：图2.9展示了某些生物学重要元素的 $p\varepsilon$-pH 图，图2.10给出了 $Mn-CO_2-H_2O$ 体系的 $p\varepsilon$-pH 图。结合图2.11，我们回到之前在例2.7和图2.5中讨论过的氯平衡。

　　$p\varepsilon$-pH 图最主要的优点在于，它能对情况提供充分的测量和清晰的图像，然而它却不能给出太多的细节，特别是有关优势区域和浓度的关系。要绘出各种假定活度的边界线，并以活度作为一个轴线绘出三维图是可能的。在变量的综合及可以绘制的相图种类方面并没有多少限制，但是不能忘记，绘制相图的主要原因是试图理解或解决复杂的平衡问题。

固相有 $Fe(OH)_3$（不定形），$FeCO_3$（菱铁矿），$Fe(OH)_2(s)$ 和 $Fe(s)$；$c_T = 10^{-3}$ mol·L^{-1}。直线是在 $Fe(Ⅱ)$ 和 $Fe(Ⅲ)$ 的浓度为 10^{-5} mol·L^{-1}（25 ℃）的条件下计算出来的。低 pε 值下，碳酸盐转化为甲烷的可能性可以忽略不计。

图 2.9（a）中上方和下方的直线分别代表方程式①和②，氧和氢与水的平衡。图 2.9（b）只考虑稳定平衡的氮体系，所包含的氧化态为（-Ⅲ），基态和（Ⅴ）。图 2.9（c）中，NH_4^+，NH_3，NO_3^-，NO_2^-

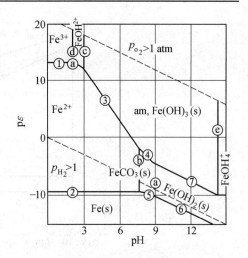

图 2.8　体系的 pε-pH 图

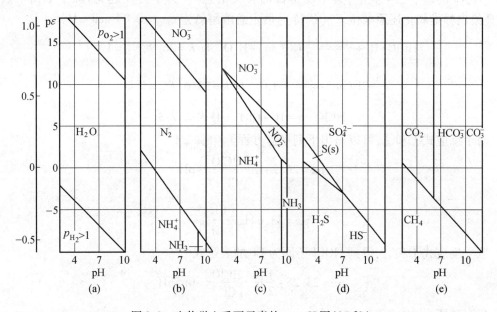

图 2.9　生物学上重要元素的 pε-pH 图（25 ℃）

当作关于 N_2 介稳的化合态处理，即把 N_2 作为惰性氧化还原组分处理。图 2.9（d）中，假定条件下稳定的硫化合态有 SO_4^{2-}，基态硫，硫化物（例 2.11）。图 2.9（e）中，可以忽略在热力学上可能存在的基态 C。

考虑的固相有 $Mn(OH)_2(s)$（羟锰矿），$MnCO_3(s)$（菱锰矿），$Mn_3O_4(s)$（黑锰矿），$\gamma-MnOOH(s)$（水锰矿），和 $\gamma-MnO_2(s)$（恩苏塔锰矿）。$c_T = 1 \times 10^{-3}$ mol·L^{-1}，$c_{T,Mn} = 1 \times 10^{-5}$ mol·L^{-1}。

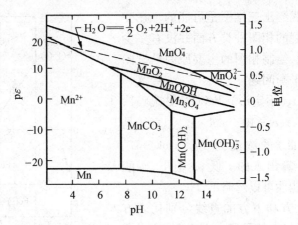

图 2.10　Mn–CO_2–H_2O 体系的 pε–pH 图(25 ℃)

【例 2.13】　氯的氧化还原平衡。pε–pH 图中概括了 $I=25$ ℃时,涉及 $Cl_2(aq)$,Cl^-,OCl^-,$HOCl$ 的以下三个反应,其平衡常数的有关信息。[为了方便起见,除了平衡常数以外,还给出标准氧化还原电位 E°_H(伏特)]假定总溶解氯为 $c_{T,Cl}=0.04$ mol·L^{-1}。

$$HClO+H^++e^-=\!=\!=\frac{1}{2}Cl_2(aq)+H_2O \quad \lg K=26.9, E^\circ_H=1.59 \qquad ①$$

$$\frac{1}{2}Cl_2(aq)+e^-=\!=\!=Cl^- \quad \lg K=23.6, E^\circ_H=1.40 \qquad ②$$

$$HClO=\!=\!=H^++ClO^- \quad \lg K=-7.3 \qquad ③$$

对于反应式①和②,可以写出下列平衡方程

$$p\varepsilon=26.9+\lg\frac{[HClO]}{[Cl_2]^{\frac{1}{2}}}-pH \qquad ④$$

$$p\varepsilon=23.6+\lg\frac{[Cl_2]^{\frac{1}{2}}}{[Cl^-]} \qquad ⑤$$

联立反应式①和②,得到 HOCl 还原为 Cl^- 的表达式

$$p\varepsilon=25.25+\frac{1}{2}\lg\frac{[HClO]}{[Cl^-]}-0.5pH \qquad ⑥$$

ClO^- 还原为 Cl^- 可得

$$p\varepsilon=28.9+\frac{1}{2}\lg\frac{[OCl^-]}{[Cl^-]}-pH \qquad ⑦$$

因为,$c_{T,Cl}=[HClO]+[ClO^-]+2[Cl_2]+[Cl^-]=0.04$ mol·L^{-1},假设氧化剂和还原剂的原子比为 1,从而有下列浓度:在 Cl_2–HOCl 边界:$[HClO]=\frac{1}{2}c_{T,Cl}=2\times10^{-2}$ mol·L^{-1},$[Cl_2]=\frac{1}{4}c_{T,Cl}=10^{-2}$ mol·L^{-1};在 Cl_2–Cl^- 边界:$[Cl_2]=c_{T,Cl}/4=10^{-2}$ mol·L^{-1},$[Cl^-]=c_{T,Cl}/2=2\times10^{-2}$ mol·L^{-1}。最后,HOCl 与 OCl^- 的分界线由下式给出(见方程式③)

$$\lg\frac{[HClO]}{[ClO^-]}+pH=7.3$$

代入这些值后得到的四个方程式于图 2.11 中绘出。方程式⑤的直线与 pH 无关,因此是一

条水平的直线；它与方程式④的直线相交,后者的 $\dfrac{\mathrm{d}p\varepsilon}{\mathrm{d}pH}$ 值为-1。这些线在相交处中断。在 pH = 1.9 的右方,HOCl 是比 $Cl_2(aq)$ 更稳定的氧化剂。(如果对何种化合态在热力学上占优势有任何疑问,那么或者在给定的 $p\varepsilon$ 值或者在给定的 pH 值绘出活度比值图就可以立即阐明这种稳定性关系。)在图中,方程式⑥和⑦的斜率分别为-0.5 和-1;直线在次氯酸 pH = pK 处相交。

把限定 H_2O 稳定区域的方程式引入同一图中是很方便的。

图2.11 以另一种不同的方式表示图 2.5 中已给出的信息。

在稀溶液中 $Cl_2(aq)$ 仅在相当低的 pH 下才存在。向水中加入 Cl_2 伴随歧化反应生成 HOCl 和 Cl^-。Cl_2,OCl^- 和 $HOCl^-$ 是强氧化剂,比 O_2 的氧化

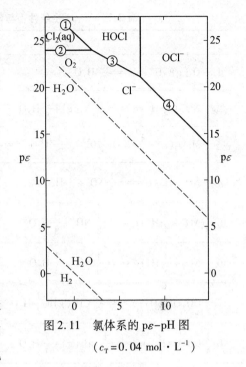

图2.11　氯体系的 $p\varepsilon$-pH 图
($c_T = 0.04\ \mathrm{mol \cdot L^{-1}}$)

性还要强。这些化合态在水中是热力学不稳定的;它们氧化 H_2O(但是反应在没有催化剂时会较为缓慢)。Cl^- 在天然水体的 $p\varepsilon$-pH 范围内是稳定的化合态。

2.5　天然水的氧化还原状况

只有少数元素——C,N,O,S,Fe,Mn——是水体氧化还原过程主要的参与者。表2.7(a)和表 2.7(b)列出了天然水和它们的沉积物中考虑氧化还原关系时有关的若干对化合态的平衡常数。数据主要取自《金属—离子络合物的稳定性常数及水溶液中的标准电位》一书的第二版(Bard 等,1985)。在考虑天然水体的氧化还原情况时,用一个辅助符号 $p\varepsilon^\circ$(w)是比较方便的。除了在中性水中的氧化还原平衡方程式里 {H^+} 和 {OH^-} 应写作它们的活度外,$p\varepsilon^\circ$(w)与 $p\varepsilon^\circ$ 是相似的。因此25 ℃时的 $p\varepsilon^\circ$(w)值适用于 pH = 7.00 时氧化剂和还原剂活度为 1 的情况。$p\varepsilon^\circ$(w)的定义为

$$p\varepsilon^\circ(w) = p\varepsilon^\circ + \frac{n_H}{2}\lg K_w$$

式中　n_H——被每摩尔电子交换的质子摩尔数。

表 2.7(a)　水生条件下与氧化还原过程相关的平衡常数(25 ℃)

反　应	$p\varepsilon^\circ(=\lg K)$	$p\varepsilon^\circ(w)$
① $\frac{1}{4}O_2(g)+H^++e^- \Longrightarrow \frac{1}{2}H_2O$	+20.75	+13.75
② $\frac{1}{5}NO_3^-+\frac{6}{5}H^++e^- \Longrightarrow \frac{1}{10}N_2(g)+\frac{3}{5}H_2O$	+21.05	+12.65
③ $\frac{1}{2}MnO_2(s)+\frac{1}{2}HCO_3^-(10^{-3})+\frac{3}{2}H^++e^- \Longrightarrow \frac{1}{2}MnCO_3(s)+H_2O$	—	+8.9
④ $\frac{1}{2}NO_3^-+H^++e^- \Longrightarrow \frac{1}{2}NO_2^-+\frac{1}{2}H_2O$	+14.15	+7.15
⑤ $\frac{1}{8}NO_3^-+\frac{5}{4}H^++e^- \Longrightarrow \frac{1}{8}NH_4^++\frac{3}{8}H_2O$	+14.90	+6.15
⑥ $\frac{1}{6}NO_2^-+\frac{4}{3}H^++e^- \Longrightarrow \frac{1}{6}NH_4^++\frac{1}{3}H_2O$	+15.14	+5.82
⑦ $\frac{1}{2}CH_3OH+H^++e^- \Longrightarrow \frac{1}{2}CH_4(g)+\frac{1}{2}H_2O$	+9.88	+2.88
⑧ $\frac{1}{4}CH_2O+H^++e^- \Longrightarrow \frac{1}{4}CH_2(g)+\frac{1}{4}H_2O$	+6.94	−0.06
⑨ $FeOOH(s)+HCO_3^-(10^{-3})+2H^++e^- \Longrightarrow FeCO_3(s)+2H_2O$	—	−0.8
⑩ $\frac{1}{2}CH_2O+H^++e^- \Longrightarrow \frac{1}{2}CH_3OH$	+3.99	−3.01
⑪ $\frac{1}{6}SO_4^{2-}+\frac{4}{3}H^++e^- \Longrightarrow \frac{1}{6}S(s)+\frac{2}{3}H_2O$	+6.03	−3.30
⑫ $\frac{1}{8}SO_4^{2-}+\frac{5}{4}H^++e^- \Longrightarrow \frac{1}{8}H_2S(g)+\frac{1}{2}H_2O$	+5.25	−3.50
⑬ $\frac{1}{8}SO_4^{2-}+\frac{9}{8}H^++e^- \Longrightarrow \frac{1}{8}HS^-+\frac{1}{2}H_2O$	+4.25	−3.75
⑭ $\frac{1}{2}S(s)+H^++e^- \Longrightarrow \frac{1}{2}H_2S(g)$	+2.89	−4.11
⑮ $\frac{1}{8}CO_2(g)+H^++e^- \Longrightarrow \frac{1}{8}CH_4(g)+\frac{1}{4}H_2O$	+2.87	−4.13
⑯ $\frac{1}{6}N_2(g)+\frac{4}{3}H^++e^- \Longrightarrow \frac{1}{3}NH_4^+$	+4.68	−4.68
⑰ $H^++e^- \Longrightarrow \frac{1}{2}H_2(g)$	0.0	−7.00
⑱ $\frac{1}{4}CO_2(g)+H^++e^- \Longrightarrow \frac{1}{24}C_6H_{12}O_6+\frac{1}{4}H_2O$	−0.20	−7.20
⑲ $\frac{1}{2}HCOO^-+\frac{3}{2}H^++e^- \Longrightarrow \frac{1}{2}CH_2O+\frac{1}{2}H_2O$	+2.82	−7.68
⑳ $\frac{1}{4}CO_2(g)+H^++e^- \Longrightarrow \frac{1}{4}CH_2O+\frac{1}{4}H_2O$	−1.20	−8.20
㉑ $\frac{1}{2}CO_2(g)+\frac{1}{2}H^++e^- \Longrightarrow \frac{1}{2}HCOO^-$	−4.83	−8.33

表 2.7(b)　某些细胞的能量迁移反应

氧化还原半反应(还原反应)	$p\varepsilon°(w)$
$NAD^+ + 2H^+ + 2e^- \Longrightarrow NADH + H^+$	-5.4
$NADP^+ + 2H^+ + 2e^- \Longrightarrow NADPH + H^+$	-5.5
2 铁氧化还原蛋白(氧化) + 2e^- \Longrightarrow 2 铁氧化还原蛋白(还原)	-7.1
泛醌 + 2H^+ + 2e^- \Longrightarrow 泛醌的还原形式	+1.7
2 细胞色素 C(氧化) + 2e^- \Longrightarrow 2 细胞色素 C(还原)	+4.3

表 2.6(a)和表 2.6(b)所列的 $p\varepsilon°(w)$ 值可以直接对不同的体系按照它们在 pH=7 时的氧化强度顺序加以分级。表 2.6(a)中的任意体系都趋向于氧化 $p\varepsilon°(w)$ 值比它低的等摩尔浓度的另一体系。例如,在 pH=7 时,NO_3^- 可以将 HS^- 氧化为 SO_4^{2-},即有

$$\frac{1}{8}NO_3^- + \frac{5}{4}H^+(w) + e^- \Longrightarrow \frac{1}{8}NH_4^+ + \frac{3}{8}H_2O \quad p\varepsilon°(w) = +6.15 \quad \lg K(w) = +6.15$$

$$\frac{1}{8}HS^- + \frac{1}{2}H_2O \Longrightarrow \frac{1}{8}SO_4^{2-} + \frac{9}{8}H^+(w) + e^- \quad p\varepsilon°(w) = -3.75 \quad \lg K(w) = +3.75$$

$$\frac{1}{8}NO_3^- + \frac{1}{8}HS^- + \frac{1}{8}H^+(w) + \frac{1}{8}H_2O \Longrightarrow \frac{1}{8}NH_4^+ + \frac{1}{8}SO_4^{2-} \quad \lg K(w) = +9.9$$

$$NO_3^- + HS^- + H^+(w) + H_2O \Longrightarrow NH_4^+ + SO_4^{2-} \quad \lg K(w) = 79.2$$

[$\lg K(w)$ 是 25 ℃,pH=7 时中性水氧化还原反应的平衡常数。注意因为 $p\varepsilon°$ 是衡量氧化强度的尺度,将保持同一符号而与反应式所写的方向无关。]因为 $\Delta p\varepsilon°(w)$ 或 $\lg K(w)$ 是正值,所以在标准浓度下中性水溶液中这个反应是热力学可能的。图 2.9 给出了重要生物元素的 $p\varepsilon$-pH 图。

【例 2.14】　有机物被 SO_4^{2-} 氧化。在天然水体系能遇到的正常情况下,有机物,这里以 CH_2O 为例,氧化反应在热力学上是否可行?

联立表 2.6(a)的式⑫和⑳可以得到总过程为

$$\frac{1}{8}SO_4^{2-} + \frac{5}{4}H^+(w) + e^- \Longrightarrow \frac{1}{8}H_2S(g) + \frac{1}{2}H_2O$$

$$p\varepsilon°(w) = -3.50, \lg K(w) = -3.50$$

$$\frac{1}{4}CH_2O + \frac{1}{4}H_2O \Longrightarrow \frac{1}{4}CO_2(g) + H^+(w) + e^-$$

$$p\varepsilon°(w) = -8.20, \lg K(w) = +8.20$$

$$\frac{1}{8}SO_4^{2-} + \frac{1}{4}CH_2O + \frac{1}{4}H^+(w) \Longrightarrow \frac{1}{8}H_2S(g) + \frac{1}{4}CO_2(g) + \frac{1}{4}H_2O$$

$$\lg K(w) = +4.70$$

这也可以写成

$$SO_4^{2-} + 2CH_2O + 2H^+(w) \Longrightarrow H_2S(g) + 2CO_2(g) + 2H_2O$$

$$\lg K(w) = 37.6$$

因此在标准浓度下,pH=7 时该反应在热力学上是可能的。因为这种反应的结果并不改变含硫和含碳化合态的分子数目,所以对单位活度中任何相等的分数都可保持同样的结果。此外,对假定的实际条件,$\Delta G = RT \ln(Q/K)$ 的计算将表明这个氧化反应在热力学上是

否可行。因此，对一组假定的实际条件，如 $p_{CO_2} = 10^{-3.5}$ 大气压，$[CH_2O] = 10^{-6}$ mol · L^{-1}，$[SO_4^{2-}] = 10^{-3}$ mol · L^{-1}，$p_{H_2S} = 10^{-2}$ mol · L^{-1}，就可得到 Q/K 值为 $10^{-31.6}$；因此 ΔG 很明显为负值，指示 SO_4^{2-} 可以在这样的条件下氧化 CH_2O。

2.5.1　氧化还原强度和生物化学循环

　　太阳能持续不断地（光合作用）直接或间接地维持着生命，这是造成不平衡状态的主要原因（图 2.12）。光合作用可以看作一种过程，造成高度负值 $p\varepsilon$ 的局部中心和氧的储存库。无光合作用的生物体通过放能氧化还原反应来催化分解不稳定光合作用产物，从而趋向于使平衡恢复原有状态。生物体本身是无机物的产物，主要由"氧化还原元素"构成，且它们相对恒定的化学计量组成（$C_{106}H_{263}O_{110}N_{16}P$）及水和生物体的化学元素之间的循环交换对环境元素的相对浓度有显著影响。生物活性元素的循环方式与水本身或非活性（守恒的）溶质的循环方式是不同的。

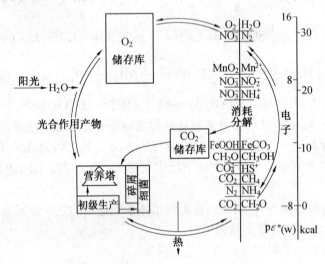

图 2.12　光合作用和生物化学循环

　　光合作用，通过摄取光能并将其转化为化学能，产生自由能较高（高能化学键）的还原态，并因此产生 C，N 和 S 化合物的不平衡浓度。

　　如表 2.7(a)的式⑱所示，在单位活度下 CO_2 转化为葡萄糖需要 $p\varepsilon°(w) = -7.2$。尽管这个值对真实细胞内活动可能略有改变，它确实反映了光合反应期间必须达到的负值 $p\varepsilon$ 的近似水平。

　　当然，微生物作为媒介的水氧化还原对必须与合适的细胞内氧化还原对相关。例如，NADP 体系，在活生物体中普遍存在并且可以认为在光合作用的电子迁移中起主要作用，它具有 $p\varepsilon°(w) = +5.5$。再有，现在普遍认为，各种铁氧化还原蛋白是受激叶绿素的主要电子受体，其 $p\varepsilon°(w)$ 范围为 -7.0 到 -7.5（表 2.7(b)）。这个范围的 $p\varepsilon°(w)$ 值与 CO_2 转化为葡萄糖的值一致，这是有启发性的。

　　相反的是，生物体的呼吸、发酵和其他无光合作用的过程通过对化学反应催化或中间作用释放自由能并由此增大平均 $p\varepsilon$ 值，趋向于使平衡恢复原状。

　　与空气中的氧处于溶解平衡的水具有充分确定的 $p\varepsilon = 13.6$（$p_{O_2} = 0.21$ atm，$E_H =$

800 mV，pH=7，25℃）。表 2.7（a）中 $p\varepsilon°$ 的计算表明，在这个 $p\varepsilon$ 值下，所有其他元素应完全以它们在自然界存在的最高氧化态存在；C 以 CO_2，HCO_3^- 或 CO_3^{2-} 存在，其还原的有机态小于 10^{-35} mol·L^{-1}；N 以 NO_3^- 存在，NO_2^- 小于 mol·L^{-1}；S 以 SO_4^{2-} 存在，其 SO_3^{2-} 或 HS^- 小于 10^{-20} mol·L^{-1}；Fe 以 FeOOH 或 Fe_2O_3 存在，其 Fe^{2+} 小于 10^{-18} mol·L^{-1}；Mn 以 MnO_2 存在，其 Mn^{2+} 小于 10^{-10} mol·L^{-1}。即使来自大气的 N_2 也应大多被氧化成 NO_3^-。

因为事实上 N_2 和有机物已知是在含溶解氧的水中存在，在天然水体系，甚至是表面薄层中也找不到总氧化还原平衡。充其量存在部分平衡，而这可以近似地处理为平衡状态，这或是由于它与其他氧化还原对的相互作用是缓慢的，或是由于扩散及混合过程缓慢，结果使它与总环境可以隔离开来。

因此天然水体的生态体系用动态模式来表达比用平衡模式来表达更为合适。前者需要描述从光吸收的并在其后的氧化还原过程中释放出的自由能流通量。而平衡模式仅能描述热力学稳定的状态并说明趋向于平衡的过程进行的方向和程度。

当对平衡氧化还原态的计算结果和动态水环境中的浓度进行比较时，其中暗含着假设在进行过程中每一阶段，生物媒介的作用方式基本上是可逆的，或者说在所考虑的体系中存在某种介稳的稳态，它近似于部分平衡状态。

2.5.2　微生物媒介作用

无光合作用的生物体通过释放能量的氧化还原反应来催化分解光合作用的不稳定产物，从而趋向于使平衡复元，并由此得到它们新陈代谢所需要的能量来源。生物体利用这些能量来合成细胞和维持已经生成的旧细胞。能量的开发当然不是 100% 效率；仅有一部分释放出的自由能可以为细胞所利用。要记住生物体并不能实现在整体上热力学不可能的反应，这是很重要的。从反应的总体来看，这些生物体仅能充当氧化还原反应的催化剂。因此，生物体并不氧化基质或者还原 O_2 或 SO_4^{2-}，它们仅作为反应的媒介，更有针对性地说，例如在基质的专属氧化反应中以及 O_2 或 SO_4^{2-} 的还原反应中，它们只是中间的电子传递者。因为，例如 CH_3OH，只有在给定的 $p\varepsilon$ 值或氧化还原电位下才能被还原，平衡模式可以表征硫酸根不可能被还原的 $p\varepsilon$ 范围以及硫酸根可能被还原的 $p\varepsilon$ 范围。这样，$p\varepsilon$ 就是表征特定的生态环境的参数。通过计算平衡组成与 $p\varepsilon$ 的函数关系，就能够估计某些氧化或还原反应在何种 $p\varepsilon$ 范围内可以进行。已经做过氮、锰、铁和硫在 pH=7 时的计算，结果如图 2.13 所示。自养型细菌可以将硫的还原化合态（硫酸盐，胶体硫，$S_2O_3^{2-}$）氧化为各种中间氧化还原态，并最终氧化为 SO_4^{2-}。

1. 氮体系

图 2.13（a）表示含氮化合态总原子浓度等于 10^{-3} mol·L^{-1} 时，作为 $p\varepsilon$ 函数的氮的几种氧化态之间的关系。最大的 N_2(aq) 浓度为 5×10^{-4} mol·L^{-1}，相当于 p_{N_2} 约为 0.77 atm。对于大多数水体的 $p\varepsilon$ 范围来说，N_2 是最稳定的化合态，但是在负值十分高的 $p\varepsilon$ 值下，氨将占优势；且在 $p\varepsilon$ 大于 +12 和 pH=7 时，硝酸根占优势。在陆地和水表面有氧状态占优势的条件下，氮气并没有大部分转化为硝酸盐，这一事实表明，对于这种逆反应还缺乏有效的生物媒介，因为这种催化作用必须对两个方向的反应都同样起好的作用。因此，反硝化作用必然是通过某种间接机理发生的，例如 NO_3^- 还原成 NO_2^-，然后 NO_2^- 和 NH_4^+ 反应生成 N_2 和 H_2O。

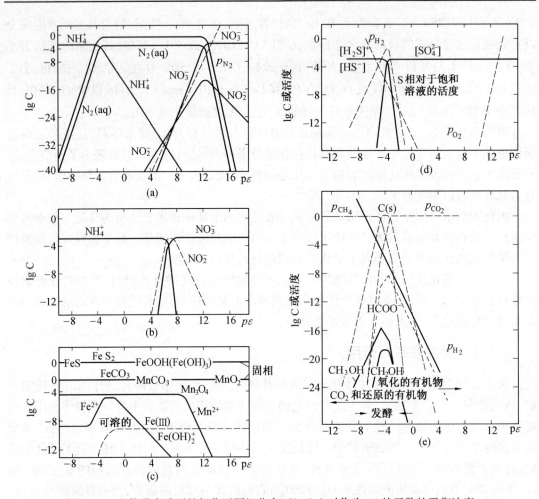

图 2.13　生物学中重要的氧化还原组分在 pH=7.0 时作为 $p\varepsilon$ 的函数的平衡浓度

这些平衡图的绘制是根据表 2.5 所列的平衡常数，其浓度如下：c_T（总碳酸盐）＝ 10^{-3} mol·L^{-1}；$[H_2S(aq)]+[HS^-]+[SO_4^{2-}]=10^{-3}$ mol·L^{-1}；$[NO_3^-]+[NO_2^-]+[NH_4^+]=10^{-3}$ mol·L^{-1}；$p_{N_2}=0.78$ atm，因此，$[N_2(aq)]=0.5\times10^{-3}$ mol·L^{-1}。作图 2.13（b）时，认为 NH_4^+，NO_3^- 和 NO_2^- 化合态对 N_2 处于介稳状态。

当 $p\varepsilon$ 小于-4.5，pH=7 时，N_2 还原为 NH_4^+（N_2 固定）就能以显著的程度进行，所要求的 $p\varepsilon$ 的水平并不像 CO_2 还原为 CH_2O 所要求的负值那么大。因此，光合作用的光能产生的负值 $p\varepsilon$ 水平下，蓝绿藻能够作为这种还原反应的媒介是不足为奇的。或许令人惊讶的是光合作用生物体之间并没有广泛发生固氮作用，也没有进行到比 CO_2 还原作用更大的程度。N_2 分子的强结合键断裂的动力学问题可能是这里的主要因素。

也有的细菌是通过氧化 NH_4^+ 成为 NO_2^- 和 NO_3^- 来获得它们的能量的。[亚硝化菌是其中一种（需氧的）促成氧化（通过 O_2）为 NO_2^- 的细菌，硝化菌是另一种催化 NO_2^- 氧化为 NO_3^- 的细菌。]这些细菌均为自养生物；它们通过 CO_2 固定自己的有机碳。在某些改变中，N_2O 可能会作为中间产物生成。

由于"结合"氮和 N_2 之间存在这种动力学障碍，考虑 NO_3^-，NO_2^- 和 NH_4^+ 对气态 N_2 都作为稳定组分处理的体系，这也是很有用的。对于这种体系作图，图 2.13（b）显示，三种化合态相对优势的转移都在 $p\varepsilon$ 值从 5.8 到 7.2 这相当窄的范围内进行。每种化合态在这个 $p\varepsilon$ 范围内都有一个优势区域,这似乎是造成氮循环具有高度活动特征的一种因素。

2. 硫体系

SO_4^{2-} 还原为 H_2S 或 HS^- 提供了一个将平衡概念应用于水体关系的很好的例子。图 2.13d 显示了在 pH=7,25 ℃,硫的总浓度为 1 mmol $\cdot$ L^{-1} 时,SO_4^{2-} 和 H_2S 作为 $p\varepsilon$ 的函数的相对活度。很明显在此 pH 值下,SO_4^{2-} 显著还原为 H_2S 需要 $p\varepsilon<-3$。促进这种还原反应并使有机物氧化的生物酶必须在此 $p\varepsilon$ 值或更低的 $p\varepsilon$ 值时才能作用。由于这个体系是动态的而不是静态的,用这种方法只能建立一个上限,在媒介位点对 $p\varepsilon$ 来说多余的推动力并没有以平衡计算表示出来。不过,由于很多生物媒介反应似乎都是在相当高的效率利用自由能而进行的,所以看起来 $p\varepsilon$ 的操作值和平衡值并没有很大的区别。

比较表 2.6a 的式⑪和式⑭,给出

$$SO_4^{2-}+2H^+(w)+3H_2S \Longrightarrow 4S(s)+4H_2O \quad \log K(w)=4.86$$

这个方程式指出,在 pH=7 和标准浓度下,硫酸根被还原而生成固体元素硫的可能性。然而硫酸根浓度达到 1 mol $\cdot$ L^{-1} 是不寻常的。

在 25 ℃时,$CaSO_4(s)$ 的溶解度约为 0.016 mol $\cdot$ L^{-1}。根据上面的粗略计算,只要 pH 值稍低于 7,在饱和 $CaSO_4(s)$ 溶液中 SO_4^{2-} 就会被还原而生成硫。有人指出,这个结论与天然硫生成的条件一致。但是,元素硫作为动力学中间产物或介稳相,在许多天然条件下都可以形成。

3. 铁和锰

在绘制图 2.13(c)时,曾假定固体 $FeOOH(G_f^- = -462 \text{ kJ} \cdot \text{mol}^{-1})$ 是稳定的高铁(氢)氧化物。虽然在热力学上是可能的,但磁铁矿 $[Fe_3O_4(s)]$ 可以作为高铁氧化物被还原成 Fe(Ⅱ) 时的中间产物被忽略了。图 2.13 表明,O_2 存在时,$p\varepsilon>11$,铁和锰只有作为固体被氧化的氧化物才是稳定的。浓度小于 10^{-9} mol $\cdot$ L^{-1} 时,溶解态才存在。可溶的铁和锰,如 Fe^{2+} 和 Mn^{2+} 的浓度,随着 $p\varepsilon$ 的降低而增大,其最高浓度分别由 $FeCO_3(s)$ 和 $MnCO_3(s)$ 来控制。($[HCO_3^-]=10^{-3}$ mol $\cdot$ L^{-1} 已在绘图时进行了假设)

4. 碳体系

大量的有机化合物大多是通过生物催化作用不断地被合成、转化和分解。对于碳循环的运转来说,降解作用与合成作用一样重要。除 CH_4 以外,天然水体中遇到的有机溶质没有热力学稳定的。例如,醋酸的歧化作用

$$CH_3COOH \Longrightarrow 2H_2O+2C(s) \quad \log K=18$$

$$CH_3COOH \Longrightarrow CH_4(g)+CO_2(g) \quad \log K=9$$

在热力学上是可行的,但是受到了动力学速度缓慢的阻碍。相似地,对分解为碳(石墨)和水来说,甲醛也是不稳定的:

$$CH_2O(aq) \Longrightarrow C(s)+H_2O \quad \log K=18.7$$

但是没有证据表明这个反应发生过。

在有碳化合物的氧化还原反应中,生成了许多碳化合物的中间产物。尽管在低温时不能达到可逆平衡,比较有机物氧化过程中各步的平衡常数也是很有意义的。图 2.13e 中给

出了 CH_4，CH_3OH，CH_2O 和 $HCOO^-$ 等化合物分别代表表观氧化态为 $-IV$、$-II$、0 和 $+II$ 的有机物，这个图是在 $p_{CH_4}+p_{CO_2}=1$ atm 的条件下绘出的。平衡碳体系的主要特点就是从优势的 CO_2 转化为优势的 CH_4，其中间点在 $p\varepsilon=-4.13$ 处。在此 $p\varepsilon$ 值下，其余的氧化态表现出相对存在的最大值，石墨的形成在热力学上是可能的。

甲烷发酵可以认为是 CO_2 还原为 CH_4；这个还原反应可能伴随着每一种中间氧化态的氧化作用。因为后者的 $p\varepsilon°(w)$ 值全部都小于 -6.4（这是对 CH_3OH 的数值），每个中间产物都可以提供所需的负值 $p\varepsilon$ 水平，以满足其本身氧化并使 CO_2 还原为 CH_4 时热力学的要求。甲烷发生过程中一般涉及的可能有生理上不同的生物体。某些生物体把有机物分解为有机酸和醇类，进一步生成醋酸根，H_2 和 CO_2 作为中间产物：

$$有机络合原料 \longrightarrow 有机酸 \begin{cases} H_2+CO_2 \longrightarrow CH_4 \\ \\ CH_3COO^- \longrightarrow CH_4 \end{cases}$$

通过氧化还原歧化反应，例如通过脂肪酸的 β - 氧化反应如 $CH_3CH_2CH_2COO^- + H_2O \Longrightarrow 2CH_3COO^- + 2H_2(g) + H^+$ 生成的 H_2，充当 CO_2 的还原剂：

$$4H_2(g) + CO_2(g) \Longrightarrow CH_4 + 2H_2O$$
$$\Delta G° = -31 \text{ kcal} \quad \log K = 22.9(25 \text{ ℃})$$

乙醇发酵可以用 CH_2O（或 $C_6H_{12}O_6$）的氧化还原歧化反应为例：

$$CH_2O + CH_2O + H_2O \Longrightarrow CH_3OH + HCOO^- + H^+$$

或

$$CH_2O + 2CH_2O + H_2O \Longrightarrow 2CH_3OH + CO_2(g)$$
$$C_6H_{12}O_6 \Longrightarrow 2C_2H_5OH + 2CO_2(g) \quad \Delta G° = -58.3 \text{ kcal}$$

CH_2O 还原为 CH_3OH 的反应在 $p\varepsilon < -3$ 时可以发生。因为伴随发生的 CH_2O 氧化为 CO_2 的氧化反应 $p\varepsilon°(w) = -8.2$，所以不存在热力学问题。

2.5.3 以微生物为媒介的氧化还原反应

虽然关于化学动态学的结论一般不能从热力学考虑中导出，看来之前章节中讨论的所有反应，可能除了涉及 $N_2(g)$ 和 $C(s)$ 的以外，都是在适当和丰富的生物群存在下以生物为媒介完成的。表 2.7 和图 2.14 考察了结合起来可以产生放能过程的氧化和还原反应。这些可能的组合代表了异养生物体和化能自养生物体为媒介的众所周知的反应。可以看出，在自然环境中，几乎总是可以找到能够作为有关的氧化还原反应媒介的生物体。

表 2.7　可能结合导致生物学媒介放能过程的还原反应和氧化反应（pH=7）

还原反应	$p\varepsilon°(w) = \lg K(w)$
(A) $\frac{1}{2}O_2(g) + H^+(w) + e^- \Longrightarrow \frac{1}{2}H_2O$	+13.75
(B) $\frac{1}{5}NO_3^- + \frac{6}{5}H^+(w) + e^- \Longrightarrow \frac{1}{10}N_2(g) + \frac{3}{5}H_2O$	+12.65
(C) $\frac{1}{2}MnO_2(s) + \frac{1}{2}HCO_3^-(10^{-3}) + \frac{3}{2}H^+(w) + e^- \Longrightarrow \frac{1}{2}MnCO_3(s) + H_2O$	+8.9

续表2.7

还原反应	$p\varepsilon^\circ(w) = \lg K(w)$
(D) $\frac{1}{8}NO_3^- + \frac{5}{4}H^+(w) + e^- = \frac{1}{8}NH_4^+ + \frac{3}{8}H_2O$	+6.15
(E) $FeOOH(s) + HCO_3^-(10^{-3}) + 2H^+(w) + e^- = FeCO_3(s) + 2H_2O$	−0.8
(F) $\frac{1}{2}CH_2O + H^+(w) + e^- = \frac{1}{2}CH_3OH$	−3.01
(G) $\frac{1}{8}SO_4^{2-} + \frac{9}{8}H^+(w) + e^- = \frac{1}{8}HS^- + \frac{1}{2}H_2O$	−3.75
(H) $\frac{1}{8}CO_2(g) + H^+(w) + e^- = \frac{1}{8}CH_4(g) + \frac{1}{4}H_2O$	−4.13
(J) $\frac{1}{6}N_2(g) + \frac{4}{3}H^+(w) + e^- = \frac{1}{3}NH_4^+$	−4.68

氧化反应	$p\varepsilon^\circ(w) = -\lg K(w)$
(L) $\frac{1}{4}CH_2O + \frac{1}{4}H_2O = \frac{1}{4}CO_2(g) + H^+(w) + e^-$	−8.20
(L–1) $\frac{1}{2}HCOO^- = \frac{1}{2}CO_2(g) + \frac{1}{2}H^+(w) + e^-$	−8.73
(L–2) $\frac{1}{2}CH_2O + \frac{1}{2}H_2O = \frac{1}{2}HCOO^- + \frac{3}{2}H^+(w) + e^-$	−7.68
(L–3) $\frac{1}{2}CH_3OH = \frac{1}{2}CH_2O + H^+(w) + e^-$	−3.01
(L–4) $\frac{1}{2}CH_4(g) + \frac{1}{2}H_2O = \frac{1}{2}CH_3OH + H^+(w) + e^-$	+2.88
(M) $\frac{1}{8}HS^- + \frac{1}{2}H_2O = \frac{1}{8}SO_4^{2-} + \frac{9}{8}H^+(w) + e^-$	−3.75
(N) $FeCO_3(s) + 2H_2O = FeOOH(s) + HCO_3^-(10^{-3}) + 2H^+(w) + e^-$	−0.8
(O) $\frac{1}{8}NH_4^+ + \frac{3}{8}H_2O = \frac{1}{8}NO_3^- + \frac{5}{4}H^+(w) + e^-$	+6.16
(P) $\frac{1}{2}MnCO_3(s) + H_2O = \frac{1}{2}MnO_2(s) + \frac{1}{2}HCO_3^-(10^{-3}) + \frac{3}{2}H^+(w) + e^-$	8.9

结合后

例子		$\Delta G^\circ(w)$ pH=7 $(kJ \cdot eq^{-1})$
需氧呼吸	A+L	−125
脱氮作用	B+L	−119
硝酸盐还原反应	D+L	−82
发酵	F+L	−27
硫酸盐还原反应	G+L	−25
甲烷发酵	H+L	−23

续表 2.7

例子		$\Delta G^\circ(\mathrm{w})$ pH=7（kJ·eq^{-1}）
N 固定	J+L	−20
硫化物氧化反应	A+M	−100
硝化作用	A+O	−43
铁的氧化反应	A+N	−88
Mn（Ⅱ）氧化反应	A+P	−30

　　氧化还原反应的顺序（图 2.14）：在含有机物如 CH_2O 的封闭水体系中，可以观察到有机物的氧化反应首先是通过 O_2 被还原[$p\varepsilon(\mathrm{W})=13.8$]发生的。其后则有 NO_3^- 和 NO_2^- 的还原反应。如图 2.12 和 2.13 所示，这些反应是按 $p\varepsilon$ 水平降低的顺序排列的。如果存在的还原，应当在和硝酸根还原同样的 $p\varepsilon$ 水平下发生，接着是 $FeOOH(s)$ 或 $Fe(OH)_3(s)$ 还原为 Fe^{2+} 的反应。当达到足够的负 $p\varepsilon$ 水平时，发酵反应和 SO_4^{2-} 和 CO_2 的还原反应几乎可能同时发生。

　　如果反应趋向于按照热力学可能性的顺序依次发生，上述顺序就可以预料到还原剂（CH_2O）将向最低的未被占用的电子水平（O_2）提供电子；若有更多的电子可用，依次的水平是 NO_3^-，NO_2^-，$MnO_2(s)$ 等，将被填充。以上所说的反应顺序主要反映在富营养化（超营养作用）湖泊各组分的垂直分布上，一般也可在含有过剩有机物的封闭体系中的时间顺序上反映出来，例如分批操作的消化池（厌氧发酵）。

　　由于所考虑的反应[可能 $MnO_2(s)$ 和 $FeOOH(s)$ 的还原反应除外]是以生物为媒介的，化学反应顺序与微生物的生态顺序（需氧异养菌，脱氮剂，酵母菌，硫酸盐还原剂，甲烷菌等）平行。从进化观点看，或许有很大意义的是似乎有一种趋势，及释放能量较多的媒介反应要优先于释放能量较少的过程。

　　有多余 CH_2O 的体系中观察到的氧化还原反应的顺序，（或者一个体系，例如，用有机物如湖中的污染物或藻类沉淀物“滴定”的湖泊或地下水）概括在表 2.8 中。有机碳化合物（除了 CH_4）在整个 $p\varepsilon$ 范围内都是不稳定的，但是往往假设缺氧条件相比有氧条件来说，对有机物的保存更有利。

表 2.8　逐步降低的有机污染物氧化还原强度的序列

O_2 消耗（呼吸） $\frac{1}{4}\{CH_2O\}+\frac{1}{4}O_2$	$=\frac{1}{4}CO_2+\frac{1}{4}H_2O$	(1)
脱氮作用 $\frac{1}{4}\{CH_2O\}+\frac{1}{5}NO_3^-+\frac{1}{5}H^+$	$=\frac{1}{4}CO_2+\frac{1}{10}N_2+\frac{1}{2}H_2O$	(2)
硝酸盐还原反应 $\frac{1}{4}\{CH_2O\}+\frac{1}{8}NO_3^-+\frac{1}{4}H^+$	$=\frac{1}{4}CO_2+\frac{1}{8}NH_4^++\frac{1}{8}H_2O$	(3)

续表 2.8

生成可溶 Mn(Ⅱ) $\frac{1}{4}\{CH_2O\}+\frac{1}{2}MnO_2(s)+H^+$	$=\!=\!=\frac{1}{4}CO_2+\frac{1}{2}Mn^{2+}+\frac{1}{8}H_2O$	(4)
发酵 $\frac{3}{4}\{CH_2O\}+\frac{1}{4}H_2O$	$=\!=\!=\frac{1}{4}CO_2+\frac{1}{2}CH_3OH$	(5)
生成可溶 Fe(Ⅱ) $\frac{1}{4}\{CH_2O\}+FeOOH(s)+2H^+$	$=\!=\!=\frac{1}{4}CO_2+\frac{7}{4}H_2O+Fe^{2+}$	(6)
硫酸盐还原反应,生成 H_2S $\frac{1}{4}\{CH_2O\}+\frac{1}{8}SO_4^{2-}+\frac{1}{8}H^+$	$=\!=\!=\frac{1}{8}HS^-+\frac{1}{4}CO_2+\frac{1}{4}H_2O$	(7)
甲烷发酵 $\frac{1}{4}\{CH_2O\}$	$=\!=\!=\frac{1}{8}CH_4+\frac{1}{8}CO_2$	

　　在初始 $p\varepsilon$ 低而后加入 O_2 的体系中,可以观察到另一种反应顺序。这种情况常在被各种还原物质污染的河流中遇到。在这种情况下,一般可以观察到需氧呼吸比硝化作用更占优势,即在存在有机物时,以细菌为媒介的硝化作用至少是部分被抑制或取代了。

　　也可以注意到(图 2.14 中 J 和 L 的结合), N_2 还原反应伴随着 CH_2O 氧化反应是有热力学可能性的。这是由无光合固氮细菌为媒介时的总机理。

　　至于谈到所谓无降解性污染物以及在沉积物中提取的若干亿年前的有机物,可以作为一种备忘录,说明平衡状态并不是总能达到的,甚至在地质年代内也不能达到,而微生物在趋向稳定状态的过程中发挥催化作用也不是"绝对可靠的"。平衡模式可以描述天然水体系中氧化还原组分的稳定条件,但是更广泛的定量推论必须十分谨慎地从事。

2.5.4　在土壤和水体系中的例证

　　·在不流动的表层水,沉积物–水,和土壤体系中, $p\varepsilon$ 和 pH 彼此结合是尤其重要的控制变量。 $p\varepsilon$ 的增加伴随着 pH 的降低。固体有机物和土壤,沉积物和地下水中包含固相 Mn(Ⅲ,Ⅳ)氧化物,Fe(Ⅱ,Ⅲ)氧化物,及 FeS 和 FeS_2 的多相氧化还原对,提供了重要的 $p\varepsilon$ 和 pH 缓冲作用。

　　以 $p\varepsilon$ 值变化为对照的氧化还原体系的平衡(缓冲作用)与酸碱体系相似,能够以氧化还原缓冲或平衡强度来限定:

$$\beta_{redox}=\frac{dc_{ox}}{dp\varepsilon}$$

式中　c_{ox}——加入的氧化剂[M]的浓度。

　　图 2.15 给出了土壤、沉积物、表层水和地下水中重要的典型氧化还原强度范围。在土壤中,有机物(图 2.15 的区域 2)代表了结合 H^+ 和 e^- 的储存库。当有机物矿化时,碱度、[NO_3^-]和[SO_4^{2-}]增大,而 Fe(Ⅱ)和 Mn(Ⅱ)开始移动。磷酸盐,初期与 Fe(Ⅲ)(氢)氧化物

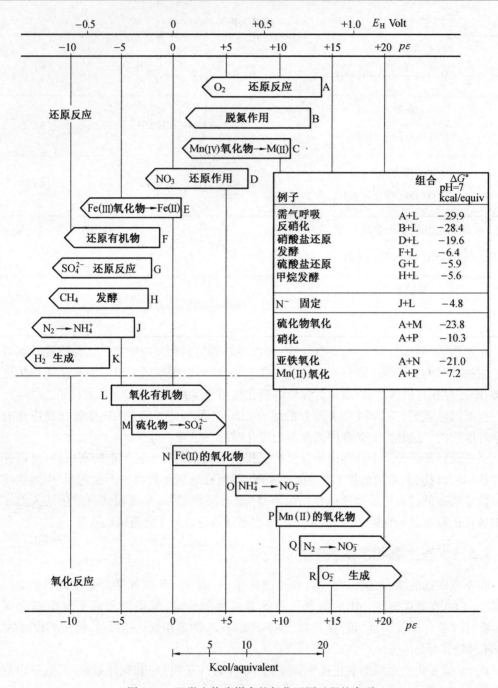

图 2.14　以微生物为媒介的氧化还原过程的序列

结合,作为 Fe(Ⅲ)固相的部分还原分解物被释放。在较低的 pε 值(图 2.15 的区域 3)处,Fe(Ⅱ)和 Mn(Ⅱ)的浓度进一步增加。SO_4^{2-} 的还原伴随着 FeS 和 MnS 的沉淀及黄铁矿的生成。

在有氧–缺氧的边界,发生迅速的铁的逆转。这个有氧–缺氧界限可能存在于淡水和海水水柱的较深层,沉积物–水的接触面或沉积物中。

图 2.16 以图解的方法表示水柱的氧化还原转化。重要的项目如下:

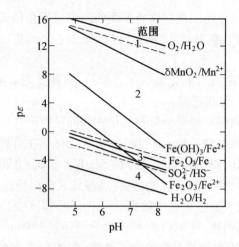

图 2.15　土壤和水体中氧化还原强度的代表范围

（1）首要的还原剂是存在于水柱深层的能生物降解的生物原料。

（2）作为发酵过程的结果，氧化还原电位一般约为 0.22 ～ -0.22 V，如果生成有活性功能基团的分子如羟基和羧基基团，电子迁移将更可行。

（3）在依赖深度的氧化还原梯度内，固体 Fe（Ⅲ）和溶解 Fe（Ⅱ）的浓度峰值增大，Fe（Ⅲ）的峰值覆盖了 Fe（Ⅱ）的峰值。

（4）与这些羟基和羧基配体生成络合物的 Fe（Ⅱ），在它们向上扩散和 Fe（Ⅲ）（氢）氧化物沉降中遇到，并按照催化机制与这些相互作用，由此迅速溶解 Fe（Ⅲ）（氢）氧化物。Fe（Ⅱ）扩散，难溶 Fe（OH）₃ 氧化和随后溶解 Fe（Ⅱ）沉积和还原的顺序，一般都在一个相当窄的氧化还原梯度变异内发生。

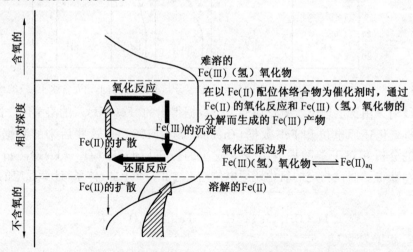

图 2.16　在水或沉积物层处在有氧—缺氧边界的 Fe（Ⅱ，Ⅲ）的转化

上面提到的某些过程也会在土壤中发生。微生物和植物产生大量的生物酸。土壤的灰壤化作用中观察到的 Al 和 Fe 向下垂直置换可以通过考虑 pH 和络合生成物对溶解度和分解速度的影响来说明。

相似地，Mn（Ⅲ，Ⅳ）氧化物/Mn²⁺ 的氧化还原转化导致在适当氧化还原强度下快速的电子循环。Mn 和 Fe 在它们氧化还原化学性质方面的两个差异是相关的。

（1）Mn(Ⅲ,Ⅳ)还原为溶解 Mn(Ⅱ)的反应与 Fe(Ⅲ)/Fe(Ⅱ)还原反应相比,在更高的氧化还原电位下才能发生。

（2）Mn(Ⅱ)变为 Mn(Ⅲ,Ⅳ)氧化物的氧合作用,即使受到表层和/或微生物的催化作用,通常也比 Fe(Ⅱ)的氧合作用缓慢。

这些元素的氧化还原循环对痕量金属在氧化物表面的吸附作用和不同氧化还原条件下痕量元素的波动都有显著的影响。Mn(Ⅲ,Ⅳ)的水合氧化物在可氧化的痕量元素的氧化作用中,是很重要的媒介;例如,Cr(Ⅲ),As(Ⅲ)和 Se(Ⅳ)与 O_2 的氧化作用太过缓慢;然而,在它们相对迅速地吸附 Mn(Ⅲ,Ⅳ)氧化物之后,这些元素会很快地被 Mn(Ⅲ,Ⅳ)氧化。

图 2.17 给出了农业区下游地下水的数据。氧化还原梯度变异出 O_2 和 NO_3^- 的急剧下降表明,与向下水运输速度相比,还原过程的动力学更迅速。Postma 等人(1991)提出数量很少的黄铁矿对 NO_3^- 的还原作用是主要的电子供体(注意 SO_4^{2-} 的增加立即低于有氧-缺氧界限)。由于 NO_3^- 与黄铁矿在动力学上不能足够快地发生相互作用,必须有一个更复杂的机制来作为电子迁移的介质。可以假设在黄铁矿的氧化作用之后,有黄铁矿被 Fe(Ⅲ)氧化;Fe(Ⅱ)由 NO_3^- 的直接或间接(生物介质)氧化生成。

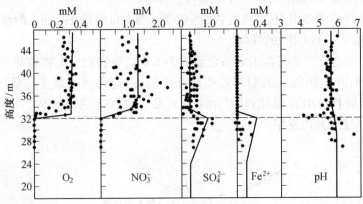

图 2.17　1988 年农业区以下地下水中的氧化还原组分与深度(自由不稳固含水土层)的函数图

【例 2.15】　由深层地下水氧化还原电位数据得出的"$Fe(OH)_3$"的溶解度。图 2.18 给出了测定的氧化还原电位和 Fe^{2+} 数据(Grenthe 等人,1992)。这些后来的数据由对溶解[Fe(Ⅱ)]的分析和对于碳酸根的络合生成物的校正[（$Fe^{2+}+CO_3^{2-}=FeCO_3(aq)$;$lg\ K_1=5.56,I=0$)]获得。假设测定的氧化还原电位指 Fe(Ⅱ)/Fe(Ⅲ)体系,计算反应的溶解度常数 $^*K_{s0}$

$$Fe(OH)_3(s)+3H^+ \longrightarrow Fe^{3+}+3H_2O \quad\quad ^*K_{s0}$$

能斯特方程,根据 E 来写

$$E=0.771+\frac{RT}{F}\ln\frac{[Fe^{3+}]}{[Fe^{2+}]} \quad\quad\quad ①$$

考虑方程式①,可以得到

$$E=E_0^* -2.303(RT/F)(3pH+\log[Fe^{2+}]) \quad\quad ②$$

其中

$$E_0^* =0.771+2.303(RT/F)\log\ ^*K_{s0} \quad\quad\quad ③$$

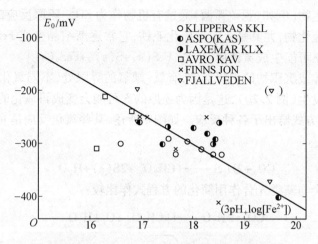

图 2.18 深层地下水中测定的氧化还原电位

图 2.18 中给出的实验数据表明一种线性关系(与方程式②一致),斜率为

$$2.3(RT/F) = 0.056 \text{ V}$$

且截距为

$$E_0^* = 0.707 \text{ V}$$

由方程式③计算

$$\log{}^*K_{s0} = -1.1$$

或条件溶度积为

$$\log\left[Fe^{3+} \right]\left[OH^- \right]^3 = \log K_{s0} = -43.1$$

【例 2.16】 污染物气缕流通路径中地下水污染物氧化还原态的变化。垃圾场中的有机废物能够渗入地下水。绘出氧化还原态 SO_4^{2-},H_2S,CH_4,Fe,Mn,NO_3^-,O_2,污染物气缕流通路径中的有机碳浓度的变化。如果假设氧化还原顺序与表 2.8 和图 2.14 中给出的一致,下面的浓度分布图的类型(图 2.19)就可以预料。给出的曲线当然有些推测性质的,但是给出的顺序已经由许多调查者观察过(Bouwer,1992;Von Gunten,Zobrist,1993)。

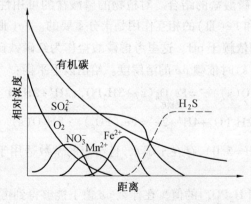

图 2.19 在有机污染物气缕的流通路径内,氧化还原态浓度变化的计算

2.5.5 硫 转 化

硫经历了循环性的变化,可以从组织和复杂性的不同水平上观察出来。在还原条件下

($p\varepsilon<-2$)不同的微生物(例如,脱硫弧菌)通过有机物作为SO_4^{2-}还原反应的媒介;结果就是可以生成某些金属硫化物,尤其是无定形硫化亚铁,它常逐渐结晶生成FeS(四方硫铁矿),然后在适当的条件下可能生成黄铁矿[例如,$FeS(s)+S(s)\rightarrow FeS_2(s)$]。

在不流动的水体或沉积物的更深层中,有氧-缺氧的界限处,不同氧化态的硫化合物的氧化还原循环可能发生(图2.20),这是因为还原的S可能会变成再氧化的。

图2.20以图解方式给出了各种反应。如图中所述,某些氧化反应是光合硫细菌作用的结果:

$$CO_2+2H_2S \xrightarrow{hv} \{CH_2O\}+2S(s)+H_2O$$

这个反应可能会与藻类光合作用简化的方程式作比较:

$$CO_2+2H_2O \xrightarrow{hv} \{CH_2O\}+O_2+H_2O$$

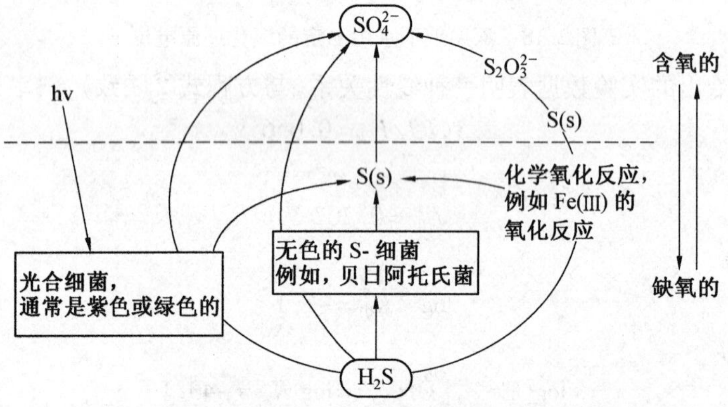

图2.20　利用多种细菌,以O_2为媒介的H_2S氧化反应简图

图2.21给出了在富营养湖泊中S转化的某些方面。随着湖泊深度的增加,继而是O_2,SO_4^{2-}被还原成硫化物[S(-Ⅱ)]的还原反应。这个还原反应与CH_4的形成极为同步。S(s)是由硫化物的氧化作用生成的。

【例2.17】　土壤中磷酸盐的结合。对植物的磷酸盐的可用性以各种方式依赖于$p\varepsilon$;首先,磷酸盐与Fe(Ⅱ)和Fe(Ⅲ)的相互作用是十分重要的。Fe(Ⅲ)(氢)氧化物的表面可以吸附磷酸盐;吸附作用依赖于pH。这里考虑磷酸盐作为红磷铁矿$FePO_4 \cdot 2H_2O(s)$和蓝铁矿$Fe_3(PO_4)_2 \cdot 8H_2O(s)$时依赖$p\varepsilon$的溶解度。给出以下平衡:

$$3FePO_4 \cdot 2H_2O(s)+e^- = Fe_3O_4(s)+3H_2PO_4^-+2H^++2H_2O \quad \lg K=-17.1 \qquad ①$$
　　　红磷铁矿　　　　　　　　磁铁矿

$$Fe_3O_4(s)+2H_2PO_4^-+4H^++2e^- = Fe_3(PO_4)_2 \cdot 8H_2O(s) \quad \lg K=32.6 \qquad ②$$
　　　　　　　　　　　　　　　　　蓝铁矿

假设微酸性土壤(pH=5.0),存在土壤水,且给定的常数适用于$I=10^{-3}$ mol·L^{-1},温度为10 ℃的条件。

(1)计算$p\varepsilon$的函数[$H_2PO_4^-$]的值。在什么$p\varepsilon$值下能够得到可溶磷酸盐的最大值?

(2)在什么$p\varepsilon$值时三种固相可以共存?

可以利用最方便的方程式①和②的质量定律来绘出$\lg[H_2PO_4^-]$和$p\varepsilon$的关系图:

$$\lg[H_2PO_4^-]=-2.37-\frac{1}{3}p\varepsilon$$

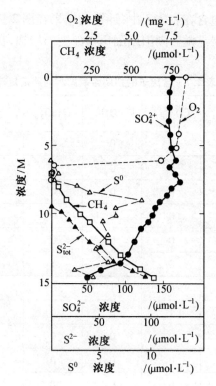

图 2.21　1982 年 10 月,瑞士卢塞恩的氧化还原化合态浓度图

$$\lg[\,H_2PO_4^-\,]=-6.3+p\varepsilon$$

如图 2.22 所示,pH = 5,$p\varepsilon$ 值为正时,磷酸盐的溶解度最大,其中 $Fe_3O_4(s)$,$FePO_4 \cdot 2H_2O(s)$ 和 $Fe_2(PO_4)_3 \cdot 8H_2O(s)$ 可以共存。在更高和更低的 $p\varepsilon$ 值下,磷酸盐可以分别以红磷铁矿和蓝铁矿的形式沉淀。

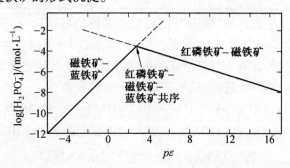

图 2.22　分别由红磷铁矿–磁铁矿平衡和磁铁矿–蓝铁矿平衡校正的磷酸盐溶解度

【例 2.18】　用生物群"滴定"湖均温层。起初需氧的湖,由下列条件表征:

$$[\,SO_4^{2-}\,]=2\times10^{-4}\ mol \cdot L^{-1}$$

$$c_T=2\times10^{-3}\ mol \cdot L^{-1}$$

$$[\,Fe(OH)_3(不定型)\,]_总=10^{-5}\ mol \cdot L^{-1}$$

$$[\,NO_3^-\,]=1\times10^{-4}\ mol \cdot L^{-1}$$

$$[\,MnO_2(s)\,]_总=10^{-5.5}\ mol \cdot L^{-1}$$

$$pH=8.0$$

　　进行计算必须的资料包含在表 2.7 中，计算的结果在图 2.23 中给出；图中展示了强还原或弱氧化条件渐进的发展。随着湖泊或沉积物深度的增加，在给定时间内也可以观察到这个演替。

表 2.7　含离子的初期含氧湖水的滴定矩阵

组分	NO_3^-	SO_4^{2-}	$CO_2(g)$	$Fe(OH)_3$	MnO_2	H^+	e^-	$\log K$ (25 ℃)
$O_2(g)$	0	0	0	0	0	−4	−4	−83.1
NO_3^-	1	0	0	0	0	0	0	0
NH_4^+	1	0	0	0	0	10	8	119.2
SO_4^{2-}	0	1	0	0	0	0	0	0
HS^-	0	1	0	0	0	9	8	34
Mn^{2+}	0	0	0	0	1	4	2	43.6
Fe^{2+}	0	0	0	1	0	3	1	16
$CH_4(g)$	0	0	1	0	0	8	8	23
$H_2(g)$	0	0	0	0	0	2	2	0
H^+	0	0	0	0	0	1	0	0
e^-	0	0	0	0	0	0	1	0

$$p_{CO_2} = 10^{-3.5} \text{ atm} \quad pH = 8$$

$$\text{总 } NO_3^- = 10^{-4} \text{ mol} \cdot L^{-1} = [NO_3^-] + [NH_4^+]$$

$$\text{总 } SO_4^{2-} = 2 \times 10^{-4} \text{ mol} \cdot L^{-1} = [SO_4^{2-}] + [HS^-]$$

$$[Fe^{2+}] \leqslant 10^{-5} \text{ mol} \cdot L^{-1} \quad [Mn^{2+}] \leqslant 5 \times 10^{-6} \text{ mol} \cdot L^{-1}$$

　　这个湖的均温层用生物群来"滴定"（沉浸的浮游植物群落）。计算在"滴定"期间发展的各种化合态的浓度。"滴定剂"即沉浸的生物群，能够以"电子络合物"的形式观察到；即，可以用电子来滴定。这种计算当然只是部分正确，但是它概括性地展示了在这种情况下缺氧过程是怎样进行的。按一级近似，适用于 25℃下的常数如下：

$$Fe(OH)_3(s) + 3H^+ + e^- = Fe^{2+} + 3H_2O \quad \log K = 16.0$$

$$MnO_2(s) + 4H^+ + 2e^- = Mn^{2+} + 2H_2O \quad \log K = 43.6$$

$$O_2(g) + 4H^+ + 4e^- = 2H_2O \quad \log K = 83.1$$

$$NO_3^- + 10H^+ + 8e^- = NH_4^+ + 3H_2O \quad \log K = 119.2$$

$$SO_4^{2-} + 9H^+ + 8e^- = HS^- + 4H_2O \quad \log K = 34$$

$$2H^+ + 2e^- = H_2(g) \quad \log K = 0$$

$$CO_2(g) + 8H^+ + e^- = CH_4(g) + 2H_2O \quad \log K = 23$$

　　相同的原理如图 2.24 和图 2.25 所示，分别给出了布雷特湖和一个假定地下水体系的"滴定曲线"。

　　如果把湖的均温层看作一个完全封闭的盒子，除了有机物的输入以外，每个高原地区的长度代表相应化合物氧化容量的最大值，即在还原期间，分子浓度乘以电子交换的数目。湖

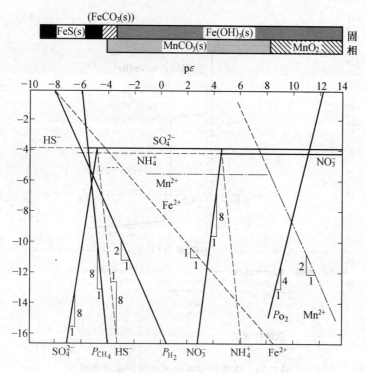

图 2.23　用沉淀生物群"滴定"湖水（见例 2.18）

底的总氧化容量是所有单独值的加和；在这个特定情况下为 2.0×10^{-3} mol · L^{-1}。尽管这种计算是简化的，因为并没有考虑 O_2 和 SO_4^{2-} 从水体表面的扩散和沉积物中积聚的 MnO_2 和 $FeOOH$ 的氧化容量。图 2.24 指出地层水体中发生的连续还原过程的原理，以及强度参数（垂直标度）和容量参数（水平标度）之间的关系。

上述更进一步的限制不仅是把湖底看作一个封闭的盒子，还要考虑是均匀混合的。然而，这并不是真实的。有机物降解仅在沉积过程中缓慢，因此氧化剂的损耗随着深度的增加而增加。另外，图 2.24 的水平标度也是一个时间标度，符合有机物生成所需的时间。最终结果是在氧化还原条件下，空间和时间的双进化。

地下水样的氧化还原滴定如图 2.25 所示，其中显示了在假设平衡处的 $p\varepsilon$ 和 pH 值与反应的有机碳 $[CH_2O]$ 数量的关系。图 2.25a 展示了 O_2，NO_3^-，$MnO_2(s)$，$Fe(OH)_3(s)$ 和 SO_4^{2-} 还原作用的逐级滴定步骤中 $p\varepsilon$ 的变化，图 2.25b 展示了这些步骤中相应 pH 的变化。在样品的缓冲体系中（碱度为 0.83 mol · L^{-1}，初始 pH 为 7.0），O_2 被 CH_2O 的还原反应释放出额外的溶解 CO_2，显著地降低了 pH（且使 $p\varepsilon$ 略有升高；将 $p\varepsilon_{O_2}$ 与 pH 和 $[O_2(aq)]$ 的有关灵敏度作比较）。对于 ΔCH_2O 有关的各氧化还原对，总 H^+ 和 CO_2 变化的测定允许我们将 pH 和 $p\varepsilon$ 变化的完全顺序有理化。例如，在硫酸盐的还原反应中，产生 CO_2 所消耗的质子的比例接近于 1，因而 pH 的变化也很小。

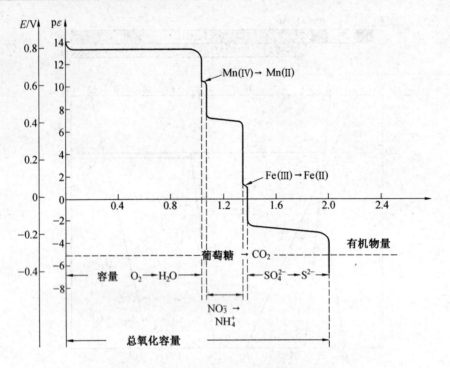

图 2.24 布雷特湖氧化剂的简化滴定曲线

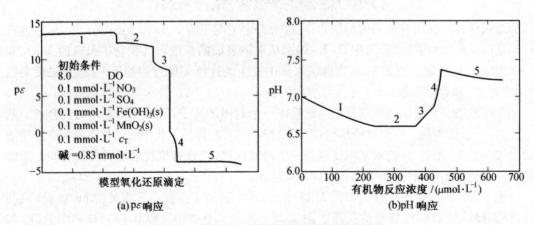

(a) $p\varepsilon$ 响应 （b) pH 响应

图 2.25 模型地下水体系的氧化还原滴定曲线

2.6 络合生成物对氧化还原电位的影响

从热力学的角度比较络合物 $p\varepsilon$。用 Fe(Ⅱ) 和 Fe(Ⅲ) 做例子,这是因为:①这个氧化还原对比其他的氧化还原对可获得的数据更多;②在自然环境中,电子的氧化还原循环中铁的转化尤其重要。如图 2.26 所示,Fe(Ⅲ)/Fe(Ⅱ) 氧化还原对可以在水的稳定度下,用合适的配位体调节达到任何氧化还原电位。这里举例说明的原理当然也对其他氧化还原体系适用。

大多数络合生成物存在时,在 pH=7,E_H(pH=7)处,氧化还原电位下降,尤其是含氧供给原子的螯合物,如柠檬酸盐,EDTA 和水杨酸盐,这是由于这些配位体与 Fe(Ⅲ) 能生成比

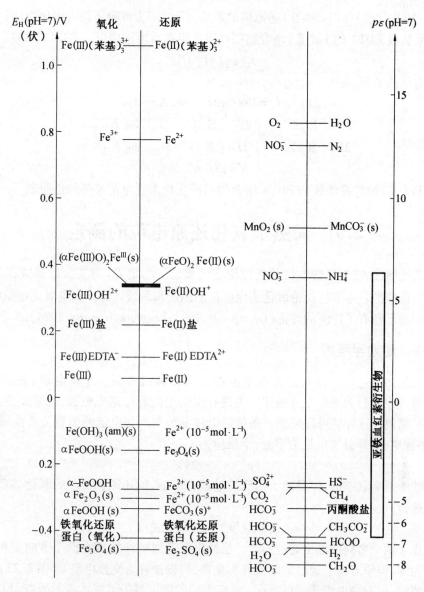

图 2.26　pH=7 时以 Fe(Ⅱ)/Fe(Ⅲ)为代表的氧化还原对

与 Fe(Ⅱ)更强的络合物。菲啉则是个例外,其结合 Fe(Ⅱ)比 Fe(Ⅲ)更稳定,可从 N-Fe(Ⅱ)芳香键的电子构型角度来解释(Luther 等,1992)。但是 Fe(Ⅱ)络合物与 Fe^{2+} 相比通常是更强的还原剂。这种 Fe(Ⅲ)还原态的稳定性也可以借助水合络合物以及通过固相中与 O^{-II} 的结合来观察(见 11.4 节)。因此 Fe(Ⅱ)矿物质,从热力学的角度来说,是强还原剂。例如,Fe_2SiO_4(铁橄榄石)-Fe_3O_4(磁铁矿)对的 E_H 值与 $H_2O(1)$ 还原为 $H_2(g)$ 的 E_H 值相似(Baur,1978)(图 2.26)。

在含铁矿物质的分解过程中,氧化还原反应十分重要。Fe(Ⅲ)(氢)氧化物的还原性分解可以借助许多还原剂完成;尤其是有机和无机还原剂,例如抗坏血酸盐,苯酚,联二亚硫酸和 HS^-。Fe(Ⅱ)在络合生成物存在时易于分解为 Fe(Ⅲ)(氢)氧化物。Fe(Ⅱ)在磁铁矿和硅酸盐中结合并吸附在氧化物上,能够还原 O_2(White,1990;White 和 Yee,1985)。

【例 2.19】 　配位体对 Fe(Ⅱ)还原碘的影响。Fe^{2+} 不能将碘还原为碘化物,但是有配位体如柠檬酸盐或 EDTA 的 Fe(Ⅱ)络合物则可以。点在水溶液中以 I_3^- 的形式存在。

$$\left[I_2(aq) + I^- = I_3^- \right]$$

比较简单的平衡,有

$$2Fe^{2+} + I_3^- = 2Fe^{3+} + 3I^- \quad \log K = -16.9$$
$$2Fe(Ⅱ)L^{2-} + I_3^- = 2Fe(Ⅲ)L^{-1} + 3I^- \quad \log K = 2.1$$
$$2Fe(Ⅱ)Y^{2-} + I_3^- = 2Fe(Ⅲ)Y^- + 3I^- \quad \log K = 8.6$$
$$Y = EDTA^{4-}$$

显然 Fe(Ⅱ)的柠檬酸盐和 EDTA 络合物对碘化物来说是足够强的还原剂。

2.7　天然水氧化还原电位的测定

之前已经指出,必须区别电位和电位测定的概念。测定 E_H 对变量已知或在控制下的体系是很有价值的。本节将讨论氧化还原电位的测定和间接计算。测定氧化还原电位过程中遇到的问题已经有了广泛的评论(Grenthe 等,1992;Lingberg,Runnels,1984)。

2.7.1　动力学考虑

电极电位测定过程中涉及的某些基本原理可以通过考察一个单电极(铂)浸入酸性 Fe^{2+}-Fe^{3+} 溶液中的行为来作定性描述。为使有限的电流通过这支电极,就需要使其电位迁移而偏离平衡值。这样就可以得到一条描述电极电位与外加电流的函数关系曲线(极化曲线)。在平衡电位,即外加电流为零处,半反应为

$$Fe^{3+} + e^- \Longleftrightarrow Fe^{2+}$$

它是处于平衡状态的,但是两个相反的过程,即 Fe^{3+} 的还原和 Fe^{2+} 的氧化,以相等和有限的速度进行:

$$v_1(还原速度) = v_2(氧化速度)$$

它正比于两个方向的电子通过速度。虽然电子通过的净速度在两个方向上相等,因此外加电流为零,但单方向上通过的电流并不是零,所以被称为交换电流 i_0(图 2.27)。

在平衡时,没有净电流通过($i_a = i_c$),电极表面的浓度等于溶液体内的浓度,相应于平衡条件所测得的 $p\varepsilon$ 值或电位为

$$\frac{[Fe^{3+}]}{[Fe^{2+}]} = 10^{(p\varepsilon - p\varepsilon^\circ)} = \exp\frac{F}{RT}(E_H - E_H^\circ)$$

或者,写成更通用的形式

$$\frac{[ox]}{[red]} = 10^{n(p\varepsilon - p\varepsilon^\circ)} = \exp\frac{nF}{RT}(E_H - E_H^\circ)$$

净电流可以被看作是两种相反电流(阴极和阳极)的总和。Fe^{3+} 还原的速度(规定用阴极电流表示)通常是随较负的电极电位值成指数增加的,此外还是[Fe^{3+}]浓度和电极有效面积的函数。类似的考虑也适用于 Fe^{2+} 的氧化速度(阳极电流),它与[Fe^{2+}],电极面积成正比,且与电位成指数关系。只要这些离子的浓度足够大,电极电位相对平衡值极微小的偏离就会导致半反应以两个相反的方向进行。在这样的情况下测定平衡电极电位是可行的:电

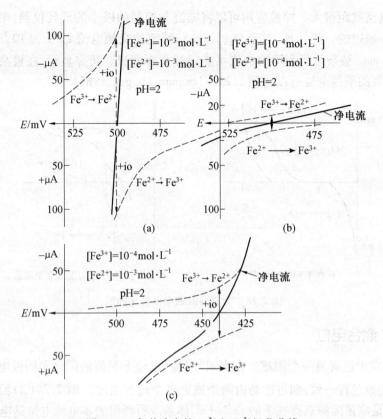

图 2.27　各种浓度的 Fe^{2+} 和 Fe^{3+} 极化曲线

位总量必须偏离得在测量仪器上可以获得读数,因此测量的清晰度和再现性就取决于平衡点附近净电流的斜率。此斜率与交换电流 i_0 成正比;i_0 依赖于反应物的浓度和电极面积。

在应用现代仪器的有利情况下,电流漏是很低的,能够给出 i_0 大于约 10^{-7} A 的体系就可以进行可靠电位的测定。如果存在两种离子的浓度都低于 10 倍的情况,i_0 和斜率就只有原值的 1/10;但是当 $i_0 = 10^{-5}$ A 时,仍然可以进行可靠的测定,如图 2.27(b)所示。如果只有一种电子的浓度降低,则 i_0 的下降就没那么大,而阳极和阴极电流相等时的电位 E_H,其移动情况如图 2.27(c)所示。如果 Fe^{3+} 和 Fe^{2+} 的浓度均为 10^{-6} mol · L^{-1}(-0.05 mg · L^{-1}),i_0 为 10^{-7} A,测量就不再精确。实际上,由于痕量杂质带来的其他效应,当任一种铁离子的浓度小于约 10^{-5} mol · L^{-1} 时,就很难根据简单的能斯特理论进行测定了。

2.7.2　"滞后的"电极

在试图测定含 O_2 水的电极电位时,可以把前述的行为与可能遇到的情况加以对照。这时的极化曲线简图如图 2.28 所示。平衡电极电位仍然应当落在净外加电流(即阴极和阳极电流之和)为零的点上。确定其精确的位置变得困难。在电极电位相当大的范围内净电流实质上为零;同样,电子交换速度,或反映了半反应的相反速度的交换电流实际上也为零。

$$H_2O \Longleftrightarrow \frac{1}{2}O_2 + 2H^+ + 2e^-$$

操作上,一个显著的电位移动必须用作促成一个有限的净电流,而在电位测定中导出的电流与交换电流差距很大。即使应用可以将电流漏控制的极小的现代仪器,平衡电位的实验位置也是不确定的。经计算,对于 $O_2(1\ atm)$,特定的交换电流 i_0/A 为 $10^{-9}\ A \cdot cm^{-2}$,远小于 $10^{-7}\ A \cdot cm^{-2}$ 被杂质所利用的电流可能超过交换电流。研究显示,在极高纯度的条件下,铂电极上氧的平衡电位可以达到 $1.23\ V$(Stumm,Morgan,1985)。

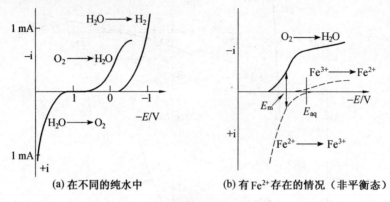

(a) 在不同的纯水中　　　　(b) 有 Fe^{2+} 存在的情况(非平衡态)

图 2.28　含氧溶液的电极极化曲线

2.7.3　混合电位

在 E_H 测定中还有另一个困难。在表观"平衡"电位上平衡的阳极和阴极电流不一定与相同的氧化还原过程一致,而可能是由两个或更多的过程组成。图 2.28(b)给出的就是这样一个例子,是痕量溶解氧存在下的 Fe^{3+}-Fe^{2+} 体系。所测得的零电流电位是电极表面上 O_2 还原速度等于 Fe^{2+} 氧化速度时的数值,而并不是 E_{eq} 值,因为在后一点还同时有 O_2 还原时产生的额外的阴极电流。另外,由于在 E_m 点的净反应使 Fe^{2+} 转化为 Fe^{3+},测定的电位显示出缓慢的漂移。这种"混合"电位在确定平衡 E_H 值时没有什么价值。天然水体中许多重要的氧化还原对并不是电活性的。对于 NO_3^--NO_2^--NH_4^+-H_2S 或 CH_4-CO_2 系还没有建立起可逆的电极电位。遗憾的是,许多天然水体中测定的 E_H(或 $p\varepsilon$)值表示混合电位,不适于做出定量解释。

2.7.4　氧化还原电位的间接计算

在手册或汇编中记载的标准氧化还原电位,很少是用直接电位法测定的;其他的都是根据自由能数据综合或者由平衡常数算得。可行的方法是确定体系中某一种氧化还原对的各组分相对浓度,并反过来应用其电化学关系。如图 2.3 和 2.23 ~ 2.25 提出的,O_2,Fe^{2+},Mn^{2+},HS^--SO_4^{2-} 和 CH_4-CO_2 等任何一种化合态的定量分析资料都可以给出理论上限定的 $p\varepsilon$(或 E_H)值,只要该体系是平衡的。但是实际上,即使这一基本可靠的方法也有局限性。体系必须处于平衡状态或者必须是足够恒定的介稳状态,这样才能使局部平衡的概念是有意义的。例如,虽然大多数水介质对有关 N_2 的过程并不处于平衡状态,但这些反应是惰性的,这就可以不考虑它们而把其他化合态都当做达到平衡来处理。在一个多组分体系中,如果每个氧化还原对求得的 E_H 或 $p\varepsilon$ 值都是相等的,那么单一 $p\varepsilon$ 值就可以描述这个体系;否则,这个氧化还原对不处于平衡状态,那么单一氧化还原电位的概念就变得没有意义了。

在符合这些限定条件时,对一个氧化还原对的氧化态和还原态进行分析测定可以提供

很精确的 E_H 值。根据过程中迁移的电子数目,E_H 值在 5 到 20 mV 或 $p\varepsilon$ 值在 $0.1 \sim 0.3$ mV 范围内,就可得到测量的精度系数不超过 2。

【例 2.20】　由分析数据计算 $p\varepsilon$ 和 E_H 值。计算由以下分析数据表征的水质环境中 $p\varepsilon$ 和 E_H 值。

(a) 含 $FeOOH(s)$ 和 $FeCO_3(s)$ 的沉积物与 $pH = 7.0$,$HCO_3^- = 10^{-3}$ mol $\cdot$ L^{-1} 的水相接处。

(b) 溶解 O_2 质量浓度为 0.03 mg $\cdot$ L^{-1} 和 $pH = 7.0$ 的深层湖水。

(c) 在厌氧消化池中,和 $pH = 7.0$ 的水接触的气体含 65% 的 CH_4 和 35% 的 CO_2。

(d) $pH = 6$ 的水样中含 $\{SO_4^{2-}\} = 10^{-3}$ mol $\cdot$ L^{-1},且能嗅到 H_2S。

(e) 沉积物-水界面处含有 $FeCO_3(s)$,外包黑色 $FeS(s)$ 覆盖层,$pH = 8$。

解

(a) 这相当于表 2.6a 中方程式 9 的情况。$p\varepsilon = -0.8$ 和 $E_H = -0.047$。这个体系处于平衡状态下有永久平衡(氧化还原缓冲)的趋势。其氧化还原水平可以很精确地确定。

(b) 这相当于表 2.6a 的方程式 1,$p\varepsilon = 13.75 + \frac{1}{4}\log p_{O_2}$;$10^{-6}$ mol $\cdot$ L^{-1} 相当于分压 $p_{O_2} \simeq 6 \times 10^{-4}$,$\frac{1}{4}\log p_{O_2} = -0.8$。该体系的 $p\varepsilon$ 是 12.95,$E_H = +0.77$ V。注意 E_H 随 p_{O_2} 或溶解氧浓度的变化很小。在 O_2 从 10(近似饱和空气值)降到 0.1 mg $\cdot$ L^{-1} 时,E_H 将降低 30 mV。

(c) 根据表 2.6a 中的方程式

$$p\varepsilon = -4.13 + \frac{1}{8}\log\frac{p_{CO_2}}{p_{CH_4}} = -4.16$$

$$E_H = -0.25 \text{ V}$$

(d) 平衡由下式表征:

$$\frac{1}{8}SO_4^{2-} + \frac{5}{4}H^+ + e^- = \frac{1}{8}H_2S(g) + \frac{1}{2}H_2O$$

$p\varepsilon°$ 是通过表 2.6a 中给出的 $p\varepsilon°(w)$ 值计算的。

$$p\varepsilon° = p\varepsilon°(w) - (n_H/2)\log K_w;\ p\varepsilon° = -3.5 + 8.75 = 5.25$$

因此

$$p\varepsilon = 5.25 - \frac{5}{4}pH + \frac{1}{8}\log[SO_4^{2-}] - \frac{1}{8}\log p_{H_2S} =$$

$$2.62 - \frac{1}{8}\log p_{H_2S}$$

把 p_{H_2S} 假定在 10^{-2} 和 10^{-8} 大气压之间是合理的。这样定出 $p\varepsilon$ 值在 -1.6 和 -2.4 之间,相当于 E_H 值在 -0.09 和 -0.14 V 之间。

(e) 我们没有所需的全部资料,但是可以做出一个猜想。最可能的氧化还原平衡可以列出以下反应式予以限定:

$$SO_4^{2-} + FeCO_3(s) + 9H^+ + 8e^- = FeS(s) + HCO_3^- + 4H_2O$$

利用本书后面附录 3 给出的自由能值,上述反应的平衡常数(25 ℃)可以计算得 $\log K = 38.0$。相应地,$p\varepsilon° = 4.75$,$p\varepsilon$ 可以由下式计算:

$$p\varepsilon = 4.75 - \frac{9}{8}pH + \frac{1}{8}(p_{HCO_3^-} - p_{SO_4^{2-}})$$

括号中的项需加以估算;它不大可能超出-2到+2的范围,这就把pH＝8时平衡体系的
pε值固定在-4.0和-4.5之间。相应地有-0.27<E_H<-0.24 V。

综上所述,由于天然水体中许多氧化还原反应都不是简单地互相加和,相同的地方就会
存在不同的表观氧化还原水平;所以电极或任意其他的指示剂体系都不能测定出唯一的E_H
或pε。如果电极(或指示剂)与其中一个氧化还原对达到平衡,它将只能指示这个氧化还原
对的氧化还原强度。获得有意义的操作E_H值需要一些条件:

(1)测定电极必须是惰性的。如Whitfield(1974)等所示,铂电极在需氧环境中可能会
生成PtO和PtO_2,在含硫化物的水中可能会生成PtS。如果没有其他高浓度的氧化还原对,
氧化物电极主要是对pH相应的。

(2)在比较测定电极的排液和"杂质"电流时,交换电流需要保持较大水平。测定的电
位是由交换速度最大的体系给出的。考虑一个事实就是即使在氧化水中,除了H_2O(或
H_2O_2)以外的还原剂(CO,H_2,CH_4)都是以10^{-6} mol·L^{-1}的水平存在,杂质电流即杂质利用
的电流,在Pt-O_2体系中将以100或1 000的系数超过交换电流(Bockris和Reddy,1970)。

(3)各种氧化还原配对彼此没有达到平衡的体系中,在表观平衡电位上的平衡阳极和
平衡阴极电流不需要与相同的氧化还原过程一致,且有可能是两个或更多的过程合成的;因
此一个过程可能观察到混合电位与定量解释不符。

2.8　单一溶质的电位测定

人们很感兴趣的是有关把电极应用于未污染的天然水介质的一些方法,以证明玻璃电
极有充分的选择性和灵敏度。在商品生产中,和pH型玻璃电极一起还有其他对十多种离
子有选择性的电极。许多这样的电极对单独溶液组分的测定和监测有足够的选择性和灵敏度。

电化学电池可以很方便地用来定量研究溶液的性质。例如,可以用Ag电极测定
$\{Ag^+\}$,用Pt/H_2(g)电极或玻璃电极测定$\{H^+\}$,用AgCl|Ag电极测定$\{Cl^-\}$以及用$PbSO_4$|
Pb电极测定$\{SO_4^{2-}\}$。表2.8给出了电位测定中所用的大部分离子选择电极。

在金属电极的情况下,电位测定机制是快速电子交换,其指示电极反应如下

$$Me^{n+} + ne^- = Me(s)$$

其平衡电位为

$$E_H = E^\circ_{Me^{n+}, Me(s)} + \frac{RT(\ln 10)}{nF} \log\{Me^{n+}\}$$

如果所用的指示电极的电位是由特定的氧化还原电位来控制,很明显就一定要有适量
的固相存在,且电极反应必定要由足够大的交换电流来表征。这种交换电流的主旨决定了
溶液中必须含有的指示溶质的浓度。显然,不能期望能斯特方程式会适用于无限降低的决
定电位化合态的活度。如果交换电流过低,电极响应就变得太过缓慢,这时,杂质、杂散氧化
物或氧在电极表面的反应就会影响电位,使它不稳定和模糊。交换电流密度最高的两种是
H^+在Pt上放电以及Hg^{2+}在Hg表面上还原。但是可以注意到,金属离子电极时常具有异常
灵敏的响应,这是因为电活性化合态实际上是以比自由金属离子浓度更高的络合物存在的。
例如,如果本来对$\{Ag^+\}$响应较慢的电极置于含硫化物的介质中,电极的响应就会有两种银
的络合物引起,它们通常存在的浓度都要比自由Ag^+高得多。

表 2.8　离子选择电极和光极

离子	电极原料	电极反应
Ⅰ. 金属电极		
H^+	铂片, H_2	$H^+ + e^- = \dfrac{1}{2}H_2(g)$
Ag^+, Cu^{2+}, Hg^{2+}	Ag, Cu, Hg	$Me^{n+} + ne^- = Me(s)$
Zn^{2+}, Cd^{2+}	$Zn(Hg), Cd(Hg)$	$Me^{2+} + 2e^- + Hg(l) = Me(Hg)$
Ⅱ. 第二类电极		
Cl^-	$AgCl\,|\,Ag$	$AgCl(s) + e^- = Ag(s) + Cl^-$
S^{2-}	$Ag_2S\,|\,Ag$	$Ag_2S(s) + 2e^- = 2Ag(s) + S^{2-}$
SO_4^{2-}	$PbSO_4\,|\,Pb(Hg)$	$PbSO_4 + Hg + 2e^- = Pb(Hg) + SO_4^{2-}$
H^+	$Sb_2O_3\,|\,Sb$	$Sb_2O_3 + 6H^+ + 6e^- = 2Sb(s) + 3H_2O$
Ⅲ. 复合电极		
H^+	Pt, 氢醌	$C_6H_4O_2 + 2H^+ + 2e^- = C_6H_4(OH)_2$
$EDTA(Y^{4-})$	$HgY^{2-}\,|\,Hg$	$HgY^{2-} + 2e^- = Hg(l) + Y^{6-}$
Ⅳ. 玻璃电极		
H^+	玻璃	$Na^+(aq) + H^+_{膜} = Na^+_{膜} + H^+(aq)$
Na^+, K^+, Ag^+, NH_4^+	阳离子敏感玻璃	离子交换
Ⅴ. 固态或沉淀电极		
$F^-, Cl^-, Br^-, I^-, S^{2-}, Cu^{2+}, Cd^{2+},$ Na^+, Ca^{2+}, Pb^{2+}	沉淀, 饱和或固态电极	离子交换
Ⅵ. 液–聚合物–液膜电极		
$Ca^{2+}, Mg^{2+}, Pb^{2+}, Cu^{2+},$ NO_3^-, Cl^-, ClO_4^-	液体离子交换	离子交换

Ⅶ. 离子光极(离子选择光学传感器)聚合物液膜

对许多金属来说, $Me^{n+} + ne^- = Me(s)$ 体系是缓慢的, 因而用这样的金属作为指示电极时, 平衡电位的建立是非常慢的。还原性强的金属不能用作指示电极, 因为用这种金属建立的电位是混合电位。所以, 不能用 Fe 电极和 Zn 电极分别测定 $\{Fe^{2+}\}$ 和 $\{Zn^{2+}\}$。这种 Zn 电极将会由混合电位来表征, 这是因为在比 Zn^{2+} 被还原(Zn 的腐蚀性)的电位正值更大的电位下, H_2O 就会被还原。若用锌汞齐电极代替锌电极, 则在电位比 Zn 电极的电位有更大负值时氢才会放电, 而在正值更大的电位下进行 Zn^{2+} 的还原。这时电极上的反应为 $Zn^{2+} + Hg(l) + 2e^- = Zn(Hg)$, 电极电位为

$$E = E_0 + \frac{RT}{nF}\ln\frac{\{Zn^{2+}\}}{\{Zn(Hg)\}}$$

其中 $\{Zn(Hg)\}$ 是汞中 Zn 的活度。

2.8.1　玻璃电极

当一层玻璃薄膜分隔两种溶液时,透过玻璃就建立起电位差,这种电位差依赖于溶液中存在的离子。主要对 H^+ 离子响应的玻璃电极已经成为普通的实验室工具(Bates,1973)。玻璃组成的改变促使电极的选择性发展到了除了 H^+ 以外的各种阳离子(Belford,Owen,1989;Eisenmann,1967)。

这里不讨论玻璃电极电位的起源,但是可能有帮助的是要指出,玻璃膜起到阳离子交换剂的作用,且如果这样的膜分隔两种不同浓度的溶液,就可以观察到能斯特电位为:

$$E_{cell} = \frac{RT}{F} + \ln \frac{\{^1H^+\}}{\{^2H^+\}}$$

由于玻璃电极在玻璃泡内包含恒定 $\{^2H^+\}$ 的溶液(酸性),所以测量的电动势仅依赖于外部溶液的 $\{^1H^+\}$:

$$E_{cell} = const + \frac{RT}{F} \ln \{^1H^+\}$$

2.8.2　pH　测　定

现在,大多数 pH 值是用玻璃电极测得的。在讨论用玻璃电极测定时使用的电池之前,我们先来讨论在理想条件下用如下电池测定 pH 值:

$$\underset{\text{工作电极}}{Pt, H_2(g)} | \underset{\text{试样}}{\text{solution with } H^+, Cl^-} | \underset{\text{参比电极}}{AgCl(s), Ag} \qquad ①$$

对电池①的电池反应能斯特方程为

$$H^+ + Ag(s) + Cl^- \Longleftrightarrow \frac{1}{2} H_2(g) + AgCl(1)$$

在 $p_{H_2} = 1$ atm 时,其能斯特方程为

$$E = E° - k \log(\{H^+\}\{Cl^-\})$$

或

$$E = E° - k \log([H^+][Cl^-]) - k\log f_{H^+} f_{Cl^-} \qquad ②$$

其中在 25 ℃时,$k = RT \ln 10/F = 59.16$ mV。

电池可以利用已知浓度 $C([H^+] = [Cl^-] = C)$ 的 HCl 溶液进行标定。然后有

$$E = E° - 2k\log C - k\log f_{H^+} f_{Cl^-}$$

对一系列不同 C 值的已知溶液,其 $E°$ 和 $\log f_{H^+} f_{Cl^-}$ 都可以测定。(最方便的是令 $E + 2k\log C$ 对 C 作图并外推到 $C→0$;当 $C = 0$ 时,$k\log f_{H^+} f_{Cl^-} →0$;然后,从 E 和 C 就可以计算出 $\log f_{H^+} f_{Cl^-}$ 的值。)用无限稀释的活度标度,对稀 HCl 溶液,可以用 Davies 方程进行近似计算:

$$\log f_{H^+} f_{Cl^-} = -\left(\frac{\sqrt{I}}{1+\sqrt{I}} - 0.2I \right) \qquad ③$$

其中离子强度 $I = C$。

如果现在利用离子强度 I 的稀溶液,其中 $[H^+] \neq [Cl^-]$(例如,弱酸溶液或含的 NaCl 缓冲液),可以从方程式②得

$$-\log\{H^+\} f_{Cl^-} = \frac{1}{k} (E - E° + k\log[Cl^-]) \qquad ④$$

方程式④右侧的所有项都可以通过实验得到。如果用 Davies 方程，可以计算出 f_{Cl^-}

$$\log f_{Cl^-} = -0.5\left(\frac{\sqrt{I}}{1+\sqrt{I}}-0.2I\right) \qquad ⑤$$

就可以确定 $-\log\{H^+\}$（Bates-Guggenheim 规定）。上述处理方法相当于测定标准缓冲溶液的 $-\log\{H^+\}$ 值时所用的一般方法。

如果测定是在惰性电解质如 $NaClO_4$（恒定离子介质）存在时进行的，就会发现，方程式③由下式取代：

$$\log \gamma_{H^+} \gamma_{Cl^-} \approx 0$$

并且，方程式 86 可由下式替代

$$-\log[H^+] = \frac{1}{k}(E-E^{\circ\prime}+k\log[Cl^-])$$

其中 $E^{\circ\prime} = E^\circ +$ 常数。（这种校正是由于液接效应。）

用玻璃电极测定 pH：一般地，用于测定 pH 的电池可以表示为

$$玻璃电极\left|\begin{array}{c}标准\ S\\或\\样品\ X\end{array}\right|盐桥（浓缩\ KCl）|AgCl,Ag$$

操作 pH 的定义为

$$pH(X) = pH(S) + \frac{1}{k}[E(X)-E(S)] \qquad ⑥$$

标准 pH 计的操作方法就是根据方程式⑥确定的。温度补偿则根据 $k(=RT\ln 10/F)$。标定时所用的缓冲溶液的 pH 值是用方程式④和规定⑤以①型电池测定的。如果测定是在 pH 范围为 3～9 且 $I<0.1\ mol\cdot L^{-1}$ 的溶液中进行的，则测定结果就代表着理论定义 $pH=-\log\{H^+\}$ 很好的近似值。如果 $I>0.1\ mol\cdot L^{-1}$ 且 pH<3 或 pH>9，测定的 pH 就不能从理论上加以解释。

对于 H^+ 浓度的测定值，$[H^+]$ 在恒定离子介质的溶液中，pH 计的标定可以应用已知浓度 $[H^+]=c$ 的强酸溶液进行，其中增加了离子介质的电解质。pH 计上的刻度盘就是按已知 $[H^+]$ 来定的。例如，海水的离子强度约为 $I=0.7\ mol\cdot L^{-1}$；可以制备一种 $-\log[H^+]=2.00$ 的标准溶液，方法是对 $1.00\times10^{-2}\ mol\cdot L^{-1}$ 的 HCl 溶液用 NaCl 调节到离子强度为 $0.70\ mol\cdot L^{-1}$（组成为：$[H^+]=0.01\ mol\cdot L^{-1}$，$[Na^+]=0.69\ mol\cdot L^{-1}$，$[Cl^-]=0.70\ mol\cdot L^{-1}$）。将此标准溶液与海水相比较，可以发现 $E(S)=118\ mV$，$E(X)=-249\ mV$。因此，$-\log[H^+]=+2.00+(1/59.2)[118-(-249)]=8.20$。

电位法可以用来跟踪一个滴定过程并确定其终点。该方法的原理已经在酸碱或络合生成滴定的有关内容中讨论过，其中 pH 或 p_{Me} 用作变量。任何电位电极都可以用作指示电极，既可指示反应物，也可指示反应生成物。通常测定的带那位在反应过程中会变化，且终点将由电压对反应物加入量的曲线上的"突跃"来表征。

尽管电位测量允许测定某种化合态的浓度（活度），但电位滴定可以确定总分析浓度（容量）；例如，仅对自由 Ca^{2+} 离子响应的 Ca^{2+} 电极，对溶液中存在的 Ca^{2+} 络合物不响应。用 Ca^{2+} 电极做指示电极，以强络合剂进行滴定（与 Ca^{2+} 生成比溶液中已经存在的更稳定的络合物），得到的是含所有 Ca^{2+} 化合态的总浓度。用类似的方法，利用 F^- 电极，总 F^- 可以通过

$La(NO_3)_3$ 的滴定来确定,或者利用 K^+ 选择电极,以四苯基硼酸钙 $Ca[B(C_6H_5)_4]_2$ 为指示剂滴定,可以测定总 K^+ 量。

通过滴定所得的结果通常比直接电位测定得到的数据更精确。要建立一个精确度由于 5% 的终点通常不太困难。直接电位测定的相对误差 F_{rel} 由下式给定:

$$F_{rel} = \frac{\Delta C}{C} = 2.3\Delta \log C$$

换句话说,如果用玻璃电极测定,可以在 0.04pH 单位(2.5 mV)内重现,$[H^+]$ 的相对误差为 10%。若 Ca^{2+} 电极有相似的重现性,$\Delta p_{Ca} = 0.08 p_{Ca}$ 单位(能斯特系数是 pH 电极的一半),$[Ca^{2+}]$ 的相对误差为 20%。

2.8.3　其他离子选择电极

表 2.9 中列出了其他类型的电极。代替玻璃膜的是:合成单晶膜(固态电极),某种基质(例如,惰性硅橡胶)中填充沉淀的颗粒物(沉淀电极),或液体离子交换层(液—液膜电极)。这些电极的选择性是由膜的组成决定的。所有这些电极都按照能斯特方程在电极电位上表现出其响应值。

没有一个电极具有完美选择性;与被测化合态相似的其他化合态常会影响电极的响应。其他(干扰)离子 S 对所测电极电位的影响一般可用下式表示:

$$E = E_0 + \frac{2.3RT}{nF}\log(\{M^{n+}\} + \sum K_{M-S}\{S\}^{nM|nS})$$

其中,K_{M-S} 是表示 M 和 S 之间选择性关系的常数(例如,若 $K_{M-S} = 10^{-3}$,则对 M 的电极响应选择性要比对 S 高 1 000 倍)。

所谓的氧电极取决于不同的原理:利用电解池且测量的是惰性阴极的电流,因为在标准条件下,其电流是氧浓度(活度)的函数。应用一种仅可透过分子的膜来覆盖阴极,可以提高其选择性。

2.8.4　与活细胞中液膜相似的聚合物膜离子选择电极

在这些装置中,含选择性原料的聚合物材料构成了覆盖电化学传感器薄膜的主要成分。这里我们探讨一种液膜,因为有机溶剂提供了允许离子透过膜的介质。聚合物膜离子选择电极(ISE)和它们离子透过膜的转运功能与活细胞中透过膜的离子转运功能相似。我们依据 Widmer(1993)给出的证据,特殊的蛋白质,膜转运蛋白,负责移动离子透过细胞膜。一般来说,每个蛋白质都有专员某种特定离子的功能。这些蛋白质形成了一个透过膜的持续性蛋白质途径,因此可以允许离子在不与膜的疏水内部直接接触的前提下移动透过膜。有两种主要的膜转运蛋白类型:载体蛋白和通道蛋白。

透过膜的离子转运模式如图 2.29 所示。

活细胞中观察到的现象与在人造聚合物膜 ISE_s 中观察到的基本相同。在膜电极中,离子载体允许离子在膜中的净移动,这仅仅降低了它们的电化学梯度。当电化学梯度变为零时就达到平衡态,且电池电位达到了其最终的平衡值;不再有净输送量。

所有的化学物质均充当离子载体,例如螯合物,冠醚,生物剂,酶,微生物和特定蛋白质,以及整个动物和植物组织。

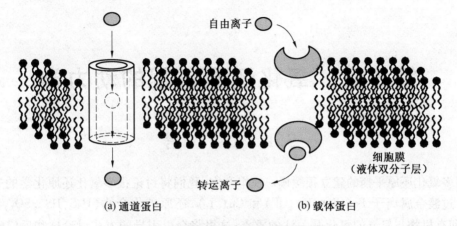

(a) 通道蛋白　　　　　　　　　(b) 载体蛋白

图 2.29　活细胞中通过液膜的离子转运机制

为了提高选择性和检出限,已经对合成和表征离子载体做出了很大的努力。

1969 年,Wipf 和 Simon 提出了一种杰出的钾离子载体,缬氨霉素。缬氨霉素是移动式离子载体的一个例子。它是一种环状多肽,增加了膜对 K^+ 的透过性。这个环有一个疏水的外部由缬氨酸侧链组成,还有一个正好相反的内部,其中单个 K^+ 可以精确地适合(图 2.30)。在电极过程中,缬氨霉素通过携带膜侧面溶液中的 K^+ 将钾离子转运出膜,并释放在传感器的表面。

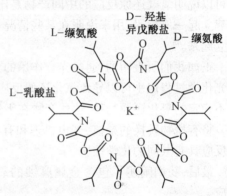

图 2.30　钾-缬氨霉素络合物

ISE_s 复杂络合物聚合体基质的根本原理与那些过去常设计和建立的离子选择光学传感器,其光极相同。离子光极已经开始向 H^+,碱性金属离子,NH_4^+,Ca^{2+},NO_3^- 和 CO_3^{2-} 发展。已经有大量关于光学转导的液态和气态传感器样本的报道(Widmer,1993)。

第 3 章 氧化还原过程的动力学

3.1 引 言

很多氧化还原平衡的建立很缓慢。在本章中,我们将讨论很多氧化还原化学的非平衡方面。过渡金属离子 Fe(Ⅱ),Mn(Ⅱ)和 Cu(Ⅰ),还原硫化合物(H_2S,HS^-,SO_2,HSO_3^-,SO_3^{2-})和有机物与氧气的氧化是关注的重点;这里将会以引导的方式讨论这些反应的动力学。下面将提出这个问题:氧气作为氧化剂有什么好处? 我们将给出一些反应机理,这些机理可以说明氧气还原反应的中间产物是比氧气更好的氧化剂。我们将在热力学和动力学之间建立起一座桥梁,用来说明在某些情况下所谓的自由能关系可以在热力学和动力学之间建立起来。

正如我们所表明的,通过光合作用的太阳能固定引起了氧化还原的歧化反应。非生物的光化学过程似乎可以导致氧化还原反应的歧化反应。光化学反应产生了高活性的自由基和不稳定的氧化还原物种;这些产物在天然水体的透光层中很重要。

将有机物转换的亲核-亲电机理和有机化合物的氧化还原反应一起考虑是为了说明这些反应具有共同的化学性质。

最后,我们阐述了包含金属腐蚀的氧化还原过程,并分析了作为电化学过程的腐蚀反应。

3.2 O_2 作为氧化剂的好处

O_2还原的反应步骤

总反应

$$O_2(g)+4H^++4e^- \rightleftharpoons 2H_2O \quad \log K=83.1, E_H^\circ=1.299; p\varepsilon^\circ=20.78 \qquad ①$$

$$p\varepsilon+pH=20.78+\frac{1}{4}\log p_{O_2}$$

它可以细分为两个双电子序列:

$$O_2(g)+2H^++2e^- \rightleftharpoons H_2O_2 \quad \log K=23.5, E_H^\circ=0.69; p\varepsilon^\circ=11.75$$

和

$$H_2O_2+2H^++2e^- \rightleftharpoons 2H_2O \quad \log K=59.6, E_H^\circ=1.76; p\varepsilon^\circ=29.8$$

从热力学观点来看,如果还原反应发生在差不多同步的四电子阶段,氧气是强氧化剂(方程式①中 $\log K=83.1$)。然而,如果只发生了第一步双电子还原序列,氧气是较弱的氧化剂;如果第二步还原顺序($H_2O_2 \longrightarrow H_2O$)比第一步慢得多(可能是因为 O—O 键的断裂),0.69 V 标准电势下的反应 $O_2+2H^++2e^- \rightleftharpoons H_2O_2$ $\quad \log K=23.5$ 决定了氧气的氧化能力。

另一方面,很多过渡金属[Fe(Ⅱ),Mn(Ⅱ),Ti(Ⅲ),V(Ⅳ),U(Ⅳ)]氧化作用的速率取决于 p_{O_2};正如我们看到的,反应动力学对应一种反应机理;在该反应机理中,第一步,即与氧气分子本身的反应,是速率决定步骤,而氧气通常完全被还原成水。

分别比较氧气和过氧化氢在水中的还原反应中的 E_H° 或 $p\varepsilon^\circ$ 值,从热力学角度来说,过氧化氢很明显是比氧气强的氧化剂。这似乎很奇怪,因为过氧化氢是 $O_2(g)$ 还原反应的中间产物。

过氧化氢不稳定,会分解成不成比例的 $O_2(g)$ 和 H_2O:

$$H_2O_2 = H_2O + \frac{1}{2}O_2(g) \quad \Delta G^\circ = -103 \text{ kJ} \cdot \text{mol}^{-1}$$

图 3.1 中的 $p\varepsilon$ 对 pH 的图表画出了由 O_2 到 H_2O_2 的双电子还原反应。强氧化剂如 Br_2 会被 H_2O_2 还原,但 H_2O_2 也能氧化 Br^-。

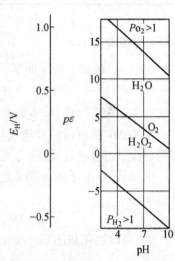

$$Br_2 + H_2O_2 \Longrightarrow O_2 + 2H^+ + 2Br^-$$
$$2Br^- + H_2O_2 + 2H^+ \Longrightarrow Br_2 + 2H_2O$$
$$2H_2O_2 \Longrightarrow O_2 + 2H_2O$$

最终的结果是过氧化氢的催化分解。

O_2 到水的完全还原是天然水体中主要的氧化反应;O_2-H_2O 对有效地决定了含氧水体的 $p\varepsilon$,尽管在很多情况下,从 H_2O_2 到 H_2O 的最后两个电子的获得相对较慢。

有氧生存非常快;O_2 还原几乎不可能通过缓慢的单电子步骤发生。有固定空间位置的大分子的电子转移催化剂很可能同步催化 O_2 的四电子还原反应。因此,对大多数用生物方法调节的氧化还原反应来说,O_2-H_2O 系统似乎是操作性的氧化还原对。

图 3.1　水的氧化 [$O_2(g) + 4H^+ + 4e^- \Longrightarrow 2H_2O$;$p\varepsilon + pH = 20.78$] 和还原 [$2H^+ + 2e^- \Longrightarrow H_2(g)$;$p\varepsilon + pH = 0$] 之间的水和 O_2-H_2O_2 的稳定性

3.2.1　氧气还原反应中的单电子步骤

我们来看下面简化的氧气还原反应中的单电子步骤:

$O_2 + e^- \longrightarrow O_2^- \cdot$	过氧化物
$O_2^- \cdot + H^+ \longrightarrow HO_2 \cdot$	氢过氧自由基
$HO_2 \cdot + e^- \longrightarrow HO_2^-$	过氧化氢基
$HO_2^- + H^+ \longrightarrow H_2O_2$	过氧化氢
$H_2O_2 + e^- \longrightarrow OH \cdot + OH^-$	氢氧基
$OH^- + H^+ \longrightarrow H_2O$	水
$OH \cdot + e^- \longrightarrow OH^-$	氢氧化物

这些中间产物也可以通过电子激发生成;例如,通过光化学过程中光子的吸收。原子氧和纯态氧也可以在这些过程中生成。

我们先看单电子还原步骤的热力学。

3.2.2 来自热力学观点的氧物种

$\Delta G°$ 值和平衡常数可用于单电子还原步骤中(表 3.1)。

表 3.1　O_2 还原的单电子步骤中的 $\Delta G°$ 和 $\log K$

反应	$\Delta G°(\mathrm{kJ \cdot mol^{-1}})$	$\log K$
$^a O_2(aq) + e^- \longrightarrow O_2^-(aq)$	15.5	−2.7
$O_2^- \cdot (aq) + e^- + 2H^+ \longrightarrow H_2O_2(aq)$	−165.9	29.1
$H_2O_2(aq) + e^- + H^+ \longrightarrow OH \cdot (aq) + H_2O$	−95.3	16.7
$OH \cdot (aq) + e^- + H^+ \longrightarrow H_2O$	−244.9	42.9

1. 过氧化物 $O_2^- \cdot$

$O_2^- \cdot (aq)$ 的质子传递如下:

$$HO_2 \cdot = H^+ + O_2^- \cdot \quad \log K = -4.8$$

有一点需要指出:分子氧的单电子还原是吸能的(图 3.2)。

正的 $\Delta G°$ 值可以解释氧气与很多还原剂尤其是有机物质反应的相对动力学间性(多数有机物质坚持有氧环境,除非光、微生物或其他催化剂活化氧气)。

$O_2^- \cdot$ 既是单电子氧化剂又是单电子还原剂。像所有的氧气还原中间产物,$O_2^- \cdot$ 是不稳定且不相称的:

$$2O_2^- \cdot + 2H^+ = O_2 + H_2O_2 \quad K = 6.2 \times 10^{31}$$

$O_2^- \cdot$ 可以氧化和还原过渡元素;例如:

$$O_2^- \cdot + Fe(\text{II}) + 2H^+ = Fe(\text{III}) + H_2O_2$$

$$O_2^- \cdot + Fe(\text{III}) = Fe(\text{II}) + O_2$$

显然 Fe(II)Fe(III)催化歧化反应;$O_2^- \cdot$ 包括 Fe 的循环:

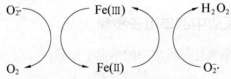

在阳光照射的水体表面和大气水滴中,这种类型的反应很重要。

2. 羟基自由基 $OH \cdot$

该自由基(在热力学和动力学上)是一种强氧化剂。它可以与很多有机化合物反应。它是通过包括 NO_3^- 的光分解和 Fe(II) 与 H_2O_2 的反应在内的多种多样的机理形成的。

3. 臭氧

从热力学观点来说,臭氧在水中是强氧化剂,产生以还原态物种存在的氧气:

$$\frac{1}{2}O_3 + H^+ + e^- = \frac{1}{2}O_2(g) + \frac{1}{2}H_2O \quad p\varepsilon° = 35.1$$

这个反应发生在稳定水域之外;也就是说,臭氧能氧化水:

$$O_3(g) + H_2O = 2O_2 + 2H^+ + 2e^-$$

臭氧的分解是一系列极其复杂的反应。$OH \cdot$ 自由基是臭氧分解所产生的主要的中等

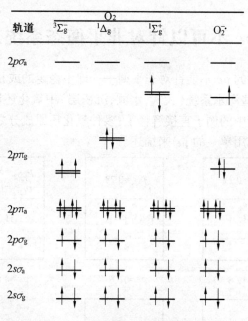

图 3.2 O_2 和 $O_2^-·$ 的分子轨道图

氧化剂。因此,正如我们将在章节 3.5 讨论的,臭氧直接与溶质反应,同时也通过 OH· 间接地反应。

【例 3.1】 O_3 和 O_2 以及它们中间产物的还原反应的 $p\varepsilon°$ 值。作臭氧、氧气以及它们还原中间产物的 $p\varepsilon_{pH=7}$(或 $E_{pH}=7$)图。区分四电子、双电子和单电子的氧化还原对。

这些数据可能是通过附录 3 中形成的自由能数据计算出来的。H_2O_2,$O_2^-·$,OH· 和 O_3 是不稳定的,但是在它们的氧化还原反应平衡中可以把它们当作是相对稳定的(图 3.3)。

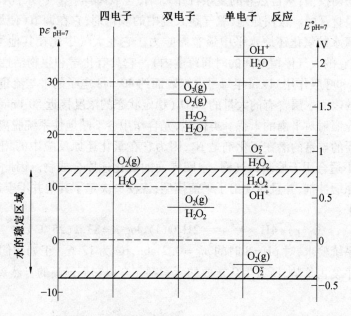

图 3.3 $p\varepsilon°_{pH=7}$ 和 $E°_{pH=7}$ 值条件下,氧化合物的四电子、两电子和单电子氧化还原反应过程的略图

3.3　pε 不可以针对非平衡态系统来定义

　　显然的,概念意义上的 pε 不能针对非平衡——即不稳定的或相对不稳定的——系统来定义。根据观察到的一些海水系统(大气,水圈,沉积层)中氧化还原成分的活化,可以计算出不同的 pε 值。图 3.4 中的例子直接解释了:多种氧化还原成分之间并不是处于平衡状态的,并且实际系统并不能用单一的 pε 来描述。

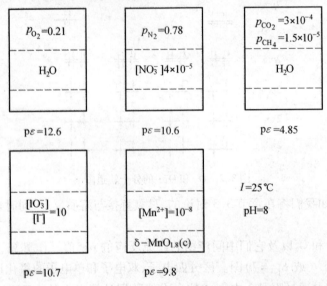

图 3.4　海水的 pε

　　海水中的平衡模型:从自然界的复杂性中归纳,含氧海洋(空气,水,沉淀物)中的理想配对物可以是很直观的。很明显地,氧气是大气中的氧化剂;它在调节(使用它的氧化还原配合物,水)含氧水的氧化还原水平中最有影响力。它在大气中比在其他可进入的交换水库中更丰富(在它的大气停留时间的时间跨度内)。它具有化学和生物活性;它的氧化还原过程(光合作用和呼吸作用)以每年每平方米表面约 40 mol 电子的平均流量进行。

　　阳光照射的表面水层含有的大量的 H_2O_2(稳定状态的浓度接近 50 nmol·L^{-1}),这个事实反映了太阳光照射对平衡的干扰。类似地,光合作用会不断地使系统脱离平衡状态。

　　另一种主要的丰富的潜在氧化剂是 N_2;因为它在氧化还原反应中的相对惰性(低电子通量),它似乎不适合用于控制大气圈–水圈界面的氧化还原合成物。因此氧–水对就成了重要的氧化还原缓冲剂,并且体现出了平衡模型;该模型决定了其他并不丰富的氧化还原对的氧化还原水平:

$$O_2(g)+4H^++4e^-\Longrightarrow 2H_2O(l),\log K=83.1(25\ ℃)$$

　　这个平衡系统要求,对 pH=8 时的 $p_{O_2}=0.2$ atm,pε 为 12.6。正如我们所看到的,在这个 pε 下,如果平衡占优势,所有生化重要的元素都完全以它们最高的自然氧化态存在。

3.4 氧化还原过程的动力学:实例研究

在近十年中,对于氧化还原反应机理的理解有了很多新的进展;特别是,在反应中,配位形态变化与氧化态变化的耦合。很多氧化还原反应包括作为整个反应过程主要部分的取代变化。

增加一个电子导致结构几何学和易变性上的戏剧性的变化;这可以用由 $Cr(H_2O)_6^{3+}$ 到 $Cr(H_2O)_6^{2+}$ 的还原反应来简化。$Cr(H_2O)_6^{3+}$ 以一个高稳定性的对称的八面体结构存在。$Cr(H_2O)_6^{3+}$ 与溶剂之间水量交换的半存留期相当长(10^6s)。$Cr(H_2O)_6^{2+}$ 依然是八面体的,但是它的结构是变形的,也就是沿一条轴线延长。这种络合物是极不稳定的,含水络合物与溶剂间水量交换的半存留期小于 $10^{-9}s$。因此氧化态的变化通过一个超过 10^{15} 的因素改变了替代率。另一方面,$Cr(III)$ 到 $Cr(VI)$ 的氧化反应使配位数改变到 4(CrO_4^{2-} 或 $Cr_2O_7^{2-}$)。

对水生系统过程的氧化还原动力学的更清晰地理解依赖于更好地鉴别化学行为的结构和动力学方面的联系。

【例3.2】 臭氧氧化亚硫酸盐,一个类似氧化途径的例子。各种氧化剂(O_2,H_2O_2,O_3)对 SO_2(以及他的共轭碱)的氧化反应为

$$SO_2 + \text{"O"} + H_2O = SO_4^{2-} + H_2O$$

其中"O"是氧化剂,在某些废物的处理上是非常重要的;但最重要的是在大气中大量二氧化硫被氧化成大气中的水滴(云、雾和雨)。

这里我们讨论 SO_2 被臭氧氧化的反应。$SO_2(g)$ 溶入水中,其形式取决于 PH(图3.5)$SO_2 \cdot H_2O$、HSO_3^- 和 SO_3^{2-}。这些种类是以不同的反应速率被氧化的(被臭氧亲核攻击)。这些氧化反应都以相似的氧化步骤进行:

$$-\frac{d[SO_2 \cdot H_2O]}{dt} = k_0[SO_2 \cdot H_2O][O_3(aq)]$$

$$-\frac{d[HSO_3^-]}{dt} = k_1[HSO_3^-][O_3(aq)] \tag{①}$$

$$-\frac{d[SO_3^{2-}]}{dt} = k_2[SO_3^{2-}][O_3(aq)]$$

因此

$$-\frac{dS(IV)}{dt} = (k_0[SO_2 \cdot H_2O] + k_1[HSO_3^-] + k_2[SO_3^{2-}])[O_3(aq)] \tag{②}$$

由于

$$[S(IV)] = [SO_2 \cdot H_2O] + [HSO_3^-] + [SO_3^{2-}]$$

和

$$[SO_2 \cdot H_2O] = \alpha_0[S(IV)], [HSO_3^-] = \alpha_1[S(IV)], [SO_3^{2-}] = \alpha_2[S(IV)]$$

其中

$$\alpha_0 = (1 + K_1[H^+]^{-1} + K_1K_2[H^+]^{-2})^{-1}$$

$$\alpha_1 = ([H^+]K_1^{-1} + 1 + K_2[H^+]^{-1})^{-1} \tag{③}$$

$$\alpha_2 = ([H^+]^2K_1^{-1}K_2^{-1} + [H^+]K_2^{-1} + 1)^{-1}$$

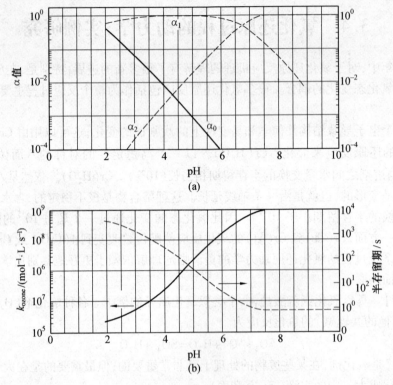

图 3.5　臭氧对 S(IV)的氧化

方程②可以改写为

$$-\frac{\mathrm{dS(IV)}}{\mathrm{d}t}=k_{\mathrm{ozone}}\left[\mathrm{S(IV)}\right]\left[\mathrm{O_3(aq)}\right] \qquad ④$$

其中

$$k_{\mathrm{ozone}}=k_0\alpha_0+k_1\alpha_1+k_2\alpha_2$$

Hoigné(1985)已经导出了速率定律,并且测出了个别的 k 值:

$k_0=2\times10^4\ \mathrm{mol^{-1}\cdot L\cdot S^{-1}};k_1=3.2\times10^5\ \mathrm{mol^{-1}\cdot L\cdot S^{-1}};k_2=1\times10^9\ \mathrm{mol^{-1}\cdot L\cdot S^{-1}}(25\ ℃)$

很明显地,k_{ozone}高度依赖于 pH。用以下的 K_1 和 K_2 的数值(25 ℃):

$$\mathrm{SO_2\cdot H_2O=HSO_3^-+H^+}\quad \log K_1=-1.86(I=10^{-3})$$

$$\mathrm{HSO_3^-=SO_3^{2-}+H^+}\quad \log K_2=-7.15(I=10^{-3})$$

我们可以计算 pH-k_{ozone}(方程④)和 S(IV)在 $[\mathrm{O_3(aq)}]=10^9\ \mathrm{mol\cdot L^{-1}}$ 的稳态浓度下的半存留期。

【例 3.3】　$\mathrm{H_2O_2}$ 对 S(IV)的氧化。使用 $\mathrm{H_2O_2}$ 的氧化反应的 pH 依赖性低于臭氧的。以下是已经被提出的:

$$\mathrm{HSO_3^-+H_2O_2}\underset{k_{1b}}{\overset{k_{1f}}{\rightleftharpoons}}\mathrm{SO_2OOH^-+H_2O}$$

$$\mathrm{SO_2OOH^-+H^+}\overset{k_2}{\rightleftharpoons}\mathrm{SO_4^{2-}+2H^+}$$

速率给出为

$$\frac{d\left[SO_4^{2-}\right]}{dt}=k_2\left[SO_2OOH^-\right]\left[H^+\right]$$

假定 SO_2OOH^- 的稳定状态,我们得到

$$\frac{d\left[SO_2OOH^-\right]}{dt}=k_{1f}\left[H_2O_2\right]\left[HSO_3^-\right]-\left(k_{1b}+k_2\left[H^+\right]\right)\left[SO_2OOH^-\right]=0$$

稳态浓度由下式给出

$$\left[SO_2OOH^-\right]_{ss}=\frac{k_{1f}\left[H_2O_2\right]\left[HSO_3^-\right]}{k_{1b}+k_2\left[H^+\right]}$$

使用方程①中的浓度,我们得到

$$\frac{d\left[SO_4^{2-}\right]}{dt}=\frac{k_2k_{1f}\left[H_2O_2\right]\left[HSO_3^-\right]\left[H^+\right]}{k_{1b}+k_2\left[H^+\right]}$$

特别是

$$-\frac{d\left[S(IV)\right]}{dt}=\frac{k\left[H^+\right]\left[H_2O_2\right]\left[S(IV)\right]\alpha_1}{1+K\left[H^+\right]}$$

关于 S(IV) 的其他氧化路径,见 Seinfeld(1986)。在以铁为催化剂的情况下,S(IV) 也可以被氧气氧化。

Fe(II) 和 Mn(II) 的氧化:在 pH≥5 的溶液中,Fe(II) 的氧化速率就 Fe(II) 和 O_2 的浓度而言是一级的,就 OH^- 而言是二级的。这样反应速率增加 100 倍相当于 pH 增加一个单位。典型的动力学实验的结果在图 3.6 中显示出了。图 3.6a 和 3.6b 展示了 Fe(II) 和 Mn(II) 在不同 pH 值下从溶液中消失的过程。很明显地,反应速率具有强 pH 依赖性。pH 小于 6 时,Fe(II) 的氧化是很缓慢的。图 3.6e 给出了 pH 在 1~6 之间时 Fe(II) 被氧气氧化的反应速率常数。微量的催化剂(尤其是 Cu^{2+} 和 Co^{2+})和与 Fe(III) 形成络合物的阴离子(如 HPO_4^{2-})能显著的增加反应速率。氧化动力学服从于以下的速率定律:

$$-\frac{d\left[Fe(II)\right]}{dt}=k\left[Fe(II)\right]\left[OH^-\right]^2 p_{O_2} \qquad ①$$

其中在 20 ℃时,$k=8.0(\pm2.5)\times10^{13}$ $min^{-1}\cdot atm^{-1}\cdot mol^{-2}\cdot liter^2$。通常,使用下列形式的速率定律更方便:

$$-\frac{d\left[Fe(II)\right]}{dt}=\frac{k_H\left[O_2(aq)\right]}{\left[H^+\right]^2}\left[Fe(II)\right]$$

在 20 ℃时,$k_H=3\times10^{-12}$ $min^{-1}\cdot mol\cdot liter^{-1}$。对于一个给定的 pH,在温度增加 15 ℃时,速率增加大约 10 倍(恒定的 $[H^+]$ 下,活化能 ≃23 kcal·mol^{-1})。Kester 等人(1975)通过对纳拉甘西特湾天然海水(盐度 = 31.2‰)和表层马尾藻类海水(36.0‰)的测量发现了同样的速率定律。他们报道说在相同 pH 下,其半留存期大约比淡水中的长 100 倍。

比较图 3.6a 和 3.6b,很明显地,Mn(II) 的氧化和 Fe(II) 的氧化并不遵循相同的速率定律。Mn(II) 浓度随时间降低的方式表明它是一个自催化反应。它的速率表达式为

$$-\frac{d\left[Mn(II)\right]}{dt}=k_0\left[Mn(II)\right]+k\left[Mn(II)\right]\left[MnO_2\right]$$

它能很好地拟合实验数据(图 3.6c),因此为自催化模型提供了支持。

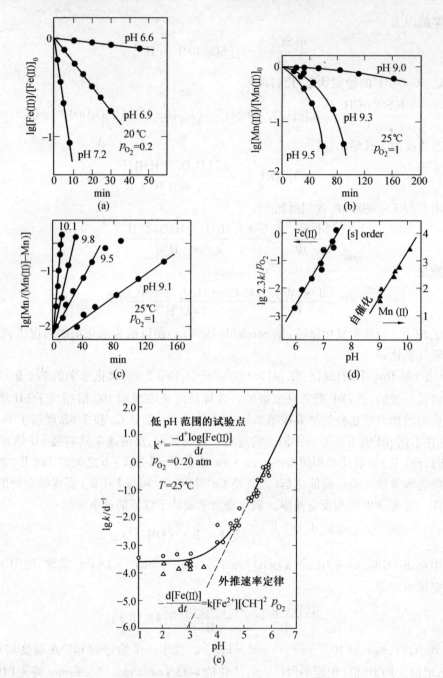

图 3.6 氧气对 Fe(Ⅱ)和 Mn(Ⅱ)的氧化

这个反应可以根据下面的模式直观地进行(就水和质子而言,反应是不平衡的):

$$Mn(Ⅱ) + O_2 \xrightarrow{\text{慢}} MnO_2(s)$$

$$Mn(Ⅱ) + MnO_2(s) \xrightarrow{\text{快}} Mn(Ⅱ) \cdot MnO_2(s)$$

$$Mn(Ⅱ) \cdot MnO_2(s) + O_2 \xrightarrow{\text{慢}} 2MnO_2(s)$$

尽管其他的关于反应自动催化性质的解释是可能的,以下的实验结果与这种反应机制是一致的。

①在氧化反应中 Mn(Ⅱ)移除率的范围不能单独由氧化反应计量学说明；也就是说，并不是所有的 Mn(Ⅱ)都是通过氧化(通过悬浮物总氧化当量的测量来决定的)从溶液中移除的[就像通过 Mn(Ⅱ)的特定分析测定的]。

②正如前面指出的，Mn(Ⅱ)的氧化产物是非化学计量的，这表明了在改变碱性条件下有近似从 $MnO_{1.3}$ 到 $MnO_{1.9}$($30\%\sim90\%$ 氧化成 MnO_2)不同的平均氧化程度。

③更高价的氧化锰悬浮液在微碱性溶液中对 Mn^{2+} 表现出很强的吸附能力。Mn(Ⅳ)和 Mn(Ⅱ)在固相中的相对比例强烈依赖于 pH 和其他变量。

图 3.6e 中的数据可以通过 Millero(1985)首先提出的速率定律来解释：

$$-\frac{d[Fe(Ⅱ)]}{dt}=\{k_0[Fe^{2+}]+k_1[Fe(OH)^+]+k_2[Fe(OH)_2(aq)]\}[O_2]$$

这个速率定律与式①中给出的天然水的 pH 范围是一致的，因为式①右侧的前两项在 pH>5 时可以忽略掉。Fe(Ⅱ)和其他过渡元素——Mn(Ⅱ)，VO^{2+} 和 Cu^{2+}——可能更容易与 O_2 结合，它们以羟配合物(即，水解物种)的形式存在或者以与水合氧化物表面羟基团形成的络合物的形式存在。正如 Luther(1990)所解释的(图 3.7)，OH^- 配体通过 σ 和 π 体系提供电子密度给还原的金属离子，这导致了金属的碱性并增加其还原能力；例如，Fe(Ⅲ)的氧化态是通过 OH^- 配体稳定的(图 8.26)。与其他配体的络合生成通常通过氧气提高氧化速率，这些配体是含有氧供体原子的，包括使 Fe(Ⅱ)变得可吸附的水合氧化物的表面。

氧化机理：哪一个反应机理可以对速率定律作出解释？这里必须解释两个因素：

(a)氧化速率对 pH 的依赖性(图 3.7)。

(b)一级反应依赖于 O_2。

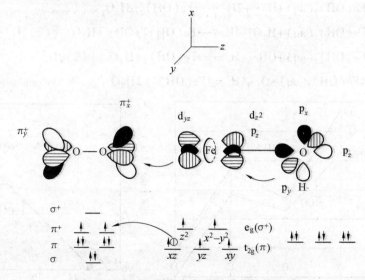

图 3.7　Fe(Ⅱ)被氧气氧化的分子轨道图解

氧化速率对 pH 的依赖可以通过假设水解化的 Fe(Ⅱ)与氧气的反应比不水解的 Fe(Ⅱ)要快来解释。此外，我们希望(与各种 S 物种的氧化相似)Fe(Ⅱ)物种[Fe^{2+}，$FeOH^+$，$Fe(OH)_2(aq)$]被 O_2 平行氧化。这些反应在表 3.2 中给出了。

明显地，所有的氧化反应步骤都是吸收能量的；但是从 Fe^{2+} 到 FeOH 再到 $Fe(OH)_2(aq)$

的过程中，$\Delta G°$降低了。这些氧化反应步骤(表3.2)可以与氧物种的各种还原步骤相结合。这些还原步骤在章节3.2中已经讨论过了，并且在表3.1中列出了。氧化步骤和还原步骤的结合在表3.3中给出了。

表3.2　Fe(Ⅱ)的氧化的 $\Delta G°$ 和 $\lg K_{ox}$

反应	$\Delta G°/(kJ \cdot mol^{-1})$	$\lg K_{ox}$
(1) $Fe^{2+} \longrightarrow Fe^{3+} + e^-$	74.2	−13.0
(2) $FeOH^+ \longrightarrow FeOH^{2+} + e^-$	48.0	−8.41
(3) $Fe(OH)_2 \longrightarrow Fe(OH)_2^+ + e^-$	3.0	−0.53

表3.3　Fe(Ⅱ)氧化的自由能

$\Delta G°_{pH=2}$组合$/(kJ \cdot mol^{-1})$		$\Delta G°_{pH=5}$组合$/(kJ \cdot mol^{-1})$		$\Delta G°_{pH=7}$组合$/(kJ \cdot mol^{-1})$	
(1)+A	89.8	(2)+A	63.5	(3)+A	18.5
(1)+B	−68.8	(2)+B	−60.9	(3)+B	−83.0
(1)+C	−9.7	(2)+C	−18.8	(3)+C	−52.4
(1)+D	−759.2	(2)+D	−168.3	(3)+D	−202.0

从表3.3中我们可以推断出：在每一个连续反应的组合中，第一步，包括还原反应 $O_2 + e^- \longrightarrow O_2^-$，是吸收能量的；在所有并行的反应中，$Fe(OH)_2(aq)$ 的氧化多数是释放能量的(图3.8a,b)。如果用热力学的标准作为动力学的自变量，我们就规定：任何一个连续反应中，第一步是最慢的一步，且是速率决定步骤；$Fe(OH)_2(aq)$ 的氧化产生了最快的氧化反应序列。这样，在天然水体的 pH 范围内，pH>5 时，所有 Fe(Ⅱ)的氧化反应可以描述为：

$$Fe(OH)_2(aq) + O_2 \xrightarrow{slow} Fe(OH)_2^+ + O_2^- \cdot \quad [(2),A]$$

$$Fe(OH)_2(aq) + O_2^- \cdot + 2H^+ \longrightarrow Fe(OH)_2^+ + H_2O_2 \quad [(2),B]$$

$$Fe(OH)_2(aq) + H_2O_2 + H^+ \longrightarrow Fe(OH)_2^+ + OH \cdot + H_2O \quad [(2),C]$$

$$Fe(OH)_2(aq) + OH \cdot + H^+ \longrightarrow Fe(OH)_2^+ + H_2O \quad [(2),D]$$

$$4Fe(OH)_2(aq) + O_2 + 4H^+ = 4Fe(OH)_2^+ + 2H_2O$$

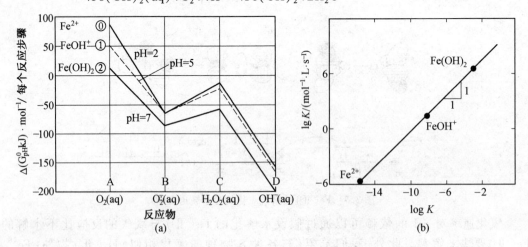

图3.8　氧气对 Fe(Ⅱ)的氧化

Wehrli 已经说明了(图 3.8b)Fe^{2+}到 FeOH 再到 $Fe(OH)_2(aq)$ 的反应自由能($\log K$)和反应速率($\log K$)之间的线性自由能关系。

Fenton 试剂 H_2O_2 和 Fe(Ⅱ)相互作用产生符合化学计量学关系的 OH·自由基:

$$Fe(Ⅱ)+H_2O_2+H^+ \longrightarrow Fe(Ⅲ)+OH \cdot +H_2O$$

Fe(Ⅲ)此时作为催化剂将 H_2O_2 分解为 O_2 和 H_2O,其中作为 OH^- 来源的 Fe(Ⅱ)的稳态浓度由下列方式产生:

$$Fe(Ⅲ)+H_2O_2 \xrightleftharpoons{-H^+} Fe-O_2H^{2+} \rightleftharpoons Fe^{2+}+HO_2 \cdot$$

$$Fe(Ⅲ)+HO_2 \cdot \longrightarrow Fe(Ⅱ)+H^++O_2$$

3.4.1 表面黏合物提高过渡离子的氧化

氧气对 Fe(Ⅱ)、VO^{2+}、Mn^{2+} 和 Cu^+ 的氧化在热力学和动力学上不仅对水解作用而且对水合氧化物表层的吸附作用有帮助。水合氧化物表面羟基团的吸附作用与水解作用(与 OH^- 联合)有相似的效果。图 3.9 比较了 VO(Ⅱ)、Fe(Ⅱ)和 Mn(Ⅱ)的水解作用和吸附作用的催化效果。与硅酸盐结合的 Fe(Ⅱ)比 Fe^{2+} 更容易被氧气氧化。

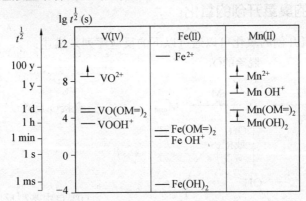

图 3.9 水解作用和吸附作用对过渡金属离子氧化作用的影响

3.4.2 黄铁矿的氧化

在煤层中占优势地位的含硫矿物是硫化亚铁黄铁矿和白铁矿。它们有相同的硫铁比例,但是它们的结晶性质却很不相同。白铁矿有正交晶结构,而黄铁矿是等轴的。白铁矿比黄铁矿更不稳定,却更易分解。后者在硫化矿物中是分布最广泛的,并且由于它在美国东部地区更为丰富的储量,黄铁矿被认为是酸性矿水排水最主要的来源。$FeS_2(s)$在这里被看作是煤矿中晶形黄铁矿团聚物的象征性的代表。

当黄铁块暴露在空气和水中时,以下各种化学计量的反应可能用于描述黄铁矿氧化反应的特征:

$$FeS_2(s)+\frac{7}{2}O_2+H_2O =\!=\!= Fe^{2+}+2SO_4^{2-}+2H^+$$

$$Fe^{2+}+\frac{1}{4}O_2+H^+ =\!=\!= Fe^{3+}+\frac{1}{2}H_2O \qquad ①$$

$$Fe^{3+}+3H_2O =\!=\!= Fe(OH)_3(s)+3H^+$$

$$FeS_2(s) + 14Fe^{3+} + 8H_2O \Longrightarrow 15Fe^{2+} + 2SO_4^{2-} + 16H^+ \qquad ②$$

　　黄铁矿中硫化物到硫酸盐的氧化反应释放溶解的二价铁并增加水的酸度。随后,溶解的二价铁通过氧化作用变为三价铁,然后水解形成不溶的三价铁的氢氧化物,从而释放更多的酸度到溪流里并且覆盖河床。三价铁可以被黄铁矿还原,正如方程②中硫化物再次被氧化并且伴随着二价铁的加入酸度被释放;这可能又重新返回到如反应①的反应循环中。

　　氧气对黄铁矿的氧化是由 Fe(Ⅱ)-Fe(Ⅲ)系统做中介;黄铁矿被三价铁氧化,然后与黄铁矿形成表面络合物。

　　在相对低的 pH 值下,黄铁矿溶解条件下的速度控制步骤是 Fe(Ⅱ)转化为 Fe(Ⅲ)的氧化,该步骤通常被自养菌催化。这样所有的黄铁矿溶解速率都对矿物表面面积浓度不敏感了。氧气对 Fe(Ⅱ)-Fe(Ⅲ)的微生物催化氧化也对在特定的酸性环境下氧化性硅酸盐的溶解有一定的意义。

3.5　用于水和废物处理技术中的氧化剂:一些案例研究

3.5.1　溶质的臭氧开创的氧化

水中主要的臭氧开创的氧化可以通过以下的反应序列来描述:

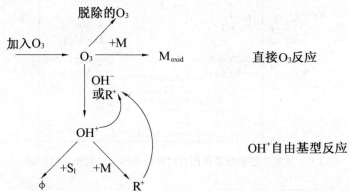

　　一方面,溶解在水中的部分臭氧直接与溶质 M 反应。这样的直接反应具有高度选择性,而且往往相当缓慢(以分钟计)。另一方面,部分加入的臭氧在与溶质反应之前就分解了;这导致了自由基的产生。其中的 OH· 自由基属于已知的发生在水中的最活跃的氧化剂。OH· 可以很容易地氧化所有类型的有机污染物和一些无机溶质(自由基型反应)。因此,它们在快速反应(以微秒计)中被消耗,并表现出极小的底物选择性。在水处理过程中,它们的反应只有少数是受特别关注的。模型溶液中测量的氧化反应表明了每摩尔臭氧分解产生 0.5 mol OH·。pH 值越高,臭氧分解越快;这是被氢氧根离子(OH⁻)催化的结果。分解过程又被反应的自催化加速了,在这个自催化反应中,臭氧分解产生的自由基充当了链载体。某些类型的溶质与 OH· 自由基反应,并形成仍然充当链载体的二次自由基(R*)。其他的,例如,碳酸氢根离子,使初级自由基转变为低效物种,从而充当链反应抑制剂。因此,臭氧的分解率取决于水的 pH 值以及存在的溶质。整体效果是直接反应和自由基型反应的叠加。有关评论见 Hoigné(1988)。

动力学方程式：根据 Hoigné 的处理，我们可以写出臭氧分子与溶质直接反应的方程式：

$$O_3 + \eta M \xrightarrow{k} \eta M_{oxid}$$

这些反应的速率就臭氧而言是一阶的，并且一般来说，就溶质浓度而言几乎也是一阶的。因此，溶质被氧化的速率变为

$$\frac{-d[M]}{dt} = -\eta \frac{d[O_3]}{dt} = -\eta k[O_3][M]$$

并且 M 的消除是由下列方程式给出

$$-\ln \frac{[M]_e}{[M]_0} = \eta k[\overline{O}_3]t$$

式中　$[M]_e$——M 的最终浓度；

　　　$[M]_0$——M 的初始浓度；

　　　η——每摩尔臭氧消耗 M 的产率因子；

　　　k——臭氧与 M 反应的速率常数；

　　　$[\overline{O}_3]$——反应周期 t 内 O_3 的平均浓度。

这个直接反应的相对溶质消除只取决于臭氧的平均浓度、臭氧化持续的时间以及速率常数 k。速率常数的一些由实验确定的数据在表 3.10a 和 3.10b 中列出来了。

由 OH· 自由基进行的氧化：可用于氧化溶质 M 的 OH· 自由基的数目取决于产生的 OH· 自由基的数目和它与 M 反应的相对速率，该速率是相对于与它被别的溶质消耗的速率的；与以下的图表一致：

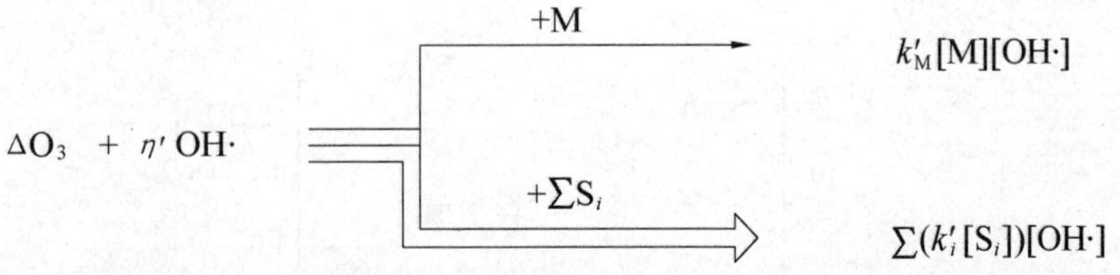

因此，ΔO_3 是在过程中被分解的臭氧的数量；η' 是由 ΔO_3 产生的 OH· 自由基的产率；k' 是 OH· 自由基的二阶反应速率常数；$\sum (k_i'[S_i])$ 是 OH· 被所有溶质（包括 O_3 和 M）消除的速率。OH· 自由基对水中所有有机溶质的反应性是很高的。甚至游离的氨（NH_3）、过氧化氢和臭氧，可能会干扰 OH·（比较图 3.10b）。只有一部分（η''）与溶质 M 反应的 OH· 自由基会导致溶质的消除。如果把产率因子 η'' 也考虑进去，那么在竞争清除剂的存在下溶质的氧化速率为

$$\frac{-d[M]}{dt} = \eta'\eta'' \frac{d\Delta O_3}{dt} = k_M'[M]\left[\sum (k_i'[S_i])\right]^{-1} \qquad ①$$

在氧化的有限范围内，$\sum (k_i'[S_i])$ 既不取决于臭氧化的程度也不取决于臭氧的浓度，方程①的积分式为

$$-\ln\left(\frac{[M]_e}{[M]_0}\right) = \eta'\eta''\Delta O_3 K_M'\left[\sum (k_i'[S_i])\right]$$

当

$$k_M'[M] \ll \sum (k_i'[S_i])$$

就 M 的浓度而言,M 的消除是一阶的。为了给出某个消除因子所必须分解的臭氧的数量被预期是能随着速率成线性增加,在这些速率下 OH·自由基被存在的游离基清除剂消耗。消耗的臭氧的数量随着 M 本身与氧化剂反应的速率常数而呈线性下降。OH·自由基与数百种含水的溶质反应的速率常数是已知的,表 3.10c 给出了这些常数的近似数量级。

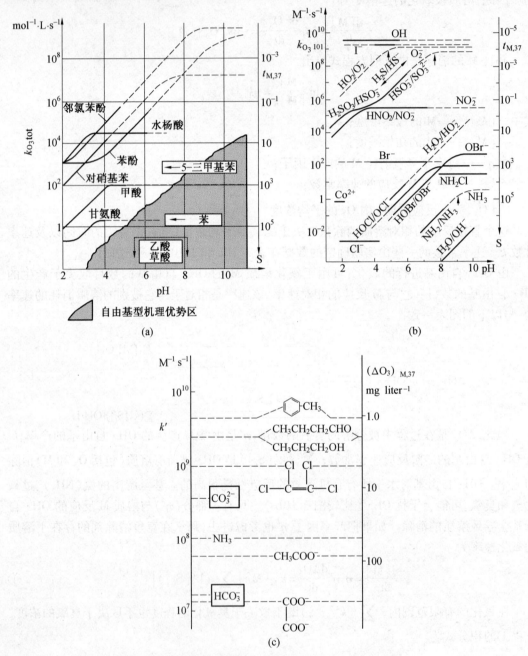

图 3.10 臭氧和 OH·自由基与溶质反应的速率常数

3.5.2 由 ClO_2 进行的氧化

二氧化氯是相对稳定的自由基;它是顺磁性的,因为它包含一个未成对的电子。它可以通过氧化亚氯酸盐,ClO_2^-,来作准备;例如,过氧硫酸盐或 Cl_2。与 Cl_2 的反应是

$$2ClO_2^- + Cl_2 = 2ClO_2 + 2Cl^-$$

二氧化氯是一种具有高度选择性的氧化剂。它与能很容易提供电子的化合物的反应非常快。从热力学的观点来看:

$$ClO_2(aq) + e^- = ClO_2^- \quad \Delta G° = -100.4 \ kJ \cdot mol^{-1} \quad p\varepsilon° = 17.6(25 \ ℃)$$

在 pH 大于 4 时,ClO_2 可以氧化 H_2O。

对于 ClO_2 与 P 的直接反应,即一种物质被氧化,Hoigné 和 Bader (1994) 发现对于很多系统有一个速率定律

$$-\frac{d[ClO_2]}{dt} = k[ClO_2]_0^n [P]_0^m$$

n 和 m 相当于单位元素(就反应物而言是一级)。这些作者也指出 ClO_2 与去质子化的物种的反应更快。例如,与酚盐的反应比与苯酚的反应快几个数量级($k_{A^-} \gg k_{HA}$):

$$k_{tot} = (1 - \alpha_1) k_{HA} + \alpha_1 k_{A^-}$$

$$\alpha_1 = \frac{[A^-]}{A_{tot}} = \frac{1}{1 + 10^{(pk_a - pH)}}$$

图 3.11a 和 3.11b 给出了由 Hoigné 和 Bader (1994) 得到的结果的总结。

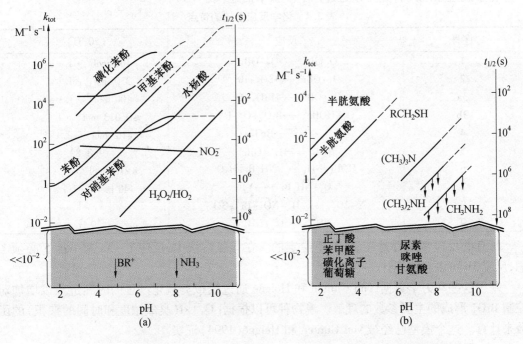

图 3.11 存在二氧化氯对 pH 时不同化合物的反应速率常数和半存留期数值的总结

3.5.3　含溴化物的水的臭氧化作用

未经处理的水体中的溴化物浓度有一定的意义,因为 Br^- 的氯化作用和臭氧化作用会产生次溴酸盐(OBr^-);其中,在有机物的存在下,会产生一氯二溴甲烷。此外,也被归为致癌物质的溴酸盐是经过臭氧化形成的。不同的动力学研究表明,溴酸盐的形成强烈依赖于溶液的 pH 值;氨的存在导致溴氨酸单体的形成,随后被氧化成 NO_3^- 和 Br^-:

$$O_3+NH_2Br \longrightarrow 2H^++NO_3^-+Br^-+3O_2$$

图 3.12 中也给出了这种反应的原理概述。用 O_3 处理时,即使是相对小的 Br^- 浓度也能达到 BrO_3^- 的临界量。

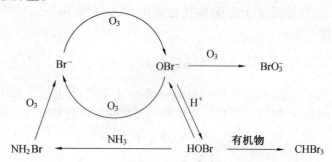

图 3.12　O_3 和 Br^-,OBr^- 和 NH_2Br 在水溶液中的反应

化学反应系统的特点可以通过以下步骤来描述(表 3.4):

表 3.4　化学反应系统的特点

序号	反应	(20 ℃)
1	$O_3+Br^- \longrightarrow O_2+OBr^-$	$160\ mol^{-1} \cdot L \cdot s^{-1}$
2	$O_3+OBr^- \longrightarrow 2O_2+Br^-$	$330\ mol^{-1} \cdot L \cdot s^{-1}$
3a	$O_3+OBr^- \longrightarrow BrO_2^-+O_2$	$100\ mol^{-1} \cdot L \cdot s^{-1}$
3b	$O_3+HOBr \longrightarrow BrO_2^-+O_2+H^+$	$\leqslant 0.013\ mol^{-1} \cdot L \cdot s^{-1}$
4	$BrO_2^-+O_3 \longrightarrow BrO_3^-+O_2$	$>10^5\ mol^{-1} \cdot L \cdot s^{-1}$
5	$HOBr \Longleftrightarrow H^++OBr^-$	$9(8.8)$
6	$HOBr+NH_3 \longrightarrow NH_2Br+H_2O$	$8\times10^7\ mol^{-1} \cdot L \cdot s^{-1}$
7	$O_3+NH_2Br \longrightarrow Y_a$	$40\ mol^{-1} \cdot L \cdot s^{-1}$
8	$Y+2O_3 \longrightarrow 2H^++NO_3^-+Br^-+3O_2$	$k_8 \gg k_7$
9	$NH_4^+ \Longleftrightarrow H^++NH_3$	9.3

所有的反应常数都是在 20 ℃下给定的。在无氨溶液中,反应 1～3a 和平衡 5 必须考虑,反应 3b 可以忽略不计。

基于这些动力学数据,von Gunten 和 Hoigné 通过模拟臭氧化过程的时间进程以增加对控制 BrO_3^- 形成的主要参数的理解。溴物种可以根据[O_3]×t(臭氧浓度和时间的乘积)的函数来计算。这个模型已经被 von Gunten 和 Hoigné(1994)证实。

3.5.4　氯化作用

氯和 HOCl 及它的碱被用于城市污水处理中 Fe(Ⅱ)、Mn(Ⅱ)、S(-Ⅱ)和有机化合物的消毒和氧化排除。

$$Cl_2 + H_2O = HOCl + H^+ + Cl^-$$

Cl_2 的水解作用是非常快的；Cl_2 的半存留期接近 0.06s。

HOCl 是高效的氧化剂和消毒剂（微生物的快速杀灭率）。其缺点是没有选择性。有机质被氧化；次氯酸参与了产生有机氯化合物[如氯酚和三卤甲烷（如氯仿，$CHCl_3$）]的替代反应。为了部分地避免这个问题，可能会加入铵以形式氯胺（"联合氯气"）；该反应具有较低的活性。

1. 定义

有人提到：

$$游离氯 = (2[Cl_2] + [HOCl] + [OCl^-])$$
$$结合氯 = [NH_2Cl] + 2[NHCl_2] + (3[NCl_3])$$
$$残余氯 = 游离氯 + 结合氯$$

圆括号中的项通常可以忽略不计。

2. 氯胺

在 NH_4^+ 的存在下，水的氯化作用导致氯胺的形成。反应速率和产物分布取决于 pH 值、NH_4^+ 和 HOCl 的相对浓度、时间以及温度。NH_2Cl 形成的 pH 依赖性与涉及以中性物质 HOCl 和 NH_3 作为反应剂的速率规律是一致的：

$$HOCl + NH_3 \longrightarrow NH_2Cl + H_2O \quad k = 4.2 \times 10^6 \ mol^{-1} \cdot L \cdot s^{-1}(25\ ℃) \tag{31}$$

在水的氯化作用的特定条件下，该反应在远少于 1 min 的时间内快速达到超过 99% 的反应率。

二氯胺形成的动力学更复杂。Morris 和 Isaac（1983）作了以下报告：

$$NH_2Cl + HOCl \longrightarrow NHCl_2 + H_2O \quad k = 3.5 \times 10^2 \ mol^{-1} \cdot L \cdot s^{-1}(25\ ℃)$$

这种反应从属于特有的常规酸催化。由于产生 NH_2Cl 和 $NHCl_2$ 的反应分别具有不同的 pH 依赖性，氯胺的分配取决于 pH。25 ℃ 时氯和铵的等摩尔浓度，根据 Jolley 和 Carpenter（1983）会出现以下分布（表 3.5）。

表 3.5　25 ℃时氯和铵的等摩尔浓度

pH	$NH_2Cl/\%$	$NHCl_2/\%$
5	13	87
6	57	43
7	88	12
8	97	3

3.5.5　氯化作用的突变点

二氯胺是一种不稳定的化合物，并通过一些机制分解。最重要的是产生 Cl^- 和 N_2 而导致 N_2 减少的氧化机制。在中性和碱性条件下，$NHCl_2$ 的分解被认为是通过偶联反应进行的（B 是碱）：

$$NHCl_2 + HOCl + B \longrightarrow NCl_3 + BH^+ + OH^-$$
$$NHCl_2 + NCl_3 + 2OH^- \longrightarrow N_2 + 2HOCl + 3Cl^- + H^+$$

图 3.13 中给出了氯化作用突变点的简略图表。

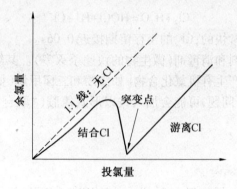

图 3.13 氯化作用突变点的综合图解

3.5.6 酚类的氯化作用

酚类反应迅速（HOCl 对苯氧化物阴离子的亲电攻击），从而产生供水的味道和气味。这个反应可以用二阶速率定律来描述：

$$\frac{d[Cl]_T}{dt} = k_{obs}[Cl]_T[Ph]_T$$

下标指的是游离氯（Cl）或质子化和去质子化形式的酚类化合物（Ph）的总浓度。k_{obs}（图 3.14）表示通过假设一个特殊的速率定律可以解释 pH 依赖性：

$$\frac{d[Cl]_T}{dt} = k_2[HOCl][PhO^-]$$

（pH 在 6~12 时，k_2 接近常数）。

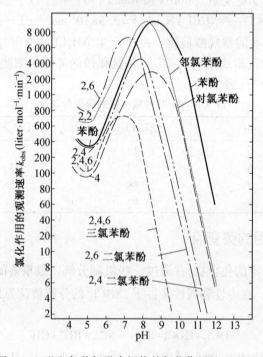

图 3.14 酚和各种氯酚中间物的氯化作用的 pH–k_{obs} 图

3.6　线性自由能量关系(LFERs)

过渡态理论给了我们一个联系反应动力学和活化络合物的热力学性质的构架。在动力学中,有人试图用基本反应步骤和它们的自由能来解释化学计量反应,评估新化学键的断裂和形成,并且评估活化络合物的特性。如果在一系列相关的反应中,我们知道决定速率的基本反应步骤,反应的速率常数与 k(或活化自由能的,ΔG)和反应步骤的平衡常数 K(或自由能,$\Delta G°$)之间的联系就可以得到了。对于两个有关联的反应:

$$\frac{-\Delta G_2 + \Delta G_1}{RT} = \alpha \, \frac{-\Delta G_2° + \Delta G_1°}{RT}$$

或

$$\ln k_2 - \ln k_1 = \alpha (\ln K_2 - \ln K_1)$$

对于 i 反应剂系列,可以得到

$$\Delta G_i = \alpha \Delta G_i + C$$

或

$$\ln k_i = \alpha \ln K_i + C$$

经验性地,我们绘出了 $\log k_i$ 对 $\log K_i$(图 $\Delta G_1°$)的图,并根据斜率和截距确定了 α 和 C。

我们在概括之前,应该讨论这个问题:运用热力学,我们是否可以估算氧化还原反应。一个简单的肯定答案可能会是错误的。但是在进一步理解反应机理和动力学时,考虑热力学往往是很有用的。从化学计量观点来看,大多数氧化还原反应是多于一个电子转移的过程。但这些过程的大多数发生在一系列单电子的步骤中。例如,有机化合物的氧化或还原转换需要两个电子来产生一个稳定产物。在大多数的非生物氧化还原反应中,这两个电子在相继的步骤中转移。随着第一个电子的转移,自由基物种就形成了;在一般情况下,该自由基比母体化合物有更好的反应性。因此速率决定步骤往往会是第一个电子的转移。

氧气对 Fe(Ⅱ)的氧化起始于 Fe(Ⅱ)物种的一个电子转移给氧气;这样 $O_2^-\cdot$ 自由基就形成了:

$$\text{Fe(Ⅱ)} + O_2 \longrightarrow \text{Fe(Ⅲ)} + O_2^- \cdot$$

正如我们所看到的,这个反应步骤决定整体的反应速率:

$$4\text{Fe(Ⅱ)} + O_2 + 4H^+ = 4\text{Fe(Ⅲ)} + 2H_2O$$

为了调查或探索氧化还原过程的热力学和动力学数据之间的 LFERs,我们应该:①尝试从基本的反应步骤方面来阐明反应过程;②尝试识别速率决定步骤。

我们可以尝试联系单电子步骤的反应(或平衡常数或氧化还原电位)自由能和反应速率。单电子氧化还原电位的外延表格已经可以使用。通常,把速率常数和氧化还原反应的自由能参数($\Delta G°, K, p\varepsilon°$)联系起来是可能的;这些氧化还原反应包括一系列相关的氧化还原反应或涉及有机化合物与多种取代基或同族元素的氧化还原反应。

图 3.15 显示,MnO_2 对各种取代酚类的氧化速率与这些酚类的半波电位 $E_{1/2}$ 是相关的。半波电位 $E_{1/2}$ 测量了阳极氧化酚类的倾向。化合物的半波电位首近似值与苯酚的氧化还原电位以及它的单电子氧化产物一致。图 3.15 表明电极氧化某一苯酚的热力学趋势与 MnO_2 氧化苯酚的动力学趋势有关。

3.7　外层电子转移的 Marcus 理论

涉及金属离子的氧化还原反应有两种机制:内层的电子转移和外层的电子转移。在内部机制中,氧化剂和还原剂密切相似,且有一个共同的初级水化层。例如,在两个金属离子之间的电子转移中,活化络合物之间有桥接配体(M–L–M′)。内层的氧化还原反应包含键的形成和断裂过程,像其他的基团转移和置换反应;过渡态理论直接适用于它们。

在外层电子转移中,初级水化层保持完整;金属离子被至少两个水分子分离,它们之间只有电子的移动。没有化学键的断裂或生成发生,这样的机制可以用 Franck–Condon 原理解释。这个原理阐明:因为原子核比电子更大,当分子中的原子核有效地稳定时,会发生电子转移。该原理决定了在不同分电子态的振动能级之间转移的概率。

这里我们不会导出或探讨 Marcus 理论,只是说明该理论的一些基本论点。

要了解外层反应是如何发生的,我们应该首先考虑标准态和同位素标记($^*Fe$)中心之间的交换反应:

$$Fe(aq)^{2+} + {}^*Fe(aq)^{3+} \longrightarrow Fe(aq)^{3+} + {}^*Fe(aq)^{2+}$$

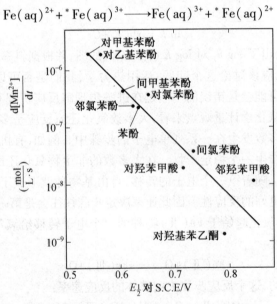

图 3.15　Mn(Ⅲ,Ⅳ)氧化物对取代酚类的氧化

在 25 ℃下二阶速率常数是 3 $mol^{-1} \cdot L \cdot s^{-2}$,活化能是 32 $kJ \cdot mol^{-1}$;Fe^{2+} 的键长大于 Fe^{3+} 的。因此:

①活化能的一部分是由络合物(内层重排能)间共同值的调整而产生的。

②溶剂化壳层必须重组(外层重组能)。

③两个反应物之间存在静电能。

如果我们能算出这些活化能的不同贡献量 ΔG^{+*},就可以得到反应速率常数 k:

$$k = Z \exp\left(-\frac{\Delta G^{+*}}{RT}\right)$$

式中　Z——碰撞频率。

1. 反应的势能曲线

按照 Shriver 等人的描述,Fe(Ⅱ)和 *Fe(Ⅲ)在反应最初有各自的标准键长;反应与 Fe(Ⅱ)键长的变短及 *Fe(Ⅲ)键长的变长相符(图 3.16)。这个对称反应产物的势能曲线与反应物相同,唯一的不同是两个铁原子作用的互换。我们假设金属配位体的变形类似于谐波振荡;因此,将它们绘制成抛物线。

活化络合物位于两个曲线的交点处。然而,无交叉规则表明处于对称状态的分子势能曲线不交叉,而是分裂成一条较高的和一条较低的曲线。无交叉规则表明:如果基态反应物缓慢变形,它们就会在基态下沿着能量最小的轨道转化成产物。

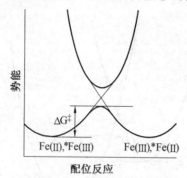

图 3.16　对称反应中电子交换的简化反应曲线

更普遍的氧化还原反应符合非零反应吉布斯自由能,所以代表反应物的抛物线和产物的曲线处于不同的高度上。如果电势表面更高(图 3.17a),交叉点上移,反应则具有更高的活化能。反之,产物曲线的下移(图 3.17c)导致交叉点降低和较低的活化能,而在图 3.17d 中降低至零。在释放能量反应的极值处(比较图 3.17d),交叉点上升而速率可能会再度降低(我们将不会进一步讨论终点)。

图 3.17 中的图表显示,有两个因素决定电子转移速率。首先是电势曲线的形状。如果抛物线急速上升(表明变形能量的快速增长),他们的交叉点将会很高,活化能也高。相反,平缓的电势曲线意味着低的活化能。类似地,平衡核间距的巨大改变意味着平衡点相距甚远;如果没有很大的改变,交叉点就不能达到。第二个因素是吉布斯自由能;它越有利,反应的活化能就越低。

这些考虑因素已经被 Marcus 定量地表达出来了。他根据每个涉及的氧化还原对的交换速率常数和总反应的平衡常数导出了一个方程来预测外层反映的速率常数。速率常数 k_{12} 的 Marcus 方程为

$$k_{12} \simeq (k_{11}k_{22}K_{12}f_{12})^{\frac{1}{2}}$$

和

$$\log f_{12} = \frac{(\log K_{12})^2}{4\log(k_{11}k_{22}/Z^2)}$$

式中　k_{11},k_{22}——两个交换反应的速率常数;

　　　K——总反应的平衡常数;

　　　f——一个由速率常数和相遇率构成的络合物的参数。

它可以被当作是近似计算的统一。

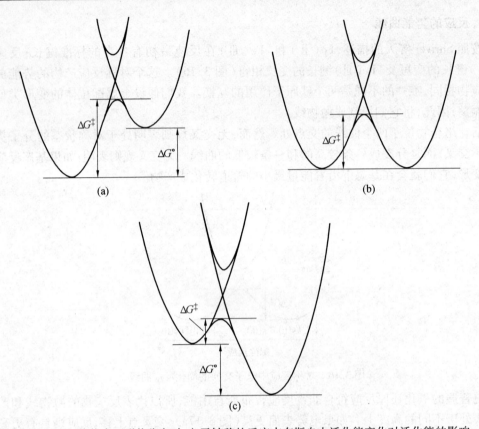

图 3.17　势能表面形状稳定时,电子转移的反应吉布斯自由活化能变化对活化能的影响

自交换率的加权平均的概念是通过 Marcus 交叉关系来强调的。Z 为 10^{11} $mol^{-1} \cdot L \cdot S^{-1}$。

【例 3.4】　Marcus 交叉关系。计算 0 ℃下 $[Co(terpy)_2]^{2+}$ 对 $[Co(bipy)_3]^{3+}$ 的还原反应的速率常数。

必需的交换反应是:

$$[Co(bipy)_3]^{2+} + [^*Co(bipy)_3]^{3+} \xrightarrow{k_{11}} [Co(bipy)_3]^{3+} + [^*Co(bipy)_3]^{2+}$$

$$[Co(terpy)_2]^{2+} + [^*Co(terpy)_2]^{3+} \xrightarrow{k_{22}} [Co(terpy)_2]^{3+} + [^*Co(terpy)_2]^{2+}$$

其中

$$k_{11} = 9.0 \ mol^{-1} \cdot L \cdot s^{-1}(0 ℃)$$
$$k_{22} = 48 \ mol^{-1} \cdot L \cdot s^{-1}(0 ℃)$$
$$k_{12} = 3.57(0 ℃)$$

设 $f = 1$,则

$$k_{12} = (9.0 \times 48 \times 3.57)^{1/2} \ mol^{-1} \cdot L \cdot s^{-1} = 39 \ mol^{-1} \cdot L \cdot s^{-1}$$

这个结果与实验结果相比是很合理的,实验结果是 64 $mol^{-1} \cdot L \cdot s^{-1}$。

由于速率常数的对数与自由活化能成比例,Marcus 交叉关系可以用 LFER 来表示。因此:

$$2\ln k_{12} \simeq \ln k_{11} + \ln k_{22} + \ln K_{12}$$

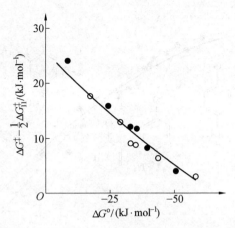

图3.18　硫酸(开环)中的Ce(Ⅳ)和高氯酸(闭环)中的Ce(Ⅳ)对Fe(Ⅲ)的邻二氮杂菲络合物的系列氧化反应的速率和总自由能变化之间的相互关系

方程45a表明

$$2\Delta G^{++}\simeq\Delta G_{11}^{++}+\Delta G_{22}^{++}+\Delta G_{12}^{\circ}$$

图3.18显示了Ce(Ⅳ)对邻二氮杂菲络合物的系列氧化反应的速率和总自由能变化之间的相互关系。

2. 速率常数与平衡常数之间的抛物线关系

二次结构活性关系的较为普遍的表达为

$$k=\frac{k_d}{1+\frac{k_d}{K_d Z}\exp\left\{\left[W+\frac{1}{4}\lambda(1+\Delta G^{\circ}/\lambda)^2\right]/RT\right\}} \quad ①$$

此表达式把外层电子转移反应的二阶速率常数k和反应的自由能ΔG°与一个可调节参数λ(也就是我们知道的改组能量)联系起来了。W是两个反应物库仑相互作用的静电功,它可以根据碰撞距离、介电常数和描述离子强度影响的因素来计算。如果反应物的一种是不带电的,那么W为零。在精确的计算中,ΔG°应该用静电功校正。方程①中的其他项可以看作常数:这个限制性扩散的反应速率常数k_d看作是$10^{10}\cdot\text{mol}^{-1}\cdot\text{L}\cdot\text{s}^{-1}$;$K_d$是母体络合物形成的平衡常数;$Z$是通用的碰撞频率因子。

图3.19阐明了酚类化合物与ClO_2反应的速率作为ΔG°函数的关系。

对于曲线的计算,自组织能λ为30.1 $\text{kcal}\cdot\text{mol}^{-1}$;化合项$k_d/K_d Z$被赋值为0.1。

抛物线形曲线,其斜率dlog k/dlog K从放能的氧化还原反应的0到接近$\Delta G^{\circ}=0$的反应的$-\frac{1}{2}$再到吸能反应的-1,是典型的Marcus关系(方程①)。

在Marcus关系中ΔG^{++}(或log k)和ΔG°(或log K)的关系和趋势可以通过图3.17d的简化图表来鉴别。图3.17d阐明低活化能($\Delta G=0$)符合放能反应($\Delta G^{\circ}\ll 0$),接近dlog k/dlog $K\simeq 0$。另一方面,一个吸能反应($\Delta G^{\circ}>0$)相当于(见图3.17a)一个大的ΔG^{++},接近dlog k/dlog $K\simeq 1$的极限。中间物的位置在图3.17d中标出了,其中$\Delta G^{\circ}\simeq 0$;这个位置相当于dlog k/dlog $K\simeq 0.5$。

我们讨论了Fe(Ⅱ)氧化反应的LFER;图3.8b中给出的log K-log k图有统一的斜率。这与Marcus预测是一致的($\Delta G>0$)。图3.8b中给出的数据可以扩展到其他过渡金属离子的氧化。

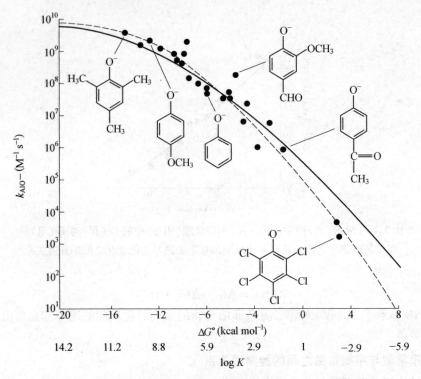

图3.19　取代酚阴离子与二氧化氯反应的二阶速率常数与 $\Delta G°$ 估算值的相互关系

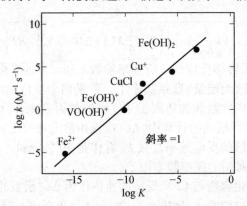

图3.20　金属离子氧化的线性自由能关系

3.8　亲核-亲电试剂的相互作用和涉及有机
物质的氧化还原反应

如我们之前所讨论的,刘易斯定义酸为接受电子对的化合物,而碱是能够提供该电子对的物质。在有机反应中,我们会提到亲电试剂和亲核试剂。

亲电试剂和亲核试剂可以被看作是受体和供体,分别为电子对的来源和到其他原子的去向——最常见的是碳。

初看之下,可能会发现亲电-亲核试剂的相互作用不符合有关氧化还原过程的章节的内容,但是电子对从亲核试剂向亲电试剂的转移,例如在苯酚的水解作用或氯化作用中,就可以被看成是氧化剂和还原剂之间的反应;虽然我们机械地意识到了这些,但是在一些涉及有机物的真实的氧化还原过程中,电子转移通常发生在单电子步骤中。

因此,亲核试剂包括带负电荷的离子、处理带有孤电子对的原子的分子和包含有高度极化或可极化键的分子。水生环境中的简单亲核试剂有(近似地以亲核性的增长排列):

亲核试剂:H_2O, NO_3^-, F^-, SO_4^{2-}, CH_3COO^-, Cl^-, HCO_3^-, HPO_4^{2-}, OH^-, I^-, CN^-, HS^-

亲电试剂可以是带正电的离子或含有不满八位组的原子的分子;一些例子是:

亲电试剂:H^+, H_3O^+, NO_2, NO, R_3C, SO_3, CO_2, $AlCl_3$, Br_2, O_3, Cl_2, $HOCl$, Cl^+

由于环境中十分丰富的亲核试剂,活性亲核试剂通常是非常短暂的。由于它的大量存在,在环境中水在亲核试剂中起着非常重要的作用。水分子或 OH^- 取代有机物中的其他原子或原子基团的反应被称作水解反应。

我们将只举几个反应为例子来说明:很多有机过程可以机械地理解,速率定律可以明确地表达,而且速率常数的合集可以使用。

3.8.1　水解反应:饱和碳原子上的亲核取代

水解反应在水生环境中是非常普遍的。水解产物往往在生态学或毒理学上的有害性比不水解的反应物小。

有机亲电试剂与亲核试剂(H_2O, OH^-, HS^-)反应的典型例子在表 3.6 中给出了。

表 3.6　有机亲电试剂与水、OH^- 或 HS^- 的反应

1. $R-X(X=Cl, Br, I) + H_2O \longrightarrow R-OH + X^- + H^+$
2. $RCH_2-X(X=Cl, Br, I) + HS^- \longrightarrow RCH_2-SH + X^-$
3. $R_1COOR_2 + H_2O/OH^- \longrightarrow R_1COO(H) + HOR_2$
4. $R_1R_2NCOOR_3 + H_2O/OH^- \longrightarrow R_1R_2NH(H) + CO_2 + HOR_3$

5. $(R_1O)_2 \overset{\displaystyle O}{\overset{\|}{P}}-OR_2 + H_2O/OH^- \longrightarrow (R_1O)_2 \overset{\displaystyle O}{\overset{\|}{P}}-O(H) + HOR_2$ 和 $(R_1O)(R_2O) \overset{\displaystyle O}{\overset{\|}{P}}-O(H) + HOR_1$

机理与动力学的关系　取代反应中的活化阻碍由含离去基团的旧键断裂所需要的能量以及含进入基团的新键形成所释放的能量决定的。

后者是由量化的亲核试剂的相对亲核性给出的。前者对于 $\Delta G^{\neq}$ 贡献的量化更加困难。

如果该反应是通过一个两步反应(断裂旧键及形成新键)(图 3.21)进行的,我们就说是 S_N2 反应(取代,亲核双分子),而它是由一个二阶动力学速率定律给出的:

$$速率 = k_{Nu}[Nu^{v-}]\left[\ \underset{|}{\overset{|}{-C}}-X\ \right]$$

其中 Nu^{v-} 是首先形成活化络合物的亲核试剂,其随后又分解为替代的产物。

在 S_N1 机制中,反应的第一步(和速率决定)包括离去基团的分离;离去基团随后与亲核试剂反应:

反应速率将为一阶的:

$$速率 = -kZ\left[\ \underset{|}{\overset{|}{-C}}-X\ \right]$$

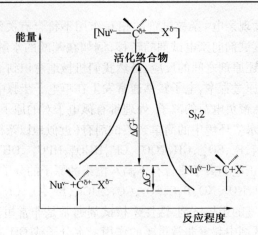

图 3.21 S_N2 过程的活化能关系。

并且与亲核试剂的浓度无关。

表 3.7 中给出了这种取代反应的速率和机制的定量信息的解释。

表 3.7 中性 pH 中一些一卤代烃在 25 ℃时的假设的反应机理和水解半存留期

化合物	$t_{\frac{1}{2}}$（水解）				亲核取代反应的主要机理
	X = F	Cl	Br	I	
R—CH$_2$—X	~30 yr	340 days[a]	20~40 days	50~110 days	S_N2
CH$_3$ CH—X CH$_3$		38 days	2 ddays	3 days	$S_N2\cdots S_N1$
CH$_3$ CH$_3$—C—X CH$_3$	50 days	23 s			S_N1
CH$_2$≡CH—CH$_2$—X		69 days	0.5 days	2 days	$(S_N2)\cdots S_N1$
⬡—CH$_2$—X		15 h	0.4		S_N1

正如 Schwarzenbach 和 Gschwend（1990）指出的,从这个表中可以看出,碳碘键的水解速度比碳氯键快。一般来说,键的弹性按以下顺序递减:C—F>—Cl>—Br>—I。此外,反应速率在从一次(—CH$_2$—X)到二次(>CH—X)再到三次(C—Cl)碳卤键时显著增大。

以碱催化为主的许多水解反应有 pH 依赖性。在羧酸脂中,酸碱催化尤其重要。这个伪一阶水解速率常数可以表示为

$$k_h = k_A[H^+] + k_N + k_B[OH^-]$$

有关实例如图 3.22 所示。

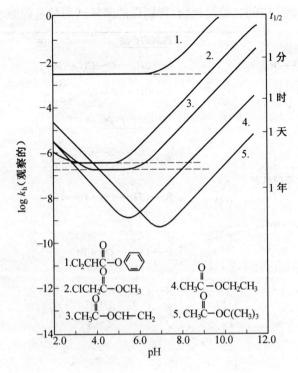

图 3.22 一些脂类的水解常数($\log k_h$)对 pH 图

3.8.2 金属络合物

相同的概念也适用于金属络合物的取代反应(如,配位体交换),例如,反应式 $[PtCl_2(py)_2]+2NH_3 \longrightarrow$ 反式 $[PtCl_2(NH_3)_2]+2py$。这两个相同的取代机理是具有实际意义的。研究配位的化学家提到了结合机制和分离机制。

3.8.3 硫亲核试剂

硫的较低氧化态($-II$ 硫化物到 $+IV$ 硫化物)充当亲核试剂。这些物种与烷基卤化物反应来置换电负性更高的卤化物。正如 Brezonik(1994)指出的,这些反应在缺氧的水生环境(如垃圾堆下的沉积层和地下水)中可能是很重要的。这些反应(见表3.6 中的反应2)类似于水解作用并产生硫醇。Barbash 和 Reinhard(1989)已经估算出这些反应的速率常数。

氧化剂对亚硫酸盐的氧化作用已经在章节 3.4 中讨论过了。亲电氧化剂(如 O_3)与亲核的 S(IV)物种在二阶速率反应中相互作用。

Schwarzenbach 等人报道了一个关于地下水被一次的和二次的烷基溴化物污染的案例。在这种情况下,一系列短链烷烃溴化物(图 3.23)被含高浓度硫酸盐(SO_4^{2-})的废水不断地带入地下水中。由于硫酸盐还原菌的活性,硫化氢(H_2S/HS^-)就形成了,它转而与烷基溴化物反应产生烷基硫醇。硫醇(RSH/RS^-)是比 H_2S/HS^- 更好的亲核试剂,它接着与烷基溴化物进一步反应,致使烷基硫化物和其他有害产品的全系列的形成。对于我们来说重要的是发现了所有可能的至少显示出一个初级烷基团的二烷基硫化物,但是找不到含有两个二级烷基团的化合物。这些结果表明,二次烷基溴化物的反应主要是通过 S_N1 机制,从而产生二级醇;直到出现类似 S_N2 反应的二级溴化物,特别强的亲核试剂烷基硫醇才生成。

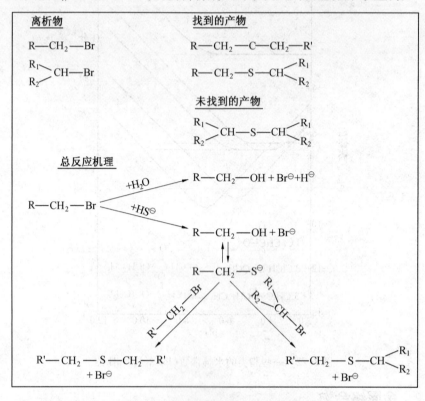

图 3.23　几年后发现泄漏到地下水中的烷基溴化物和硫醚

3.8.4　亲电取代:氯化作用的示例

在水生系统中,与氯物种有关的亲电取代反应有三种类型:

①芳香族化合物的替代。

②与氮化合物尤其是胺类反应形成氮有机氯代物的反应。

③与天然溶解有机物质(包括水生腐殖质)反应形成氯仿和其他三卤甲烷的反应。

自由卤素(Cl_2,Br_2)无法代替苯本身,$AlCl_3$ 等作为 Lewis 酸催化剂需要协助偏光卤素分子的攻击,为其提供亲电端。然而,一个"激活"核如苯酚,可以很容易被卤素攻击。天然水中的亲电体是 HOCl。HOCl 中的 Cl 原子的作用与 Cl^+ 相似,是强大的亲电试剂,它结合与其反应的亲核试剂的一对电子。

在供水中,氯酚的形成会产生气味和味道的问题。酚类的氯化作用已经在章节 3.5 中描述了。正如图 3.14 中显示的,反应物是 HOCl 和酚盐。芳环上的许多活化基团加速了卤化作用。例如,间苯二酚和氢氧化物在 HOCl 存在时反应非常快,导致三氯甲烷的形成。

氧化转变:有机化合物的氧化转变,主要限于这些含有孤对电子的杂原子的化合物,如酚类、芳香胺和硫化物。水生生态系统中,这些种类的化合物的氧化作用的结果,往往是形成还没有得到很好定义的有机物的聚合物或加合物。

可还原的水和氧化物会很频繁地发生氧化转变——Fe(Ⅲ)(氢)氧化物,Fe_3O_4 和 Mn(Ⅲ,Ⅳ)(氢)氧化物。氧化还原反应活性金属包括 Pb(Ⅳ)O_2(s),Cr(Ⅵ)O_4^{2-},

$Hg(II)(OH)_2(aq)$ 和 $Co(III)OHH(s)$。与高价金属相互作用的有机还原剂的来源和反应性已经由 Stone 评价了。

3.8.5　有机还原剂和氧化剂

相对于水解作用,我们目前对于有机化合物在水生生态系统中的还原和氧化的理解是非常有限的。虽然易受环境系统中的氧化还原反应影响的官能团已经确定,但是我们尚未有能力预测这些化学物质在水生生态系统准确的反应速率。这主要是由于复杂的环境系统,使得水生生态系统中的电子供体和受体的确定很难。例如,被还原的过渡金属[特别是多种复合物中的二价铁]、铁硫蛋白、硫化物、腐殖酸材料和多酚类物质,都被建议作为潜在的还原剂。近些年来,集中于氧化还原转变的数目的研究出现了显著的增加。相对于母体化合物来说,还原剂转变导致的还原产物的形成对水生生态环境更有利;这个发现使人们对此更加关注。此外,有机化合物之前被认为在水生生态环境中有很好的稳定性,这是因为它们不含有可水解的官能团(例如,硝基芳香化合物和芳烃偶氮化合物);实验室的研究中已经显示,它们在缺氧环境中易被还原。

3.8.6　电子转移中作为介质的 Fe(II)/Fe(III)体系

$Fe(III)$–$Fe(II)$体系充当电子载体。一种可能的图解示例如下:

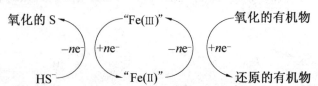

这个反应是非生物的。但是它已经表明 $Fe(III)$ 可以在以微生物为媒介的反应中充当电子受体。

表 3.8 给出了很可能发生在水生生态系统中的氧化还原转变的示例。

表 3.8 给出的方程表示了双电子转移的氧化还原反应。正如我们在本章前面提到的,被大众所接受的理论是:电子是一个接一个被转移的。

Eberson(1987)所描述的单电子转移的一般机理是:

$$P + R \rightleftharpoons (PR) \longrightarrow [PR \longleftrightarrow P^- R^+]^{\neq} \longrightarrow (P^- R^+)$$
游离物　　前体络合物　　　　　　活化络合物　　　　　后续络合物

$$P^- + R^+$$
产物

其中,P 是有机污染物(电子受体),而 R 是还原剂(电子供体)。前驱络合物(PR)表示电子成对先于电子转移,其发生在过渡态。接着有人提议后续络合物通过分解提供自由基离子。单电子体系给出了表 3.8 提供的氧化还原反应的共同特征。这些过程的每一步首先是通过速率决定步骤中的单电子转移进行的。在不同的情况下,自由基离子的形成受进一步反应的影响大于母体化合物。

表 3.8   可能发生在水生生态系统中的氧化还原转变

1. 氢解还原脱卤

$$R—X + 2e^- + H^+ → R—H + X^-$$

邻位脱卤

$$2. 硝基芳香化合物的还原$$

$$Ar—NO_2 + 6e^- + 6H^+ → Ar—NH_2 + 2H_2O$$

3. 芳香偶氮还原

$$Ar—N \!=\! N—Ar' + 4e^- + 4H^+ → ArNH_2 + H_2NAr'$$

4. 亚砜的还原

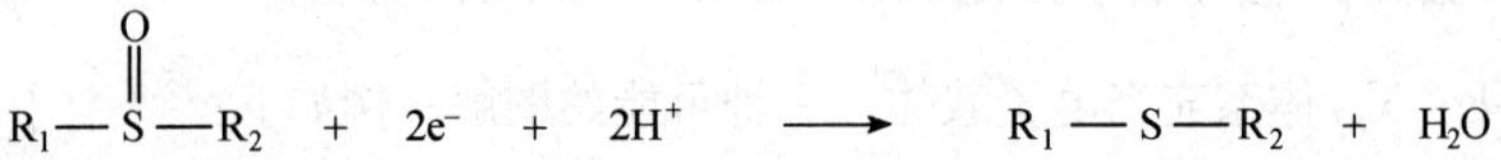

5. 亚硝胺的还原

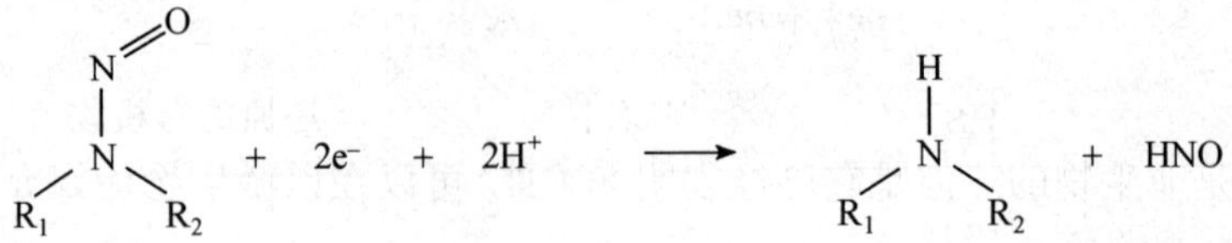

6. 醌的还原

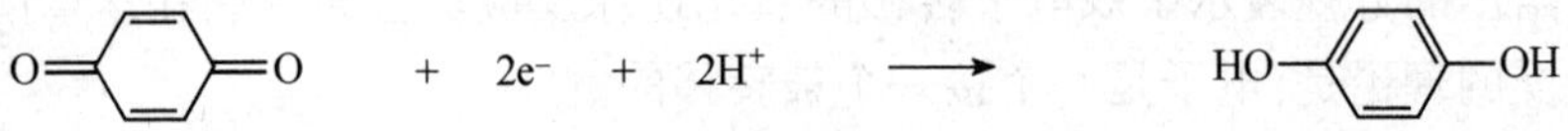

7. 还原脱烷基

$$R_1—X—R_2 + 2e^- + 2H^+ → R_1—XH + R_2H$$

硝基芳香化合物的还原是得到充分研究的还原转变过程。该还原反应的主要步骤对自然发生的有机还原剂来说是很重要的。

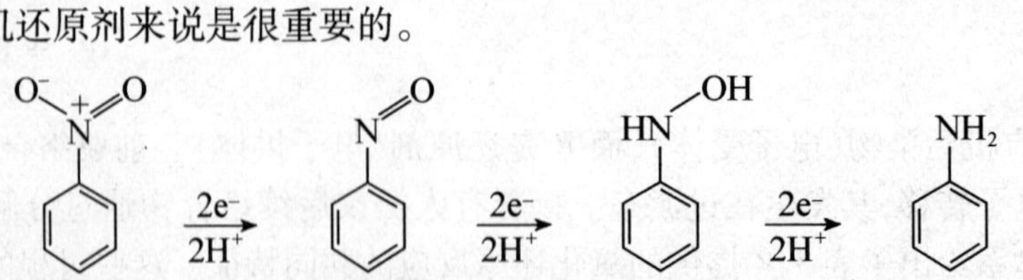

硝基苯　　　　　亚硝基苯　　　　羟胺　　　　　苯胺

在还原性环境中,比如缺氧沉积物中,硝基芳香化合物的还原可以在近似于分到时的半反应期内进行。

较高价水合氧化物被有机还原剂分解的动力学机理已经深入研究过(表3.9),并且在章节13.3中讨论了。

通常,电子转移先于遭遇络合物的形成。在固体及较高价水合氧化物通常被有机还原剂分解的情况下,这通常是表面络合物(图13.10)。这里我们简单地说明了,醇类、α-羟基羧酸盐、α-羰基羧酸盐和硫醇对Cr的还原是通过Cr(Ⅵ)还原剂加合物的形成进行的。Stone(1994)针对Cr(Ⅵ)被乙醇酸还原提出的一种机理是,假设产物是通过Cr(Ⅵ)中心的配位体交换形成的:

$$HCrO_4^- + HO-CH_2COOH \longrightarrow O_3Cr(Ⅵ)-O-CH_2-COOH + H^+$$

接着发生电子转移:

$$O_3Cr(Ⅵ)-O-CH_2-COOH \longrightarrow Cr(Ⅳ) + HCOCOO^-MnO_2, MnOOH$$

在接下来的快速步骤中,Cr(Ⅵ)被还原成Cr(Ⅲ)。

表3.9　Mn(Ⅲ,Ⅳ)和Fe(Ⅱ,Ⅲ)的(氢)氧化物被有机物还原的实验室研究

金属氧化剂	使用的有机还原剂
MnO_2, MnOOH	酚,二羟基苯,三羟基苯,草酸盐,丙酮酸盐,取代单酚,对苯二酚,邻苯二酚,苯胺,富里酸,腐殖酸,抗坏血酸盐,硫柳酸盐,乙酰基甲基原醇
Fe_3O_4, Fe_2O_3 和 FeOOH	抗坏血酸盐,巯基乙酸,酚,二羟基苯,三羟基苯,对苯二酚,邻苯二酚,富里酸
CoOOH	对苯二酚,草酸盐,丙酮酸盐,乙酰基甲基原醇

3.9　电化学过程中金属的腐蚀

这里我们将举例说明如何从热力学和电化学的角度解释金属腐蚀。这种简单的介绍也许可以用于指导读者查阅一些化学腐蚀的详细文献。

1. 热力学方面

就它们转换为氧化物而言,大多数金属是不稳定的。反应 $x\mathrm{M} + (\frac{y}{2})O_2 = \mathrm{M}_xO_y$ 具有下列自由能数值的特征(表3.10):

表3.10　自由能数值

氧化物	$\Delta G^\circ/(\mathrm{kJ} \cdot \mathrm{mol}^{-1})$	氧化物	$\Delta G^\circ/(\mathrm{kJ} \cdot \mathrm{mol}^{-1})$
Fe_2O_3	-742.3	CuO	-129.7
Al_2O_3	-1 582.4	NiO	-211.7
Cr_2O_3	-1 058.2	ZnO	-318.4
MgO	-569.4	SnO_2	-519.7

不同金属的pH-pε图给出了在热力学观点上可能发生腐蚀的优势区域。至于Fe,我们可以查阅图2.8。Fe^{2+}、Fe^{3+}以及$FeOH^{2+}$占优势的无阴影区域是腐蚀发生的热力学范围。如果铁的pε能保持在-10以下,比如,通过使用外电压,它将不会被腐蚀。在固体沉淀物[$Fe(OH)_2(s)$,$FeCO_3(s)$,$Fe(OH)_3(s)$]的阴影优势区域,腐蚀仍可能发生,但是在适合的

条件下,沉淀物可以形成部分或全部保护膜来延迟腐蚀;该铁(Ⅲ)氧化物的钝化膜可以在高 pε 值下形成(阳极或在适合的氧化剂如铬酸盐的存在下)。

电化学系列(表8.3)给出了有关各种所谓的贵金属的热力学信息;标准电极电位越高,金属越贵重,银比 Cu 更贵重,Cu 比 Zn 更贵重。

我们可以比较下列(假设的)电池:

$$H_2(g)\,|\,H^+\,\|\,Cu^{2+}\,|\,Cu(s)\qquad 电位差\,0.34\,V$$
$$Fe(s)\,|\,Fe^{2+}\,\|\,H^+\,|\,H_2(g)\qquad 电位差\,0.44\,V$$

(这些电池是以外电路电子从左边流向右边的方式书写的)

$$Mg(s)\,|\,Mg^{2+}\,\|\,Fe^{2+}\,|\,Fe(s)\qquad 电位差\,1.91\,V$$
$$Fe(s)\,|\,Fe^{2+}\,\|\,Cu^{2+}\,|\,Cu(s)\qquad 电位差\,0.78\,V$$

如果金属铁和金属镁相连接(外电路),后者就成了阳极,并且 Mg^{2+} 进入溶液中;铁变成阴极,且通过电子从镁电极向铁的转移而被保护起来。有人提到了阴极保护与 Zn 覆盖铁金属具有相似的情况。只要锌作为阳极(溶解),铁就被阴极保护。阴极保护也可以通过在反电极和铁之间加个外加电压来实现。交替地,铁和铜的相接使铜为阴极而铁为阳极;铁的溶解(腐蚀)被加强。如果通过铁管的水流含有 Cu(Ⅱ),同样的现象也会发生。根据电化学系列,Cu(Ⅱ)将沉积在金属铁的表面;作为结果的"局部电池"会使铁腐蚀。在这种情况下,经常可以观察到点状腐蚀。

2. 电化学方面

对于氧化反应来说,铁在水中被腐蚀的半反应是

$$Fe =\!\!=\!\!= Fe^{2+}+2e^-$$

对于还原反应来说

$$O_2(g)+4H^++4e^- =\!\!=\!\!= 2H_2O \quad 或 \quad 2H^++2e^- = H_2(g)$$

生成的 Fe(Ⅱ)可以被氧化成 Fe(Ⅲ)。图 3.24 说明了如何在被腐蚀的铁上面同时发生氧化和还原过程。

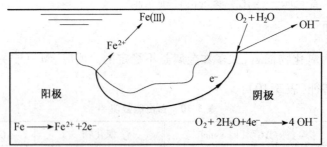

图 3.24　在氧气参与下,腐蚀的铁表面发生的阳极和阴极反应图解

3. 极化曲线

腐蚀的电化学机理允许我们用电流密度来表示腐蚀速度。如果腐蚀的铁作为电极,并借助于惰性辅助电极使用外加电压,电极电势可以作为测量的电流 I_t 的函数作图(图3.25)。作为结果的极化曲线显示了腐蚀过程发生的重要性。测量出来的电流密度 I_t 是阳极和阴极部分电流密度,即 I_a 和 I_c(I_c 被看作是负电流密度)的总和。知道了阳极和阴极的反应,作为结果的腐蚀速率 I_{corr} 就可以测得(图3.25a)。在腐蚀电势中(Fe 电极的开放

电路电极电势,$I_t = 0$),$I_c = I_a = I_{corr}$。在第一近似法中,腐蚀电流可以由 $E-I$ 曲线的斜率估算出来,因为 $(dI_t/dE)_{I_t=0}$ 与 I_{corr} 成比例。

从极化曲线的斜率和它随时间的变化(铁电极的曝光时间)上,就可以得到关于抑制类型的信息。阳极过程的抑制降低了 I_a 对 E 电流密度,同时增大了腐蚀电势;相应地,阴极抑制的增加会引起 I_c 的增加,同时降低腐蚀电势。

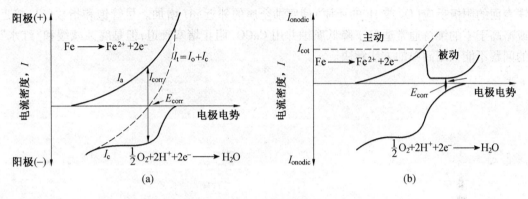

图 3.25　极化曲线

3.9.1　完全被动氧化膜

一些金属的腐蚀行为本质上是由腐蚀产物溶解的动力学决定的。这个似乎符合 Zn 在 HCO_3^- 溶液中、惰性铁在酸中和惰性 Al 在碱中的情况。铁的溶解及钝化机理是极其复杂的。我们可能不是很确切地知道钝化膜的构成,但是有人提出它是由含有尖晶石结构的 $Fe_{3-x}O_4$ 氧化物组成的。钝化层的组成在游离氧溶液中的 Fe_3O_4 到存在氧气的 $Fe_{2.67}O_4$ 之间改变。图 3.26 描绘了 Bockris 和合作者提出的铁上的水合钝化膜的图解模型。铁上的水合钝化膜体现了表面羟基团的配位性能。

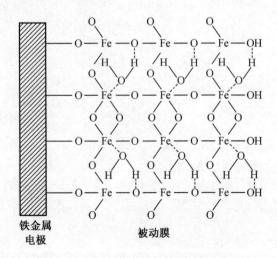

图 3.26　铁上水合钝化膜的图解表示

显然,这些氧化物可能被酸(如 H_2S)的还原剂和某些配体攻击。关于氧化物溶解的动力学,我们将在章节 13.4 中回过来谈这个问题。

3.9.2　供水分布系统中的 $CaCO_3-Fe(Ⅲ)$(氢)氧化物涂层

完全被动氧化膜不能在天然水体中形成。但是,通常在腐蚀铁表面形成的 $CaCO_3$,以及一些腐蚀产物,可能提供一些保护并延缓腐蚀。我们已经讨论过在什么情况下 $CaCO_3$ 会沉淀。然而,这个问题更复杂,因为 $CaCO_3$ 沉淀的问题不仅是平衡的问题(饱和指数)。腐蚀铁表面的阴极反应(O_2 或 H^+ 的还原)使腐蚀金属的邻近 pH 增加。尽管饱和指数(SI)接近或略高于零的维持通常适宜于降低腐蚀并用 $CaCO_3$ 阻止堵塞管道,但是腐蚀减缓和"红水"的问题不能只用简单的方法解决。

第2篇　氧化技术在废水处理中的应用

　　随着科学技术的发展,氧化技术越来越成熟,对人们在生产和生活中产生的许多垃圾废物起到良好的控制作用。由于化学氧化具有快速、降解彻底等优点,通过控制氧化剂与污染物质的接触时间和氧化剂的投入量可以将无机污染物和有机污染物全部除去。化学氧化剂具有强氧化性,能够杀死细菌、病毒和各种微生物,具有良好的消毒作用。常用的化学氧化剂主要有二氧化氯、臭氧、高锰酸盐、过氧化氢、高铁酸盐等。化学氧化法的应用越来越受到人们的重视,本章将逐一介绍各种氧化剂在废水处理中的应用。

第4章　化学氧化处理

4.1　二氧化氯氧化

　　二氧化氯是一种多功能民用化与工业化产品,它在世界各国受到普遍关注,因为它具有消毒杀菌、除臭、防腐保鲜、工业漂白和环境污染治理等独特的功能。

　　二氧化氯具有极高的杀菌能力,并且能长时间保持高效性,更重要的是它不会产生三氯甲烷等致癌物。据有关研究发现,二氧化氯对微生物的杀灭能力比氯气高数千倍。

　　二氧化氯不仅是一种高效的消毒剂,而且是优良的水处理剂、漂白剂、食品保鲜剂、防腐剂和除臭剂,已广泛应用于水处理行业、医疗保健行业、食品行业、造纸行业等。

4.1.1　二氧化氯的物化性质

　　二氧化氯的分子式为 ClO_2,式量为 67.45,熔点为 −59 ℃,沸点为 11 ℃。二氧化氯气体呈黄绿色,具有刺激性气味,在自然界中几乎以游离态形式存在。

　　二氧化氯气体的密度为空气的 2.4 倍。当温度在 10 ℃以下时,二氧化氯气体液化,变为红褐色,当温度降至 −59 ℃时,凝结为橙黄色固体。

1. 稳定性

　　二氧化氯气体不稳定,极易分解为氧气和氯气,放出热量。当分压为 300 mmHg
(1 mmHg=133.322 Pa)时,分解速度加快,故只能储存在 1% 的水溶液中。多数情况下,二氧化氯需要现用现配,且需在气相中进行。二氧化氯水溶液相对稳定,在 5 ℃、避光下,储存容器中充满液体,可以保存几个月,二氧化氯浓度基本不变。

2. 溶解性

二氧化氯易溶于水,在水中的溶解度是氯气的 5 倍。常温下水溶液呈黄绿色,二氧化氯在水中扩散速度较快,在水中的溶解度与其分压和水的温度有关。

3. 氧化性

二氧化氯的性质极不稳定,遇水能迅速分解,生成多种强氧化剂,例如 $HClO_2$、$HClO$ 等,各种氧化物也可以产生氧化能力极强的活性自由基,能进一步激发有机环上的氢,通过脱氢反应生成 $R·$ 自由基,为进一步氧化的诱发剂。自由基还能发生羟基取代反应,生成不稳定的羟基取代中间体,易于发生开环裂解,直至完全分解为无机物。pH 影响二氧化氯的氧化能力,二氧化氯的氧化能力随酸性增强而增强,在实际应用过程中,根据氧化物质的性质,调节 pH 处于适当的酸性条件,有利于充分发挥 ClO_2 的氧化作用。

表 4.1　ClO_2 在水中的溶解度与分压和温度的关系

温度/℃	分压/mmHg	溶解度/(g·L⁻¹)	温度/℃	分压/mmHg	溶解度/(g·L⁻¹)
25	34.5	3.01	40	18.9	0.83
25	22.1	1.82	40	9.9	0.47
25	13.4	1.13	60	106.9	2.65
25	8.4	0.69	60	53.7	1.18
40	56.2	2.63	60	21.3	0.58
40	34.3	1.60	60	12.0	0.26

(760 mmHg＝101.325 kPa)

4. 消毒特性

二氧化氯的消毒机理:二氧化氯与微生物接触时,附着在细胞壁上并穿过细胞壁与酶反应使细菌死亡。二氧化氯用于水消毒时,一般投加量为 $0.1 \sim 1.3$ mg·L⁻¹。

除一般的细菌外,二氧化氯对以下细菌也具有较好的杀菌作用:大肠杆菌、铁细菌、硫酸盐还原菌、异养菌等。

5. 毒性

ClO_2 溶液刺激性气味较强,可以通过皮肤吸收,引起血细胞及组织的损坏,刺激眼睛引起视力减退,吸入二氧化氯可对呼吸道产生影响,引起支气管痉挛和肺水肿,导致剧烈疼痛。

保存 ClO_2 制剂时,避免与强还原剂和强酸性物质接触,以免失效。配置溶液时,应选用塑料容器进行操作和保存,不能选用铁制容器,因为 ClO_2 制剂对金属具有不同程度的腐蚀性。

4.1.2　二氧化氯的制备方法

二氧化氯的制备方法主要有化学法和电解法。电解法投资高,生产设备复杂,运行费用高,应用较少,使用最多的是化学法。化学法制备二氧化氯的原理为在强酸性介质下还原氯酸盐。以下为几种化学制备方法。

1. 硫酸法

硫酸法也称氯化物法,是二氧化氯的主要工业化生产方法之一。此方法是在 35 ~ 40 ℃下,将食盐和氯酸钠溶液按一定的比例混合,用质量分数为 93% 的硫酸还原氯酸钠可制得二氧化氯。工业生产的酸度条件一般为 $4.5 \sim 50$ mol $\cdot$ L^{-1}。其主要反应方程式为

$$NaClO_3 + NaCl + H_2SO_4 \longrightarrow ClO_2 + \frac{1}{2}Cl_2 + Na_2SO_4 + H_2O$$

2. 盐酸法

盐酸法制备二氧化氯的优点是不需要专门的还原剂,氯酸钠和盐酸直接反应可生成二氧化氯。工业上最著名的盐酸法反应式为

$$NaClO_3 + 2HCl \longrightarrow ClO_2 + \frac{1}{2}Cl_2 + NaCl + H_2O$$

副反应方程式为

$$NaClO_3 + 6HClO \longrightarrow 3Cl_2 + NaCl + H_2O$$

盐酸法的反应速度比硫酸法快,反应液酸度比硫酸法低,但是盐酸法的生产成本高,同样的生产规模,盐酸法投资约为硫酸法的 2 倍,由于盐酸法可以合理地利用原料,因此制得的二氧化氯也较为便宜。

3. 甲醇法

此方法反应温度控制在 60 ℃,使用液态还原剂,在硫酸质量浓度为 $400 \sim 500$ g $\cdot$ L^{-1},氯酸钠质量浓度为 100 g $\cdot$ L^{-1} 的条件下进行。在反应压力为 0.132 Mpa,反应物沸点下采用反应-蒸发-结晶相结合的反应器发生反应。反应液加入反应器后沿器壁的切线方向流动,反应生成的二氧化氯被同时扩散的水蒸气稀释冷凝,也可采用空气搅拌物料的方法促使二氧化氯从液相中释放出来并起到稀释气体产物的作用。其主要反应式为

$$30NaClO_3 + 20H_2SO_4 + 12CH_3OH \longrightarrow$$
$$30ClO_2 + 23H_2O + 10Na_3H(SO_4)_2 + 6HCOOH + CO_2$$

4. 二氧化硫法

此方法将二氧化硫气体通入氯酸钠溶液中,通常在氯酸钠溶液中加入硫酸酸化,控制在 $0.9 \sim 6$ mol $\cdot$ L^{-1},反应式为

$$2NaClO_3 + SO_2 \longrightarrow Na_2SO_4 + 2ClO_2$$
$$2NaClO_3 + SO_2 + H_2SO_4 \longrightarrow 2NaHSO_4 + 2ClO_2$$

使用含75%的硫酸和45% ~47%的氯酸钠溶液,反应温度保持在 $75 \sim 90$ ℃,通入二氧化硫与空气的混合气体,可实现连续稳定的工业化生产。

4.1.3　二氧化氯氧化在水处理中的应用

1. 氧化水中的铁离子和锰离子

在 pH 大于 7.0 的条件下,二氧化氯能迅速氧化水中的铁离子和锰离子,生成难溶化合物。反应式为

$$2ClO_2 + 5Mn^{2+} + 6H_2O \longrightarrow 5MnO_2\downarrow + 12H^+ + 2Cl^-$$

二氧化锰难溶于水,可通过过滤除去。二氧化氯能将 Fe^{2+} 迅速氧化为 Fe^{3+},生成氢氧化铁沉淀,反应式为

$$ClO_2 + 5Fe(HCO_3)_2 + 13H_2O \longrightarrow 5Fe(OH)_3\downarrow + 10CO_2\uparrow + 21H^+ + Cl^-$$

据实验研究发现,二氧化氯氧化二价锰需要一定的接触反应时间,完成氧化后,还需足

够的絮凝时间才能达到高效的去除效果。

2. 氧化水中的有机污染物

二氧化氯氧化水中的残留有机物,无氯酚产物生成,并将致癌物氧化成非致癌性物质。此外,还能降解腐殖酸、灰黄霉素,且降解产物不含有三氯甲烷。二氧化氯氧化降解有机物的优点是:不生成有机氯代物。二氧化氯在水中与有机物的反应具有选择性,有些物质(如氨)不与其发生反应。

二氧化氯对水中的色、味去除能力也很强,能有效去除 2-异丙基-3-甲氧基吡嗪(IPMP)、2,3,6-三氯苯甲醚(TCA)和 2-甲基异冰片(MIB)等产生的异味。因二氧化氯氧化性较强,所以具有较好的脱色作用。

二氧化氯对经水传播的病源微生物,如芽孢、病毒、异养菌、硫酸盐还原菌等具有较好的消毒作用,它的主要作用是对细胞壁的吸附和透过性较好,能够氧化细胞内含硫基的酶,快速控制微生物中蛋白质的合成。在水处理中,二氧化氯对大肠杆菌的杀灭作用见表 4.2。

表 4.2　二氧化氯对大肠杆菌的消毒效果

投药量/(mg·L^{-1})	作用时间/s	pH 值	杀灭大肠杆菌/%
0.5	60	6.5	99
0.25	15	8.5	99

3. 对三氯甲烷(THM)的控制

THM 是在用氯气进行消毒时形成的有机衍生物。二氧化氯可防止 THM 的形成,其原理是氯气与 THM 前体如腐蚀物和灰黄霉素发生氧化反应,同时发生亲电取代反应,产生易挥发的和不易挥发的氯化有机物(THMs),而二氧化氯不会发生氯化反应,二氧化氯能氧化分解 THM 的前体,从而保持水中 THM 处于最低浓度。二氧化氯对 THM 的控制是取代前氧化,然后在过滤后加入自由氯或化合氯或二氧化氯消毒剂,常规的氧化过程经过这样的组合后,THMs 可降低 50% ~ 70%。

4. 氧化处理印染废水

印染废水的特点为色泽深、成分复杂,已成为我国工业废水治理的难题之一。以前采用物化法、吸附法、生化降解法处理后均不能达标排放。目前采用混凝-二氧化氯组合工艺来处理印染废水,在很多工厂试行,效果良好。主要工艺流程为:废水→格栅→调节池→污泥泵→物化沉淀池→ClO$_2$ 反应器→二沉池 1→二沉池 2→三角堰→出水。

5. 消毒、杀菌、除藻作用

二氧化氯有利于维护水处理设施,使其正常运行。可以去除杀灭水处理系统中的沉淀、澄清、过滤设备以及配水官网中的铁细菌、硫酸盐及还原菌、藻类异样菌等。

二氧化氯在工业冷却循环水系统中主要用来杀菌、灭藻和控制系统中菌、藻的滋生,投加量按照补充水量来控制,一般处理取 3 ~ 5 g·m^{-3}。二氧化氯对藻类的控制主要在于它对苯环有一定的亲和力,能使苯环发生变化而无臭味。叶绿素中的吡咯环与苯环相似,二氧化氯可作用于吡咯环。因此,二氧化氯氧化叶绿素,植物新陈代谢停止,蛋白质的合成中断。由于原生质脱水带来高渗收缩,对植物造成损害,导致藻类死亡。

4.2　臭氧氧化

臭氧(O_3)是氧气(O_2)的同素异形体,化学性质不稳定,是一种较活泼的气体。大气中少量的臭氧受自然和人为因素的影响,20世纪80年代末90年代初,随着高效臭氧发生技术的实际应用,臭氧技术应用及产业规模得到迅速发展。

4.2.1　臭氧的物化性质

臭氧是一种具有刺激性气味的不稳定气体,式量为47.998,常温下为蓝色气体,微溶于水,在标准压力和温度下,其溶解度比氧气大13倍。在一般的水处理应用中,臭氧浓度较低,所以在水中的溶解度较小。当浓度较低时,臭氧在水中的溶解度满足亨利定律。臭氧的物理性质见表4.3。

表4.3　臭氧的物理性质

性质		数据	性质		数据
熔点/℃		-192.7	密度	气态(0 ℃,0.1 MPa)(g·L⁻¹)	2.144
沸点/℃		-111.9		液态(90 K)(g·cm⁻³)	1.571
临界状态	温度/℃	-12.1		固态(77.4 K)(g·cm⁻³)	1.728
	压力/MPa	5.46		介电常数(液态,90.2 K)	4.79
	体积/cm³	147.1	摩尔生成热/kJ		-144
	密度(g·cm⁻³)	0.437			

1. 不稳定性

臭氧的化学性质不稳定,在空气和水中会分解为氧气并放出热量。反应式为

$$2O_3 \longrightarrow 3O_2 + 284 \text{ kJ}$$

分解可放出大量热量,当质量分数超过25%时,容易发生爆炸。臭氧在水中的分解速度与水温和pH值有关,图4.1为20 ℃时pH与分解速度的关系,图4.2为pH=7时,水温与分解速度的关系。

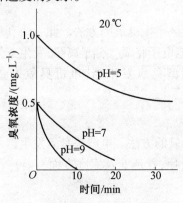

图4.1　pH与分解速度的关系

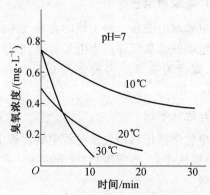

图4.2　水温与分解速度的关系

为了提高臭氧的利用效率,可控制水处理时臭氧的分解,为了防止臭氧对环境的进一步

污染,应控制尾气中臭氧的快速分解。

2. 氧化性

臭氧是一种强氧化剂,其氧化还原电位仅次于 F_2,在工业废水处理过程中,许多有机物和无机物质均可被臭氧氧化,臭氧表现出强氧化性的原因是分子中的氧原子具有强烈的亲电子性或亲质子性,臭氧分解产生的氧原子也具有较高的氧化性。

从表 4.4 可以看出,除了氟以外,臭氧的标准电极电势比氧、氯及高锰酸钾等氧化剂都高。这说明在常用的氧化剂中,臭氧的氧化能力最强。另外,臭氧反应后的产物是氧气,因此臭氧是高效且无二次污染的氧化剂。

表 4.4　氧化还原电势比较

名称	标准电极电位/mV	名称	标准电极电位/mV
氟	2.87	高锰酸钾	1.67
臭氧	2.07	氧	1.23
过氧化氢	1.78	氯	1.36
二氧化氯	1.50		

3. 腐蚀性

臭氧具有腐蚀性,因此与臭氧相接触的容器、管路等均需作防腐处理或采用耐腐蚀材料,可用不锈钢或塑料等。

4. 毒性

臭氧是有毒气体,浓度为 6.25×10^{-6} mol·L^{-1}(0.3 mg·m^{-3})时,对眼鼻喉产生刺激;浓度为 $(6.25 \sim 62.5) \times 10^{-5}$ mol·L^{-1}(3 $\sim$ 30 mg·m^{-3})时,出现头痛、呼吸器官麻痹等症状;浓度达 3.125×10^{-4} mol·L^{-1} 或更高时,对身体产生伤害。

4.2.2　臭氧的制备方法

氧气在原子能射线、电子、等离子体和紫外线等的轰击下可分解为氧原子,这种氧原子活性较强,很容易与空气中的氧气结合形成臭氧。目前产生臭氧的方法主要有电晕放电法、电化学法和光化学法等。

1. 电晕放电法

电晕放电法是一种干燥的含氧气体流过电晕放电区产生臭氧的方法。此方法利用交变高压电场使含氧气体产生电晕放电,电晕中的自由高能电子将氧气分子离解,发生三体碰撞反应,聚合为臭氧。目前使用最广泛的是电晕放电型臭氧发生器,单机臭氧产量可达 300 kg·h^{-1}。

2. 电化学法

电化学法指利用直流电源电解含氧电解质产生臭氧的方法。电解法臭氧发生器的优点是:臭氧浓度高、溶解度高、成分纯净。在食品加工、医疗、养殖业及家庭方面有着广泛的应用前景。

3. 光化学法

光化学法是利用光波中的紫外线分解氧气并聚合成臭氧的方法。紫外光产生臭氧的优点:对温度、湿度不敏感,重复性较好,可以通过灯功率线性控制臭氧浓度和产量。紫外光不能用来产生大量臭氧,只适合于产生少量臭氧,用于实验室使用、除臭等。

4.2.3　臭氧氧化在水处理中的应用

1. 降解污水中的氨氮

目前处理氨氮废水的技术主要有液膜法、空气蒸汽气提法、合成硝化法、离子交换法以及湿式催化氧化法等。其中一种比较有效的氨氮处理废水技术是在碱性条件下臭氧的湿式催化氧化,实验用 NH_4Cl 配制氨氮废水,温度为 $10 \sim 40$ ℃,pH 为 $7 \sim 10$,氨的初始浓度为 $0.0006 \sim 0.002$ mol·L^{-1},臭氧的初始浓度为 0.0002 mol·L^{-1}。氨氮的臭氧化反应计量比在 $5 \sim 6$ 之间,随着 pH 增加,臭氧的分解速率加快,但是臭氧氧化氨的速率比臭氧的分解速率快,从而导致计量比下降。以上表明,在 pH 较高时,增加的那部分 O_2 与 NH_3 反应产生的效果可以弥补 O_3 的分解,从而使 O_3 得到充分利用。

在 pH 较高时,可以产生 OH· 自由基,其氧化能力比臭氧更强,此时 NH_3 的降解包括: O_3 氧化和 OH· 自由基氧化,但以自由基氧化为主;在 pH 较低时,以 O_2 氧化为主。反应机理如下:

$$O_3 + OH^- \longrightarrow O_2 + HO_2^-$$

$$O_3 + HO_2^- \longrightarrow O_2 + OH· + O_2^-$$

$$O_3 + NH_3 \longrightarrow Q_s(含 NO_2^- 或 NO_3^- 的产物)$$

$$OH· + NH_3 \longrightarrow Q_s(含 NO_2^- 或 NO_3^- 的产物)$$

人工配置的废水中添加的药剂主要是 NH_4Cl,因此溶液中既存在 NH_4^+ 也存在游离的 NH_3。游离态 NH_3 能被 O_3 或 OH· 氧化,而 NH_4^+ 不能被氧化,由平衡关系式很容易看出,当溶液中碱性增加时,游离 NH_3 的量会增多,更有利于反应进行。进一步得出结论:臭氧氧化氨氮应在碱性条件下进行,废水中氨氮氧化产物主要是 NO_3^-。

此外,臭氧还可以降解生产芳香族氟化物排放废水中的硝基苯和苯胺等有机污染物,有关研究结果表明,处理后的废水基本达到排放标准。

2. 处理印染废水

臭氧处理印染废水,主要是将其脱色。染料分子中存在很多不饱和原子团,可以吸收可见光,从而产生颜色。此不饱和原子团又称为发色基团,主要有:亚硝基、硝基、羧基、硫羧基、偶氮基、乙烯基。臭氧能打开不饱和原子团中的不饱和键,使其失去显色能力。臭氧氧化能将阳离子染料、活性染料、酸性染料等水溶性染料的废水完全脱色,对不溶于水的分散染料也具有较好的脱色效果。

臭氧处理印染废水工艺流程如图 4.3 所示。通过流量计把氧气送至臭氧发生器,产生高浓度的臭氧,用微孔陶瓷板作为曝气装置,使臭氧形成微小气泡并与废水充分结合。同时利用臭氧浓度测试仪测试臭氧发生器产生的臭氧浓度。

对印染废水的处理,采用生化法脱色效果往往比较低,而采用臭氧氧化法效率比较高,脱色率可达 $90\% \sim 99\%$。臭氧的投加量为 $40 \sim 60$ mg·L^{-1},接触反应时间为 $10 \sim 30$ min。

3. 处理工业循环水

臭氧作为单一使用的水处理剂,具有排污量少,操作简单,节水节能,不用调节水的 pH,

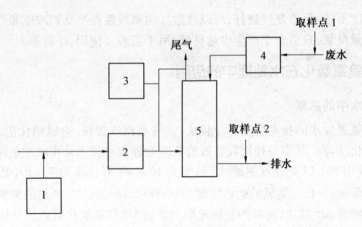

图 4.3　臭氧处理印染废水工艺流程图

1—流量计；2—臭氧发生器；3—臭氧浓度测试仪；4—沙滤器；5—反应器

不产生二次污染等优点。臭氧作为强氧化剂，对工业循环冷却水可以起到杀菌除藻作用。有效抑制微生物的生长，减轻生物污垢引起的腐蚀。水垢中的碳酸钙、硫酸钙不能直接被臭氧氧化，能降解的物质是有机物，臭氧可以使有机污垢层变疏松以致脱落，起到除垢的作用。

此外，臭氧还具有防腐蚀作用。其抑制腐蚀的机理在于：冷却水中活泼的氧原子与亚铁离子反应后，在阳极表面形成一层含 $\gamma\text{-Fe}_2\text{O}_3$ 的氧化物钝化膜。此薄膜与金属结合牢固，能阻碍水中的溶解氧扩散到金属表面，从而抑制腐蚀反应的进行。氧化膜产生后，导致金属腐蚀的电位向正方向移动，使腐蚀速率大大降低。另外，由于臭氧处理循环冷却水排污量较少，盐分的浓缩倍数相对较高，循环水的 pH 在 8～9 之间，弱碱性条件降低了腐蚀速率。有关结果表明，当水的 pH<5 时，酸性较强，会产生严重的腐蚀现象；当 pH 升至 8 时，在金属表面会形成一层 $\gamma\text{-Fe}_2\text{O}_3$ 氧化膜，金属的抗腐蚀能力增加，腐蚀速度大大降低。

4. 处理含氰废水

臭氧氧化氰的反应式为

$$2KCN+3O_3 = 2KCNO+2O_2 \uparrow$$

$$2KCNO+H_2O+3O_2 = 2KHCO_3+N_2 \uparrow +3O_2 \uparrow$$

按以上反应，进行到第一步反应时，每除去 1 mg CN^- 需 1.84 mg 臭氧。此过程的产物 CNO^- 较弱，仅为 CN^- 的 1%，反应进行到第二步时，每除去 1 mg CN^- 需 4.6 mg 臭氧。臭氧氧化处理含氰废水的工艺流程如图 4.4 所示。

5. 处理医院污水

医院污水依次经过格栅、沉淀池、调节池，由电控制柜控制污水站的全部工作，通过泵将污水送至塔式生物滤池，再流入接触池，臭氧与其充分接触杀死病菌后排放。臭氧处理工艺流程如图 4.5 所示。

空气中的氧在高电位电场中氧化可产生一种不稳定的气体——臭氧，低温下发出新鲜气味，常温下为浅蓝色，在接触塔中与污水充分接触，杀死各种致病菌，从而达到消毒的目的。臭氧处理医院污水的效果见表 4.5。

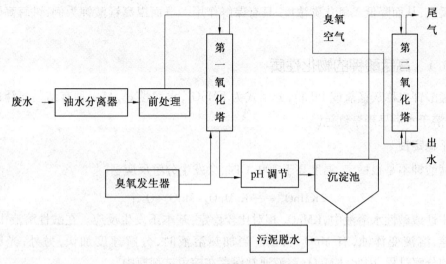

图 4.4 臭氧氧化处理含氰废水工艺流程

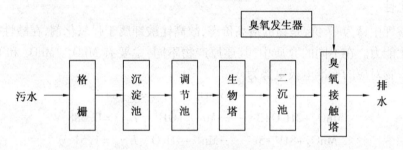

图 4.5 臭氧处理医院污水流程图

表 4.5 臭氧处理效果

测点	细菌总数/(个·mL^{-1})			去除率/%
	样品数	范围	均值	
设施进口	3	$2.7 \times 10^6 \sim 3.8 \times 10^6$	3.0×10^6	98.8
设施出口	5	$2.5 \times 10^2 \sim 2.4 \times 10^3$	1.0×10^3	
设施进口	2	≥23 800		98.5
设施出口	5	45 ~ 600	320	

臭氧氧化法处理废水工艺的优点:臭氧在生产管理和净化效果上稳定可靠,不会造成二次污染或因泄露造成中毒等安全隐患;臭氧是最强的消毒药剂,杀菌能力强,能杀灭细菌、病毒、芽孢,除色、味等,消毒快,操作简单,能有效降低污水的 BOD,具有明显的经济利用价值。

4.3 高锰酸盐氧化

高锰酸盐属于无机强氧化剂,其参与的氧化还原反应相当复杂,与不同的介质反应,有着不同的反应机理。高锰酸盐在水处理中与还原物质发生分解反应,产生新生态氧,能够破坏微生物的组织,杀菌能力较强,普遍应用在医疗消毒中,最近研究发现高锰酸盐还可与乙烯发生反应,从而降低二氧化碳浓度,具有保鲜作用。下面以高锰酸钾为例,讲解高锰酸盐的应用。

4.3.1　高锰酸钾的物化性质

高锰酸钾也称灰锰氧或 PP 粉,分子式为 $KMnO_4$,水溶性好,是一种有结晶光泽的紫黑色固体,溶于水后呈现紫红色。

1. 不稳定性

高锰酸钾不是很稳定,温度高于 200 ℃时,会发生分解反应

$$2KMnO_4 \xrightarrow{\triangle} K_2MnO_4 + MnO_4 + O_2 \uparrow$$

在中性或碱性水溶液中,$KMnO_4$ 相对比较稳定,基本不发生反应。在酸性溶液中,分解反应迅速,溶液变浑浊,有 MnO_2 析出。当加热溶液时,分解速度加快,另外,光能催化 $KMnO_4$ 的分解过程,因此,$KMnO_4$ 溶液通常保存在棕色试剂瓶中。

2. 氧化性

高锰酸钾中锰为+7 价,是锰的最高价态,故高锰酸钾属于强氧化剂,在酸性介质中具有较强的氧化能力。在不同的介质中,其还原产物不同,主要有 MnO_4^{2-}、MnO_2 和 Mn^{2+} 几种形式。三种产物对应的标准电极电势为

$$MnO_4^- + e^- \longrightarrow MnO_4^{2-} \quad E_{标准} = 0.564 \text{ V}$$

$$MnO_4^- + 2H_2O + 3e^- \longrightarrow MnO_2 + OH^- \quad E_{标准} = 0.588 \text{ V}$$

$$MnO_4^- + 8H^+ + 5e^- \longrightarrow Mn^{2+} + 4H_2O \quad E_{标准} = 1.51 \text{ V}$$

由标准电极电势可知,在酸性溶液中,$KMnO_4$ 的氧化性最强,能将 Fe^{2+}、SO_3^{2-}、Cl^-、I^- 氧化,自身还原为 Mn^{2+},溶液呈粉色,若 MnO_4^- 过量,可以与反应生成的 Mn^{2+} 继续反应,进一步生成 MnO_2;在弱酸性或中性溶液中,高锰酸盐的氧化性减弱,与还原剂反应后的产物为 MnO_2 棕黑色固体;在碱性溶液中,高锰酸盐的氧化性大大降低,还原产物为 MnO_4^{2-},溶液显绿色。

4.3.2　高锰酸钾的制备方法

1. 锰酸钾歧化法

在 473～543 K 的条件下,加热熔融软锰矿 MnO_2 和苛性钾 KOH,同时通入空气,将 MnO_2 氧化为 K_2MnO_4,反应方程式为

$$O_2 + 2MnO_2 + 4KOH \longrightarrow 2K_2MnO_4 + 2H_2O$$

然后向 K_2MnO_4 的碱性溶液中加入 HAc 或通入 CO_2 气体,使 MnO_2^{2-} 歧化,可制得 $KMnO_4$。用此方法制备 $KMnO_4$,转化率最高可达 66.7%,大约有 13% 未发生转化,还原为 MnO_2,反应方程式为

$$3K_2MnO_4 + 2CO_2 \longrightarrow MnO_2 + 2KMnO_4 + 2K_2CO_3$$

2. 氧化剂氧化法

利用氯气、次氯酸盐等氧化剂可将 K_2MnO_4 氧化为 $KMnO_4$。以氯气为例,反应的化学方

程式为

$$Cl_2 + 2K_2MnO_4 \longrightarrow 2KMnO_4 + 2KCl$$

3. 电解氧化法

电解氧化 K_2MnO_4 可制得 $KMnO_4$，此方法是制备 $KMnO_4$ 的最好方法。反应原理为

阳极反应 $\qquad\qquad 2MnO_4^{2-} \longrightarrow 2MnO_4^- + 2e^-$

阴极反应 $\qquad\qquad 2H_2O + 2e^- \longrightarrow H^2 \uparrow + 2OH^-$

总反应 $\qquad 2K_2MnO_4 + 2H_2O \longrightarrow 2KMnO_4 + 2KOH + H_2 \uparrow$

用镍板作为阳极，铁板作为阴极，电解 80 g·cm^{-3} 的 K_2MnO_4 溶液，在阳极会制得 $KMnO_4$。此氧化法产率高，副产品 KOH 可用于锰矿的氧化焙烧，经济效益较高。

4.3.3 高锰酸盐在水处理中的应用

1. 去除污水中的有机物质

前面已经提到过，高锰酸钾在酸性溶液中的氧化性明显高于中性或碱性溶液，但有关研究发现，高锰酸钾对中性污水中的高相对分子质量、高沸点有机化合物和低相对分子质量、低沸点有机化合物均有较好的氧化去除效果，比在酸性和碱性条件下的降解效果好。在酸性或碱性污水中，高锰酸钾仅对低相对分子质量、低沸点有机污染物去除效果好，而对高相对分子质量、高沸点有机物降解效果不明显，甚至出现浓度增大的现象。

高锰酸钾在中性条件下氧化反应，产物为 MnO_2。一方面，MnO_2 具有很强的催化性能，能加快高锰酸钾氧化有机物的速率。另一方面，MnO_2 在水中的溶解度较低，在水中能形成水合二氧化锰胶体，此胶体具有很大的比表面积，能吸附水中的有机污染物，反应新生成的水合二氧化锰对污染物的吸附，大大提高了 $KMnO_4$ 去除有机污染物的效果。

加入高锰酸钾的水处理系统与常规处理系统两套处理工艺采用相同的原水水质，高锰酸钾的投加量控制在 $0.5 \sim 2.0$ mg·L^{-1}，对处理后的水进行色谱-质谱分析，表 4.6 为对水中有机物去除效果的对比分析，很明显，加入高锰酸钾的处理系统水中有机污染物种类和浓度明显低于常规处理系统。另外，还可以得出结论：污水中有机污染物浓度越高，高锰酸钾对其降解效果越明显。

表 4.6 高锰酸钾处理系统与常规处理系统效果比较

实验目的 时间		加入高锰酸钾			不加高锰酸钾			有机物 浓度减 少率/%	有机物 种类减 少率/%
		有机物 种类	EPA 重点 控制污染 物种类	总强度	有机物 种类	EPA 重点 控制污染 物种类	总强度		
有机物 去除	冬季	19	5	92 666	21	4	102 808	9.9	9.5
	秋季	51	5	136 735	135	21	763 992	82.1	62.2
	夏季	35	4	143 221	61	7	257 409	44.4	42.6
副产物 控制	冬季	23	3	107 606	27	8	173 620	38.0	14.8
	秋季	70	7	271 603	136	12	918 024	70.4	48.5
	夏季	16	2	64 192	111	16	545 390	88.2	85.6

2. 去除藻类物质

污水处理过程中，若藻类大量繁殖会影响处理效果。主要原因如下：藻类代谢产物如碳

水化合物、有机酸和肽类物质会吸附在胶体颗粒表面上,使其电负性增加,而且能与水中的金属离子生成络合物,以致难以去除一些污染物;藻类带负电,电位一般在-40 mV 以上,不易混凝;一些藻类会黏附在滤料表面,使滤池过滤周期显著缩短,造成滤池频繁反冲洗。

某富营养化湖泊水中含有一定量的蓝藻和绿藻,在一定光照条件下,人工培养该湖泊中的藻类,使其含量升高。实验用水含藻量为1.0×10^8 个·L^{-1},主要对比高锰酸盐的除藻效能与氯化除藻效能。氯化除藻工艺主要根据氯对藻类的灭活,是单一的氧化,而高锰酸盐氧化是氧化和产物水合二氧化锰胶体共同作用的结果,一方面,高锰酸盐氧化产生的二氧化锰能够促进水中藻类的絮凝,另一方面,水合二氧化锰胶体能够吸附水中的藻类。因此,高锰酸盐除藻效果明显高于氯化除藻工艺。图4.6 和4.7 所显示的结果充分说明了这一结论。

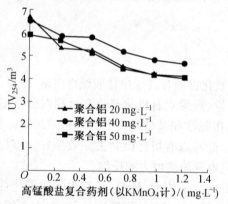

图4.6　高锰酸盐氧化处理对紫外吸光度的影响　　图4.7　氯化处理对紫外吸光度的影响

3. 有效控制氯化副产物

废水处理中对出水水质要求较高,当基本达到饮用水水质标准时,需对出水进行氯化消毒,而消毒过程经常产生氯仿和四氯化碳等副产物。将高锰酸钾处理系统与常规处理工艺作对比,研究两种处理工艺对出水消毒后水中氯仿和四氯化碳浓度的影响,其检测结果见表4.7。

表4.7　高锰酸钾处理工艺对氯仿和四氯化碳的控制效果

项目		高锰酸钾处理工艺	常规处理工艺	降低率%
四氯化碳 /(μg·L^{-1})	夏季	0.17	1.6	89.4
	冬季	<0.1	0.3	>66.7
氯仿 /(μg·L^{-1})	夏季	10	28	64.3
	冬季	9.2	12.5	26.4

从表中可以清楚地看出,高锰酸钾处理对氯化消毒副产物具有明显的控制作用。

4. 去除并控制致突变物质

高锰酸钾处理系统与常规处理工艺在去除污水中有机物时,对致突变物质的研究:

用 TA98 菌株进行实验,原水水样的移码型致突变活性较低,高锰酸盐和常规处理工艺处理后的水致突变活性也降低,系统氯化消毒后水的致突变活性增加,并且具有明显的剂量-反应关系,相关系数达 0.89,说明系统在氯化消毒过程中产生了直接移码型突变副产物。高锰酸钾处理系统氯化消毒后仍具有显著地剂量–反应关系,相关系数为 0.98,但水的致突变活性大大降低,相对于常规处理系统致突变指数下降了 67.1%,证明高锰酸钾处理可有效控制氯化消毒过程中移码突变物质的生成。

4.4　过氧化氢氧化

过氧化氢又称为双氧水,作为一种绿色高效氧化剂,逐渐被人们广泛应用,由过去的实验试剂逐渐转变为工业试剂。近年来,对过氧化氢的制备、延伸产品以及在新领域应用的研究取得了良好的进展,新的应用领域包括:食品工业中食品无菌包装材料、容器的灭菌消毒、食品纤维的脱色;日用化工领域中洗衣剂、牙膏等的应用;在环境保护领域中,随着人们生活水平的提高,双氧水的应用将超过造纸业,位居第一。

4.4.1　过氧化氢的物化性质

过氧化氢分子式为 H_2O_2,式量为 34。纯过氧化氢是淡蓝色黏稠液体,熔点 -0.43 ℃,沸点 150.2 ℃。在 0 ℃时液体的密度是 1.464 9 $g \cdot m^{-3}$,其物理性质与水相似,纯的过氧化氢是比较稳定的,在无杂质污染和良好的储存条件下,可以长期保存。理想的储存容器通常用纯铝、不锈钢、瓷器、玻璃、塑料等材料组成。

H_2O_2 水溶液的浓度可以达到 86%,但要进行适当的安全处理。处理工业污水时,一般使用 35% 的 H_2O_2,可以装在 50 kg 或 1 t 的容器中,也可装在 5 t、10 t、15 t 和 18 t 的公路运输槽车里。当处理 H_2O_2 时,必须将手和眼保护好,溢出的部分用水稀释。储存在室内外均可,但必须与有机物及易燃物隔离。

1. 不稳定性

过氧化氢在浓度较高或温度较低时比较稳定,但受热易分解,温度达 153 ℃时,剧烈分解,分解反应方程式为

$$2H_2O_2 \longrightarrow 2H_2O + O_2 \uparrow$$

过氧化氢在气态、液态和固态时受热均易分解,而且溶液中存在的金属离子、金属或非金属氧化物等微量杂质均能催化过氧化氢的分解反应,研究表明,这些所谓的催化剂可以降低过氧化氢分解的活化能,即使在温度较低时也具有较高的分解速率。温度对过氧化氢分解的影响见表 4.8。

表 4.8　温度对过氧化氢分解的影响

TK	303	339	373	413
分解率	1%年	1%周	2%天	沸腾

另外,光照、储存容器表面粗糙也会起到催化作用。为了抑制过氧化氢的催化分解,过氧化氢必须储存在背光、阴凉处,且盛放在不锈钢或塑料等容器中。必要时还需添加一些稳定剂(锡酸钠、焦磷酸钠)抑制过氧化氢的催化分解。

2. 氧化性

过氧化氢中氢的价态为-1,可以转化为-2 价,具有氧化性。其在水溶液中的氧化电势为

$$H_2O_2 + 2H^+ + 2e^- \longrightarrow 2H_2O \quad E_{标准} = 1.77 \text{ V}$$

$$H_2O + HO_2^- + 2e^- \longrightarrow 3OH^- \quad E_{标准} = 0.87 \text{ V}$$

$$O_2 + 2H^+ + 2e^- \longrightarrow H_2O_2 \quad E_{标准} = 0.68 \text{ V}$$

由以上氧化电势可得,过氧化氢在酸性和碱性溶液中均表现出较强的氧化性,在酸性条件下氧化性比碱性条件下强,但是氧化速率比碱性条件下慢。过氧化氢氧化的优点:氧化性强,还原产物为 H_2O,无其他新物质生成,剩余的过氧化氢可通过加热分解除去,易于获得氧化产物,应用价值较高。

3. 还原性

过氧化氢中的-1 价氢还可以转化为 0 价,表现出还原性。在酸性或碱性条件下,过氧化氢均具有还原性,但在碱性溶液中其还原性更强,不仅能还原强氧化剂如高锰酸钾、臭氧、二氧化锰等,还能还原氧化银等弱氧化剂,而在酸性溶液中,过氧化氢只能还原强氧化剂。过氧化氢氧化后的产物为氧气,不会引入新的杂质。

4.4.2 过氧化氢的制备方法

1. 电解-水解法

过氧化氢的合成的一种方法为电解-水解法。这种方法以铂片为电极,电解硫酸氢铵饱和溶液,反应式为

$$2NH_4HSO_4 \xrightarrow{\text{电解}} (NH_4)_2S_2O_8 + H_2 \uparrow$$

生成过二硫酸铵,加入硫酸水解,可制得过氧化氢。反应式为

$$2H_2SO_4 + (NH_4)_2S_2O_8 =\!=\!= H_2S_2O_8 + 2NH_4HSO_4$$

$$H_2S_2O_8 + H_2O =\!=\!= H_2SO_4 + H_2SO_5$$

$$H_2SO_5 + H_2O =\!=\!= H_2O_2 + H_2SO_4$$

此方法电流效率高、耗电低、工艺流程短,过氧化氢浓度达 32%,广泛的应用于工业过氧化氢的制备。

2. 乙基蒽醌法

乙基蒽醌法是利用镍或载体上的钯作催化剂,向苯溶液中通入氢气,将乙基蒽醌还原,得到蒽醇。蒽醇被氧化可生成过氧化氢和蒽醌,成产过程中蒽醌可循环使用。其主要的反应如下:

当苯溶液中过氧化氢的浓度为 $5.5\ g\cdot L^{-1}$ 时,用水抽取,可以得到质量分数为 18% 的过氧化氢水溶液,减压蒸馏可得质量分数为 30% 的过氧化氢水溶液,进一步减压分级蒸馏,可制得质量分数为 85% 的过氧化氢水溶液。

3. 化学法

将 Na_2O_2 加入冷的稀盐酸或稀硫酸中,可制得少量过氧化氢。反应式为

$$H_2SO_4+Na_2O_2+10H_2O \xrightarrow{低温} H_2O_2+Na_2SO_4\cdot 10H_2O$$

以 BaO_2 为原料,也可以制备过氧化氢,反应式为

$$BaO_2+H_2SO_4 == H_2O_2+BaSO_4\downarrow$$

$$BaO_2+CO_2+H_2O == BaCO_3\downarrow+H_2O_2$$

4. 空气阴极法

以纤维素为骨架,用活性物质蒽醌和碳制成空心电极,在氢氧化钠溶液中形成空气扩散电极,空气中大量的氧能迅速溶解在碱性电解质中,通电后氧原子被还原,在阴极附近与 H_2O 结合生成 HO_2^-。具体反应如下:

阳极

$$2OH^- \xrightarrow{NaOH} \frac{1}{2}O_2\uparrow+H_2O+2e^-$$

阴极

$$H_2O+O_2+2e^- \xrightarrow[NaOH]{通电} OH^-+HO_2^-$$

总反应

$$OH^-+\frac{1}{2}O_2 \longrightarrow HO_2^-$$

电解过程产物为 $NaHO_2$,用热法磷酸处理后,在酸性溶液中产生 H_2O_2,同时产生副产品磷酸钠盐。这种方法具有生产成本低,操作工艺简单,无污染物产生,产品质量相对较高等优点。

4.4.3 过氧化氢氧化在水处理中的应用

过氧化氢在水处理中具有广泛的应用,这是因为它具有如下特点:

①产物安全,不具有腐蚀性,能较容易地处理液体,仅需一些较简单的处理设备。

②产品稳定,储存时每年活性氧的损失低于 1%。

③与水完全混溶,避免了溶解度的限制或排出泵产生气栓。

④氧化选择性高,特别是在适当条件下选择性更高。

⑤无二次污染,能满足环保排放要求。

过氧化氢不仅可以单独氧化降解污染物,还可与其他方法联合处理,降解效果更明显。下面将具体介绍几种过氧化氢氧化处理方法:

1. 芬顿试剂联合氧化技术

芬顿试剂由亚铁离子和过氧化氢组合而成,该试剂作为强氧化剂的应用已有100多年的历史,在环境污染治理、医药化工、精细化工、医药卫生等方面得到广泛的应用。其氧化原理如下:

$$Fe^{2+}+H_2O_2 \longrightarrow Fe^{3+}+OH^-+OH\cdot$$

$$Fe^{2+}+OH\cdot \longrightarrow Fe^{3+}+OH^-$$

$$Fe^{3+} + H_2O_2 \longrightarrow Fe^{2+} + H^+ + HO_2 \cdot$$

$$HO_2 \cdot + H_2O_2 \longrightarrow O_2 + H_2O + OH \cdot$$

$$OH \cdot + RH \longrightarrow \cdots \longrightarrow CO_2 + H_2O$$

$$4Fe^{2+} + O_2 + 4H^+ \longrightarrow 4Fe^{3+} + 2H_2O$$

$$Fe^{3+} + 3OH^- \longrightarrow Fe(OH)_3(胶体)$$

Fe^{2+} 与 H_2O_2 反应非常迅速,生成 $OH\cdot$ 自由基,由表4.9可知,$OH\cdot$ 自由基的氧化能力很强,仅次于 F_2,有三价铁共存时,由 Fe^{3+} 与 H_2O_2 缓慢生成 Fe^{2+},Fe^{2+} 再与 H_2O_2 迅速反应生成 $OH\cdot$ 自由基,$OH\cdot$ 自由基与有机物 RH 发生反应,使其碳链发生裂解,最终氧化为水和二氧化碳,从而大大降低了废水的 COD_{Cr}。同时 Fe^{2+} 作为催化剂,最终可被 O_2 氧化为 Fe^{3+},在一定 pH 值下,可能出现 $Fe(OH)_3$ 胶体,具有絮凝作用,可大幅度降低水中的悬浮物质。

表4.9 普通氧化剂分子与基团的氧化电位

氧化剂	H_2O_2	O_3	F_2	Cl_2	$OH\cdot$	HOCl	HOO
氧化电位/V	1.77	2.07	3.06	1.39	2.80	1.49	1.70

芬顿法是一种高级化学氧化法,常用于废水高级处理,可以去除 COD_{Cr}、色度和泡沫等。芬顿试剂氧化一般在 pH<3.5 的条件下进行,因为在该 pH 时有较多的自由基生成。

芬顿试剂及各种改进系统在废水处理中的应用一般包括两个方面:一是单独作为一种处理方法氧化有机废水;二是与其他方法联用,如与活性炭法、光催化法、混凝沉降法、生物法等联用,处理效果更明显。

2. 处理含氰废水

1984年,诞生了世界上第一套过氧化氢氧化处理含氰废水的工业化装置,现已在许多国家投产使用,主要处理低浓度含氰污水、过滤液、尾矿库的含氰排放水、炭浆厂的含氰矿浆。我国三山岛金矿现已采用过氧化氢氧化处理酸化含氰尾液,主要的工艺流程如图4.8所示。

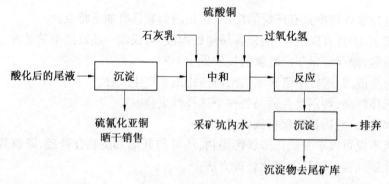

图4.8 过氧化氢氧化处理含氰尾液工艺流程

此工艺的主要控制参数见表4.10。

表 4.10　过氧化氢处理含氰尾液工艺参数

处理量	$2.8 \sim 6 \ m^3 \cdot h^{-1}$
过氧化氢添加量	27% 的 $H_2O_2 1 \sim 3 \ L \cdot m^{-3}$
pH = 10 ~ 11	石灰用量 10 $kg \cdot m^{-3}$
硫酸铜添加量	200 $g \cdot m^{-3}$
反应时间	>90 min

生产实践表明,含氰废水首先采用酸化法回收 NaCN,经处理后的废水中氰化物 CN^- 的残留量为 $5 \sim 50 \ mg \cdot L^{-1}$,然后再用过氧化氢氧化处理,最后废水中氰化物的浓度可降至 $0.5 \ mg \cdot L^{-1}$ 以下,达到排放标准。

3. 处理含硫废水

过氧化氢氧化法可有效控制工业废水中硫化物的排放。例如玻璃纸厂废水中硫化物浓度为 65 $mg \cdot L^{-1}$,pH = 11,按 S^{2-} 与 H_2O_2 的物质的量比为 1∶1.5 投加 35% 的过氧化氢,同时调节 pH 为 7.5 左右,反应进行 1 h 后,检测硫化物的含量为 13 $mg \cdot L^{-1}$,继续进行反应,3 h 后废水中硫化物的含量降至 3 $mg \cdot L^{-1}$。若加入少量三价铁离子,硫化物基本除去,含量可降为 0.1 $mg \cdot L^{-1}$ 以下。由此可见,过氧化氢氧化法对含硫废水具有较好的降解效果。

4. 过氧化氢氧化与活性炭吸附联合处理废水

活性炭具有较强的吸附能力,在废水处理中有着广泛的应用。但在使用过程中也具有一定的局限性,只能处理低浓度废水,对高浓度废水处理效果不佳。有关研究发现,采用过氧化氢氧化与活性炭吸附联合的方法可有效去除高浓度废水。

某厂生产糠醛,采用好氧方法处理排放废水。废水中 COD 值为 2 320 $mg \cdot L^{-1}$,取 50 mL 水样,加入一定量的硫酸和 33% 的过氧化氢加热回流,冷却后加入氢氧化钙调节 pH 为 7.0 左右,过滤除去固体物质,滤液经活性炭吸附后测定 COD_{Cr},表 4.11 和表 4.12 显示了过氧化氢和硫酸投加量对 COD_{Cr} 去除率的影响。

表 4.11　过氧化氢对 COD_{Cr} 去除率的影响

H_2O_2/mL	COD_{Cr}/($mg \cdot L^{-1}$)	COD_{Cr} 去除率/%
0.10	1024	56
0.15	867	63
0.25	726	69
0.50	468	80
1.00	470	80

表 4.12　硫酸对 COD_{Cr} 去除率的影响

H_2SO_4/mL	COD_{Cr}/($mg \cdot L^{-1}$)	COD_{Cr} 去除率/%
0.10	672	70
0.20	594	74
0.40	468	80
0.60	558	76

从表中可以看出,硫酸含量较低时,部分有机物可能发生磺化反应,活性炭吸附性较差,COD_{Cr} 去除率较低。当硫酸投加量为 0.4 mL 时,在酸性条件下,糠醛更容易被过氧化氢氧化,生成有色聚合物,能充分被活性炭吸附,此时去除率较高,可达 80% 左右。

4.5 高铁酸盐氧化

近几十年来,随着高铁酸盐制备方法的日渐成熟,产品纯度和产率不断的提高,在技术上已经满足生产和实际应用的需要。现在已经能够测定并计算高铁酸盐的一些物理化学性质,如氧化还原过程、生成热、空间结构、电子能级、稳定性等。其中比较重要的两个物理化学性质是氧化还原性和稳定性,系统的了解这两个性质,能够更好的理解和掌握高铁酸盐制备工艺的特点及其在水处理应用中净化的机理。

4.5.1 高铁酸盐的物化性质

高铁酸盐是铁的六价化合物,是高铁酸根的金属盐类,包括 K_2FeO_4、Na_2FeO_4、$CaFeO_4$、$MgFeO_4$、$ZnFeO_4$ 等。高铁酸根具有正四面体结构,铁原子位居中心位置,四个氧原子位于四个角上,呈现出略扭曲的四面体结构。高铁酸盐固体呈现深紫色,溶液为紫色。最典型的高铁酸盐为高铁酸钾,固体为紫黑色粉末,熔点为 198 ℃,极易溶于水。高铁酸钾在饱和碱性溶液中溶解度低、稳定性高,容易通过碱性氧化法实现固液分离,高铁酸盐在有机溶剂(醚、苯、氯仿和其他一些有机溶剂)中溶解度较低。高铁酸根在氢氧化钠溶液中的溶解度大于氢氧化钾溶液,可用苛性钾将高铁酸盐从苛性钠溶液中沉淀出来,制备高铁酸盐。

1. 氧化性

高铁酸盐是无机强氧化剂,图 4.9 为不同 pH 条件下,高铁酸盐的氧化还原电位。其标准电极电位在酸性和碱性条件下分别为 2.20 V 和 0.72 V,具有良好的氧化性。

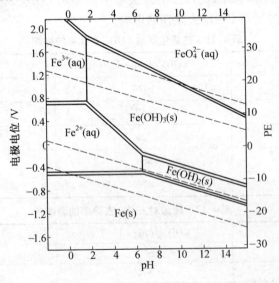

图 4.9 高铁酸盐的氧化还原电位

2. 稳定性

高铁酸钾的干燥晶体在通常环境温度下比较稳定,在水溶液中,高铁酸根中的四个氧原子分别与水中的氧原子发生自分解反应,放出氧气。溶解后,高铁酸根与水分子结合发生质子化。图 4.10 显示了高铁酸根的质子化过程。

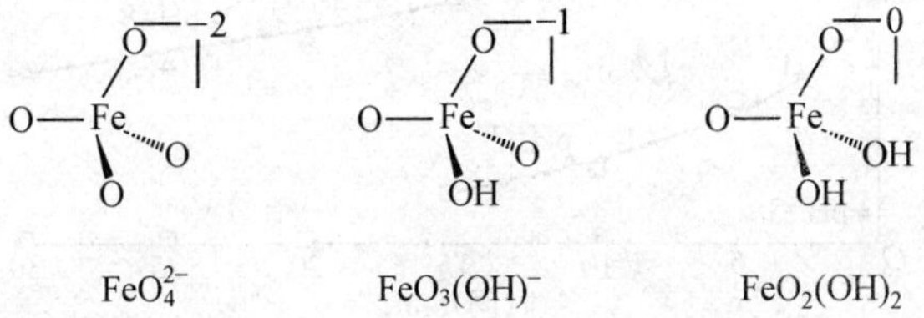

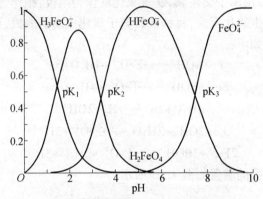

图 4.10 高铁酸根的质子化过程

在整个 pH 范围内,质子化程度有着不同的变化。图 4.11 为三种质子化形态的分布。由图形可以看出,在强酸性条件下,主要以 $H_3FeO_4^-$ 为主,而 $HFeO_4^-$、H_2FeO_4 比较活泼,较易分解;在强碱性条件下,主要以 FeO_4^{2-} 的形式存在。

图 4.11 三种质子化形态变化情况

$$H_3FeO_4^+ \longrightarrow H_2FeO_4 + H^+ \quad pK_1 = 1.8$$
$$H_2FeO_4 \longrightarrow HFeO_4^- + H^+ \quad pK_2 = 3.5$$
$$HFeO_4^- \longrightarrow FeO_4^{2-} + H^+ \quad pK_3 = 7.3$$

影响高铁酸盐稳定性的最主要因素是水的酸碱度。高铁酸根在碱性条件下比较稳定,在酸性条件下能够迅速分解,反应方程式为

$$FeO_4^{2-} + 8H^+ + 3e^- \longrightarrow Fe^{3+} + 4H_2O$$

图 4.12 为不同 pH 对高铁酸盐稳定性的影响,可看出在 pH 为 9.5 左右或碱性更强的溶液中,高铁酸根比较稳定。

4.5.2 高铁酸盐的制备方法

到目前为止,人们在实验室已经成功合成多种高铁酸盐,但是由于一些高铁酸盐制备条件要求高,高铁酸盐一般溶解性大,在实际工程应用领域存在缺陷,现在较为成熟的制备产品为高铁酸钾和高铁酸钠。由于高铁酸钠在碱溶液中的溶解度大,所以一般制备高铁酸钠溶液,可以生产高铁酸钾固体。高铁酸盐的制备方法可以分为电解法、熔融法和氧化法。

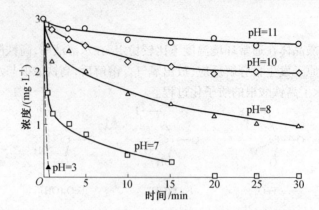

图 4.12　高铁酸盐在不同 pH 条件下的稳定性

1. 电解法

电解氧化法制备高铁酸钾的基本原理如下：

利用膜式电解池,采用离子交换膜,铁或氧化铁作为阳极,铂作为阴极,在强碱性介质中通电电解。在阳极上发生氧化反应,将铁或铁离子氧化成高铁酸根,再以此为前驱物制备高铁酸钾。有关电极反应如下：

阳极
$$Fe+8OH^- \longrightarrow FeO_4^{2-}+4H_2O+3e^-$$
$$Fe^{3+}+8OH^- \longrightarrow FeO_4^{2-}+4H_2O+6e^-$$

阴极
$$2H_2O+2e^- \longrightarrow H_2+2OH^-$$

总反应
$$Fe+2OH^-+2H_2O \longrightarrow FeO_4^{2-}+3H_2$$
$$2Fe^{3+}+10OH^- \longrightarrow FeO_4^{2-}+2H_2O+3H_2$$

电解法制备高铁酸盐的装置如图 4.13 所示。

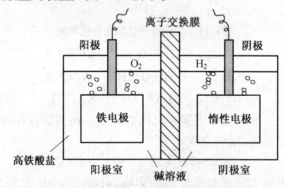

图 4.13　电解法制备高铁酸盐装置图

其中离子交换膜的作用是防止生成的高铁酸钾通过膜的渗透作用进入阴极发生还原反应而被分解。

电解法制备高铁酸盐的能量转化为:电能转化为化学能。此方法的首要条件是维持较高的电流效率,影响电流效率的主要因素有电极的种类和组成、电解液的成分和浓度和温度等。使用此方法存在两个缺点：

①阳极上新生成的高铁酸盐容易发生还原副反应,产生氧气。

②阳极上可形成不导电、难容的 Fe_2O_3/Fe_3O_4 双分子膜,导致电极钝化,铁溶解速率变

慢,影响高铁酸盐的生成。

由于高铁酸盐的分解和阳极钝化等方面的原因,电解法一般只能得到浓度小于 $0.1 \ mol \cdot L^{-1}$ 的溶液,必须经过结晶浓缩、提纯后才能得到高纯度的高铁酸盐产品。

2. 熔融法

熔融法又称为干法,此方法制备高铁酸盐的原理是将反应物置于熔融状态下以制备高铁酸盐,避免在水溶液中制备高铁酸盐时,因为高铁酸盐自分解会造成一定的损失。熔融法制备高铁酸盐主要包括两类:

第一类是在碱性、高温条件下,利用过氧化物氧化铁的氧化物或铁盐制备高铁酸盐。可选用的过氧化物包括过氧化钠或过氧化钾。以 Na_2O_2 与 $FeSO_4$ 为例,在密闭、干燥的环境中将 Na_2O_2、$FeSO_4$ 混合,加热到 700 ℃并反应 1 h,得到 Na_2FeO_4 粉末。反应产物用 NaOH 溶解,过滤除去不溶物。向滤液中加入固体 KOH,使其达饱和,过滤获得高铁酸盐晶体。

第二类是在高温、熔融状态下,利用 KNO_2 或 KNO_3 与碱金属氧化单质铁或氧化铁来制备。影响干法产品收率和纯度的关键因素有升温过程、反应物摩尔比和投料顺序。例如,可以在缺氧条件下将硝酸钾、单质铁与碱金属氢氧化物的混合物置于高温下制得高铁酸盐;也可将碱金属硝酸盐或碱金属亚硝酸盐与 Fe_3O_4、Fe_2O_3 等铁氧化物混合,将反应物加热至 780 ~ 1 100 ℃制得高铁酸盐。可能的反应机理如下:

$$2FeSO_4 + 6Na_2O_2 \longrightarrow 2Na_2SO_4 + 2Na_2FeO_4 + 2Na_2O + O_2 \uparrow$$

$$3Na_2FeO_3 + 5H_2O \longrightarrow Na_2FeO_4 + 2Fe(OH)_3 + 4NaOH$$

熔融法的设备利用率高、产品批量大、转化率高。虽然熔融法避免了因水造成高铁酸盐的分解损失,但也存在一些缺点,由于反应在高温条件下进行,熔融状态下高铁酸盐的自分解造成的损失也很严重。产物由于混有碱金属、无机盐、氧化钠等,纯度不高,还需进一步提纯。

3. 氧化法

氧化法制备高铁酸盐最常见的为次氯酸盐氧化法,又称为湿法。此方法制备高铁酸盐的基本原理是在浓碱溶液中,利用次氯酸盐将三价铁氧化成高铁酸盐。在强碱性条件下,高铁酸根的氧化还原电位较低,易于发生氧化反应。在此条件下,高铁酸盐最稳定,可以获得最大的转化率。反应式为

$$2Fe^{3+} + 3ClO^- + 10OH^- \longrightarrow 2FeO_4^{2-} + 3Cl^- + 5H_2O$$

制备高铁酸钾的工艺流程如图 4.14 所示。

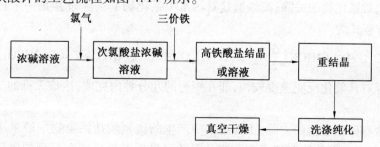

图 4.14 制备高铁酸钾的工艺流程图

此方法具有设备投资少、生产成本低、制备条件容易达到等优点,转化率一般为 40% 左

右,产品纯度为50%以上,经提纯后纯度可达98%。

次氯酸盐氧化法整个反应体系为浓碱溶液,若向体系中引入水会直接导致高铁酸盐产率下降。另外,高铁酸盐和次氯酸盐均具有热敏感性,反应体系温度过高容易造成高铁酸盐和次氯酸盐的分解。改进的高铁酸盐的制备方法,初始反应物为硫酸亚铁,通过氧化制备 β-$Fe_2O_3 \cdot H_2O$ 作为原料,能有效降低原料的含水率,工艺流程如图4.15所示。

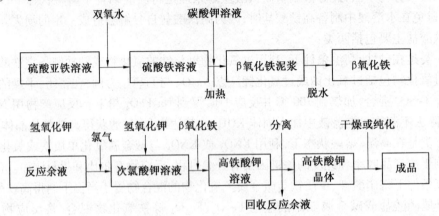

图 4.15　改进后的制备流程图

4.5.3　高铁酸盐在水处理中的应用

1. 氧化去除无机污染物

高铁酸盐对硫的含氧化合物的去除:以硫代硫酸盐为例,其反应降解方程式为

$$4FeO_4^{2-}+3S_2O_3^{2-}+14H^+ \longrightarrow 4Fe^{3+}+6SO_3^{2-}+7H_2O$$

高铁酸盐对其氧化速率较快,最终产物为硫酸盐。

高铁酸盐对砷的去除:采用高铁酸盐氧化和絮凝的方法能够有效去除污水中的砷,氧化还原方程式为

$$2HFeO_4^-+3H_3AsO_3 \longrightarrow 2Fe+3HAsO_4^{2-}$$

高铁酸盐先与砷形成加合物,氧化过程通过高铁酸根直接向砷原子中心转移氧原子,铁与砷的加合物通过内部还原过程产生四价铁和五价砷,四价铁继续氧化三价砷,自身还原为二价铁。

高铁酸盐对氰化物的去除:高铁酸盐对污水中氰化物的去除过程是一个自由基氧化过程。总反应方程式为

$$2HFeO_4^{2-}+2HCN+\frac{5}{2}O_2+2OH^-+H_2O \longrightarrow 2Fe(OH)_3+2NO_2^-+2HCO_3^-$$

高铁酸钾对其氧化反应速度较快,能在短短的几分钟内完成,生成无毒的二氧化碳和亚硝酸盐。

高铁酸盐对硫氰酸盐的去除:工业废水中产生的硫氰酸盐污染物一般采用碱性氯化法处理,但是可能产生氯化物和有毒副产物。因此可采用一种环境友好型的氧化物——高铁酸盐。其氧化机理为

$$4HFeO_4^-+SCN^-+5H_2O \longrightarrow 4Fe(OH)_3+SO_4^{2-}+O_2\uparrow+CNO^-+2OH^-$$

表 4.13 显示了不同 pH 条件下,高铁酸盐氧化硫氰酸盐的速率常数。随着 pH 的不断升高,反应速率呈现下降的趋势。

表 4.13　高铁酸盐氧化硫氰酸盐的速率常数(15 ℃)

pH	$k/[L \cdot (mol \cdot s)^{-1}]$	pH	$k/[L \cdot (mol \cdot s)^{-1}]$
7.61	687	9.20	11.0
8.01	378	9.76	4.00
8.43	168	10.06	1.18
8.86	47.6	10.38	0.57
8.98	39.5		

2. 氧化去除有机污染物

高铁酸盐作为一种强氧化剂,可以氧化去除多种有机污染物。对一些典型的有机污染物(醇、酚、含氮有机物、含硫有机物)具有良好的氧化作用。

高铁酸盐对醇的去除:以甲醇为例,高铁酸盐能够破坏醇中的氧氢键和碳氢键,能很快的氧化甲醇,首先进入一个反应通道,与甲醇形成复合体,然后进一步氧化,反应历程如图 4.16 所示。

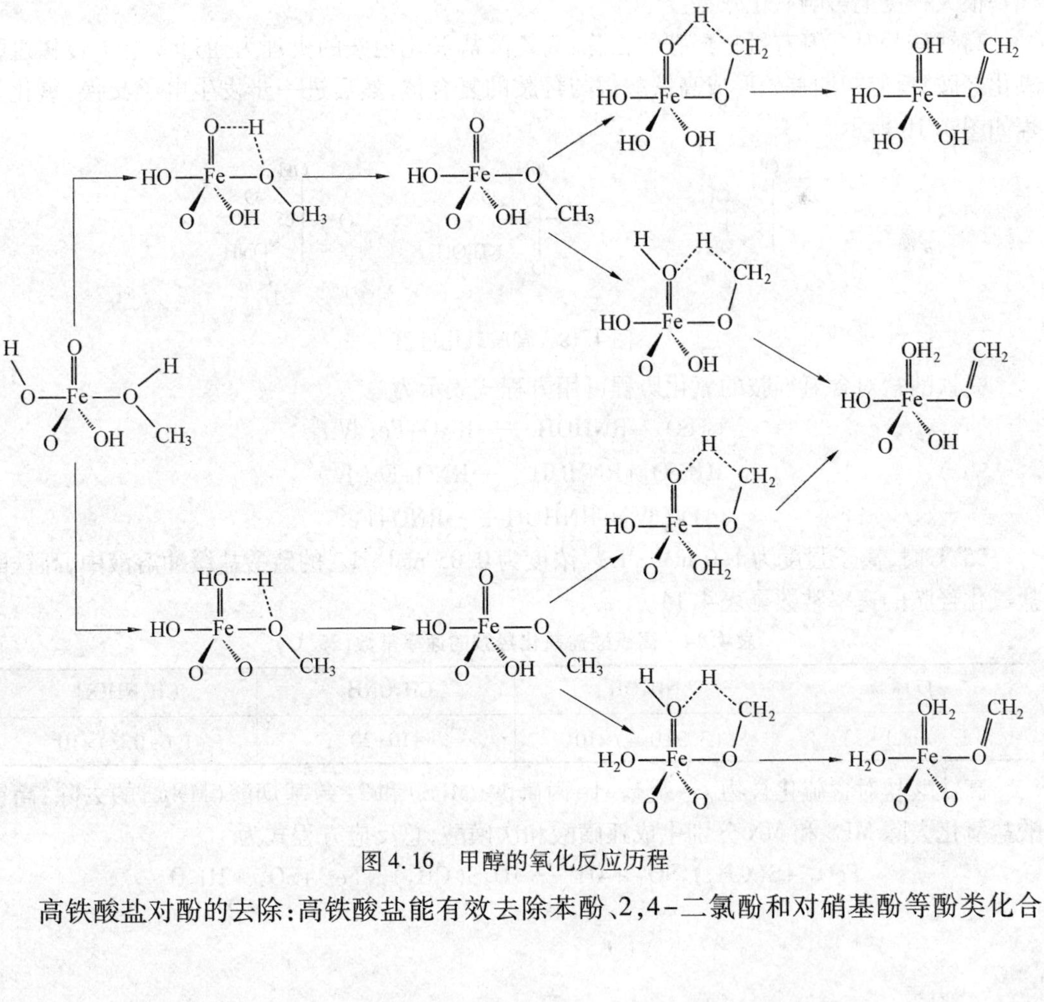

图 4.16　甲醇的氧化反应历程

高铁酸盐对酚的去除:高铁酸盐能有效去除苯酚、2,4-二氯酚和对硝基酚等酚类化合物。在中性条件下,高铁酸盐具有较高的氧化效率。高铁酸盐对2,4-二氯酚的氧化效率最高,其次是苯酚,对硝基酚的氧化效率最低。pH 对苯酚、2,4-二氯酚和对硝基酚氧化的影响相同。如图4.17 所示为以上三种酚类化合物的氧化速度与 pH 的变化关系。

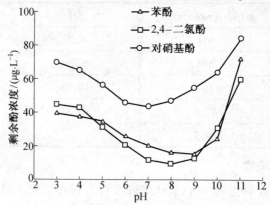

图 4.17　pH 对高铁酸盐氧化酚类化合物的影响

由上图可看出,pH 对三种酚类化合物的氧化效率相同,这说明高铁酸盐对酚类的氧化作用的根本是对酚氧根的氧化。而相同 pH 时,三种酚的氧化效率不同,说明芳香环上的取代基很大程度上影响氧化效率。

高铁酸盐对含氮有机物羟胺的去除:高铁酸盐氧化羟胺的机理为通过 2 电子转移过程氧化羟胺,反应初期首先形成高铁酸根与羟胺的复合体,然后进一步发生电子交换,氧化过程如图4.18 所示。

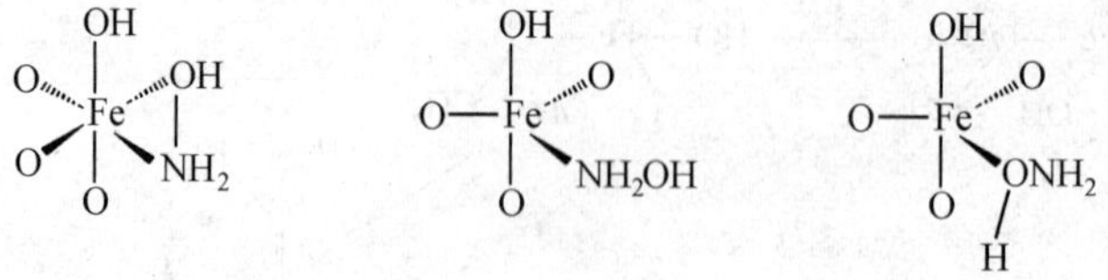

图 4.18　羟胺氧化过程

高铁酸盐对含氮羟胺的氧化历程可用方程式表示为

$$FeO_4^{2-}+RNHOH \longrightarrow RNO+Fe(Ⅳ)$$

$$HFeO_4^-+RNHOH \longrightarrow RNO+Fe(Ⅳ)$$

$$Fe(Ⅳ)+RNHOH \longrightarrow RNO+Fe^{2+}$$

25 ℃时,离子强度为 1.0 mol·L^{-1},浓度为 0.05 mol·L^{-1} 的磷酸盐缓冲溶液中,高铁酸盐氧化羟胺的速率常数见表4.14。

表 4.14　高铁酸盐氧化羟胺的速率常数(25 ℃)

反应物	NH_2OH	CH_3ONH_2	CH_3NHOH
$k[L·(mol·s)^{-1}]$	$(3.3±0.4)×10^4$	$110±20$	$(1.6±0.2)×10^5$

高铁酸盐对含硫化合物[3-巯基-1-丙磺酸(MPS)和2-巯基烟酸(MN)]的去除:高铁酸盐氧化去除 MPS 和 MN 分别生成亚磺酸和次磺酸,总反应方程式为

$$FeO_4^{2-}+S(CH_2)_3SO_3^{2-}+4H^+ \longrightarrow O_2S(CH_2)_3+Fe^{2+}+SO_3^{2-}+2H_2O$$

$$FeO_4^{2-} + 2 \quad \text{（结构式）} \longrightarrow Fe^{2+} + 2 \quad \text{（结构式）} + 2H_2O$$

高铁酸盐氧化 MPS 和 MN 的反应速率常数为 3.1×10^{13} L·(mol·s)$^{-1}$ 和 1.6×10^{13} L·(mol·s)$^{-1}$，反应产生的硫醇能加速高铁酸根的分解，并与三价铁离子形成络合物。

3. 去除金属污染物

高铁酸盐能有效去除污水中的铜、锌、铅、铬等金属离子。实验已证明，高铁酸盐对金属离子的去除主要是吸附作用的影响。其吸附机理如下：

高铁酸盐与污水中的还原性物质如腐殖酸等发生分解反应，形成的分解产物与氢氧化铁胶体对重金属具有较强的吸附作用。如图 4.19 所示，在较大 pH 范围内均存在三价铁离子，且能发生水解反应。水解产物包括：$Fe(OH)^{2+}$、$Fe(OH)_2^+$、$Fe_2(OH)_2^{4+}$ 等，在 pH>3 的条件下，产物主要以强氧化铁胶体的形式存在。在实际的污水处理过程中，高铁酸盐的分解方程式为

$$2FeO_4^{2-} + 3H_2O \Longrightarrow 2FeO(OH) + \frac{3}{2}O_2 + 4OH^-$$

高铁酸盐分解生成的 $FeO(OH)$ 在水中进一步发生分解反应，最终生成氢氧化铁胶体。$FeO(OH)$ 在水溶液中表面离子配位不饱和，与水形成配位结构，水分子发生水解吸附生成羟基化表面，表面羟基会与重金属离子或其水解产物发生因静电引力引起的交换吸附。

高铁酸盐分解，最终形成的氢氧化铁胶体是一种不定型的水和胶体氧化物，在反应过程中，高铁酸根的还原产物还包括以 5 价态和 4 价态形式存在的中间产物。这些产物一般具有很高的活性，易于吸附重金属离子等与其化学性质相近的物质。另外，高铁酸盐在还原过程中会产生一些氢氧根离子，释放到水中，加速金属离子的水解，易于被吸附去除。

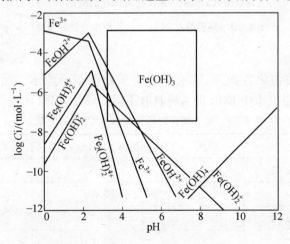

图 4.19　三价铁水解产物的对数-pH 图

4. 去除污水中产生的藻类物质

高铁酸盐预氧化处理水中的藻类物质反应机理为：高铁酸盐对混凝的除藻效率具有明显的促进作用，而对沉淀和过滤后的藻类去除具有明显的差别，这说明在氧化过程中使藻类

细胞的表面性质发生了变化,从而易于被混凝、沉淀过程去除,特别是过滤截留去除。

高锰酸盐能够破坏藻类细胞的表面结构,造成细胞表面鞘套的卷绕,甚至使细胞的外鞘开裂,导致胞内物质外流,刺激藻类细胞释放出胞内物质并进入周围介质中,高铁酸盐分解产生的氢氧化铁胶体能够吸附在藻类细胞表面,不仅降低了细胞的表面电荷,而且增加了这些细胞的沉淀性,氢氧化铁胶体的吸附作用以及胞内物质的絮凝作用在混凝之前就能使部分藻类细胞发生凝聚。另外,胞内物质在混凝过程中还能进一步发挥助凝剂的作用,这是高铁酸盐预氧化处理藻类物质的原因。

图 4.20 显示了不同氧化时间下,高铁酸盐预氧化和高铁酸盐氧化后硫酸铝混凝两种处理方式水样吸光度值(UV_{254})和高锰酸盐指数(COD_{Mn})的变化情况。紫外吸光度值可用来指高铁酸盐处理前后水中溶解性有机物的变化。从图中可以看出,在很短的氧化时间后,含藻水的 UV_{254} 吸光度值由较大的变化,但随着氧化时间的进一步延长,此吸光度变化不明显。高铁酸盐预氧化后用用硫酸铝混凝沉淀的 UV_{254} 值低于单纯硫酸铝混凝,吸光度随时间变化不明显。同样,高锰酸盐指数也具有相同的变化规律。

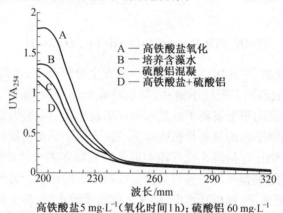

A —— 高铁酸盐氧化
B —— 培养含藻水
C —— 硫酸铝混凝
D —— 高铁酸盐+硫酸铝

高铁酸盐5 mg·L⁻¹(氧化时间1 h);硫酸铝 60 mg·L⁻¹

图 4.20　高铁酸盐预氧化对含藻水去除的影响

5. 降解印染废水

有关研究发现,在物化方面,高铁酸钾可用于处理印染废水。能够脱色和有效降解 COD。高铁酸盐对印染废水中 COD 的去除具有不同的降解效果,见表 4.15。

表 4.15　高铁酸钾对印染废水中 COD 的降解

	原水	高铁酸钾 10/(mg · L⁻¹)	高铁酸钾 20/(mg · L⁻¹)
好氧池后 COD 值/(mg · L⁻¹)	104.5	87.65	82.2
COD 去除率/%		16.6	21.4
调节池后 COD 值/(mg · L⁻¹)	368.6	185.7	161.1
COD 去除率/%		49.7	56.6

高铁酸钾能氧化去除纯活性、纯分散染料分别配水的色度,具有较好的去除效果。脱色率随高铁酸钾浓度和脱色时间的增大而增大。例如,浓度为 10 mg · L⁻¹ 的高铁酸钾氧化 30 min后可去除80%的色度,浓度增为原来的一倍,为 20 mg · L⁻¹ 时,脱色率可提高至90%以上。pH 对脱色率的影响与高铁酸钾氧化有机物的趋势大致相同,在中性条件下,脱色效

果最好。高铁酸盐对其他燃料的脱色作用见表 4.16。

表 4.16　高铁酸钾对不同燃料的脱色效果

高铁酸钾 /(mg · L^{-1})	还原艳绿 FFB/% 原色度 550 pH 6～9	10B 普拉黄/% 原色度 500 pH 6～7	直接红 4BS/% 原色度 400 pH 6～8	中性黑 BL/% 原色度 200 pH>5
5	45	56	63	70
10	80	68	74	90
15	84	80	85	93
20	90	90	90	97

高铁酸盐可以将偶氮类燃料如甲基橙、铬黑 T、酸性铬蓝等的不饱和双键破坏,例如可将偶氮双键、酚基等氧化成 H_2O 和 CO_2,使其发生降解和脱色效应。

高铁酸盐与氢氧化铝联合的混凝处理对工业印染废水的处理效果,特别是 COD 降解率比单纯高铁酸盐处理效果更好。硫酸铝混凝沉淀可以处理染料废水,高铁酸盐预氧化与硫酸铝混凝沉淀联合处理可增强印染废水的降解效果,在今后的废水处理中具有重要的利用价值。

6. 处理丙烯腈废水

丙烯腈(AN)也称为乙烯基氰,常温常压下为无色透明、易蒸发的液体。可用来合成树脂、橡胶、纤维等重要合成材料。因丙烯腈毒性较大,含有此污染物的废水必须经过处理后才能排放。

有关研究显示,丙烯腈去除率随高铁酸钾投加量的增大而提高,分别用浓度为 10 mg · L^{-1}、20 mg · L^{-1}、50 mg · L^{-1}、100 mg · L^{-1} 的高铁酸钾处理 30 min,可将丙烯腈分别去除 45%、63%、65%、69%。如果延长处理时间,去除率会进一步提高。例如,时间充足的情况下,20 mg · L^{-1} 的高铁酸钾对丙烯腈的去除率可达 80%,100 mg · L^{-1} 的高铁酸钾去除效果可达 95% 以上。用高铁酸钾处理丙烯腈废水,初始反应速率较快,随着反应物的消耗,反应速率逐渐变慢。

若丙烯腈废水浓度较高,采用高铁酸盐氧化法去除效果会下降。但是总去除量会随废水浓度的升高而增大。因此,适当调节浓度可在保证去除率的同时提高去除总量,同时也可考虑多级处理,保证出水达标排放。

影响去除率的一个重要的因素是 pH,高铁酸盐处理丙烯腈存在最佳的 pH 区间,在中性条件下,去除率最高。此现象与高铁酸钾氧化苯酚的机理相似。这是因为高铁酸钾氧化有机物的过程受氧化还原电位、有机物的形态和分解速度等因素的影响,而这些因素都与 pH 的变化有关。

第5章　湿式氧化处理

5.1　湿式氧化概述

湿式氧化法(WAO)是使液体中呈悬浮或溶解状有机物在油液香水存在的情况下进行高温高压氧化处理的方法。氧化反应在压入高压空气,反应温度300 ℃左右的条件下进行。可用于高质量分数(4%～6%)有机物的粪便、下水污泥以及工厂排液等的处理和药剂回收。用于处理粪便及地下水污泥时,反应后进行固液分离,再用活性污泥法等对分离液进行处理。与常规氧化法相比,湿式氧化法处理效率高、适用范围广、氧化速率快、二次污染低、装置占地小、可回收能源等优点。

1985 年,该方法由美国 F. J. Zimmermann 首先提出,20 世纪 70 年代主要用于处理城市污水处理厂的污泥和造纸废液。从此以后,湿式氧化法得到广泛应用。在国外,湿式氧化法已成功应用在工业废水的处理上,可处理高浓度废水,特别是浓度大、难以用生化方法处理的染料废水、制药废水、农药废水及垃圾渗滤液等,也可用于还原性无机物和放射性废物的处理。

有关研究表明,常规 WAO 法分解化合物的能力如下:

①易于氧化处理无机和有机氰化物。

②易于氧化处理芳烃类化合物(如甲苯)。

③易于氧化处理芳香族和含非卤代官能团的卤代芳香族化合物。

④易于氧化处理脂肪族和氯化脂肪族化合物。

⑤难以氧化处理不含其他非卤代官能团(如氯苯)的卤代芳香族化合物。

5.2　湿式氧化法的基本原理

WAO 法一般是在高温(150～350 ℃)高压(0.5～20 MPa)下,在液相中用氧气或空气作为氧化剂,氧化水中的有机物和还原性无机物的一种处理方法,最终产物为二氧化碳和水。

WAO 反应比较复杂,一般包括传质和化学反应两个过程。目前普遍的研究认为 WAO 反应属于自由基反应,包括三个过程:链的引发、链的传递和链的终止。

1. 链的引发

WAO 过程中链的引发主要指反应物分子生成自由基的过程,在此过程中,氧通过热反应产生过氧化氢,反应方程式为

$$RH(有机物) + O_2 \longrightarrow R \cdot + HOO \cdot$$
$$2RH + O_2 \longrightarrow 2R \cdot + H_2O_2$$

$$H_2O_2 + 催化剂 \longrightarrow 2OH \cdot$$

2. 链的传递

链的传递指自由基与分子接触,相互作用,使自由基数量迅速增加的过程。其基本反应为

$$HO \cdot + RH \longrightarrow R \cdot + H_2O$$
$$R \cdot + O_2 \longrightarrow ROO \cdot$$
$$ROO \cdot + RH \longrightarrow R \cdot + ROOH$$

3. 链的终止

自由基之间相互碰撞,若生成比较稳定的分子,那么链的增长过程将中断。有关反应过程为

$$2R \cdot \longrightarrow R\text{-}R$$
$$R \cdot + ROO \cdot \longrightarrow ROOR$$
$$2ROO \cdot \longrightarrow ROH + R_1COR_2 + O_2$$

研究发现,WAO 反应过程中不稳定的中间化合物和大分子有机物 A 被氧化降解,生成稳定的中间产物 B,然后继续氧化为二氧化碳和水。在污水处理过程中,湿式氧化可以作为完整的处理阶段,将污染物浓度降低至排放浓度,但是为了降低成本,可以将湿式氧化法作为其他处理手段的辅助方法,与其他方法联合,处理效果更明显。

5.3　湿式氧化动力学

WAO 法的反应动力学模型主要有理论模型和半经验模型。

1. 理论模型

WAO 过程的理论模型基本表达式为

$$-\frac{dc}{dt} = k_0 \exp(-E_0/RT) [C]^m [O]^n$$

式中　t——反应时间,s;

　　　k_0——指前因子;

　　　E_0——活化能,kJ $\cdot$ mol^{-1};

　　　R——气体常数,8.314 J $\cdot$ (mol $\cdot$ K)$^{-1}$;

　　　T——热力学温度,K;

　　　C——有机物浓度,mol $\cdot$ L^{-1};

　　　O——氧化剂浓度,mol $\cdot$ L^{-1};

　　　m,n——反应级数。

2. 半经验模型

Jean-Noel Foussard 等提出了湿式氧化半经验模型,认为污泥的湿式氧化为一级反应,反应动力学模型为

$$-\frac{da}{dt} = k_1 a$$

$$-\frac{\mathrm{d}b}{\mathrm{d}t}=k_2b$$

式中　　a——易氧化的有机物浓度；

　　　　b——难氧化的有机物浓度；

　　　　k_1、k_2——反应速率常数。

表5.1列出了不同温度下，k_1、k_2的值。

表5.1　不同温度下，反应速率常数 k_1、k_2 的值

T/K	p_{O_2}/MPa	$k_1/(\mathrm{s^{-1}})\times10^3$	$k_2/(\mathrm{s^{-1}})\times10^{-3}$
528	0.65	28.6	1.90
536	0.44	80	3.25

5.4　湿式氧化的主要影响因素

1. 温度

温度是湿式氧化过程非常重要的因素。反应温度对湿式氧化处理起决定性作用，若反应温度过低，反应时间会延长，反应物的去除率也会下降。温度越高，越有利于反应进行，表现为反应速率加快、反应进行得彻底。另外，随着温度升高，溶解氧及氧气的传质速率也在增大，液体黏度变小，表面张力降低，有利于氧化反应的进行。

不同温度下湿式氧化效果如图5.1所示。从图中可看出，实现同样的有机物去除率，温度越高，反应所需时间越短，相应地反应容器可以制作得越小。但由于温度过高，需考虑设备的承受能力，实际应用过程不经济，因此实际操作时温度一般控制在150～280 ℃；反应时间越长、温度越高，有机物去除效果越好。温度高于200 ℃时，有机物去除率较高。当温度低于某个限度时，即使延长氧化时间，去除效果也不会显著提高。湿式氧化处理温度一般不低于180 ℃。

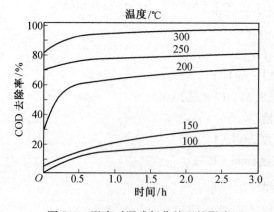

图5.1　温度对湿式氧化处理的影响

2. pH

pH对氧化效果有一定的影响。酸碱度不同，污染物的存在形态可能不同，氧化还原电位也不同。水介质中的自由基反应也与pH有密切关系，pH对不同废水的影响效果不同。

一般可以分为以下几种：

①对有些废水采用湿式氧化法进行处理时，pH 对 COD 的去除存在最大值，研究发现，用湿式氧化法处理有机磷农药废水时，在 pH＝9 时，氧化降解效率最低；当处理含酚废水时，pH 为 3.5～4.0 时降解效果最佳。

②对有些废水，处理效果随 pH 增大而增强。有关研究显示，当 pH＞10 时，采用湿式氧化法降解氨的效果比较显著；对橄榄油和酒厂废水，温度达 130 ℃时，pH 越大，降解效果越好。

③对有些废水，处理效果随 pH 增大而减弱。研究发现，采用湿式氧化法处理有机磷农药废水时，pH 越低，有机磷的水解速率越大。

④在湿式氧化过程中，同时伴有有机物质氧化和中间产物生成，反应体系中的 pH 会不断地发生变化，一般表现为先变小后变大。温度越高，有机物质氧化速率越快，pH 变化越剧烈。因此，pH 可作为反应过程的重要指示参数。

3. 催化剂

催化剂指在化学反应里能改变其他物质的化学反应速率，而本身的质量和化学性质在化学反应前后都没有发生改变的物质。添加适量的催化剂，可以加快湿式氧化反应速率，降低反应的活化能，缩短反应时间。催化剂有的是单一化合物，有的是络合化合物，有的是混合物。催化剂具有选择性，不同的反应所用的催化剂有所不同。通过选择合适的催化剂，可以改变反应过程来实现能力及容量的提高，达到节能与高效的目的。在有催化剂存在的情况下，处理效果明显改善，见表 5.2。

表5.2　催化氧化与非催化氧化效果比较

处理方式	温度/℃	停留时间/min	COD/($mg \cdot L^{-1}$)	去除率/%
湿式氧化法				
乙酸	248	60	5 000	15
苯酚	250	30	1 400	98.5
氨	220～270	60	1 000	5
湿式催化氧化法				
乙酸	248	60	5 000	90
苯酚	200	60	2 000	94.8
氨	263	60	1 000	50

4. 废水中有机物的性质

研究表明，有机物的性质不同，其氧化的难易程度也不同。有机物氧化与其空间结构和电荷性质有关，不同废水中有机物的种类不同，其表观活化能不同，反应所需的活化能不一样，湿式氧化反应进行的难易程度也是有所差别的。

如果有机污染物只由碳、氢、氧三种元素组成，那么其湿式氧化反应的难易程度与分子中碳和氧元素的质量分数呈良好的线性关系，即分子中氧元素含量越低，该有机物的氧化性能越高；碳元素含量越高，该有机物的氧化性越高。对于含有其他取代基的化合物，可以采用校正法（校正相对分子质量）来判断湿式氧化反应的可能性。碳元素在校正后的相对分子质量中占的比例越大，反应越容易发生。醇类和酸类物质（甲酸除外）碳原子数越多，其氧化性越强，反应活性由高到低依次为：$C_1 < C_2 < C_3 < C_4 < C_5 < C_6$，胺类物质不明显。另外，物质

的氧化性与分子异构体有关系,例如醇的异构体稳定性顺序为:正醇>异醇>叔醇。

经过多次研究表明,易于氧化的物质主要包括:脂肪族和卤代脂肪族化合物;无机和有机氰化物;芳香族和含非卤基团的卤代芳香族化合物;芳烃类化合物如甲苯等。难氧化的物质为不含其他基团的卤代芳香族化合物如氯苯和多氯联苯等。

废水中有机污染物的转化过程主要包括:有机污染物首先转化为中间产物,中间产物进一步氧化为小分子化合物两个过程。第一步氧化速率比较迅速,第二步反应通常比较缓慢。研究指出,大分子有机污染物氧化降解生成的甲酸和乙酸能够抑制湿式氧化过程,乙酸是常见的中间产物,因其具有较高的氧化值,很难被氧化,所以容易积累。因此,湿式氧化处理有机废水的效率在很大程度上取决于乙酸进一步氧化的难易程度。

5. 废水的反应热和所需的空气量

湿式氧化也称为湿式燃烧,在系统中主要依靠有机物氧化释放的氧化热来维持反应温度。在氧化过程中单位质量的氧化物产生的热值称为燃烧值。湿式氧化过程还需空气中的氧气,根据废水中 COD 的浓度可计算出所需氧气的量,然后根据氧的利用率进一步计算所需空气量。虽然不同物质和组分的燃烧热值及所需空气量不同,但是它们每消耗单位千克空气所释放的热量基本相同,一般为 $700 \sim 800$ kcal(1 kcal = 4.18 J)。表 5.3 给出了一些燃料和废料的热值和每消耗单位千克空气的热值。

完全去除时,空气的理论值与废水的 COD 浓度之间的关系式为

$$A = 4.3COD(g 空气/L 废水)$$

对应的放热量为

$$H = 4.3COD \times 3.16 = 13.6COD(kg \cdot L^{-1} 废水)$$

表 5.3　某些燃料和废料的热值及每消耗单位千克空气的热值

物料		kJ/g 物质	完全氧化所需的氧化剂		kJ/kg 空气
			kgO$_2$/kg 物质	kg 空气/kg 物质	
燃料	乙烯	50	3.42	14.8	3 375
	草酸	2.8	0.18	0.77	3 642
	氢	142	7.94	34.34	4 141
	碳	33	2.66	11.53	2 839
	燃料油	45	3.26	14.0	3 211
	乳糖	16	11.13	4.87	3 383
废料	亚硫酸盐法纸浆废液	19	1.32	5.70	3 224
	一次沉淀池污泥	18	1.33	5.75	3 174
	半化学法纸浆废液	14	0.96	4.13	3 282
	二次沉淀池活性污泥	15	1.19	5.14	2 956

6. 压力

系统压力对氧化反应的影响并不大,其主要作用为保持反应系统内液相的存在。如果压力过低,大量的反应热用于水的蒸发,这样不仅难以保证反应温度,而且反应器有蒸干的

危险。在一定温度下,总压应高于该温度下的饱和蒸汽压。

　　氧气分压可用来表示反应系统内氧气的含量,所以氧气分压在一定程度上直接影响氧化速率。氧气分压不仅向反应系统提供所需的氧气,而且可以推动氧气在液相的传输。氧气分压产生影响的强弱与温度有关,温度越高,影响程度越不明显。当氧气分压增加至一定值时,它对反应速率和有机物的降解几乎不起作用。反应压力与反应温度之间有一定的关系,表 5.4 给出了通常湿式氧化装置内反应温度与反应压力之间的经验关系。

表 5.4　湿式氧化反应装置内反应温度与反应压力之间的经验关系

反应温度/K	503	523	553	573	593
反应压力/MPa	4.5 ~ 6.0	7.0 ~ 8.5	10.5 ~ 12.0	14.0 ~ 16.0	20.0 ~ 21.0

5.5　湿式氧化设备与工艺流程

1. 湿式氧化的主要设备

　　WAO 在不同的领域有着不同的应用,但基本流程相似。主要包括如下几个步骤:

　　①用高压排液泵将废水送入系统内,空气或氧气与废水混合后,进入热交换器,液体换热后经预热器预热至初始反应温度送入反应器内。

　　②氧化反应在氧化反应器内发生,湿式氧化的核心设备为反应器。随着反应器内氧化反应的进行,反应释放出的热量不断增多,混合物的温度不断升高,直至达到氧化反应所需的最高温度。

　　③氧化后的反应混合物首先经控制阀减压,然后送入换热器,与进水换热后进入冷凝器。液体经分离器分离后分别排放。

　　上述湿式氧化过程主要包括以下几种设备:

　　(1)反应器。

　　反应器是 WAO 设备中的核心部分。WAO 通常处理具有一定腐蚀性的废水,且在高温、高压条件下进行。故对反应器的材质要求较高,内部必须耐腐蚀,具有较好的抗压能力。

　　(2)热交换器。

　　废水进入反应器之前,一般需将其与出水通过热交换器进行热交换,可以提高能源的利用率,基本达到反应所需的温度。故对热交换器要求具有较大的传热面积、较高的传热系数及较好的耐腐蚀性。此外,为了降低能量的损失,热交换器还应具有良好的保温能力。对于含悬浮物少的有机废水,一般采用多管式热交换器;对于含悬浮物多的废水,常采用立式逆流管套式热交换器。

　　(3)空气压缩机。

　　为了减少运行成本,WAO 常采用空气作为氧化剂,当空气进入高温高压的反应器之前,需要通过热交换机升高温度以及通过空气压缩机提高反应所需的压力。一般使用往复式压缩机,可根据反应压力来确定段数,通常选用 3 ~ 4 段。

　　(4)气液分离器。

　　气液分离器是一个压力容器。氧化后的液体经过热交换器后温度降低,液相中的二氧化碳、氧气及易挥发的有机物从液相进入气相逐渐被分离。分离器剩余的液体经过生物处理后排出。

2. 湿式氧化基本工艺流程

根据反应压力和温度、处理对象、设备的类型和数量、组合方式等的不同，WAO 可构成各种处理流程。另外，也可根据运行方式、供氧方式、能量回收的区别，形成各种不同的系统。连续 WAO 的基本工艺流程如图 5.2 所示。

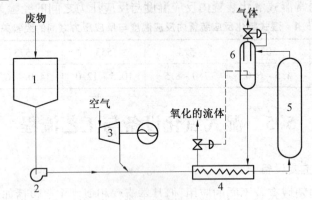

图 5.2　湿式氧化法基本工艺流程图
1—储存罐；2—泵；3—空气压缩机；4—热交换器；5—反应器；6—分离器

含有可氧化废物的废水用高压泵加压至系统压力。空气（或富氧空气）用压缩机增压加入到系统（反应器）中。废水和空气一般通过预热来提高进料温度，可用氧化后的高温出水作为热源进行预热，经热交换器与之逆流间接换热，使进料温度上达到维持反应器中氧化反应所必需的程度。废物从反应器底部进入反应器后，废水中有机物与空气中的氧气发生反应，反应放出的热量使反应器温度逐渐升高，并维持在设定的温度下反应一定时间，使之达到需要的处理程度。反应后，反应器出料中水和非凝性气体在分离器中得到分离。除已氧化的废水外，从分离器下部排出的物料中可能还包括有机残渣和催化剂。从分离器上部排出的物质主要为 $H_2O(g)$、CO_2 和 N_2，可能还有挥发性有机物。

处理水经热交换器与原废水–空气混合液换热冷却，预热进料。系统的压力通过一套专门设计的自动控制阀来调节。在系统初次启动或在需要附加热量的情况下，可直接用蒸汽或燃油作为热源。尾气也可以通过冷却水冷却。然后，处理水和尾气分别排放。如果需要，对尾气还可以进行活性炭吸附或进一步燃烧等处理，以降低碳氢化合物和其他有机物的浓度，处理水可以直接进入生物处理系统或深度处理系统继续处理，以满足排放和回用的要求。

3. 典型的湿式氧化处理工艺

典型的湿式氧化工艺流程如图 5.3 所示。废水经高压泵从储存罐打入热交换器，与反应后的高温氧化液体进行换热，当温度上升至反应温度后进入反应器。与此同时，空气由空压机打入反应器。在高温高压的条件下，废水中的有机物与氧气接触，被氧化生成 CO_2 和 H_2O 以及小分子有机酸等中间产物。反应后的气液混合物经分离器分离，液相经热交换器预热原废水，回收热能。高温高压的尾气首先通过再沸器产生蒸汽或经热交换器预热锅炉进水，其冷凝水经第二分离器分离后通过循环泵再打入反应器，分离后的高压尾气送入透平机产生电能或机械能。在此典型的湿式氧化工艺中，在处理废水的同时，对能量进行逐级利用,减少了有效能量的损失。

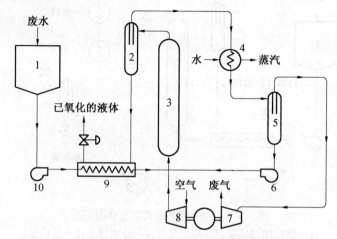

图 5.3　典型湿式氧化工艺流程图

1—储存罐;2,5—分离器;3—反应器;4—再沸器;6—高压泵
7—热交换器;8—空压机;9—透平机;10—循环泵

湿式氧化系统的主体设备为反应器,要求其保温、耐压、防腐、安全外,还要求在反应器内气液接触充分,并具有较高的反应速率,通常采用不锈钢鼓泡塔。

4.湿式氧化改进工艺流程

根据基本工艺流程,采用适当的改进方法,可以得到多种改进的工艺流程,以回收尾气和处理水的压力能和热能等其他能量。图 5.4 为产生电能的湿式空气氧化工艺,图 5.5 为产生蒸汽的湿式空气氧化工艺,图 5.5 表示的是在大约 4 MPa 压力下产生稍微过热的或饱和的蒸汽的过程。这个过程可以和图 5.4 所示的工艺结合起来共同生产电能。图 5.5 中的尾气可通过一个与压缩机相连的膨胀器,此时,尾气中的能量经回收足以满足压缩机所需的部分电能。

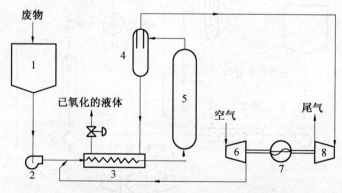

图 5.4　产生电能的湿式空气氧化工艺

1—储存罐;2—泵;3—热交换器;4—分离器
5—反应器;6—空气压缩机;7—发电机;8—涡轮膨胀器

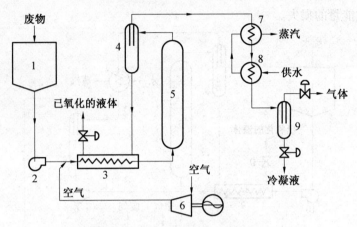

图5.5　产生蒸汽的湿式空气氧化工艺
1—储存罐;2—泵;3—热交换器;4—分离器Ⅰ;5—反应器
6—空气压缩机;7—再沸器;8—加热器;9—分离器Ⅱ

5. 高热量的浓缩废液湿式空气氧化工艺

如图5.6所示为一个高热量的浓缩废物湿式空气氧化工艺流程图,主要用于处理废水中有机物含量大于等于10%的废液。图5.6与图5.1的不同之处在于对反应尾气的能量进行二次回收。首先由废热锅炉重沸器回收尾气的热能产生蒸汽或经热交换预热锅炉进水,尾气冷凝水经过Ⅱ号分离器分离,流入反应器来维持反应器中液相平衡,防止浓废液氧化时,放出大量反应热将水分蒸发、流失。Ⅱ号分离器后的尾气送入透平膨胀产生电能或机械能。系统对能量实行逐级利用,有效能损失减少。回收热能产生的蒸汽由于受反应温度的限制,其实际温度一般不超过288 ℃。然而,可以回收大量热水或低压蒸汽等,以不同的形式进行充分的利用。

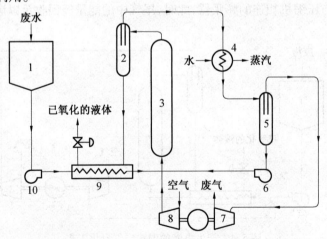

图5.6　高热量的浓缩废液湿式空气氧化工艺流程图
1—储存罐;2—分离器;3—反应器;4—再沸器;5—分离器;
6—循环泵;7—透平机;8—空压机;9—热交换器;10—高压泵

6. 多能级回收的湿式氧化工艺

多级能量回收的湿式氧化工艺流程如图 5.7 所示。该流程的主要特征是能够利用透平机控制温度高于反应器的温度,使此高温压缩空气加热反应尾气,以减少尾气在透平机中的冷凝量,提高透平机的工作效率。为此,空气首先经过反应器中的盘管加热至接近反应温度,然后进入一系列压缩机进一步加热升温,升温后的压缩空气温度比反应器温度高,与反应尾气进行热交换,使尾气达到过热状态。在透平机 I 中,过热尾气膨胀做功。降温后的尾气又被引入反应器盘管加热,然后在透平机 II 中继续膨胀做功。这些高温压缩机运行时所需的能量比室温下运行要多得多,但这些能量可在透平机中进一步回收。透平机 I 与 3 个压缩机共轴,将这些压缩机驱动。该透平机做功也可以驱动发电机或系统中的其他设备。

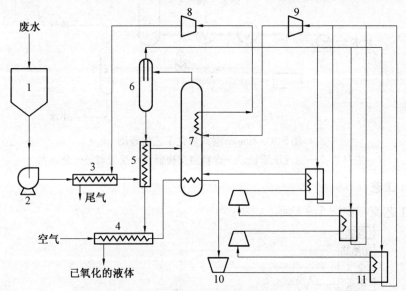

图 5.7　多能级回收的湿式氧化流程
1—储存罐;2—高压泵;3,4,5—热交换器;6—分离器;7—反应器
8—透平机 II;9—透平机 I;10—空压机;11—再热器

上述工艺流程主要围绕能量的回收进行改进。根据反应热等级的差异,具有多种不同的操作方式。另外,针对不同的物料回收要求,还可分为多种回收流程。

7. Zimpro 工艺

Zimpro 工艺是目前应用最广泛的 WAO 流程,如图 5.8 所示。20 世纪 30 年代,F. J. Zimmermann 首先提出 Zimpro 流程,40 年代用于实验室研究,1950 年首次进行工业化运行。到 1996 年,约有 200 套装置用于废水处理。

此工艺使用的反应器为鼓泡塔式反应器,内部完全混合,在反应器的轴向和径向也处于完全混合状态,因而没有固定的停留时间,这就很大程度上限制了其在废水水质要求很高时的应用。在废水处理方面,作为氧化处理技术,Zimpro 流程还不是非常完善,但可以作为有毒物质的预处理方法。废水与压缩空气混合后流经热交换器,物料温度上升至反应温度后,废水由下向上流经反应器,废水中氧化物很快得到氧化,同时反应释放出的热量使混合液体的温度进一步升高。反应器内流出的高温高压液体在热交换器内被冷却。反应过程中回收的热量可用于废水的预热。冷却后的液体经过压力控制阀降压后,在分离器中分离为气、液两相。反应过程中压力通常控制在 2.0 ~ 12 MPa,温度一般控制在 420 ~ 598 K,温度和压力与废水的水质和要求的氧化程度有关。温度为 420 ~ 473 K 时,可用于污泥的脱水,而在473 ~ 523 K 范围内,比较适宜处理生物难降解的废水和活性炭再生。废水在反应器内的平均水力停留时间为 1 h。

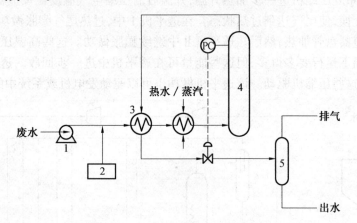

图 5.8　Zimpro 湿式氧化工艺流程图

1—进料泵;2—空气压缩机;3—进料热交换器;4—反应器;5—分离器

8. Oxyjet 工艺

Oxyjet 工艺流程如图 5.9 所示。

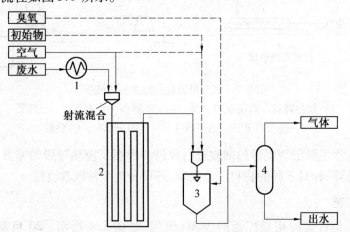

图 5.9　Oxyjet 湿式氧化工艺流程图

此工艺采用射氧装置,在很大程度上提高了两相流体的接触面积,进而提高了氧在液体中的传质速率。在反应系统内,气液混合物流入射流混合器内,经射流装置作用,将液体分散为细小的液滴,实际上产生了大量的气液雾混合物。生成的液滴直径为几微米左右,因此大大增加了传质面积。当气液混合物流过反应管时,有机物能够快速氧化。与传统的鼓泡反应相比,此工艺的优点在于能有效缩短反应停留时间。在反应管之后设有另一反应器,促使反应混合物流出反应器。

很多研究表明,采用射流混合器湿式氧化工艺,处理效率大大提高。Gasso 等研究发现,采用射流反应器和反应管系统,同时加入一个反应室用于辅助氧化,处理醇苯酚溶液。在温度为 573 K,停留时间仅为 2 ~ 3 min,总有机碳降解率可达 99%。通过此实验研究,他还发现,此工艺适于处理农药和含酚废水。

5.6　湿式氧化在水处理中的应用

水热氧化技术可以用来处理大多数高浓度有害废水、回收能量、回收和再生有用物料等。近年来,在此方面进行了很多研究。本节主要介绍几个实际处理废水的例子,包括造纸废水处理、活性污泥处理、染料废水处理、农药废水处理、化工废水处理等。

1. 处理纸浆造纸废水

造纸工艺首先要制浆,把原料变为纤维状,然后进行抄纸。制浆的方法主要有化学法、化学机械法和机械法。制浆完成后还需进行洗涤、漂白等过程。其中制浆过程中会排出大量的高浓度废水,主要含有大量的 SS、COD、BOD、胶体、硫化物、有机酸、树脂酸、酚类物质等。从制浆工序产生的废水颜色深、色度重,又称为黑液。

水热氧化法是处理造纸黑液的一种有效方法。在黑液处理的 WAO 工艺上已展开了众多的研究。有的研究者用臭氧作为氧化剂,在温度为 280 ~ 380 ℃ 下,氧化 COD 浓度为 347 000 mg · L^{-1} 的黑液,结果显示出水面 COD 可降至 2 000 mg · L^{-1} 以下。也有人研究黑液 WAO 氧化工艺的动力学,温度为 120 ~ 180 ℃、进水 COD 为 24 ~ 33 g · L^{-1}、氧分压为 0.3 ~ 1.0 MPa。研究发现,与处理酒厂废水的情形不同,即使在 270 ℃ 的条件下,也没有固体物质生成。在 275 ℃ 和 0.3 MPa 下,COD 去除率最低可达 96%。同时,他们对金属氧化物催化剂进行了深入的研究,不同的催化剂对黑液 WAO 处理的效果不同。结果表明,氧化锡较其他催化剂具有显著地催化效应。

Foussard 对黑液 WAO 处理进行了相关的实验研究。实验温度为 550 ~ 590 K,TOD 为 125 g · L^{-1},干燥残渣为 140 g · L^{-1},CH$_3$COO$^-$ 为 13 g · L^{-1},Na$^+$ 为 24 g · L^{-1},pH 为 11,密度为 1.07 g · cm^{-3}。实验有关结果如图 5.10 所示。

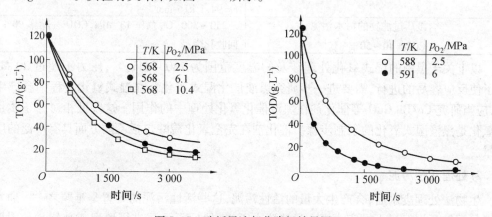

图 5.10　造纸黑液氧化降解效果图

由图 5.10 可知,随着氧分压增大,反应速率逐渐增大,但是变化幅度不大。因纯氧的价格较高,所以在工业上一般不使用纯氧。实验表明,温度是氧化速率的主要决定因素。例如氧化时间均为 25 min,压力为 6.1 MPa 下,温度为 568 K 时 COD 降解率为 67%,而在 59 K 时可达 93%。黑液氧化所需的活化能为 135 kJ·mol^{-1},基本接近丙酸氧化的活化能。这表明,氧化反应的限制步骤为中间产物低相对分子质量有机酸的氧化。出水中乙酸浓度与总有机物浓度(TOD$_E$)之比与 TOD 去除率的关系如图 5.11 所示。

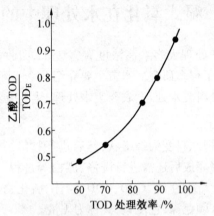

图 5.11　出水中乙酸比例与处理效率之间的变化关系

　　Flynn 研究了湿式氧化处理中化学品和能量回收的问题。在处理适当时,化学品回收率可接近 100%,热效率超过 80%。表 5.5 给出了一些制浆造纸厂废水湿式氧化研究资料。

表 5.5　造纸废水湿式氧化研究资料

废水	处理条件及结果
桉树造纸黑液 COD = 130 g·L^{-1}	300 ℃,总压 20.7 kPa,COD 去除率 99%,化学品回收率 99%,蒸汽回收能量
黑液	40 ~ 90 ℃,氧分压 0.021 MPa
黑液	220 ~ 320 ℃,氧分压 2 ~ 13.6 MPa,活化能 13.4 ~ 135.23 kJ·mol^{-1}
黑液	180 ~ 250 ℃,氧分压 1.2 MPa,活化能 $E = 94.1$ kJ·mol^{-1}
含纸厂过滤物的污水污泥 COD = 40 ~ 50 g·L^{-1}	250 ~ 300 ℃,总压 13 MPa,COD 去除率 90%,回收化学品

　　以上关于黑液的湿式氧化处理涉及的温度范围为 120 ~ 317 ℃,压力不超过 20 MPa。为了使反应容易的进行,需要进一步研究黑液催化湿式氧化。在湿式氧化过程中会产生羧酸,应当研究 Co/Bi、CuO 等催化剂在黑液催化氧化处理中的作用。这些低相对分子质量酸的氧化是黑液湿式氧化的限制步骤。催化剂在完全氧化羧酸包括乙酸方面具有广泛的应用前景。

2. 处理活性污泥

　　生物法处理废水后,会产生大量的活性污泥,这些活性污泥的处置是难题之一。通常的方法是活性污泥经过干燥床或真空过滤脱水干燥,然后干污泥进行填埋或焚烧。采用填埋法在不久的将来会产生新的污染问题且需要较大的污泥处置场地;焚烧法将需要大量的能源消耗费用。

　　湿式氧化法处理城市污泥是湿式氧化最成功的应用领域,目前有一半以上的湿式氧化装置用于处理活性污泥。WAO 可以将活性污泥氧化为无菌、生物稳定、便于填埋和脱水的形式,且污泥量大大减少,处理费用明显降低。WAO 过程中的操作温度和压力很大程度上影响活性污泥的氧化程度,最终的氧化产物也取决于氧化的程度。

在 WAO 处理活性污泥方面,也有大量的基础研究报道,许多研究人员对污泥中一些特定结构物的氧化进行了大量的研究,发现了一些规律性的东西。例如 Teletzke 等用 WAO 处理不同的活性污泥,结果发现淀粉很容易降解;类脂在 200 ℃ 以下难以降解,在 200 ℃ 以上和淀粉一样容易降解;在 200 ℃ 以下,蛋白质和粗纤维比类脂容易降解,而比淀粉难降解。不易被氧化,在 200 ℃ 以上,它们的去除效果比淀粉和类脂都好。在活性污泥的作用下,温度为 150~175 ℃ 时,由于多糖的水解,糖类物质可以被氧化降解。经 WAO 处理后,除粗纤维素以外,其他物质的浓度都较大,且随氧化温度增加而增加。

在低压下,有关湿式氧化研究发现,有机氮可转化为硝酸盐和氨,大部分存在于滤液中;而大部分硫被氧化为硫酸盐,不存在滤液中。在低压下,大部分的固体物质经过干燥后,被分离,仍然以固体形式存在。在低温、低压下,用湿式氧化法处理氯化合物(六氯五价化合物和八氯五价化合物)等被有毒化合物严重污染的城市污泥,有毒化合物去除率可达 99%,表 5.6 为用 WAO 处理活性污泥的例子。

表 5.6　WAO 处理活性污泥的实例

污泥特点	处理条件与效果
活性污泥	$T = 260$ ℃,$p_t = 8.3$ MPa,COD 去除率 80%
活性污泥	$T = 240$ ℃,$p_t = 7.1$ MPa,COD 去除率 90%
COD = 40 mg·mL^{-1},固含量 3%	$T = 270$ ℃,$p_t = 12$ MPa,COD 去除率 75%
COD = 60 mg·mL^{-1},固含量 50%	$T = 149~177$ ℃,$p_t = 12$ MPa,COD 去除率 15%,总固体去除率 7.6%
COD = 618 mg·mL^{-1},总固体量 50%	$T = 100~250$ ℃,COD 去除率 0~83.4%

3. 处理农药废水

随着人口的不断增多,农业生产越来越重要,农药工业的发展已经成为提高农业产量的一个重要的技术手段。在农药生产过程中,会产生大量高浓度、毒性较大、成分复杂的废水,废水中一般含有苯类物质和烃类化合物。通常使用的生物法处理农药废水由于效果不理想,一般不予采用。近年来,对湿式氧化处理农药废水进行了大量实验研究,发现这种方法较生物法具有较高的处理效率。国外研究者对多种农药废水采用湿式氧化法进行处理,当温度为 200~320 ℃ 时,废水中的烃类化合物及卤素化合物具有较为理想的降解效果,去除率可达 99%,多氯联苯、DDT 等氯化物经过湿式氧化处理后,毒性也降低 99%,经过 WAO 处理后,废水的可生化性大大提高,可进一步用生物法处理,使得最终出水达标排放。国内也有很多这方面的相关研究,用 WAO 法处理乐果废水,温度为 220~250 ℃,压力为 7.0 MPa,停留时间为 1 h 左右等条件下,COD 去除率为 40%~45%,磷去除率为 92%~94%,硫去除率为 80%~88%。表 5.7 显示了 WAO 法对农药废水的处理效果。

表5.7　WAO法处理农药废水后的效果

废水类型	工艺条件	污染物质	进水/(mg·L⁻¹)	出水/(mg·L⁻¹)	去除率/%
除草剂	$T=250$ ℃ $t=1$ h	COD	78 200	34 200	55
		副产品	735	<5 ~ 13.3	98.2 ~ 99.3
农药	$T=280$ ℃ $t=1.51$ h 水量54.5 m³·d⁻¹	COD	110 000	5 200	95.2
		DOC	26 600	1 010	96
		马拉硫磷	93.1	0.13	99.9
		地乐酚	37.1	0.186	99.6

　　目前对农药废水的处理主要采用预处理加生化法降解。常用的预处理方法包括吸附法、碱解法、溶剂萃取法、湿式氧化法等,也可采用超声波法和膜分离法预处理农药废水。

　　采用湿式氧化法预处理有机废水时,有机硫氧化为硫酸,为有机磷的降解创造了酸性条件。酸度越大,有机磷的水解越快。水解与氧化反应越彻底,废水中有机磷降解效果越好。除了废水的起始酸度外,影响处理效果的其他因素还包括氧分压、处理温度和催化剂等。表5.8给出了初始pH不同的条件下,湿式氧化处理后有机磷降解率达80% ~ 90%时所需的工艺条件。

表5.8　有机磷农药WAO法处理的条件

初始pH	湿式氧化条件	
	$E_{OP}>90\%$	$E_{OP}>80\%$
2	170 ℃,氧分压大于0.4 MPa,反应1 h	170 ℃,氧分压大于0.4 MPa,反应0.5 h
4	170 ℃,氧分压0.7 MPa,催化剂Cu²⁺为50 mg·L⁻¹,反应1 h	170 ℃,氧分压0.7 MPa,催化剂Cu²⁺为50 mg·L⁻¹,反应0.5 h
10	180 ℃,氧分压1 MPa,反应1 h	180 ℃,氧分压0.7 MPa,反应1 h
10	190 ℃,氧分压0.7 MPa,反应1 h	190 ℃,氧分压0.7 MPa,反应0.5 h

　　由表5.8可看出,用WAO法处理此废水时,初始pH越高,达到同样的有机磷去除水平所要求的温度越高,处理时间越长,氧分压也越大。

　　有关研究还发现,有机磷废水经过湿式氧化预处理后,有机废水的可生化性大大提高。表5.9为经湿式氧化处理后废水的可生化性变化情况。

表5.9　湿式氧化前后废水的$BOD_5 COD$值

废水	$BOD_5 COD$	
	处理前	处理后
农药3911合成工艺废水	0.20	0.50
乐果合成工艺废水	0.20	0.50
二甲氧基碳酰氯废水	0.16	0.46
二乙氧基碳酰氯废水	0.18	0.40

　　根据表5.9可看到,经过湿式氧化处理后,废水的$BOD_5 COD$值有较显著的提高,生化性明显高于处理前的废水。

4. 处理酒精废水

制糖工业产生的废糖蜜是生产酒精的重要原材料,糖蜜经稀释后通过酵母发酵,可制得 6%～12% 的乙醇,通过蒸馏可提取乙醇。而酒精回收后的液体(包括酒糟、废洗水和釜馏物)颜色为黑褐色,其体积是所生产酒精的 7～15 倍。该废水组成复杂,其中有机物含量较高(COD 为 60～200 mg·cm^{-3}),要达到出水排放标准,需采用适当的方法进行降解处理。由于在制糖过程中使用 SO_2 作为漂白剂,所以废水中含有较高浓度的硫,如果不稀释,难以生物处理。

目前,处理酒精废水只要有三种方法:直接湿式氧化,然后进行好养处理;浓缩后焚烧;厌氧消化,回收甲烷,然后进行好养生物处理。

Shah 研究用两步方法处理酒厂废水。首先,用湿式氧化法处理废水,在一定程度上使 COD 浓度降低,然后采用生化法进行好养活性污泥处理,他们也研究了活性污泥处理的动力学,使处理效果明显改善。Daga 主要研究了 WAO 法处理酒厂废水的动力学问题。在氧气分压为 0～2.5 MPa,温度为 200 ℃左右,此变化与其他物质的 WAO 法类似,表现出两个阶段,氧化速率为 1 级反应。氧分压大于 1 MPa 时,氧化速率为 0 级反应;氧分压小于 1 MPa 时,氧化速率反应级数在 0.3 和 0.6 之间变化。表 5.10 列出了用 WAO 法处理酒精废水的例子。

表 5.10 WAO 处理酒精废水的实例
($T=205$ ℃,$p_t=2.07$ MPa,pH=5,$t=2$ h)

催化剂	COD 处理效果/(mg·L^{-1})	
	进水	去除率/%
无	3 900	87.60
CeO	4 300	83.60
MnO_2	6 600	86.56
CoO	6 600	86.68
Cr_2O_3	6 600	80.38
V_2O_5	3 800	88.32
Fe_2O_3	6 600	83.90
PtO_2	3 700	92.50
Pt	6 500	82.56
$V_2O_5+Fe_2O_3$	5 200	77.80
$Ce^{4+}+Cr^{3+}+H_2O_2$	10 100	90.50
$Fe^{3+}+Fe^{2+}+H_2O_2$	6 500	94.56
$Fe^{3+}+Fe^{2+}+Cu^{2+}+H_2O_2$	6 300	96.70
$Fe^{3+}+Fe^{2+}+Ni^{2+}+H_2O_2$	6 300	94.30

5. 处理氰化物、氰酸盐和腈废水

氰化物主要来源于电镀工业、金属提炼、炼油厂等废水中。氰化钠用于农业化肥、染料中间体及制药。这些生产废水中含有未反应的氰化物,除了腈以外,在丙烯腈生产中的废水也引起了广泛的注意,因为废水中含有毒性较高的丙烯腈、乙腈、丙烯醛、无机氰化物、硫酸铵和其他高浓度有机物。

处理丙烯腈废水,采用物理和化学方法的目的是减少氰化物和丙烯腈的含量。但是需

要大量的臭氧氧化丙烯腈。而液相中的臭氧会影响微生物的活性,对微生物有毒害作用。所以不适用于后续的生物处理。有文献报道采用生物法处理丙烯腈废水,适宜的浓度必须在 200 mg·L^{-1} 以下。WAO 可以有效地处理氰化物废水如金属电镀和炼焦炉气体洗涤水,氰化物基本完全分解(降解率可达 98% ~ 99%),见表 5.11。

表 5.11　湿式氧化法处理氰化物、氰酸盐及腈废水

废水类型	工艺条件	污染物浓度/(mg·L^{-1})	去除率/%
焦炭厂废水	$T=275$ ℃,$p_t=10.65$ MPa,$t=1$ h,催化剂	丙烯腈 = 390	98.5
		乙腈 = 1 000	98.2
		CN$^-$ = 310	99.3
电镀废水	$T=280$ ℃,$t=1$ h	COD = 29 000	85.0
		CN$^-$ = 19 000	99.7
金属萃取废水	$T=280$ ℃,$t=1$ h	COD = 24 500	87.8
		CN$^-$ = 21 000	99.9
丙烯腈废水	$T=250$ ℃,$p_t=6.9$ MPa,$t=1.5$ h	COD = 4 000	63
		CN$^-$ = 600	99.9
丙烯腈废水	$T=200$ ℃,$p_{O_2}=1.3$ MPa	COD = 12 000	65
		丙烯腈 = 1 300	95
含腈废水	$T=300$ ℃,H$_2$O$_2$	CN$^-$ = 13.1 ~ 2 100	99.8
炼焦炉废水	$T=270$ ℃,$t=1$ h,$p_t=7.3$ MPa	SCN$^-$	97

对处理有毒的废水,WAO 法处理后接生物处理法有较好的经济可行性。第一步,通过WAO 工艺使丙烯腈浓度降低 99.9%,COD 去除率可达 97%。出水中含有高浓度的硫酸铵,可以回收再利用。第二步,出水采用生物处理方法处理。Mishra 采用类似流程处理丙烯腈工厂产生的废水,废水中丙烯腈的浓度为 1 300 mg·L^{-1},乙腈浓度为 480 mg·L^{-1},COD 为1 200 mg·L^{-1}。当温度为 250 ℃、氧分压为 0.69 MPa 时,氧化降解 2 h 后 COD 的去除率为60%;乙腈去除率为 77%;当温度为 225 ℃,反应 4 h 后 96% 以上的丙烯腈被分解;研究中用相对较低的反应温度(小于 250 ℃)保证反应处于动力学控制区。经 WAO 法处理后的废水用水稀释后用活性污泥处理,COD 降解率为 95%,但是废水的颜色是褐色,未发现有明显的降低,可用活性炭脱色处理。通过联合处理(WAO,活性污泥处理,活性炭吸附),出水水质较好(COD 浓度可降低至 40 mg·L^{-1},腈和色素完全去除)。

6. 处理城市污水

高浓度工业废水常采用 WAO 处理,此方法对生活污水的处理相对较少。Fisher 实验进行研究,在两个高压釜之间间歇进行。按照有关规则确定反应时间:升温速率降至 2 ℃3 min 时开始;冷却速率增至 2 ℃ 3 min 时停止;计时时间内的平均值作为工作温度。典型的加热-反应-冷却温度变化曲线如图 5.12 所示。

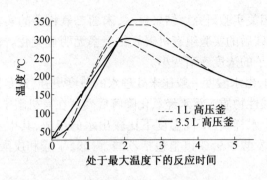

图 5.12　温度随时间变化情况

定义下式

$$R = \frac{780p(V-v)}{vC(273+t)}$$

式中　　R——实验开始时加入反应釜中的空气量；

　　　　p——绝对空气压力；

　　　　V——高压釜体积；

　　　　v——污水体积；

　　　　C——污水 COD 浓度，$\text{mg} \cdot \text{L}^{-1}$；

　　　　t——反应温度，℃。

有机碳的去除效果受温度和停留时间的影响，降解效率随温度和反应时间的增大而逐渐提高。两个高压釜的实验结果无明显不同，沉淀污水和原污水的去除效果基本相同。

为了评价加热-反应-冷却时期的长短，在温度较低时进行实验，结果如图 5.13 所示。由图可见，在 200～250 ℃时，氧化去除率较低，但是阴离子洗涤剂的去除率相对较高。

图 5.14 为不同 R 下的去除率变化情况。图中 COD 去除率的理论线为提供的氧气完全用于氧化污水时 COD 的降解率。随着 R 的逐渐增大，氧气的利用效果逐渐下降。

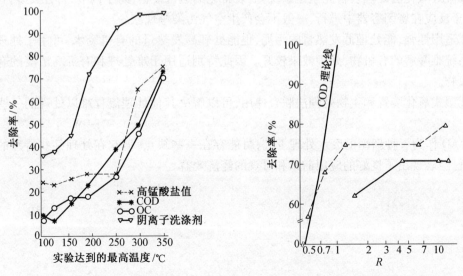

图 5.13　沉淀污泥间歇实验结果　　　　图 5.14　氧浓度对处理效果的影响

为了进一步检验反应生成的二氧化碳对后期反应的影响，在温度为 290 ℃时，反应开始前加入二氧化碳进行相关实验研究。结果显示,未加二氧化碳的实验组有机碳具有较好的去除效果,加入二氧化碳后的实验组有机碳氧化速率无明显变化。但是随着通入二氧化碳量的增多,出水中铬离子的浓度逐渐变小。

受 pH 变化的影响,出水酸度一般比未处理水的酸度更强,这是因为在氧化降解的过程中会产生二氧化碳或酸性物质。污水经氧化降解后残留在有机碳中的低级脂肪酸主要是乙酸。取同一污水的两个水样,在不同温度下比较出水的组成,其中主要为挥发酸与非挥发酸,如表 5.12 所示,挥发酸中 95% 以上包括乙酸、丙酸、丁酸和戊酸,不挥发酸未检测到草酸、戊二酸、乳酸等。

表 5.12　污水氧化后有机碳的分布情况

R	2.5	2.5
最高温度/℃	289	352
有机碳去除率/%	63	92
出水有机碳的组成/(mg·L⁻¹)		
非挥发酸	25.5	8.4
酸性挥发酸	1.8	2.2
中性挥发酸	1.0	0.8
挥发酸	37.8	8.9
合计/(mg·L⁻¹)	66.1	20.3
含碳物总计/(mg·L⁻¹)	87	25

此外,在煤的氧化脱硫方面,WAO 工艺可以减少硫燃烧产生的污染物对环境的危害。WAO 技术不仅可以回收能量,而且还能使低能残余物质转化为可再利用的能源物质。

大量研究及工业应用表明,湿式氧化法是一种处理特殊废水的有效的方法,其在处理废水方面具有以下主要特点:

①反应过程迅速,反应时间一般小于 1 h,而且反应进行得较为彻底,物质剩余量较少。

②湿式氧化法处理装备完全是系统化、装备化的运行设备,易于调节,布置紧凑,管理方便,由于反应在密闭容器中进行,一般不会产生空气污染等现象。

③适用性强,能处理低发热量的污泥,也能处理高发热量的有机废水,可用于处理一般处理系统难降解的有机物,处理效果较好。因此特别适用于难处理和有毒高浓度的有机废水及废物。

④湿式氧化装置和生物处理法联合使用,可以解决其他处理流程难以处理的一些困难问题。

WAO 作为一种新型的废水处理工艺,可能存在一些缺点,但它在处理某些特殊的废水方面,已经表现出了良好的应用前景和可观的经济效益。

第 6 章　电化学氧化处理

6.1　电化学氧化降解水中污染物的方法概述

近年来,随着人们对环境治理方面的研究,电化学作为一种新型环境友好技术,越来越受到人们的广泛重视。废水处理普遍的方法为生物处理,但生物降解有一定的限度,对废水中生物难降解的有机物的去除,可应用电化学方法处理,具有良好的降解效果。随着人们对此方法的研究,对电化学降解过程提出了多种机理解说。

6.1.1　阳极氧化过程及机理

电化学阳极氧化过程可分为直接氧化和间接氧化。

阳极直接氧化过程机理:

阳极直接氧化指污染物在阳极表面氧化后转化为毒性较低的物质或生物易降解的物质,达到消减污染物的目的。有关机理表述为:阳极直接氧化过程中,污染物会吸附在阳极表面,在阳极上通过电子转移实现污染物的氧化去除。研究发现,当有机物浓度较高时可发生阳极直接氧化,实现有机物的降解;当有机物浓度较低时,主要发生阳极间接氧化过程。苯胺在阳极的降解主要是直接氧化,主要通过阳极表面电子转移发生氧化反应,从而有机物逐渐被降解,浓度降低。

阳极间接氧化过程机理:

1. 不可逆过程

在电化学降解污染物的过程中,电极表面产生的活性中间产物如 OCl^-、$OH\cdot$、H_2O_2、O_3 等可参与氧化降解污染物的反应,使污染物进一步去除。

(1)中间产物 OCl^-。

含氯有机废水中氯的主要存在形式是 Cl^-,采用电化学方法处理此废水时,首先将 Cl^- 转化为 Cl_2,Cl_2 溶于水,可生成次氯酸盐,次氯酸盐具有氧化性,可氧化降解有机物。此方法为间接氧化法。此过程主要的反应如下:

$$2Cl^- \longrightarrow Cl_2 \uparrow +2e^-$$

$$Cl_2 + H_2O \longrightarrow HOCl + HCl$$

$$HOCl \longrightarrow OCl^- + H^+$$

在电解处理含氯废水过程中起主要作用的是次氯酸盐,电解产生的氯气和次氯酸盐的间接氧化起主要作用。

研究表明,电解法处理含氯废水时,阳极可发生以下反应:

$$Cl^- \longrightarrow Cl\cdot + e^-$$

$$OH^- \longrightarrow OH\cdot + e^-$$

$$2Cl^- \longrightarrow Cl_2 + 2e^-$$

$$Cl_2 + 2H_2O \longrightarrow HOCl + Cl^- + H_3O^+$$

$$Cl_2 + OH\cdot + e^- \longrightarrow HOCl + Cl^-$$

$$HOCl + H_2O \longrightarrow H_3O^+ + OCl^-$$

电化学过程产生的一系列含氯物质如 Cl_2、Cl^-、OCl^- 与 $OH\cdot$ 具有氧化性,能够共同氧化有机污染物。

(2)中间产物 $OH\cdot$。

羟基自由基 $OH\cdot$ 主要起电化学燃烧作用,能够将有机物完全氧化,此过程不可逆。研究认为,电化学处理高浓度有机废水时发生的是直接氧化降解,在有机物浓度较低时,可与 $OH\cdot$ 发生反应,反应式为

$$H_2O \longrightarrow H^2 + OH\cdot + e^-$$

$$2OH\cdot \longrightarrow H_2O + \frac{1}{2}O_2$$

$$有机物 + OH\cdot \longrightarrow 生成物$$

还有研究者发现,电化学氧化可以发生类芬顿反应,可以产生 $OH\cdot$ 氧化有机污染物,以甲苯为例,有机物的电化学氧化过程也可描述为

$$O_2 + 2H^+ + 2e^- \longrightarrow H_2O_2$$

$$M_{氧化} + e^- \longrightarrow M_{还原}$$

$$M_{还原} + H_2O_2 \longrightarrow M_{氧化} + OH^- + OH\cdot$$

$$OH\cdot + 甲苯 \longrightarrow 苯甲醇 + 苯甲醛$$

$$OH\cdot + M_{还原} \longrightarrow M_{氧化} + OH^-$$

氧气分子在阴极表面发生还原反应,生成过氧化氢,过氧化氢可与还原态金属发生类芬顿反应,生成 $OH\cdot$,达到降解有机物的目的。

(3)中间产物 O_3。

在电化学氧化降解有机物的过程中,阳极表面可产生 O_3,起到氧化降解的作用。有关研究发现,在铅电极上有 O_3 生成,当废水中有微量的强吸负离子存在时,可以提高氧气的析出电位,加速 O_3 的产生。电化学方法生成臭氧的过程为

$$H_2O + O_2 \longrightarrow O_3(aq) + 2H^+ + 2e^-$$

$$3H_2O \longrightarrow O_3(g) + 6H^+ + 6e^-$$

可通过电化学方法在线产生 O_3,比空气放电法产生 O_3 方便。由于 O_3 氧化能力很强,可用于氧化降解水中的污染物,同时起到杀菌消毒的作用。

(4)中间产物 H_2O_2。

氧气在阴极可得到电子,被还原生成过氧化氢。具体反应原理可表述为吸附在阴极催化剂表面的氧气捕获电子后形成 O_2^-,然后再经过逐步反应形成过氧化氢。涉及的反应如下:

$$O_2 + e^- \longrightarrow O_2^-$$

$$H^+ + O_2^- \longrightarrow HO_2\cdot$$

$$HO_2\cdot + O_2^- \longrightarrow HO_2^- + O_2$$

$$2HO_2 \cdot \longrightarrow H_2O_2 + O_2$$

$$HO_2^- + H^+ \longrightarrow H_2O_2$$

H_2O_2 氧化性极强,可快速氧化降解有机污染物。

(5)中间产物 OCl^- 和 H_2O_2 同时存在。

电化学法处理废水,同时生成中间产物 OCl^- 和 H_2O_2,又称为成对电氧化。成对电氧化技术是指利用阴极和阳极的双重氧化作用,同时利用阴极产生的 H_2O_2 和阳极产生的 OCl^- 氧化降解有机物。一般采用石墨作阴极,DSA 作阳极。有关电极反应为

阳极反应

$$2Cl^- \Longrightarrow Cl_2 \uparrow + 2e^-$$

$$Cl_2 + H_2O \Longrightarrow Cl^- + H^+ + HOCl$$

$$HOCl \longrightarrow H^+ + OCl^-$$

阴极反应

$$O_2(g) \Longrightarrow O_2(aq)$$

$$O_2(aq) \Longrightarrow O_2(s)$$

$$O_2(s) + H_2O + 2e^- \Longrightarrow OH^- + HO_2^-$$

2. 可逆过程

(1)电化学转化。

在有氧产生时,在阳极表面发生的氧化过程可分为电化学转化和电化学燃烧。在电解过程中,金属氧化物作为电极形成高价态氧化物时,电化学氧化降解有机物占主导,例如当金属氧化物的电极达最高价态时,将形成 $OH \cdot$,此后降解主要以化学燃烧为主。

电化学转化过程为:

在阳极上,H_2O 与 OH^- 放电形成 $OH \cdot$,具有较强的吸附性。

$$MO_x + H_2O \longrightarrow MO_x(OH \cdot) + H^+ + e^-$$

$OH \cdot$ 与有机物进一步发生电化学燃烧作用:

$$MO_x(OH \cdot) \longrightarrow MO_x + CO_2 + H^+ + e^-$$

氧化物阳极如果能与 $OH \cdot$ 快速发生氧化反应,$OH \cdot$ 中的氧能迅速转移到氧化物阳极的晶格上,形成 MO_{x+1},而阳极上 $OH \cdot$ 的含量较少,那么高价金属氧化物与有机污染物将发生选择性氧化反应,如下式所示:

$$MO_x(OH \cdot) \longrightarrow MO_{x+1} + H^+ + e^-$$

$$MO_{x+1} + R \longrightarrow RO + MO_x$$

上式为可逆的电化学转化过程。在电化学电极表面,有机物的转化及燃烧过程如图6.1所示。

(2)媒介电化学氧化。

媒介电化学氧化是指氧化金属氧化物如 BaO_2、CuO、MnO_2 等还原性物质,在悬浮溶液中,首先氧化为高价态物质,然后这些高价态物质进一步氧化降解有机污染物,其根本是可逆氧化还原电对对有机物的氧化降解。媒介电化学反应的基本原理如图 6.2 所示。

此间接电化学氧化过程对可逆氧化还原电对(媒介 M)有如下四点要求。

①M 要具有一定的产生速率,保证该方法满足处理负荷的要求。

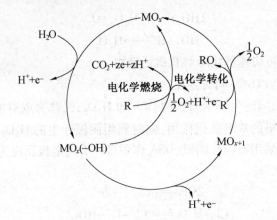

图 6.1　有机物在 MO_x 电极表面转化及燃烧过程示意图

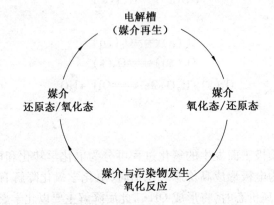

图 6.2　媒介电化学氧化反应基本原理

②吸附在电极上的污染物质非常少,有利于媒介的循环再生。

③M 的生成电位必须远离析氧和析氢电位,保证媒介在循环再生过程中具有较高的电流效率。

④M 对目标污染物选择性较强,反应速率较大。

6.1.2　催化阳极的种类

常用的催化阳极包括石墨、铂铅合金、二氧化铅电极、DSA 及金刚石薄膜电极(BDD)等。常采用铁、镍、铅、铜等导电材料作为电极基体,也可用含铬、镁的高硅铁作基体。下面主要介绍几种常用的电极。

1. SnO_2 电极

SnO_2 电极具有较好的导电性能,电化学性能比较稳定,对有机物降解效率高。相比铂电极和二氧化铅电极,该电极具有较高的析过氧电位,电流效率也较高。

Comninellis 等人对典型的有机污染物苯酚在 $SnO_2-Sb_2O_5|Ti$ 电极上的氧化产物及中间产物进行了研究,发现此电极相对于金属氧化物电极具有更高的电催化活性。分析结果认为,与其他阳极材料不同,苯酚在 $SnO_2-Sb_2O_5|Ti$ 表面发生的电化学氧化无中间产物(苯醌、马来酸等)的富集,苯酚在电化学氧化过程中无二次污染物产生,氧化产物为二氧化碳和水,是较为理想的电化学材料。

有关研究结果表明,$SnO_2|Ti$ 阳极的优越性能比 $PbO_2|Ti$ 高得多。在去除废水中 COD 时,应用 $SnO_2|Ti$ 阳极的能耗为 $40\ kW \cdot h \cdot kg^{-1}$ COD。对苯酚的电化学氧化结果分析,可以得到铂电极和二氧化铅电极降解 TOC 的效果均远低于 SnO_2 电极。此外,在 2-氯酚的电化学降解过程中,虽然 $SnO_2|Ti$ 和 $PbO_2|Ti$ 电极的电流效率相当,但是 $PbO_2|Ti$ 电极氧化降解水中有毒有机物的能力明显不如 $SnO_2|Ti$ 电极,有机废水经 $SnO_2|Ti$ 电极氧化后只存在少量易生物降解的物质。研究还表明,NaCl 对 $SnO_2|Ti$ 阳极的氧化作用几乎没有影响,说明 $SnO_2|Ti$ 电极电解过程析氯很少。与金属铂电极相比,众多有机物电化学氧化的研究结果表明,$SnO_2|Ti$ 阳极对有机物的降解效果是金属铂电极的 5 倍,电流效率是铂电极的 6 倍。表 6.1 显示了 $SnO_2|Ti$ 与铂电极的氧化性能。

表 6.1　$SnO_2|Ti$ 与铂电极的氧化性能比较

有机物种类	初始电化学氧化指数(EOI)	
	p_t	$SnO_2|Ti$
乙酸	0.00	0.09
草酸	0.01	0.05
丙酮	0.02	0.21
蚁酸	0.01	0.05
酒石酸	0.27	0.34
丙二酸	0.01	0.21
乙醇	0.02	0.49
顺丁烯二酸	0.00	0.15

2. 金刚石电极

金刚石电极是一种新型的电极,在电化学传感器、电催化中具有良好的应用前景。利用掺硼金刚石薄膜作为电极材料,而掺硼金刚石薄膜特殊的 sp3 键结构及其具有的导电性,赋予了金刚石薄膜电极优异的电化学特性,如宽的电化学势窗、较好的物理化学稳定性、较低的背景电流以及低吸附特性等。

(1)宽电化学势窗。

电极的析氧电位与析氢电位的电势差值,称为电极的电势窗口。电化学电位窗口是衡量一个电极材料的电催化能力的重要指标,电化学窗口越大,特别是阳极析氧过电位越高,对于在高电位下发生的氧化反应和合成具有强氧化性的中间体更有利。另外,对于电分析性能来说,因为电极上发生氧化还原反应的同时,还存在着水电解析出氧气和氢气的竞争反应,若被研究物质的氧化电位小于电极的析氧电位或还原电位大于电极的析氢电位,在电极达到析氧或者析氢电位前,被研究物质在阳极上得以电催化氧化或者还原,可以较好地分析氧化或还原过程。但若氧化或还原过程在电极的电势窗口以外发生,被研究物质得到的信息会受到析氢或析氧的影响,得不到最佳的研究条件甚至根本无法进行研究。

掺硼金刚石薄膜较宽的电势窗口,特别是较高的析氧电位,可以使得研究较高电位下的氧化还原反应成为可能,如可以通过分析氧化电位来进行有机物质的电分析,研究者已经成功将高析氧电位的特点应用于电分析,如茶碱、生物胺等,而用常规玻璃碳、碳纤维电极,由于高氧化电位的限制,其检测精度非常低甚至无法进行检测。此外,由于金刚石薄膜电极较高的析氧电位,可较高效率地产生强氧化性物质如羟基自由基,羟基自由基具有非常高的活性,能对有机物进行有效"催化焚烧"。表6.2列出了常用电极的析氧电位,可以看出BDD电极具有最高的析氧过电位。

表6.2　常用阳极的析氧电位

阳极	析氧电位/V	电解质环境/(mol·L^{-1})
Pt	1.6	0.5
IrO$_2$	1.6	0.5
石墨	1.7	0.5
PbO$_2$	1.9	1
SnO$_2$	1.9	0.5
Pb-Sn (93:7)	2.5	0.5
TiO$_2$	2.2	1
SiBDD	2.3	0.5

（2）高化学稳定性。

金刚石电极与传统碳电极相比具有很高的稳定性,金刚石为稳定的sp3 结构,通过对电极制作条件的控制,可以在非常低的sp2 浓度下沉积得到金刚石薄膜,这将导致在电极有非常高的电化学稳定性。Comninellis 和他的研究组报道了使用电流密度为30 mA·cm^{-2}的条件下对BDD电极进行极化,在硫酸溶液中氧化异丙醇长达400 h之久,在电极上没有发现侵蚀或失去活性的迹象。在氢氟酸溶液中长时间的电解,金刚石的表面形貌和电化学等特性保持基本不变,O(1 s)C(1 s)率只有稍微改变,电极具有很高的重现性。

（3）低背景电流。

背景电流与电极表面形成电子双电层的电容量有关,金刚石材料电极表面的双电层为几个μFcm^2,与GC 等电极相比要小2 个数量级。关于金刚石电极材料背景电流小的原因有以下几种可能:由于掺杂水平的影响,在费米能级附近具有较小的电子密度,因而对于双电层充放电的贡献较小;金刚石在生长过程中产生不同的生长取向,电极的表面由一系列"微电极"组成,这些分散的原子大小的"微电极"使得整体双电层变小;金刚石表面是 sp3 结构的碳元素,表面 C—O 官能团的贡献对双电层电容很小,没有类似于其他碳电极的法拉第电容。利用金刚石电极的极低背景电流这一特性分析检测氧化还原反应,可得到大大高于其他常规电极的信噪比(SN),此外,背景电流越小则对分析检测的干扰越小,有利于检出限的进一步降低。

（4）低吸附特性。

金刚石对很多化学物种具有吸附惰性,这是金刚石电极又一优异性能。常规铂碳电极由于其自身的特性,在伏安实验中电极表面经常会发生电极"中毒"污染现象,所以为了保持电极的性能须经常对电极表面进行预处理。Swain 和他的研究小组分别研究了在预处理的碳电极、高定向热解石墨电极(HOPG)和金刚石电极表面上苯醌的吸附现象,发现金刚石对苯醌的吸附性能最低。

在一些情况下,虽然检测或氧化过程不需要非常高的电位,但可能会因为在如铂等的贵金属电极的表面覆盖了一层氧化膜而对分析或氧化产生干扰。对于排除这种干扰,使用金刚石作为分析电极也是一种较好的选择。金刚石对于有些物质如苯酚在低电位下可能发生钝化现象，但通过提高电位的方法可以很简便地消除钝化，使电极到达最初的状态。

此外，金刚石对于羟基自由基是一种物理吸附，不与电极表面发生化学反应，因此极化过程中产生的自由基能够更高效率地催化氧化降解有机物，而较少发生析氧副反应。

3. 涂层钛电极

涂层钛电极最早是 1965 年 H. Beer 发明的。把金属电极用于氯碱工业生产的有日本耐用电极公司、中国东莞升瑞资环保科技有限公司。

涂层钛电极问世后，显示出无比卓越的性能，很快在许多电解工业获得广泛应用，给国计民生带来很大好处。

金属氧化物涂层钛电极，按照在电化学反应中阳极析出气体来区分，用于阳极上析出氯气的称为析氯阳极，如钌系涂层钛电极；用于阳极上析出氧气的为析氧阳极，如铱系涂层钛电极。

经过多年工厂生产和研究发现，与传统的石墨电极、铅基合金电极相比，钛电极的优点有：

①阳极尺寸稳定，电解过程中电极间距离不变，可保证电解操作在槽电压稳定的情况下进行。

②可克服石墨阳极和铅阳极溶解问题，避免对电解液和阴极产物的污染，因而可提高金属产品纯度。

③钛阳极工作寿命长，隔膜法生产氯气工业中，金属阳极耐氯和碱的腐蚀，阳极寿命已达 6 A 以上，而石墨阳极仅 8 个月。

④工作电压低，因此电能消耗小，直流电耗可降低 10% ~ 20%；钛电极重量轻，可降低劳动强度。

⑤碱浓度高，可节省加热用蒸汽，节省能源消耗；耐腐蚀性强。

⑥氯碱生产中，使用钛阳极后，产品质量高，氯气纯度高，不含 CO_2；可提高电流密度。

⑦可避免铅阳极变形后的短路问题，因而可提高电流效率。

涂层钛电极的应用：氯碱工业、氯酸盐工业、次氯酸盐工业、高氯酸盐的生产、电解法制造铜箔、过硫酸盐电解、电解有机合成、电解提取金属、电解银催化剂的生产、电解氧化法回收汞、电解水、二氧化氯的制取、医院污水处理、电镀工业、生活用水和食品用具的消毒，发电厂冷却循环水的处理，电解法制取酸碱离子水，钢板镀铬、镀钯、镀金、镀钌，电渗析法淡化海水，产品应用领域涉及化工、冶金、水处理、环保、电镀、电解有机合成及其他电解行业。

现阶段或内钛阳极主要以刷涂为主。这样的电极有非常广泛的应用，钛阳极以其轻巧灵活的制作工艺，又被称为 DSA 阳极，比起同类阳极钛阳极优越性如下：

阳极尺寸稳定，电解过程中电极间距离不变化，可保证电解操作在槽电压稳定的情况下进行。工作电压低，电能消耗小，直流电耗可降低 10% ~ 20%。钛阳极工作寿命长，耐腐蚀性强。可克服石墨阳极和铅阳极的溶解问题，避免对电解液和阴极产物的污染。电流密度高，过电位小，电极催化活性高，可有效提高生产效率。可避免铅阳极变形后的短路问题，提高电流效率。形状制作容易，可高精度化。钛基体可重复使用。低的过电位特性，电极间表面及电极的气泡容易排除，可有效降低电解槽电压。

6.1.3　电化学处理的基本概念

1. 瞬时电流效率(ICE)

衡量一个电化学工艺最主要的指标是电流效率。确定电流效率的方法主要包括:COD方法和氧气流速法。

COD方法中定义 ICE 为

$$ICE(\%) = \frac{COD_t - COD_{t+\Delta t}}{8I\Delta t} FV \times 100\%$$

式中　COD_t——降解时刻 t 时的化学需氧量(COD),$mg \cdot mL^{-1}$;

　　　$COD_{t+\Delta t}$——降解时刻$(t+\Delta t)$时的 COD,$mg \cdot mL^{-1}$;

　　　F——法拉第常量(96 485 C $\cdot$ mol^{-1});

　　　I——电流,A;

　　　V——溶液体积,L。

氧气流速法定义 ICE 为

$$ICE = \frac{V_0 - (V_t)_{\text{有机}}}{V_0}$$

式中　V_0——无有机物存在时电催化产生的氧气速率,$mL \cdot min^{-1}$;

　　　$(V_t)_{\text{有机}}$——在有机物存在的条件下,电催化处理 t 时刻氧气的产生速率,$mL \cdot min^{-1}$。

2. 电化学需氧量(EOD)

电化学需氧量定义如下:

$$EOD = \frac{8(EOI)It}{F}$$

式中　EOD——用电化学氧化有机污染物所需的氧气的量,$mg \cdot mL^{-1}$。

3. 氧化度(χ)

定义式为

$$\chi = \frac{EOD}{(COD)_0} \times 100\%$$

式中　$(COD)_0$——初始溶液中 COD 的浓度,$mg \cdot mL^{-1}$。

4. 电化学氧化指数(EOI)

EOI 主要反映有机物降解的平均电流效率,一般可用来衡量有机物电化学氧化的难易程度。

$$EOI = \frac{\int_0^t ICE dt}{\tau}$$

式中　τ——ICE 接近零时所需的反应时间,min。

5. 平均电流效率(ACE)

电化学反应的平均电流效率可用 TOC 来计算:

$$ACE = \frac{\Delta(TOC)_{实际}}{\Delta(TOC)_{理论}}$$

式中　$\Delta(TOC)_{实际}$——t 时刻溶液中 TOC 的实际去除量;
　　　$\Delta(TOC)_{实际}$——t 时刻 TOC 的理论去除量,它通过 t 时刻的电量与 1 分子有机物矿化所需的电子数之间的关系式得到。

6.2　污染物的电迁移与氧化还原过程

电化学氧化的过程主要是通过阳极氧化反应时,污染物可直接被氧化降解,还可能通过氧化还原反应生成氧化性较强的中间活性物质,进一步氧化污染物,也称为间接氧化。虽然用电化学方法处理废水时,一般不产生其他的污染物质,属于环境友好型的处理方法,但是进行电化学反应时,可能会伴随副反应的发生。例如,有机物降解的同时会发生水的电解反应,这两个反应之间会发生竞争作用,造成电化学效率降低,故提高电化学效率是大势所趋。

针对如何提高电化学效率的问题,近年来研究主要集中在催化活性电极的开发与扩大反应器的有效利用面积上。而在电化学处理过程中,电场的利用及有机物在电场下的迁移很少有人关注。最近的研究逐渐将电动技术引入电化学废水处理中。在阴阳极之间放置超滤膜,将电化学氧化作用与电动作用有效结合起来,其中只有离子性有机物才能自由通过超滤膜,其他物质不能在阴阳极之间自由移动。在阳极室有机物可通过直接或间接氧化作用被降解。

6.2.1　反应器的特征

典型的电迁移-电氧化(EK-EO)处理装置如图 6.3 所示。反应装置包括两套循环系统:储存器和恒流泵,恒流泵主要用来搅拌溶液。阳极室与阴极室之间由超滤膜隔开。阳极为 SnO_2–Sb_2O_5|Ti,阴极为镍板。

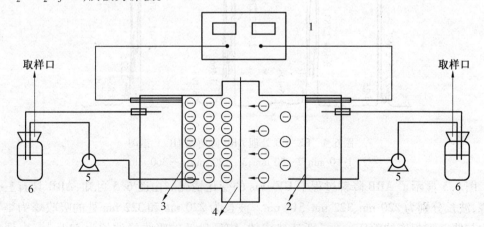

图 6.3　用 EK-EO 处理 ARB 装置示意图

6.2.2　EK-EO 法降解机理

在 EK-EO 方法中,阴阳极用超滤膜隔开后,反应器中的离子发生定向移动,结果带负电的污染物质定向迁移至阳极,发生氧化反应,提高电氧化降解效率。

1. ARB 在阳极室中的降解

酸性红 B(ABR)在阳极室中的降解过程可分别由降解产物的 HPLC 色谱和 UV-Vis 光谱加以说明。有机物在降解过程中会伴有许多中间产物的生成,可利用 HPLC 分析物质的组成。阳极室中 ARB 降解的 HPLC 谱图随时间变化情况如图 6.4 所示。ARB 初始溶液中有一个很高的特征吸收峰,保留时间 $t_R = 3.033$ min。ARB 降解过程中中间产物的吸收峰主要集中在 $3.27 \sim 5.76$ min 之间。值得注意的是,在 t_R 处于 120 min 和 360 min 后,中间产物的吸收峰不断升高,而 ARB 的吸收峰逐渐降低,原因是 ARB 发生电迁移现象,从阴极室进入阳极室,然后迅速氧化成中间产物。尽管这些中间产物可以继续发生氧化反应,但中间产物的生成速率大于降解速率,所以中间产物的吸收峰逐渐升高。

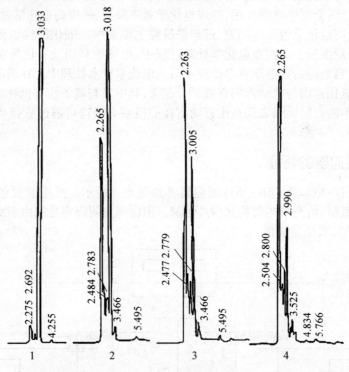

图 6.4　EK-EO 处理 ARB 降解的 HPLC 谱图

1—0 min;2—60 min;3—120 min;4—360 min

图 6.5 显示了 ARB 降解过程中 UV-Vis 的变化情况。由图 6.5 可知,ARB 具有三个吸收峰,波长分别为 220 nm、322 nm、514 nm。波长为 220 nm 和 322 nm 处的吸收峰为染料分子中与偶氮键相连的萘环 $\pi-\pi^*$ 跃迁造成的,能量最低的吸收峰波长为 514 nm,由偶氮键 $n-\pi^*$ 跃迁造成的。ARB 的吸收峰随着时间的延长均呈下降趋势,在 UV-Vis 区域无新的吸收峰出现。

电解过程阳极室中 TOC 和色度的变化情况如图 6.6 所示。开始时阳极室中 TOC 逐渐

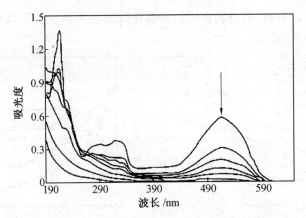

图 6.5　EK-EO 处理 ARB 降解的 UV-Vis 光谱图

升高,在 180 min 时达最大值 39 mg·L^{-1},然后 TOC 逐渐下降,到 360 min 时降至 25 mg·L^{-1}。这是因为在 EK-EO 过程中同时发生电迁移和电氧化,在前 180 min 内,通过电迁移从阴极室进入阳极室的有机物多于在阳极表面矿化的有机物,TOC 不断下降。在 360 min 后,ARB 完全脱色,但是一部分 TOC 仍未降解,说明 ARB 降解产生的中间产物矿化速度较慢。

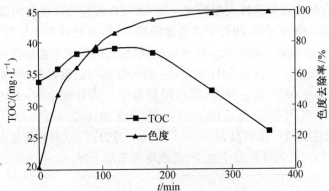

图 6.6　EK-EO 处理过程 TOC 和色度去除情况

综上所述,EK-EO 电迁移电氧化 ARB 的过程机理为:ARB 在阴阳极之间的电迁移过程、阳极表面的电氧化过程及阴极的电化学还原过程。

6.2.3　EK-EO 过程有机物降解的影响因素

1.电解质浓度

电解质浓度不仅影响电化学过程,还影响电迁移电氧化处理效率。如图 6.7 所示为不同电解质浓度对 ARB 降解过程的影响。初始电解质浓度对阴极室中 ARB 的迁移影响较大,如图 6.7(b)所示,当 Na$_2$SO$_4$ 的初始浓度为 0.08 mol·L^{-1} 时,处理 360 min 后阴极室 TOC 去除率只有 10%,而浓度为 0.01 mol·L^{-1} 时,被迁移进入阳极室的 ARB 可达 60%。这表明当一种物质浓度相对于总电介质浓度下降时,在一定电流强度下其电迁移效率会降低。故当被迁移物质相对于溶液中其他物质的量降低时,去除效率会下降。

在一定电流强度下,电解质浓度不断提高的同时电极电势会不断下降。图 6.7(a)表明,随着电解质浓度的升高,有机物在阳极室氧化降解的量越少。所以,低电极电势和低电迁移率导致 TOC 去除率降低。

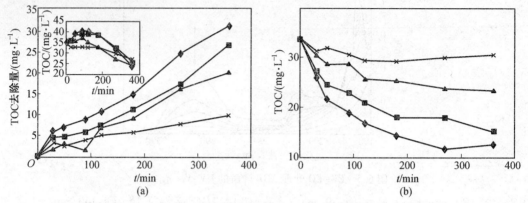

电流密度 4.5 mA·cm^{-2};循环流量 125 mL·min^{-1};Na$_2$SO$_4$ 浓度分别为(—◆—)0.01 mol·L^{-1};
(—■—)0.02 mol·L^{-1};(—▲—)0.04 mol·L^{-1};(—✕—)0.08 mol·L^{-1}

图 6.7　EK-EO 过程电解质浓度对阴极室 a 和阳极室 b 中 TOC 去除效果的影响

2. 电流密度

电流密度对有机物降解有较大的影响。在 EK-EO 过程中阳极和阴极室中 TOC 的变化情况如图 6.8 所示。由图可知,随着电流密度的提高,ARB 迁移进入阳极室的量逐渐增多,阴极室中 TOC 的去除速率不断增大。在高电流强度下,阳极室中被矿化的有机物的量逐渐增多。电流密度的提高可以促进 OH· 的产生,同时提高电迁移的效率,更多的有机物发生电迁移进入阳极室与 OH· 发生碰撞,提高降解效率。当处理 360 min 后,在电流密度为 4.5 mA·cm^{-2} 时,TOC 可被氧化去除。当电流密度为 1.5 mA·cm^{-2} 时,去除量仅为 7 mg·L^{-1}。电流密度的进一步提高,TOC 去除并不一直升高,原因可能是电极电势过高引发电解水的副反应,与有机物降解发生竞争,造成电流效率下降。

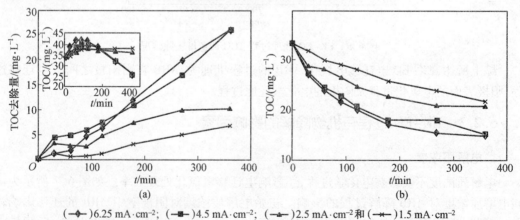

(—◆—)6.25 mA·cm^{-2};(—■—)4.5 mA·cm^{-2};(—▲—)2.5 mA·cm^{-2} 和(—✕—)1.5 mA·cm^{-2}

图 6.8　EK-EO 过程电流密度对阳极室 a 和阴极室 b 中 TOC 去除效果的影响

3. 传质条件与反应时间

在 ARB 为 100 mg·L^{-1}、反应时间为 360 min、电流密度为 4.5 mA·cm^{-2}等条件下,循环

流量在 10 mL·min⁻² 与 185 mL·min⁻¹ 之间变化。如图 6.9(b)所示,当循环流量小于 185 mL·min⁻¹时,传质对阴极室中 ARB 的电迁移影响很小,当循环流量超过 185 mL·min⁻1时,TOC 去除率明显下降,原因是过高的循环流量破坏了 ARB 的电迁移过程。图 6.9(a)和图 6.9(b)显示,过分剧烈的循环搅拌对阳极室的电氧化和阴极室的电迁移有不利的影响。尽管循环流量越高,扩散层越薄,传质效率越高,但会加快污染物与阳极表面生成 OH· 的速率。

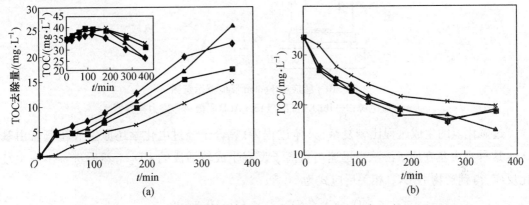

电流密度 4.5 mA·cm⁻²;循环流量分别为:(—◆—)10 mL·min⁻¹; (—■—)75 mL·min⁻¹;

(—▲—)125 mL·min⁻¹　和(—✳—)185 mL·min⁻¹

图 6.9　EK–EO 过程循环流量对阳极室 a 和阴极室 b 中 TOC 去除效果的影响

6.3　感应电 Fenton 对有机物的氧化降解

感应电 Fenton 方法是在电 Fenton 反应器中加入一个铁棒作为阳极,发生电化学反应时,可产生适量的 Fe^{2+} 参与 Fenton 反应。通过感应阳极氧化过程铁与氢离子发生的氧化还原反应可获得 Fe^{2+},不断加入的 Fe^{2+} 可以与电解产生的 H_2O_2 发生反应,进一步产生 OH· 氧化降解有机物。

6.3.1　活性炭纤维(ACF)阴极感应电 Fenton 反应器

图 6.10 为感应电 Fenton 反应器示意图。阳极为 $RuO_2|Ti$ 网状电极,阴极为缚在钛网表面的活性炭纤维毡,$FeSO_4 \cdot 7H_2O$ 作为反应的催化剂,使用前 ACF 电极需用 ARB 吸附达饱和状态,消除 ACF 吸附产生的影响。溶液酸度用 0.2 mol·L⁻¹H_2SO_4 调节,不断向阴极表面通入氧气,使其达到饱和。在阴阳两极板之间固定一根感应铁电极,在电化学反应中作为 Fe^{2+} 的来源。

6.3.2　感应电 Fenton 的反应原理

当 ACF 阴极上的电势为 -0.695 V 时,水中的溶解氧分子在阴极表面可以发生还原反应。在酸性溶液中,氧分子还原后的产物为过氧化氢。有关反应式为

$$O_2 + 2H^+ + 2e^- \longrightarrow H_2O_2 \qquad E^0 = -0.695 \text{ V}$$

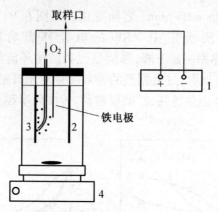

图 6.10　感应电 Fenton 反应器示意图

1—直流电源;2—$RuO_2|Ti$ 阳极;3—ACF 阴极;4—磁力搅拌器

过氧化氢的生成过程比较复杂,具体过程为:氧分子经过电化学还原生成超氧自由基 $O_2^-\cdot$,这种自由基在质子溶液中迅速与氢离子反应生成较活泼的 $HO_2\cdot$,然后进一步发生歧化反应,得到产物 H_2O_2。相关反应式为

$$O_2+e^- \Longleftrightarrow O_2^-\cdot \qquad E^\circ=-0.33 \text{ V}$$

$$O_2^-\cdot+H^+ \Longleftrightarrow HO_2\cdot \qquad pK_a=4.69$$

$$2HO_2\cdot \longrightarrow H_2O_2+O_2 \qquad k=8.3\times10^5 \text{ mol}^{-1}\cdot L\cdot S^{-1}$$

$$O_2^-\cdot+HO_2\cdot+H_2O \longrightarrow H_2O_2+O_2+OH^- \qquad k=9.7\times10^7 \text{ mol}^{-1}\cdot L\cdot S^{-1}$$

总反应方程式为

$$2O_2^-\cdot+2HO_2\cdot+H^++H_2O \longrightarrow 2H_2O_2+2O_2+OH^-$$

在酸性较强的溶液中会促进氧分子的还原反应:

$$O_2+H^++e^- \longrightarrow HO_2\cdot \qquad E^\circ=-0.046 \text{ V}$$

电化学过程产生的过氧化氢进入溶液中会结合 Fe^{2+} 发生 Fenton 反应,方程式为

$$Fe^{2+}+H_2O_2+H^+ \longrightarrow Fe^{3+}+H_2O+OH\cdot \qquad k=63 \text{ mol}^{-1}\cdot L\cdot S^{-1}$$

在感应电极上会产生 Fe^{2+} 离子,主要包括两种方式:

一种是在电解液 pH 为 3.0 左右时,铁电极与溶液中的氢离子发生氧化还原反应生成 Fe^{2+}:

$$Fe+2H^+ \longrightarrow Fe^{2+}+H_2\uparrow$$

电解过程消耗了一部分氢离子,这在一定程度上抑制了由于酸的生成导致的酸性增强。如果 Fe^{2+} 过多会结合 $OH\cdot$ 发生反应,因此,Fe^{2+} 需根据电感反应逐渐加入溶液中。

另一种由感应电化学反应产生。在电场作用下,感应铁电极表面会产生感应电流,其对着阴极的一面带正电,表现出阳极的作用,此时,感应铁电极的这面发生 Fe^{2+} 的阳极溶出反应,反应表达式为

$$Fe \longrightarrow Fe^{2+}+2e^-$$

感应电 Fenton 反应原理示意图如图 6.11 所示。

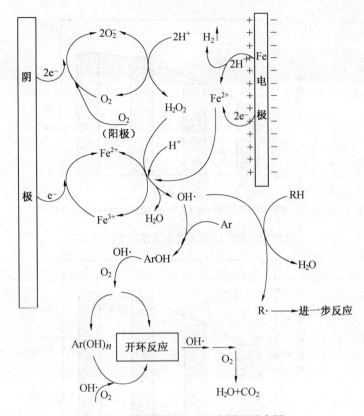

图 6.11　感应电 Fenton 反应原理示意图

6.3.3　感应电 Fenton 反应的影响因素

1. 电流强度

电流强度对感应电 Fenton 去除溶液中 TOC 的影响如图 6.12 所示。由图可知,TOC 去除率随电流强度的提高而逐渐增加。当电流强度由 0.12 A 逐渐增加至 0.5 A 的过程中,TOC 去除率也由 41% 逐渐提高到 83%。这是因为电流强度的不断提高可促进电化学的还原过程,导致产物过氧化氢的浓度及从铁电极表面溶解产生的 Fe^{2+} 增多,进而生成 $OH·$ 的量增多,溶液中的 ARB 分子得到有效的矿化。

2. 感应电极

在感应电 Fenton 过程中,铁电极不断地溶解,产生 Fe^{2+} 参与电 Fenton 反应。因此,铁电极的有效面积直接影响 Fe^{2+} 的产生速率,进而影响 ARB 的降解速率。如图 6.13 所示为不同铁电极面积对 TOC 去除率的影响。由图可知,在无感应铁电极存在时,处理 360 min 后的 TOC 去除率为 45% 左右,随着铁电极有效面积的增加,TOC 去除率也呈现逐渐增加的趋势。当铁电极面积从 0.25 cm^2 逐渐增至 0.76 cm^2,水中 TOC 的去除率从 57% 变为 78%。原因是在酸性溶液中,铁电极有效面积的增加将引起铁电极的溶解速率加快,产生更多的 Fe^{2+} 参与 Fenton 过程。典型的 Fe^{2+} 投加量为 Fe^{2+} 与 H_2O_2 的质量比 1:5~1:12。由理论关系可知,$OH·$ 的生成量正比于 H_2O_2 与 Fe^{2+} 的浓度。故适当提高 Fe^{2+} 的浓度可以促进 $OH·$ 的产生,进而促进有机物的氧化降解。

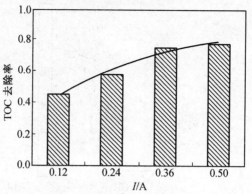

ARB 500 mL/200 mg·L^{-1}; Na_2SO_4 0.05 mol·L^{-1}; pH=3.0

图 6.12　TOC 去除率随电流强度变化的情况

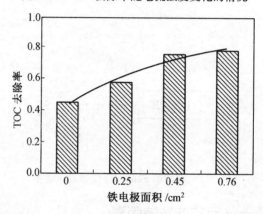

图 6.13　TOC 去除率随铁电极有效面积的变化情况

3. 溶液 pH

溶液 pH 是感应电 Fenton 反应的重要影响因素。图 6.14 为 pH 对感应电 Fenton 降解 ARB 的效果图。由图可得出结论:pH 对感应电 Fenton 反应中 TOC 去除率具有显著地影响,最佳 pH 变化范围为 2～4,pH 为 3 时最佳。pH 的影响原因可解释如下:

溶液 pH 会影响 Fe^{2+} 的溶解速率,pH 越小,Fe^{2+} 的溶解速率越大,相反在中性或碱性溶液中,Fe^{2+} 的溶解量很少,不利于 Fenton 反应的发生;随着 pH 的升高,OH· 的氧化电位逐渐降低。当 pH 为 7.0 时,氧化电位为 1.90 V,而当 pH 为 3.0 时,氧化电位升至 2.70 V 左右。pH 为 3.0 时 OH· 的氧化能力强于 pH 为 7.0 时的氧化能力,故在中性范围内,OH· 具有较弱的氧化能力;pH 较高时,Fe^{2+} 被氧化后生成 $Fe(OH)_3$ 沉淀,此类氢氧化物一般不与过氧化氢反应,因此无 Fe^{2+} 还原产物生成。当溶液 pH 小于 2 时,由于亚铁络合离子的形成,OH· 的产生量减少,导致降解效率降低。此外,当 pH 过低时,H^+ 结合 OH· 作用非常明显,Fe^{3+} 与 H_2O_2 的反应受到抑制。

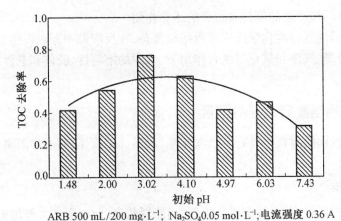

ARB 500 mL/200 mg·L^{-1}; Na$_2$SO$_4$0.05 mol·L^{-1};电流强度 0.36 A

图 6.14　TOC 去除率随溶液 pH 的变化关系

6.4　电化学氧化絮凝水处理方法

6.4.1　电絮凝的基本原理

电絮凝也称为电混凝,处理污水的原理为:金属铝或铁作为阳极电极放置污水中,通直流电,金属阳极发生电化学氧化反应,生成的 Al^{3+} 或 Fe^{3+} 发生水解反应产生胶体物质具有絮凝或混凝作用,其反应机理与化学混凝大致相同。采用金属铝作为电化学阳极时,电絮凝的基本原理如图 4.15 所示。此过程中发生的主要反应如下:

阴极发生的主要反应为水的电解释放氢气的过程:

$$2H_2O+2e^- \longrightarrow H_2 \uparrow +2OH^-$$

阳极主要发生的是铝氧化为铝离子的反应:

$$Al \longrightarrow Al^{3+}+3e^-$$

当溶液显酸性时

$$Al^{3+}+3H_2O \longrightarrow Al(OH)_3+3H^+$$

当溶液显碱性时

$$Al^{3+}+3OH^- \longrightarrow Al(OH)_3$$

阳极还发生水的电解反应:

$$2H_2O \longrightarrow 4H^++O_2+4e^-$$

当污水中含有氯离子时,阳极还发生氯离子的电解和氯气的水解反应:

$$2Cl^- \longrightarrow Cl_2 \uparrow +2e^-$$

$$Cl_2+H_2O \longrightarrow Cl^-+H^++HClO$$

$$HClO \longrightarrow H^++ClO^-$$

当 pH 不断变化时,金属离子及水解聚合产物具有吸附电中和、沉淀网捕和压缩双电层的能力。电极表面释放出的微小气泡可加速颗粒的碰撞过程,当密度较大时会下沉分离,密度较小时将上浮分离,废水中呈溶解态和悬浮态的胶体化合物得以去除。氯离子转化为活性氯的间接氧化及阳极表面的直接氧化具有很强的氧化能力,能够将水中还原性物质和溶解性有机物氧化,阴极产生的氢具有较强的还原作用。

电化学反应器内进行的化学反应过程比较复杂,在反应器中同时发生电絮凝、电氧化及电气浮过程,在混凝、气浮和氧化等联合作用下,水中的溶解性、胶体和悬浮态污染物都可被有效去除。

6.4.2 影响电絮凝过程的因素

影响电絮凝过程的因素主要有溶液电导率、水温、pH 值、阴离子和阳离子的种类和数量等。

1. 溶液电导率

溶液电导率较低时,电流效率也会降低,而能耗较高,此时需加大外加电压补充能耗,然而过高的电压会导致极板发生钝化和极化现象,进而使电絮凝的处理效果降低,处理成本增加。解决此现象的方法是向溶液中加入电解质以提高导电性。一般采用氯化钠作为电解质,也可将污水与一定量的海水混合后进行电解处理。待处理的污水中若含有 SO_4^{2-}、CO_3^{2-} 等离子,能结合 Ca^{2+}、Mg^{2+} 在阴极表面生成沉淀,此沉淀是不导电的化合物,导致电流效率下降。加入的 Cl^- 可消除 SO_4^{2-}、CO_3^{2-} 对电絮凝的不利影响,通常在电絮凝过程中,应控制 Cl^- 的量为阴离子总量的 20% 左右。

综上所述,加入氯化钠电解质一方面可提高水和废水的电导率,降低能耗,另一方面,Cl^- 的加入可消除 SO_4^{2-}、CO_3^{2-} 对电絮凝的不利影响。

2. 水温

当温度在 2～90 ℃之间变化时,有关学者研究了水温对铝阳极溶解过程的影响。研究发现,当温度在较低范围内(2～30 ℃)变化时,铝的电流效率随温度的增加而逐渐升高,且升高幅度较大。当温度高于 60 ℃时,铝的电流效率开始下降。在电解初期和电流密度增大时也出现电流效率增大的现象,原因是随着水温升高,氧化膜逐渐破坏,铝与水的化学作用加强。电流效率降低的原因是在大气孔铝阳极中,由于水化和膨胀作用产生氢氧化铝胶体,胶体之间的空隙逐渐减小,大气孔出现部分封闭现象。

电絮凝过程中电耗与水温的关系见表 6.3。在电流密度为 20 A·m^{-2}、温度为 2 ℃的条件下,电耗为 4 W·h·m^{-3},当温度为 80 ℃时,电耗降至 1.3 W·h·m^{-3}。由此可得出结论:在电流密度相同的条件下进行电凝聚时,升高水温可使处理单位体积水的能耗大幅度降低。

表 6.3 电絮凝过程中电耗与水温的关系

水温/℃	2	10	20	30	40	50	60	70	80
电压/V	4.5	4.3	4.0	2.9	2.65	2.5	2.1	1.8	1.5
能耗/(W·h·m^{-3})	4.0	3.8	3.6	2.6	2.4	2.3	1.9	1.6	1.3

当电解槽工作时间较长时,铝的电流效率与电流密度及水温的研究发现,在电流密度较低的条件下铝阳极发生活化溶解,若电解槽连续工作 200 h 以上时,铝的电流效率保持不变,阳极表面均匀溶解并形成许多点蚀。电流密度继续增大至 50 A·m^{-2}时,经过一段时间稳定后,温度继续升高。电流效率会迅速下降。

在铝的电流效率降低的同时,电极上的外加电压急剧上升,导致溶液发热,引起电能的过量消耗。由于电压的增加产生了铝离子和氧的相互扩散形成了氧化铝。

3. pH

在废水处理过程中,pH 对许多物理化学过程如电化学反应和化学凝聚具有重要的影响。在特定条件下,经过水解、配合或聚合反应,电化学溶解出来的 Al^{3+} 可形成多种形态的聚合物、配合物和氢氧化铝。

Al^{3+} 的单核配位化合物的形成机理为

$$Al^{3+}+H_2O \longrightarrow H^+ + Al(OH)^{2+}$$
$$Al(OH)^{2+}+H_2O \longrightarrow H^+ + Al(OH)_2^+$$
$$Al(OH)_2^+ + H_2O \longrightarrow H^+ + Al(OH)_3$$
$$Al(OH)_3 + H_2O \longrightarrow H^+ + Al(OH)_4^-$$

随着水解时间的增长或 Al^{3+} 浓度的升高,多核配位化合物及氢氧化铝沉淀将出现。当 pH 高于 10 时,水中铝主要存在形式为 $Al(OH)_4^-$,凝聚效果急剧下降,然而当 pH 较低时,电解产物主要以 Al^{3+} 形式存在,主要发挥压缩双电层的作用,几乎没有吸附作用。

当 pH 在 4 ~ 9 之间变化时,电化学产生的 Al^{3+} 及水解聚合产物和多核配位化合物表面带有不同数量的正电荷,可发挥吸附电中和及网捕作用。

加入混凝剂后,溶液 pH 通常会降低。此时一般需加入碱调节出水的 pH。在电絮凝过程中,当进水的 pH 在 4 ~ 9 之间变化时,处理后的废水 pH 会有所升高,原因是阴极有氢气析出,同时有大量的 OH^- 产生。但当进水 pH 高于 9 时,电絮凝出水的 pH 通常会下降。因此,与化学絮凝不同,电絮凝对于处理废水的 pH 具有一定的中和作用。

电絮凝对 pH 的调节过程为

$$2Al+6H^+ \longrightarrow 2Al^{3+}+3H_2 \uparrow$$
$$Al^{3+}+3H_2O \longrightarrow 3H^+ + Al(OH)_3$$
$$Al(OH)_3 + OH^- \longrightarrow Al(OH)_4^-$$

在酸性条件下,氢气和氧气的吹脱作用可将溶液中过饱和的二氧化碳析出,在强酸性条件下,铝发生化学溶解作用,产物氢氧化铝继续溶解,结果引起溶液 pH 上升;当 pH 较高时,Ca^{2+} 和 Mg^{2+} 可与氢氧化铝发生共沉淀,在更高的 pH 条件下,氢氧化铝会结合 OH^-,继续溶解,以上过程可导致溶液 pH 下降。

4. 阴离子的种类和数量

污水中存在的 SO_4^{2-}、Cl^- 及 CO_3^{2-} 可影响电絮凝过程。在电絮凝过程中存在 SO_4^{2-} 时,铝阳极的溶解速率减慢。另外,SO_4^{2-} 可抑制 Cl^- 的活化作用,并且当 $[SO_4^{2-}]/[Cl^-]>5$ 时,铝的电流效率逐渐降低。水中 Cl^- 浓度较高时,电流效率可达 100%,其大小与 Cl^- 含量有关。在电解过程中,Cl^- 会变为活性氯,可杀灭水中的病毒和细菌等,具有明显的消毒效果。

在有 SO_4^{2-} 和 HCO_3^- 存在的溶液中,铝的电流效率降低的同时电极上的电压不断上升。如 HCO_3^- 浓度为 156 $mg \cdot L^{-1}$ 的废水,电解 0.5 h 后,电流效率为 25%,但是电极上的电压变化范围为 15 ~ 68 V。

6.4.3　电絮凝方法的主要电化学参数

一些电化学参数如电流密度、极间距、电极、外加电压以及电极的联结方式等影响电絮凝作用的效能。

1. 电流密度

电絮凝过程中的电流密度决定了金属电极上金属离子的溶出量。对于铁而言,其电化学当量为 1 041 mg·A^{-1}·h^{-1},铝的电化学当量为 335.6 mg·A^{-1}·h^{-1}。

采用电絮凝方法处理废水时,选择最佳电流密度非常重要。电流密度越高,电解槽的容积和电极的工作表面将得到更充分的利用,对电解槽的工作越有利。然而随着电流密度的不断提高,开始出现电极的极化和钝化现象,导致所需电压的增加和电能的损耗,电流效率急剧下降。通常在电凝聚过程中最适电流密度为 23 A·m^{-2}。另外,电流密度的选取应综合考虑温度、pH 和流速的影响,确保电凝聚反应器在较高的电流效率下运行。

金属的电化学溶解主要包括化学溶解和金属的阳极溶解。铁阳极的电流效率接近100%,铝阳极的电流效率可达 130% 左右。但在外加低频声场的作用下,铁电极电流效率也可超过 100%,在 50 Hz 的声场中,铁溶解的电流效率可高达 160%。

反应过程中产生的金属离子浓度可影响电絮凝出水的水质。根据法拉第定律,金属离子的溶出与电量,即电解时间与电流的乘积成正比。通常污染物的去除受临界电量的控制,如表 6.4 所示,当超过临界值后继续提高电流密度时,出水水质不会有明显的改善。

表 6.4　电絮凝净化污染物的临界电量

污染物	去除量	初级净化		深度净化	
		Al^{3+}/mg	E/(W·h·m^{-3})	Al^{3+}/mg	E/(W·h·m^{-3})
细菌	1 000 个	0.01 ~ 0.04	5 ~ 20	0.15 ~ 0.2	40 ~ 80
藻类	1 000 个	0.006 ~ 0.025	5 ~ 10	0.02 ~ 0.03	10 ~ 20
浊度	1 mg	0.04 ~ 0.06	5 ~ 10	0.15 ~ 0.2	20 ~ 40
色度	1°	0.04 ~ 0.1	10 ~ 40	0.1 ~ 0.2	40 ~ 80
氧	1 mg	0.5 ~ 1	40 ~ 200	2 ~ 5	80 ~ 800
硅	1 mg SiO_2	0.2 ~ 0.3	20 ~ 60	1 ~ 2	100 ~ 200
铁	1 mg	0.3 ~ 0.4	30 ~ 80	1 ~ 1.5	100 ~ 200

2. 电极材料

铝和铁通常作为电絮凝的电极材料。铝离子比铁离子具有更好的凝聚效果,但从实用和经济方面考虑,在废水电化学处理中一般使用铁作为电极材料。特别对于去除重金属离子,采用铁作为阳极时费用较低,同时可以获得更好的处理效果。但在饮用水处理中,一般采用铝作为阳极。若采用铁阳极,铁的消耗量要比铝的消耗量高 3 ~ 10 倍,并且经常出现极化和钝化现象。此外,使用 Fe 阳极时要求水在电极之间停留的时间更长。目前在废水处理中普遍使用 A_3 钢板作为电极。若废水中含有较高浓度的 Ca^{2+} 和 Mg^{2+},适宜选取不锈钢作为阴极。

3. 电极连接方式

按照反应器内电极联结的方式,电絮凝反应器可分为单极式电絮凝反应器和双极式电絮凝反应器,如图 6.15 所示。

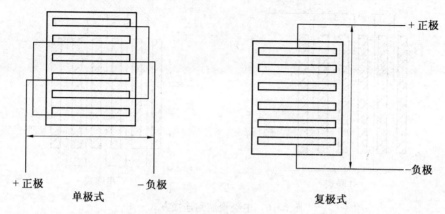

图 6.15　电路两种连接方式

　　在单极式电絮凝反应器中,每一个电极均与电源的一端连接,电极的两个表面均为同一极性,或作为阳极,或作为阴极。而复极式电絮凝反应器与单极式电絮凝反应器不同,仅有两端的电极与电源的两端连接,每一电极的两面均具有不同的极性,即一面是阳极,另一面是阴极。表 6.5 显示了两种电化学反应器的特点。

表 6.5　两种电化学反应器的特点

特点	单极式电化学反应器	复极式电化学反应器
槽内电极	并联	串联
电流	大	小
槽压	低	高
电极两面的极性	相同	不同
电极过程	电极上只发生一类电极反应	一面阳极过程,一面阴极过程
电极的电流分布	不均匀	均匀
对直流电源的要求	低压,大电流,较贵	高压,小电流,较经济
单元反应器欧姆压降	较大	较小
占地	大	小
设计制造	较简单	较复杂

　　采用单极式电絮凝时,电解槽内电极要求并联,槽电压较低而总电流较大,因此电极上电流分布不均匀。对直流电源要求较高,需要提供较大的电流,费用高,另外其占地面积较大,但其设计制造相对比较简单。

　　采用复极式电絮凝时,电解槽内电极要求串联,槽电压较高而总电流较小,电极上电流分布相对比较均匀,所需直流电源要求电流较小,比较经济,设备占地面积小,但其设计制造比较复杂。采用复极式电化学反应器时应该防止旁路和漏电的发生。由于相邻两个单元反应器之间有液路连接,这时电流在相邻的两个反应器中的两个电极之间流过,一方面可能导致中间的电极发生腐蚀,另一方面可能导致电流效率降低。

4. 液路连接方式

　　根据原水通过电凝聚反应器的方式,可分为并联和串联两种液路连接方式,如图 6.16 所示。

　　国内大部分电凝聚采用各极板间水流并联,这样在结构上较为简单,但并联后水流速度大大降低,仅为 $3 \sim 10 \text{ mm} \cdot \text{s}^{-1}$,这样低的流速不利于电解铝离子的迅速扩散及羟基铝絮体

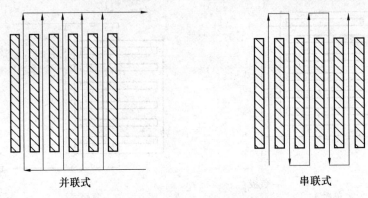

图 6.16 电凝聚液路连接方式

的良好形成和充分吸附。此外,若不能以较高流速的水流及时将电解的铝离子迁移出电极表面的滞流层,还会造成极板钝化、过电位升高、电耗增加等不良后果。因此,采用极板间水流串联,提高水流速度可以提高电凝聚反应器的处理效果,性能相对于水流并联明显改善。但要注意不应使水流速度过高,否则会使已经形成的絮体破碎,也会影响处理效果。因此,可采用流水道部分并联然后串联的方式来保证水流速度。此外,水流串联流动时在电凝聚反应器内温度将升高,所以应综合考虑液路串联、并联的特点,使处理效果达到最佳状态。

6.4.4 电絮凝在废水处理中的应用

在废水处理中一般使用铁作为电极,因为铁电极比铝电极更经济实用。阳极铁溶解后,Fe^{2+}进入溶液,结合 OH^- 生成 $Fe(OH)_2$,$Fe(OH)_2$ 与空气中的氧气接触,形成 $Fe(OH)_3$。反应式为

$$Fe^{2+} + 2OH^- \longrightarrow Fe(OH)_2$$
$$4Fe(OH)_2 + O_2 + 2H_2O \longrightarrow 4Fe(OH)_3$$

$Fe(OH)_2$ 和 $Fe(OH)_3$ 胶体会吸附在污染物的表面,可通过沉淀和过滤方法从水中除去。在水中溶解 1 g 铁相当于加进 7.16 g $Fe_2(SO_4)_3$ 和 2.90 g $FeCl_3$。处理同样的废水并达到相同的出水指标时,电絮凝所需要的金属量比化学凝聚要少得多。

铁电极的电流效率在 90% 以上,电絮凝中 99% 以上的凝聚剂分布在浮渣中,有很微量的铁离子残余在清液中,而且其残留量既不以 Fe^{2+} 的形式存在,也不以 Fe^{3+} 的形式存在,而是介于二者之间。在电解过程中需不断地进行充氧搅拌,一方面可以改善和加快净化过程,另一方面可以减少水中残留的铁离子。

1. 去除重金属离子

重金属离子大多具有毒性,不能用生物方法直接降解。目前常用的去除水中重金属离子的方法有沉淀法、吸附法、离子交换法等。当然,这些方法也存在一些缺点,当水中重金属离子含量较多时,常规方法具有操作复杂、药剂用量大等缺点。而电絮凝法具有操作简单、去除速率快、去除效率高等特点,在重金属离子去除方面是一种十分有效的方法,且不用调节进水 pH。

在处理电镀废水的过程中,采用铝电极,控制 pH 在 4 ~ 8 之间变化。可有效去除 Zn^{2+}、Cu^{2+} 和 Cr(Ⅵ)。Zn^{2+} 和 Cu^{2+} 的去除速率远远高于 Cr(Ⅵ),原因是不同的离子去除机理有所

差别,Cr(Ⅵ)的去除首先在阴极发生还原反应,产物为 Cr^{3+},然后结合 OH^- 生成 $Cr(OH)_3$。而 Zn^{2+} 和 Cu^{2+} 主要通过生成 $Zn(OH)_2$ 和 $Cu(OH)_2$ 共沉淀得以去除。在 pH 大于 8 时,Zn^{2+} 和 Cu^{2+} 的去除率基本保持不变,而 Cr(Ⅵ)的去除率急剧下降。当 pH 在 8~10 之间时,$Cr_2O_7^{2-}$ 溶解为 CrO_4^{2-},去除率明显降低。

采用铁作为电极,在电解过程中阳极铁板溶解会产生还原性的 Fe^{2+}。在酸性条件下可将废水中的 Cr(Ⅵ)还原为 Cr^{3+},反应式为

$$Fe \longrightarrow Fe^{2+} + 2e^-$$

$$3Fe^{2+} + CrO_4^{2-} + 8H^+ \longrightarrow 3Fe^{3+} + Cr^{3+} + 4H_2O$$

在阴极,H^+ 获得电子还原为氢气的同时废水中的 Cr(Ⅵ)直接还原为 Cr^{3+}:

$$2H^+ + 2e^- \longrightarrow H_2 \uparrow$$

$$Cr_2O_7^{2-} + 14H^+ + 6e^- \longrightarrow 2Cr^{3+} + 7H_2O$$

$$CrO_4^{2-} + 8H^+ + 3e^- \longrightarrow Cr^{3+} + 4H_2O$$

从上述反应可看出,随着电解过程的进行,废水中 H^+ 浓度逐渐降低,结果使废水碱性不断增强。在碱性条件下,Fe^{3+} 和 Cr^{3+} 将结合 OH^-,形成 $Fe(OH)_3$ 和 $Cr(OH)_3$ 沉淀。

电解时 Cr(Ⅵ)还原为 Cr^{3+} 的主要影响因素是阳极溶解产生的 Fe^{2+},而阴极直接还原作用是次要的。因此,采用铁作为阳极并在酸性条件下进行电解有利于提高电流效率。

2. 去除污水中的磷

生活污水和工业废水中可能含有大量的磷,如果不及时清理,排放后可能导致水体富营养化。一般使用的除磷方法为化学混凝法。但最近研究发现,电絮凝法去除磷酸盐效果要明显优于化学混凝。当铝与磷的物质的量比大于 1.6 时,电絮凝的除磷效果尤为显著。当水中磷酸盐的浓度超过可利用的 Al 的化学计量比时,磷酸盐的浓度呈线性下降趋势;当磷酸盐浓度进一步降低时,其去除速率变缓,呈指数下降趋势。

电絮凝产生的新生态铝盐的吸附活性极强,通过 Al^{3+} 的水解可生成聚合产物,具有极强的吸附作用,可有效去除磷酸盐。另外,还可能通过形成磷酸盐 $AlPO_4$ 或羟基磷酸盐 $Al_x(OH)_y(PO_4)_z$ 沉淀得以去除。

3. 处理电镀废水

电絮凝在电镀废水处理及回用中,可以克服化学法处理难以解决的问题,不仅能有效去除电镀废水中重金属离子,而且可以降低水中含盐量,使处理后的水能重复循环使用于原工序。经电絮凝法处理后的电镀废水可以达到以下处理效果:Cr<0.001,去除率最大可达100%;Ni<0.005,去除率最大,可达100%;Zn<0.062,去除率可达57%。

4. 处理橄榄油加工废水

橄榄油加工废水中含有果胶、糖、类脂、丹宁和酚类等大量有机物,COD 浓度一般为 100~200 $g \cdot L^{-1}$,BOD 浓度通常在 10~60 $g \cdot L^{-1}$ 之间,颜色为深红色或黑色。废水中因含有多酚类物质,毒性较强,难以采用生物方法加以去除,原因是微生物的活性受到抑制。研究表明,采用电絮凝方法处理该类废水具有良好的降解效果,在 COD = 57.8 $g \cdot L^{-1}$、pH = 4.96、电导率为 11.5 $mS \cdot cm^{-1}$、TS = 45.3 $g \cdot L^{-1}$、多酚浓度为 2.42 $g \cdot L^{-1}$ 等进水水质条件下,采用铝作为电极,电流密度为 75 $mA \cdot cm^{-2}$,电解 0.5 h 后,COD 总去除率为 76%,脱色

率为95%,多酚去除率为91%,单位立方米废水电极消耗量为2.11 kg。处理橄榄油加工废水时,在COD、SS和色度的去除效果上,铝阳极要明显比铁阳极处理效果好。其最佳pH为6左右,停留时间为10~15 min。在弱酸性和中性条件下宜选取铝作为阳极材料,而在碱性条件下通常采用铁作为阳极。

5. 处理染料废水

染料废水的脱色方法包括吸附法、混凝法和化学氧化方法。大部分染料难以进行好氧微生物降解。采用厌氧生物处理时染料分子中的偶氮键被还原成芳胺,具有潜在的致癌作用。采用电絮凝法处理染料废水具有良好的效果,可进行有效脱色,其作用机理包括吸附和沉淀。当pH高于6.5时以吸附为主,在pH较低时则以沉淀为主。新生态的氢氧化铝具有很大的比表面积,能够强烈吸附溶解性的有机化合物,对于胶体颗粒则发挥网捕作用。絮体可通过沉淀或阴极析出的氢气气浮分离。

在pH小于6的酸性条件下,采用铝电极电絮凝时,在COD和浊度的去除上铝电极明显优于铁电极;相反,在中性和碱性介质中,铁电极的处理效果要比铝电极好。在有效去除COD或浊度时,采用铝阳极所需的电流密度为150 A·cm^{-2},而铁电极所需的电流密度相对较小,一般为90 A·cm^{-2}。就去除单位质量COD的能耗而言,采用铁阳极时能耗较低,为铝阳极的90%左右,但铝消耗量较铁少。提高染料的脱色速率的有效方法为提高电流密度和Cl$^-$浓度。

脱色率随着染料初始浓度的提高逐渐下降。采用Kaselco复极式铁电极电絮凝反应器,加入NaCl作为电解质进行染料脱色。在电流密度为159.5 A·cm^{-2}、电压为40 V的条件下,Orange Ⅱ脱色率由初始浓度为10 mg·L^{-1}时的90.4%下降至50 mg·L^{-1}时的55%。残渣经XRD分析,结果表明在碱性条件下主要为Fe_3O_4,酸性条件下主要为$\gamma-Fe_2O_3$。在强碱性条件下生成$\alpha-FeOOH$,在弱碱性条件下则生成Fe_3O_4,反应式为

$$4Fe(OH)_2+O_2 \longrightarrow 4\alpha-FeOOH+2H_2O$$
$$6Fe(OH)_2+O_2 \longrightarrow 2Fe_3O_4+6H_2O$$

染料的种类和电极材料是电絮凝脱色过程的主要影响因素。处理分散染料和活性染料的后的结果表明,电絮凝对活性染料的COD去除效果比较明显,对分散染料的脱色效果较好。在处理活性染料时,采用铁阳极比较有利;对于分散染料,采用铝阳极时脱色效果要优于铁阳极。处理初始浓度为500 mg·L^{-1}的活性染料Rl2S,采用铝阳极时残余色度在25%以上,而采用铁阳极残余色度在10%以下。当处理初始浓度为300 mg·L^{-1}以上的分散染料DO5H时,采用铝阳极残余色度小于5%,采用Fe阳极处理效果不明显。

6. 处理化学机械磨光废水

化学机械磨光废水通常含有大量细小的悬浮物和重金属物质,一般采用物理化学和生物方法处理效果难以达到出水水质要求。采用电絮凝法处理化学机械磨光废水,在0.5 h内99%的铜离子可迅速去除,COD去除率在85%以上,浊度去除率为96.5%,出水COD在100 mg·L^{-1}以下,清澈透明,达到直接排放标准。

化学机械磨光废水在处理前氧化物颗粒粒径分布为68~120 mm,电絮凝处理后,这些细小的胶体颗粒稳定性迅速降低,相互之间发生聚集,粒径分布变为490~141 000 mm,平均粒径为16 800 mm,沉降性能较好。

7. 处理餐饮废水

采用电絮凝处理餐饮废水时,采用铝作为阳极的效果要优于铁阳极,电解时通过的电量为主要的影响参数。采用电絮凝法处理中餐馆、西餐馆和学生餐厅餐饮废水的实验研究表明,最佳电量为每立方米废水 1.6 ~ 10.0 F,适宜的电流密度为 30 ~ 80 A·cm^{-2}。在以上实验条件下,油和脂肪的去除率均高于95%,COD 去除率大于70%,BOD 去除率大于59%,SS 去除率大于84%。每立方米废水铝阳极的消耗量为 17.5 ~ 106.4 g,电耗为 1.5 kW·h。

6.5 电化学氧化技术在水处理中的应用

6.5.1 处理有机污染物

废水中经常含有具有生物毒性的芳香族化合物,利用电化学氧化法可以使之有效去除。电化学氧化法的特点之一是电催化功能,可以选择性地将有机物氧化至某一阶段。下面介绍几种利用电化学氧化法去除有机物的实例。

1. 芳香胺类化合物

芳香胺类化合物毒性较大,能与人体的血红蛋白结合,从而降低输送氧气的能力。其广泛存在于石油、印染、煤炭、橡胶及造纸工业排放的废水中。苯胺作为母体化合物可以发生如下氧化反应:

$$C_6H_5NH_2 \longrightarrow C_6H_5NH_2^+ + e^-$$

在酸性介质中,$C_6H_5NH_2^+$ 可发生聚合反应,在阳极形成一层深绿色的沉积物。在二氧化铅固定床电极反应器中苯胺的降解过程如下:

$$C_6H_5NH_2 + 2H_2O \longrightarrow C_6H_4O_2 + NH_4^+ + 3H^+ + 4e^-$$

$$C_6H_4O_2 + 6H_2O \longrightarrow C_4H_4O_4 + 2CO_2 + 12H^+ + 12e^-$$

$$C_4H_4O_4 + 4H_2O \longrightarrow 4CO_2 + 12H^+ + 12e^-$$

对于苯胺的电化学氧化过程,研究表明,在二氧化铅固定床电极反应器中,反应5 h 后,生成的中间产物以及未发生降解的苯胺占初始反应物总量的90%,而当反应0.5 h 时,它们只占初始反应物总量的一半,这说明随着反应的进行,有大量的中间产物生成。在反应0.5 h 后苯胺的氧化率超过80%,可见在此反应条件下,氧化速率较快。5 h 后苯胺的降解率可达97.5%,其中73%左右的苯胺被彻底氧化为二氧化碳。当电流为 1 A 的条件下,此5 h 内的平均电流效率为12%;当电流升高至 3 A 时,电流效率下降至9%左右。电流效率下降的原因是氧气析出的结果。由上述反应式不难看出,增大 pH 有利于反应向右进行,这与实际运行相符合,反应时间为 0.5 h 时,初始 pH 为11,电流效率为40%。

在碱性溶液中,在阳极铅上苯胺和4-氯苯胺发生的氧化反应呈现出一级反应的动力学特征,在2.5 ~ 3 h 内,初始污染物的降解率可达99%,生成的中间产物也可被彻底氧化降解。反应的化学方程式为

$$C_6H_5NH_2 + 28OH^- \longrightarrow NH_3 \uparrow + CO_2 \uparrow + 16H_2O + 28e^-$$

$$C_6H_5NHCl + 27OH^- \longrightarrow NH_3 \uparrow + 6CO_2 \uparrow + 15H_2O + Cl^- + 26e^-$$

2. 酚类物质

酚是指在芳香环上有一个或多个羟基的化合物,其广泛存在于塑胶、炼油、印染等工业废水中。此类污染物质具有特殊的气味且毒性较大,污水必须经过处理达标后才能排放。常用的处理方法有活性炭吸附法、溶剂萃取、化学法、生物法及电化学氧化法等。对于高浓度的废水采用生物法,由于毒性作用生物活性较低,采用化学氧化法由于氧化剂费用较高,因此人们逐渐开始利用电化学氧化法进行处理。

阳极氧化所选用的阳极材料一般具有较高的析氧超电势,如 TiO_2 | Ti、SnO_2 | Ti、PbO_2 和石墨等,由于电极性质不同,氧化时所采用的酸度条件也不同,酚类物质在氧化时的降解途径、生成的中间产物和副产物也有所差别。研究表明,苯酚在 Pt | Ti 电极上的降解中间产物主要是芳香类化合物,而在 SnO_2-Sb_2O_5 | Ti 电极上的降解中间产物主要为邻苯二酚、苯醌、氢醌、马来酸、草酸等。

对酚在二氧化铅填充床电极点的氧化降解研究表明,动力学主要控制反应起始阶段,随着有机物浓度的下降,逐渐转变为传质控制。在碱性条件下,氧化产物的去除率较高;在酸性条件下,反应进行得更快。在具有 Nafion 阳离子交换膜的反应装置中,主要的中间产物包括马来酸和苯醌,主要的最后产物为二氧化碳,氧化反应基本能够进行彻底。但当酚的浓度较高时,在某种程度上二氧化碳的生成受到抑制。原因是在降解过程中电极表面形成了一层聚合物膜。当电流效率为 20% 或 11% ~ 16% 时,可以通过稳定电压而非稳定电流来提高酚的氧化程度。可以通过升高温度、增大酸度、增加溶解氧等途径来提高二氧化碳的产率。

在阳极氧化时,芳香环上带羟基的化合物在电极表面会形成聚合物膜的性质,一方面阻碍电子转移过程,另一方面增加了机理研究的困难。实际上,在圆筒形 Pt 电极反应器中发生酚的氧化反应时,电极表面会形成一层棕黄色的导电聚合物膜。在高温、高 pH 值、高苯酚浓度及低电流密度的情况下,此现象更为明显。这项发现导致了基于酚盐阴离子和聚氧苯撑膜的反应机制的提出。因为其电化学氧化指数(EOI)与电流无关,所以此过程不受传质限制。为此,有新的说法:反应是由 OH· 向苯环所做的亲电性攻击开始的,此说法很好地解释了 EOI 值随 pH 上升而增加的原因。由于 $C_6H_5O^-$ 比 C_6H_5OH 更容易受到亲电试剂的攻击,因此 $C_6H_5O^-$ 的反应性更强。

现在提出一种假设认为,酚在铂电极表面发生的初期氧化过程是在外 Helmholtz 层简单快速地进行,而进一步的氧化是在内 Helmholtz 层进行,由于电极表面有金属氧化物的生成使得后一步的电荷转移较为困难,导致反应速率下降。在电化学降解双酚-A 的过程中,若有氯离子存在,则会生成氯代芳香族化合物,其毒性较大。如果控制反应条件,也可避免此类物质的生成,得到的产物为短链脂肪酸。

3. 卤代化合物与硝基化合物

许多卤代化合物毒性较大,并且处理费用较昂贵,在处理之前通常需要远距离运输或者储存在合适地点或者进行焚化处理。通过向含有卤代物和硝基化合物的废水中加入阳离子型、阴离子型或非离子型的可形成胶束的化合物来去除毒性。当废水在反应装置中通过 Ti、PbO_2 及碳纤维电极表面时,其毒性大大降低。与不添加表面活性剂时相比,能量消耗降低约 50%。在铂电极表面上 1,2-二氯代乙烷的降解过程表明,采用阳极氧化对有机物脱氯降解是可行的。其降解过程中的产物依次为乙醇、乙醛、乙酸和二氧化碳,氯元素最终转变为氯气和高氯酸。

对卤代有机物也可采用阴极还原的方法脱除。对于氯代烷烃,可发生如下反应:

$$R-Cl+2H^++2e^-\longrightarrow R-H+HCl$$

这类有机物采用阴极还原脱氯具有较好的效果。其优点在于:反应具有很好的选择性;常温下即可发生反应;不需加入化学试剂;经脱氯后的有机物可直接进行生物处理。

另外,可采用阴极脱氯的方法去除氯代芳香族化合物。例如,多氯联苯的脱氯过程如下:

$$C_{12}H_{10-n}Cl_n+nH^++2ne^-\longrightarrow C_{12}H_{10}+nCl^-$$

氯苯酸在阳极很难被氧化,但可在阴极还原为醇或醛后再进行阳极氧化转变为脂肪酸。氯酚类在碳纤维束阴极脱氯时的电流效率变化范围是 $0.4\% \sim 75\%$。

6.5.2　氧化杀菌灭藻

电化学杀菌的机理非常复杂,包括物理、化学和生物等多种作用机制与反应历程,目前对电化学杀菌的机理还不十分清楚,主要包括以下几个方面的作用:

1. 活性自由基的作用

水溶液在电解过程中会产生 $OH\cdot$、$O_2\cdot$ 和 $Cl\cdot$ 等一系列活性自由基,其中对 $OH\cdot$ 自由基的研究比较多。Diao 等对氯、臭氧、Fenton 和电化学的杀菌效果进行了对比研究,发现用氯处理后的细菌细胞基本保持完整性,外形稍微变化;用臭氧处理后的细胞外形变化较大,细胞表面变得比较粗糙,有少量胞内物质渗出;而用 Fenton 试剂处理后的细胞表面严重损坏,大量胞内物质渗漏出来;经电化学处理后的细胞与 Fenton 试剂处理后的细胞相似,大量胞内物质渗出。因此,Diao 等认为电化学处理与 Fenton 试剂一样,起主要杀菌作用的物质是 $OH\cdot$。谷胱甘肽(GSH)作为一种还原性物质能保护细胞免受自由基、烷烃化剂和氧化剂的攻击。当水样中加入 GSH 后,电化学灭活细菌的能力大大下降,说明灭菌的关键在于电解过程产生的大量氧化性物质,特别是在无氯情况下产生的自由基。但是电极材料对自由基的产生影响很大,用 p-亚硝基二乙基苯胺(RNO)测定不同电极材料羟基自由基生成的研究显示,在纯 Ti 电极上无自由基的生成,而在 $TiRuO_2-TiO_2$ 电极上产生的自由基的量比铂电极大。

2. 氯气、次氯酸与次氯酸盐的作用

当电解含氯化物的溶液时,在阳极表面,氯离子发生氧化反应生成氯气,氯气与水接触,进一步生成次氯酸盐,它们都具有杀菌作用。通常电解氯消毒需要使用较大量的氯化物,不过研究发现对海水进行消毒时,在低氯浓度下电化学处理也具有很好的杀菌效果。当氯离子的浓度为 $0.39 \sim 2.13\ mg\cdot L^{-1}$ 时,杀菌率可达 99.4%。因此,电化学消毒的优势在于:电化学消毒方法不需要投加大量的氯,避免了操作过程中可能存在的危险性,使操作变得简单易行。

3. 双氧水的氧化作用

利用 $TiRuO_2$ 作为阳极电解水时,水在阳极表面发生氧化反应,生成氧气,氧气还原后生成双氧水,在不加入任何化学物质的前提下,随着电解时间的延长,产生的双氧水的量逐渐

增大,并且随着电流强度的增大,双氧水的产生量也越大,而双氧水具有较好的氧化杀菌能力。

4.电极表面吸附的作用

近年来对海水、淡水及饮用水的电化学杀菌技术进行了大量的研究,对 ACF、石墨、TiN 及各种导电漆涂制的电极进行了研制。为了进一步了解杀菌机理,有关实验直接将细菌液滴加到石墨电极表面上,10 min 后观察细胞数下降了45%,如果在电极表面覆上透析膜后,再将细菌液滴加在电极表面,10 min 后活细胞数基本不发生变化。因此,电化学杀菌的本质在于:细菌吸附在电极表面,与电极之间不断地进行电子交换,导致细胞内胞内酶 CoA 发生氧化,细菌的呼吸能力被破坏,从而致使细胞死亡。死亡后的细胞从电极上脱落下来,保持了电极杀菌的持续性。由于覆上透析膜的电极仍然能产生双氧水和自由基等氧化性物质,所以杀菌的主要因素不在于这些氧化剂的作用。

总之,电化学杀菌的机理是复杂的,电解过程产生的氧化性物质对细胞具有杀伤作用,电场对细胞膜具有电击穿作用,对细胞代谢功能具有电渗和电泳作用,电极对细胞的吸附氧化性能以及电流对细胞的作用可能是相互的,共同达到杀菌的目的。

在处理饮用水过程中,由于部分藻细胞易穿透絮凝体而破坏絮凝过程,导致出水出现藻污染;由于藻细胞在滤床中生长而导致滤床堵塞,从而干扰过滤过程,缩短过滤运行周期。藻类在代谢过程中会产生三卤甲烷的前驱物质,所分泌的嗅味物质会导致水质出现异味。部分藻类在代谢过程或死亡后能够释放出藻毒素,对各种生物体具有很大的危害性。基于存在的问题,去除并控制藻类物质越来越受到人们的重视。

电化学氧化灭藻反应装置如图 6.17 所示。其中电解池与常用电解池有所区别,阳极采用市售钌钛棒,阴极采用普通镀锌水管,水管外壁敷有绝缘材料,采用直流电源,通过电流表可以准确调节电流大小。在电解池中,阴极区和阳极区没有隔开,而是处于一个槽内。含藻水样的处理为一个开放循环系统,水样通过泵从水管一端进入电解池中,从另一端流出。

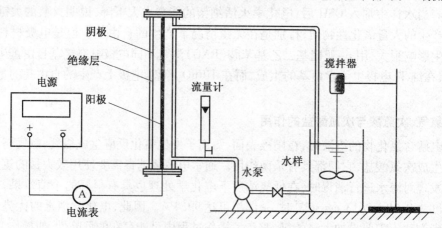

图 6.17　电化学氧化灭藻装置图

电化学氧化灭藻的效能如下:

(1)叶绿素 a 的去除。

蓝藻细胞含有叶绿素 a,具有绿色,还含有藻胆蓝素,具有蓝色,是光合作用的辅助色素。两种颜色混合共同构成了蓝藻细胞的蓝绿色。对处理过程中细胞密度变化的研究发现,处理后期细胞密度下降速率一般比较缓慢,由于一部分细胞从电极上脱落下来,可能会呈现上升趋势,一般不用细胞密度来描述生物量的变化,叶绿素 a 常用来指示藻细胞生物量的多少。为了解处理过程中生物量的变化情况,在不同电流密度、不同时间下,针对铜绿微囊藻(MA)的叶绿素 a 变化状况进行了实验研究,研究结果如图 6.18 所示。结果表明,电流密度为 1 mA·cm^{-2} 时,叶绿素 a 的去除率仅有 9%,电流密度升至 2.5 mA·cm^{-2} 时,叶绿素 a 的去除率逐渐上升,去除率与水力停留时间呈线性相关。去除 52 min 后,去除率可达 80%。

叶绿素 a 的去除与电流密度基本呈正相关,叶绿素 a 的去除率随电流密度增加而逐渐提高。当电流密度为 10 mA·cm^{-2} 时,处理 52 min 后藻类去除率可达 95%,但电流密度继续增大及停留时间的延长,叶绿素 a 的去除效果并未发生明显改善。当电流密度分别为 5 mA/cm^{-2} 和 10 mA·cm^{-2} 时,处理 52 min 后对水中叶绿素 a 的去除效果基本相同。以上结果表明,当电流密度增加至 2.5 mA·cm^{-2} 时,灭藻作用开始出现,而且在较低的电流密度下,若处理足够长的时间也可达到较好的处理效果,去除率可达 95% 以上。

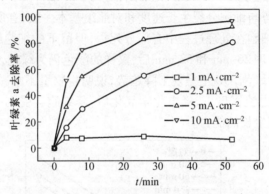

图 6.18　电化学氧化对叶绿素 a 的去除率

(2)细胞密度的变化。

如图 6.19 所示为电化学氧化过程中藻细胞密度变化情况。由图可知,当电流密度为 1 mA·cm^{-2} 时,铜绿微囊藻(MA)细胞密度随时间的变化比较缓慢。此时,极间电压在 2.5~3.9 V 范围内变化,溶液绿色基本不发生变化。当电流密度上升至 2.5 mA·cm^{-2} 时,细胞密度发生明显变化,此时极间电压为 4.5~5.7 V,在前 8 min 细胞密度无太大变化,8 min 后急剧下降,溶液颜色从绿色变为浅绿色,最后变为黄绿色。电流密度为 5 mA·cm^{-2} 和 10 mA·cm^{-2} 时,细胞密度的变化趋势基本相同,3.5 min 后细胞密度开始下降,溶液颜色变化也比较明显,从绿色变为浅绿色,变为黄绿色,最后变为接近无色。但此时溶液中仅部分细胞发生破裂溶解,并没有出现所有细胞都破裂的现象。在显微镜下看到,细胞内的物质发生了变化,色素粒消失了。极间电压随电流密度升高逐渐增加,由 5 mA·cm^{-2} 时的 6.5~7.5 V 变为 10 mA·cm^{-2} 时的 8.4~9.1 V。电化学氧化处理后细胞密度随停留时间的增加而逐渐下降。

(3)藻细胞活性变化。

电化学氧化灭藻后,从藻细胞密度变化的情况可以看出,处理后的水中仍存在大量的藻细胞。这些细胞是否具有活性,能否继续繁殖生长,是人们关注的焦点。为此,研究者将处理后的藻样放入培养箱进行培养,观察细胞密度随培养时间的变化情况,以及藻细胞的颜色

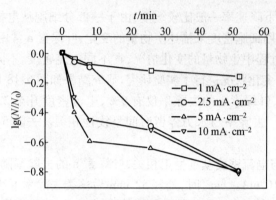

图 6.19　电化学氧化过程中藻细胞密度变化情况

是否发生变化。

　　当电流密度在 1 ～ 10 mA·cm^{-2} 之间变化时,处理后的藻样生长情况如图 6.20 ~
图 6.23 所示。在电流密度为 1 mA·cm^{-2} 时,水样处理 3.5 min 和 8 min 后,藻细胞在 6 d 内
生长状况良好,生长趋势与细胞分裂生长速度和对照组基本一致,有所区别的是 OD 值低于
对照组,这可以说明藻细胞在处理过程中有部分死亡,但留下的细胞继续保持较高活性,可
以正常繁殖。当水样处理 26 min 和 52 min 后,藻样的颜色仍为绿色,但在继续培养过程中,
藻样逐渐从绿色变为黄绿色,OD 值呈现下降趋势,说明生物量不断减少。虽然电流密度很
小,但在 1 mA·cm^{-2} 的电流密度下,经电化学氧化后,藻细胞会受到一定程度的损伤,处理
后的细胞失去继续繁殖生长的能力。

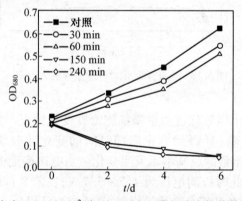

图 6.20　电流密度为 1 mA·cm^{-2} 时,处理后 MA 藻细胞在培养过程中 OD 变化情况

　　当电流密度为 2.5 mA·cm^{-2} 时,水样处理 3.5 min 后,其中的藻细胞能够继续生长繁
殖,但是 OD 值明显低于对照组,说明大部分藻细胞已经失去了生长繁殖能力;处理 8 min
后,OD 值呈现持续下降趋势,表明细胞大部分死亡;而处理 26 min 和 52 min 后的藻样,OD
值基本不发生变化,溶液为无色,藻细胞没有变为绿色,这说明处理后剩余的藻细胞已经完
全失去了活性,无法继续生长。当电流密度升至 5 mA·cm^{-2} 和 10 mA·cm^{-2} 时,处理效果
更加明显,在处理 3.5 min 后,藻细胞已完全失活,培养 6 d 后细胞未出现生长繁殖,溶液由
黄绿色变为无色,原有无色的样品仍保持无色状态。

　　对以上处理后藻样培养结果进行分析可以看出,短时间、低电流处理后的藻细胞仍具有
较高活性,还能继续生长繁殖,但即使是低电流经过长时间的处理,藻细胞也可能失去活性,
不能继续生长。当电流密度增至 5 mA·cm^{-2} 时,藻样处理 3.5 min 后,细胞已经完全失去活

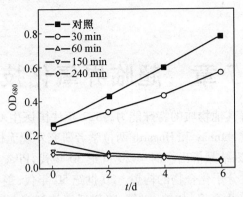

图 6.21　电流密度为 2.5 mA·cm^{-2}时,处理后 MA 藻细胞在培养过程中 OD 变化情况

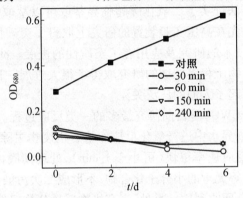

图 6.22　电流密度为 5 mA·cm^{-2}时,处理后 MA 藻细胞在培养过程中 OD 变化情况

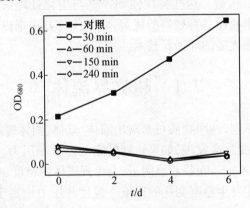

图 6.23　电流密度为 10 mA·cm^{-2}时,处理后 MA 藻细胞在培养过程中 OD 变化情况

性,在培养过程中不能继续生长繁殖。

(4)藻细胞的形态变化。

对处理前后的藻细胞进行 SEM 分析可得到电化学氧化处理后藻细胞的形态变化。分析结果显示,处理前的细胞是相对完整的,而且由于细胞活性较好,大量的分泌物质胶结在细胞表面;但处理后藻细胞的表面明显受到损伤,表面变得相对粗糙,而且从细胞内渗漏出大量的物质,在细胞外可以清楚地看出。这说明细胞壁受到损伤,导致胞内物质流出。这一现象证实,在电化学氧化处理过程中 DOC 不断上升的原因在于胞内物质流出。叶绿素 a 从细胞内渗漏出来,并很快被氧化降解。

第7章 超临界氧化技术

超临界流体具有溶解其他物质的特殊能力,1822 年法国医生 Cagniard 首次发现物质的临界现象,并在 1879 即被 Hannay 和 Hogarth 两位学者研究发现无机盐类能迅速在超临界乙醇中溶解,减压后又能立刻结晶析出。时至 20 世纪 30 年代,Pilat 和 Gadlewicz 两位科学家才有了用液化气体提取大分子化合物的构想。20 世纪 50 年代,美、苏等国即进行以超临界丙烷去除重油中的柏油精及金属,如镍、钒等,降低后段炼解过程中触媒中毒的失活程度。1954 年,Zosol 用实验的方法证实了二氧化碳超临界萃取可以萃取油料中的油脂。70 年代后期,德国的 Stahl 等人首先在高压实验装置的研究上取得了突破性进展,超临界二氧化碳萃取这一新的提取、分离技术的研究及应用有了实质性的进展。80 年代,超临界流体在化学反应工程、食品工程、生物工程等领域的研究取得了很大进展。目前,采用超临界氧化技术处理有机废水的研究引起了人们的广泛关注。

超临界水氧化反应(SCWO)是目前研究最多的一类反应过程。SCWO 是指有机废物和空气、氧气等氧化剂在超临界水中进行氧化反应而将有机废物去除。由于 SCWO 是在高温高压下进行的均相反应,反应速率很快(可小于 1 min),处理彻底,有机物被完全氧化成二氧化碳、水、氮气以及盐类等无毒的小分子化合物,不形成二次污染,且无机盐可从水中分离出来,处理后的废水可完全回收利用。另外,当有机物质量分数超过 2% 时 SCWO 过程可以形成自热而不需额外供给热量。这些特性使 SCWO 与生化处理法、湿式空气氧化法、燃烧法等传统的废水处理技术相比具有独特的优势,对于传统方法难以处理的废水体系,SCWO 已成为一种具有很大潜在优势的环保新技术。

7.1　超临界流体

根据温度和压力的不同,纯净物质可呈现出液体、气体、固体等不同的状态,如果提高温度和压力,来观察状态的变化会发现,如果达到特定的温度和压力,会出现液体与气体界面消失的现象,该点称为临界点。在临界点附近,会出现流体的密度、黏度、溶解度、热容量、介电常数等所有流体的物性发生急剧变化的现象。温度和压力均高于临界点时的流体,称为超临界流体。

超临界流体中液体与气体分界面消失,即使提高压力也不能液化,气体处于非凝聚状态。超临界流体的物性同时具有液体与气体的性质。它基本上仍是一种气态,但又不同于一般气体,是一种稠密的气态。其密度比一般气体要大两个数量级,与液体相近。它的黏度比液体小,但扩散速度比液体快(约两个数量级),所以有较好的流动性和传递性能。它的介电常数随压力而急剧变化(如介电常数增大有利于溶解一些极性大的物质)。另外,根据压力和温度的不同,这种物性会发生变化。

7.1.1 超临界流体的特点

由于以后所有的讨论都将涉及超临界流体(SCF),因此,应充分理解临界状态的含义。Rowlinson 对临界状态作了以下几点简要的说明:

①对单组分两相系统,在临界点时,有 $-\left(\dfrac{\partial p}{\partial V}\right)_T = 0$,故其等温压缩率的值较大。由相律可知,在恒定温度下,只要有两相存在,那么压力为定值。相似的,由于 $\dfrac{T}{C_P} = \left(\dfrac{\partial T}{\partial S}\right)_P = 0$,那么在恒压下,热输入系统不会引起温度的升高,这只在某一定量的液体蒸发时存在,否则意味着定压热容为无穷大。但是等容热容却是定值,因为在等容下加热,蒸汽压及温度都在升高,$\dfrac{T}{C_V} = \left(\dfrac{\partial T}{\partial S}\right)_V > 0$。所以在临界点,其状态为 p_C 和 T_C 时,$-\left(\dfrac{\partial V}{\partial p}\right)_T$ 和 C_P 均为无穷大。当 $-\left(\dfrac{\partial V}{\partial p}\right)_T = 0$ 时,因局部密度实际上不再受到压力的限制,即局部密度可在大于分子间距的距离内紊乱地涨落,而密度的涨落会导致强烈的光散射,造成目测的临界现象——临界乳光的出现。

②临界状态具有许多不平常的性质。临界点处于气液两相的端点,对这一类的反常性质可用平均场近似理论加以描述。而更深层次的反常性质,则需用热力学理论来描述,在实际工作中经常遇到的是一般流体,或称经典流体,临界区属于非经典流体,具有特异性。Albright 等提出了比较严格的从临界区到非临界区的跨接理论,但在实际应用中存在缺点,使用不方便。

③在近临界点处,非热力学性质也表现出反常。如黏度测量变得比较困难,但其值基本保持恒定,有时具有很小的波动。热导系数发散性较强,扩散速率接近于零。介电常数和折射率对非极性流体没有临界反常性,或者其反常性在实验检测的范围之内。

④在超临界状态中,临界点的发散或反常性还会存在,但这将呈衰减趋势。如在临界点 p_C 和 T_C 时,等温压缩率为无穷大,但随着 $\dfrac{T}{T_C}$ 值的增加,其值又逐渐下降。在 $1 < \dfrac{T}{T_C} < 1.2$ 的范围内,等温压缩率的值比较大,说明压力对密度变化比较敏感,这已成为 SCF 有价值的特性之一,即适度的改变压力就会导致 SCF 的密度有显著变化,借此来调节 SCF 的溶解能力。

近几年,超临界流体技术引起了人们的广泛关注,主要是因为它具有许多不可替代的特性。比如,超临界流体分子的扩散系数比一般液体高 10~100 倍,利于传质和热交换。超临界流体的另一重要特点是可压缩性,温度或压力较小的变化可引起超临界流体的密度发生较大的变化。大量的研究表明,超临界流体的密度是决定其溶解能力的关键因素,改变超临界流体的密度可以改变超临界流体的溶解能力。

7.1.2 超临界流体的选择

在超临界流体技术应用研究方面,最重要的是超临界流体的选择。所选择的化学物质必须具备以下几个条件:

①临界温度接近于室温或者接近于反应操作温度,过高和过低都不适合。

②化学性质稳定对装置没有腐蚀性。

③临界压力要低,以便减少动力费,使成本尽可能降低。

④溶解度要求较高,以减少溶剂循环量;操作温度要低于被萃取物质的分解、变性温度。

⑤要求选择性较高,以便能够制得纯度较高的产品。

⑥价格便宜,易于获取。

表7.1给出了几种常见的超临界流体。其中最为常见的是二氧化碳和水。作为超临界流体二氧化碳和水被广泛应用的主要原因在于它们的环境效应。二氧化碳和水比人工合成的化学物质环境负荷小,无可燃性、毒性较小,且广泛存在于自然界中。因此二氧化碳和水代替有机溶剂作为反应介质已成为清洁生产的重要研究项目,并逐渐受到人们的广泛关注。另外,在温度和压力的调节下,它们的介电常数、密度、溶解度、离子积等物理性质可在较大的范围内变化。所以,只用一种介质就可以起到多种介质的作用。

表7.1　几种常见超临界流体的临界点

物质种类	分子式	临界密度/$(g \cdot cm^{-3})$	临界温度/℃	临界压力/MPa
甲醇	CH_3OH	0.272	239.4	8.09
乙醇	C_2H_5OH	0.276	243.0	3.65
水	H_2O	0.322	374.3	22.05
甲苯	$C_6H_5CH_3$	0.292	318.6	4.11
二氧化碳	CO_2	0.468	31.0	7.37

在40 ℃、8 MPa的条件下,二氧化碳已成为超临界状态。超临界二氧化碳对低沸点化合物和氟化合物的亲和力较大,同时具有将物质扩散到很小空隙中的能力。与一般条件下的二氧化碳气体不同,超临界二氧化碳具有萃取性能,说明在超临界二氧化碳中,萃取物质具有一定的溶解性。虽然超临界二氧化碳的操作条件温和,易于实现,便于控制,但很难使化合物发生分解,所以多作为反应介质和萃取介质用于物质材料的制造过程。

与此相反,在水的超临界状态下,有机化合物易发生分解。虽然超临界水氧化法操作复杂、经济利用程度不高,但水从室温到临界状态的变化过程中,介电常数可在78.38到2.23之间变化。因此超临界水可溶解有机物,为有机物和植物的热解、废物和废水的超临界氧化提供了良好的环境,且在此过程中,随着溶解度降低,无机盐可实现自动化分离。

7.1.3　超临界流体的应用

物质在超临界流体中的溶解度,受压力和温度的影响很大。可以利用升温、降压手段(或两者兼用)将超临界流体中所溶解的物质分离析出,达到分离提纯的目的(它兼有精馏和萃取两种作用)。例如在高压条件下,使超临界流体与物料接触,物料中的高效成分(即溶质)溶于超临界流体中(即萃取)。分离后降低溶有溶质的超临界流体的压力,使溶质析出。如果有效成分(溶质)不止一种,则采取逐级降压,可使多种溶质分步析出。在分离过程中没有相变,能耗低。如超临界流体萃取(SFE)、超临界水氧化技术、超临界流体干燥、超临界流体染色、超临界流体制备超细微粒、超临界流体色谱和超临界流体中的化学反应等,但以超临界流体萃取应用得最为广泛。很多物质都有超临界流体区,但由于二氧化碳的临界温度比较低(304.1 K),临界压力也不高(7.38 MPa),且无毒,无臭,无公害,所以在实际操作中常使用二氧化碳超临界流体。如用超临界二氧化碳从咖啡豆中除去咖啡因,从烟草中脱除尼古丁,从大豆或玉米胚芽中分离甘油酯,对花生油、棕榈油、大豆油脱臭等。又例如从红花中提取红花甙及红花醌甙(治疗高血压和肝病的有效成分),从月见草中提取月见草油(对心血管病有良好的疗效)等。使用超临界技术的唯一缺点是涉及高压系统,大规模使用时其工艺过程和技术的要求高,设备费用也大。但由于它优点甚多,仍受到重视。超临界流体密度很大,具有溶解性能。在恒温变压或恒压变温时,体积变化很大,改变了溶解性能,故可用于提取某些物质,这种技术称为超临界流体萃取。

在超临界水中,易溶有氧气,可使氧化反应加快,可将不易分解的有机废物快速氧化分解,是一种绿色的"焚化炉"。

由于超临界流有密度大且黏稠度小的特点,可将天然气转化为超临界态后在管道中运送,这样既可以节省动力,又可以增加运输速率。

超临界二氧化碳黏稠度低、扩散性高、易溶解多种物质,且无毒无害,可用于清洗各种精密仪器,亦可代替干洗所用的氯氟碳化合物,以及处理被污染的土壤。

超临界二氧化碳可轻易穿过细菌的细胞壁,在其内部引起剧烈的氧化反应,杀死细菌。

利用超临界流体进行萃取,将萃取原料装入萃取釜,采用二氧化碳作为超临界溶剂。二氧化碳气体经热交换器冷凝成液体,用加压泵把压力提升到工艺过程所需的压力(应高于二氧化碳的临界压力),同时调节温度,使其成为超临界二氧化碳流体。二氧化碳流体作为溶剂从萃取釜底部进入,与被萃取物料充分接触,选择性地溶解出所需的化学成分。含溶解萃取物的高压二氧化碳流体经节流阀降压到低于二氧化碳临界压力进入分离釜(又称解析釜),由于二氧化碳溶解度急剧下降而析出溶质,自动分离成溶质和二氧化碳气体两部分,前者为过程产品,定期从分离釜底部放出,后者为循环二氧化碳气体,经过热交换器冷凝成二氧化碳液体再循环使用。整个分离过程是利用二氧化碳流体在超临界状态下对有机物有特异增加的溶解度,而低于临界状态下对有机物基本不溶解的特性,将二氧化碳流体不断在萃取釜和分离釜间循环,从而有效地将需要分离提取的组分从原料中分离出来。

超临界水具有非常强的极性,可以溶解极性极低的芳烃化合物及各种气体(氧气、氮气、一氧化碳、二氧化碳等),能够促进扩散控制的反应速率,具有重要的工程意义。

目前,在超临界水中研究最多的一类反应是以空气为氧化剂,通入有机废物进行氧化反应,即超临界水氧化法(SCWO)。其结果是有机废物被完全氧化成二氧化碳、氮气、水及可以从水中分离的无机盐等无毒的小分子化合物,达到净水的目的。

7.2　超临界水

所谓超临界水,是指当气压和温度达到一定值时,因高温而膨胀的水的密度和因高压而被压缩的水蒸气的密度正好相同时的水。此时,水的液体和气体便没有区别,完全交融在一起,成为一种新的呈现高压高温状态的液体。

7.2.1　超临界水的性质

水的临界温度为 374.3 ℃,临界压力为 22.05 MPa,在此温度和压力之上称为超临界区,低于该温度和压力则称为亚临界区。温度和压力其一达到或超过水的临界点,而另一个仍低于临界点的高温高压状态也称为亚临界状态。对亚临界状态的温度下限和压力下限目前尚无明确规定。水的存在状态如图 7.1 所示。

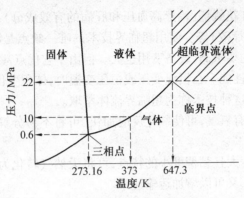

图 7.1　水的存在状态图

通常条件下,水是极性溶剂,可以溶解包括盐类在内的大多数电解质,对气体和大多数有机物则微溶或不溶,水的密度几乎不随压力变化而改变。但是,当水处于超临界状态时,这些特性似乎都发生了改变。

1. 密度

通过改变温度和压力可以将超临界水的密度控制在气体和液体之间。而离子积、黏度、介电常数等其他性质均随密度增加而增加,扩散系数随密度增加而减小。

水的密度随温度和压力的变化情况如图 7.2 所示。通过密度图可以确定达到一定密度所需的温度和压力。由图可知,在超临界条件下,温度的微小变化将引起超临界水密度的变化,表现为大幅度减小。当压力变化较小时,水的密度值可大幅度增加。随着密度的不断增大,许多物质在超临界水中的溶解能力也逐渐增大。除了极性溶质以外,许多非极性化合物(如烷烃、二氧化碳、氮气、氧气等)也可以任何比例混溶于水中,这时的超临界水同时具有极性与非极性溶剂的溶解性能。

2. 溶解度

超临界水不但能与有机物质和非极性物质(如烃类)完全互溶,也能与空气、二氧化碳、氮气、氧气等完全互溶。但是在超临界水中无机盐类等无机物的溶解度很低。例如,在 500 ℃、25 MPa 条件下,在 100 mL 的超临界水中,Na_2SO_4、$NaCl$ 和 KCl 的溶解度约为0.01 g,通常状况下 $CaSO_4$ 和 $CaCl_2$ 的溶解度比较小,但是在常温下 $NaCl$ 的溶解度质量分数可达37%。超临界水具有超长的传质特性、溶解能力和可压缩性,已普遍认为它是一种活性较大的反应介质。

超临界水与普通水的溶解能力见表 7.2。

表 7.2　超临界水与普通水的溶解能力

溶质	超临界水	普通水
气体	易溶解	微溶或不溶
无机物	微溶或不溶	大部易溶解
有机物	易溶解	微溶或不溶

3. 介电常数

介电常数的变化可引起超临界水溶解能力发生变化。在标准状态(25 ℃,0.101 MPa)下,由于氢键的作用,水的介电常数较高,可达78.46。水的介电常数与温度和密度有关,介电常数随密度的增大而增大;随温度的增大而逐渐减小。例如,在 600 ℃、24.6 MPa的条件下,超临界水的介电常数为 10.5。而在 400 ℃、41.5 MPa 时其值变为 1.2。介电常数随温度和密度的变化情况如图 7.2 所示。常温常压下极性有机物的介电常数值类似于超临界水的介电常数值。在高温下,由于水的介电常数很低,水很难阻止离子间的静电作用力,因此溶解态的离子多以离子对的形式出现。在此条件下,水的性质更接近于非极性溶剂,这在一定程度上解释了它能溶解非极性有机物的原因。

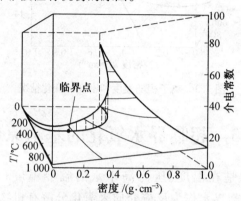

图 7.2　介电常数随温度和密度的变化情况

4. 黏度

通常条件下,水的黏度系数为 1.0×10^{-3} Pa・s;超临界状态下,水的黏度系数则会降低。例如,在超临界态 1 000 ℃时,即使水的密度为 1.0 g・mL^{-1},水的黏度系数也比较小,仅有 4.0×10^{-5} Pa・s。可以看出,此时水的黏度系数与通常条件下的空气接近。这使得溶质分子在超临界水中的扩散变得极为容易。图 7.3 显示了黏度随温度和密度的变化情况。在较大的密度范围内,温度对黏度的影响作用比较小。水的等容黏度在低密度时,随温度增加而上升;在高密度时,随温度增加而下降。溶质扩散系数会影响超临界水的化学反应速率。从实际的应用出发,如果已知水的黏度和溶质分子的直径,那么可以大致估计出双分子的扩散系数。

5. 离子积

在标准状态下,水的离子积为 10^{-14},超临界状态下水的离子积比正常状态下大 8 个数量级,即中性水中的氢离子浓度和氢氧根离子浓度比正常条件下同时高出约 10 000 倍。离子积与温度和密度的关系如图 7.3 所示。由图可知,密度的影响较大。水的离子积随密度的升高而逐渐增大。在远离临界点时,温度对密度的影响较小,离子积随温度的增大而增大;当靠近临界点时,随着温度的升高,水的密度迅速下降,导致离子积减小。因此在温度为 1 000 ℃、密度为 1 g・cm^{-3}的条件下,离子积增加至 10^{-6}。实验研究发现,温度为 1 000 ℃、密度为 2 g・cm^{-3}时,水的导电性能良好,是优良的电解质溶液。

安德里亚指出,超临界水具有两个显著的特性。一是具有极强的氧化能力,将需要处理的物质放入超临界水中,充入氧和过氧化氢,这种物质就会被氧化和水解。有的还能够发生自燃,在水中冒出火焰。另一个特性是可以与油等物质混合,具有较广泛的融合能力。这些特点使超临界水能够产生奇异功能。

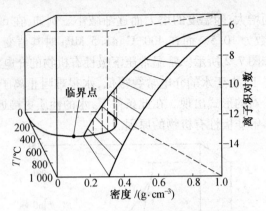

图 7.3　离子积随温度和密度的变化情况

7.3　超临界水氧化的基本原理

超临界水氧化技术是在温度、压力高于水的临界温度（374.3 ℃）和临界压力（22.1 MPa）条件下，以超临界水作为反应介质来氧化分解有机物。在超临界水氧化过程中，由于超临界水对于有机物和氧气都是极好的溶剂，因此有机物的氧化可以在富氧的均相中进行，反应不会因相间转移而受限制。同时较高的反应温度也使反应速率加快，在很短的反应停留时间内，有机物的去除率可以达到99.99%以上。在氧化过程中，有机污染物中的C、H 元素最后转化成二氧化碳和水；N、S、P 和卤素等杂原子氧化生成气体、含氧酸或盐；在超临界水中盐类以浓缩盐水溶液的形式存在或形成固体颗粒而析出，超临界流体中的水经过冷却后成为清洁水。因而，超临界水氧化技术是在不产生有害副产物的情况下彻底有效降解有机污染物的一种新方法。

从理论上讲，SCWO 技术适用于处理任何含有机污染物的废物：高浓度的有机废液、有机蒸汽、有机固体、有机废水、污泥、悬浮有机溶液或吸附了有机物的无机物；废水中的有机物和氧化剂（O_2，H_2O_2）在单一相中反应生成 CO_2 和 H_2O；出现在有机物中的杂原子氯、硫和磷分别被转化为 HCl、H_2SO_4 和 H_3PO_4，有机氮主要形成 N_2；在超临界水的氧化环境中不产生 N_2O。因此 SCWO 过程无需尾气处理，不会造成二次污染。另外，当废水中的有机物浓度大于2%时，可利用反应放出的热维持过程的热平衡，从而实现自热反应。有机废物在超临界水中进行的氧化反应，概括地可以用以下化学方程式表示：

$$有机化合物+氧化剂（O_2，H_2O_2）\longrightarrow CO_2+H_2O$$

$$酸+NaOH \longrightarrow 无机盐$$

自由基反应机理认为自由基是由氧气进攻有机物分子中较弱的 C—H 键产生的。

$$RH+O_2 \longrightarrow R· +HO_2·$$

$$RH+HO_2· \longrightarrow R· +H_2O_2$$

过氧化氢可进一步被分解成羟基：

$$A+H_2O_2 \longrightarrow 2HO·$$

A 可以是均质界面，也可以是非均质界面。在一定的反应条件下，过氧化氢也可发生热解反应，生成羟基。羟基的亲电性能较强，几乎能与所有的含氢化合物发生作用。

$$RH+HO\cdot \longrightarrow R\cdot +H_2O$$

以上产生的自由基 R· 能与氧气发生反应生成过氧化自由基。然后过氧化自由基能进一步结合氢原子生成过氧化物。

$$R\cdot +O_2 \longrightarrow ROO\cdot$$

$$ROO\cdot +RH \longrightarrow ROOH+R\cdot$$

过氧化物通常不稳定,一般分解生成分子较小的化合物,这种反应比较迅速,产物直至生成甲酸或乙酸为止。甲酸或乙酸最终还转化为二氧化碳和水。

值得注意的是,不同的氧化剂如氧气或过氧化氢的自由基引发过程是不同的。但一般认为自由基获取氢原子的过程为速度控制步骤。

7.4　超临界水氧化反应动力学

超临界水氧化反应动力学是超临界水氧化技术的一个重要组成部分。研究动力学一方面可以用来认识超临界水氧化本身的反应机理,另一方面,也可作为过程控制、工程设计及技术经济评价的基本依据。国内外对超临界水氧化反应的动力学进行了大量专门的研究和述评,其中研究对象包括甲烷、苯酚和乙酸等。

目前,超临界水氧化反应的动力学研究主要集中在宏观动力学层次上。利用基元反应可以帮助解释宏观动力学的研究结果。在宏观动力学的研究中,描述反应规律一般有两种方法:反应网络法和幂指数方程法。

7.4.1　宏观动力学

1. 反应网络法

反应网络法的基础是一个简化了的反应网络,其中包括中间控制产物生成和分解步骤。初始反应物一般经过以下三种途径进行转换,即直接氧化为最终产物;先生成不稳定的中间产物;先生成相对稳定的中间产物等。中间产物进一步反应生成最终产物的过程可以包括许多平行反应、连串反应等。

在反映网络法的研究中,比较关键的一步是中间产物的确定。通过湿式空气氧化和超临界水氧化的研究结果,对比不同有机反应的动力学参数等措施,学者们提出了不同反应系统的中间控制产物。例如在亚临界条件下,挥发性有机酸的氧化活化能明显高于其他氧含量较低的化合物,乙酸的氧化活化能高达 $167.7\ kJ \cdot mol^{-1}$。所以将其作为湿式氧化中难氧化的中间控制产物。

2. 幂指数方程法

在动力学方程式中,幂指数方程法只包含反应物和产物,不涉及中间产物,其动力学方程式为

$$-\frac{dc}{dt}=k_0\exp(-E_a/RT)[M]^a[O]^b[H_2O]^c$$

式中　　[M]——反应物的浓度,$mol \cdot L^{-1}$;

　　　　[O]——氧化剂的浓度,$g \cdot L^{-1}$;

E_a——反应的活化能，kJ·mol^{-1}；

t——时间，s；

k_0——指前因子；

a、b、c——反应级数。

在动力学方程式中，过去的研究大部分报道，反应物的反应级数，$a=1$，对氧的反应级数，$b=0$。但也有观点不同者认为 $a\neq1$，$b\neq0$；他们认为还需做更多、更精确的实验，对反应级数加以论证，然后得出结论。而对式中 $[H_2O]^c$ 一项，由于反应系统中存在大量的水，尽管水作为反应物质参与反应，但其浓度变化很小，所以可将 $[H_2O]^c$ 合并到 k_0 中去。这样在上式中就省去 $[H_2O]^c$。因此，可将上式改写为

$$-\frac{dc}{dt}k[M]^a[O]^b$$

$$k=k_0\exp(-E_a/RT)$$

式中　　k——反应速率常数。

7.4.2　超临界水氧化反应途径

在超临界水氧化反应中，有的学者认为有机物的反应途径如图 7.4 所示。

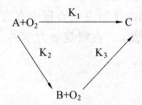

图 7.4　有机物的反应途径

其中，A 为初始反应物及不同于 B 的中间产物，B 为中间控制产物，C 为氧化后的最终产物。超临界水中游离自由基反应途径如图 7.5 所示，研究发现，HO_2 是超临界氧化过程中的一个重要的自由基，HO_2 的反应速率常数与 HO_2 的热力学数据对一些动力学模型的预测起重要的作用。

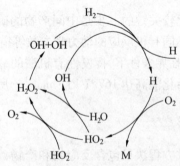

图 7.5　超临界水中游离自由基的反应途径

目前，在超临界水氧化反应中，反应物 A 主要包括三类：含氮化合物、含氯化合物及碳氢化合物。

1. 含氮化合物

研究已证实氨气通常是含氮有机物的水解产物,一氧化二氮是氨气继续氧化的产物。氮气为主要的氧化最终产物。在温度较高的条件下,如 $560 \sim 670$ ℃时生成的一氧化二氮比氨气多,低于 400 ℃时,主要生成氨气或铵盐。氨气的氧化活化能为 $156.8 \, \text{kJ} \cdot \text{mol}^{-1}$。在低温下,N 元素的转化率可能由氨气的生成和分解速率来决定;在高温下,反应中间产物更多,尚有待进一步研究。低温下含氮有机物的超临界水氧化途径如图 7.6 所示。

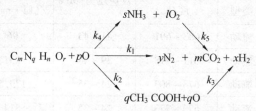

图 7.6　低温下含氮有机物的超临界水氧化途径

上式中的 $C_m N_q H_n O_r$ 既可代表初始反应产物,也可代表不稳定的中间产物。

在超临界水中尿素可被完全氧化,无氮氧化物产生,但却有大量的氨生成,这说明氨比较难氧化,是有机氮转化为分子氮的主要限制步骤。若果在温度为 650 ℃、停留时间为 $20 \, \text{s}$ 的条件下发生氧化,尿素可完全氧化成二氧化碳和氮气。此外,氨的氧化还受反应器类型的影响,在填充式反应器中活化能较低,反应速度大约是管式反应器的 4 倍。这也与自由基反应机理相一致。

在适当的超临界水条件中,氨(NH_3)、硝酸盐、亚硝酸盐以及有机氮等各种形态的氮均可转化为氮气或一氧化二氮,无 NO_x 生成。提高反应温度或添加催化剂可将一氧化二氮进一步去除,产物为氮气,有关方程式为

$$4NH_3 + 3O_2 \longrightarrow 2N_2 + 6H_2O$$
$$4HNO_3 \longrightarrow 2N_2 + 5O_2 + 2H_2O$$
$$4HNO_2 \longrightarrow 2N_2 + 3O_2 + 2H_2O$$

2. 含氯化合物

在短链氯化物中,氯仿可作为中间控制产物。因此,超临界水氧化的反应途径如图 7.7 所示。

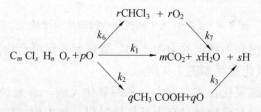

图 7.7　超临界水氧化的反应途径

CO_2、H_2O 和 HCl 是氧化的最终产物。在湿式氧化的实验中发现,在大量水存在的条件下,氯化物经过水解生成甲醇和乙醇的速率加快,因此中间控制产物中还可能含有甲醇和乙醇。

在温度为 $310 \sim 400$ ℃、压力为 $7.5 \sim 24 \, \text{MPa}$ 的条件下,对氯苯酚在水中的氧化反应的

研究显示,盐酸为主要的液相产物,二氧化碳为主要的气相产物,其次是一氧化碳,还含有微量的甲烷、乙烷、乙烯和氢气。在此实验条件下,氯苯酚的分解率在95%左右。

表7.3列出了一些有机化合物在超临界水中的反应动力学研究结果。一般可以认为有机物的氧化是一级反应。而在较高的温度和压力下,氧气的影响力较弱。

表7.3 有机化合物在超临界水中的反应动力学成果

有机物	氧化剂	反应器类型	反应温度/K	反应压力/MPa	活化能/$(kJ \cdot mol^{-1})$	反应级数	
						有机物	氧化剂
甲酸	O_2	流动	683~691	41~43	96	1	1
乙酸	O_2	流动	611~718	39~44	231	1	1
乙酸	H_2O_2	流动	673~803	24~35	179.5	1.01	0.16
乙酸	H_2O_2	流动	673~773	24~35	314	2.36	1.04
甲醇	O_2	流动	753~823	24.6	408	1.1	0.02
乙醇	O_2	流动	670~814	24.6	340	1	0
一氧化碳	O_2	流动	670~814	24.6	120	1.014	0.03
苯酚	O_2	流动	557~702	29~34	63.8	1	1
苯酚	O_2	流动	573~693	19~27.8	51.83	1	0.5
对氯苯酚	O_2	流动	583~673	7.5~24		1~2	0
氨	O_2	填充床	913~973	24.6	29.7	1	0
氨	O_2	管式	913~973	24.6	157	1	0
吡啶	O_2	流动	699~798	27.6	209	1	0.2

3. 碳氢化合物

乙酸作为中间控制产物的反应途径如图7.8所示。

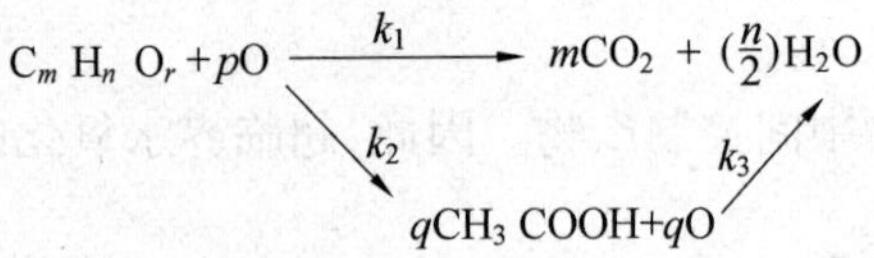

$$C_m H_n O_r + pO \xrightarrow{k_1} mCO_2 + \left(\frac{n}{2}\right)H_2O$$

$$\downarrow k_2 \qquad \nearrow k_3$$

$$qCH_3COOH + qO$$

图7.8 乙酸作为中间控制产物的反应途径

其中,包括初始反应物和不稳定的中间产物。氧化后的最终产物为CO_2和H_2O。

甲烷的反应动力学氧化途径如图7.9所示。

通常在超临界水中,碳氢化合物会发生一系列氧化反应。首先经过分解生成较小的结构单元,其中含有一个碳的有机物经过自由基氧化过程一般生成一氧化碳中间产物,在超临界水中一氧化碳氧化为二氧化碳的反应为

$$2CO + O_2 \longrightarrow 2CO_2$$

$$CO + H_2O \longrightarrow CO_2 + H_2$$

当温度低于430 ℃时,一氧化碳主要与水发生反应,可产生大量的氢气,经过一系列氧化反应最终生成水,总的反应方程式为

$$2H_2+O_2 \longrightarrow 2H_2O$$

一些复杂有机化合物在超临界水氧化过程中,被部分氧化生成的小分子化合物的进一步氧化过程,决定其反应速度,例如反应生成的一氧化碳、氨、甲醇、乙醇和乙酸等的进一步氧化。

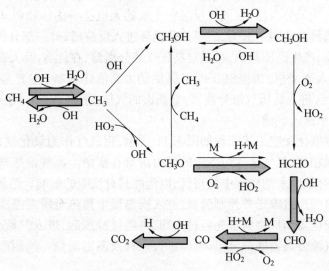

图 7.9 甲烷在超临界水中的氧化途径

7.5 超临界水氧化的工艺与反应器

7.5.1 超临界水氧化的工艺流程

超临界水氧化处理污水的工艺最早是由 Modell 提出的,其流程如图 7.10 所示。

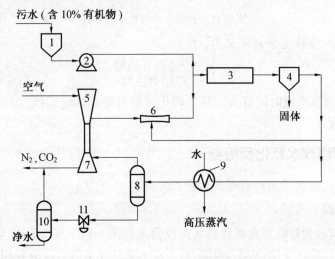

图 7.10 超临界水氧化处理污水流程
1—污水槽;2—污水泵;3—氧化反应器;4—固体分离器;5—空气压缩机;6—循环用喷射泵;
7—膨胀机透平;8—高压气液分离器;9—蒸汽发生器;10—低压气液分离器;11—减压器

过程简述如下:首先,用污水泵将污水压入反应器,在此与一般循环反应物直接混合而加热,提高温度。然后,用压缩机将空气增压,通过循环用喷射器把上述循环反应物一并带入反应器。有害有机物与氧在超临界水相中迅速反应,使有机物完全氧化,氧化释放出的热量足以将反应器内的所有物料加热至超临界状态,在均相条件下,使有机物进行反应。离开反应器的物料进入旋风分离器,在此将反应中生成的无机盐等固体物料从流体相中沉淀析出。离开旋风分离器的物料一分为二,一部分循环进入反应器,另一部分作为高温高压流体先通过蒸汽发生器,产生高压蒸汽,再通过高压气液分离器,在此 N_2 及大部分 CO_2 以气体物料离开分离器,进入透平机,为空气压缩机提供动力。液体物料(主要是水和溶在水中的 CO_2)经排出阀减压,进入低压气液分离器,分离出的气体(主要是 CO_2)进行排放,液体则为洁净水,而作补充水进入水槽。

一般超临界水氧化反应工艺流程如图 7.11 所示,用氧气作为氧化剂,通过管路将氧气钢瓶与富氧水储罐相连,氧气依靠纯氧中的压力溶解在水中。氮气钢瓶与存放废水的储罐相连,目的是排出存放废水的储罐中的空气,以消除其对反应的影响。溶氧水与废水等物料都通过高压计量泵加压后输送并控制流量,进入换热器中预热至所需温度后混合并进入反应器进行反应。反应器出口物料首先经过冷却,再经过减压后,进入气液分离器,经气液分离后液相产物从气液分离器底部流出,可以进行取样及测定流量。气相产物经气体流量计读数后排出。

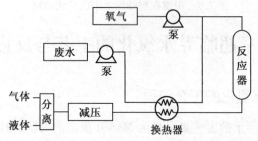

图 7.11　超临界水氧化反应装置

在此过程中反应转化率 R 定义为

$$R = \frac{\text{转化的有机物}}{\text{初始有机物}}$$

R 与反应温度和反应时间有关。延长转化时间可降低反应温度,但将增加反应器的体积,增加设备投资。

7.5.2　超临界水氧化反应器

超临界水氧化反应器主要有塔式和管式两类。

1. 塔式反应器

如图 7.12 所示为超临界水氧化塔式反应器示意图。整个反应器分为反应区、沉降区、沉淀区三部分。反应区中间由水云母隔开,上部为绝热反应区。反应物和水、空气从喷嘴垂直注入反应器之后,迅速发生高温氧化反应。由于温度高的液体密度低,反应后的流体含有大量热量,因此向上流动,刚进入的废水从中吸收热量。在超临界的环境中,由于无机盐的溶解度较低,导致向下沉淀。冷的盐水从底部漏斗注入,目的是把沉淀的无机盐带走。在反应器顶部还分别有一根燃料注入管和八根冷热水注入管。在装置启动时,分别注入空气、燃油、易燃有机物等燃料和 400 ℃左右的热水,发生放热反应,然后注入被处理废水,利用提供的热量推动反应进一步进行。当设备需要暂停时,则从冷热水注入管注入冷水,降低反应器内温度,从而逐步停止反应。

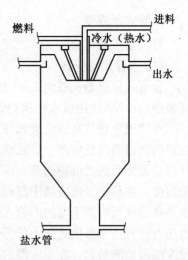

塔式反应器在设计过程中需要注意的是反应器内部从热氧化反应区到冷溶解区,密度梯度和轴向温度的变化。从反应器壁温与轴向距离的相对关系中,以水的临界温度处为零点,正方向表示温度超过 374 ℃,负方向表示温度低于 374 ℃。有资料显示在距离大约200 mm的范围内,流体可从超临界反应状态转变为亚临界状态。这样,在同一个反应容器中可实现被处理对象的氧化以及盐的沉淀、再溶解等过程。反应器内在同一水平面上中心线处的转换率最低,而在从喷嘴到反应器底的大约80%垂直距离上,有机物去除率可达99%。

图7.12 超临界水氧化反应器示意图

日本某公司设计的超临界水氧化反应装置如图 7.13 所示。此反应装置更好地解决了无机盐类在反应壁内的附着以及反应器的腐蚀、堵塞等问题。有机废水与氧气、碱液混合后,通过污水输入管送入反应器中的超临界区域,同时将空气经耐压容器内壁与反应器外壁之间的空隙,喷入由多孔烧结金属简体组成的反应器内。尽管在超临界区域内,无机盐类由于溶解度减小而析出,但因空气的不断喷入使之无法在反应器壁内沉积,它们被送到亚临界区域,溶解于亚临界水中,由下端排出管排出,能够有效防止反应器的腐蚀和堵塞。处理后的密度小的气体产物由上部排出。

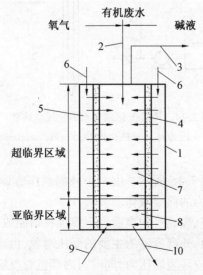

图 7.13 连续流超临界水氧化反应装置

1—耐压容器;2—污水输入管;3—产物排出管;4—反应器;5—耐压容器与反应容器的空隙;
6—空气输入管;7—超临界区域;8—亚临界区域;9—水输入管;10—无机盐排出管

2. 管式反应器

管式反应器可分为直管式反应器和盘管式反应器。

（1）直管式反应器。

直管式反应器一般由 2～3 根无缝不锈钢管并联组成，管内壁装有防腐蚀材料，或开有许多进水小窄口（组成水膜保护管壁）。其优点是制造简单，原料丰富，设备费用低。

连续流直管式反应装置如图 7.14 所示，该反应装置的核心是一个由两个同心不锈钢管组成的高温高压反应器。待处理的废水或污泥先经过匀浆，然后经过一个小的高压泵将其从反应器外管的上部输送至高压反应器内。进入反应器的废液被预热后，达到反应所需要的温度。在移动至反应器中部时与加入的氧化剂混合，发生氧化反应，废液逐渐被降解。生成的产物从反应器下端的内管入口进入热交换器。减压器可控制反应器内的压力，其值通过压力计和一个数值式压力传感器测定。在反应器的管外安装有电加热器，并在不同位置设有温度监测装置。在反应器的顶部、中部和底部都设有取样口，整个系统的流速、温度和压力的控制和监测都设置在一个很容易操作的面板上，同时有一个用聚碳酸酯制备的安全防护板来保护操作者。

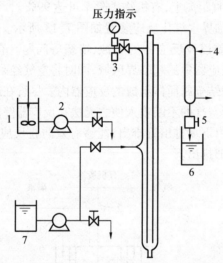

图 7.14　连续流超临界水氧化反应装置

1—污水槽；2—污水泵；3—压力计；4—热交换器；5—减压阀；6—产物槽；7—氧化剂槽

（2）盘管式反应器。

盘管式反应器的结构如图 7.15 所示。由一个外部承压容器和一个内部盘管反应器组成，两者之间充满具有一定压力的保温液体。

内部反应盘管由特殊陶瓷、玻璃等耐高温和耐腐蚀材料制成，具有承受高温和强腐蚀的超临界水氧化反应环境的能力；外部容器为主要的受压对象，由高强度合金等抗高压材料制成，能够承受略低于超临界反应环境的压力，同时对内部盘管反应器起到保温作用。盘管式反应器的优点在于其承受超临界水氧化反应的高温、高压及强腐蚀的条件，它充分发挥了不同材料的优势，达到所需要的目的；利用充压液体来保持压力平衡，使得特殊材料充分利用；利用盘管收放自如的特点，使面积能更有效地利用。

超临界反应器中形状最简单的是管式反应器，它一般处理含盐量低的废水或者可产生

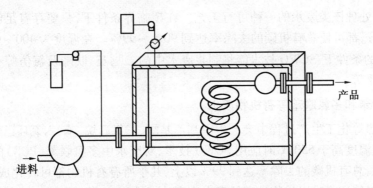

图 7.15　盘管式反应器的结构示意图

具有良好流动性(即低黏度)的含盐类和固体的废水。如果不满足上述条件的废水进入管式反应器,常常会导致盐类和固体的堆积,最后甚至堵塞反应器。通常情况下,如果处理对象在超临界水反应环境下能处于自由流动状态,那么可采用管式反应器。但是在实际工业废水处理过程中,具有良好的流动性的含盐、含固废水比较少,一般采用塔式反应器。

7.6　超临界水氧化技术在废水处理中的应用

由于 SCWO 技术的特性,使其在废水(尤其是高浓度有机废水)处理领域有着广阔的应用前景。国内外在 SCWO 技术的研发和应用方面都取得了较大进展。应用最多的主要有:处理含硫废水和 DNT 生产废水、含脂肪族化合物废水、制浆和造纸废水、含苯和多氯联苯等有机废水、国防工业废水等。

1. 处理含硫废水和 DNT 生产废水

向波涛等人对模拟含硫废水进行了研究。在温度为 400 ~ 500 ℃、压力为 24 ~ 30 MPa 的条件下,利用 SCWO 技术可高效去除 S^{2-}。在温度为 450 ℃、压力为 26 MPa、S^{2-} 浓度为 522 mg·L^{-1}、氧硫比为 3.47 时,SCWO 反应 17 s 后,废水中的 S^{2-} 可完全氧化为 SO_4^{2-} 而被除去。

XiongLi 发现在 450 ℃ 或更高温度下,反应时间控制在 1 min 内,可使 DNT 废水中有机物的去除效率高达 99%。

2. 处理含脂肪族化合物废水

在 500 ℃、25 MPa、过氧量比 1.1、停留时间约 35 s 时,利用 SCWO 技术处理苯胺废水具有很好的处理效果。TOC 去除率可达到 99%。丁军委等人在亚临界及超临界($T = 400 ~ 500$ ℃,$P = 25.3 ~ 30.4$ MPa)条件下,分别用间歇式反应器和连续式反应器研究了温度、压力、停留时间对苯酚去除效率的影响。结果发现,在其他条件不变的情况下,随着反应温度和压力的升高及停留时间的延长,苯酚的去除效果逐渐增强。在很短的停留时间内,苯酚的去除率可达 96%。林春绵等对超临界水中萘酚的氧化分解进行了研究,发现 β-萘酚极易被氧化,并最终生成水和二氧化碳。

3. 处理纸浆和造纸废水

纸浆和造纸废水的处理一直是废水处理的一大难题。刘卫邦、杜艳芬等人的研究表明,

SCWO 技术是处理该类废水的一种可行工艺。在超临界条件下,只要存有足够量的氧化剂(H_2O_2 或空气),都可使总有机碳的去除率达到 90% ~ 99% 。在温度为 400 ~ 650 ℃和压力为 25.5 MPa 的条件下,SCWO 技术能将制浆废水中的二噁英、呋喃及氯仿等有毒物质氧化成二氧化碳、水等。

4. 处理含苯和多氯联苯等有机物废水

石油、炼焦等化工生产过程中会产生甲基乙基酮、三氯己烷、苯、六氯环己烷等有毒有害污染物质。在温度高于 550 ℃时应用 SCWO 技术,对废水中多氯联苯(PCB)的分解具有较好的降解效果,总有机碳的去除率达到 99% 以上,几乎所有有机物都可转化成二氧化碳、水等无机物,可以使这类难以生物处理的废水实现达标排放。

5. 处理国防工业废水

超临界水氧化技术最初用于处理国防工业废水。自该技术在美国问世后,主要被军方采用处理国防工业废水。这些废水中含有大量的推进剂、毒物、爆炸品及核废料等有害物质。很多项目主要由国家国防军事实验室、各大学及大型企业共同合作完成。如技术发明人 Modell 博士所在的麻省理工大学,GeneralAtomics 实验室和全美知名的环境工程公司 FosterWheeler。另外,美国宇航局(NASA)也曾投巨资尝试将该技术用于空间站和月球基地的生命水循环系统中。由于军方的高度参与,在一定程度上限制了该技术的民用化和商业化。

SCWO 在环保方面的应用主要为降解有害废弃物,可应用于造纸、石油、电子、化工、医药、制革、印染、军工等行业的各类高浓度有机废水,尤其是有机污染物质量分数为 3% ~ 10% 的废水处理。

利用 SCWO 处理高浓度难降解工业废水和特种废水,经大量实验和国外工业化运行证明具有良好的降解效果,可完全消除各种有机物质。已经应用处理的物质有:二噁英、苯、硝苯、多氯联苯、酚类、尿素、氰化物、醇类、醋酸、氨等。表 7.4 显示了超临界水氧化法对一些有机物质的去除效果。

表 7.4　超临界水氧化法对有机污染物的去除效果

化合物	温度/℃	停留时间/min	去除率/%
二噁英	574	3.7	>99.999 5
氯甲苯	600	0.5	>99.998
2,4—二硝基甲苯	457	0.5	>99.7
1,1,1—三氯乙烷	495	3.6	99.99
1,2—二氯化物	495	3.6	99.99
1,1,2,2,—四氯乙烯	495	3.6	99.99
六氯戊二烯	488	3.5	99.99
邻氯甲苯	495	3.6	99.99
多氯代联苯 (PCB)	550	0.05	>99.99
二氯—二苯—三氯乙 505	505	3.7	>99.997

6. 处理消化工艺废水

奥斯汀得克萨斯州立大学 Baleonss 研究中心在亚临界和超临界状态下处理硝化工艺废水。该废水所含的污染物有硝基甲苯(DNT)、2-硝基酚、4-硝基酚、2,4-二硝基酚、4,6-二硝基邻甲酚及酚等。反应压力控制在 27.6 MPa,反应温度在亚临界(小于 374 ℃)和超临界(大于 374 ℃)的范围内变化,处理后的结果见表 7.5。在进水总有机碳浓度为 1 840 mg·L^{-1} 时,经过超临界水氧化后的出水总有机碳去除率可达 99% 以上。所有上述酚类污染物经亚临界水氧化处理 1 ~ 7 min 后,仅 DNT 可检测出。温度在 350 ℃ 以下时,DNT 的平均去除率达 60%,当温度在水的临界点以上时,DNT 也低于检测下限。

表 7.5 消化工艺废水的处理结果

温度/℃		总有机碳去除率/%			温度/℃		总有机碳去除率/%		
		反应时间/min					反应时间/min		
		1	4	7			1	4	7
亚临界	250	74.9	78.5	74.9	超临界	400	98.5	99.0	99.0
	300	82.2	89.1	92.3		450	99.2	99.5	99.5
	350	92.5	95.7	99.6		500	99.7	99.9	99.9

超临界水氧化技术在处理各种废水时与其他处理技术相比,具有明显的优越性:

①由于 SCWO 是在高温高压下进行的均相反应,反应速率快,停留时间短(可小于 1 min),所以反应器结构简单,体积小。

②适用范围广,可以适用于各种有毒物质、废水废物的处理。

③无二次污染物产生,产物清洁不需要进一步处理,且无机盐可从水中分离出来,处理后的废水可完全回收利用。

④效率高,处理彻底,有机物在适当的温度、压力和一定的保留时间下,能完全被氧化成氮气、二氧化碳、水以及盐类等无毒的小分子化合物,有毒物质的清除率达 99.99%,符合全封闭处理的要求。

⑤当有机物质量分数超过 2% 时,就可以依靠反应过程中自身氧化放热来维持反应所需的温度,不需要额外供给热量,如果浓度更高,则放出更多的氧化热,这部分热能可以回收。

表 7.6 显示了超临界水氧化与湿式空气氧化法(WAO)以及传统的焚烧法的不同。

表 7.6 超临界水氧化与湿式空气氧化法及传统的焚烧法的参数比较

参数与指标	SCWO	焚烧法	WAO
温度/℃	400 ~ 600	2 000 ~ 3 000	150 ~ 350
压力/MPa	30 ~ 40	常压	2 ~ 20
停留时间/min	小于等于 1	大于等于 10	15 ~ 20
适用性	普遍适合	普遍适合	受限制
自热	是	不是	是
去除率/%	大于等于 99.99	99.99	75 ~ 90
催化剂	不需要	不需要	需要
排出物	无毒、无色	含有 NO$_x$	有毒、有色
后续处理	不需要	需要	需要

然而,尽管超临界水氧化法具有很多优点,但其高温高压的操作条件无疑对设备材质提出了严格的要求。另一方面,虽然已经在超临界水的性质和物质在其中的溶解度及超临界水化学反应的动力学和机理方面进行了一些研究,但是这些与开发、设计和控制超临界水氧化过程必需的知识和数据相比,还远不能满足要求。

在实际进行工程设计时,除了考虑体系的反应动力学特性以外,还必须注意一些工程方面的因素,例如腐蚀、催化剂的使用、盐的沉淀、热量传递等。

1. 腐蚀

在超临界水氧化环境中比通常条件下更易导致金属的腐蚀。高温高压的条件、高浓度的溶解氧、极端的 pH 值以及某些种类的无机离子均可加快腐蚀速度。腐蚀会产生两个方面的问题,一是过度的腐蚀会影响压力系统正常工作;二是反应完毕后的流出液中含有某些金属离子(如铬等),会影响处理的质量。在温度为 $300 \sim 500$ ℃、pH 为 $2 \sim 9$、氯化物质量浓度为 400 mg·L^{-1} 的条件下,对 13 种合金的腐蚀进行了实验研究。结果表明,在给定的温度范围内,pH 对腐蚀的影响程度不大。在亚临界状态(300 ℃)下,由于无机盐的溶解度和水的介电常数均较大,电化学腐蚀起主要作用。当温度升至 400 ℃以上时,盐的溶解度和水的介电常数迅速下降,此时化学腐蚀起主要作用。

2. 催化剂

在一些物质的超临界水氧化处理过程中使用催化剂,主要是为了降低所需的反应温度、提高复杂有机物的转化率或缩短反应时间。现在应用的绝大部分催化剂是亚临界水氧化和湿式空气氧化过程研究中经常使用的催化剂。均相催化与非均相催化相比,非均相催化的综合效果较好。

3. 盐的沉淀

在超临界水氧化中,往往在进料中加入碱中和过程中产生的酸和生成的盐,由于超临界条件下无机物的溶解度很小,过程中会有盐的沉淀生成。某些盐的黏度较大,有可能会堵塞反应器或管路。通过反应器形式的优化和适当的操作方式可将其部分进行改善。对于某些高含盐体系可能需要经过预处理过程。

4. 热量传递

由于水的性质在临界点附近变化比较大,在超临界水氧化过程中也必须考虑临界点附近的热量传递问题。在临界点温度以下但接近临界点时,水的运动黏度很低,温度升高时自然对流增加,热导率增加很快。但当温度超过临界点不多时,传热系数急剧下降,这可能是流体密度下降以及主体流体和管壁处流体的物理性质的差异导致的。

虽然,超临界水氧化技术仍存在着一些有待解决的问题,但由于它本身所具有的突出优势,在处理有害废物方面越来越受到重视,是一项有着巨大发展潜力和广阔应用前景的新型处理技术。

第8章 物理性诱导氧化技术

物理性诱导氧化技术主要包括超声波技术与微波技术。利用超声波降解水中的化学污染物,特别是难降解的有机污染物,是近年来发展起来的一项新型治理技术。该技术具有适用范围广、操作条件温和、降解速率快、可以单独或与其他技术联合使用等特点,是一种具有广泛发展潜力和应用前景的处理技术。微波作为一种电磁能,通过离子迁移和偶极子转动引起分子运动,但不能引起分子结构改变和非离子化的辐射能。微波加热与传统加热相比,在热传递过程中没有热损失,热效率比传统加热法高。微波技术现已成功应用于废水处理和环境监测等方面。

8.1 超声波氧化技术

8.1.1 功率超声的原理

超声波与电、磁、光一样属于弹性机械波。超声波具有聚束、定向及反射、透射等特性。超声技术的应用主要源于超声波的许多特性,表现在以下几个方面:固体对超声波吸收很微弱,在不透明的固体中,超声波能穿透几十米的厚度;因为超声波波长短、频率高,所以衍射现象不明显,传播性能较好、方向性较强;超声波碰到杂质或介质分界面时会产生显著的反射现象;超声波引起的介质微粒振动可以产生很大的速度和加速度,传给介质微粒的能量比可听声音要大得多;能量相对大的超声波能对介质产生很多特有的效应。

下面介绍一下超声及声场的基本物理量。

1.声压

声压指超声场中某一点在某一时刻具有的压力 P 与无超声存在时的静压力 P_0 之差 $P-P_0$,单位为帕,其表达式为

$$P = \rho c \omega A \cos(\omega t - \varphi) = \rho c v$$

式中　P——声压,Pa;

　　　ρ——介质密度,$kg \cdot m^{-3}$;

　　　A——介质质点的振幅,m;

　　　ω——振动的角频率,$\omega = 2\pi f$;

　　　c——介质声速,ms;

　　　v——介质微粒振动的速度,ms。

由上式可以看出声压的振幅 A 与声速 c 和振动频率 ω 成正比。

2. 声强

声强是指在垂直于超声波传播方向上,每平方厘米每秒所传送的能量,表达式为

$$I = E/St$$

式中　I——声强,$J \cdot m^{-2} \cdot s^{-1}$;

　　　E——能量,J;

　　　S——面积,m^2;

　　　t——时间,s。

进一步推导可得

$$I = \frac{1}{2}pc\omega^2 A^2 = \frac{1}{2}\rho c v_m^2 = \frac{1}{2}\frac{p_m^2}{\rho c}$$

式中　v_m——质点振动的速度,$m \cdot s^{-1}$。

由公式可得出结论:声强与质点振动的角频率的平方成正比,与质点振动位移振幅的平方成正比,也与质点振速振幅或声压振幅的平方成正比。若振幅 A 相同,频率越高,则声强越高。

3. 声功率

平均声功率是指单位时间内通过垂直于声传播方向的面积 S 的平均声能量,它主要反映声场中总能量的关系。其表达式为

$$\overline{W} = \overline{\varepsilon} C_0$$

式中　$\overline{\varepsilon}$——平均声能量密度,$W \cdot m^{-3}$;

4. 声速

声速指声波在弹性介质中传播的速度。液体中只能传播纵波,在线性声学的条件下,声速在液体中的表达式为

$$c = \sqrt{\frac{1}{K\rho_0}}$$

式中　K——液体的绝热压缩系数,$ms^2 \cdot kg^{-1}$。

5. 声阻抗

声阻抗又称为介质的特性阻抗,表达式为

$$Z_s = \rho c$$

式中　Z_s——声阻抗,$kg \cdot (m^2 \cdot s)^{-1}$。

ρc 主要反应介质的声学性质,在声压相同的条件下,ρc 与质点的振动速度成反比,ρc 越大,ν 越小。

利用换能器可以实现电能与超声波能量的转换。超声换能器所产生的超声波在空间会形成特定的声场分布,这一分布的形成与换能器的形状、尺寸等因素有关,且对超声检测的灵敏度和分辨率有影响。

当一束超声波从换能片表面发射出来后,在一段距离之内其波束尺度不发生变化,而在远距离则产生发散现象。一般换能器的辐射声场可分为近场和远场。在远场处,声场表现得较为均匀和规范;在近场处,由于换能片表面反射波的干涉,声场很不规则。

在原理上,按照惠更斯原理可对一个有限尺寸的换能器或换能器阵的辐射声场进行分析,将换能器或换能器阵的有效辐射面,看成无数点源的组合。辐射场中某一点的声压是辐射面上所有点源在该点产生的声压叠加的结果,故可以通过对整个辐射面的积分进行计算。

例如,任意形状的换能片,如图8.1所示,其上任一小单元设为 dS,在空间坐标为 r、与圆面直视距离为 r′ 处所产生的声场的表达式为

$$dq = \frac{kZv_m}{2\pi r'}\cos\left(\omega t - kr' + \frac{\pi}{2}\right)dS$$

式中　dq——观察点由 dS 贡献的声压增量,Pa;

Z——介质声阻抗,kg·(m²·s)⁻¹;

v_m——该面元的振动速度,m·s⁻¹。

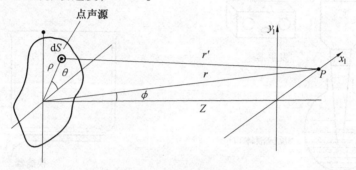

图 8.1　任意形状的换能器

在圆柱坐标系中,观察点处的总声场应为换能片上所有单元在该点产生的声场的叠加,表达式为

$$q = \frac{kZv_m}{2\pi}\int\frac{\cos\left(\omega t - kr' + \frac{\pi}{2}\right)}{r'}\rho\,d\rho\,d\theta$$

8.1.2　超声波反应器

超声波反应器是指有声波参与并在其作用下进行反应的容器或系统,它是实现超声反应的场所,在水处理应用中常见的超声反应器有探头式、槽式、杯式等几种形式。超声反应器多采用单一频率,也可以使用两种或更多频率组合成复频反应器,其效果比单一频率反应器好。

槽式反应器超声换能器紧密贴在反应器外壁或内壁。反应器材料必须具有化学稳定的特性,避免与槽内处理液发生化学反应;若换能器贴在外壁,必须有良好的透声性,换能器可透过反应器侧壁向反应器内辐射超声波。槽式反应器的结构如图8.2所示。

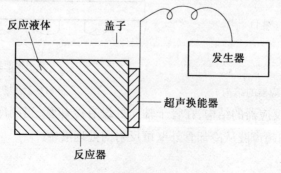

图 8.2　槽式反应器的结构

图 8.3 显示了探头式反应器的主要结构。此反应器声强高,是一种很有效的反应器,而且因为探头直接浸入反应液中发射超声波,所以能量得到充分利用,损耗较低。

杯式反应器的制作材料为不锈钢,其化学稳定性好,在杯的底部紧密粘贴夹心式或圆片式换能器,透过反应器底面向反应器内辐射超声波。反应器的结构如图 8.4 所示。

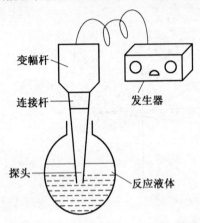
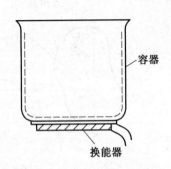

图 8.3 探头式反应器的结构　　　　　图 8.4 杯式反应器的结构

流动型反应器的结构如图 8.5 所示,此反应器适合工业在线使用。处理液在反应器外可构成回路,换能器的输入功率、液体流速及其温度均可控制;其缺点是超声探头可能受到腐蚀。

采用具有一定几何截面的管子,超声通过管壁振动进入反应液体内,从而解决了换能器振动表面受腐蚀的问题。图 8.6 为美国 Lewis 公司提出的一种高声强声化学反应器,又称近场声波处理器。处理器上下由两个辐射声波的金属板组成,当处理液从中间流过时,受到混响声场的强烈作用,可使固体颗粒粉碎并从油母岩中提取油料。

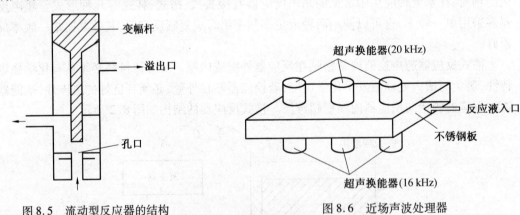

图 8.5 流动型反应器的结构　　　　　图 8.6 近场声波处理器

图 8.7 为多探头反应器的结构,在管子轴向处设有冷却管,当制冷液流过时,实现控温的目的,周围辐射来的超声波从冷却管外壁可反射回处理液中。

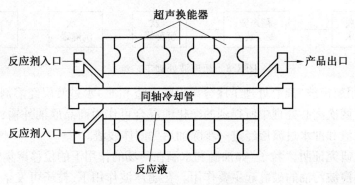

图 8.7　多探头反应器的结构

8.1.3　超声波技术在水处理中的应用

利用超声波降解水中的化学污染物,尤其是难降解的有机污染物,是近几年发展起来的一项新型水处理技术。它综合了超临界水氧化、高级氧化技术、焚烧等多种水处理技术的特点,具有适用范围广、速度快、反应条件温和等特点,可以单独或与其他技术联合使用,具有很大的发展潜力。超声波能在水中可产生空化效应,能瞬间产生约 4 000 K 和 100 MPa 的局部高温高压的环境,同时以约 110 m·s^{-1} 的速度产生具有强烈冲击力的微射流和冲击波。水分子达到超临界状态,可形成超氧基、羟基自由基等,而羟基自由基的氧化性最强。有机物在高温高压时发生水相燃烧、化学键断裂、高温分解、自由基氧化、超临界水氧化等反应,以上这些效应与声场中的次级衍生波、质点振动相结合,为有机物的降解提供了多种途径。

1. 处理含油废水

在工业生产中,含油废水来源极为广泛,随着工业的不断发展,含油废水的排放量不断增多,对环境的危害日益严重。含油废水的油分一般包括分散油、浮油、溶解油、乳化油和油-固体物五种形态。对于水包油污油乳状液或复合型复杂污油乳状液以及老化油等,用一般的方法很难破乳脱水。原因是这种乳状液中所含的杂质多是电解质,污油进入电脱水器时对电脱水器电场干扰很大,容易破坏电场;污油由很多种油混合而成,每一种油品适用的破乳剂往往不同,所以难以发现经济高效的破乳剂。如果直接将污油送入蒸馏装置,因含水量高,也会导致操作不稳甚至冲塔。

国内外研究表明,利用超声波进行污油破乳具有设备简单、适应性广、成本低等特点,是一种很有发展前景的新型破乳方法。超声波破乳的原理在于声波作用于性质不同的流体介质产生的位移效应来实现油水分离,由于超声波在油中和水中的传导性较好,所以此方法适用性较广,可处理各种类型的乳状液。另外,超声波与化学破乳剂相结合联合作用时,由于具有扩散效应,在很大程度上能够提高破乳剂的作用效率,超声波与化学破乳剂相结合用于乳化污油脱水,具有很好的发展前景。

超声波处理含油废水的工艺流程如图 8.8 所示。利用超声波技术在沉降前加超声波处理装置,不但可以提高沉降效果,而且可以加速油珠的聚合。

吴迪等在室内进行了从被硫化亚铁颗粒污染的乳化原油中回收原油的实验,此实验主要采用超声波与离心相结合的方法。结果表明,在超声波-离心-溶剂稀释-离心处理工艺中,超声波处理主要用于脱除乳化原油中游离水和部分乳化水,处理后进入离心处理工序的

图8.8　超声波处理工艺流程

负荷大大降低,用超声波-离心处理工序分离出的沉渣和油-水过渡层经溶剂稀释后进行第二次离心处理。两次离心处理中所得到的净化油混合可作为商品原油外输,第二次离心处理中分离出的沉渣和油水过渡层经进一步除油后为固体残渣。

孙宝江通过研究证明,"粒子"如油滴和水滴在声场的作用下的位移聚集效应和"粒子"的碰撞效应对超声波污油的破乳起主要作用。在超声波作用下,粒子可发生碰撞并聚集在一起。粒子的碰撞主要有两种表现形式:一是两个同向朝波节运动的粒子在运动过程中发生碰撞、合并,然后共同向前运动,并在波节处达到稳态;另一种是运动相反的粒子,它们一般在波节处聚集并发生碰撞。当超声辐照的声强大于空化阈时,粒子的运动处于相对紊乱无秩序的状态,即使已经合并的粒子也会变得分散。此时,超声波主要起混合作用;当低于空化阈时,粒子碰撞后一般发生合并。所以,利用超声波破乳时,必须控制超声作用的声强在空化阈以下。

2. 处理皮革工业废水

由于制造工序和使用的化工材料的不同,制革污水的数量和性质也不同,但总的特点是:色度深、碱度大、耗氧量高、悬浮物多,并含铬、硫等有毒物质。未经处理的制革废水中含有 COD 约 $4\,000 \sim 6\,000$ mg·L^{-1},铬鞣废液中排放的 Cr^{3+} 约占铬用量的 28%,达 $3\,000 \sim 6\,000$ mg·L^{-1},而总铬的排放标准只有 15 mg·L^{-1}。

近年来,已有大量利用超声波技术处理制革废水的研究,结果表明,超声波对高浓度有机废水具有较好的处理效果,能够加速皮革废水的混凝沉淀,是一种极具发展潜力的水处理新技术。

何有节在超声波对制革综合废水、浸灰废水催化曝气除 S^{2-} 的影响方面进行了研究。研究采用探头式声化学反应器,采用的功率为 600 W,超声频率为 23.7 kHz,声强为 1.47 W·cm^{-2}。在不同曝气时间下,废水经超声波处理后 S^{2-} 的去除情况见表 8.1。

表8.1　超声波处理制革废水中作用时间对 S^{2-} 去除率的影响

作用时间/min	曝气时间/h							
	0.5	1.0	1.5	2.0	2.5	3.0	4.0	5.0
0	26.7	44.0	61.7	67.7	88.0	89.2	91.6	92.9
0.12	28.6	46.7	63.8	67.7	88.4	89.7	92.3	93.2
0.3	28.6	47.9	66.9	74.5	88.7	90.0	92.3	93.6
0.5	34.4	55.8	68.3	79.4	89.1	89.9	92.6	93.8
1.0	37.0	57.1	67.4	85.1	89.1	89.6	92.3	93.4
10	48.6	68.9	75.3	87.4	89.6	92.0	92.8	93.4
20	60.8	80.5	89.2	90.4	92.0	92.0	93.1	93.7
30	81.7	91.0	94.6	94.6	94.6	94.6	95.3	95.8

结果表明,在不改变现有曝气除硫工艺的条件下,增加超声波处理可缩短曝气时间,提高催化曝气效率。S^{2-}的去除率随着超声波处理时间的增加而逐渐增大,废水经超声波处理 30 min 后并曝气 1.5 h,S^{2-}的去除率高达 94.6%,与对照组相比,提高了 26.9%。

李国英等采用超声波强化混凝沉淀法处理制革废水,研究了超声波的施加方式及作用时间、混凝剂投加量等因素对降低废水中有机物的影响。研究中超声波的频率为 24 kHz,声强为 1.47 W·cm^{-2},超声波作用时间变化范围 10~7 200 s,每个废水样 400 mL。处理后的结果见表 8.2。结果表明,用超声波处理废水,作用时间为 60 s 时,COD 去除率高达40.6%。超声波强化混凝时,混凝剂总浓度为 100 mg·L^{-1}时 COD 去除率最高;超声波与混凝剂联合使用时,处理时间 60 s,COD 去除率最高达 73.2%,相比对照组提高了 10% 以上。故超声技术用于混凝沉淀法处理制革废水具有明显的强化作用。

表 8.2　超声波对制革废水的处理效果

超声波作用时间/s	COD/(mg·L^{-1})	COD 去除率/%
0	4 420	0
10	4 180	5.4
30	3 525	20.2
60	2 625	40.6
600	2 994	32.3
1 200	3 760	14.9
1 800	4 136	6.4
3 600	3 854	12.8
5 400	3 269	26.0
7 200	3 293	25.5

3. 处理印染废水

印染废水按来源可分为印染染色废水和燃料工业废水。这些废水中的有机物成分复杂、浓度高。印染废水的水质情况见表 8.3。

表 8.3　工业印染废水水质情况

废水种类	BOD$_5$ /(mg·L^{-1})	COD$_{Cr}$ /(mg·L^{-1})	BOD$_5$/COD$_{Cr}$	pH	SS /(mg·L^{-1})	色度
印染	200~300	400~500	0.4~0.5	8~10	100~300	200~500
毛纺	150~300	300~500	0.5~0.6	5~7	500	100~200
针织	100~200	200~500	0.5	9~14	200~300	<200
色织	100~300	250~300	0.4~0.5	7~9	200~300	30~40

近年来利用超声波强化有机染料废水的降解或直接利用超声波降解有机废水的研究报道日益增多,研究内容涉及降解机理、降解动力学、中间体检测、影响超声波降解过程的因素和优化实验条件等。

有关废水浓度、超声时间、pH、NaCl 投加量及曝气等因素对酸性红 B 染料废水超声处理的研究发现:降解率随初始浓度的升高而增大;酸性红 B 降解率与超声时间基本上成线性关系;降解率与 pH 基本呈现负相关;曝气及 H_2O 的投加量对其降解率的影响不大。

高甲友主要研究了超声技术对碱性染料甲基紫的降解影响。结果表明,随着超声时间的延长,甲基紫降解率逐渐增大,其降解反应为动力学一级反应;降解率随初始浓度的增大逐渐降低;温度对降解具有一定的影响;溶液 pH 值大于 8 后,降解率较大;而曝气及共存物质对其影响不明显。

胡祺昊、陶媛等利用自制平板超声发生器和探头式功率超声发生器,用 20 kHz 超声处理活性艳橙 X-GN 染料废水和酸性黑 ATT 模拟染料废水,结果表明,降低超声辐射声强或增大辐射有效面积有利于降解染料并增大处理废水的体积。

众多研究表明,超声净化法是一种极具产业前景的深度氧化技术,对于处理印染废水存在着潜在的应用价值。探头式功率超声辐射装置对低浓度的染料废水可起到一定的降解作用,但是对于浓度较高的染料废水降解的效果不明显。在超声声强较小时,平板超声发生器降解有机物的速率较快,并可通过增大处理水样的体积,来提高工业应用的可能性。

4. 处理焦化废水

焦化废水主要是煤制焦、煤气净化及焦化产品的加工精制过程中排放的废水,其中含高浓度酚氰,毒性较大。无机组分主要有硫化物、氨氮、氰化物;有机组分除酚氰外,还包括杂环化合物、脂肪族化合物和芳香族化合物。

采用超声波技术治理工业废水的污染,超声空化降解焦化废水技术越来越受到人们的重视。超声空化对焦化废水中的有机物和氨氮具有良好的降解效果。

利用超声吹脱技术处理高浓度氨氮废水操作简便,去除效果良好。超声吹脱工艺流程如图 8.9 所示。它在传统的吹脱装置中增加了气动超声波发生器。

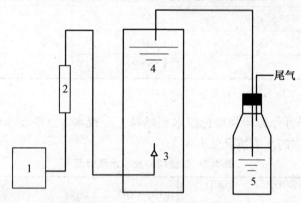

图 8.9 超声吹脱工艺流程示意图
1—压缩机;2—转子流量计;3—气动超声波发生器;4—吹脱塔;5—NH_3 吸收瓶

实验结果表明,采用超声波处理后的废水,氨氮的吹脱效果明显增加,与传统的吹脱技术相比,氨氮的去除率增加了 17% ~ 164%。经超声吹脱处理后的废水,氨氮可以达到国家排放标准,吹脱后的 NH_3 尾气可以被盐酸溶液吸收。

用超声波强化氨氮废水的吹脱技术是利用超声波辐照被处理的废水,水分子不断交替压缩和扩张,从而产生空化泡,进一步提高了氨气的挥发和传质效果,使其更容易由液相变为气相。由于压缩空气产生了超声波的动力,空气进入废水中能及时将氨气带出水面,以保持气液两相中氨气的压差,从而获得较高的氨气吹脱效率。

5. 处理制药废水

我国近几年来各类医药化工及保健品制造业迅猛发展,制药废水主要指高浓度有机废水,具有如下特点:污染物种类多;成分复杂;废水浓度高。一些大型医药企业每天废水中的COD 排放量高达数十吨,甚至上百吨;冲击负荷大,单罐分批生产的非连续性排放,使废水的成分和水量波动很大;色度高;含抗生素;可生化性差。其以上特点使得处理具有一定的难度。

针对制药废水的特点,国内外专家成功研制了各类新型处理工艺。其中超声波处理制药废水时,在提高可生化性方面具有重要的使用价值。

熊宜栋采用不同频率和强度的超声波处理硝基苯类制药废水。使用的超声波发生器功率为 0～250 W,频率为 0.01～1 MHz,使用的变幅样插入式和辐射状透射式超声波换能器,频率分别为 16 kHz、24 kHz、32 kHz、800 kHz。

研究结果表明,在功率为 100 W 的条件下,处理 60 s 后,硝基苯降解率可达 80.9%。加入适量的过氧化氢及少量的 Fe^{2+},一方面可使硝基苯降解率及 COD 去除率分别提高到 92% 和 87%,另一方面可缩短反应时间,超声波强度减半,为此类废水的处理提供了高效、经济的方法。

超声波对硝基苯的降解主要表现在两个方面:一是利用超声波的非线性振动形成的锯齿波面的周期性激波和各种直流定向力,如辐射力、伯努利力;二是利用超声空化作用产生局部的高温,进而产生 2.8 V 的标准氧化还原电位的羟基自由基。然而,超声波的羟基产率较低,需要增大超声波强度并增加时间才能使苯环断裂,因此,通过加入适量的 H_2O_2 或通入氧气来提高反应速率可增加硝基苯的降解速率。

8.2　微波氧化技术

8.2.1　微波及其特性

微波是指频率为 300 MHz～300 GHz 的电磁波,是无线电波中一个有限频带的简称,即波长在 1 m(不含 1 m)到 1 mm 之间的电磁波,是分米波、厘米波、毫米波和亚毫米波的统称。微波频率比一般的无线电波频率高,通常也称为“超高频电磁波”。

由于微波的应用较为普遍,为了避免相互间的干扰,工业、科学及医学使用的微波频段各不相同。常用的微波频率范围见表 8.4。

表 8.4　常用的微波频率范围

波段	频率范围/MHz	常用主频率/MHz	中心波长/m	波长/m
L	890～940	915	0.330	0.328
S	2 400～2 500	2 450	0.122	0.122
C	5 725～5 875	5 800	0.052	0.052
K	22 000～22 250	22 125	0.014	0.014

微波通常具有穿透、反射、吸收三大特性。对于玻璃、塑料和瓷器,微波几乎是穿越而不被吸收。对于水和食物等就会吸收微波而使自身发热。而对金属类东西,则会反射微波。

从电子学和物理学观点来看,与其他波段不同,微波具有如下重要特点。

1. 穿透性

与其他用于辐射加热的电磁波(如红外线、远红外线等)相比,微波的波长更长,因此其穿透性能较好。微波透入介质时,由于微波能与介质发生一定的相互作用,以微波频率2 450 MHz,使介质的分子每秒产生很大频率的震动,介质的分子间互相产生摩擦,引起介质温度的升高,使介质材料内部、外部几乎同时加热升温,形成体热源状态,大大缩短了常规加热中的热传导时间,且在介质损耗因数与介质温度呈负相关关系时,物料内外加热均匀一致。

2. 似光性和似声性

微波波长很短,比地球上的一般物体(如飞机、汽车、舰船、建筑物等)尺寸相对要小得多,或在同一量级上。微波的特点与几何光学相似,即所谓的似光性。因此使用微波工作,能使电路元件尺寸减小;使系统更加紧凑;可以制成体积小、波束窄、方向性较强、增益很高的天线系统,接受来自地面或空间各种物体反射回来的微弱信号,从而确定物体方位和距离,进而分析目标特征。

由于微波波长与物体(实验室中无线设备)的尺寸有相同的量级,使得微波的特点又与声波相似,即所谓的似声性。例如微波波导类似于声学中的传声筒;喇叭天线和缝隙天线类似于声学喇叭、萧与笛;微波谐振腔类似于声学共鸣腔。

3. 选择性加热

介质损耗因数主要决定物质吸收微波的能力。介质损耗因数大的物质对微波的吸收能力就强,相反,介质损耗因数小的物质吸收微波的能力也弱。由于各物质的损耗因数存在差异,因此,微波加热具有选择性加热的特点。物质不同,产生的热效果也不同。水分子属极性分子,介电常数较大,其介质损耗因数也很大,对微波具有强吸收能力。而蛋白质、碳水化合物等的介电常数相对较小,其对微波的吸收能力比水小得多。因此,对于食品来说,含水量的多少直接影响对微波的加热效果。

4. 非电离性

微波的量子能量还不够大,不足以改变物质分子的内部结构或破坏分子之间的键(部分物质除外:如微波可对废弃橡胶进行再生,就是通过微波改变废弃橡胶的分子键)。从物理学分析,在外加电磁场的周期力作用下,分子、原子核所呈现的许多共振现象都发生在微波范围内,因而微波为探索物质的内部结构和基本特性提供了有效的研究手段。另一方面,利用这一特性,还可以制作许多微波器件。

5. 热惯性小

微波对介质材料是瞬时加热升温且升温速度较快。另一方面,微波的输出功率随时可调,介质升温可随时改变,不发生"余热"现象,有利于进行自动控制和连续化生产。

6. 信息性

由于微波频率很高,所以在不大的相对带宽下,其可用的频带很宽,可达数百甚至上千兆赫兹。这是低频无线电波无法实现的。这意味着微波的信息储量大,所以现代多路通信系统,包括卫星通信系统,几乎都在微波波段工作。另外,微波信号还可以提供极化信息、相位信息和多普勒频率信息。这在目标检测、遥感目标特征分析等应用中十分重要。

微波加热的原理为：微波是频率在 300 MHz 到 300 000 MHz 的电波，被加热介质物料中的水分子是极性分子。它在快速变化的高频电磁场作用下，其极性取向将随着外电场的变化而变化。造成分子的相互摩擦运动的效应，此时微波场的场能转化为介质内的热能，使物料温度升高，产生热化等一系列物化过程而达到微波加热干燥的目的。

8.2.2　微波化学及影响微波反应速率的因素

微波化学是在人们对微波场中物质的特性及其相互作用的深入研究基础上发展起来的一门新兴的前沿交叉学科。通常也可以说微波化学是根据电磁场和电磁波理论、凝聚态物理理论、等离子体物理理论、电介质物理理论、物质结构理论和化学原理，利用现代微波技术来研究物质在微波场作用下的物理和化学行为的一门科学。

影响反应速度的因素主要有微波对反应物的加热速率、反应体、溶剂的性质以及微波的输出功率等。反应物吸收微波能量的多少和快慢与分子的极性有关，极性分子由于分子内电荷分布不平衡，在微波场中能迅速吸收电磁波的能量，而传统的加热方法则是靠热传导和热对流来实现的，因此加热速度慢。微波加热的优点在于受热体系温度均匀、加热快，分子偶极矩越大，则加热越快，此时有机反应的速度显著提高。

此外，反应物的体积、反应容器的大小等都对反应速率有不同的影响。微波作用于反应物后，加剧分子活性，提高分子的平均能量，降低反应的活化能，大大增加了反应物分子的碰撞频率，这就是微波提高化学反应速度的主要原因。

1. 微波化学反应中的物质结构

在微波化学中，化学反应温度的提高程度和提高速度与反应物所用溶剂分子的极性有关。分子的极性则和分子的瞬间偶极有关，而分子的瞬间偶极又和分子中的电荷分布密不可分。当分子中一端带有负电荷而另一端带有正电荷时，会产生分子的瞬间偶极。在微波作用下，这种电荷分布不平衡的分子吸收微波能量，分子的运动速度、内能及反应温度急剧提高，导致化学反应速度加快。极性分子的反应物在非极性分子溶剂中，由于反应物吸收微波能量后，通过分子碰撞其热能转移到了非极性溶剂内，微波加热较慢，所以用微波加热对提高非极性溶剂中的反应温度不明显。

此外，微波能作用于极性分子，使分子运动速率加快，从而大大增加反应物的碰撞频率，加快化学反应速度；而在非极性分子溶剂中，虽然微波在一定程度上也能加快极性分子反应物的运动速率，但由于非极性溶剂不能吸收微波，而且对极性分子反应物的加速运动起到阻碍作用，因此不能显著提高反应的碰撞频率。所以，用微波进行化学处理，选择合适的反应物和溶剂是非常重要的。

2. 溶剂沸点

微波法与传统加热法对体系中溶剂的作用有所区别。传统方法中，增加溶剂沸点会加速反应速率，而微波法有所不同。表 8.5 显示了微波法与传统方法的比较。由表可知，在低沸点溶剂中微波技术处理效果比较明显，对高沸点的溶剂，微波法需要通过调节其他因素来提高反应速率。表中甲醇到戊醇沸点升高，微波反应的速率降低，将戊醇反应的功率增加 10% 后，反应速率有所增加。

表 8.5　微波法与传统方法处理苯甲酸甲酯的反应时间

溶剂	反应温度/℃	反应时间	平均产率/%	加速倍数
甲醇	68	8 h	74	
	135	5 min	76	96
1-丙醇	98	4 h	78	
	136	6 min	79	40
1-丁醇	117	1 h	83	
	135	7.5 min	79	8
1-戊醇	137	10 min	83	
	137	7.5 min	79	1.3
1-戊醇	162	1.5 min	77	6.1

3. 溶剂体积

对形状相同、密封的反应器中的水、1-丙醇、1-丁醇加热,分别考察微波法中溶剂的体积对加热的影响效应。结果表明,随着容器中溶剂体积的增加,压力逐渐增大,当溶剂的体积增加到一定数量时,压力达最大,以后又随着溶剂体积的增加而逐渐减小。达到压力最大时,不同溶剂的吸收体积不同,例如达到最大压力时,水、1-丙醇、1-丁醇的吸收体积分别为 15 mL、20 mL 和 30 mL。反应器体积的大小不影响溶剂的最大压力吸收体积。例如水在 50 mL 和 150 mL 反应器中的最大压力吸收体积均为 15 mL。若采用普通加热方法,达到一定压力所需的加热时间随加热溶剂体积的增大而逐渐增长。

4. 溶剂介电常数

在极性溶剂中,用微波法进行有机反应可以显著提高反应速率。将介电常数各不相同的几种溶剂分别置于敞口的反应器中,用 $10 \, W \cdot mL^{-1}$ 的微波加热 1 min,测定并观察各种溶剂的温度变化情况,表 8.6 显示了不同介电常数的溶剂吸收微波能的情况。研究表明,高介电常数的溶剂更有利于吸收微波能,而且极性越大、相对分子质量越小的溶剂,在相同条件下吸收微波能量较多,正己烷、四氯化碳和苯等非极性分子几乎不吸收微波能量。所以,应用微波炉进行化学反应,应当选用极性溶剂作为反应介质。

在干法微波反应中,电介质对微波能量的吸收率影响更大,因为在干法反应中,许多介质可作为填充料,具有加热作用。它们被微波加热后再传导给反应物。另外,在进行微波化学反应前可根据所使用的溶剂分子的介电常数来估计一下介质对微波能量的吸收情况。

表 8.6　不同介电常数的有机溶剂加热 1 min 后的温度(初始温度为 15 ℃)

有机溶剂	温度/℃	沸点/℃	介电常数	有机溶剂	温度/℃	沸点/℃	介电常数
正己烷	21	62	2.0	氯仿	24	62	4.8
戊烷	29	90	6.9	2-丁酮	41	80	18.5
三丙胺	20	156	2.4	乙酸乙酯	29	77	6.0
2-戊酮	49	102	15.4	1-丙醇	62	97	20.1
苯	19	80	2.3	醋酸	38	118	6.2
1-丁醇	56	117	17.8				

5. 反应器的大小

以甲醇作溶剂,分别在不同体积的聚四氟乙烯反应器中,加入等量的 4-氰基苯甲酸钠盐和氯化苄进行 4-氰基苯氧离子与氯苄的 S_{N_2} 亲核取代反应,表 8.7 记录了反应产率为 65% 时的测定数据。由表中数据可知,微波技术中反应速率与容器的体积成反比。

表 8.7　反应物的量相同、反应器体积不同时反应达 65% 所需的反应时间

反应器体积/mL	反应时间	反应物占反应器的体积	加速倍数
50	35 s	120	1 240
120	1.33 min	18.33	540
300	3.0 min	13.33	240

8.2.3　微波技术在废水处理中的应用

微波技术具有高效、节能、省时、操作条件简单、无二次污染等优点。目前,微波处理废水技术主要有三种方式:微波直接作用于废水;微波作用于废水和活性炭(或其他物质);微波作用于吸附材料。这三种方式已广泛应用于废水处理领域,在某些废水处理中达到了很好的处理效果。

1983 年,Klaila 等人提出了微波加热破乳进行油水分离的方法。现在已成功应用于生产实践。从理论上讲,微波加热由于加快了水中油滴的上升速度及凝聚速率,从而加速油水分离过程。

首先,微波加热可使乳浊液的黏度降低。若为油水乳浊液(水中含有油),油以油滴分散在水中,水相是连续的,在这种情况下,通过水相,油滴上升的速度 v_0 可表达为

$$v_0 = \frac{(\rho_1 - \rho_2) g d^2}{18 \mu_1}$$

式中　ρ_1——水的密度;

　　　ρ_2——油的密度;

　　　d——油滴的直径;

　　　g——重力加速度;

　　　μ_1——水的黏度。

若体系变为水油乳浊液(油中含水),水以水滴分散在油中,油相是连续的,则水滴下降的速度可用类似的公式来表达。与普通加热一样,微波加热可使乳浊液温度上升,但微波加热使得内外温度可同时上升且温度上升较快。随着温度升高,式中 μ_1 比 $(\rho_1 - \rho_2)$ 降低得更快,因此加热会加快油滴上升速度,从而使油水分离速度加快;对于水油体系,微波加热会加快水滴下降速度,加快水油分离速率。另一方面,微波加热可加速凝聚过程,由于微波的频率较高,采用微波处理,会加快极性分子的旋转速度,从而中和胶体的 ξ 电势。微波对油水乳浊液中油滴 ξ 电势的影响见表 8.8。

由表 8.8 可知,微波处理后,油滴的主电势明显下降。由于 ξ 电势的降低,油滴凝聚速率加快,即油滴的直径 d 变大。同时,由于降低黏度和提高温度也会加快凝聚过程,也有利于增大油滴直径 d。由公式可以看出,油滴的上升速度随 d 的增加而逐渐增大。

可用油的回收率来表示油水分离的好坏:

　　　　　油的回收率=已分离的油的体积/油的初始体积×100%

表 8.8　微波对油水乳浊液中油滴表面 ξ 电势的影响

温度/℃	微波辐射	ξ 电势/mV	ξ 电势降低百分率/%
96	无	44.6	
	有	40.7	8.74
96	无	38.0	
	有	34.7	8.68
103.8	无	58.5	
	有	55.6	4.96
103.8	无	55.9	
	有	45.8	18.1
116.8	无	55.2	
	有	45.1	18.3
116.8	无	43.3	
	有	39.0	9.93

Fang 等对植物油-水-硅藻土乳浊液的微波加热分离进行了相关研究,并与常规加热及不加热重力沉降法进行了比较,结果表明,微波加热明显加快了油水的分离速度,且在相同条件下,微波加热对油的回收效率更高。不加热只在重力作用下沉降时,在 1 h 内,油水不进行分离,1 h 以后油水才开始分离。

(1)微波直接辐射处理废水。

直接辐射法是指把废水直接放在微波场中照射。赵景联等用微波辐射 Fenton 试剂氧化催化降解水中的三氯乙烯,在 Fenton 试剂物质的量比为 60,用量为 10%,微波功率为750 W,反应时间 12 min 的条件下,三氯乙烯的降解率可达 87.08%,明显高于一般实验方法,成为降解水中三氯乙烯的一种有效方法。

夏立新等用微波辐射技术降解聚乙烯醇(PVA),微波功率为 800 W,辐射时间为 1 min,pH 值为 3,单位 PVA 的 H_2O_2 用量为 0.22 g 时,5 mL 质量分数为 7% 的聚乙烯醇的平均聚合度能够在 1 min 内降至 67%。

Satoshi 等采用微波技术降解经 TiO_2 悬浮液光降解后的罗丹明-B 染料,由于微波辐照大大加快了反应过程中羟基游离基的形成速度,提高了 TiO_2 的表面活性,从而促进了对罗丹明-B 染料的降解效率。

张耀斌等将酸性蒽醌绿染料放入特制微波反应器,在静态微波催化剂的作用下,固液比为 1∶2,反应时间为 12 min,200 mg·L^{-1} 的酸性蒽醌绿染料脱色率为 82%。在连续流固液比为 1∶1,进样质量浓度为 200 mg·L^{-1},HRT(为反应柱中水力停留时间)为 10 min,微波功率为 250 W 时,酸性蒽醌绿染料脱色率保持在 87.5% 左右。

(2)微波再生技术处理废水。

作为一种易得和有效的吸附剂,活性炭已广泛用于废水处理领域。除了单独活性炭的再生以外,有时也在活性炭中加入其他物质,这些物质在微波场中的变化,对活性炭的再生有多方面的影响,这就是所谓的微波再生技术。目前的研究表明,先将污染物吸附到活性炭或其他吸附剂上,然后再置于微波场中辐射,较直接置于微波场中辐射有更好的处理效果。

处理污水中的有机污染物常用的一种方法是活性炭吸附法,但吸附后的活性炭表面有机物往往比较难处理。而微波再生技术能有效地解吸活性炭表面的有机物,使活性炭再生并有利于有机物的消解和回收再利用。

　　Chih 等采用低能度的微波辐射,对污水中吸附在颗粒状活性炭表面的有机毒物三氯乙烯、二甲苯、萘以及碳氢化合物等进行解吸和消解,其最终分解率可达 100%,处理后的水质比较稳定。此外,微波加热解吸还可回收有机物。如 Hamer 等研制了一种固定床式的微波加热解吸装置,用该装置研究了从活性炭高分子和沸石中解吸回收乙醇和有机脂。Tai 等采用活性炭吸收苯酚及用微波辐射降解吸收在活性炭上的苯酚,研究结果表明,采用此方法处理质量浓度为 5.0 mg·L^{-1} 和 50.0 mg·L^{-1} 的苯酚液,降解后无苯酚存在,全部降解为最终产物水和二氧化碳。此研究还证明,双反应体系(活性炭吸附和微波加热活性炭两个体系分开)的降解效率要比单反应体系的效率高。

第9章　光催化氧化技术

9.1　半导体光催化剂

9.1.1　半导体光催化发展概况

20世纪70年代初,由于全球性的能源危机人们开始了将太阳能转变为可实际使用的能源的研究,1972年,Fujishima在N-型半导体TiO_2电极上发现了水的光催化分解作用,从而开辟了半导体光催化这一新的领域。

S. N. Frank等在1996年对催化光解水中污染物进行研究,研究了TiO_2多晶电极氙灯作用下对二苯酚、Br^-、Cl^-、Fe^{2+}、Ce^{3+}和CN^-的光解过程,用TiO_2粉末催化光解水中污染物也取得了可喜的成果。1977年,Yokota T等发现了光照条件下,TiO_2对环丙烯环氧化具有光催化活性,从而拓宽了光催化反应的应用范围,为有机物的氧化反应提供了一条新思路。近年来,国内外大量研究报告表明,光催化氧化法对水中表面活性剂、含氮有机物等均有很好的去除效果,即使是较难降解的污染物,也可达到完全激发,光催化氧化法已成为研究热点。

9.1.2　半导体光催化原理

1.半导体光催化原理

目前,金属氧化物和硫族化物成为被研究最多的光催化剂半导体材料,半导体材料能作为催化剂与它自身的光电特性有关,半导体光催化剂大多是 n 型半导体材料(当前以TiO_2使用最广泛),都具有区别于金属或绝缘物质的特别的能带结构,即在价带和导带之间存在一个禁带。

由于半导体的光吸收阈值与带隙具有式$\lambda s\ (nm) = 1\ 240\ Es(eV)$的关系,因此常用的宽带隙半导体的吸收波长阈值大都在紫外区域。当光子能量高于半导体吸收阈值的光照射半导体时,半导体的价带电子发生带间跃迁,即从价带跃迁到导带,从而产生光生电子(e^-)和空穴(h^+)。此时吸附在纳米颗粒表面的溶解氧俘获电子形成超氧负离子,而空穴将吸附在催化剂表面的氢氧根离子和水氧化成氢氧自由基。而超氧负离子和氢氧自由基具有很强的氧化性,能将绝大多数的有机物氧化至最终产物CO_2和H_2O,甚至对一些无机物也能彻底分解。

以TiO_2为例,其基本反应式为

$$TiO_2 + hv \longrightarrow e^- + h^+$$
$$h^+ + e^- \longrightarrow 热量$$
$$H_2O^+ \longrightarrow H^+ + OH^-$$
$$h^+ + OH^- \longrightarrow OH\cdot$$

$$h^+ + H_2O + O^{2-} \longrightarrow OH \cdot + H^+ + O_2^-$$

$$h^+ + H_2O \longrightarrow OH \cdot + H^+$$

$$e^- + O_2 \longrightarrow O_2^-$$

$$O_2^- + H^+ \longrightarrow HO_2 \cdot$$

$$2HO_2 \cdot \longrightarrow O_2 + H_2O_2$$

$$H_2O_2 + O_2^- \longrightarrow OH \cdot + OH^- + O_2$$

$$H_2O_2 + h\nu \longrightarrow 2OH \cdot$$

$$M^{n+}(金属离子) + ne^- \longrightarrow M^0$$

其催化机理如图 9.1 所示。

从反应历程看,通过光激发后,TiO_2 产生高活性光生空穴和光生电子,形成氧化-还原体系,经一系列可能的反应之后产生大量的高活性自由基,在众多自由基中,$OH \cdot$ 是主要的自由基。光催化表面的羟基化,是光催化氧化有机物的必要条件。

从利用太阳光效率上看,半导体的光催化特性还存在着以下缺陷:第一,半导体的光吸收波长范围窄,对太阳光的利用比例低。第二,半导体载流子的复合率高,从而量子效率低。

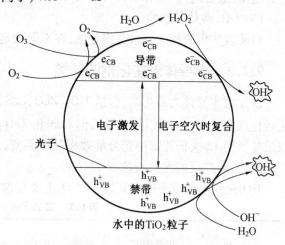

图 9.1　TiO_2 的光催化反应机理

为了使电荷在光催化剂表面进行有效转移,必须对光激发电子-空穴对的再结合进行减缓或者消除,减缓或消除方法概括如下:

(1)增加表面缺陷结构。

通过俘获载流子可以压制光诱发电子和空穴的再复合。在制备胶体和多晶光催化剂过程中,很难得到理想的半导体晶格,在制备中,会出现一些不规则结构,可以使多晶光催化剂在能量上不同于半导体主体能带上的,这样的电子态会起到俘获载流子的阱的作用。表面缺陷部位的本质取决于化学制法。

(2)减小颗粒大小。

对于半导体颗粒,量子尺寸效应发生在颗粒大小为 1~10 nm 的量级范围内。

(3)金属修饰半导体。

将金属添加在半导体中,从而改变半导体的表面性质,其光催化性质也会随之改变。

(4)过渡金属离子掺杂。

通过实验得出溶解的过渡金属离子杂质对 n 型半导体 TiO_2 的光催化性质有显著的影响,掺杂的过渡金属离子在辐射中可以很大地改进带电子的俘获,从而阻碍电子-空穴对的再结合。

(5)复合半导体。

将两种半导体耦合制成光催化剂,可使体系增大电荷分离效果和扩大光激发能的范围,也是一个可以提高光催化效率的途径。

2. 影响 TiO₂ 光催化氧化有机物的因素

（1）溶液中物质的影响。

在处理污水时,溶液中无机盐的影响是不可忽视的,有些无机盐对光降解起促进作用,而有些盐则起阻碍作用。另外 PH 值对量子效率也有影响,不同物质的降解有不同的最佳 PH,且 PH 影响也比较显著。

（2）外加氧化剂的影响。

有效地使用电子和空穴分离,也可以提高光催化效率,通常用的实验方法是通入电子的良好受体,通常通入 O_2 和 H_2O_2,但 H_2O_2 比 O_2 更好,但也不可投加太多。

（3）TiO₂ 载体的影响。

目前较实用简便的方法是固定法,在不同固定床上,光降解速度也会有很大不同。

9.1.3　半导体光催化剂的种类

以 n 型半导体为催化剂,包括 TiO_2、ZnO、CdS、WO_3、SnO_2 和 Fe_2O_3 等。TiO_2 和 ZnO 的催化活性最好,CdS 也有较好的活性,但 CdS 和 ZnO 在光照下不稳定。实验表明,TiO_2 至少可以反复使用 12 次仍能保持光分解效率基本不变,连续 580 min 光照下保持其活性,因而被广泛应用,有广泛的发展前景。

TiO_2 是钛系最重要的产品之一,TiO_2 主要有锐钛型和金红石型,其主要性能见表 9.1。

表 9.1　二氧化钛的物理性质

形态	相对密度	晶格	晶格常数		Ti—O 距	比表面积
			a	c		
锐钛型	3.84	正方	5.27	9.37	1.95	4~15
金红石型	4.22		9.05	5.80	1.99	5~7

锐钛型的催化活性优于金红石型,是目前为止公认的最有效的半导体催化剂,如图 9.2 所示为两种晶型的单元结构。

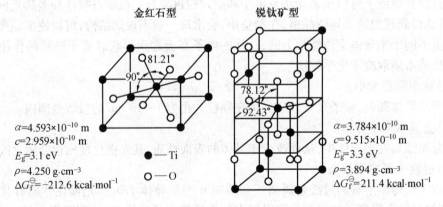

金红石型　　　　锐钛矿型

$\alpha = 4.593 \times 10^{-10}$ m
$c = 2.959 \times 10^{-10}$ m
$E_g = 3.1$ eV
$\rho = 4.250$ g·cm⁻³
$\Delta G_f^{\ominus} = -212.6$ kcal·mol⁻¹

●—Ti
○—O

$\alpha = 3.784 \times 10^{-10}$ m
$c = 9.515 \times 10^{-10}$ m
$E_g = 3.3$ eV
$\rho = 3.894$ g·cm⁻³
$\Delta G_f^{\ominus} = 211.4$ kcal·mol⁻¹

图 9.2　TiO₂晶型结构示意图

9.2　光催化反应器

利用 TiO_2 作为光催化剂降解有机物的技术已经从实验阶段转向实际应用的研究。大规模应用光催化氧化技术需要解决的关键性技术问题是 TiO_2 催化剂的固定化以及与之相应的结构简单、效率高、可长期稳定运行的反应器设计。光催化反应器的设计比传统的化学反应器要复杂得多。考虑质量传递与混合、反应物与催化剂的接触、流动方式、反应动力学、催化剂的安装、温度控制等问题外，还必须将光辐射这一重要因素考虑在内。

催化剂只有吸收适当的光子才能被激活而具有氧化活性，为了提供尽可能多的激活光催化剂，光反应器必须能提供尽可能大的催化剂比表面积，为了减少反应器的体积，要求单位体积的反应器提供尽可能大的安装催化剂的空间。

9.2.1　固定床光催化反应器

固定床光催化反应器是目前为止应用较多的一种光反应器，将 TiO_2 粉末通过化学反应固定在大的连续表面积的载体上，反应液在表面连续流过。固定床的类型主要包括平板式、浅池式、环形固定膜式等。

1. 平板式光催化反应器

平板反应器系统如图 9.3 和图 9.4 所示。平板为矩形不锈钢板，板上设有布水管，沿管长方向均匀分布 2 ~ 3 mm 的小孔，内置搅拌器，离心泵连接于出口处，通过泵使反应液流经平板，降解后又流回储液罐，循环流动。TiO_2 用玻璃纤维网负载后固定于平板上，接受日光照射。平板与地面成一定角度，实验条件下平板反应液处于层流状态。

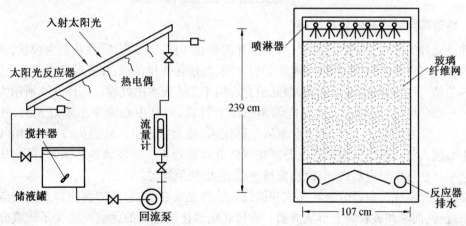

图 9.3　平板反应器的光催化氧化系统　　　　图 9.4　平板反应器示意图

平板型光催化反应器对太阳光有较高的利用率，结构简单，适合不同的气候条件，对材质无特殊要求，易于放大或工业推广，有良好的前景，但其水力负荷相对较低，难处理大流量污水。

2. 浅池式光催化反应器

浅池式光反应器可分为室内和室外两种。室内反应器是在容器底部形成 TiO_2 膜，或在容器底部铺设一层负载型光催化剂,反应液流经催化剂,并且在电光源的照射下发生反应,室内光反应器的体积一般较小,仅供实验研究。

室外浅池式光催化反应器规模比室内反应器大得多,由一系列高度不同的浅池组成,其结构如图9.5所示,它利用非聚焦太阳光作为光源,负载了TiO_2的玻璃纤维网刚好浸没在水面以下,通过池子底部的循环泵与水分布装置进行搅拌,使水与催化剂接触并产生大量溶解氧。与平板型反应器相比,浅池式反应器的水力负荷更大,但是因光的透射能力有限,要求反应溶液不能太深,所以,提高反应器处理能力的方法为扩大光照面积,减少反应器的占地面积,可在水面下设置人工光源来补充自然光源。

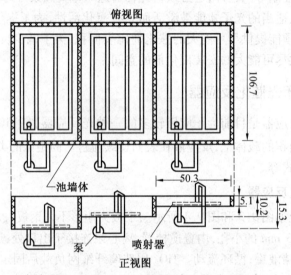

图9.5　浅池式光催化反应器结构示意图

3. 环形固定膜式光催化反应器

此反应器的形状为环形套管式,分为内外两套管,内管中是光源,催化剂为膜状,负载于外管内表面或内管外表面,处理水流动于管套间,与催化剂相接触,在光照条件下发生降解,由于膜的稳定性良好,机械强度高,因此适合应用于工业废水的处理。如图9.6所示为环形固定膜光催化反应器示意图,此反应器为三层套管式,内管中心为中压汞灯光源,外壁为TiO_2膜。中腔为反应室,待处理的废水从底部流入,经上部流出。外腔为冷却室,用气泵从底部中心鼓入气体后以气泡形式上升。在气体进口管处有一块玻璃沙芯滤片,可增加气液传质速率。在整个反应器内,气液均保持连续流动,传质均匀。

旋转式光催化反应器分为转盘式和圆筒式旋转光反应器,它们的共同特点是反应器主体可以旋转,同时在旋转器上形成液膜。旋转式光催化反应器的优点是解决了固液分离问题,当然它还存在一些缺点,如固定在器壁上的催化剂容易钝化。图9.7为旋转式光催化反应器示意图。圆筒形反应器固定在轴承上,由电动机经皮带轮带动可以高速旋转,紫外光源放置反应器中间,圆筒内壁负载TiO_2膜。燃料溶液通过导管进入反应器,反应器旋转后待处理的燃料溶液在离心作用下于内壁形成液膜。在半导体催化剂与光照的作用下,TiO_2被紫外灯激发,随后燃料溶液发生光催化氧化、脱色、降解。

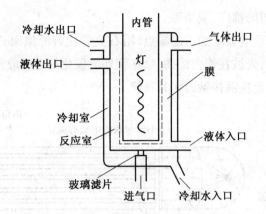

图 9.6　环形固定膜光催化反应器示意图

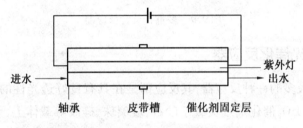

图 9.7　旋转式光催化反应器示意图

9.2.2　光学纤维式光催化反应器

这是一种专门为光催化反应而设计的反应器,反应器结构如图 9.8 所示,反应器内光导纤维作为向固相 TiO_2 传递光能的媒介。TiO_2 通过合适的方法负载于光导纤维外层,紫外光从光纤一端导入后在光纤内发生折射从而照射 TiO_2 层使催化剂激活。反应器内有 1.2 m 长的光学纤维束,包含 72 根 1 mm 粗的石英光学纤维束,每根光学纤维表面负载了一层 TiO_2 膜,反应在水表面进行。

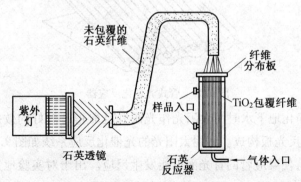

图 9.8　光导纤维反应器

光学纤维式光催化反应器的优点是反应器内光、水、催化剂三相接触面积大,反应效率高。可通过增加光学纤维数量提高反应器的三相接触面积,避免了其他反应器所具有的诸如占地面积大、有效反应体积小等缺点。此反应器也有一些缺点,如光学纤维及其辅助设备造价太高,限制该反应器的推广、应用等。

为了克服光纤维束反应器难加工的缺点,用石英管代替纤维束,其结构如图9.9所示。反应液在石英管外流动,光波在管内传播,涂在管外的催化剂可吸收部分光波,并将其激活,激活的催化剂与管外的反应液接触而将其降解。

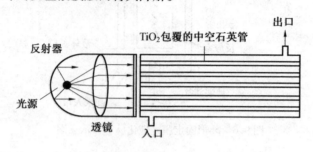

图9.9　多重石英管反应器

9.2.3　管式光催化反应器

这是应用类型最多的一种反应器,其反应都是在具有良好透光性的材料制成的玻璃管或塑料管中完成的,TiO_2 催化剂或负载于砂石、玻璃珠、硅胶等载体上,然后填充在管中;直接使用 TiO_2 悬浆或直接将催化剂负载于管壁上,光源可使用自然光或人工光。

典型的管式光催化反应器如图9.10所示,其由一连串平行的玻璃管或塑料管组成,为了能够充分利用阳光,通常将反光板安装在反应管的背光面。

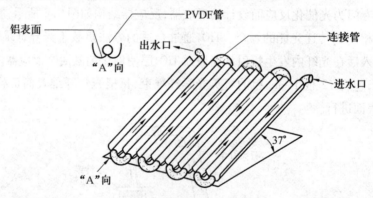

图9.10　管式光催化反应器

Crittenden 等在净化地下水时用太阳光作光源并且取得了较好的效果。所用的管式反应器由塑料管及金属反光板构成。利用太阳光的光催化反应系统如图9.11所示,反光板的作用是提高反应效率,使反应管的背光面也能发生反应。出于对实验地点和实验时间的考虑,反应平板倾斜一定角度放置,这样可吸收最大的太阳辐射。实验结果表明,不论在晴天还是阴天均有很好的处理效果。

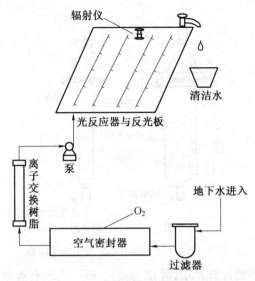

图9.11　利用太阳光的光催化反应系统示意图

9.2.4　流化床光催化反应器

流化床光催化反应器很好地解决了催化剂与反应液的接触问题。流化床层载体处于不断流动、迁移、翻滚状态,反应液在载体颗粒之间流动,充分利用了催化剂的表面,增大了催化剂的有效比表面积。流化床光反应器适合于工业化运行,作为一种新的光反应器发展方向,越来越受到人们的关注。

1. 气固相流化床反应器

在实验条件下,设计了一种小型平板流化床用于净化空气中的三氯乙烯。反应装置如图9.12所示,反应器的墙体由硼硅酸玻璃制成,上部由弹簧夹将上下两部分夹在一起,打开盖子可加入催化剂。上、下两端各有一个玻璃滤片,下部的滤片在气体入口处,目的是使气体均匀分布于反应器并使催化剂床层流化;上部的滤片是为了使气体通过并能使催化剂截留在容器中。光源采用外置式,用一个4 W荧光灯垂直照射反应器。

气固相催化反应适宜在潮湿的空气条件下进行,光能、负载催化剂以及气体反应物在流化床的作用下,实现了连续有效的接触。实验结果表明,每克催化剂能催化的反应速率为 $0.8~\mu molTCE \cdot min^{-1}$,总降解效率达13%。

气固相反应中,光催化氧化速率与水蒸气含量有关。Dibble 等用平板流化床研究了水蒸气对反应速率的影响。结果表明,在水蒸气含量较低时,氧化速率与水蒸气含量无关,但在水蒸气含量较高的环境中,会抑制反应的进行。因此,在设计气固相流化床反应器时,需要充分考虑气体的湿度问题。气固相流化床利用气体的流动性作为动力,是较为理想的处理气体的光催化反应器。

2. 液固相流化床光催化反应器

液固相流化床光催化氧化反应器的结构如图9.13所示。与典型流化床反应器的区别是有一个光辐射装置,该装置安装在圆筒形反应器的中心。有关研究用流化床光反应器降解废水中的有机物,实验装置如图9.14所示。该装置在圆筒形光反应器的中心安置400 W中

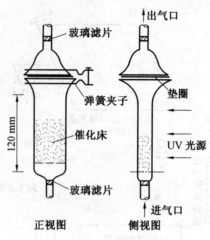

图 9.12 处理气体的小型流化床反应器

压汞灯,中间有 10 mm 厚的冷却水层,外层为流化床层,内装石英砂负载 TiO₂ 催化剂。反应器总受光面积为 0.04 m²。墙体外面用铝箔包围,蠕动泵可提供循环流动的动力。反应器外围设有 pH、温度及溶解氧调节控制装置。

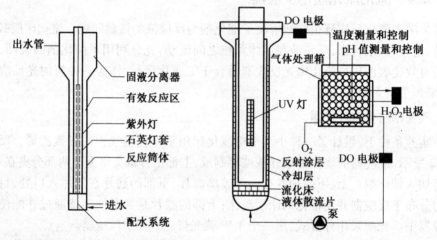

图 9.13 光催化氧化流化床反应器的结构 图 9.14 光催化氧化的实验装置

反应液从容器底部进入,经液体散流片可实现均匀流动,在液体的冲击下负载催化剂处于流化状态,在流动过程中,伴有光照的条件下,反应液逐渐被降解。反应器外的气体处理箱为溶液提供氧气,并配有温度、pH 等控制装置,使反应液中具有合适的溶解氧浓度。

此反应器的结构符合高比表面积与体积比率的需求,充分利用了光能,使反应液转化条件进一步得到改善,而且可能通过改变它的规模来控制和改善光的渗透率。江立文等用类似反应器降解有机工业废水,负载型光催化氧化剂在水流的冲击作用下,在反应器的反应区处于完全流化状态,根据反应器的动力学特点,提出了两种动力学模式,并对其进行了理论分析,为流化床光催化反应器的放大设计提供了有关理论依据。

3. 三相流化床光催化反应器

三相流化床指同时含有气、液两相流体的流化床,在三相流化床中,一部分液体进入密相以保持颗粒处于流化状态,另一部分液体则以气泡尾涡的形式通过床层;气体并不进入密相,始终以气泡的形式通过床层。

三相流化床光催化反应装置如图 9.15 所示。反应器主体为双层套管,内管为石英管,内置紫外灯,外层为有机玻璃管。反应液从容器底部进入,在内外套管间流动。气体也从底部进入,通过布气板使气体以微气泡形式均匀地进入反应器。负载催化剂在气泡的带动下很快处于流化状态,气、液、固三相充分接触,气泡带入足够的溶解氧,促使反应进行得更彻底。降解后的反应液从上方流出,一部分回流,一部分作为处理水排放。

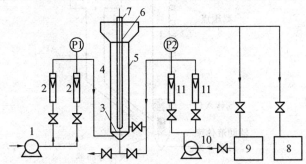

图 9.15　三相流化床光催化反应系统示意图

1—空压机;2—气体流量计;3—布气板;4—流化床反应器;5—不锈钢外壳;
6—紫外线灯;7—冷却管;8—接收器;9—储水池;10—离心泵;11—液体流量计

与传统的光催化反应器相比,三相流化床反应器的优点在于:转化条件易于控制和改善;它的结构适合于光催化反应所要求的高比表面积与体积的比率(AV),而这一比率在固定床反应器中较低;固相催化剂容易分离;紫外光能的利用率高,有效光照面积大;适合于工业规模应用。

三相流化床的缺点主要在于催化剂的消耗与磨损,由于负载催化剂长期承受气流与水流的强力冲击,催化剂必将造成一定的磨损而使光降解能力降低。因此,在催化剂载体的选择上,除了考虑耐腐蚀性及比表面积等因素外,还要考虑其机械强度,只有耐冲击负荷大的载体才适合用作三相流化床的催化剂载体。

对三相流化床反应器的进一步研究提出了三相循环流化床反应器。典型的三相循环床的装置如图 9.16 所示。三相循环流化床的底部设有气体分布器和液体分布器。液体分布器分为两部分:管状主水流分布器和多孔辅助水流分布器。在反应器内气、液、固三相混合物并流向上流动。在气速一定的条件下,当液体速度超过一定值时,颗粒流动至流化床顶部的分布器。此时,气体自动溢出,液固混合物经分离器分离,固体颗粒进入颗粒贮料罐,液体流回到贮水槽内。

三相循环床流态化操作区域位于输送床和膨胀床之间,可看作是液体输送与气液鼓泡流的结合。与两相循环床相似,此反应器有大量的固体从床层顶部流出,同时在底部有足够的固体颗粒进料来补充流失的颗粒以维持稳定的操作。三相循环床具有传质能力强,相含率和固体颗粒循环量可分别控制等优点,为三相床在生物化工领域的应用开辟了一个崭新的领域。

光催化反应器的研究与设计是光催化氧化法实用化过程中急需解决的问题。从本质上说,反应器的设计就是要使光催化反应的光、固、液(气)三相的配比达到最优化,这不仅是指技术上的最优化,同时也包括经济上的最优化。可以预见,随着各种技术水平的不断提高

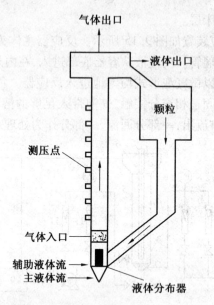

图 9.16 典型三相循环流化床示意图

和研究的更加深入,光催化反应器的研制一定能够从实验室走向应用化,其工业规模化必定有着广泛的应用前景。

9.3 光催化反应在水处理中的应用

在废水处理过程中,传统的方法主要有混凝法、吸附法、物理法、化学法、活性污泥法等。与这些方法相比,光催化氧化法降解水中有机污染物具有如下优点:操作简便、反应条件温和、能耗低、可减少二次污染等,因而逐渐受到人们的重视。大量实验结果表明,TiO_2 光催化反应处理工业废水,具有较好的降解效果。但是,光催化反应对体系的要求为能够吸收光能,因此要求被处理体系具有良好的透光性。相反,对于高浓度的工业废水,一般具有浊度高、杂质多、透光性差等特点,反应很难进行。因此该方法在实际废水处理中,适用于后期的深度处理。

光催化氧化降解法一方面减少了水中有机污染物的浓度,另一方面,充分利用太阳能,这对于节约能源、保护环境、维持生态平衡、实现可持续发展具有重大意义。

TiO_2 作为光催化剂,不仅价格低廉、无毒而且比较稳定。利用各种形态的 TiO_2,如附着态 TiO_2、多孔 TiO_2 薄膜、TiO_2-Fenton、TiO_2-Fe^{3+} 等作为催化剂,以人工光源或太阳光光源的光催化反应体系,在表面活性剂、染料废水、含油废水、农药废水、氰化物、有机磷化合物、制药废水、多环芳烃等废水处理中,都能充分地进行光催化反应,能够实现完全无机化,最终转化为 CO_2、H_2O、SO_4^{2-}、NO_3^-、PO_4^{3-}、卤素离子等无机小分子。光催化反应在去除许多无机物方面,如 CN^-、I^-、$Cr_2O_7^{2-}$、CH_3HgCl、Hg、SCN^-、$An(CN)_4^-$ 等,也有着广泛的研究和应用价值。

1. 处理含油废水

在石油的开采、运输和使用过程中,由于不合理的使用,有一部分石油类物质废弃在地面、江湖和海洋中。全世界每年由于海上事故或经河流进入海洋的石油污染物总量超过

10^7 t,对人类及海洋的生态环境造成了严重的污染。处理这种不溶于水且漂浮于水面上的油类及有机污染物已引起人们的广泛关注。TiO_2 的密度远大于水,为使其能漂浮于水面与油类进行光催化反应,必须寻找一种密度远小于水,且能被 TiO_2 良好吸附的而又不被 TiO_2 光催化氧化的载体。

有关研究以钛酸四丁酯为原料,煤灰中的漂球为载体,制备了一种负载有纳米级光活性 TiO_2 粉体的漂浮负载型光催化剂,在紫外灯照射下,利用这种光催化剂光催化降解水面上的原油,表 9.1 显示了降解后的结果,研究表明,漂浮负载型 TiO_2 光催化剂,漂浮在水面上能与石油类污染物充分接触并发生反应,其对降解和去除水面上的石油污染具有很好的效果。

表 9.1　光催化氧化降解原油的处理效果

光照时间/h	0	4	8	12	16
原油残留量/%	100	40.7	29.6	26.8	24.8

还有研究在空心玻璃球载体上以浸涂-热处理的方法制备漂浮型 TiO_2 薄膜光催化剂,根据其要求可控制 TiO_2 的晶型和负载量,能有效降解水体表面的有机污染物及漂浮油类物质。大量实验证明,采用直径为 100 μm 的中空玻璃球担载 TiO_2,制成的能漂浮于水面上的 TiO_2 光催化剂,可有效去除水面石油污染。研究发现,用硅偶联剂将纳米 TiO_2 偶联在硅铝空心微球上或用环氧树脂将 TiO_2 粉末黏附于木屑上,制备的漂浮于水面上的 TiO_2 光催化剂,以辛烷为代表,采用光催化氧化法降解水面上的油膜污染物,具有明显的降解效果。

2. 处理染料废水

染料废水中残留的染料分子进入水体后会造成严重的环境污染,有的废水中还含有氨基、苯环、偶氮基团等致癌物质。染料废水 COD 浓度一般较高、成分复杂、pH 不稳定、色度高、可生化性差,在处理时很难降解。考虑微生物活性的影响,传统的生物法很难将印染废水处理到允许排放的浓度,而光催化氧化法与传统的生物法相比,处理效果显著提高。在相同条件下,光催化氧化法与生物法降解染料废水的效果如图 9.17 所示。

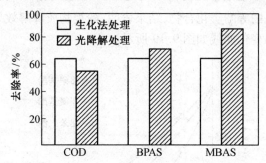

图 9.17　光催化氧化法与生物法降解染料废水的效果比较

玫瑰红 B 是染料废水中常见的有机污染物,用 TiO_2 薄膜光降解玫瑰红 B 是光催化氧化法处理印染废水的典型例子。

在玻璃表面涂敷 TiO_2 将其固定,制备催化剂薄膜。其中 TiO_2 薄膜的涂层数直接影响光催化反应的活性。玫瑰红 B 溶液的初始浓度在 $9.87×10^{-6}$ 至 $10.46×10^{-6}$ 之间变化,光催化与光分解降解结果如图 9.18 所示。在一定范围内,光催化活性随涂膜层数的增加而逐渐增强。但超过 8 层随着膜层数增加催化活性逐渐降低。原因可能是涂层膜达到一定数值后,膜表面变得相对光滑,TiO₂填充膜中部分孔隙,表面积与活性中心数降低;若不加催化剂单纯进行光分解,玫瑰红B很难降解,光照时间160 min的降解效率只有2.7%,而经4层膜光催化的降解率为48.2%。

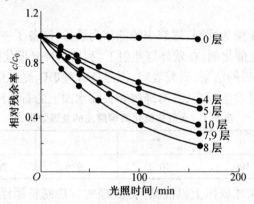

图9.18　光催化降解玫瑰红 B

光催化氧化法对于含罗丹明-6G废水、含甲基橙废水、含溶剂红和羟基偶氮苯混合废水、含染料中间体H酸废水、含分散大红和分散深蓝混合废水、含直接耐酸大红和酸性红G混合废水等一系列印染废水都有较多的应用价值。

此外,采用附着态TiO₂作为光催化剂降解染料废水,在保留光催化功能的同时,避免了粉末状态的流失和难以回收的缺点。由于染料本身作为光敏剂,光敏化作用产生单重态氧¹O₂,使染料的光氧化反应速率加快,在充氧时此过程更加显著。染料也可通过与氧形成CTC,光照后生成CTC·并解离的降解途径。所以,在充氧或碱性条件下,CTC形成CTC·解离,生成另一种形式的活性氧O²⁻·和其他自由基,加快光解速度。

3. 降解酚类物质

酚类化合物在废水中也是常见的污染物之一。研究采用TiO₂光催化氧化法降解邻硝基酚、对苯二酚、邻氨基酚等酚类化合物,结果表明,酚类物质降解效果较好。它们在水溶液中的浓度与时间的关系变化曲线如图9.19所示。

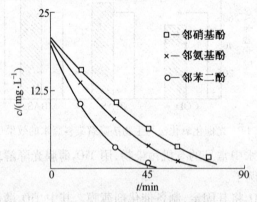

图9.19　水中酚类物质的降解曲线

由图中可以看出,溶液中残留浓度随光照时间的增长而逐渐减少。经过120 min降解处理后,去除率高达98%。实验发现,水中酚类物质较易发生光催化降解,去除率较高。作为一种高效水处理方法,光催化降解法在去除水中其他有机物时,也有相对较高的去除效率。目前,光催化降解有机物仍处于理论研究阶段,实际应用很少。但这种高效、无二次污染的光催化降解法在废水处理领域有着广阔的应用前景。

4. 处理农药废水

目前,主要采用生化法降解有机磷农药废水,但处理后的废水中有机磷含量仍高于国家废水的排放标准,不能直接排放。采用 TiO_2 光催化降解法处理此农药废水,可将有机磷完全转化为 PO_4^{3-} ,COD_{Cr} 降解率高达 70% ～90% 。

TiO_2 单独作为催化剂降解某些农药废水,处理效果不能满足排放的要求。此时可以采取其他物质与 TiO_2 复合的方式增加其降解性能。采用活性层包覆法在超细 $SnO_2 \cdot nH_2O$ 胶状粒子活性层表面包覆 TiO_2 ,制成 TiO_2-SnO_2 复合催化剂(半导体-半导体复合),可使 $TiO2$ 的光催化活性大大提高。分别采用相同质量的 SnO_2 、TiO_2 、TiO_2-SnO_2 粒子作为催化剂,光催化降解敌敌畏农药,降解后的结果如图 9.20 所示。

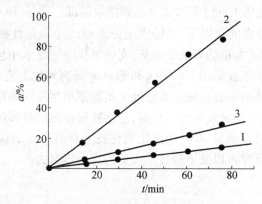

图 9.20　光催化降解敌敌畏农药

由图中可知:使用 3 种光催化剂催化降解敌敌畏时,无机磷回收率均基本与光照时间呈线性相关。以 TiO_2-SnO_2 粒子作为催化剂,处理 80 min 后可将较低浓度的敌敌畏废水完全降解,为有机磷农药废水的降解开辟了新的途径。

农药的光催化降解中,一般原始物质的去除速率较快,但并非所有污染物最终都能去除。如 s-三嗪类物质能迅速光解,降解产物为氰尿酸,毒性较小,呈稳定的六元环结构,很难无机化。现在采用光催化降解除草剂 atrazine、敌杀死、DDT 等农药,均取得了较好的降解效果。

5. 处理制药废水

制药废水中含有许多典型的难生物降解的有机污染物,包括硝基苯类化合物如硝基苯乙酮、硝基苯酚、多硝基苯等,这些污染物具有致突变、致畸和致癌性,对人体健康和生物生存危害较大。有关研究表明,采用 TiO_2-Fenton 体系处理含硝基苯类化合物制药废水,光降解作用具有显著的去除效果。在其他条件相同时,采用不同的氧化工艺对含有硝基苯类化合物的废水进行降解,并将光降解效果进行比较,光照时间与反应结果的关系见表9.2。

表 9.2 光照时间与反应结果的关系

光照时间/min	COD_{Cr}去除率/%			硝基苯类化合物/mg·L^{-1}			脱色率/%		
	UV-TiO_2	Fenton	UV-TiO_2-Fenton	UV-TiO_2	Fenton	UV-TiO_2-Fenton	UV-TiO_2	Fenton	UV-TiO_2-Fenton
30	10.9	8.4	16.7	7.82	7.82	7.63	<20	<20	<20
45	21.6	15.3	30.8	6.47	7.45	5.42	<20	<20	40
60	33.2	23.2	44.6	5.23	7.03	3.21	35	<20	64
75	48.3	32.3	63.1	3.82	6.47	2.06	50	<20	80
90	67.1	46.9	81.4	2.47	5.86	1.23	60	35	90
105	71.5	60.2	90.4	1.69	5.05	0.67	75	45	100
120	74.1	68.7	92.3	0.85	4.12	0.41	90	50	100

由表 9.2 可知,UV-TiO_2-Fenton 联合工艺对该制药废水的降解效果明显优于其他工艺。光照 120 min 后,其 COD_{Cr} 去除率高达 92.3%,脱色率可达 100%,硝基苯类化合物质量浓度由 8.05 mg·L^{-1} 降至 0.4 mg·L^{-1},完全达到排放标准。除了 TiO_2 的光降解有机物的作用外,在 Fe^{2+} 和 H_2O_2 紫外光的作用下,也能发生分解而产生氧化性极强的 OH·,在它们的共同作用下,溶液中产生了大量的羟基自由基,充分氧化降解废水中包括硝基苯类物质等的有机物。其效果明显强于单独采用 UV-TiO_2 和 Fenton 试剂氧化工艺。

光催化氧化技术在环境中的应用主要还处于实验室小型反应系统向大规模工业化发展的阶段,要投入实际应用还需继续努力。目前,包括我国在内的许多国家已经进行了利用太阳能的室外模拟实验。可以预见,TiO_2 光催化氧化技术具有广泛的应用前景。在基础理论和实际应用等方面需要研究者以及工程技术人员的进一步努力。

第10章 联合氧化工艺

前面已经介绍了化学氧化、湿式氧化、电化学氧化、超临界氧化、超声波氧化和微波氧化等技术在废水处理中的应用。各氧化技术在处理有机污染物时具有以下特点：反应过程易于控制、反应时间相对较短、对有机物的降解无选择性且比较彻底。有时采用一种氧化处理工艺，不能较好的处理效果，为此有关研究将单一的氧化工艺联合起来，发现联合后的处理工艺可以产生浓度更高的 $OH\cdot$ 自由基，使氧化能力大大提高。处理废水时可将其中的有机污染物直接氧化为无机物，或将其转化为易生物降解的中间产物，处理后的物质毒性明显降低。当然，氧化工艺的联合的使用也存在一些问题，相比单一的氧化工艺，使操作变得更复杂同时增加了处理成本，而且，不同氧化工艺的联合，其降解有机污染物的效率也不同，为此，需根据实际情况合理地选择氧化工艺进行有效的联合，达到快速降解污染物的目的。表10.1列出了几种氧化工艺及其联合工艺的比较。

表 10.1　不同氧化工艺的比较

氧化工艺	紫外线成本	氧化剂成本	操作难度	污染物浓度范围	对废水中干扰物的承受能力
O_3	无	高	难	中高	中
$UV-O_3$	中	高	难	中高	中
$H_2O_2-Fe^{2+}$	无	中	易	中高	中
$UV-H_2O_2$	高	中	易	低	小
$UV-TiO_2$	中	低	中	低	中
O_3-活性炭	无	高	难	中低	小
H_2O_2	无	中	易	中低	小
$UV-H_2O_2-O_3$	中	中	中	中高	中
$UV-TiO_2-O_3$	中	低	中	低	中

除了上述联合氧化技术外，还有很多单一氧化技术的组合方法。本章重点介绍几种在废水处理中应用较多的联合氧化工艺。

10.1　超声波与其他技术联合处理工艺

超声技术对许多种有机物具有较好的降解效果，它可以单独使用也可以与其他水处理技术联合应用。将超声波技术与其他降解技术结合，具有很大的发展潜力，例如，将超声技术与电化学氧化、光催化降解、化学氧化或吸附等技术联合使用。这些结合的基本思想是要充分利用超声波的化学效应和机械效应，使后者在非均相体系中能最大限度地发挥作用。下面以处理印染废水为例，介绍此联合技术的应用。

1. 超声波-TiO_2光催化氧化联合处理工艺

由超声波的作用机理和光催化反应的机理可以看出，两者是通过不同的途径，利用产生的活性较高的自由基来催化反应的进行。这两种氧化技术反应条件比较接近，若将两者结合起来,发挥各自的特点,实现不同作用功能的联合,会大大提高水溶性有机物降解的催化量子产率。

白波等研究了超声波–TiO₂光催化氧化联合工艺降解染料废水的效果。结果发现,与单一超声波氧化技术相比,在超声振荡条件下,超声水解法制备的纳米 TiO_2 对有机物具有较好的光催化降解性能。超声波技术与 TiO_2 光催化氧化之间具有协同效应,在废水处理方面显示了广泛的应用前景。

2. 超声–电化学联合处理工艺

超声–电化学联合处理是将超声波与电化学方法相结合的一种新型废水处理技术。Richard 等研究了超声波作用于电化学过程的机理,采用超声–电化学联合技术讲解活性紫燃料废水,尽管超声波本身对印染废水的降解效果不明显,但是其对活性染料废水的电解过程起到了明显的强化作用。结果表明,超声微电场协同作用下的脱色效率远远大于单一微电场作用,这说明超声波与微电场的协同作用大大增强了活性紫燃料的脱色效率。Trabelsi 等采用此联合技术讲解水体中的酚类物质,取得了良好的效果,同时对超声电化学体系中的传质过程进行了研究。

3. 超声强化化学氧化联合工艺

印染废水中含有许多难生化降解的大分子有机物,目前采取的方法主要是利用物理能量或化学氧化剂产生的化学效应,进一步产生氧化性极强的自由基对有机物进行氧化降解。前面提到的化学氧化剂主要有二氧化锰、臭氧和 Fenton 试剂。长期应用发现,这些药剂存在一些缺点:药剂利用率低、有机物矿化率低、自由基产率低、受气液两相界面传质效率制约等。采用单一药剂氧化处理,效果不稳定且能耗大。近来,超声波与药剂联合氧化处理工艺引起了广泛关注,此联合工艺在处理效果上有了明显改善,满足经济性要求。

胡文荣、葛建团、祈梦兰和张翼等分别研究了超声–Fenton 试剂联合工艺、超声强化臭氧氧化工艺、超声–二氧化锰联合氧化工艺对废水的处理效果。结果表明,超声波对化学药剂氧化具有明显的强化作用,不但能够减少药剂用量,而且能够提高有机物的降解率。

10.2　臭氧–生物活性炭联合工艺

许多调查与研究结果已经使人们逐渐认识到,"混凝沉淀–砂滤–投氯消毒"的处理技术及预氯化方法存在潜在的危险性,因此为去除水中有机污染物,饮用水深度净化技术得到了广泛的研究。近年来研究最多的饮用水深度净化处理方法包括:活性炭吸附和高锰酸钾、过氧化氢、臭氧、二氧化氯等氧化剂联合氧化技术。颗粒活性炭具有吸附能力强、机械强度高、比表面积大、能去除多种污染物等优点,作为一种主要的净化剂,活性炭有着广泛的应用前景。臭氧具有极强的氧化能力,不仅能有效地去除水中的嗅味、色度、铁、锰和有机物,而且能改善活性炭的吸附性能,增强活性炭床的生物活性。臭氧–生物活性炭工艺能高效去除水中溶解性的有机物,出水水质安全,日益受到人们的广泛关注。

10.2.1　臭氧–生物活性炭联合工艺净水的原理

臭氧–生物活性炭联合工艺是集臭氧灭菌消毒、臭氧化学氧化、生物氧化降解、活性炭物理化学吸附 4 种技术为一体的处理工艺。简单地说,它的做法是在传统水处理工艺的基础上,以预臭氧氧化代替预氯化,在快滤池后设置生物活性炭滤池。利用臭氧预氧化作用,初步氧化分解水中的有机物及其他还原性物质,很大程度上降低了生物活性炭滤池的有机负荷,同时臭氧氧化对水中难生物降解的有机物起到一定的降解作用,经臭氧氧化后,有机物可发生断链、开环,大分子有机物氧化为小分子有机物,使原水中有机物的可吸附性和可生化性显著提高。另外,减小了活性炭床的有机负荷,延长了活性炭的使用寿命。由于臭氧在水中分解为氧气,活性炭柱进水中溶解氧的浓度较高,有利于好氧微生物在活性炭表面增殖。好氧微生物以活性炭表面吸附的有机物为养料,将它们转化为二氧化碳和生物量,在去除原水中有机物的同时,在一定程度上使活性炭再生,从而具有继续吸附有机物的能力。臭氧-生物活性炭联合工艺在给水处理中的流程如图 10.1 所示。

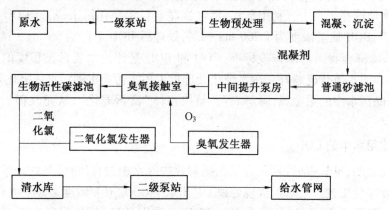

图 10.1 臭氧-生物活性炭联合工艺在给水处理中的应用

在水处理过程中臭氧与生物活性炭两者的作用相互补充。臭氧与有机物发生反应主要破坏碳化物的双键产生醛和酮,这些产物可作为管网系统内细菌的原料,如果在处理过程中未将这些养料去除,细菌就会在管网中迅速繁殖。为了避免这种现象,应采用适当的生物处理,如活性炭或慢滤池,在滤料表面的细菌的作用下,将这类化合物充分降解。避免管网中细菌繁殖的另一个手段是在处理厂出水前投加少量氧化剂,若没有活性炭这种生物过滤器,就必须增加这类氧化剂的投加量。当众多可溶有机物被活性炭上的生物去除后,那么需要投加的氯气、二氧化氯等氧化剂的量会大大减少,这在一定程度上减少了新的气味产生及色度污染问题。

10.2.2 臭氧-活性炭联合工艺在水处理中的应用

1. 处理农业灌溉污水

水是农业的命脉,也是整个国民经济和人类生活的命脉。水资源状况和利用水平已成为评价一个国家一个地区经济能否持续发展的重要指标。我国是一个水资源相对贫乏的国家,年均降水量为 630 mm,低于全球陆面和亚洲陆面的降水量;年平均淡水资源总量为 2.8×10^{12} m^3,人均占有水量仅 2 300 m^3,只相当于世界人均水平的 14,居世界第 109 位,是世界上人均占有水资源最贫乏的 13 个国家之一。中国是世界灌溉大国,约 70% 以上的粮食、80% 以上的棉花和 90% 以上的蔬菜都产自灌溉土地上,所以灌溉用水对中国农业生产具有重大的影响。我国农业用水缺口大,水体污染严重。解决农业用水的途径,除了充分利用现有的水资源,普遍实施节水农业之外,还需要把居民生活污水和由于水体污染而不宜作为农业灌溉的这部分水,进行无害化处理并使之资源化、加以回收利用,有利于缓解水资源短缺的问题。

农业灌溉用水有时含有一些污染物质,若不经过处理直接进行灌溉,会污染土壤甚至对农作物造成不同程度的影响。目前治理土地污染特别是对土地中重金属污染和核辐射污染,已成为世界性的难题之一。因此,预防污染显得非常重要,灌溉前必须对污水进行无害化处理,处理后的水质必须符合农田灌溉用水水质标准才可以使用。为了避免污水对农田的污染,国内外对污水无害化处理进行了相关研究。我国在这方面研究相对较少。广东省农业机械研究所把"清洗用臭氧水发生器"进行改装后作为污水纯化机。其核心技术是把臭氧更大限度地溶存于水中。利用臭氧-活性炭联合技术净化污水,初始 COD 质量浓度为 2 800 mg·L^{-1},BOD 质量浓度为 1 200 mg·L^{-1},处理后 BOD 下降为 98 mg·L^{-1},COD 变为 102 mg·L^{-1}。均符合我国污水排放标准,COD 和 BOD 是评价水质污染程度的重要综合指标,数值越小表明水质状况越好。污水纯化处理机可用于污染水的污水无害化处理,净化水质、有效地去除污水中的重金属,降解农药,解决水体"富营养化",从而改善土壤品质提高农产品质量。

2. 去除饮用水中的 COD_{Mn}

众多研究表明,臭氧-活性炭联合工艺能有效去除水中的有机物,是处理效果稳定可靠的饮用水深度净化工艺。某水厂常规处理工艺出水中 COD_{Mn} 质量浓度为 5.0~6.0 mg·L^{-1},浊度为 10NTU,pH 为 6.6~7.0,色度为 10~15 度。采用臭氧-活性炭联合工艺去除水中的 COD_{Mn},进行实验,结果如表 10.2 所示,从表中可看出,COD_{Mn} 降解主要在活性炭吸附阶段,在臭氧接触氧化池的去除率不高。由此说明,当进水 COD_{Mn} 的浓度较高时,投加臭氧并不能使有机物彻底氧化为无机物,而是氧化为一系列的中间产物,这些中间产物通过活性炭吸附进一步去除,从而达到 COD_{Mn} 降解的目的。当进水 COD_{Mn} 在 4.0 mg·L^{-1} 以下时,合理选择活性炭吸附时间和臭氧投加量,采用臭氧活性炭一级处理工艺,出水 COD_{Mn} 小于 2.0 mg·L^{-1},达到排放要求。当进水 COD_{Mn} 在 5~6 mg·L^{-1} 之间变化时,通过投加臭氧并不能使出水水质达到排放要求。当炭滤池进水 COD_{Mn} 超过 4.5 mg·L^{-1} 时,通过延长活性炭的吸附时间,难以达到出水 COD_{Mn} 的质量浓度小于 2.0 mg·L^{-1} 的要求。此时需利用臭氧活性炭二级串联工艺来处理污水,工艺流程如图 10.2 所示。

表 10.2　臭氧投加量对各取样点 COD_{Mn} 去除的影响

臭氧投加量 /(mg·L^{-1})	进水/(mg·L^{-1})	臭氧接触氧化池出水/(mg·L^{-1})	活性炭滤池出水/(mg·L^{-1})	COD_{Mn} 去除率/%
1.5	5.7	5.5	4.2	26
2.0	5.6	5.4	3.8	32
2.5	5.7	5.2	3.5	38
3.0	5.6	5.2	3.2	43
3.5	5.3	4.9	3.0	43
4.5	5.5	5.0	3.4	38
5.5	5.5	5.0	3.5	36
7.0	5.4	4.7	3.3	39

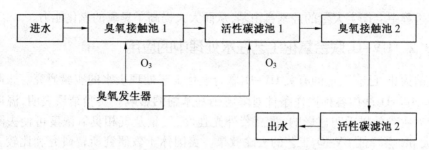

图 10.2　臭氧活性炭二级串联工艺流程

臭氧接触池 1 和 2 的臭氧投加量分别为 $3.0\ mg \cdot L^{-1}$ 和 $1.5\ mg \cdot L^{-1}$，两次活性炭吸附时间均为 20 min。保持此投加量不变，在一周内进行连续取样分析，取其平均值，检测结果如表 10.3 所示。

从实验结果不难看出，臭氧一次投加量为 $4.5\ mg \cdot L^{-1}$，在一次活性炭吸附时间为 40 min 的情况下，COD_{Mn} 的去除率仅为 38% 左右；当臭氧分两次投加时，投加总量仍为 $4.5\ mg \cdot L^{-1}$，总的活性炭吸附时间为 40 min，COD_{Mn} 的去除率高达 70% 左右。由此可见，在臭氧投加总量和活性炭吸附时间总和不变的情况下，臭氧活性炭二级串联工艺可大幅度的降解 COD_{Mn}，出水 COD 的浓度在 $2.0\ mg \cdot L^{-1}$ 以下，符合出水水质要求。

表 10.3　二级串联系统各取样点的 COD_{Mn} 值

取样点	进水	接触池 1	炭滤池 1	接触池 2	炭滤池 2
$COD_{Mn}/(mg \cdot L^{-1})$	5.6	5.2	3.2	2.5	1.7

10.3　UV-O_3 联合氧化工艺

早在 20 世纪 70 年代初，Prengle 等首先利用 UV-O_3 联合氧化工艺处理有机废水，结果发现此联合工艺可显著加快有机物的降解速率，此后，对 UV-O_3 联合氧化技术进行了众多研究。研究发现，在分解有机物方面，UV-O_3 联合氧化工艺比单独使用 UV 和 O_3 工艺效果更好，一方面能够氧化难以生物降解的有机物，另一方面还可以杀灭细菌和病毒。

10.3.1　UV-O_3 联合氧化机理

自从发现 UV-O_3 联合氧化工艺以来，人们对其机理进行了大量的实验研究。不同学者对其机理有不同的阐述，Okabe 认为紫外光照射到臭氧时会产生游离的 $O \cdot$，而 $O \cdot$ 与水会继续反应生成 $OH \cdot$；Prengle 等认为，其氧化机理为，UV 辐射不但可诱发产生 $OH \cdot$，还能产生其他激态物质和自由基；Reyton 等人在研究的基础上总结了 UV-O_3 联合氧化工艺的机理，他们认为水中臭氧光解的第一步将产生 H_2O_2，H_2O_2 在紫外光照射下产生 $OH \cdot$，其主要反应过程可写为

$$H_2O + O_3 \xrightarrow{hv} H_2O_2 + O_2$$

$$H_2O + O_3 \xrightarrow{hv} 2OH \cdot + O_2$$

$$H_2O_2 \xrightarrow{hv} 2OH \cdot$$

反应过程中会产生大量的羟基自由基,从而大大提高了臭氧的氧化能力。

10.3.2 UV-O₃联合氧化工艺在水处理中的应用

到目前为止,已有大量的有关 UV-O₃ 联合氧化工艺处理废水的实验研究。张晖等主要研究了 O₃、UV-O₃ 法中各种操作条件对降解硝基苯酚的影响。实验结果表明,温度和初始 TOC 浓度对去除效果无明显影响,提高紫外光强度、气量及气相臭氧浓度可使去除效果增强,而增大 pH 会降低 UV-O₃ 工艺的去除效果。美国休士敦研究所曾研究和比较了各种难分解物质的单独臭氧处理的效果。他们以难分解物质的半量转化需耗用臭氧量的多少来衡量难分解物质的难易程度,称为难分解指数(RFI)。表 10.4 显示了某些化合物的 RFI 值。如果用 UV-O₃ 联合氧化工艺处理这些难分解化合物,其 TOC 的降解效果比单独臭氧处理要高得多。

吉林化工学院采用 UV-O₃ 联合氧化工艺处理焦化废水中的难生物降解的有机毒物,其工艺条件如下:停留时间为 50 min、废水 pH=2、$t=60$ ℃、催化剂的质量浓度为 0.375%、进气量为 37 mL·min⁻¹、水流量 3 600 mL·h⁻¹,处理后焦化废水中所有毒物全被去除,出水中 COD 浓度小于 100 mg·L⁻¹。这说明,单独臭氧处理和在紫外配合下的臭氧处理效果具有明显的不同。

表 10.4 某些化合物的 RFI 值

化合物	RFI	级别	化合物	RFI	级别
氯仿	0.53	轻微难分解 RFI<1	甘油	112	高度难分解 RFI:100～1 000
苯酚	0.44		乙醇	245	
铵根	8.0		多氯联苯	200	
甲醇	88		DDT	297	
氨基乙酸	19.7	难分解 RFI:1～100	马拉松	1 000	极难分解 RFI>1 000
软脂酸	27.3		醋酸	1 000	
二氯丁烷	56				

UV-O₃ 联合氧化工艺的高效水处理能力是毋庸置疑的,如何在保证处理效率前提下,减少设备投资和运行费用非常关键。吕锡武等人采用 UV-微臭氧系统处理饮用水中一些常见的有机化合物,如邻二氯苯、对二氯苯、1,2,4-三氯苯、六氯苯、三氯甲烷和四氯化碳 6 种优先污染物,取得了较好的降解效果,其原理是在紫外光的直接辐射下,干燥、净化后的空气可产生一定量的臭氧,以空气和微臭氧的混合气体作为氧化剂,在紫外光的作用下协同处理饮用水。研究表明在饮用水的处理方面,UV-微臭氧联合氧化工艺与 UV-臭氧联合工艺非常相似且投资少、设备操作简单,具有广泛的应用前景。

利用紫外光源同时在气相中产生臭氧及光分解水处理已有了工业设备。UV-O₃ 技术与其他技术相结合,如与活性炭、H₂O₂、TiO₂ 或生物工艺联合,可使处理费用大大降低。从臭氧技术的发展来看,从碱催化到光催化、金属催化臭氧氧化,目的都是促进臭氧的分解,以产生自由基等活性中间体来强化臭氧氧化。

1. UV-O₃-活性炭联合处理工艺

徐志通等人研究了用 UV-O₃-活性炭联合工艺处理偏二甲肼废水,活性炭放在实验柱的下面,重 0.8 kg,厚 10 cm,实验结果见表10.5。$UV-O_3$ 体系中加入活性炭后,COD 的去除效果显著增强,其原因是活性炭具有催化效果,由于加入活性炭催化剂,可以大大地节省了臭氧的投加量。偏二甲肼总处理量达 40 g,活性炭催化性能基本不变。

表 10.5 $UV-O_3$-活性炭联合工艺处理偏二甲肼废水

工艺	反应时间/min	投量比,O_3-偏二甲肼	O_3投加量/(mg·L⁻¹)	处理前			处理后		
				COD/(mg·L⁻¹)	pH	偏二甲肼/(mg·L⁻¹)	COD/(mg·L⁻¹)	pH	偏二甲肼/(mg·L⁻¹)
$UV-O_3$	150	2.88∶1	1038	265	8.6	360	80	7.85	0.05
$UV-O_3$-活性炭	120	1.73∶1	624	265	8.6	360	55	8.0	0.05

2. $UV-O_3-H_2O_2$ 联合处理工艺

$UV-O_3-H_2O_2$ 联合氧化工艺的原理与 $UV-H_2O_2$ 和 $UV-O_3$ 的氧化工艺类似,都是在紫外光的作用下,形成氧化性极强的 OH· 自由基。与 $UV-O_3$ 过程相比,H_2O_2 的加入能够促进OH· 的产生,从而加速有机污染物的氧化降解速率。有关反应式为

$$H_2O+H_2O_2 \longrightarrow H_3O^+ + HO_2^-$$

$$H_2O_2 + O_3 \longrightarrow O_2 + HO_2 \cdot + OH \cdot$$

$$HO_2^- + O_3 \longrightarrow O_2 + O_2^- + OH \cdot$$

$$O_3 + O_2^- \longrightarrow O_2 + O_3^-$$

$$O_3^- + H_2O \longrightarrow O_2 + OH \cdot + HO^-$$

在紫外光激发下,臭氧与过氧化氢的协同作用对有机污染物的去除效果更明显。采用 $UV-H_2O_2-O_3$、O_3 和 $UV-H_2O_2$ 三种氧化工艺处理纺织工业废水,结果表明:$UV-H_2O_2-O_3$ 联合氧化工艺的处理效果最有效,它几乎可以将全部的色度去除。

$UV-H_2O_2-O_3$ 联合氧化工艺在处理多种工业废水和受污染地下水方面具有广泛的应用。这种高级氧化技术既可用于全程处理也可用于与其他工艺结合的预处理或净化步骤。有关报道已证明 $UV-H_2O_2-O_3$ 联合氧化工艺已用于处理以下物质:卤代烃类物质(如 $CHCl_3$ 等),农药类物质(如 PCP、DDT、Vapam 等)、TNT 和其他一些化合物(如硝基苯、苯硝酸等)。当处理的废水中成分比较复杂时,某些反应可能受到抑制。在此情况下,$UV-H_2O_2-O_3$ 联合氧化工艺的优越性比较明显,因为它可能通过多种反应机理产生羟基自由基。$UV-H_2O_2-O_3$ 联合氧化工艺受有色及浓浊废水的影响程度较低,且在较大 pH 值范围均适用。

3. $UV-O_3-TiO_2$ 联合氧化工艺

Sanchez、Klare 和 Tananka 等人采用 O_3、O_3-TiO_2、$UV-TiO_2$、$UV-O_3$、$UV-O_3-TiO_2$ 几种氧化工艺处理苯胺溶液,并进行效果比较。实验结果表明,$UV-O_3-TiO_2$ 联合氧化工艺对苯胺的去除效果明显高于其他工艺,而且反应时间短。孙德智等人采用 TiO_2 作催化剂,$UV-O_3$ 和 $UV-O_3-TiO_2$ 等几种联合氧化工艺降解饮用水中的有机污染物,实验结果见表 10.6。从表中可看出,$UV-O_3-TiO_2$ 联合氧化工艺降解有机物的处理效果最佳。

表 10.6　不同氧化工艺处理饮用水的效果比较

工艺	反应时间/min	TiO_2投加量/($mg \cdot L^{-1}$)	臭氧投加量/($mg \cdot L^{-1}$)	UV_{254}去除率/%
O_3	90		1.7	49
UV	90			40
$UV-O_3$	90		1.7	80
$UV-TiO_2$	90	1.5		70
$UV-O_3-TiO_2$	90	1.5	1.7	85

10.4　电化学–生物法联合处理工艺

研究者在 20 世纪 80 年代提出了电化学–生物法联合处理工艺。其基本思路是用电化学方法选择性地使难降解的有毒有害有机污染物降解到某一特定阶段,使其可生化性提高,再结合生物法,从而可以彻底地去除污染物。

10.4.1　去除水中有机物的主要原理

电化学作为预处理方法,可在电极上发生氧化还原反应,使大分子化合物降解为小分子有机物。污染物经电化学处理后其形态发生变化,进一步经过生物法降解可使污染物最终转化为水和二氧化碳,实现对污染物的彻底去除。例如,处理的污染物中若含有 N、P 等元素,经电化学处理后,产生的 N、P 等物质还可以作为后续生物处理的营养源,从而使生物生长旺盛,水中有机物的去除效率大大提高。

用生物法处理含多种有机物的复杂废水,一部分难生物降解的物质会残留下来,因电化学反应具有高氧化还原性,结合高效的催化电极,可将残留的难生物降解的物质继续降解,提高处理后的水质。

结合电化学和生物法的优点,可以将两个过程联合后设计在一个反应器内。电化学反应一方面可以使有机物降解提高可生化性,另一方面其产生的某些副产物如氢气等可作为生物的原料,进一步强化了有机物的去除效率。在一体化的反应器内,选择合适的电极、施加较低的电流密度,这样不但可以充分利用电解过程中产生的 ClO^-、$OH \cdot$ 等氧化有机物,还可避免对微生物代谢活性的抑制,从而实现对水中污染物的高效协同去除。

10.4.2　电化学–生物水处理方法的组合及应用

电化学–生物联合处理工艺主要用于处理有毒和难生物降解水中的有机污染物质。电化学方法可以作为不同的处理单元,如生物预处理、生物后处理及电化学生物一体化反应器的组合单元技术。

1. 电化学作为生物预处理方法

电化学作为生物法的预处理方法,应用较多的是电化学催化氧化法,该方法已在生物难降解废水处理中得到广泛的应用。例如对水中低浓度硝基苯进行电催化还原,采用锡–铜系、镍–磷系电极、稀土金属原料制作电极,均可将水中硝基苯高选择性地还原为苯胺,硝基苯转化率在85%以上,苯胺产率在75%以上。生物降解实验表明,电解产物可以被某 AN3 菌有效降解。

电化学预处理方法一方面可改善废水的可生化性,提高生物处理效率,而且在电化学处理过程中产生的某些产物还可以作为后续生物处理的营养源。Skadberg 等认为,电化学-生物反应体系可应用于同时处理含有机污染物与无机污染物的废水,产生的氢气能够促进有机物的降解,并削弱重金属对生物降解的影响。Skadberg 等以 2,6-二氯苯酚为目标有机物,在电解池中研究了电流、pH 以及重金属对生物降解含氯有机物的影响。结果表明,重金属的去除与氯代有机物的生物降解可在生物-电化学反应体系中同时进行;阴极产生的氢气能促进 2,6-二氯苯酚的脱氯。

2. 电化学作为生物后处理方法

电化学也可以作为生物方法的后处理,对生物处理后水中的残留物进一步降解。例如经 SBR 生物处理后的垃圾渗滤液中仍具有较高浓度的有机物,这些残留物中的有机物多为难生物降解的有机物,可采用电化学法有效去除。研究结果表明,在电流密度为 $7.0\ mA \cdot cm^{-2}$、电压为 3.5 V、氧化时间为 180 min、氯离子浓度为 $2\ 000\ mg \cdot L^{-1}$ 的条件下,垃圾渗滤液的 COD_{Cr} 降解率近50%,氨氮的去除率大于95%。对经生物处理后的皮革废水继续采用电化学氧化方法具有较好的降解效果。采用 $Ti\mid TiRuO_2$ 作为阳极,能够使废水中残留的难生物降解物质完全矿化,能够将 COD、氨氮、丹宁酸完全去除并实现脱色。2006 年 Buzzini 等报道了用升流式厌氧污泥床(UASB)处理 Kraft 原色纸浆厂模拟废水,电化学絮凝作为 UASB 生物反应的后处理方法,采用不锈钢电极时剩余 COD 去除率可达82%、剩余色度去除率可达98%,这说明采用电化学方法后具有明显的处理效果。

电化学方法作为一种后处理手段,还可对生物处理出水起到一定的消毒作用,对二级处理、生物活性炭过滤后的生活污水进行电化学消毒实验表明,在耗电量为 $0.3(kW \cdot h) \cdot m^{-3}$、水力停留时间为 20 s 时,出水放置 1 h 后可达到生活杂用水的卫生学指标,总大肠菌群数小于 3 个。

3. 电化学-生物一体化组合方法

在处理有机污水的过程中,电化学-生物一体化联合反应器的应用较多。在水力停留时间为 7 h 时,采用电解氧化-生物耦合联合反应工艺处理浓度为 74 $mg \cdot L^{-1}$ 的酸性红 A 有机废水,主要研究阳极材料、电流、氯离子浓度及甲醇浓度等对反应过程的影响。结果表明,甲醇可以作为微生物代谢酸性红 A 的共代谢基质,当外加电流为 300 mA 时,水中 COD_{Cr} 与酸性红 A 的去除率分别可达84%和79%,较无电流条件下,分别提高76%和59%。在电-生物耦合反应过程中,微生物代谢去除的 COD_{Cr} 和酸性红 A 的量随甲醇浓度的增大而逐渐增多,生物膜的耐电性变化与之相同。增大电流和氯离子的浓度,电化学氧化氯离子生成的次氯酸根浓度也相应升高,抑制了微生物正常代谢的活性。在电化学氧化阶段以铁作阳极可以提高酸性红 A 的去除速率,但会产生大量的絮凝沉淀物。在常温、低电流密度条件下,电化学-生物一体化联合反应器可正常运行,微生物的活性处于较高水平。

10.5 臭氧-过氧化氢联合氧化工艺

臭氧与过氧化氢是两种常用的氧化剂,将它们结合起来使用,其氧化能力大大加强,作为一种联合氧化工艺,在处理废水和废气中展开了广泛应用。

10.5.1　臭氧-过氧化氢联合氧化的机理

臭氧与过氧化氢的组合能够产生 OH· 自由基,是一种氧化能力极强的活性基团,反应过程如下:

$$H_2O_2+H_2O \longrightarrow H_3O^+ + HO_2^-·$$
$$O_3+HO_2^-· \longrightarrow H_2·+OH·+O_2^-·$$

HO$_2^-$· 自由基产生后,与臭氧结合,快速使其分解,产生 OH· 自由基,诱发链式反应进行。除上述反应外,溶液中还存在生成 OH· 的反应:

$$O_3+O_2^-· \longrightarrow O_2+O_3^-·$$
$$O_3^-·+H_2O \longrightarrow O_2+OH·+OH^-$$

产生的 OH· 自由基氧化有机物的反应如下:

$$OH·+RH \longrightarrow R·+H_2O$$

由反应式可看出,OH· 自由基能够激发有机环上的不活泼氢,通过脱氢反应,可生成 R· 自由基,成为进一步氧化的引发剂;通过羟基取代反应 OH· 自由基还能将芳烃环上的—SO$_3$H 和—NO$_2$ 等基团取代下来,从而生成不稳定的羟基取代中间体,易于继续发生开环裂解反应,直至完全分解为无机物。

10.5.2　臭氧-过氧化氢联合氧化工艺的影响因素

1. pH 的影响

体系的 pH 值对臭氧-过氧化氢联合氧化工艺的处理效率影响很大。例如,王莉莉等采用臭氧-过氧化氢联合氧化工艺处理染料中间体废水,研究发现当废水的 pH 在 6~8 之间时,有机物的去除效果最佳。Mokrini 等采用几种不同的氧化工艺降解芳香族化合物,并将结果进行比较,如表 10.7 所示。实验结果表明,臭氧-过氧化氢联合氧化工艺对苯酚的去除比较有效,而且体系的 pH 值能影响去除效果,当 pH 值为中性时,过氧化氢对苯酚的去除影响较小,而当 pH=9.3~9.5 时,苯酚的降解效果显著增强。不同的废水其最适 pH 不同,在实际废水处理过程中,应通过实验来确定最佳 pH 值。

表 10.7　不同 pH 值条件下苯酚降解实验结果

工艺	H$_2$O$_2$浓度 /(mol·L^{-1})	酚去除率/% [pH 为中性, 反应 1 h]	酚去除率/% [pH 为中性, 反应 1.5 h]	酚去除率/% [pH 9.3~9.5 反应 1 h]	酚去除率/% [pH=9.3~9.5 反应 1.5 h]
O$_3$		84.8	92.1	98.7	100
UV		5.6	8	2.9	44.4
O$_3$-UV		87.7	94.6	88.2	93.5
O$_3$-H$_2$O$_2$	0.58×10^{-4}	84.8	92.8		
O$_3$-H$_2$O$_2$	0.58×10^{-3}	86.6	95.8	86.3	95.0
O$_3$-H$_2$O$_2$	2.94×10^{-3}	79.4	89.8	80.5	92.5
O$_3$-H$_2$O$_2$	7.35×10^{-3}	78.9	89.5		
O$_3$-H$_2$O$_2$	1.47×10^{-2}	70.3	80.9		
O$_3$-UV-H$_2$O$_2$	0.58×10^{-3}	70.5	76.9	70.9	83.6

2. 臭氧与过氧化氢的投加比

臭氧与过氧化氢相互作用产生 OH· 自由基,反应式为

$$H_2O_2 + 2O_3 \longrightarrow 3O_2 + 2OH·$$

此反应式中,当过氧化氢与臭氧的比值为 $1:2$ 时,OH· 自由基的产生量最大,此时其氧化效率最高,若此比值大于 $1:2$,多余的过氧化氢会作为 OH· 的受体,使 OH· 的浓度减少。然而,在实际处理过程中,当过氧化氢与臭氧的比值为 $1:2$ 时,其氧化效率未必最高。例如,Glaze 等人采用臭氧–过氧化氢联合氧化工艺处理水中的三氯乙烯和四氯乙烯。研究发现当过氧化氢与臭氧的比值接近 1 时,其氧化效率最高,原因可能是水中还存在 CO_3^{2-} 和 HCO_3^-,它们也可作为 OH· 的引发剂和受体,由于它们的存在,导致在实际水处理中要通过实验来确定最佳过氧化氢与臭氧的投加比。

10.5.3 臭氧–过氧化氢联合氧化工艺在水处理中的应用

采用臭氧–过氧化氢联合氧化工艺已成功用于处理废水和废气中的有机物。Glaze 等采用该技术处理废水中的含氯有机物,包括六六六(HCH)、三氯苯和 DDTs 等。Ornnad 等人使用该技术处理农药废水,并与单独使用臭氧氧化工艺进行了比较,实验结果见表 10.8。

表 10.8 臭氧–过氧化氢联合氧化工艺与臭氧氧化处理农药废水的比较

化合物	O_3 工艺				O_3–H_2O_2 工艺				
	O_3 用量(g/TOC)				O_3 用量(g/TOC)				
	0	0.2	0.6	1.0	0	0.25	0.4	0.7	1.3
1,2,4-TCB	1.00	0.50	0.46	0.38	1.00	0.35	0.20	0.12	0.07
氯苯	1.00	0.20	0.15	0.15	1.00	0.03	0.02	0.02	0.01
二氯苯酚酮	1.00	0.35	0.18	0.02	1.00	0.29	0.14	0.07	0.00

从表中可看出,采用臭氧–过氧化氢联合氧化工艺处理农药废水比臭氧氧化工艺更有效。Echigo 等人采用 O_3–VUV、臭氧–过氧化氢、VUV 和臭氧 4 种工艺处理有机磷酸酯并将降解效果进行比较,表明臭氧–过氧化氢联合氧化工艺分解氯代磷酸三乙酯最有效。Sunder 等人研究了用臭氧–过氧化氢联合氧化工艺处理三氯乙烯和四氯乙烯。Masten 等人采用 O_3、O_3–UV、O_3–H_2O_2 和 O_3–UV–H_2O_2 4 种氧化工艺处理氯苯类有机物。研究结果表明,当 H_2O_2 的浓度为 60 $\mu mol \cdot L^{-1}$ 时,采用臭氧–过氧化氢联合工艺去除二氯苯的效率最高,当 pH 小于 6 时,O_3–UV 联合工艺分解氯苯类有机物的效率最高;中性条件下,O_3–UV、臭氧–过氧化氢和 O_3–UV–H_2O_2 3 种氧化工艺处理氯苯类有机物的效率相当;当 pH 大于 9 时,4 种氧化工艺处理氯苯类有机物的效率几乎相等。

臭氧–过氧化氢联合氧化工艺处理废水比较经济,降解效果较好,在环境治理特别是废水处理过程中具有广泛的应用前景。

第3篇　还原技术在废水处理中的应用

第11章　毒害有机物电解还原处理

11.1　毒害有机物类别及电解还原法

11.1.1　毒害有机物主要类别及还原方法

11.1.1.1　毒害有机物主要类别

随着工业的发展,人类生产与生活中使用和产生的化学污染物的数量迅速增加。这些污染物质通过各种途径进入水体,危害人体健康,特别是部分人工合成有机物的危害更大。据检测,饮用水中有超过百种有机物可能具有"三致"(致癌、致畸、致突变)作用。因此,世界各国先后提出了水中"优先控制污染物名单"。

我国国家环境保护局在1989年4月提出了适合中国国情的"水中优先控制污染物"(China preferred controlled pollutant in water)名单,包括14类68种有毒化学污染物,其中的58种有机毒物,主要为挥发性氯代烃、苯系物、氯代苯类、酚类、硝基苯类、苯胺类、多环芳烃类、酞酸酯类和农药类等。

毒害有机物的共同特性为:难降解、毒性大、残留时间长,能够通过食物链富集,会产生"三致"作用,对人类健康具有长远的危害。鉴于此,对毒害有机物的研究是一件具有深远意义的事情。

目前,我们研究的毒害污染物主要有以下几类:

1. 有机氯农药

有机氯农药(OCPs)是一类广谱、高效的低毒类农药,其化学性质稳定,一般不溶于脂肪、脂类或有机溶剂。它大致可分为两大类:一类为氯代苯及其衍生物,如六六六(HCH)、滴滴涕(DDT)等;另一类为氯化脂环类(萘、茚)制剂,如狄氏剂、艾氏剂、异狄氏剂、氯丹、七氯、毒杀芬等。

有机氯农药的化学结构和毒性大小虽各不相同,但其理化性质基本相似,如挥发性低、化学性质稳定、不易分解、残留期长等。DDT、艾氏剂、氯丹、狄氏剂、异狄氏剂、七氯、灭蚁灵和毒杀芬8种农药被列入斯德哥尔摩公约的持久性有机污染物名单。HCH属于美国环境保护署确定的129种优先控制的污染物之一。

2. 氯苯和多氯联苯

氯代单环芳烃对人体健康的危害很大。六氯苯是一种持久性的有机污染物(POPs),具有长期残留性、生物蓄积性、半挥发性和高毒性。目前的研究表明,1,2,4-三氯苯(1,2,4-TCB)不仅会损伤肝、肾和甲状腺,而且具有潜在的"三致"作用。

多氯联苯(PCBs)是一组具有广泛应用价值的氯代芳烃化合物,目前已在商品中鉴定出它的130种同系物异构体单体,其中大多数为非平面化合物。多氯联苯含的氯原子越多,就越易在人和动物体的脂肪组织和器官中蓄积,也越不易排泄,毒性就越大。国际癌症研究中心已将多氯联苯列为人体致癌物质。

3. 氯代脂肪烃

氯代脂肪烃是一类具有广泛代表性的污染物,其在地下水中的污染较为严重。氯代脂肪烃的种类繁多,主要是低碳烷烃中的氢被氯取代后生成的一氯或者多氯代产物。氯代脂肪烃是重要的化工原料、有机合成单体和有机溶剂,在化工、医药、制革和电子等行业被广泛应用,对人体健康和环境也具有潜在的危害。

4. 酚类

酚类化合物种类繁多,有苯酚、甲酚、氨基酚、硝基酚、萘酚、氯酚等种类。美国环境保护署优先控制污染物表中有11种苯酚和甲酚:苯酚、2-氯苯酚、2,4-氯苯酚、2,4,6-三氯苯酚、五氯苯酚、2-硝基苯酚、4-硝基苯酚、2,4-硝基苯酚、2,4-二甲基苯酚、4,6-二硝基-对甲苯酚、3-甲基-4-氯苯酚。其中有3种即苯酚、2-氯苯酚和2,4-二氯苯酚易残留于水中;而其他8种则易存在于底泥中。五氯苯酚和2,4-二甲基酚易被生物积累。

5. 多环芳烃

国际癌研究中心(IARC)1976年列出的94种对实验动物有致癌作用的化合物中有15种属于多环芳烃(PAHs)。美国环境保护署颁布的污染物测定标准方法610中的16种PAHs,包括萘(Nap)、苊烯(Acpy)、苊(Ace)、芴(Flu)、菲(Phe)、蒽(Ant)、荧蒽(Flua)、芘(Pyr)、苯并[a]蒽(BaA)、䓛(Chr)、苯并[b]荧蒽(BbF)、苯并[k]荧蒽(BkF)、苯并[a]芘(BaP)、茚并[1,2,3-cd]芘(IcdP)、二苯并[a,h]蒽(DahA)、苯并[ghi]芘。具有致癌作用的多环芳烃多为四环到六环的稠环化合物。

11.1.1.2　同系有机物毒害和抑制性规律

1. 有机氯农药和多氯联苯

有机氯农药自20世纪70年代初开始在全球范围内陆续被禁用。有机氯农药和多氯联苯不易分解且具有一定的挥发性和强脂溶性,并能通过食物链在生物体(包括人体)内富集,对生态系统和人类健康构成了威胁。它们具有以下四个显著的特性:

(1)持久性/长期残留性。

有机氯农药对自然条件下的生物代谢、光降解和化学分解等具有很强的抵抗力,一旦排放到环境中,它们可以在环境介质中存留数年到数十年甚至更长的时间。

(2)生物蓄积性。

它们的分子结构中含有氯原子,具有低水溶性、高脂溶性的特征,因而能在脂肪组织中发生生物蓄积,从而导致持久性有机污染物通过周围媒介物质富集到生物体内,并通过食物链的生物放大作用达到中毒浓度。

（3）半挥发性。

能从水体或土壤中以蒸气形式进入大气环境，并吸附在大气颗粒物上，进而在大气环境中进行远距离迁移。

（4）高毒性。

毒理作用主要表现在影响神经系统、内分泌系统和生殖系统，侵害肝脏、肾脏。近年的研究表明，它们在动物体内的代谢产物影响动物体正常生理活动，属"环境激素"。

2. 卤代脂肪烃

一般认为，氯代脂肪烃的毒性官能团是氯原子。氯仿结构特殊，经氧化可生成剧毒光气类化合物。含氯乙烯子结构的分子毒性较高，可能是由于烯烃的 P 键与氯原子的 P 键共轭，从而使氯原子的反应性能增强，多烯烃、环烯烃也有类似的毒性增活作用。氯原子数增加，可增加反应机会，使分子毒性增强。分子体积随碳原子数的增加而变大，分子体积过大将不利于毒性物分子与目标分子接触发生反应，从而使毒性降低。

已有大量关于卤代脂肪烃毒害作用的研究。例如，1,1,1-三氯乙烷、1,2,3-三氯丙烷能影响中枢神经系统，损伤心、肝、肾、等重要内脏器官。

3. 单环芳香族化合物

5 种氯苯类有机物（氯苯,邻、间、对二氯苯,1,2,4-三氯苯）对活性污泥种泥都有抑制作用，氯代程度越高，抑制作用越大，尤其是对二氯苯和 1,2,4-氯苯。在正常的活性污泥法运行中，由于氯苯、邻二氯苯、间二氯苯的降解速率极低，绝大部分都能穿透整个二级处理系统；由于二氯苯和 1,2,4-三氯苯具有抑制作用，可对活性污泥法产生不利影响。

4. 酚类

我国环境优先污染物黑名单里列出了 7 种酚类物质，里面就包括了 2-氯酚、2,4-二氯酚、2,4,6-三氯酚和五氯酚等毒性很高的物质。这些物质对任何生物体都具有毒害作用，属于"三致"（致畸、致癌、致突变）物质，而且其毒性随着含氯度的增加而明显提高。

五氯酚（PCP）可引起人和动物的急性或慢性中毒，具有"三致"作用。氯代苯酚类化合物的毒性规律为：毒性随分子氯取代基数目的增多而增强，随分子最高占据轨道能的增加而增强。部分同系有机物对微生物的抑制规律见表 11.1。

表 11.1　部分同系有机物对微生物的抑制规律

	酚类	胺类	苯类
抑制性增强　→	五氯酚 2,4-二硝基酚 2,4-二氯酚 3,5-二甲酚 硝基酚（邻、间、对） 甲酚（邻、间、对） 二苯酚（邻、间、对） 苯酚 苯	乙酰苯胺 二乙基苯胺 间硝基苯胺 N,N-二甲基苯胺 苯胺 苯	2,4-二硝基甲苯 邻二氯苯 对硝基甲苯 二甲苯 对二氯苯 乙苯 苯

苯酚邻位上的氢被取代所生成的化合物对底泥氨氧化活性的抑制作用的强弱按取代基

排序为：—Cl>—CH$_3$≈NO$_2$>—H>—OH>—NH$_2$。苯酚对位上的氢被取代时则为：—Cl>—NH$_2$≈—H≈—OH>—NO$_2$。当氢被单个—Cl 或—CH$_3$取代后，毒性增强，增加—Cl 或—CH$_3$的个数则会使抑制作用减弱。酚的取代化合物对底泥氨氧化活性的抑制作用的强弱与该化合物的酸性呈负相关。

5. 多环芳烃类

多环芳烃一般可分为两大类，即孤立多环芳烃和稠合多环芳烃，后者对人类的危害较大。稠合多环芳烃是苯环间互相以两个以上碳原子结合而成的多环芳烃体系。具有环境意义的是从两个环（萘）到七个环（蔻）的化合物，如萘、蒽、菲、苯并[a]蒽、二苯并[a,h]蒽、苯并[a]芘和蔻。多环芳烃的可溶性随苯环数量的增多而减弱，挥发性也是随苯环数量的增多而降低。一般双环和三环多环芳烃易被生物降解，而四环、五环和六环多环芳烃却很难被生物降解。多环芳烃的毒性主要表现为：强的致癌、致畸、致突变作用；对微生物生长具有强抑制作用；多环芳烃经紫外线照射后毒性更大。

11.1.1.3 毒害有机物的还原产物及可生化性

1. 影响有机物生物降解性能的参数

在废水的生物处理实践中，根据微生物对有机物的降解能力和有机物对微生物的毒害或抑制作用，可以把有机物分为 4 大类：第 I 类，易降解的有机物，且无毒害或抑制作用；第 II 类，可降解有机物，但有毒害或抑制作用；第 III 类，难降解有机物，但无毒害或抑制作用；第 IV 类，难降解有机物，并有毒害或抑制作用。评价废水中有机物的生物降解性和毒害或抑制性的方法有很多种，但常用的只有几种。

每一种有机物的宏观性质都是由其微观结构决定的。因此有机物结构-活性定量关系的研究（Quantitative Structure Activity Relationship，QSAR）可以用来定量描述有机分子结构与活性（反应活性和生物活性）的关系。钱易等（2000）运用 QSAR 和神经网络的方法很好的实现了对芳香族化合物的生物可降解性预测。张超杰等（2005）认为生物降解性能可以用疏水性参数、电性参数和空间参数的函数来表示。

（1）疏水性参数。

用来描述有机物在生物组织与水相间的分配行为，常用辛醇/水的分配系数 Pow 来表示。有机物的辛醇/水分配系数越大，分子就越易穿过细胞膜到达酶活性中心。张超杰等（2005）通过实验发现氟苯酚的好氧生物降解性能顺序为：对氟苯酚>间氟苯酚>邻氟苯酚。这一结果与 Pow 有很好的相关性。

（2）电性参数。

通常对于具有不同取代基的一系列物质，常用电性取代基参数来描述不同取代基对有机物产生的电性影响（如 Hemmentt 取代基参数）。对于需要描述物质整体电性效应的情况，通常采用电性全分子参数来描述（如偶极距）。例如，对氯代芳香化合物而言，氯原子强烈的吸电子性使芳环上电子云密度降低，于是在好氧条件下氧化酶很难从苯环上获取电子；氯原子的取代个数越多，苯环上的电子云密度就越低，氧化就越困难，体现出的生化降解性也就越低。

（3）空间参数。

空间参数包括体积参数和形状参数两大类。张超杰等（2005）进行了氟苯酚好氧生物降解性能及其与化学结构相关性的研究,选择的受试物为具有相同苯环核心,不同取代基位置的分子,以分子连接性指数作为空间参数。研究发现空间参数与氟苯酚好氧生物降解性能有较好的相关性。

2. 有机物可生化性能的评价指标

污水可生化性的确定,对污水处理工艺的选择及污水治理规划的制定具有重要意义。长期以来,人们习惯采用 BOD_5 与 COD 作为废水有机污染的综合指标,两者都反映废水中有机物在氧化分解时所耗用的氧气量。BOD_5 是有机物在微生物作用下氧化分解的需氧量,它代表了废水中可被生物降解的有机物;COD 是有机物在化学氧化剂作用下氧化分解的需氧量,它代表废水中可被化学氧化剂分解的有机物,当采用重铬酸钾作为氧化剂时,近似地认为 COD 测定值代表了废水中全部的有机物。

(1)BOD_5 比值法。

BOD_5/COD_{Cr} 是国内普遍采用的衡量污水可生化性的指标,当其值大于 0.3 时,可考虑采用生物方法处理污水。用此法评价废水的可生化性不是很严谨,要想得出准确的结论,还应以生物处理的模型实验或耗氧速率法为辅助加以评价。表 11.2 为废水可生化性评价参考数据。

表 11.2　评价废水可生化性的参考数据

BOD_5/COD_{Cr}	>0.45	0.3～0.45	0.2～0.3	<0.2
可生化性	较好	可以	较难	不宜

BOD_5/TOD:国外以 BOD_5/TOD 及 BOD_5/TOC 的比值作为指标,韩玮(2004)认为比值>0.6 时污水是可生化的,比值<0.2 及比值<0.3 时污水是不能采用生物法来处理的。在采用 BOD_5/TOD 值评价废水可生化性时,推荐采用表 11.3 所列标准。

表 11.3　废水可生化性评价参考数据

BOD_5/TOD_{Cr}	<0.2	0.2～0.4	>0.4
可生化性	难生化	可生化	易生化

BOD_5 的测定受水样中毒物和抑制性物质浓度的影响,在微生物受到初步抑制的情况下,与微生物的量也有很大的关系,因此对于众多工业废水 BOD_5 的测定比较难,所以该方法在实际应用中有限制性。

(2)耗氧速率和相对耗氧速率。

生化呼吸线是以时间为横坐标、耗氧量为纵坐标的一条曲线。生化呼吸线位于内源呼吸线之上时,说明该废水可生化处理;生化呼吸线位于内源呼吸线之下时,说明该废水不可生化处理,废水对生物有抑制作用;生化呼吸线与内呼吸线重合,则说明该废水不可生物降解,但对生物无抑制作用。根据相对耗氧速率(水样的耗氧速率/内源呼吸的耗氧速率)随基质浓度的变化而绘制的曲线,叫做相对耗氧速率曲线,如图 11.1 所示,描绘了四类不同废水的相对耗氧速率曲线。根据相对耗氧速率曲线,我们可以初步判断该类废水是否可以采用微生物降解法。

测定耗氧速率的方法迅速、简单,但毕竟只是微生物对废水的短期作用,不能很好地表示废水长期进行生化处理的效果。对于实际工业废水,生物系统中对微生物的自然筛选、废水对微生物的驯化,都对废水的处理具有重要的作用。因此该方法在实际应用中也受到限制。

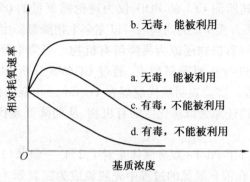

图 11.1　相对耗氧速率曲线

(3)脱氢酶活性法。

有机物的生化降解,实质是在微生物在多种酶催化下的氧化还原反应。有机物的氧化过程中,脱氢酶是作用在代谢产物上的首个酶,通过激活某些氢原子,并使其被受氢体移去而将有机物氧化,它是微生物获得能量的必需酶。脱氢酶参与了有机物氧化的整个过程,是由活的生物体产生的。因此,脱氢酶的活性很大程度上表示了生物细胞对作为基质的有机物的降解能力,因而成为评价有机物生物降解性能的一项重要指标。

脱氢酶的活性可以通过加入人工受氢体来进行检测。通常用于检测脱氢酶活性的人工受氢体有氧化三苯基四氮唑(TTC)、刃天青、亚甲基蓝以及对碘硝基四唑紫(INT)等。

最常用的是 TTC-脱氢酶活性法。这是以无色物质——TTC 为外源受氢体,当把这种外源受氢体引入生化反应中时,经脱氢酶活化的氢原子将被受氢体接受,转化成红色的三苯基甲月替(TF)。脱氢酶活性越高,活化的氢离子就越多,TTC 转化成 TF 的量就越多,红色的色度也越深。通过比色法,测定 485 nm 下的光密度变化,可对脱氢酶活性进行定量分析。以此来表征所测试有机物的可生化性与抑制微生物活性的程度。

该方法与上述两种方法有类似的缺陷:都不能反映有机物作为基质长期驯化微生物的情况,也不能确切地反映不同微生物对该有机物的降解能力的差异。

(4)模拟实验评定法。

该方法原理简单,即通过小型模型装置,模拟实际生物处理流程,控制在相同的水力停留时间、有机负荷、泥龄条件下,经过一段时间的连续运行,得到含某种有机物的废水的生化处理效果。

这种方法结果可靠,不存在上述各方法的缺陷,可以为实际工艺流程提供较为准确的设计或运行参数,是极为重要的实验研究方法。

3. 毒害有机物的还原预处理提高可生化性

(1)氯代有机物。

吴德礼以废铁刨花为还原剂,并添加催化剂和极化材料对四氯化碳(CCl_4)和四氯乙烷($C_2H_2Cl_4$)进行还原脱氯实验,发现 CCl_4 的还原产物主要是二氯甲烷,而 1,1,2,2-四氯乙烷的主要还原产物是二氯乙烯。实验证明:用 Cu/Fe 催化还原法处理含氯有机物具有高效性,其可以很快地将高氯化度的氯代烷烃还原脱氯为低氯化度的有机物;如果在低浓度下,延长处理时间甚至可以将其彻底脱氯。乌锡康等(1989)认为当 CCl_4 质量浓度达到

$40\ mg \cdot L^{-1}$时,对好氧降解微生物有抑制作用,而好氧降解在 7 d 时间内可去除 87% 的四氯化碳。但 BOD 测试表明其所测 CCl_4 的 BOD_5 仅为理论需氧量的 0% 。而 CCl_4 的还原产物 CH_2Cl_2 在好氧条件下,在 6 h 至 7 d 的期间内可以完全生物降解。由此证明化学还原方法也可以作为预处理,将难降解有机物还原为易降解有机物。周荣丰等(2005c)利用 Cu/Fe 二相金属体系对氯代甲烷进行还原脱氯研究,通过 GC/MS 分析,得到 CCl_4 顺序地脱氯为 $CHCl_3$、CH_2Cl_2 和 CH_2Cl 等。实验表明氯代烷烃在 Fe/Cu 二相金属体系中能够很快地还原脱氯,从高氯化度的有机物还原为低氯化度的有机物,从而降低氯代有机物的毒性,或者是使其变得易于生物降解。

谢凝子等(2005)进行了 Pd/Fe 双金属体系对 1,2,4-三氯苯(1,2,4-TCB)快速催化还原脱氯的研究,发现 TCB 在催化脱氯的过程中先脱氯成为二氯苯（DCB）,再依次脱氯为氯苯和苯。从反应过程的产物中可以看出:在 TCB 的还原脱氯过程中,氯原子是逐个从苯环上脱除的,而且相较于邻位的氯原子,对位上的比较容易脱除。Slater 等(2002)用 FeO 对三氯乙烯的还原也得到了较好的脱氯效果。

有关氯代芳香化合物的生物降解性差异:在微生物的作用下,许多氯代芳香化合物都能得到不同程度的降解,但由于氯代程度及氯代位置的不同,其生物降解性也存在明显的差异。目前已经发现,3-氯苯甲酸、3-氯邻二酚、4-氯邻二酚、3,5-二氯邻二酚等都能够用作纯培养时微生物生长的碳源和能源,被彻底降解为二氧化碳和水,释放出无机的氯离子;另一些化合物,如 4-氯联苯、1-对氯苯基-1-苯乙烷等,在它们的分子结构中,未被氯取代的苯环被开环裂解,生成乙醛和丙酮酸,进而用于微生物的生长,而被氯取代的苯环则生成末端产物 4-氯苯甲酸,所以这类化合物在纯培养中虽然也可作为生长基质,但只能被部分降解。其他一些化合物,在纯培养中根本不能作为微生物的生长基质,如一些多氯联苯。但它们在共基质混合培养条件下,主要借助于其他生长基质的诱导,产生使它们结构改变的酶系统,以及利用其他共存微生物的协同作用,产生降解。王菊思等(1995)的研究结果表明,在好氧生物降解的实验条件下,苯甲酸类、苯酚类(只含羟基)和甲苯是比较容易生物降解的;苯和苯的同系物是可生物降解的;苯磺酸类和含氮芳香化合物均是难降解的。被试化合物的生物降解性与其化学组成及结构有着密切的关系,随着苯环上取代基数量的增加以及取代基链的加长,生物降解的难度增加。

(2)硝基类有机物。

嵇雅颖等(1998)采用 Fe^{2+}/Fe^{3+} 系统,在碱性条件下将邻、对硝基苯胺还原成邻、对苯二胺,接着在酸性条件下,利用反应生成的 Fe^{3+} 将邻、对苯二胺氧化成水溶性较小的醌类化合物,并利用 Fe^{3+} 的絮凝吸附作用使其絮凝。经过处理后,邻基苯胺的 BOD_5/COD_{Cr} 值由 0.015 增至 0.16,对硝基苯胺的 BOD_5/COD_{Cr} 值由 0.003 增至 0.21,达到了降低该废水毒性、提高其 BOD_5/COD_{Cr} 值的目的。

樊金红等(2005a,b)在传统的铁电解反应器中加入铜屑,对硝基苯废水进行预处理,结果使废水中的硝基苯转化为苯胺,从而提高了废水的可生化性。研究发现,在中性和弱碱性条件下,催化铁电解法对硝基苯废水的处理效果明显优于铁屑电解法。高浓度的硝基苯会对降解微生物产生抑制作用,如当浓度为 $330\ mg \cdot L^{-1}$ 时,BOD 值即为零。在实验室中对苯胺进行生物降解实验,如用活性污泥法进行好氧降解,去除率一般可达到 90% ~100% (3 ~ 28 d),且一般所用的菌种均不需要经过专门的驯化过程。

陈宜菲等(2005)和陈少瑾等(2006)采用 Fe^0 在常温常压条件下还原土壤中甲基、氯代硝基苯混合物,其主要产物是苯胺,同时还检测到微量的亚硝基苯、甲基苯二氮烯、氯苯二氮烯等分解和缩合中间产物。他们同时也研究了常温常压条件下土壤中硝基苯(NB)在 Fe^0 作用下的还原反应,Fe^0 能将硝基苯苯环上的硝基转化为胺基,从而达到降低毒性、增加可生化性的目的。

(3)偶氮类有机物。

根据美国 C. I.(Color Index)统计,目前已有的数万种染料中偶氮染料品种约占 80%,是数量最多的。在发达国家未限制偶氮类染料的使用之前,偶氮染料占染料总产量的比例超过一半。偶氮染料不但具有特定的颜色,而且分子结构复杂,生物可降解性低,大多数具有潜在毒性。

刘剑平等(2004,2005)用 Cu/Fe 电解法处理偶氮染料,测定了它们在铜电极表面还原的还原电位(表 11.4)。理论上,Cu/Fe 电解体系在水中形成的原电池可以形成 0.777 V 的电势差(Fe^0/Fe^{2+} 的标准电极电位是 -0.44 V,Cu^0/Cu^{2+} 的标准电极电位是 0.337 V),完全可以用于还原降解偶氮染料。

表 11.4 偶氮染料在铜电极表面还原的峰电位

序号	染料名称	相对分子质量	最大吸收波长/nm	还原电位/V		
				酸性	中性	碱性
1	酸性橙 II	350	485	-1.05	-0.45	$-0.3, -0.7$
2	酸性黑 10B	536	519	-1.1	$-0.23, -0.68$	$-0.3, -0.7$
3	酸性大红 GR	556	484	-1.1	-0.7	-0.6
4	阳离子蓝 X-GRRL	371	614	-1.05	-0.7	-0.8
5	阳离子嫩黄	404	414	-1.1	-0.8	-0.8
6	阳离子红 GRL	493	536	-1.15	-0.6	-0.7
7	活性艳红 X-3B	602	542	-1.1	-0.4	$-0.22, -0.63$
8	活性黄 X-GR	705	390	-1.1	-0.62	$-0.2, -0.75$
9	活性艳红 M-8B	838	546	-1.1	-0.48	$-0.23, -0.7$
10	中性深黄 GL	926	436	-1.1	-0.55	-0.65
11	直接大红 4BS	925	484	-1.1	-0.5	$-0.3, -0.75$

研究表明:酸性染料和活性染料的还原降解产物主要是含有不同取代基的苯胺和萘胺类有机物,中间产物则为氢化偶氮类物质。它们在铜电极都有明显的循环伏安还原峰,酸性条件下峰值会发生负移。偶氮染料用 Cu/Fe 电解法降解处理的效果为:直接染料>活性染料≈酸性染料>中性染料>阳离子染料。偶氮染料的降解机理主要是电化学还原和化学还原。CuFe 内电解法适用的 pH 范围包括酸性、中性和碱性。

偶氮化合物中的偶氮键具有吸电子性,不易发生好氧降解。相反,偶氮键被还原断裂,生成芳香胺后容易发生氧化反应,进而被好氧微生物降解。有研究表明:含偶氮化合物的废水经过还原预处理后,BOD_5/COD_{Cr} 值从 0.025~0.03 提高到 0.41~0.59。

裴婕等(2004)采用 FeO 和纳米级 FeO 对两种偶氮染料(酸性紫红 B 和活性艳红 X-3B)进行催化还原处理,计算了两种体系的反应速率常数和反应活化能。结果认为催化还原处理是染料废水脱色的重要方法,还原后偶氮染料的 N—N 双键断裂,生成芳香胺,增强了废水的可生化性,有利于后续处理。

11.1.1.4　毒害有机物的还原方法

将毒害有机物进行还原处理,是希望找到给电子能力很强的物质,形成一个还原环境,使其能够还原毒害有机物,将其转化成无毒无害的有机物,明显提高其可生化性能。

目前对于有毒有机物的处理主要采用氧化的方法,比如,光催化氧化、超声波臭氧法、高温焚烧等。而用还原的方法处理有毒有机物的报道和研究就比较少,仅有的研究也主要集中在硝基苯类的还原和卤代烃的脱氯还原。

1. 化学还原法

化学还原法是指利用化学药剂来还原有毒、难降解的有机物。常见的化学还原药剂有零价金属、氢气,以及其他一些具有还原性的物质。

零价金属是目前研究最多的化学还原剂。目前主要用到的零价金属有铁、铝、镁、锌和锡等,在众多零价金属中利用零价铁及其化合物还原去除卤代有机物和多氯联苯的研究最多。元素铁的化学性质活泼,电极电位为 $E^\circ(Fe^{2+}Fe) = -0.144\ V$,具有还原能力,据此可将在金属活动顺序表中排于其后的金属置换出来而沉积在铁的表面,还可将氧化性较强的离子或化合物或某些有机物还原。研究表明,许多其他的金属,尤其是锌和锡,能比铁更迅速地转变卤代有机化合物。零价铁对有机氯化物的还原脱氯降解有如下三种机理:

(1)金属直接发生反应。

零价铁表面的电子转移到有机氯化物并使之脱氯。

$$Fe^0 - 2e^- \longrightarrow Fe^{2+} \qquad ①$$

$$RCl + 2e^- + H^+ \longrightarrow RH + Cl^- \qquad ②$$

所以总反应式为

$$Fe^0 + RCl + H^+ \longrightarrow Fe^{2+} + RH + Cl^- \qquad ③$$

对于反应①,其标准电极电位为 $E^\circ = -0.144\ V$;而对于反应②,其标准电极电位在中性条件下的范围为$+0.5 \sim +1.5\ V$,所以反应③是可以发生的。

(2)铁腐蚀的直接产物 Fe^{2+}。

Fe^{2+}具有还原能力,它可以使一部分氯代烃脱氯,不过这一反应进行得很慢。

$$Fe^{2+} + RCl + H^+ \longrightarrow Fe^{3+} + RH + Cl^-$$

(3)氢气可以还原有机氯化物。

在厌氧状态下,H_2O 可以作为电子受体,存在下面反应:

$$2H_2O + 2e^- \longrightarrow H_2 + 2OH^-$$

$$Fe^0 + 2H_2O \longrightarrow Fe^{2+} + H_2 + 2OH^-$$

零价金属具有较强的还原作用,能加速多氯联苯的分解。

国内外已有大量利用零价金属的还原性来去除氯代污染物质和硫化合物的报道。据报道:采用金属还原法处理含 $CHCl_3$ 及 $CHBr_3$ 的废水,可使其含量从 $242\ mg \cdot L^{-1}$ 降至 $5\ mg \cdot L^{-1}$ 以下,C_2HCl_3、C_2Cl_4、$C_2H_3Cl_3$ 的质量浓度可以从 $250\ mg \cdot L^{-1}$ 降至 $5\ mg \cdot L^{-1}$,而氯苯因除去了氯原子而形成了毒性较小的环己醇。乌锡康等(1989)在《有机水污染治理技术》一书中提到:用铁粉催化分解去除硫化合物的效果非常好。例如,纤维素厂的废水中含甲硫醇 $2\ 750\ mg \cdot L^{-1}$、二甲二硫醚 $1\ 800\ mg \cdot L^{-1}$、二甲硫醚 $1\ 585\ mg \cdot L^{-1}$、硫离子 $860\ mg \cdot L^{-1}$ 及少量的松节油,可通过与细铁粉在室温下接触 $1\ h$ 而被破坏,去除率几乎为

100%。铁粉用量为 10 mg·L^{-1},铁粉可循环使用 4 次而不用再生。为了减少催化剂的用量,可以通过向废水中加 NaOH 将其 pH 调节至 7.0 ~ 7.5,也可以用 Raney Ni(或 Co、Fe)来处理相同的废水,在 66 ℃条件下连续搅拌 1 ~ 3 h,去除率为 98% ~ 99%,Ni、Co、Fe 的用量分别为 500 mg·L^{-1}、250 mg·L^{-1}及 100 mg·L^{-1},催化剂可回收并多次使用。

氢化还原有机物也是一种常见的方法,如用氢气还原 PCBs,这种方法最开始是以钯碳为催化剂,甲酸铵为电子供体,在低温、常压条件下使 PCBs 脱氯生成联苯,脱氯效率高达 98% ~ 100%。还有人在 PdC(钯碳)催化剂中加入三乙胺,形成 PdC-Et$_3$N 系统,该系统使催化活性大大加强,PCBs 脱氯在常温常压下即可发生,15 min 内可完全脱氯,且没有毒副产物。如果不加三乙胺,经过 1 h 几乎不发生脱氯,24 h 后也仅有 60% 发生脱氯。这种方法安全可靠,简单易操作,产物单一,成本低,所有试剂和溶剂均可回用,适用于工业降解 PCBs。

其他化学药剂还原,如:含氯化苦(硝基三氯甲烷)的生产废水,其中含有 Ca(ClO)$_2$ 2 000 mg·L^{-1}、氯化苦 80 mg·L^{-1}。过量的 Ca(ClO)$_2$ 用 FeSO$_4$ 在温度为 90 ~ 95 ℃、pH 为 11 ~ 11.5 条件下去除。3 h 后,硝基化合物被还原成 CH$_3$NH$_2$ 及三氨基酚(FeSO$_4$+Fe),硝基的还原率约为 81%。形成的甲胺可在 5 ~ 6 ℃的温度下用 NaNO$_2$+HCl 处理使之转变为甲醇,反应时间为 2 ~ 2.5 h,产物甲醇及三氨基酚再经过 Ca(ClO)$_2$ 氧化后即可排放。

2. 电化学还原

电化学法包括外电流电解和双金属体系的原电池反应。这种方法主要是利用形成电流的活性极强的电子来还原有毒有机物。

外电流直接电解法已经有较长的时间的应用。目前外电流电解还原有毒有机物的主要方向是卤代有机物的脱卤。Aishah 等(2007)研究了用电化学方法使有机溶剂中的氯苯还原脱氯。研究发现用乙腈作有机溶剂、铂作阴极、锌作阳极,温度为 0 ℃,电流密度为 60 mA·cm^{-2}是其最佳电解条件,该条件下氯苯可以完全脱氯。但是同样的条件对 1,3-二氯代苯、1,2,4-三氯代苯的还原降解效果却很差,若在溶剂中加入萘作为中间媒体,就能加速氯代苯的还原脱氯,并且使 1,3-二氯代苯和 1,2,4-三氯代苯完全还原脱氯。研究进一步发现,在萘存在的条件下,降解反应的时间与无萘存在的情况相比缩短了一半。

国内也有相关的电解氯代烃还原脱氯的相关报道:徐文英等(2005)采用铜电极,并以 Pt 为辅助电极,以饱和甘汞电极(SCE)为参比电极,来作为工作电极研究了氯代烃的脱氯规律。研究发现:三氯甲烷在 -0.58 V 处有一个还原峰,这表明在铜电极表面发生了三氯甲烷阴极还原反应。铜电极作为阴极在 -0.58 V 恒电位下电解,产物为二氯甲烷。四氯化碳在 -0.54 V 和 -1.10 V 处出现还原峰,分别用恒电位电解,产物为三氯甲烷和二氯甲烷,表明在铜电极表面发生了四氯化碳阴极还原反应。1,1,2,2-四氯乙烷能在铜表面脱氯,还原生成三氯乙烷和二氯乙烯。由此得出氯代烃电解还原脱氯的规律:

①很多氯代烃在铜电极表面都有还原电位,即它们能在铜电极表面通过获得电子而直接被还原。

②随着氯原子数量的增加,由于吸电子能力的增强,氯代烃在铜电极上被还原的能力增强。

③氯代烷烃比氯代芳烃易于被还原,因为共轭效应使氯代芳烃中的氯原子电负性大幅度降低,氯代芳烃不易在铜电极上被直接还原。

④氯原子对酚的影响和氯原子与羟基在环上的相对位置有关,羟基使苯环的电子云密度增大,但邻位上电子云密度增加的幅度没有对位上的大,所以邻氯苯酚得电子还原比对氯苯酚要容易一些,而且化合物本身的酸性也使得邻氯苯酚更易于在铜电极上还原。

双金属体系法又称电解法,以通过构成原电池来加强负极金属的还原能力。常见的金属体系有 CuAl 体系、CuFe 体系等,铁碳法实际上是利用 FeC 构成的原电池体系,国内外学者对此都进行了大量的研究。

樊金红等(2005c)用 CuFe 构成的原电池还原降解硝基苯,硝基苯可以在铜电极上得到电子直接发生还原反应。使用循环伏安法发现在 -0.58 V 和 -1.32 V 下有较强还原峰。分别控制阴极电位进行电解,实验发现电解的产物分别为羟基苯胺和苯胺。苯胺相对于硝基苯更容易发生生物降解,很多微生物都可以把苯胺直接作为碳源来利用。硝基苯的还原过程包括:首先还原为羟基苯胺,及羟基苯胺进一步还原为苯胺。其降解机理如下:

①消去反应:

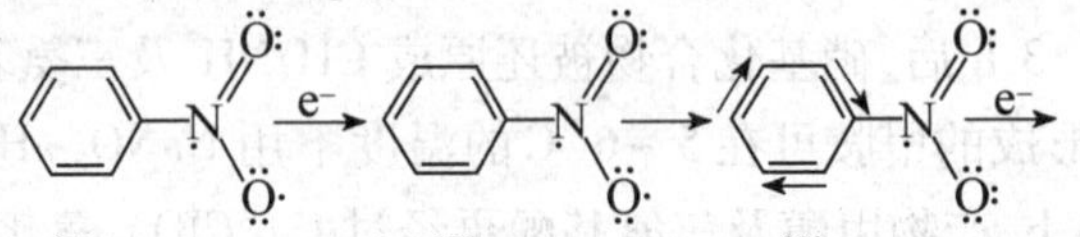

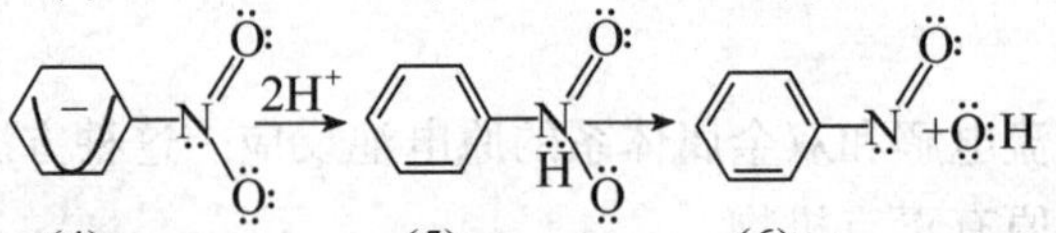

②加成反应:

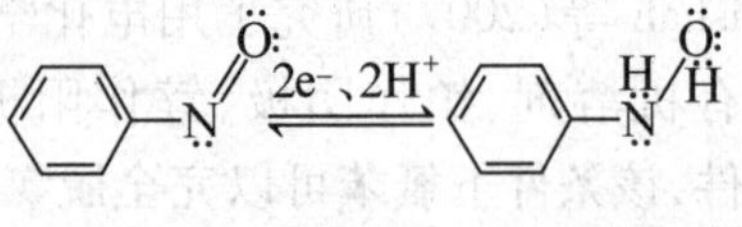

③取代反应:

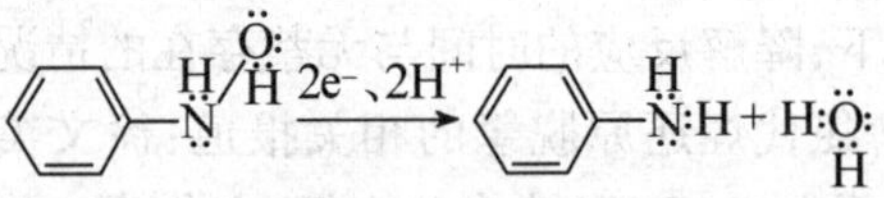

酸性大红被 CuFe 电解法处理时,直接在铜阴极表面得到电子发生还原,生成氢化偶氮物,其中发色团偶氮双键被还原生成了苯和萘的相关衍生物。酸性大红在酸性、中性和碱性条件下经 2.5 h 的 CuFe 电解法处理均能达到满意的脱色效果,脱色率可高达 95%,COD_{Cr} 减少 50% 左右。研究发现,提高反应温度可以改善酸性大红废水的处理效果。

Lien 等(2002)对 CuAl 系统的还原作用进行了研究。认为与单独使用 Al 或 Cu 相比,CuAl 的联合使用,明显地增强了对卤代甲烷的去除效果。CuAl 系统之所以有如此高的效率,是因为形成了原电池,发生了电池腐蚀。在 CuAl 体系中,通过原电池产生的电流形成了很强的还原性环境。CuAl 原电池的电势度约为 2.0 V,比其他双金属体系强得多(PdFe 金属体系约为 1.4 V)。CuAl 双金属结构通过促进 Al 的腐蚀加强了 Al 的还原脱氯性能。研究还发现,在 pH=8.4 时,CuAl 体系对 CCl_4 的还原降解情况为,28% 转化为氯仿及氯甲烷类物质,而 72% 可能转化为不含氯的一氧化碳等产物。

3. 生物还原法

根据微生物与分子氧的关系,可将其分为好氧微生物、兼性厌氧微生物和厌氧微生物。厌氧微生物中有很多种(如产甲烷菌等)都可以利用有机物作为电子受体,使有机物还原。生物还原法正是基于这点提出来的。

研究表明,在厌氧条件下,厌氧微生物能将五氯苯酚(PCP)苯环上的氯代基逐次去除直至形成苯酚,而苯酚则进一步被分解成甲烷和二氯化碳。PCP 还原性脱氯的中间代谢产物可能有四氯苯酚(TeCP)、三氯苯酚(TCP)、二氯苯酚(DCP)和一氯苯酚(CP)。PCP 完全脱氯后的产物是苯酚,苯酚又可能被有些共营养乙酸菌降解为乙酸;也可能被进一步转化为苯甲酸,然后由产乙酸菌转化为乙酸,乙酸再被利用乙酸的产甲烷菌进一步转化为甲烷。

据鉴别,具有还原脱氯性能的颗粒污泥内的主要微生物为利用乙酸盐的产甲烷菌(以 methanothrix 为主)、利用氢的产甲烷菌(以 methanobacterium 为主)、利用丙酸和丁酸的共营养产乙酸菌和利用糖类(葡萄糖和乳酸)的发酵产酸菌。迄今为止还没有能分离可进行 PCP 和其他氯酚还原脱氯的纯培养物的技术。最近几年,美国在分离脱氯厌氧菌的研究方面取得了进展。例如,分离出一株利用丙酮酸为碳源生长的硫酸盐还原菌,其在氯代苯甲酸的刺激下,能对 PCP 进行邻位脱氯生成 2,4,6-TCP。

希瓦氏菌属在腐殖质存在的厌氧条件下对偶氮具有很好的还原效果。许志诚等(2006)以希瓦氏菌属的 3 个代表种为研究对象,研究了在厌氧条件下腐殖质的存在对偶氮还原的影响。实验结果表明:三个代表菌株在厌氧条件下都具有高效的偶氮还原和腐殖质还原功能,1 mmol · L^{-1} 偶氮染料在 24 h 内可以完全脱色,并且偶氮还原与电子供体氧化存在着紧密的偶联关系。Sethunathan 等(1969)报道说用一株菌株可以使 ^{14}C-丙体六六六发生降解还原,生成脱氯产物 γ-五氯环己烷;Freedman 等(1989)的研究发现在厌氧产甲烷条件下,微生物可以使 PCE 和 TCE 脱氯还原成生物可降解的物质。通过放射性示踪剂[^{14}C]PCE 示踪,发现 PCE 被降解为乙烯。

4. 其他类还原法

其他还原方法主要包括各项技术的耦合等,如超声波分解和零价铁还原联合技术,该技术研究了超声波分解和零价铁联合促进降解废水中的苯胺和硝基苯,结果表明,超声波的存在促进了零价铁对硝基苯的还原。超声波降解硝基苯的一级反应常数 k_{us} 的值为 1.8×10^{-3} min^{-1}。当有零价铁存在时,反应速率将快很多。

11.1.2　电解法处理污水的机理

11.1.2.1　电解法的发展

国内外研究最多、较为成熟的化学还原工艺是铁碳电解法。铁碳电解法基于电化学中的原电池原理,产生了三个作用:①电极反应;②电极区的反应(电解产物对污染物的氧化还原作用)能破裂或转化废水中显色有机物的发色基团和助色基团,以达到对废水脱色的目的,同时使得废水的组成向易于生化的方向转变;③铁离子的混凝作用。电解反应生成的新生态的 Fe^{2+} 及其水合物具有较强的吸附-絮凝活性,特别是在后续加碱调 pH 的工艺中,能生成 $Fe(OH)_2$ 和 $Fe(OH)_3$ 的絮状物,发生混凝吸附作用,从而使废水中微小的分散颗粒以及脱稳胶体形成絮体沉淀,这样就达到降低色度、净化废水的目的。

我国从 20 世纪 80 年代起开始在铁碳电解领域进行研究,近几年来发展较快,且相继将该技术用于治理印染废水、染料废水、电镀废水、含表面活性剂废水、含油废水、含砷含氟废水及其他各类有机化工废水。

铁碳电解法的作用机理主要有:

1. 电化学作用

铁碳微电解基于原电池作用,金属阳极与阴极材料直接浸没在电解质溶液中,发生电化学反应。其电极反应如下:

阳极(Fe): $\qquad Fe \longrightarrow Fe^{2+}+2e^- \qquad E^{\theta}=-0.44\ V$

阴极:酸性条件 $\quad 2H^++2e \longrightarrow 2[H] \longrightarrow H_2 \quad E^{\theta}(H^+/H_2)=0\ V$

$\qquad$ 酸性充氧条件 $\quad O_2+4H^++4e^- \longrightarrow 2H_2O \qquad E^{\theta}(O_2)=1.23\ V$

$\qquad$ 中性充氧条件 $\quad O_2+2H_2O+4e^- \longrightarrow 4OH^- \qquad E^{\theta}=0.40\ V$

由阴极反应可以看出,在酸性充氧的条件下,两者的电位差较大,腐蚀反应进行得最快。由于阴极反应消耗了大量的 H^+ 而使溶液的 pH 得到提高,所以我们通常选择在酸性条件下使用铁碳法。

2. 氢的还原作用

电化学反应中产生的新生态 $[H]$ 具有较大的化学活性,能破坏物质的发色结构(如偶氮键等),从而使废水中某些有机物的发色基团和助色基团破裂,大分子裂解为小分子,达到脱色的目的,同时使得废水中的有机物向易于生化的方向转变。

3. 铁的还原作用

铁是还原金属,在酸性条件下能使一些大分子发色有机物降解为无色或淡色的低分子物质,具有脱色作用,同时也能提高废水的可生化性,为废水的后续生化处理创造了条件。

同济大学城市污染控制国家工程研究中心"十五"期间承担的国家 863 计划课题"高级催化还原技术与设备",于 2005 年 12 月完成验收。其中采用的催化铁电解方法,是用废铁刨花作还原剂,电化学催化还原废水中的具有拉电子基团的有机物,进而提高废水的可生化性。其原理是:单质铁与其他金属组成原电池,通过扩大两极电位差,发挥阴极的电化学催化作用,来提高单质铁的还原能力。实验证明,该方法对染料废水、印染废水、造纸废水、化工废水等工业废水中难降解有机污染物的去除有较好的效果。

催化铁电解方法是通过构成原电池,在阴极催化下,加速阳极金属的氧化,且避免被分子氧的氧化。因此,作为电子受体的有机物比例大大增加,增强了还原效果。与铁碳法不同的是,称之为催化铁电解法中的铁与其他金属组成的双金属方法,主要是利用了阴极金属的电催化作用。能作为阴极的金属有铜、银、钯、锡等。

11.1.2.1 阴极电化学催化作用的理论基础

采用原电池原理还原废水中的有机污染物时,阳极金属作为还原剂除了要求金属性活泼、不产生钝化外,还必须满足价廉、无毒性、对生化处理有益等条件;目前应用最多的就是铁刨花。

对于阴极,主要考察它的电催化功能,即电化学反应中的催化作用:

阳极反应 $\qquad M_1 \longrightarrow M_1^{n+}+ne^-$

阴极反应 $\qquad Y+e^- \longrightarrow Y^-$

Y 又称去极化剂,是一种氧化剂,电极电位比较高。

电解的催化作用在理论上可用以下公式表达:

$$\ln I_{corr} = \frac{E_{e,c} - E_{e,a}}{\beta_a + \beta_c} + \frac{\beta_a}{\beta_a + \beta_c}\ln A_1 I_{0,a} + \frac{\beta_c}{\beta_a + \beta_c}\ln A_2 I_{0,c} \qquad ①$$

式中　I_{corr}——腐蚀电流;

　　　$E_{e,a}$——阳极上被氧化物质的平衡电位;

　　　$E_{e,c}$——阴极上被还原物质的平衡电位;

　　　β_a——被氧化物质阳极反应的塔菲尔(Tafel)斜率;

　　　β_c——被还原物质阴极反应的塔菲尔斜率;

　　　$I_{0,a}$——被氧化物质阳极反应的交换电流密度;

　　　$I_{0,c}$——被还原物质阴极反应 de 交换电流密度;

　　　A_1、A_2——与交换电流密度相关的系数。

根据上面的公式,我们可以从理论上与实践上解释阴极的电催化作用:

1. 热力学机理

式中属于热力学参数的项有:$E_{e,c} - E_{e,a}$。这里的 $E_{e,a}$ 是阳极上被氧化物质的平衡电位,$E_{e,c}$ 是阴极上去极化剂(如废水中的污染物硝基苯、卤代物)的平衡电位。实际上,$E_{e,c}$ 应该是阴极金属和去极化剂平衡电位的平均值;显然作为阴极材料的金属的平衡电位越高,$E_{e,c}$ 也越大,腐蚀电流 I_{corr} 也越大,自然被还原的去极化剂 Y 也越多。所以,采用电极电位比较高的电极材料作阴极对去极剂 Y 的还原较为有利。

2. 动力学机理

式①中的动力学参数是交换电流密度 I_0 和塔菲尔斜率(塔菲尔系数)b 或 β。前者反映电极反应的难易程度,后者反映改变双电层中的电场强度对于反应速率的影响。I_0 和 β 的测量可以依据塔菲尔曲线。

可以用过电位来表示 I_0 和 β 共同作用的结果

$$\eta = a \pm b\lg|I| = \alpha \pm \beta\ln|I|$$

$$a = -\frac{RT}{anF}\lg I_0 \quad b = \frac{RT}{anF}(塔菲尔公式)$$

由上式可以看出:I_0 越大,η 越小;β 越大,η 越大。过电位是电化学反应过程中为克服电化学阻抗而产生的电压降,η 不像纯电阻电路那样具有电压与电流成正比例的关系,它是与电流密度的对数呈线性关系的量。在相同的电流密度下,η 越大,表明反应物质越难在电极上得失电子,则需要花越多的电压去克服它。

$I_{0,c}$、β_c 是去极化剂 Y 阴极反应的交换电流密度和塔菲尔斜率,在不同的电极材料上它们的大小也不同,这种不同体现了电极材料的催化作用。

为了直观地反映 η 的大小,我们可以采用循环伏安法(cyclic voltammetry)在相同的反应物浓度、相同的扫描速度下,得到还原峰(初始过电位)。还原峰出现得越早,初始过电位则越小。用不同的电极,同样的反应物做循环伏安扫描,可以根据初始过电位的大小判断该物质在这些电极上反应的难易程度(I_0 和 β 共同作用)。

在我们的一系列研究中,都可以看到硝基类、卤代类、偶氮染料等毒害有机物在碳电极上无还原峰或初始过电位很大,而在铜电极上有峰,且初始过电位较小。这说明了铜材料具有电催化作用。

传统的铁碳法中,碳是阴极。这种方法并没有明确单质铁对毒害有机物的还原作用,也没有深入研究阴极对有机物的电催化作用。

催化铁电解法是将单质铜(或银、钯)作为阴极,其依据是该金属的电催化作用。废水中的活性偶氮染料不易用混凝的方法去除,其在生化处理中又难以降解,因此是色度较大、危害较强的显色有机物;硝基苯类化合物是精细化工废水中常出现的、对微生物具有强烈抑制和毒害作用的有机污染物,化学氧化方法难以将其降解;废水中的六价铬是典型的重金属污染,通常使用还原方法降低其毒性,并通过化学沉淀反应使其从水中去除。我们常以这三种污染物为代表,研究它们在铜电极上的还原特性及不同阴极电极的对其的电化学催化作用。

11.1.3　电解反应还原有机物脱氯脱硝基

11.1.3.1　电解法用于氯代有机物脱氯

氯代有机物是一大类毒性大、难以降解的环境污染物,其种类繁多,分布广泛。这里主要研究氯代有机物在催化铁还原体系中的脱氯反应,在选取作为目标物进行还原脱氯处理的氯代物时,要考虑到以下原则:①选取美国 EPA1977 年公布的水体中优先控制污染物黑名单和我国 20 世纪 80 年代初公布的 68 种水体中优先控制污染物黑名单中危害性大的物质;②选取目前能够购买到的色谱纯级标准物质的氯代物;③选取目前实验条件能够定性定量检测分析的氯代物;④选取在水体中广泛存在、污染严重的氯代物。

1. 常用的金属催化还原体系

(1) CuFe 复合催化还原体系。

配制质量浓度为 5% 的 $CuSO_4 \cdot 5H_2O$ 溶液,通过化学置换反应将 Cu 单质沉积在铁刨花表面,形成 CuFe 双金属体系。所制备的 CuFe 体系中铁的铜化率(即 CuFe 中 Cu 与 Fe 的质量比)分别为 0.026%、0.051%、0.1%、0.15% 和 0.2%。

由 X 射线衍射(XRD)分析可知,经过铜沉积处理的铁刨花上的主要物种为 Fe^0,并有 Cu^0 存在,还含有少量的 Fe_3O_4、Fe_2O_3 等物质。

(2) AgFe 催化还原体系。

配制质量浓度为 2% 的 $AgNO_3$ 溶液,通过化学置换反应将 Ag^0 沉积在铁刨花表面形成 AgFe 双金属体系。所制备的 AgFe 体系中铁的银化率(即 AgFe 中 Ag 与 Fe 的质量比)分别为 0.025%、0.05%、0.075%、0.1% 和 0.125%。

由 XRD 分析可知,经过镀银处理的铁刨花上面主要物种为 Fe^0,并有 Ag^0 存在,还含有少量的 Fe_3O_4、Fe_2O_3 等物质。

(3) PdFe 催化还原体系。

配制质量浓度为 0.2% 的 $PdCl_2$ 储备液,通过化学置换反应将 Pd 单质沉积在铁刨花表面形成 PdFe 双金属体系。制备的 PdFe 体系中铁的钯化率(即 PdFe 中 Pd 与 Fe 的质量比)分别为 0.012%、0.024%、0.048%、0.072% 和 0.096%。

由 XRD 分析可知,经过镀钯处理的铁刨花上面主要物种为 Fe^0,并有 Pd^0 存在,还含有

少量的 Fe_3O_4、Fe_2O_3 等物质。

2. 氯代有机物脱氯效果

实验选取下列氯代物作为研究对象,考察它们在各种催化还原体系中在各种还原条件下的还原脱氯反应,并研究其主要的脱氯产物和还原脱氯途径。

氯代甲烷系列:二氯甲烷、三氯甲烷、四氯化碳。

氯代乙烷系列:1,1,2-三氯乙烷、1,1,1-三氯乙烷、1,1,2,2-四氯乙烷、六氯乙烷。

氯代乙烯系列:二氯乙烯、三氯乙烯、四氯乙烯。

氯代苯系列:一氯苯、1,2-二氯苯、1,3-二氯苯、1,4-二氯苯。

这些物质都在美国 EPA 和我国公布的水体中优先控制污染物黑名单上。它们大都是无色液体且具有特殊气味,具有生物毒性,是可疑致癌物质,属于"三致"物质。作为有机溶剂,工业上用其作溶媒、萃取剂、杀虫剂、干洗剂、灭火剂等,广泛用于电子、橡胶、制革、化工、纺织等各行业中。这里主要研究这些物质在多种还原体系中的脱氯作用。

(1) 三氯甲烷。

三氯甲烷在 AgFe、PdFe 体系中的还原脱氯反应速率比在铁刨花体系中的快,初始浓度为 100 μmol·L^{-1} 的三氯甲烷溶液在 AgFe 体系中反应 2 h 后,去除率可以高达 90%,而铁刨花体系中只有 20% 左右。CuFe 体系可以使三氯甲烷的还原脱氯速率提高 4 倍以上,而 AgFe 体系可以提高近 20 倍。

(2) 四氯化碳。

四氯化碳在 Fe^0(刨花)、CuFe、AgFe、PdFe 等多种催化还原体系中都能很好地还原脱氯,2 h 后,初始浓度为 100 μmol·L^{-1} 的四氯化碳溶液在各体系中的还原去除率都能达到 90% 以上,检测分析表明,四氯化碳几乎 100% 都能还原为相应的三氯甲烷。

(3) 三氯乙烯。

三氯乙烯在 AgFe、PdFe 还原体系中能有效地进行还原脱氯,AgFe 体系中三氯乙烯会还原脱氯为二氯乙烯,而 PdFe 体系中三氯乙烯的还原脱氯速率很快,2 h 后初始浓度为 60 μmol·L^{-1} 的三氯乙烯的去除率可以达到 98%,经检测几乎没有含氯中间产物,其还原产物主要为乙烯和乙烷。但是在 CuFe 和 Fe^0 体系中没有发生明显的还原反应。

(4) 四氯乙烯。

四氯乙烯在 AgFe、PdFe 还原体系中能有效地进行还原脱氯,而且在这两种还原体系中的还原去除速率相差不大,初始浓度为 60 μmol·L^{-1} 的四氯乙烯反应 3 h 后去除率均可达到 95% 以上。四氯乙烯在 CuFe 和 Fe^0 体系中没有发生明显的还原脱氯反应,尽管有一定的去除率,但是检测不到明显的中间产物和 Cl^-,说明四氯乙烯在这两种体系中的还原反应速率很慢。

(5) 三氯乙烷。

无论在哪一种还原体系中,1,1,1-三氯乙烷的还原速率都比 1,1,2-三氯乙烷要快,即 1,1,1-三氯乙烷比 1,1,2-三氯乙烷更容易发生还原脱氯。同时也可以看出,双金属催化还原体系对三氯乙烷的还原反应具有明显的促进作用,可以有效地提高三氯乙烷的还原脱氯速率。其中 AgFe 还原体系可以使 1,1,2-三氯乙烷的还原反应速率提高近 6 倍,4 h 后的去除率可以达到 95%(初始浓度为 100 μmol·L^{-1})。CuFe 还原体系也能有效地提高其还原脱氯反应速率。

（6）1,1,2,2-四氯乙烷。

AgFe 催化还原体系可以使四氯乙烷的反应速率提高 8 倍,3 h 后的去除率接近 99%（初始浓度为 100 $\mu mol \cdot L^{-1}$）,CuFe 还原体系也可以将其反应速率提高 3 倍。所以,双金属体系对其的催化还原具有很明显的促进效果。

（7）六氯乙烷。

六氯乙烷在 Fe^0（刨花）、CuFe、AgFe、PdFe 等几种还原体系中都有较高的去除率,初始浓度为 50 $\mu mol \cdot L^{-1}$ 的条件下,3 h 后的去除率都在 97% 以上。但反应速率还是有一定的差异的,AgFe、CuFe 等催化还原体系对六氯乙烷的还原脱氯速率都具有明显的促进作用,但是相对来说,PdFe 催化还原体系对六氯乙烷的反应速率的影响就比较小。

（8）二氯苯。

CuFe、AgFe 等催化还原体系中的还原脱氯速率非常缓慢,但 PdFe 催化还原体系对氯代苯类物质的还原脱氯则具有明显的促进作用,初始浓度为 40 $\mu mol \cdot L^{-1}$ 的条件下,3 h 后的去除率可以达到 98%。无论是一氯苯还是二氯苯,在 PdFe 体系中都能很快地发生还原脱氯,而且一氯苯的还原速率明显比二氯苯快。二氯苯在 PdFe 体系中会快速脱氯为一氯苯,继而快速还原脱氯为苯。氯代苯在单独的铁刨花体系中除了发生少量的吸附外,几乎不发生还原脱氯。

氯取代基的位置、碳链甲基、不饱和键等结构特性都对其反应性能具有重要的影响。氯代烷烃比氯代烯烃容易脱氯,氯代烯烃又比氯代芳香烃容易脱氯。溶液 pH 也会对氯代物的还原反应速率产生影响,一般在弱酸性（pH 为 4.0～5.5）条件下的反应速率最快,pH 过高或者过低都有抑制作用,尤其是 pH 过高时,如 pH>10 时,反应非常缓慢。如果溶液的初始 pH 为中性或者偏碱性,反应后溶液的 pH 则有略微下降。该反应体系中有铁存在,所以对初始溶液的 pH 有一定的调节缓冲作用,能够承受 2～9 范围内的 pH 变化带来的一定的冲击。

3. 脱氯规律

水中的氯代有机物在铁催化还原体系中的还原脱氯规律为:在 Fe^0、CuFe、AgFe 催化还原体系中,有机物的氯代程度越高,其还原脱氯反应越容易进行,还原脱氯反应速率也越快;而在 Pd/Fe 催化还原体系中则相反,氯代程度越低,其还原脱氯反应越容易进行。

在 Fe^0、CuFe、AgFe 等催化还原体系中氯代有机物的还原脱氯反应速率依次为:

四氯化碳 CT>氯仿 CF>二氯甲烷 DCM>一氯甲烷 CM

四氯乙烯 PCE>三氯乙烯 TCE>二氯乙烯 DCE>一氯乙烯 VC

六氯乙烷 HCA>五氯乙烷 PCA>四氯乙烷 TeCA>三氯乙烷 TCA>二氯乙烷 DCA

该类还原体系的主要还原机理为单质铁直接还原。由于氯原子为吸电子取代基,随着氯原子数量的增加,碳原子上的电子云密度大大降低,化合物变得容易接受电子,也就容易被还原,所以氯代程度越高其还原脱氯速率越快。高氯化度的有机物在还原环境中很不稳定,容易得到电子,发生还原反应,而且随着氯化度的提高,这种趋势明显增强。这可以从两度获得诺贝尔奖的著名化学家 Pauling 关于电负性的理论中得到解释。

Pauling 提出电负性（electronegativity）的概念并以此来表示元素吸引电子的程度,并计算了许多元素的电负性,用 X 来表示。对于 A—B 键来说,$A^{\delta+}$—$B^{\delta-}$ 所占的比率,即 δ,可称之为部分离子性,而 δ 为电负性(X_A—X_B)的函数,根据其计算,当 C 元素与 Cl 元素成键时电荷偏向 Cl,也就是所谓的诱导效应(也称为 I 效应),Cl 是显"+I 效应"的。由于 CCl_4 分子中存在较强的诱导效应,$C^{\delta+}$(碳部分离子性)就会很强,能吸引 $Fe^0 \to Fe^{2+}$ 所释放出来的电子,使 Cl 所带的负电荷越来越多,再加上 Fe^{2+} 的吸引作用,很容易就以 Cl^- 的形式脱离出去,因此 CCl_4 容易发生脱氯还原。通过氯代有机物的 QSPR(定量结构性质关系)研究可知,氯代有机物的还原电位与其最低未占据分子轨道能(ELUMO)呈负相关,与有机物中氯原子个数呈正相关,并且求出了其相关方程。所以对于氯代甲烷系列随着氯化度的增加,即氯原子个数增加,最低未占据分子轨道能越低,其还原电位则越高。如果氯代有机物的还原电位越高,就越容易发生还原反应,那么按照这个规律,氯代有机物的最低空分子轨道能应该与其还原反应速率有一定的关系。分析发现,氯代有机物的还原脱氯反应速率与氯代有机物的最低空分子轨道能及其垂直附着能有一定的关系,最低空分子轨道能和垂直附着能越低,其还原脱氯反应速率常数就越大,还原脱氯反应速率越快,反应也越容易进行。而且这也符合单个碳原子上氯代程度越高,其最低空分子轨道能越低,还原脱氯反应越容易进行的规律。这种规律关系适用于结构相似的物质之间的比较,因为氯代烯烃和氯代烷烃的反应性能相差较大,三氯乙烯和四氯乙烯的最低空分子轨道能尽管很低,但是其还原脱氯反应速率常数却比有着相似最低空分子轨道能的氯代烷烃要小很多。同时可以看出其最低空分子轨道能按照一氯乙烯、二氯乙烯、三氯乙烯、四氯乙烯的顺序依次降低,所以其反应速率常数也是按照这一顺序依次增大的,这说明还是单个碳原子上氯代程度越低,其还原脱氯反应速率越慢,反应进行的越困难。烷烃和烯烃的反应性能相差很大,主要的原因可能是反应机理的不同造成的。Burrow 等(2000)认为对于烯烃电子首先吸附到空 π^* 轨道,接着分子变形即发生双反键作用,C—$Cl\sigma^*$ 轨道就形成了 C $=Cl\pi^*$ 轨道,这样就可以将 Cl^- 脱出。这种解释的依据是 Cl^- 产生高峰发生在 π^* 阴离子态能量处而不是更高层的 σ^* 态。而且 Cl^- 的大量产生也与 π^* 阴离子态相对于 σ^* 阴离子态来说寿命更长的说法是一致的。相反,如果是氯代烷烃,电子则会直接吸附到 σ^* 轨道而产生相对短寿命的阴离子态。所以氯代烷烃要比氯代烯烃相对容易发生还原脱氯反应。

以上分析了各种氯代有机物在多种还原体系中的具体还原产物,并判断了还原脱氯反应时主要的和可能的反应途径及过程。四氯化碳、氯仿、一氯苯、三氯乙烯、四氯乙烯主要是发生了氢解还原,依次生成氯代程度更低的还原产物;1,1,2,2-四氯乙烷、六氯乙烷主要是通过发生 β-还原消除来发生脱氯反应的,能同时脱除相邻碳原子的两个氯离子而形成碳碳不饱和双键化合物,反应产物可能通过其他反应途径继续发生还原脱氯反应;1,1,2-三氯乙烷则是既发生 β-还原消除又发生氢解还原;1,1,1-三氯乙烷则是同时发生脱氯化氢反应形成 1,1-二氯乙烯和氢解还原反应生成 1,1-二氯乙烷。所以不同的氯代有机物在催化 Fe^0 还原体系中的还原脱氯反应途径和反应产物并不相同,而是多种反应途径的综合。即便是同一种氯代有机物,其在不同的还原体系中也会有不同的反应途径和反应产物。

上述分析表明,在催化铁还原体系中可能的还原剂主要有 Fe^0、Fe(Ⅱ)和[H]或者 H_2,而起主要作用的可能只是 Fe^0;但在 Pd/Fe 还原体系中,原子态氢还原可能起主要作用。实验证明,铁还原反应过程中所生成的 Fe(Ⅱ)类物质尽管有一定的还原能力,但是在催化铁还原氯代有机物的反应中所发挥的作用并不大。氯代有机物的还原脱氯包括普通化学还原反应和电化学还原脱氯两种反应,氯代有机物在催化铁还原体系中的还原脱氯途径和反应机理主要有氢解还原反应、β–还原消除、α–还原消除、脱氯化氢反应、自由基聚合反应和水解反应6种,而很多氯代有机物的还原脱氯反应并不是单一的反应途径,而是多种反应途径的综合,以一种或两种反应途径为主。对反应体系的电化学分析表明,水体中的氯代有机物在阴极主要是通过得到电子发生电化学还原脱氯反应,而且氯代有机物的存在能明显提高铁的腐蚀速率,减少电极极化现象,促进铁的电化学反应。催化铁还原体系中的氧化还原电位值一直保持在较负的状态下,而氯代有机物的加入会迅速提高反应体系的氧化还原电位值,并增大腐蚀电流。氯代有机物的脱氯速率与其结构特性有着密切的关系,单个碳原子上氯取代基的数目越多,其还原脱氯就越容易进行,这主要与其最低空分子轨道能相关,也是氯取代基的诱导效应所致。另外,氯代烷烃比氯代烯烃容易发生还原脱氯反应,而氯代烯烃却比氯代芳烃容易发生还原脱氯反应,这可能主要与其分子结构和电子首先吸附轨道有关。在 Pd/Fe 双金属体系中则是氯代程度越低,其还原脱氯反应越容易,尤其是氯代烯烃,所以其脱氯速率比较如下:

一氯乙烯>二氯乙烯>三氯乙烯>四氯乙烯

通过在铁表面沉积 Cu、Ag、Pd 等金属而组成的 Cu/Fe、Ag/Fe、Pd/Fe 等还原体系,则能明显加速氯代有机物的还原脱氯反应,其主要机理可能是电化学催化的四种作用:增加铁的氧化速率和还原能力;增加了有效反应区域,提高铁的还原效率;减小电极极化,增强电化学还原反应动力;增加氢原子的还原概率(在 Pd/Fe 还原体系中)。

11.1.3.2 电解法用于硝基苯类物质脱硝基

硝基苯类化合物是一类难以生化降解的有机物。硝基化合物是化学工业中制备各种胺类化合物的原料,也被用作炸药、香料及医药产品的原料,通常在精细化工产品的生产过程中形成。硝基化合物对人身有很大的毒性,因此国家对硝基化合物在废水中的浓度有较高要求,严格规定城镇污水处理厂出水中硝基化合物的含量均不得超过 2 mg·L^{-1}(GB 18918—2002)。

目前,国内外治理含硝基化合物废水的方法有很多,如 Fenton 试剂法、光催化氧化法、电化学氧化法、生物法等,但这些方法有一定的缺陷,或效果不十分理想,或运行成本太高,于是非常需要一种处理效果好、运行成本较低的处理方法或工艺。近年来,有关铁电解法处理硝基苯废水的研究十分活跃,而铁电解法作为生物处理的有效预处理方法引起了人们越来越大的兴趣。

硝基苯类化合物中的—NO_2 为强拉电子基团,硝基苯环具有强的吸电子诱导效应和共轭效应,这使得苯环更加稳定。经电解法处理后,—NO_2 转化为—NH_2,而—NH_2 为推电子基团,具有推电子效应,可逆的诱导效应和超共轭效应使苯环的电子云密度增加,苯环的稳定性降低,因而大大提高了废水的可生化性,达到预处理的效果。

国内外学者认为零价铁处理硝基苯的机理主要包括以下三种:

①Fe^0 还原——Fe^0 直接与硝基苯发生氧化还原反应,硝基苯被还原,反应式为

$$C_6H_5NO_2 + 3Fe + 6H^+ = C_6H_5NH_2 + 3Fe^{2+} + 2H_2O$$

②Fe^{2+} 还原——新生成的 Fe^{2+} 直接与硝基苯发生氧化还原反应,硝基苯被还原,反应式为

$$C_6H_5NO_2 + 6Fe^{2+} + 6H^+ = C_6H_5NH_2 + 6Fe^{3+} + 2H_2O$$

③[H]还原——反应体系中产生的活性原子态[H]使硝基苯发生加氢还原,反应式为

$$C_6H_5NO_2+6[H]=\!=\!=C_6H_5NH_2+2H_2O$$

同济大学城市污染控制国家工程研究中心相继开发了 CuFe、CuAl 等催化电解方法,与零价铁法相比,CuFe 电解法通过引入金属铜作为宏观阴极,大大加强了其中的电化学作用,提高了毒害有机物的还原效率。

在研究硝基苯在电极上的还原特性时发现,硝基苯的还原峰分别在铜电极上循环伏安曲线的$-0.58\ \mathrm{V}$ 和$-1.32\ \mathrm{V}$ 处出现了,并证明了硝基苯溶液在还原电压$-1.32\ \mathrm{V}$ 时的还原产物为苯胺。为了克服中性和碱性条件下单纯铁屑法处理效果较差的缺点,可采用催化铁电解法来处理含硝基苯的废水,作为原电池阴极的铜,具有化学稳定性好、抗中毒能力强、机械强度和金属可塑性较好的特点,具有良好的工程应用前景。

实验表明催化铁电解法处理硝基苯废水,在较宽的 pH 范围内($\mathrm{pH}=3.0\sim11.0$)可以保持较好的处理效果,特别是在弱碱性条件下($\mathrm{pH}=9.5\sim10.0$),其效果甚至达到了酸性条件($\mathrm{pH}=3.0$)下的处理效果。酸性条件($\mathrm{pH}=3.0$)下模拟硝基苯废水(浓度约为$250\ \mathrm{mg\cdot L^{-1}}$)$1\ \mathrm{h}$ 后的去除率可达95%,比纯铁屑法提高了20%。在偏碱性条件($\mathrm{pH}=7.5$)下,催化铁体系$0.5\ \mathrm{h}$ 后的去除率已接近100%,而纯铁屑法的去除率不超过50%。处理含硝基苯、4-氯硝基苯、间二硝基苯、2,4-二硝基甲苯混合模拟废水使用催化电解法处理,反应$3\ \mathrm{h}$ 后硝基的去除率达到95%。对产物进行分析可知,硝基主要被还原为胺基。由催化铁电解组成的连续流预处理工艺,对某化工区实际工业废水的长期处理发现,硝基苯类化合物的去除率都达到75% 以上。因此,催化铁电解法克服了传统铁屑法仅适合处理 pH 较低废水的缺点,大大拓展了电解法的适用范围。用该法处理含硝基苯类废水,不仅处理效果好,而且大大提高了废水的可生化性。

实验还表明,在中性条件下,铁阳极和铜阴极的极化程度同时决定了电解反应速率的大小,即任何促进阴极和阳极反应的因素都将使腐蚀原电池的效率增大;在碱性条件下,铜阴极的极化是决定腐蚀电流的关键因素,促进了阴极反应才能使腐蚀原电池效率显著增加。在废水中加入适量的电解质(如 $\mathrm{Na_2SO_4}$)可以增大溶液的电导率,而加入活性阴离子(如 $\mathrm{Cl^-}$)可以破坏阳极钝化膜,加速反应材料的腐蚀,进而强化了电解反应。

随着溶解氧含量的降低,硝基苯的降解速率则加快。因此,与传统铁屑法不同,此工艺在处理硝基苯的过程中不需要曝气,既降低了能耗,又减少了铁耗,具有良好的可行性。

通过对硝基苯在催化铁电解体系中还原转化的可能的反应途径、还原反应机理及影响因素的研究,可得出如下结果:

①在铜电极上,硝基苯在水被还原之前优先得电子被还原,而石墨电极则不能发生硝基苯的直接得电子还原反应,这是催化铁电解法的处理效果优于铁屑法的主要原因。

②硝基苯在铜电极上的电化学还原经历了三个过程:消去、加成和取代反应。其中,由于消去反应在碱性条件下容易进行,因此该电化学还原反应在弱碱性条件下效果较好;而在强碱性条件下,由于氢离子浓度的减少使中间产物难以被继续还原,致使还原过程的整体速率降低。随着溶液中含氧量的减少,电化学还原硝基化合物的效率提高,这是因为还原过程

中会发生溶解氧和硝基苯争夺电子的现象。

③催化铁电解法处理硝基苯是多种还原转化途径共同作用的结果。在酸性条件下,是通过 Fe^0 对硝基苯的直接还原反应以及电极还原产物新生态[H]对硝基苯的间接还原反应来实现化合物的脱硝基反应,其中 Fe^0 的直接还原作用较为显著;在中性条件下,脱硝基是由 Fe^0 对硝基苯的直接还原反应和硝基苯在铜电极表面的直接得电子还原反应的共同作用实现的;而在碱性条件下,脱硝基主要是基于硝基苯在铜电极表面的直接得电子的还原反应。

④关于多硝基化合物的还原过程及催化还原效果与分子结构之间的关系,通过研究发现:对于取代硝基而言,强吸电子效应和诱导效应使二硝基苯中的一个硝基比硝基苯中的硝基更易于得到电子被还原,但二硝基苯必须经由单硝基还原产物进一步被还原,而单硝基还原产物中的—NH_2是具有给电子效应的基团,它使另一硝基上的氮原子和氧原子的电子云密度增大,得电子能力降低,进一步的还原反应变慢。硝基苯类化合物在铜电极上的电化学还原速率主要取决于—NO_2的得电子能力以及取代基的空间阻碍效应,有关物质还原速率大小的比较为:

硝基苯>4-氯硝基苯>间二硝基苯>对硝基苯酚>2-硝基苯酚

⑤Fe^0、新生态[H]和$Fe(OH)_2$对硝基苯类化合物的化学还原速率主要取决于该类物质失去第一个电子形成自由基的能力,也就是化学还原速率受该类物质单电子还原电位的影响,据此得出各种物质还原速率大小依次为:

间二硝基苯>4-氯硝基苯>对硝基苯酚>硝基苯>2-硝基苯酚

11.1.4　电解反应还原染料有机物脱色

催化铁电解法处理染料有机物的主要机理是电化学作用,也就是发生在铜电极表面的电化学还原作用,该法应用的条件是:Cu/Fe组的原电池的电位差能够达到染料还原所必需的电位。这里我们主要探讨催化铁电解法电化学转换有机染料的可行性,尤其是在铜电极上直接电化学还原的可能性。

催化铁电解法降解偶氮染料,其降解效果和染料的结构和电化学特性有密切关系。染料的结构不仅染料的还原降解特性对有影响,而且能影响絮凝的效果;而染料的电化学特性则决定了染料是否能在铜电极表面发生电还学还原及其反应的速率。这里以12种不同结构与种类的酸性、活性、阳离子、直接和中性染料为代表,研究了催化铁电解法的降解效率与偶氮染料的结构及其电化学还原特性的关系,初步探讨了偶氮染料的降解过程和降解产物。

11.1.4.1　催化铁电解对染料有机物转化的效果及电化学分析

从表11.5可以看出,12种偶氮染料用催化铁电解法降解,除了活性艳红 X-3B 在碱性和中性条件下的脱色效果不好外,其他染料用催化铁电解法在酸性、中性和碱性条件下的降解都取得了显著的效果,尤其是在中性和碱性条件下,催化铁电解法相对于传统的铁屑法具有明显的优势。初步推测其他11种偶氮染料在中性和碱性条件下去除效果较好的原因是染料在 Cu/Fe 组成原电池的阴极铜表面被电化学还原。

表 11.5　12 种偶氮染料用催化铁电解法降解的效果

编号	染料名称	相对分子质量	λ_{max}/nm	脱色率%			COD		
				pH=4	pH=7	pH=9.5	pH=4	pH=7	pH=9.5
1	酸性橙 II	350	485	71.1	68.1	74.9	65.0	80.1	60.0
2	酸性黑 10B	536	619	45.0	40.7	52.4	39.6	51.2	61.1
3	酸性大红 GR	556	484	85.2	82.2	80.7	43.4	41.0	38.4
4	酸性黑 ATT	536	613	93.6	92.6	95.1	66.6	76.4	68.3
5	阳离子蓝 X-GRRL	371	614	25.1	24.5	24.4	33.2	30,1	16.5
6	阳离子嫩黄	404	414	55.1	60.0	60.0	43.6	45.4	47.7
7	阳离子红 GRL	493	536	79.8	25.2	35.2	4.6	4.6	24.5
8	活性艳红 X-3B	602	542	54.6	10.1	12.6	50.1	49.3	44.3
9	活性黄 X-GR	705	390	70.8	73.0	73.5	69.3	70.0	75.7
10	活性艳红 M-8B	838	546	98.6	98.5	93.4	63.1	61.9	68.6
11	中性深黄 GL	926	436	60.0	50.1	66.8	65.4	55.4	63.2
12	直接大红 4BS	925	484	96.7	99.7	99.8	87.4	99.4	99.0

　　为了分析偶氮染料是否能在铜电极表面发生电化学还原,我们选取除酸性黑 ATT(拼混染料)外的其余 11 种偶氮染料作为研究对象。实验方法和试剂同前。我们已知,11 种偶氮染料在酸性(pH=2.0~6.5)、中性(pH=6.5~7.5)、碱性(pH=7.5~10.0)条件下均在铜电极表面出现了还原峰。

　　酸性条件下,随着 pH 的降低,还原峰发生负移,即染料需要在更负的电位才能发生电化学还原,这表明染料更难被电化学还原,酸性条件下还原峰电位为-1.1~-1.0 V,各种染料之间的峰电位差别不大。

　　中性条件下,峰电位的值与酸性条件下的相比发生了正移,表明 11 种偶氮染料在中性条件下更容易在铜电极表面发生电化学还原。有的染料出现了两个峰电位,如酸性黑 10B分别在-0.23 V 和-0.68 V 处出现峰电位。不同染料的峰电位又有所不同,阳离子染料的峰电位更负一点,说明阳离子染料在中性条件下在铜电极表面不易被还原,各种染料在铜电极表面的电还原性由易到难的顺序大体为:活性染料>酸性染料、直接染料、中性染料>阳离子染料。这说明铜电极表面的电化学直接还原在中性条件下对偶氮染料的降解起到较大的作用。

　　碱性条件下,相对于中性条件来说,还原峰电位变化不大,但是出现两个还原峰的种数变得多了起来,共有 6 种偶氮染料出现了两个比较明显的还原峰,并且其第一个还原峰的峰电位明显发生了正移,表明偶氮染料在碱性条件下更容易在铜电极表面发生电化学还原。各种染料在铜电极表面被还原的难易次序基本上和在中性条件时相似,即:活性染料>酸性染料、直接染料、中性染料>阳离子染料。

　　下面是对这几类染料的降解研究结果。

1. 酸性偶氮染料

　　酸性染料是含有磺酸基、羧酸基等极性基团的阴离子染料,通常以水溶性钠盐的形式存在,因其在酸性染料中能与蛋白质纤维分子氨基以离子键相结合而染着,故称酸性染料。在结构上主要为偶氮和蒽醌染料。酸性染料废水的传统脱色处理,可用吸附絮凝技术,也可用高级氧化技术。

酸性染料废水在反应进行了 2.5 h 以后，只有酸性黑 10B 的脱色率比较低，说明酸性黑 10B 难以被还原，但是吸附络合混凝的效果却比较好。酸性黑 10B 还原性不好的原因可能是它除了含有水溶性的—SO_3Na 和—OH 之外，还含有—NO_2 和—NH_2 等基团，这些基团一方面影响了偶氮双键的电子云密度，使酸性黑 10B 的偶氮双键更难于破裂；另一方面影响了染料的水溶性，使得酸性黑 10B 的水溶性降低，在溶液中胶体分子的量增加，而胶体量的增加不仅使得混凝脱色更容易，还使得还原更难进行（离子状态更容易被还原）。酸性黑 10B 的降解是这两方面作用共同作用的结果，而其他三类酸性染料都只含有亲水性的—SO_3Na 和—OH 等基团。

相似结构的双偶氮染料比单偶氮染料脱色效率高，如酸性大红 GR 的脱色效果比酸性橙Ⅱ的要好，这可能是因为双偶氮染料的共轭链要长因此更容易断裂。拼混染料的脱色效果要好于其组成部分单独的脱色效果，这可能是因为拼混染料的水溶性差，混凝效果却比较好，如酸性黑 ATT 的色度去除率高于酸性橙Ⅱ和酸性黑 10B 的。

反应时间对酸性染料的降解率有显著的影响，残留染料浓度随反应时间的增加而降低。在反应的前 0.5 h 内酸性染料的降解率增长较快，而随后的 2 h 内降解率增长缓慢。这是因为 FeCu 电解法对染料的降解（去除）过程由两个阶段构成：吸附阶段和还原阶段。吸附阶段很短，而还原阶段较长。

pH 分别在酸性、中性和碱性条件下，四种酸性染料的降解效果都很好。

2. 活性染料

活性染料分子结构有单偶氮型和原配型等类型，染料母体上含有较多的—SO_3H、—COOH 和—OH 等亲水性基团，因此在水溶液中的溶解度较好。活性偶氮染料是分子中含有偶氮双键（发色基团）、水溶性基团磺酸钠及具有活泼性氯原子的活性基团，易还原、能溶于水、活性较高、稳定性差、耐碱性水解而不耐酸性水解。选取活性艳红 X-3B、活性黄 X-RG 和活性艳红 M-8B 三种偶氮类活性染料为对象进行研究。

研究表明，三种活性染料在酸性条件下脱色率效果比较好，但在中性和碱条件下，活性艳红 X-3B 的脱色率和 COD 去除率都有明显的下降。活性染料在水中的分解状态随着其结构的变化而改变，相对分子质量大或芳环呈平面的容易因发生缔合形成大分子集团而被除去；相对分子质量小且芳环不在同一平面内的，多以接近真溶液的状态存在，其混凝去除率有所下降。活性艳红 X-3B 的相对分子质量不是很大（602），这使其混凝脱色的效果不好，所以在中性和碱性条件下色度不高，而在酸性条件下吸附和络合作用比较好。另外活性艳红 X-3B 的颜色受 pH 影响较大，在实验中可观察到同样浓度的活性艳红 X-3B 在酸性条件下颜色较浅，而在碱性条件下颜色则较深，因此在酸性条件下，虽然 COD 去除率较小或残余 X-3B 浓度较高，但由于其显色较浅，浓度与显色效应互相抵消，故其总的脱色率变化不大。

3. 阳离子偶氮染料

阳离子偶氮染料是由于染色时，染料是以偶氮阳离子的形式与被染纤维相结合而得名的，它适用于腈纶的染色，具有色彩鲜艳、牢度较好的优点。其结构中含有碱性基团，如氨基或取代的氨基，能与蛋白质纤维上的羧基形成盐而直接染色，还可以用于经单宁酸处理过的纤维素纤维的染色。

选取三种阳离子染料(阳离子蓝 X-GRRL、阳离子嫩黄和阳离子红 GRL)进行研究。

研究表明,三种阳离子染料在酸性条件下的脱色率都比较高,且酸性条件下的脱色效果优于中性和碱性条件下的。这是因为在酸性条件下,单质铁起直接化学还原作用;而在碱性条件下,铁的还原作用被抑制,反应的主要作用是铜电极上的电化学还原。阳离子染料在铜电极上的还原峰电位较其他染料的普遍更呈负性,电化学还原效率也呈下降趋势。与其他染料相比,阳离子染料的脱色降解比较困难,尤其是在弱碱性和中性条件下。脱色降解不容易进行的另外一个原因就是阳离子染料在中性和碱性条件下的溶解性降低,以分子状态存在所占的比例增加,还原反应不容易发生。

4. 其他类染料的降解研究

可溶性的偶氮染料除了以上几个大类外,直接染料、中性染料等也有部分是可溶的,我们对这部分染料的降解性也作了研究。

(1) 直接大红 4BS 的脱色效果。

如表 11.6 所示,直接大红 4BS 在酸性、中性和碱性条件下的脱色率都很好,30 min 内脱色率和 COD 去除率都达到了 90%以上,这主要是因为在水溶液中,直接染料分子一般呈直线形展开,几个芳环位于同一个平面内,直接染料分子可通过—SO_3H、—OH 等基团间的氢键相缔合,有较大的聚集倾向,以胶体形态存在,易于被化学混凝除去。直接染料良好的絮凝性使得直接大红 4BS 的脱色主要是混凝作用的结果,而因为还原作用的速率没有絮凝快,所以还原所起的作用不大。

表 11.6　直接大红 4BS 的脱色效果

反应时间 t/min		10	20	30
脱色率/%	pH=3.6	96.4	98.6	99.8
	pH=6.8	95.2	99.1	99.6
	pH=9.3	96.0	99.3	99.9

(2) 中性深黄 GL 的脱色效果。

从表 11.7 可以看出,中性染料在酸性、中性和碱性条件下色度的去除率比较高,主要可能是因为中性染料分子中含有—SO、—NH_2、—OH 等亲水性基团,有一定的溶解度。但由于中心存在金属络离子,偶氮链上的—SO、N═N—、—C═O 均参与了配位,导致几个苯环不在同一平面内,分子间难以缔合,这使得中性染料在水中以接近真溶液的状态存在,混凝效果一般,所以 COD 去除率没有脱色率高。

表 11.7　中性深黄 GL 的脱色效果

反应时间 t/h		0.5	1.0	2.0	3.0
脱色率/%	pH=4.0	60.8	83.4	90.1	96.8
	pH=7.0	50.1	60.2	73.5	90.1
	pH=9.5	66.6	83.4	93.4	96.7

11.1.4.2　染料物质脱色效率及其电化学特性比较

12 种偶氮染料脱色率的比较大体如下:直接染料>活性染料>酸性染料>中性染料>阳离子染料。

它们的还原产物因染料分子结构的不同而不同,各种染料的还原产物大体上为:苯胺、萘胺、带不同取代基的苯环和萘环类有机物、带杂环结构的苯和萘类有机物、带活性原子的活性基团等。

各种染料在铜电极上都会出现循环伏安还原峰,酸性条件下还原峰发生负移,各种染料的循环伏安还原峰电位从正到负依次为:活性染料>酸性染料>直接染料>中性染料>阳离子染料。在碳电极上,各种染料只有在酸性条件下才有不太明显的循环伏安还原峰,出现,且还原峰较负。

11.1.4.3　催化铁电解对染料废水的脱色和 COD 去除效果

用催化铁电解法对含直接染料、酸性染料、中性染料、阳离子染料、分散染料、活性染料以及还原染料的水样进行处理,其效果各不相同。

1. 含直接染料的水样

用催化铁电解法进行处理含三种不同颜色的直接染料——直接大红 4BS、直接绿 BE 和直接耐晒蓝 2BRL 染料的水样,色度和 COD 都能得到较好的去除。经过 1.5 h 的处理,高浓度(1 000 倍左右)水样的色度去除率可达 99%,低浓度水样的色度基本可以完全去除。pH 对于色度去除的影响不大,但是对 COD 去除的影响较大;当 pH 较低时,COD 去除较快;当废水的 pH 呈碱性时,要使 COD 的去除达到相同的效果,需要更多的反应时间;在 pH 为中性的范围内,COD 去除率均可达到 60%。用催化铁电解法处理直接染料可在 1～2 h 内达到较好的效果。

2. 含酸性染料的水样

催化铁电解法对含酸性染料水样的处理效果略差。pH 较低的水样处理效果要比 pH 较高的水样更好。对于酸性橙染料,在 pH 中性条件下色度的去除率约达到 70%。采用催化铁电解法处理酸性染料水样,当 pH 为 3～4 时,反应 2 h 后可达到较好的效果。

3. 含中性染料的水样

中性枣红处理 2 h 后,色度的去除率可达到 99% 以上;在酸性(pH=3.0)条件下,中性深黄处理 2 h 后,也可以达到相同的效果。在上述条件下,COD 的去除率约为 60%。pH 为 3～4 时,反应 2 h 可达到较好的效果。

4. 含阳离子染料水样

当水样的 pH 为中性或弱碱性时,色度和 COD_{Cr} 的去除效果比较好,在酸性条件下色度的去除效果反而下降。在中性条件下处理 1.5 h 后,阳离子大红 GRL、阳离子嫩衮、阳离子蓝 X-GRRL 三种染料的去除率均可达到 95%;而 COD 的去除率却相对较低,上述条件下最低者仅为 35% 左右。pH=7 时,反应 1.5 h 可达到较好的效果。

5. 含活性染料的水样

采用催化铁电解法色度去除率较高,对活性艳橙、活性艳红 X-3B 处理 0.5 h 后,去除率均可达到 99%,且受水样溶液的 pH 影响较小;对活性黄 X-GL 的去除率稍差,中性条件下处理 2 h 后的去除率也可以达到 90%。该法对水样 COD_{Cr} 的降解率较低,一般只能达到 50%。pH=7 时,反应 0.5 h 可到达较好的效果。

6. 含分散染料的水样

水样色度的去除十分明显,一般在处理 0.5 h 后,水样的色度就可以降到很低值,去除率均达到 96% 以上,有的色度甚至可以接近于零。对于水样的 COD,去除率可以到 70% 左右。一般的处理工艺是:pH＝7,反应时间为 1 h。

7. 含还原橄榄绿染料的水样

色度去除效果较好,反应 0.5 h 后水样的色度去除率可以达到 99%;在中性条件下,COD 去除效率可以达到 60% 左右。处理的工艺条件为:pH 为 7,反应时间为 2 h。

用催化铁电解法处理不同染料水样,其效果各不相同,一般来说,色度的去除效果比 COD 的去除效果要好一些,pH 对色度和 COD 的去除有较大的影响,实际应用中应根据不同的处理对象选择其最佳的 pH,反应时间一般控制在 2 h 内。

11.1.4.4　混凝与还原作用在染料废水脱色中的贡献

在染料废水脱色的过程中,色度的去除存在着一系列复杂的作用,主要有催化铁电解的还原作用、铁离子的混凝作用。为了深入研究染料废水的脱色机理,在电解反应体系中通过添加 EDTA 屏蔽铁离子,观察其相应生成还原产物的变化,弄清铁电解的还原作用和生成铁离子的混凝作用对去除色度的贡献,并总结出不同种类、不同色度染料物质脱除色度的过程及机理。

利用摇床实验对 10 种染料进行催化铁电解的脱色效果研究,分析了解脱色效果与染料分子结构之间可能存在的关系。催化铁电解方法处理印染废水的主要作用包括铁内电解作用、单质铁的还原作用和铁离子的混凝作用。铁内电解作用和单质铁的还原作用在反应过程中都存在电子的得失,对色度的去除是化学反应,反应过程中将有染料的反应产物生成。而反应过程中生成的铁离子的絮凝作用也能去除染的料色度,但并不生成其他产物,属于物理去除。实验研究通过对照实验和测定降解产物的方法,对催化铁电解法处理染料废水脱色过程中的电解作用和混凝作用进行了定量研究,选取单偶氮染料活性艳红 X-3B 作为研究对象以方便测定其降解产物苯胺。实验发现:电解处理过程中,部分染料由于物理原因而不参与电解还原反应,从而使活性艳红 X-3B 染料不能完全被降解成苯胺,二铁离子的混凝作用能有效促进色度的下降。

为了考察催化铁电解法对不同种类染料的作用效果,实验选用 10 种常见的染料,分别属于 7 种不同的应用类型,其结构类型主要为偶氮及蒽醌两种,除分散红 3B 和还原棕 GG 外,其余均为水溶性染料。各种染料的名称、类型结构及吸收波长见表 11.8。

表 11.8　实验用染料的应用、结构类型及可见光区的吸收波长

资料编号	染料名称	应用类型	结构类型	吸收波长/nm
1	酸性大红 GR	酸性	偶氮	526
2	阳离子红 X-GRL	阳离子	偶氮	527
3	中性枣红 GRL	中性	偶氮	524
4	活性艳红 X-3B	活性	偶氮	525
5	分散红 3B	分散	蒽醌	525
6	阳离子蓝 X-GRRL	阳离子	偶氮	614
7	中性灰 2BL	中性	偶氮	614
8	酸性橙 Ⅱ	酸性	偶氮	491
9	直接耐酸大红 4BS	直接	偶氮	494
10	还原棕 GG	还原	蒽醌	489

表 11.9 为催化铁内电解对 10 种染料进行内电解脱色反应的实验结果,编号对应表 11.8 的染料名称。

表 11.9　10 种染料的催化铁电解脱色对照实验结果

资料编号	1	2	3	4	5	6	7	8	9	10
去除率/%	97.6	99.3	64.7	91.9	85.7	67.1	86.8	91.4	95.1	97.8
去除率-加 EDTA/%	94.1	99.3	62.6	81.9	56.7	76.4	73.6	91.3	84.6	53.0
降低值/%	3.5	0	2.1	10.1	29.1	-9.3	13.3	0.1	10.5	44.8
相对分子质量	556	493	840	615	318	481	1239	350	777	612
水溶性描述	易溶	可溶	难溶	易溶	不溶	易溶	可溶	易溶	可溶	不溶

从表 11.9 中可以看出:加入 EDTA 后去除率下降最明显的是水溶性较差的分散红 3B 和还原棕 GG,其下降值分别为 29.1% 和 44.8%,其他染料下降程度最高的也只有 13.3%。这说明电解反应中铁离子的絮凝作用对水溶性较差的染料具有更大的去除效率。

阳离子红 X-GRL 和阳离子蓝 X-GRRL 的去除率降低值分别为 0 及 -9.3%,可见铁离子的存在对阳离子染料废水色度的去除并没有起到促进作用。由于在电解过程中生成的铁离子及氢氧化铁胶体均带正电,与染料分子产生的阳离子产生排斥作用,因而起不到对染料分子的絮凝作用,当铁离子被屏蔽后,它们之间的排斥作用被消除,阳离子蓝 X-GRRL 的色度去除率反有升高的趋势。除阳离子染料以外,相对分子质量较高的几种染料,如活性艳红 X-3B、直接耐酸大红 4BS、中性灰 2BL 等,铁离子对其的絮凝作用分别为 10.1%、10.5%、13.3%;而相对分子质量较低的酸性橙 Ⅱ 和酸性大红 GR,絮凝作用的去除率分别仅为 0.1% 和 3.5%。由此可见,相对分子质量较高、结构较为复杂的染料,在反应过程中更有利于被铁离子絮凝作用去除。

加入 EDTA 屏蔽铁离子的絮凝作用后,两种非水溶性的染料分散红 3B 和还原棕 GG 的色度去除率分别为 56.7% 和 53.0%,明显低于其他几种染料的。由此可见,催化铁电解反应对水溶性染料色度的去除效果明显要好于非水溶性染料的;相对分子质量较低的酸性橙 Ⅱ 和酸性大红 GR,在对照实验中色度的去除率分别为 91.3% 和 94.1%,而相对分子质量较大的活性艳红 X-3B、直接耐酸大红 4BS 和中性灰 2BI 等,其色度去除率分别为 81.9%、84.6%、73.6%。因此,在电解反应过程中,相对分子质量小、结构简单的染料分子在溶液中反应的空间位阻较小,所以更容易参加电解还原反应;而相对分子质量较大、结构复杂的染料分子往往不利于化学反应的进行,因而色度的去除率相对较低。实验还发现,具有相似分子结构的阳离子红 X-GRL 与阳离子蓝 X-GRRL 的色度去除率存在显著的差别,相同浓度下色泽较浅的染料比深色染料具有更好的去除效果,而引起染料分子颜色加深的一些分子结构因素是导致其色度去除率下降的原因。

总体规律有:①铁离子絮凝作用对水溶性较差的染料能够更好地去除,甚至可能使色度的去除率下降;相对分子质量较大、结构较为复杂的去除效果更佳;对于阳离子染料废水,铁离子的存在反而不利于色度料,在反应过程中更易于被铁离子的絮凝作用除去。②催化铁电解还原反应的色度去除率,水溶性好的染料要明显好于水溶性差的染料;相对分子质量较小、结构较为简单的染料更易被电解还原去除;不同条件下,浅颜色染料的电解处理效率要好于深颜色染料的。

11.2　有机物还原特性及催化铁电解反应影响因素

由于有机物的电化学特性与有机物的可生物降解性及对生物的抑制性存在一定的关系,电化学分析方法就在污水处理中找到了新的应用领域。通过电化学的分析测试方法,不仅可以比较阴极材料的电化学催化性能,而且可以分析难降解有机物的内电解还原性能,大致判断有机物内电解还原反应的顺序、反应速率和反应产物。

催化铁是电解方法中最具应用前景的工艺,研究各种催化铁电解法的制备、影响因素及反应动力学,会对生产实践起重要的指导作用。

11.2.1　循环伏安分析法在废水电解处理领域的应用

1. 循环伏安分析法的原理

循环伏安分析法是将线性扫描电压施加在电极上时,电压与扫描时间的关系:从起始电压 E_i 开始,沿某一方向扫描到终止电压 E_m 后,再以同样的速率反向扫至起始电压,完成一次循环。当电位正向扫描时,电活性物质在电极上发生还原反应,产生还原波,其峰电流为 i_{pc},峰电位为 E_{pc};当逆向扫描时,电极间的还原态物质发生氧化反应,其峰电流为 i_{pa},峰电位为 E_{pa},如图 11.2 所示。

循环伏安分析法以快速线性扫描的形式对工作电极施加等腰三角波电压,如图 11.3 所示,由起始电压 E_i 开始沿一个方向线性变化,到达终止电压 E_m 后又沿反方向线性变化,回到起始电压。记下 $I\text{-}\varphi$ 曲线,有峰电流 i_p 和峰电位 φ_p;由于是双向扫描,所以循环伏安分析法的极谱图为双向的循环伏安曲线。

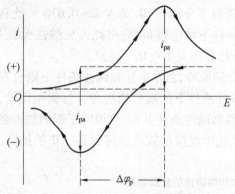

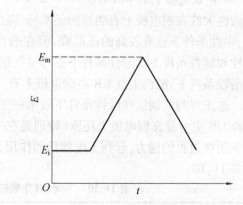

图 11.2　循环伏安极化曲线　　　　　　图 11.3　三角波电压

如果溶液中存在氧化态物质,当电压正向扫描时,它会发生还原反应:

$$O + ne^- \longrightarrow R$$

得到上半部分的还原波,称为阴极支。

当电压反向扫描时,发生氧化反应:

$$R - ne^- \longrightarrow O$$

得到下半部分的氧化波,称为阳极支。

可逆体系下的循环伏安扫描:在该电极体系中,还原与氧化过程中的电荷转移速率很快,电极过程是可逆的。这可以从伏安图中原峰值电位与氧化峰值电位之间的距离判断出。一般来说,阳极扫描峰值电位 E_{ap} 与阴极扫描峰值电位 E_{cp} 的差值(DE_p)可以用来判断电极反应是否为 Nernst 反应。当一个电极反应的 DE_p 接近 $2.3\ RT/nF$(25 ℃)时,我们可以认为该反应为 Nernst 反应,即是可逆反应。所谓的电极反应可逆体系是由氧化还原体系、支持电解质和电极体系构成的。

不可逆体系下的循环伏安扫描:当电极反应不可逆时,氧化峰与还原峰的峰值电位差较大。差值越大,不可逆程度也越大。一般地,我们利用不可逆波来获取电化学动力学的一些参数,如电子传递系数 a 以及电极反应速度常数 k 等。

2. 阴极材料对电解法还原效果的影响

为了进一步研究阴极材料对电解法还原效果的影响,以铜电极和碳电极为工作电极,电极表面积分别为 $1.45\ cm^2$、$1.44\ cm^2$,饱和甘汞电极(232 型)为参比电极,铂电极为辅助电极,支持电解质为无水硫酸钠($0.1\ mol \cdot L^{-1}$)。试液通入高纯氮气 90 s 以消除氧的干扰,静止 20 s 后,在常温下进行循环伏安扫描。以酸性大红 GR 为目标污染物研究其降解机理,酸性大红 GR[C. I. Acid red 73(27290)]是一种双偶氮染料,它是由对氨基偶氮苯重氮化后与 G 盐(2-萘酚-6,8-二磺酸盐)耦合而成,取代基团—OH、—SO₃Na 使其具有很好的水溶性。酸性大红的浓度用分光光度法测定,测定波长为 484 nm,标准工作曲线见下式。

$$\rho = -0.731\ 4 + 49.5A$$

式中　ρ——质量浓度;

　　　A——吸光度。

偶氮染料脱色降解的关键是使偶氮基破裂,偶氮基在电化学反应中为电活性基团,酸性大红 GR 在汞电极上的半波电位为 -0.255 V。

酸性大红在铜电极上有明显的还原峰,碱性条件下分别在 -0.26 V 和 -0.676 V 处有还原峰,中性条件下也有较高的还原峰,但在酸性条件下峰电位负移;由此可见酸性大红 GR 在中性和碱性条件下比酸性条件下更容易在铜电极表面发生电化学还原。

酸性条件下,酸性大红 GR 在碳电极上有一个还原峰,而在中性和碱性条件下则没有还原峰。这正好与铁碳法在酸性条件下效果好于碱性条件下的现象相吻合。与碳相比较,酸性大红 GR 更容易在铜电极上还原(特别是在中性和碱性条件下)。这说明了铜的加入强化了电解阴极过程的能力,起到了电催化的作用,电化学反应的效率也得到进一步的提高,结果见表 11.10。

表 11.10　不同 pH 下铁碳法和铁铜法的处理效果

降解法	铁碳		铁铜	
pH	3.0	9.0	3.0	9.0
染料降解率/%(2.5 h)	99.1	81.7	86.2	97.9

3. 不同性质的偶氮染料在铜电极上的电还原特性

(1)酸性偶氮染料。

酸性染料在铜电极上都有还原峰出现,在碱性和中性条件下有较正的还原峰,但在酸性条件下峰电位负移。这表明相对于酸性条件,中性和碱性条件下酸性染料在铜电极表面更容易发生电化学还原。

酸性条件下不同的酸性偶氮染料的还原电位差别不大,而中性和碱性条件下则以酸性橙Ⅱ的还原电位最正。

只有在酸性条件下,酸性大红 GR 在碳电极上才有一个还原峰。其他几种酸性染料在碳电极上的情况也和酸性大红类似,只在酸性条件出现还原峰,而且还原峰电位较负。

酸性染料降解的产物主要是含有不同取代基的苯胺和萘胺类有机物;中间产物则为氢化偶氮类物质。

(2)活性偶氮染料。

活性染料在铜电极上有明显的还原峰,在碱性和中性条件下有较正的还原峰,且碱性条件下的两个还原峰都比较明显,而在酸性条件下峰电位较负。以上表明,活性染料在碱性时容易在铜电极表面被还原,而酸性条件下则难以在铜电极表面发生直接的电化学还原。

在相同的条件下,相对于其他染料来说,活性染料还原峰要更正一些。这表明活性染料更容易在铜电极表面发生直接的电化学还原。

(3)阳离子偶氮染料。

阳离子染料在铜电极上有明显的还原峰,在碱性和中性条件下是较正的还原峰,但在酸性条件下峰电位负移。这表明阳离子染料在碱性时较易被还原,酸性条件下难以在铜电极表面发生电化学还原。

阳离子染料在中性和碱性条件下的还原峰比其他染料的更负,表明阳离子染料比其他偶氮染料更难在铜电极表面发生电化学还原。还原峰更负的原因可能是阳离子染料的偶氮双键上有杂环结构,杂环结构影响了偶氮双键的电子云密度,使得偶氮双键更难发生还原断裂。

(4)直接大红 4BS 和中性深黄 GL。

直接染料一般属于双偶氮、三偶氮或二苯烯等结构,分子中含有较多的—SO_3H、—COOH、—OH 等亲水性基团,水溶性好,溶解度大。

中性染料的分子结构较为复杂,常见的是单偶氮 2∶1 型金属络合染料,中心络合离子为 Co^{2+} 等;分子中含有—SO_2、—NH_2、—OH 等亲水性基团,有一定的溶解度。

直接大红 4BS 和中性深黄 GL 在铜电极上有明显的还原峰,在碱性和中性条件下有较正的还原峰,而在酸性条件下峰电位负移。这表明直接大红 4BS 和中性深黄 GL 在碱性时最易被还原,酸性时难以在铜电极表面发生电化学还原。尽管直接类染料有较正的循环伏安还原电位,但由于其良好的絮凝性,还原作用在降解过程中起的作用不大。

相同地,直接大红 4BS 和中性深黄 GL 在碳电极上也只有在酸性条件下才有还原峰,而且还原峰电位较负,所以它们在碳电极表面很难发生直接的电化学还原。

11.2.2　催化铁电解反应的影响因素

以硝基芳香族化合物模拟难降解有机污染物,来研究催化铁体系还原降解硝基芳香族化合物的影响因素,探讨催化还原反应的过程与机理。

1.溶液 pH 的影响

实验结果表明,铁刨花和 Cu/Fe 双金属体系对 DNT、DNB 和 NB 的还原降解反应均符合准一级反应动力学方程,即

$$\frac{\mathrm{d}c}{\mathrm{d}t} = -K_{\mathrm{obs}}t, \ln\left(\frac{c_0}{c}\right) = K_{\mathrm{obs}}t$$

经过拟合计算可知 $\ln c$ 和时间 t 之间存在较好的线性关系,且相关系数(R^2)较高,呈现出一级反应动力学的反应特征。由于该反应系统为多相体系,参加反应的物质不仅有金属铁和有机物,水、溶解氧和铁的化合物等也会参与各种反应。涉及的反应也包括化学氧化还原、电化学反应和吸附等。因此,该类反应动力学为表观一级反应。通过表观一级反应动力学方程,可以判断铁刨花和 Cu/Fe 双金属对有机物还原降解反应速率的快慢,在实践中可以利用该工艺指导运行。

随着溶液 pH 的增大,反应速率减小。在中性条件下,铁粉 2 h 内只能还原 42% 的 DNT,而铁刨花和 Cu/Fe 双金属在 2 h 内差不多都可以将溶液中的 DNT、DNB 和 NB 完全还原,显示了较好的反应性能。因此,当溶液的 pH 为酸性或中性时,不需要对溶液的 pH 进行调节,直接采用铁刨花或 Cu/Fe 双金属还原处理工艺就可以达到处理硝基芳香化合物的目的。

2. 溶液电导率的影响

向反应溶液中加入支持电解质可以调节电导率。与未加入支持电解质的溶液相比,向溶液中加入电解质后,铁刨花和 Cu/Fe 双金属对溶液中 DNT 的还原处理效率大幅度增加,表观反应速率也明显增大。电导率增加,还原过程中的表观反应速率会得到非常显著的提高。

腐蚀电池的电化学历程必须包括阴极过程、阳极过程、电流的流动和连接阴阳极的电子导体四个不可分割的部分。在该反应系统中的腐蚀电池为铁刨花和 Cu/Fe 双金属,阳极过程为金属铁的氧化溶解,阴极过程为去极化剂(DNT)接受阳极释放的电子并发生阴极还原反应。电流的流动在金属中是由电子从阳极流向阴极形成的,在溶液中则是依靠离子的迁移,即阳离子从阳极区移向阴极区,阴离子从阴极区移向阳极区。在阳极和阴极区界面分别发生的氧化反应和还原反应实现了电子的传递。

溶液的导电性能对腐蚀电池的电化学反应具有重要的影响。加入电解质使溶液中的离子增多,增强了溶液的导电性能因而使得体系的电阻减小,腐蚀电池阴极的电化学反应可以更快速地进行,从而提高了铁刨花和 Cu/Fe 双金属对溶剂 DNT 的还原处理效率,表观反应速率也明显增大。

通常情况下,企业生产过程中产生了大量含酸类、碱类和盐类的废水,该类废水的电导率比较大,一般可达到 1 000,导电能力较强。因此,当废水中含盐量较大时,可以考虑采用铁刨花和 Cu/Fe 双金属还原处理其中的硝基芳香族化合物。

3. 铜化率的影响

与铁刨花还原剂(铜化率为 0)相比,Cu/Fe 双金属还原体系的表观一级反应速率常数 K_{obs} 比较大,在相同的时间内能大幅度提高 DNT 的还原降解效率。金属铜沉积在铁刨花表面对 DNT 的还原降解起到了较强的催化作用。随着铜化率的增大,沉积在铁刨花表面的颗粒金属铜的数量增多,与基体金属铁形成了更多的 Cu/Fe 电偶腐蚀电池,导致还原体系的表观一级反应速率常数 K_{obs} 明显增大,还原处理效果也得到了增强。但是当催化金属的质量比增大到一定程度后,其对铁刨花的反应催化作用的增强趋势变得平缓。因此,只要在铁刨花体系中加入极少量的金属铜就可以大幅度提高 DNT 的还原降解速度。但是,当铜化率超过 0.5% 时,反应系统的表观一级反应速率常数 K_{obs} 反而出现了下降现象,这主要是因为当铜化率增加到一定程度时,Cu/Fe 电偶腐蚀电池中作阳极的金属铁被较多的金属铜包裹,降低了金属铁与溶液中 DNT 的直接接触面积,不利于阳极反应——金属铁的氧化腐蚀的进行,进而导致与其相互联系的阴极反应——DNT 的还原反应速率下降,处理效果变差。

对于溶液中硝基芳香族化合物的还原降解,Cu/Fe 双金属还原体系的铜化率为 0.1% ~ 0.25% 之间比较适宜。

4. 摇床转速的影响

摇床转速对铁刨花和 Cu/Fe 双金属还原 DNT 的处理效果有显著的影响,随着摇床转速的提高,DNT 的还原降解效率和表观一级反应速率均明显增大。当摇床的转速达到一定高时,其对处理效率的影响趋于平缓。摇床的转速较低时,溶液中的 DNT 与铁刨花和 Cu/Fe 双金属不能充分接触、反应;而增大摇床转速可以加大溶液中的 DNT 向铁刨花和 Cu/Fe 双金属表面的传质速率,在相同的时间内发生更频繁的有效碰撞,使反应的快速进行。

5. 反应温度的影响

随着反应温度的提高,表观反应速率常数增大,溶液中 DNT 的还原降解加快,铁刨花和 Cu/Fe 双金属的处理效率增高。在较低温度下,增温对 DNT 的处理效率的增幅较大;当反应温度达到一定范围时,温度的上升对处理效率的影响趋于平缓。

根据阿伦尼乌斯公式可知,随着温度的升高,分子热运动的速度加快,平均动能增大,分子中活化分子所占比例增加。对于直接化学反应,分子之间的有效碰撞增多,反应速率加快。在铁刨花和 Cu/Fe 双金属体系中,温度升高导致了 DNT 溶液的电阻下降,这在一定程度上改善了电解处理的效果。实验过程中发现即使在较低的温度(如 5 ℃)下,铁刨花和 Cu/Fe 双金属对 DNT 仍然具有较高的还原处理效率。实际工程中采用铁刨花和 Cu/Fe 双金属还原处理硝基芳香族化合物时,废水的温度在 5 ~ 35 ℃ 的范围内都可以保持较高的处理效率,不会出现类似生物法处理在低温时微生物活性降低而造成处理效率很低的问题。

11.2.3　催化铁内电解体系性能的稳定性

1. 催化铁内电解体系反应性能

研究结果表明,与铁粉相比较,铁刨花和双金属体系可以快速且高效率地还原降解溶液中的硝基芳香族化合物。铁粉只适合在酸性环境中还原处理硝基芳香族化合物,但与酸反应消耗量较大,而在中性和碱性环境中的处理效率很低。铁刨花和双金属体系在中性和弱碱性环境中也可以保持较高的处理效率,扩展了金属铁还原处理工艺的应用范围。这里重点研究铁刨花和 Cu/Fe 双金属体系还原处理硝基芳香族化合物时,在中性环境中长期运行的稳定性。

Cu/Fe 双金属体系在还原处理溶液中 DNT 的反应过程中,作为腐蚀电池阳极的金属铁因被氧化腐蚀而生成如 Fe_2O_3 等的氧化物。腐蚀电池的一次产物由于扩散作用导致的相遇使得腐蚀的次生过程发生,形成了难溶性的产物,如 $Fe(OH)_3$ 等,在金属铁表面形成保护膜并不断增厚。腐蚀次生过程在金属上形成了难溶性氧化物,其保护性比金属表面直接发生化学作用生成的初生氧化物膜要差得多。当金属铁表面的氧化物膜增加到一定厚度,冲洗对反应性能的改善作用就不大了,这时只能通过酸洗溶解金属铁表面形成的(氢)氧化物保护膜才能完全恢复其反应性能。

实验结果表明,在铁粉还原降解溶液中 DNT 的反应过程中生成的氧化物膜,可能在很短的时间内就使铁粉产生反应钝态现象。铁刨花和 Cu/Fe 双金属体系由于形状较大且弯曲不平,反应过程中形成的铁的(氢)氧化物不容易附着在金属铁表面且极较易脱落并沉淀。另外,铁刨花和 Cu/Fe 双金属体系即使反应性能下降,其对 DNT 的处理效率仍然比较高(60% 左右)。这是因为铁刨花和 Cu/Fe 双金属体系的组成成分很复杂,其在溶液中可以生成很多类似绿锈(green rust)的含 Fe(Ⅱ)的化合物,这些化合物对硝基芳香族化合物具有很强的还原能力。

2. 溶液 pH 和溶解态铁浓度的变化

催化铁还原降解硝基芳香族化合物的反应过程中,溶液的 pH 和溶解态铁浓度会不断地发生变化。以铁刨花还原降解溶液中的 DNT 为例进行研究,溶液的 pH 和溶解态铁浓度随时间的变化情况分别如图 11.4 和图 11.5 所示。

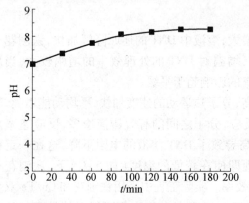 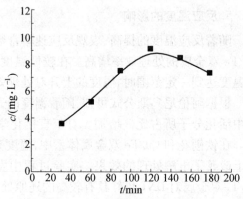

图 11.4 溶液的 pH 随时间的变化　　　图 11.5 溶液中的溶解态铁浓度随时间的变化

由图 11.4 可知,当 DNT 溶液的初始 pH 为中性时,经过铁刨花还原处理后,溶液的 pH 在反应的初始阶段有较小的升高,反应 90 min 以后则趋于平缓,最后稳定在 pH=8.3 左右。

由图 11.5 可知,随着反应的进行,DNT 的还原降解消耗越来越多的金属铁,溶液中溶解态铁的浓度逐渐增加。反应进行到 120 min 时,溶解态铁浓度达到最大值 9.12 mg·L^{-1},之后出现了下降趋势。

上述实验结果是由铁刨花与 DNT 溶液的总体反应过程得到的。在中性环境中,DNT 的还原降解机理主要包括金属铁的直接还原和在腐蚀电池阴极区得到电子还原。反应的结果是金属铁被氧化溶出,溶液中溶解态铁浓度逐渐增大。溶液中的 DNT 被还原的总过程是消耗 H$^+$ 的反应,故溶液 pH 的变化趋势为缓慢升高。在这种条件下,发生了金属铁电化学腐蚀的次生过程。

$$Fe^{2+}+2OH^- \longrightarrow Fe(OH)_2$$

由于溶液中存在溶解氧,Fe(OH)$_2$ 又继续发生氧化,生成 Fe(OH)$_3$。

$$4Fe(OH)_2+O_2+2H_2O \longrightarrow 4Fe(OH)_3$$

以上的反应过程能导致溶液中溶解态铁的浓度下降。又因为反应过程中也消耗了溶液中的 OH$^-$,故溶液的 pH 不会持续上升,最后将稳定在弱碱性环境中(pH 趋于 8.3 左右)。

11.2.4 催化铁电解还原反应机理

催化铁还原降解硝基芳香族化合物的最基本的反应原理仍是金属铁作为电子供体释放电子被氧化,有机物作为电子受体得到电子被还原。催化铁电解体系是原电池的一种形式,组成成分复杂,其还原作用机理除了包括零价铁的还原作用,还涉及催化化学和电化学等方面的内容。

铁刨花和 Cu/Fe 双金属还原体系的基体是金属铁,其对硝基芳香族化合物的还原机理包括高纯度零价铁的还原作用,即零价铁的直接还原作用和新生态氢[H]的还原作用。由于铁刨花和 Cu/Fe 双金属还原体系是以金属铁为基体的原电池,其化学组成中含有许多杂质,在反应过程中表现出与零价铁的还原不尽相同的作用,其中主要是含 Fe(Ⅱ) 化合物的还原作用和原电池的催化还原作用。

1. 含 Fe(Ⅱ) 化合物的还原作用

由实验结果可知,水溶液中的 Fe^{2+} 对于硝基芳香族化合物的还原作用很差,为该类有机物的还原降解提供的帮助很小。樊金红(2005)运用化学热力学的理论,推导出在溶液的 pH>0.81 时,溶液中溶解态的亚铁离子 Fe^{2+} 对硝基苯的还原反应不能进行(反应过程中 $\Delta G>0$)。Deng(1999)等也通过加入能与溶液中的 Fe^{2+} 形成络合物的络合剂进行实验,证明了 Fe^{2+} 对氯代有机物几乎没有还原脱氯作用。

虽然 Fe^{2+} 不是硝基芳香族化合物和氯代有机物有效的还原剂,但是吸附在铁刨花表面的含 Fe(Ⅱ) 的氧化物和氢氧化物却具有较强的还原能力。铁刨花由于其组成成分的特殊性,浸泡在水中时表面可以生成磁铁矿(magnetite,Fe_3O_4)、针铁矿(goethite,$\alpha-FeOOH$)、纤铁矿(lepidocrocite,$\gamma-FeOOH$)和赤铁矿(maghemite,$\gamma-Fe_2O_3$)等铁的氧化物和氢氧化物。图 11.6 为金属铁在水溶液中的氧化腐蚀及含铁氧化物和氢氧化物的生成和转化途径。

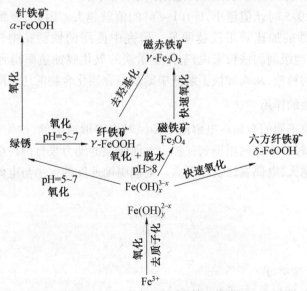

图 11.6 含铁氧化物和氢氧化物的生成和转化途径

铁刨花浸泡在水中氧化腐蚀生成无定形 $Fe(OH)_3$,能继续被氧化成磁铁矿。在近中性的条件下,形成磁铁矿的反应过程中很容易产生绿锈(green rust)。绿锈是含有 Fe(Ⅱ)和 Fe(Ⅲ)混合价态的复杂物质,具有很强的吸附性能,同时又可以作为强还原剂。绿锈只能在缺氧的条件下保持稳定,其他条件下则比较容易被氧化成针铁矿和纤铁矿,最后被氧化成赤铁矿。

由于绿锈等含 Fe(Ⅱ)氧化物和氢氧化物,因此具有较强的还原性能。目前有关含 Fe(Ⅱ)物质对氯代有机物、硝基芳香族化合物、硝酸盐、Cr(Ⅵ)和 As(Ⅴ)等的还原的研究有很多。

2. 微观原电池的作用

铁刨花中含有 Fe_3C 和石墨等杂质,这些杂质以微电极的形式与基体金属铁构成了微观的复相电极,形成了许多短路的微电池系统。由于这些杂质的腐蚀电位比基体金属铁的腐蚀电位高,因此它们形成了微观电池的"微阴极"。微观电池作用的结果是加速了基体金属铁的氧化腐蚀,也相应地促进了溶液中硝基芳香族化合物在阴极区还原降解反应的进行。

铁刨花中杂质对基体金属铁的腐蚀氧化的加速效果与金属铁表面阴极性杂质所占的面积分数有关。阴极性杂质对基体金属铁氧化腐蚀的加速效应与面积分数的关系为

$$\frac{\partial \ln \gamma}{\partial f} = \frac{\beta_{c2}}{\beta_{a1} + \beta_{c2}} \times \frac{1}{f(1-f)}$$

式中　f——金属表面上阴极性杂质的面积分数;

　　　　γ——基体金属铁含阴极性杂质与不含阴极性杂质时的阳极氧化腐蚀溶解电流密度的比值;

　　　　β_{c2}——去极化剂(该研究主要为 DNT)在阴极性杂质表面上的还原反应的塔菲尔斜率;

　　　　β_{a1}——基体金属铁表面的阳极氧化溶解的塔菲尔斜率。

可以证明,当 $f<0.5$ 时,f 值越小,$1[f(1-f)]$ 的值就越大。因此,金属铁的纯度越高,阴极性杂质对氧化腐蚀的加速效果就越明显。研究中使用的铁刨花中含金属铁的量大于95%,故相对于分析纯级别的铁粉来说,基体金属铁的氧化腐蚀速率得到大大的提升,这加速了金属铁对电子的释放,从而加快了溶液中硝基芳香族化合物的还原降解。

3. 双金属原电池的作用

当两种电极电位不同的金属在电解液中接触时可以形成电偶,这使得低电位金属的腐蚀加快,而电极电位较高的金属则得到保护。电偶腐蚀的动力来自两种金属的电位差,两种金属的电极电位差越大,电偶腐蚀就越严重。电偶腐蚀速度的大小与电偶电流成正比,其相互关系为

$$I_g = \frac{E_C - E_A}{\dfrac{P_C}{S_C} + \dfrac{P_A}{S_A} + R}$$

式中　I_g——电偶电流密度;

　　　　E_C、E_A——阴、阳极金属偶接前的稳定电位;

　　　　P_C、P_A——阴、阳极金属的极化率;

　　　　S_C、S_A——阴、阳极金属的面积;

R——包含溶液电阻和接触电阻的欧姆电阻。

当金属铁因去极化剂 D（该研究中为硝基芳香族化合物）的作用而氧化腐蚀时,反应 $Fe \longrightarrow Fe^{2+} + 2e^-$ 和反应 $D + ne^- \longrightarrow E$ 成为共轭反应,这时金属铁的电极电位就是其腐蚀电位 E_{C1}。而另一种金属（如铜）的电极电位比去极化剂 D 的还原反应的平衡电位高,因此金属铜表面只能进行去极化剂的电极反应,其电极电位为去极化剂 D 电极反应的平衡电位 E_{eD}。当金属铁和铜接触并同时处于含有去极化剂 D 的溶液中时,由于 $E_{C1} = (E_{eD} - \eta_D) = E_{Fe} < E_{Cu} = E_{eD}$。式中 η_D 为金属铁未与铜接触时去极化剂 D 的还原反应的过电位,故在溶液外部将金属铁和铜连通,就构成了电偶腐蚀电池,电流经过外电路从金属铜流向金属铁。这时对于金属铁就有了外加的阳极电流,于是金属铁除了与去极化剂 D 形成共轭反应而氧化腐蚀外,还因与金属铜接触形成电偶电池而发生阳极氧化,故其腐蚀速率增大了。因此金属铁释放电子的速率加快,溶液中硝基芳香族化合物的还原降解反应速率也增大了。

当金属铜与金属铁接触时,去极化剂 D 的还原反应除了在金属铁表面进行,同时还在金属铜的表面进行;但 η_D 越大,去极化剂 D 的还原反应在金属铜表面上进行的比例越大。这使得 D 的还原反应加速,而金属铜不被氧化腐蚀,反应所需的电阻都由金属铁阳极氧化反应提供,因此加速了金属铁的氧化腐蚀速率。

因此,金属铁与其他电极电位较高的金属接触后形成的双金属体系,一方面,通过组成电偶原电池加速金属铁释放电子,促进溶液中硝基芳香族化合物的还原降解;另一方面,作为阴极的金属为硝基芳香族化合物的还原提供反应界面,有机物在其表面可以直接得到电子被还原。金属铁与金属铜、镍和银等组成双金属体系后,改变了电极材料的性质,加快了电极反应的速率,对硝基芳香族化合物的还原降解起到了电催化作用。

11.3 毒害有机物电解还原法

电化学方法具有适应性强、不需要添加反应药剂、设备简单、容易控制等优点,因此被广泛用于废水处理。电化学氧化法,是利用电极表面产生的强氧化性自由基（如 OH·等）以及电极高效的电催化性能,无选择地对有机物进行氧化处理,使废水中的有机污染物在电极上或溶液中直接或间接地被氧化降解。按照被处理有机物的最终形态,有机污染物的电化学氧化法分为两类:一类是通过电化学过程将有机物完全分解,使其被彻底氧化为二氧化碳和水等;另一类是将有机物不彻底氧化,只是将难生物降解或有生物毒性的有机污染物转化为可生物降解的物质。由于电化学氧化处理有机污染物时产生的中间体比较少,降解程度高,电流效率较高,氧化反应速率较快,故被应用于处理含酚类、醇类、染料和表面活性剂等的有机废水。

11.3.1 偶氮染料物质的电解还原

1. 直接电解法还原偶氮染料

电解实验装置如图 11.7 所示,其中电解槽规格为 8 cm× 5 cm× 6 cm,以铜为阴极、铁为阳极进行电解实验,电解槽配有密封盖。

用蒸馏水分别配置 25 mg·L^{-1} 的活性红 X-3B、阳离子红 GRL 的溶液 200 mL,支持电解质为 0.1 mol·L^{-1} 的无水硫酸钠,pH 分别为 4.0、7.0 和 9.0,调节电解电压为 0.25 V、0.45 V 和 0.8 V 进行电解,反应 6 h 后,取上层清液用分光光度计测其吸光度,实验结果见表 11.14。

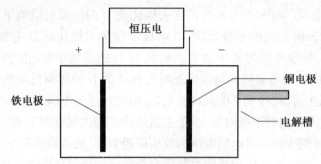

图 11.7　电解法降解染料实验装置图

表 11.14　两种偶氮染料电解 6 h 后的降解效果

pH 电解电压/V	pH=4.0			pH=7.0			pH=9.0		
	0.25	0.45	0.8	0.25	0.45	0.8	0.25	0.45	0.8
阳离子红脱色率/%	29.3	37.6	42.1	26.7	32.4	53.1	25.3	35.4	50.8
活性红脱色率/%	30.1	41.0	46.1	24.9	36.9	62.2	23.4	35.1	60.7

由表 11.14 可以看出,两种偶氮染料经过 6 h 的电解都有较高的脱色率。酸性条件下,阳离子红 GRL 和活性红 X-3B 在电解电压从 0.25 V 上升到 0.8 V 时,脱色率上升的幅度不大,分别从 29.3% 和 30.1% 上升到 42.1% 和 46.1%。原因可能是酸性条件下,这两种染料在铜电极表面的还原峰电位分别为 -1.15 V 和 -1.1 V,也就是说实验所采用的电解电压没有达到该条件下两种染料的理想还原电压,故不能充分发挥染料的电化学还原效果。

在中性和碱性条件下,阳离子红 GRL 和活性红 X-3B 在电解电压从 0.25 V 上升到 0.45 V 时,脱色率上升的幅度不大,大体上在 10% 左右,而电解电压从 0.45 V 上升到 0.8 V 时,脱色率的上升则比较明显,大体上在 20% 左右。原因可能是在中性和碱性条件下,铜电极表面除在 -0.25 V 之前有一个明显的或者不明显的还原峰之外,在 -0.7 V 左右又有一个明显的还原峰。当电解电压从 0.25 V 上升到 0.45 V 时,正好两个电压都超过了第一个还原峰,而没有达到第二个还原峰,所以脱色率的上升比较缓慢;而当电解电压从 0.45 V 上升到 0.8 V 时,则正好达到了第二个还原峰的还原电压,所以此时两个还原峰都能出现,脱色率也就有了明显的上升。这种条件下,染料分子在铜电极上的电化学还原是脱色的主要原因。

在相同的条件下,活性红 X-3B 的电解脱色率比阳离子红 GRL 的高,而循环伏安法显示,活性红 X-3B 的还原峰电位比阳离子红 GRL 的更正。在中性和碱性条件下,活性红 X-3B 的还原峰电位分别为 -0.4 V 和 -0.63 V,而阳离子红 GRL 的分别为 -0.6 V 和 -0.7 V,显然活性红 X-3B 更易被还原。

2.分极室电解法还原偶氮染料

上面实验中的铁电极和铜电极是在同一个电解槽中放置,阴阳极上电解产物不能分清,互相干扰。为了解决这个问题,我们设计一个用隔膜把阴极室和阳极室隔开的电解槽,如图

11.8 所示。

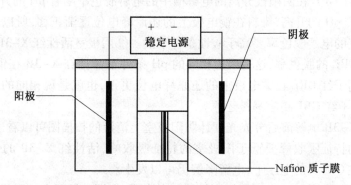

图 11.8 电解反应装置示意图

电解阴极还原反应装置如图 11.9 所示。整个反应装置采用有机玻璃制成,电解池为 H 型,阴极室和阳极室的有效容积为 1.5 L,中间连接处用直径为 2.5 cm 的 Nafion 质子膜隔开。电解还原实验中采用的阳极材料为形稳阳极 DSA(dimension stable anode)类 TiRuO$_2$ + TiO$_2$电极,以金属钛为底材,外层为贵金属氧化物 RuO$_2$ 和 TiO$_2$ 的涂层,电极板面积为 20 cm^2。阴极则分别采用石墨和金属铜片作电极,电极板面积也均为 20 cm^2。

为了研究电解过程中的阴极还原反应,实验过程中使用隔膜将电解池分隔为阳极室和阴极室,以保证阳极反应、阴极反应及其产物之间互不干扰。Nafion 膜是一种全氟磺酸质子交换膜,具有良好的机械物理性和化学稳定性。实验过程中选用 Nafion Ⅱ2 型质子膜,以阻止阴极室溶液中的硝基芳香族化合物渗透扩散至阳极室,并保持电流的畅通。Nafion Ⅱ2 型质子交换膜是一种选择性氢离子透过膜,具有以下特点:①良好的水保持能力和化学稳定性;②较高的质子传导性能;③稳定的电导率($> 10^{-2}$)。

实验选取活性红 X-3B 和阳离子红 GRL 这两种不同类型的偶氮染料为研究对象。用蒸馏水分别配置 25 mg · L^{-1} 活性红 X-3B、阳离子红 GRL 的溶液 200 mL,电解质为 0.1 mol · L^{-1}的无水硫酸钠。在图 11.9 所示的电解装置中进行电解反应,6 h 后取上层清液用分光光度计测其吸光度,并用分光光度计扫描阴极室和阳极室电解后的染料上清液,实验结果见表 11.15。

表 11.15 阴阳极室分离电解染料降解效果

pH		4.0				7.0				10.0		
电解电压/V		0.3	0.45	0.8	1.1	0.3	0.45	0.8	1.1	0.3	0.45	0.8	1.1
阳离子红脱色率/%	阴极室	13.0	22.0	42.5	65.8	15.3	31.7	53.6	77.0	25.6	32.3	58.9	84.0
	阳极室	9.5	11.5	15.6	43.1	11.3	13.5	19.8	48.6	8.4	15.0	24.6	56.8
活性红脱色率/%	阴极室	28.6	45.6	62.0	80.8	36.2	53.6	81.3	88.6	35.8	62.2	86.8	89.5
	阳极室	12.4	15.8	22.3	26.8	15.7	21.6	28.3	32.6	16.8	24.2	27.8	31.6

从表 11.15 可以看出,阴极室的降解效果要明显好于阳极室。

这两种染料的脱色率随 pH 的变化情况都不太明显,从表 11.15 可以看出:①活性红

X–3B和阳离子红GRL在阴阳极分离的电解槽中的电解脱色率随着pH的升高都升高,由表11.15可知,随着pH的升高,染料在铜电极上的还原峰电位逐渐正移,所以相对来说,在碱性条件下阴极室的电解脱色率要高于酸性条件下的。②阴极室活性红X–3B的脱色率要稍高于阳离子红GRL的脱色率,这是因为相同的pH条件下活性红X–3B在铜电极上的还原峰电位要比阳离子红GRL在铜电极上的还原峰电位更正,也就是说相同的条件下,活性红X–3B要比阳离子红GRL更容易被还原。

由活性红X–3B电解前后分光光度计阴阳极室上清液的扫描图可以看出,活性红X–3B电解后阴极室的特征吸收峰要低于阳极室的特征吸收峰,活性红X–3B的偶氮双键断裂。这说明即使是在0.3 V的电压下,电解降解仍可以发生。

对阴阳极室分离电解法降解偶氮染料的研究表明:在铜电极所在的阴极室,偶氮染料的脱色率要比铁电极所在的阳极室高得多,这说明在相同的条件下,偶氮染料的还原比氧化更容易。

11.3.2　电解还原的影响因素

有关电解还原影响因素的研究是以硝基芳香族化合物为模拟毒害有机污染物,方法为取一定体积的模拟有机污染物(DNT)废水加入如图11.9所示电解反应装置阴极室,阳极室中则加入相同体积的蒸馏水,并在阴阳两极室中加入相同浓度的支持电解质硫酸钠,调节至一定的电流后进行电解反应。

1. 电流密度的影响

随着电流密度的增大,DNT在阴极的还原降解速度加快,处理效率增加。增大电流密度可以加速电解过程的进行,加快电子的释放,促进H^+向$H\cdot$的转变;增大电极表面与主体溶液中质子浓度梯度,并可增加DNT向电极表面的传质速率。加快了DNT在阴极的还原反应速率,提高了DNT的去除效果。

DNT在铜电极表面的电解还原过程受电流密度的影响较明显,属于电子释放控制型反应过程,而在石墨电极表面的电解还原过程受电流密度的影响较小。这主要是因为增大电流密度加速了电解反应的进行,在电解池的阴极除了进行DNT的还原降解外,还存在副反应$2H^+ + 2e^- \longrightarrow H_2$。对于石墨电极来说,随着电流密度的增大,副反应速率明显加快,且形成的氢气泡附着在电极表面,使DNT难以快速地与电极表面接触而被电解还原。铜电极表面也会产生大量的氢气泡,但由于氢气泡与铜电极表面的附着力不强,氢气泡会迅速离开电极表面,使得溶液中DNT能快速到达电极表面被电解还原。

2. 极水比的影响

随着极水比($S:V$,即电极板面积与DNT溶液体积的比值)的减小,在相同的时间内电解还原降解DNT的处理效率逐渐降低,表观一级反应速率也减小。在一定的电流密度和DNT浓度的条件下,电解池的极水比减小,意味着单位面积的阴极表面还原处理DNT的量增大,导致了在相同时间内还原反应处理的效率下降,表观一级反应速率也减小。为了提高DNT的还原降解处理效率,加速DNT的电解还原反应速度,可以考虑增大电解池的极水比,即处理相同体积的DNT溶液时采用面积更大的阴极板。但阴极板面积的增大必然会使工程投资增加,故应在电解池的设计过程中采用合理的极水比。

3. 极板间距的影响

在一定的电流密度下,电极板间距对 DNT 的阴极电解还原处理效率和表观一级反应速率的影响不是很明显。随着极板间距的增大,石墨电极和铜电极对 DNT 的电解还原处理效率和反应速率基本相同。

但是,在一定的电流密度下,随着极板间距的增大,电解池所需的电压会显著增加。当极板间距较小时,电子迁移的距离也较短,所需施加的电压就小,由此降低了电能消耗。因此在实际工程中总是力图减小极板间距,增大电解池的利用率。但是极板间距的减小也有限度。当极板间距太小时,如果溶液中掺杂有固体物质,容易造成阴阳极的短路,太小的极板间距也会使液体流动时的压力差增大。此外,电解副反应产生的氢气和氧气,会形成气泡在溶液中积累,通过增加阴阳极间电阻而增大能耗,故应考虑排出气体。因此,在实际工程应用中应该综合多方面的因素,尽量选用较小的极板间距以降低能耗。

4. 电解质的影响

电解质对电解法还原降解有机污染物的过程的影响表现如下:

①随着电解质浓度的增高,溶液的电导率增大,导电能力增强,质子从溶液主体迁移至阴极板表面的速率也增加,因此生成较多具有强还原能力的氢自由基 H·,从而加速了溶液中 DNT 的还原降解。

②电解质浓度增大,溶液的电阻减小。当控制一定的电流密度电解时,可减小向电解池两端所需施加的电压,故处理相同量的有机污染物时增加电解质浓度可降低电能耗。

不同的电解质会引起电极板表面的双电层中反应物浓度的变化,影响双电层放电步骤的速度,改变了阴极表面有机污染物的直接还原及生成氢自由基 H· 的反应速率,从而影响了溶液中 DNT 电解还原的总反应速率。不同的电解质阳离子会改变电极表面双电层的结构,进入电极表面的内紧密层与 H^+ 竞争位置,从而影响电极反应。

5. 溶液 pH 的影响

随着溶液 pH 的降低,DNT 在阴极的还原降解处理效率逐渐增高,表观反应速度加快;但是随着溶液 pH 的上升,在相同的电解时间内,DNT 的电解还原处理效果只是略有下降。

虽然溶液的 pH 对 DNT 在阴极室的还原降解处理效率有一定的影响,但相对于生化处理时需要较严格控制 pH 的范围而言,采用电解阴极还原处理受 pH 的影响要小得多。实际工业废水的 pH 通常不稳定,变化范围较大,因此在处理前调节 pH 通常需要投加较多的化学药剂,增加了工艺的运行费用。而采用电解还原降解,一般不需要对废水的 pH 进行调节,可节省药剂费用。

11.3.3　电解还原反应的电流效率

对于不同的电极材料,由于其物理性质和电化学性能不同,故对有机物的电解还原降解效果存在差异。而且对于不同的有机物,电解还原降解的程度、降解速率和电流效率也相差较大。这里主要对石墨电极和铜电极还原降解溶液中 DNT 的处理效果进行比较,研究了这两种电极作为阴极材料的电流效率。

1. 有机物电解还原的电流效率

在电解反应过程中,参加反应的物质的量与通过电极的电量之间的关系符合法拉第定律,即当电化学反应中得失的电子数为 n 时,通过 1F 的电量,则应该有 1 nmol 的物质在电极上发生了反应。

在有机物的电解还原降解过程中,由于阴极上同时发生了析氢等副反应,因此阴极上的主反应即有机物还原的电流效率总是小于 100% 。要提高有机物电解还原的电流效率,就要选择合适的电催化剂和电解条件以加快主反应的速率,抑制或减慢副反应的进行。因此,有机物的还原电流效率(Current Efficiency,CE)可以定义为

$$电流效率 = \frac{有机物实际被还原的物质的量}{按法拉第定律计算应被还原的有机物的物质的量} \times 100\% \qquad ①$$

式①中右边的分母,即按法拉第定律计算应被还原的有机物物质的量(mol)可以用式②计算:

$$应被还原的有机物物质的量 = \frac{所通电量\ Q}{nF} \qquad ②$$

式中　n——电子数;

　　　F——法拉第常量。

2. 有机物电解还原的电流效率计算

溶液中 DNT 在电解还原降解过程中,有机物实际被还原的物质的量可用下式计算:

$$N = -\frac{V_c\,dc}{A_m\,dt}$$

式中　N——单位面积阴极板在单位时间内还原降解 DNT 的物质的量,
　　　　　$mmol \cdot (min \cdot cm^2)^{-1}$;

　　　V_c——电解池中 DNT 溶液的体积,L;

　　　A_m——阴极板的面积,cm^2;

　　　c——溶液中 DNT 的物质的量浓度,$mmol \cdot L^{-1}$;

　　　t——电解还原降解反应的时间,min。

按照法拉第定律,在计算 DNT 理论上应被还原降解的物质的量时,以 DNT 被电解还原降解生成 DAT 为总反应过程,即溶液中的 DNT 通过阴极的直接还原或间接还原降解反应的总反应为

$$DNT + 12H^+ + 12e^- \longrightarrow DAT + 6H_2O$$
$$DNT + 12H\cdot \longrightarrow DAT$$

DNT 最后被还原成 DAT 需要与 12 个 H· 反应,而阴极表面的每个 H^+ 也需要得到 1 个电子生成 H· ,即

$$12H^+ + 12e^- \longrightarrow 12H\cdot$$

因此,可根据下式计算按照法拉第定律电解反应过程理论上应被还原的 DNT 的物质的量:

$$N_0 = \left(\frac{1}{nFA_m}\right)\frac{dQ}{dt} = \left(\frac{1}{nFA_m}\right)\frac{d(I \cdot t)}{dt} = \left(\frac{1}{nFA_m}\right)\left(I + t\frac{dI}{dt}\right) \qquad ③$$

式中　n——DNT 在电解还原降解反应过程中的得电子数(此处 $n = 12$);

　　　F——法拉第常量;

　　　I——电解的电流强度,A。

当 DNT 在恒定电流强度下进行电解还原时,式③中 $\dfrac{dI}{dt}=0$,故式③可以简化为

$$N_0 = \frac{I}{nFA_m}$$

根据有机物电解还原的电流效率的定义,电解阴极还原降解溶液中 DNT 的电流效率(CE)可以按下式计算:

$$CE = \frac{N}{N_0} \times 100\% = \frac{\left(\dfrac{V_c}{A_m}\right)\dfrac{dc}{dt}}{\dfrac{I}{nFA_m}} = -\frac{V_c F n}{I} \cdot \frac{dc}{dt} \qquad ④$$

式④中的 dc,dt 为在 t 趋于 0 的 t 时刻溶液中 DNT 浓度的变化,通过式④计算出的电流效率为瞬时电流效率(Instantaneous Current Efficiency,ICE)。

通过实验可以得到 DNT 的浓度随时间 t 变化曲线,由曲线的斜率可求得各个时刻的 dc,dt,代入式④可以计算电解还原的瞬时电流效率 ICE。但实际的研究过程,通常考虑的是电解反应在一段时间(τ,min)范围内的平均电流效率(CE_{ave})。

如果把瞬时电流效率 ICE 表示为时间 t 的函数并绘制其相互的关系曲线,在 $0 \sim \tau$ 的时间段内对曲线下的面积积分,再除以 τ,就可以得到有机物电解还原的平均电流效率(CE_{ave}),即

$$CE_{ave} = \frac{\int_0^\tau \mathrm{ICE}\,dt}{\tau} = \frac{V_c F_n}{I\tau} \int_0^\tau -\frac{dc}{dt} \cdot dt$$

11.3.4　电解还原降解硝基芳香族化合物的机理

电解还原处理有机污染物的基本原理是阴极的直接还原和间接还原,即有机物在阴极上得到电子发生直接的还原反应和利用阴极表面产生的强还原活性物质使有机物发生的还原转变。由于硝基芳香族化合物的电解还原降解受多种因素的影响,反应非常复杂,其中的电解还原反应机理还有很多需要研究。

1. 阴极直接还原

电解直接还原是指通过阴极还原使有机污染物和部分无机物转化为无害物质。在具生物抑制性的有机物和无机物的处理中,直接阴极还原具有有效的降解作用,如直接电解还原可以使多种氯代有机物转变成低毒性的物质,同时也提高了有机污染物的可生物降解性。溶液中的 DNT 在电解阴极还原降解的反应过程中,可以通过传质吸附在阴极表面,并在阴极表面通过得到电子而被直接还原。

2. 阴极间接还原

电解间接还原是指先通过阴极反应生成具有还原能力的中间产物或氧化还原媒质,如 Ti^{3+}、V^{2+}、Cr^{2+} 和 H· 等,然后该类物质将有机污染物和部分无机物还原为无害物质。当废水中的有机物浓度较低时,有机物在阴极上发生直接还原反应的概率降低,这时的电解处理过程多为阴极上 H· 还原有机物的间接还原反应。

在 DNT 的阴极还原降解的反应过程中,阴极表面发生了析氢的副反应。析氢副反应的

最终产物是分子氢,但由于两个水化质子在电极表面的同一处同时放电的机会非常少,质子还原反应的初始产物是 H· 而不是氢分子。H· 具有高度的化学活泼性,具有较强的还原能力。因此,溶液中的 DNT 可以与阴极表面形成的 H· 反应而被间接还原。

溶液中 DNT 在阴极表面上的电解还原反应比较复杂,其反应动力学过程可分为以下三个阶段:

①主体溶液中 DNT 向阴极表面的传质过程。DNT 主要通过对流传质到达阴极表面附近的扩散层。由于阴极表面存在固液界面,对流混合对传质的作用较小,质子则主要通过扩散传质到达阴极表面,并在阴极表面进行反应。反应式为

$$2H^+ + 2e^- \longrightarrow 2H·$$

②质子在阴极表面快速形成 H· ,DNT 传质至阴极双电层并与 H· 反应的过程。由于DNT 穿过扩散层传质到双电层的过程较慢,所以该过程为反应速率的控制步骤,该过程中有大部分的 H· 相互结合生成氢气并析出。反应式为

$$2H· \longrightarrow H_2$$

③溶液中的 DNT 与 H· 进行一系列的还原反应后,最终被还原成 DAT 的过程。DNT 与H· 发生的还原总反应可用下式表示:

$$DNT + 12H· \longrightarrow DAT + 6H_2O$$

第12章 催化铝电解还原技术

目前在实验研究和工程实践中,已经有很多关于零价铁和催化铁电解法处理工业废水的研究报道,其成果得到了人们的认可,但这些方法还存在以下局限:零价铁和催化铁电解法处理废水的最适 pH 都是酸性和中性,在碱性特别是 pH>12 时处理效果差,而实际的印染废水大都呈碱性,部分高浓度染料废水呈强碱性,若用酸去中和废水,需要耗费大量的酸。而铝是两性金属,能与碱反应,在碱性条件下处理废水,会比铁更有优势。

鉴于零价铁和催化铁电解法处理碱性特别是强碱性废水的效果不好,我们研究以能与碱反应的铝作为电解反应的阳极的催化铝电解法对印染废水的处理效果。本章以常见的偶氮染料活性艳红 X-3B 为特征污染物,对催化铝电解法进行系统的研究,并考察系统运行的最优条件及反应机理。

12.1 催化铝电解反应影响因素

第 11 章曾叙述过催化铁电解法处理含活性艳红 X-3B 废水的研究成果。而 Al 是还原性比 Fe 更强的活泼金属,理论上应该更有效果。但是 Al 在中性 pH 范围内易发生钝化,因此尽管 Al 的还原性强于 Fe,我们却并不能简单地认为催化铝电解对活性艳红的处理效果会比催化铁电解法好。下面我们通过实验来验证催化铝电解反应的影响因素。

12.1.1 催化铝电解实验体系

废铝刨花:宽约 5 mm,厚约 1 mm,型号为 LY12,除铝外其他金属的质量分数见表 12.1。

表 12.1 LY12 铝合金含量

LY12 铝合金	Cu	Mg	Mn	杂质
质量分数/%	3.8~4.9	1.2~1.8	0.3~0.9	≤1.5

将 10 g 铝刨花(图 12.1)和 2 g 铜丝均匀混合后置于锥形瓶或广口瓶中压实,构成催化铝电解体系,堆积密度约为 $0.08\ kg\cdot L^{-1}$。加入 400 mL 待处理的废水,盖上瓶塞,恒温条件下进行振荡反应(除测定温度影响外,其余均为 25 ℃恒温;除测定传质条件的影响外,其余摇床转速均设定为 $100\ r\cdot min^{-1}$)。

12.1.2 初始浓度

向催化铝电解体系中加入初始 pH 为 6.5 的不同浓度的活性艳红废水,测定处理后出水中残留的活性艳红浓度,如图 12.2 所示。

由图 12.2 可知,当初始浓度小于 $400\ mg\cdot L^{-1}$ 时,初始反应速率随浓度的增加而增加,但约在 40 min 以后,初始浓度越高,反应速率则下降得越快;当初始浓度大于 $600\ mg\cdot L^{-1}$ 时,初始反应速率不再增加,且初始浓度越高,反应速率则越慢。

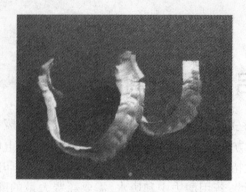

图 12.1　铝刨花

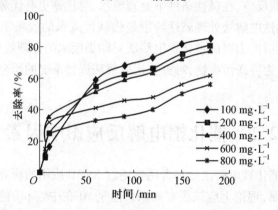

图 12.2　初始浓度对活性艳红降解效果的影响(pH=6.5)

12.1.3　pH

向催化铝电解体系中加入不同 pH 的 100 mg·L⁻¹ 的活性艳红废水,恒温条件下进行振荡反应,计算活性艳红的去除率和反应的速率常数。结果如图 12.3 ~ 图 12.5 和表 12.2 所示。

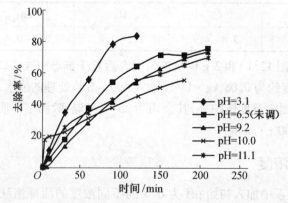

图 12.3　弱酸、弱碱性对活性艳红催化降解效果的影响

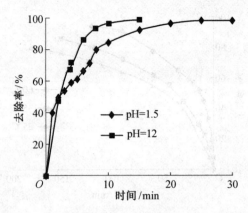

图 12.4 强酸和强碱性对活性艳红催化降解效果的影响

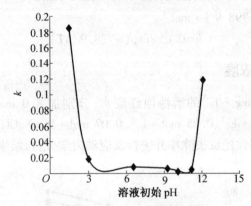

图 12.5 pH 对速率常数的影响

表 12.2 强酸、强碱条件下催化铝电解体系和单铝体系对活性艳红去除率的对比

反应时间/min	pH	Cu|Al/%	Al/%	差值/%
15	1.5	92.0	82.1	9.9
	12	98.7	91.8	6.9

由图 12.3 和表 12.2 可以看出:在强酸(pH=1.5)和强碱(pH=12)条件下,活性艳红均有较快的去除速率。由图 12.5 可以得出,反应速率常数按大小排列依次为

pH=1.5>pH=12≫pH=6.5、pH=9.2、pH=11.1、pH=10

在整个 pH 范围内,催化铝电解系统对 $100\ mg \cdot L^{-1}$ 活性艳红的处理都能达到较好的效果(去除率>50%)。由于 Al 在近中性的 pH 中易与氧气结合形成钝化膜;而在强酸和强碱性条件下,钝化膜会与强酸强碱反应而溶解,故该体系在强酸和强碱性条件下表现出了更好的处理效果。

12.1.4 反应温度

催化铝电解体系分别在25 ℃、35 ℃、60 ℃的条件下,进行恒温振荡反应,计算活性艳红的去除率并对其进行动力学分析。结果如图 12.6 所示。

从图 12.6 可以看出,随着反应温度的升高,反应速率常数增大,活性艳红的降解速率加快,处理效果得到提高。根据阿伦尼乌斯方程进行数据处理,得到指前因子 A 为

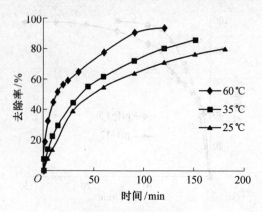

图 12.6　反应温度对催化降解效果的影响

0.05 min^{-1},活化能 E_a 为 798.9 J · mol^{-1}。

$$k = 0.05 \times \exp(-798.9/RT)$$

12.1.5　电解质浓度

　　配制 pH = 6.5、100 mg · L^{-1} 的活性艳红废水,分别加入 0 mol · L^{-1}、0.01 mol · L^{-1}、0.02 mol · L^{-1}、0.03 mol · L^{-1}、0.05 mol · L^{-1}、0.07 mol · L^{-1} NaCl,在催化铝电解体系中进行恒温振荡反应,计算活性艳红去除率并进行反应动力学分析,结果如图 12.7 所示。

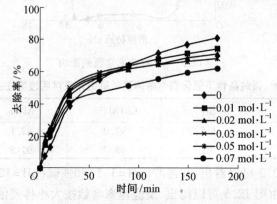

图 12.7　高 NaCl 浓度对活性艳红催化还原效果的影响

　　由图 12.7 可以看出,在较高的 NaCl 浓度(0.01 ~ 0.07 mol · L^{-1})下,催化铝电解系统对活性艳红废水的去除率比未加入电解质的去除率要低。研究发现,在反应的前 40 min 内,添加 NaCl 的活性艳红溶液的反应速率比未添加的要高;之后,又低于未添加 NaCl 的溶液。上述现象可以总结为当活性艳红溶液中添加氯化钠之后,存在着一个时间节拐点:在这点之前,活性艳红的去除率随氯离子浓度的增大而上升;在这点之后,随着氯离子浓度的增大去除率反而下降。出现这种现象的原因可能是:在反应开始时,随着氯离子浓度的增大,铝刨花被快速腐蚀,生成大量 Al^{3+},活性艳红的去除率升高;反应进行到一定时间后,随着 Al^{3+} 的不断累积,有大量的 Al^{3+} 水解生成胶体状的 $Al(OH)_3$(该反应在 pH = 6.5 ~ 8 之间都能够进行),附着在铝刨花表面阻止氯离子进一步与铝刨花接触;添加的 NaCl 浓度越高,反应初始时生成的 Al^{3+} 就越多,其表面附着的 $Al(OH)_3$ 也越致密,因此,其最终的去除率反而比未添加 NaCl 的反应体系要低。

12.1.6　Cu 与 Al 质量比

称 3 份 25 g Al,再按 0.10、0.20、0.33 的 Cu∶Al 的质量比称出相应的 Cu,将称好的 Cu 条和 Al 条充分混合后分别置于 500 mL 广口瓶中压实,堆积密度约为 0.08 kg·L^{-1}。配制浓度约为 100 mg·L^{-1} 的活性艳红废水,在恒温条件下进行振荡反应,结果如图 12.8 所示。

由图 12.8 可以看出,在反应体系中 Cu 含量的增加能提高活性艳红的去除率。这是因为在体系中,随着 Cu 含量的增加,Cu 与 Al 的接触也增大,强化了 Al 的腐蚀。

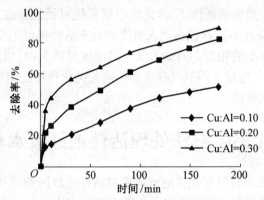

图 12.8　Cu 与 Al 用量比对活性艳红催化降解效果的影响

12.1.7　溶解氧

配制 100 mg·L^{-1} 的活性艳红废水,分别在充氧(广口瓶敞口,在磁力搅拌器上搅拌 30 min,然后盖上瓶盖)、不处理(加入填料和待处理废水后立即盖上瓶盖)和赶氧(向广口瓶中通入氮气 30 min,然后盖上瓶盖)的条件下,在催化铝电解体系中进行恒温振荡反应,结果如图 12.9 所示。

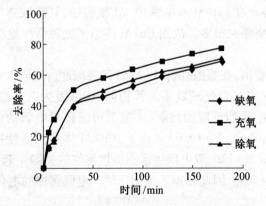

图 12.9　溶解氧含量对活性艳红催化降解效果的影响

理论上氧气对催化铝电解系统的影响有两个方面,分别为:氧气在废水溶液中发生如下电极反应:

阳极　　　　　　　　　　$Al - 3e^- \longrightarrow Al^{3+}$

阴极　　　　　　$2H^+ + 2e^- \longrightarrow 2[H], E^\theta(H^+/H_2) = 0\ V$

当溶液中存在氧气时,阴极便发生如下反应:

$$O_2+2H_2O+4e^- \longrightarrow 4OH^- \qquad E^\theta(O_2/OH^-)=0.40\ V$$

或

$$O_2+4H^++4e^- \longrightarrow 2H_2O \qquad E^\theta(O_2/H_2O)=1.23\ V$$

氧气通入废水中会使电极反应的电动势增大,加快腐蚀的发生;另一方面 Al 会和氧气反应生成氧化铝,在 Al 的表面形成钝化膜而阻碍反应的进行;同时,氧气也可能竞争阳极反应所提供的电子,抑制有机物的得电子还原反应。这两方面因素综合作用的结果就是最终的处理效果。

由图 12.9 可知,在充氧的条件下,催化铝电解系统对活性艳红的处理效果比缺氧和除氧条件下的要高出 10% 左右。这说明通入氧气有利于活性艳红的降解;除氧条件下活性艳红的去除率与缺氧条件下的相近。当通入氧气的浓度足够大时,电极电动势的增加促进了反应的进行,其效果大大超过了因氧气存在而造成的钝化作用的阻碍,使活性艳红最终的去除率要高于未通入氧气时的。

12.2　催化铝电解法处理活性艳红废水机理的研究

叶张荣等(2005)在研究过催化铁电解体系对活性艳红降解的机理后认为,该系统对活性艳红的还原转化和铁离子的絮凝作用是活性艳红从水中被除去的主要作用机理,催化铝电解体系与催化铁电解体系相似,可能也存在上述两种作用。

12.2.1　电化学还原

1. 电偶腐蚀

电偶腐蚀是在一定条件下,某种金属由于与电极电位较高的金属接触而使得腐蚀速率增大的现象。在双电偶中,活泼性较强的金属被腐蚀,而不活泼的金属则不直接参与反应,仅作为电子传递的导体。在 Cu|Al 双电偶中,Al 被腐蚀,其腐蚀速率比相同条件下未构成双电偶的 Al 的腐蚀速率要大很多。故用 Cu|Al 体系来处理活性艳红的效果比单独用 Al 处理更好。

从表 12.2 中可以看出,在强酸性(pH=1.5)和强碱性(pH=12.0)条件下,单质 Al 体系和 Cu/Al 双电偶体系对废水的处理效果大致相同,这是因为在强酸性和强碱性条件下,Al 因其本身能和酸、碱发生强烈反应而溶解,不需要再通过双电偶的作用来加速 Al 的腐蚀。而在弱酸性和弱碱性(pH=6.5~10.0)条件下,Cu|Al 体系对活性艳红的去除率明显高出 Al 体系 10%~20%。由此可知,双电偶体系在活性艳红的去除中起到了重要作用,由于 Cu 在反应过程中并不参与反应,因此发挥了催化作用。电偶腐蚀的电化学反应为

阳极 $\qquad\qquad\qquad\qquad Al \longrightarrow Al^{3+}+3e^-$

阴极 $\qquad\qquad\qquad$ 活性艳红$+3e^- \longrightarrow$ 可能的还原产物

2. 点蚀

点蚀是一种常见的局部腐蚀,多数发生在表面有钝化膜或保护膜的金属上,如铝及铝合金、不锈钢、耐热钢、钛合金等。点蚀的发生、发展分为两个阶段,即蚀孔的成核过程和蚀孔的生长过程。在用催化铝系统处理活性艳红废水的过程中,Al 表面易形成 Al_2O_3 膜,反应前

由于酸洗或废水中存在 Cl^{-1}，该氧化膜被破坏，即生成了小蚀孔。小蚀孔内的活化 Al 能与活性艳红反应使蚀孔进一步变大，蚀孔内的 Al 电位因较负而成为阳极，蚀孔外的 Al_2O_3 电位因较正而成为阴极，蚀孔内外构成了活化—钝化微电偶的腐蚀电池。

蚀孔内　　　　　　　　　　　　$Al \longrightarrow Al^{3+}+3e^-$

蚀孔外　　　　　　　　　活性艳红$+3e^- \longrightarrow$ 苯胺+其他

$$\frac{1}{2}O_2+H_2O+3e^- \longrightarrow 2OH^- \tag{①}$$

过程中的 Al^{3+} 和 OH^- 反应生成的 $Al(OH)_3$ 有絮凝作用，因而夹带了一部分活性艳红堆积在蚀孔口处。蚀孔内便形成了一个不断自催化的体系，腐蚀不断加大，蚀孔不断变深，活性艳红也不断被降解。

12.2.2　铝离子的絮凝作用

由于双电偶腐蚀和孔蚀现象的发生，Al 被腐蚀生成 Al^{3+}，Al^{3+} 具有絮凝作用，活性艳红因絮凝沉淀而被除去。我们设计如下实验以确定絮凝作用。

在催化铝电解体系中投加乙二胺四乙酸二钠（EDTA），由于 EDTA 能和 Al^{3+} 络合生成络合物，掩蔽了 Al^{3+} 使其不能发挥絮凝作用。测定在该条件下活性艳红的去除率，以及未投加 EDTA 的系统中的去除率并加以比较，其去除率下降部分可大致认为是 Al^{3+} 的絮凝作用。首先需要知道 EDTA 本身是否会对 Cu|Al 系统处理活性艳红产生较大的影响，用以下实验来考察。

用 Al^{3+} 来饱和 EDTA，生成饱和的 EDTA 溶液。在用催化铝电解系统处理 $100\ mg \cdot L^{-1}$ 的活性艳红废水时，分别投加 $0\ mg \cdot L^{-1}$、$100\ mg \cdot L^{-1}$、$200\ mg \cdot L^{-1}$、$300\ mg \cdot L^{-1}$ 的该饱和溶液，并用 NaOH 调节 pH 为 6.5 左右，考察还原产物和总体去除率并与未投加饱和 EDTA 体系的作比较，如表 12.3 所示。

表 12.3　投加饱和 EDTA 对催化还原反应的影响

络合饱和 EDTA 质量浓度/($mg \cdot L^{-1}$)	染料去除率/%	苯胺/%
0	92.5	3.0
100	92.1	2.4
200	94.6	3.2
300	92.2	2.9

由表 12.3 可以看出，投加了不同浓度的已被 Al^{3+} 饱和的 EDTA 的催化铝电解系统和未投加的催化铝电解系统相比，还原产物苯胺的生成量与总体去除率都没有明显的变化。因此可以认为，EDTA 投加浓度在 $0 \sim 300\ mg \cdot L^{-1}$ 的范围内时，EDTA 对催化铝电解系统处理活性艳红的影响并不大。

分别向 $100\ mg \cdot L^{-1}$ 的活性艳红废水中投加 $0\ mg \cdot L^{-1}$、$100\ mg \cdot L^{-1}$、$200\ mg \cdot L^{-1}$、$300\ mg \cdot L^{-1}$、$400\ mg \cdot L^{-1}$、$500\ mg \cdot L^{-1}$ 的 EDTA，调节 pH 在 6.5 左右，测量催化铝电解体系中活性艳红去除率的变化。结果见表 12.4。

表 12.4　不同浓度饱和 EDTA 对催化还原反应的影响

EDTA 质量浓度/($mg \cdot L^{-1}$)	去除率/%	EDTA 质量浓度/($mg \cdot L^{-1}$)	去除率/%
0	97.3	300	79.2
100	97.2	400	83.6
200	95.4	500	79.4

从表 12.4 可以看出,当投加 EDTA 的质量浓度大于 300 mg·L^{-1} 时,活性艳红的去除率基本保持不变。由此可以认为,当 EDTA 质量浓度为 300 mg·L^{-1} 时,可以将反应体系中产生的大部分 Al^{3+} 掩蔽。在上述反应体系中加入 300 mg·L^{-1} 的 EDTA,测量其去除率。重复做三次,其去除率与未投加 EDTA 的催化铝体系的去除率之差的平均值,即为絮凝作用在整体去除率中所占的比例。

12.2.3　单质铝的直接还原作用

单质 Al 很活泼,具有较强的还原能力;即使不能与其他金属形成原电池,单质铝也可能还原某些有机物。

活性艳红中的—N≡N—偶氮双键是染料的发色基团,偶氮双键易与电子结合加氢后断键,从而使色度去除。我们可以推测活性艳红能与 Al 发生如下反应:

$$活性艳红+Al \longrightarrow Al^{3+}+苯胺+其他 \qquad ②$$

12.2.4　还原反应及反应产物

不论是催化铝电解体系的电化学还原,还是单质铝的直接还原,在反应过程中必定都检测出苯胺。采用水和废水标准检测分析方法—N—(1-萘基)乙二胺偶氮光度法来检测苯胺,实验证明反应后的体系中确实存在苯胺。根据式①或式②计算得出,100 mg·L^{-1} 的活性艳红理论上可生成 9.74 mg·L^{-1} 的苯胺。通过以下实验来求得实际反应中苯胺的生成量。

在催化铝电解体系中加入 pH=6.5、100 mg·L^{-1} 的活性艳红废水进行反应,反应时间为 4 h,以使反应尽可能的完全进行,测定苯胺的实际生成量,其与理论生成量的比值即为还原作用在活性艳红的去除中所占的比例。结果如图 12.10 所示。

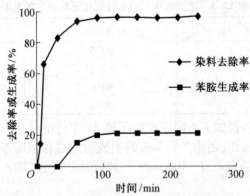

图 12.10　活性艳红总去除率与还原作用的关系

由图 12.10 可以看出,当反应进行到 30 min 时,活性艳红的总去除率达到了 60%,但苯胺的生成量却很小;当反应进行到 100 min 时,活性艳红的去除率已接近 100%,此时苯胺的生成量也达到了一个稳定值。由此求得还原作用在活性艳红的去除中所占的比例为 21.7%。

絮凝作用在活性艳红整体去除中所占的比例是 18.4%,还原作用所占的比例是 21.7%,二者相加占总去除率的 40.1%。剩余的 59.9% 的去除率有两种可能:其一,吸附作用;其二,还原产物不仅仅是苯胺,活性艳红是一种极其复杂的有机物,其还原过程可能是多步的,存在着多种中间产物,其实际还原作用去除比例比根据苯胺产率所计算的要大得多。

12.2.5　絮凝作用与还原作用的关系

1. 强化絮凝作用对还原作用的影响

实验证明,随着反应体系中 Al^{3+} 浓度的增加,染料的总去除率没有发生很大的变化,但还原产物苯胺的生成量却降低了。这可能是由于:外加 Al^{3+} 投入到活性艳红溶液中后,Al^{3+} 水解生成 $Al(OH)_3$,附着在铝刨花表面,阻止了活性艳红与铝刨花的接触。

2. 减弱絮凝作用对还原作用的影响

实验证明,添加 EDTA 会抑制 Al^{3+} 对活性艳红的絮凝作用,而被絮凝下来的活性艳红很多都会堆积在蚀孔周围,降低了絮凝作用,减少了活性艳红在蚀孔上的进一步堆积,减少了 Al 和活性艳红分子的接触,因此被还原的苯胺量减少,还原作用降低。

12.2.6　Al 在反应过程中的存在形式及其消耗量

1. Al 在溶液中的存在形式

Al 是两性金属,既能与酸反应也能与碱反应。与酸反应生成 Al^{3+},与碱反应则生成偏铝酸根。因此,Al 在溶液中的存在形式与溶液的 pH 有很大的关系。不同的 pH 范围内,Al 的存在形式分别如下:

pH<4.6	$Al(H_2O)_n^{3+}$ 占主导
pH = 4.6 ~ 5.5	$Al_m^{3+}(OH^-)_n$ 占主导
pH = 6.5 ~ 8	$Al(OH)_3$ 胶体占主导
pH = 8 附近	$Al(OH)_4^-$ 形成
pH>10	$Al(OH)_3$ 胶体全部转变成 AlO_2^-

因此,只要知道了溶液的 pH,就能大概推断出 Al 在溶液中的存在形式。用 Cu/Al 体系处理 $100\ mg \cdot L^{-1}$ 的不同 pH 的活性艳红废水时,催化还原反应在反应开始的 10 min 内已达到了某一稳定的 pH 值,然后反应将在该 pH 下进行,则最终 Al 在溶液中的存在形式就与该 pH 相关。

2. 反应过程中 Al 的消耗量

Cu/Al 体系在处理活性艳红时,反应过程中必然会有 Al 的消耗。其消耗量直接影响着该体系运用的经济性。我们通过测量反应过程中废水中总铝离子(包括絮凝沉淀的铝)的含量来间接估算体系中 Al 的消耗量。

Al 的消耗量 = 反应终点的总 Al 离子浓度×溶液体积

通过实验可以知道,活性艳红催化还原反应过程中,体系中总铝离子的含量是不断上升的,反应终点时,铝离子的含量最大。在强酸性和强碱性的反应条件下,活性艳红催化还原的处理效率很高,同时 Al 的消耗量也比较大;在中弱酸性、弱碱性和中性条件下,反应既能取得一定的效果,同时 Al 的消耗量也相对较小。

12.3 催化铝电解法处理活性艳红废水时钝化现象的研究

在催化铝电解法处理活性艳红的过程中,系统开始运行时的处理效果很好,随着处理活性艳红的批次增多,处理效果会逐渐下降,这是因为产生了钝化的现象。钝化对活性艳红去除率的影响很大,这种影响是不良的影响。通过研究钝化现象发生及发展的过程,探讨钝化现象发生的原因,以找出相应有效的措施来解决这个问题,使催化铝电解系统更有效地处理活性艳红废水。

12.3.1 不同 pH 条件下催化铝电解系统批次运行的效果

将 10 g 新鲜铝刨花和 2 g 铜细条充分混合后置于 250 mL 的锥形瓶中并压实,堆积密度约为 0.05 kg·L^{-1},配置 100 mg·L^{-1} 的活性艳红废水,分别调节 pH 为 6.5、10 和 12,每天运行 2 批次,运行结束后将反应后的废水倒掉再注入清水,以保持 Cu/Al 系统的反应活性。系统的运行结果如图 12.11 所示。

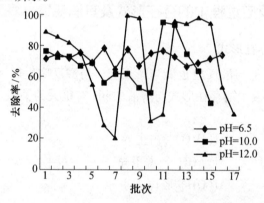

图 12.11 不同 pH 条件下活性艳红催化还原批次运行效果

从图 12.11 中可以看出:在 pH=6.5 的运行条件下,催化铝电解系统的运行效果基本保持稳定,在整个运行批次内处理效果趋于一个稳定值,约为 75%;在 pH=10.0 的运行条件下,从运行起处理效果逐渐缓慢的下降,处理效果从开始的 80% 左右到第 10 批次时下降至 50%;然后用稀酸浸泡清洗,处理效果又开始上升。但再反复利用时,其处理效果下降的幅度和速率要远大于第一次运行的,大约在运行了 4 批次后去除率就下降到 50%;在 pH=12.0 的运行条件下,从开始运行起处理效果就以较快的速度下降,大约运行 5 批次后,活性艳红的去除率就从 90% 以上下降到 20%,发生了严重的钝化现象;然后用稀酸浸泡清洗后,去除率又逐渐上升,以后的运行大约都遵循这样的规律。

12.3.2 钝化机理

从图 12.11 中可以看出,当反应处于偏碱性的条件下时易发生钝化现象,尤其是在 pH=12 时,钝化现象非常明显。以 pH=12 条件下的反应为例,设计连续流和序批式实验考察钝化现象。

实验结果表明,连续运行的催化铝电解系统的处理效果会逐渐降低,序批式实验反复时静止 24 h 对催化铝电解系统的处理效果没有明显的影响;每次反应后冲刷的催化铝电解系统处理效果下降的趋势要比不冲刷的催化铝内电解系统的缓慢得多;添加偏铝酸钠的催化铝电解系统处理效果的下降要比不添加的 Cu/Al 系统的要快很多,这是因为偏铝酸盐是一种具有黏性的液体物质,可以作为缓冲试剂,其会与吸附在铝表面的活性艳红一起黏附在铝表面形成钝化膜,并与氢氧化铝沉淀一起黏附在催化铝填料的表面。

12.3.3 催化铝电解系统的活化

由前两小节内容可知,催化铝电解系统在处理偏碱性的废水时易发生钝化现象,严重影响系统的处理效果。为了保证处理的效果,我们应在钝化现象发生之后采用简单易行的方法来解决。由于铝的钝化是因为在其表面生成了一层钝化膜,所以采用酸洗的方式将钝化膜清洗下来就可以使系统恢复反应活性。

当催化铝电解系统发生钝化后,用 1% 的稀硫酸浸泡催化铝电解系统 30 min 以对系统进行活化,通过测量活化后催化铝电解系统对活性艳红的去除率可知,系统又恢复到原来的处理效果,甚至在 pH=10 时,处理效果要高于原来的系统。这也说明了酸对系统有很强的活化作用,是一种良好的活化用药剂。

12.4 用催化铝电解系统处理实际印染废水

本节研究的目的是将催化铝电解系统应用于处理实际工业废水。

12.4.1 催化铝电解法转化染料的效果

前面我们曾研究过催化铁电解体系对染料废水处理效果,结果表明催化铁电解体系在 pH<10 时有较好的去除率,但当 pH>10 时,处理效果明显下降。因此,我们可以尝试用催化铝电解法来处理强碱性废水,以弥补催化铁电解体系的不足。

采用等体积的铁和铝来处理废水,即将 70 g 新鲜铁刨花和 14 g 铜细条充分混合后置于 250 mL 的锥形瓶中压实,堆积密度约为 0.05 kg·L^{-1}。催化铁电解与催化铝电解体系处理碱性废水的效果对比如图 12.12 和图 12.13 所示。

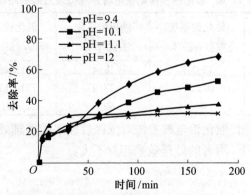

图 12.12 催化铁电解体系在偏碱性条件下对活性艳红的处理效果

从图 12.12 和图 12.13 中可以看出,在弱碱性条件(pH=9~10)下,催化铁电解系统对

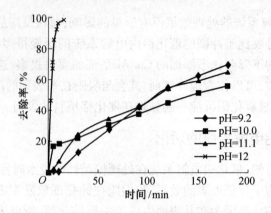

图 12.13　催化铝电解体系在偏碱性条件下对活性艳红的处理效果

活性艳红废水的处理效果要比催化铝电解系统的好。这可能是因为尽管 Al 能与碱反应,但 Al 在该 pH 范围内,易与 O_2 结合形成钝化膜,阻止了 Al 与活性艳红的接触;在强碱性条件 (pH>11) 下,催化铝电解系统的处理效果要明显高于催化铁电解系统的。这是因为在该 pH 范围内,Al 能与碱发生剧烈反应,因释放出电子而溶解,而 Fe 不能与强碱反应。在 pH = 12 时,催化铝电解系统对活性艳红的去除率要比相同条件下催化铁电解系统的高 60% 左右。

12.4.2　催化铝电解处理印染废水

华纺印染废水包括退浆废水、蜡印废水和厂内污水处理中心的调节池进水。其水质见表 12.5。

表 12.5　印染废水水质

类别	pH	色度/倍	COD/(mg · L^{-1})	颜色
退浆废水	12.6	500	16 000	墨绿色
蜡印废水	12.1	1 000	11 800	蓝紫色
进水	9.5	500	900	青绿色

表 12.6 是催化铝和催化铁电解系统处理 100 mL 退浆废水、蜡印废水和调节池进水2 h 后的效果。

表 12.6　催化铝和催化铁电解系统处理效果的对比

类别	原水 COD /(mg · L^{-1})	催化铝系统 处理/(mg · L^{-1})	催化铝系统 去除率/%	催化铁系统 处理/(mg · L^{-1})	催化铁系统 去除率/%
退浆废水	16 000	13 047	18.4	15 463	3.5
蜡印废水	11 800	8 522	27.9	10 150	14.1
进水	1 055	445	50.5	391	56.5

从表 12.6 中可以看出,催化铝电解系统对强碱性废水的处理效果明显要好于催化铁电解系统的,而弱碱性条件下,两者的处理效果相差不大。

第 13 章 还原处理工艺

在废水治理领域,生物处理一直是主导工艺,废水中有机污染物的处理,除分离方法外只能依靠生物氧化或化学氧化使之彻底降解为无机物,因此氧化方法一直被人们所关注,但工业废水中的毒害有机物和难降解有机物,往往难以氧化,而大部分相对容易被化学还原,并且还原产物对微生物的毒害作用降低、可生物降解性提高。故对于废水中的毒害有机物,我们可以采用还原处理工艺,而催化铁电解法就是一种能还原降解毒害有机物的还原方法。前面已经研究过催化铁电解系统的运行过程、作用、机理及影响因素,这里我们将进一步讲解作为一种还原处理工艺的催化铁电解法的处理技术与工艺。

13.1 催化铁电解生物预处理方法

精细化工废水中存在着大量人工合成的有机物,如硝基苯类、偶氮类、氯苯类以及其他芳香族的衍生物,这些物质不仅难以被生化方法处理,而且会对生化方法处理中的微生物产生毒害抑制作用。通过研究可知,催化铁电解方法可以有效地转化这类污染物质,催化铁电解体系中的电化学还原作用,能转化这些物质分子结构中的强拉电子基团,从而消除对微生物的抑制作用,大大提高其可生化性。因此,催化铁电解法从原理上来说,可以成为生物处理工艺的预处理方法。

催化铁电解工艺如下:

铁刨花、紫铜屑和其他活化材料组成还原床,后两者在反应过程中既不钝化也不消耗,而铁刨花在反应一段时间后会得到一定程度的活化;反应过程中的消耗材料只有铁屑,且消耗量比较小。

运行中反应床不曝气,但为了加速固液表面的传质,需要将预处理的水回流,回流比在5 以下。因此,预处理的能耗低。

预处理过程中只有少量的废渣产生,且铁屑并不会板结,故在反应池中只要有排泥出口即可。

预处理的出水一般含有一定浓度的亚铁离子,在生化池中会产生混凝作用,它既对生化作用有益,又可以促进磷酸根的化学沉淀去除,且对活性污泥的沉降性能也有好处。

13.1.1 上海市某工业区污水的水质概况

上海市某工业区是 20 世纪 80 年代形成的以生产染料、涂料、医药等为主的精细化工园区,1993 年设计了处理量为 $60\ 000\ m^3 \cdot d^{-1}$ 的污水处理厂。21 世纪初,区内搬迁来大量的污染企业,产品种类繁多,污水量和污水水质逐日逐月极不稳定。污水中存在大量的硝基苯乙酮、糖精、C_9 烷基苯、苯基-β-萘胺和一些多碳($C_9 \sim C_{25}$)烷烃等物质,其中硝基苯类物质的平均浓度超标达 6.13 倍。该厂污水处理始终存在困难,大量难降解及具抑制性的物质造成生化处理效果差,当实际水量为设计水量的 56% 时,COD 的去除率只有 65%,而水量大、水质组成复杂又妨碍了一般化学处理方法的应用。因此,从建厂起,如何去除污水中难生化降解的物质,提高 COD、色度的去除率,始终是一个难题。下面我们以该厂污水为对象进行研究。

13.1.2　实验工艺的设计

1. 预处理段

催化还原铁电解反应是在界面上发生的氧化还原反应,由两种金属形成原电池。因此,只有两种金属紧密接触才能有效地进行反应,且反应过程中需要足够的水流紊动,以利于更新界面。化学反应的程度取决于废水中可还原的有机物的数量及性质,去除量还取决于反应过程中形成的 Fe^{2+} 的混凝效果。该方法适用的 pH 范围较广,在中性溶液中即可发生反应,一般不需要调节废水的 pH。温度因素主要影响的是化学反应速率,此外反应速率还取决于废水中有机物的性质。连续流实验的水力停留时间,采用摇床实验达到 90% 程度时所需要的时间,对该实验废水选定 2 h 左右。

水流紊动靠回流产生,连续流小试中的回流未加控制,回流泵开启即产生足够的回流,达到足够的紊动效果,当然也可以不开回流泵。中试回流泵的回流比控制在 0 ~ 5 之间。

2. 生化段

取该厂生化池实际曝气时间为实验装置生化段的水力停留时间。考虑到抗冲击能力和硝化细菌时代时间长的情况,在生化反应池中投加悬浮填料。

中试中悬浮填料的投配比为 40%,采用活性污泥法加膜法,生化段水力停留时间为 16 h。实验装置如图 13.1 所示。

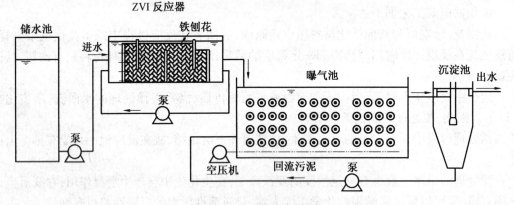

图 13.1　实验装置示意图

连续流小试分为两个时期,开始时生化段水力停留时间为 12 h,活性污泥法挂膜法,悬浮填料投配率为 40%;运行 75 d 后转化为纯粹的膜法,水力停留时间为 16 h,悬浮填料投配率为 30%。

13.1.3　连续流实验的结果及其分析

1. COD 和 BOD 的去除

稳定运行后 COD 的数据如图 13.2 所示。除第一个星期外,以后的出水 COD 值基本在

100 mg·L^{-1} 以下,平均值为 69.8 mg·L^{-1}。预处理段的处理效率为 37.0%,总去除率为 79.3%。这样的出水水质和处理率,已达到一般城市污水处理厂的处理水平。

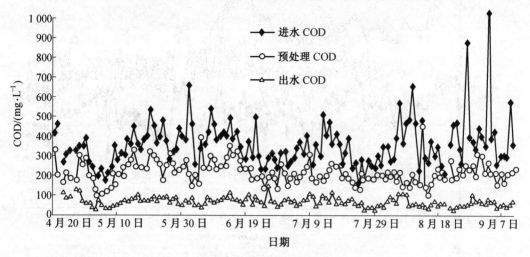

图 13.2　COD 的变化

从图 13.3 所示的 BOD$_5$ 变化曲线上可以看到,生化后出水的 BOD$_5$ 也相当平稳,最大值为 14.3 mg·L^{-1},平均值为 6.8 mg·L^{-1}。去除效率如下:预处理段为 53.0%,总处理率为 94.7%。从图 13.3 中也可以看出,预处理和生化出水的 BOD 变化趋势一致,而进水 BOD 变化剧烈,甚至进水 BOD 比预处理出水的还低。这说明进水中毒害有机物对 BOD 的测定产生了影响,即一些毒害有机物在较低浓度时就会对生化作用产生明显的抑制,如硝基苯,抑制浓度为 5 mg·L^{-1},只要将这类物质转换,生化处理效果就会明显提高。

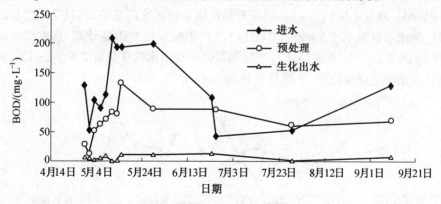

图 13.3　BOD$_5$ 的变化

2. 预处理工艺对 pH 的影响

从图 13.4 可以看出,进水的平均 pH 为 7.19,预处理后上升到 7.62,曝气后又升高到 8.09,整个过程上升了约 0.9。预处理段的出水 pH 处于两者之间,至于有时比较接近进水的,有时比较接近生化出水的,除了水质方面的原因外,还有可能是由于取样分析的时间间距。进水和生化出水的 pH 与水样放置时间的关系不大,而预处理段因为有大量 Fe^{2+},水样放置时间对 pH 影响就比较大。

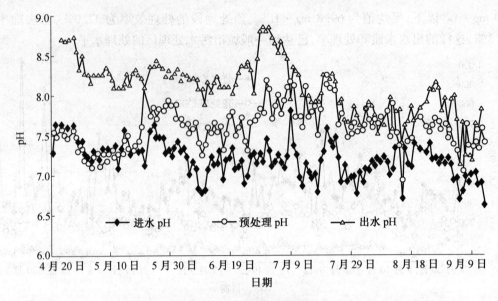

图 13.4　pH 的变化

3. 生物脱氮效果及氨氮的去除

当系统以活性污泥法为主导时(6 月 24 日之前),有机负荷为 0.50 kgCOD/kg MLSS 左右,硝化细菌无法繁衍,系统对氨氮几乎没有去除效果,且由于精细化工产物中含有大量难以生化的含氮有机物,使得出水氨氮高于进水的情况经常出现。为了强化生物硝化作用,之后将生化段的停留时间从 12 h 延长至 16 h(24 d 后),且停止污泥回流,让能在悬浮填料上固着生长的微生物成为主导,活性污泥量大幅下降,泥龄长的微生物占主导地位,硝化细菌得到大量繁殖。改变系统约 7 d 后,明显开始出现生物硝化的迹象,再过 7 d 生物硝化已进行得很好了,出水氨氮小于 5 mg · L^{-1}(图 13.5),硝酸根浓度明显升高,基本稳定时的出水平均浓度为 15.8 mg · L^{-1}(图 13.6),之后氨氮的平均出水浓度只有 2.9 mg · L^{-1},去除率达 88.8%,且亚硝酸生成量极少,平均只有 0.16 mg · L^{-1}。

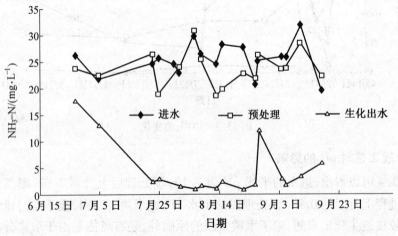

图 13.5　氨氮的去除情况

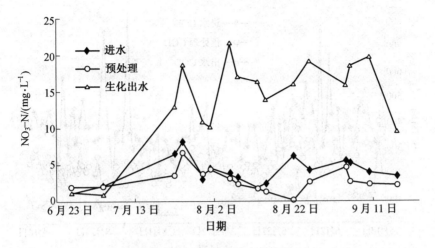

图 13.6　硝酸盐的生成情况

13.1.4　中试结果及其分析

该污水处理厂的中试装置安装在均质池旁,以均质池出水为进水,流程如图 13.7 所示。

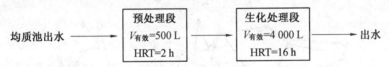

图 13.7　中试流程

中试的目的主要是研究工艺中三种材料(铁刨花、紫铜屑和活化材料)的组成、反应床的形式与反应效果。

中试采用了两种形式的反应床,5 月 13 日至 20 日使用的是第一种,它的特点由作阴极材料的铜材做成鼠笼,鼠笼内还排列着层层叠叠的铜纱网,消耗材料铁屑填充于其中。由于电解反应需要两种金属材料充分接触,而由铜材做成的纱网间距可能太小,这影响了微电池反应;在操作上,又由于铜材纱网间距小,铁刨的装填困难,就造成了双金属材料的不均匀混合,影响了催化还原的效果。这一阶段预处理段的 COD 去除率为 18.5%。

吸取第一种反应床的经验教训,从 5 月 21 日开始,采用第二种反应床,由钢筋做成鼠笼,笼内散装铁屑、铜材和活化材料,三种材料散投其中,事实证明效果良好。至 6 月 12 日,预处理段 COD 的平均去除率达到 32.9%,与小试处理率 34.6% 非常接近。

1. 中试有机碳(COD、BOD)的去除

中试装置采取上述措施后,中试实验效果相当稳定,出水 COD 基本小于 90 $mg \cdot L^{-1}$,平均为 74 $mg \cdot L^{-1}$,平均去除率达 77.9%(图 13.8)。

2. 生物脱氮效果及氨氮的去除

从中试对氨氮的处理效果分析中可以发现,与小试有类似的结果(图 13.9)。

从数据上看,从 7 月份开始氨氮的进水、预处理、生化出水平均浓度分别为 22.2 $mg \cdot L^{-1}$、21.5 $mg \cdot L^{-1}$、2.41 $mg \cdot L^{-1}$。氨氮的去除率达到 89.1%。

如同小试中出现的现象,硝酸盐在 7 月 30 日前一直很低,直到 8 月份才保持很高的水

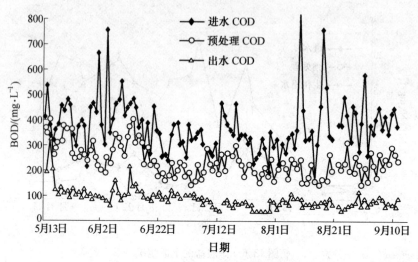

图 13.8　连续流中试污水 COD 的变化

平,由此可以肯定硝化是 7 月底才开始发生的。但 7 月 5 日起,氨氮的去除率已经很高(图 13.10)。

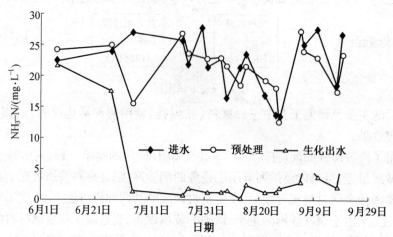

图 13.9　中试实验氨氮去除情况

13.1.5　其他污染指标的去除及运行中重要的影响因素

1. 预处理降低色度的效果

该新技术比较突出且明显的效果是降低色度。该厂水质变化剧烈,色度也同样如此。进水颜色以深桃红色较为多见,暗绿色、栗褐色等也经常出现,但不论何种颜色,经预处理段后色度均有大幅度的降低,而桃红色废水的处理效果最为显著,本底颜色被去除,生化出水仅有一点淡黄色。由于染料生产具有季节性,7、8 月份废水色度较浅,没有冬季色度最大的褐红色,这两个月的色度均在 32 倍以上,经常出现 128 倍,出水色度一般均在 16 倍以下,去除率为 75%。

2. 预处理工艺对磷、硝基苯的去除

预处理后铁离子的含量增加,生化过程中 pH 升高,这对去除磷酸根很有利,原理与现

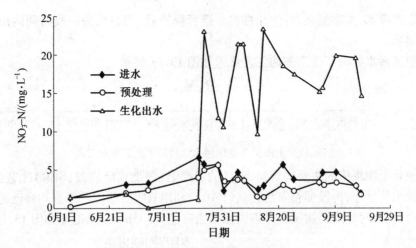

图 13.10　中试装置中硝酸盐的生成情况

行的污水除磷中常用的化学除磷方法类同,铁与磷酸根生成多种形式的沉淀物。

该预处理工艺有显著的除磷效果,小试中磷酸根、总磷的去除率分别为 61.1%、57.8%,中试装置中两者的去除率分别高达 90.4%、71.5%,出水中磷酸根浓度达到二级排放水平。

该厂处理的废水中存在大量抑制生化作用的物质,其中硝基苯的影响最大,只要 5 mg·L^{-1} 就足以对生化反应产生抑制。文献表明,Fe^{2+} 可以还原硝基苯生成苯胺,苯胺的生化性能比较好,对微生物不再有抑制作用。该方法中,单质铁在阴极材料的电化学催化作用下,还原性更强,对硝基苯的还原作用远强于 Fe^{2+} 的。

3. 铁离子的作用

在预处理阶段,氧化剂是含有拉电子基团的有机物,它们的氧化性并不强。因此,预处理阶段生成的主要是 Fe^{2+},而 Fe^{2+} 在生化段继续被氧化为 Fe^{3+}。这个过程除了除磷作用外,还有两大作用:

(1)混凝剂作用。铁盐是污水处理中常用的混凝剂,该技术除了还原有机物、改善废水的生化性能外,同时还用大量廉价的铁屑作为混凝剂。新生铁离子的混凝作用,要好于同组成的铁盐。有机物被还原,COD 不能被降低,连续流实验中预处理段 COD 的去除率为 37.0%,BOD 的去除率为 53.0%,说明混凝的效果是很显著的。

(2)改善活性污泥的沉降性能和生物膜的固着性能。铁盐可以改善活性污泥的沉降性能,这是许多专家共同认可的。在本实验中发现,生物膜的固着性能也得到了大大提高,大量的生物膜固定在悬浮填料上,处理水清澈透明。

13.2　化工区综合化工废水的生物预处理工程

13.2.1　上海某工业区污水处理厂工艺概述

上海某工业区 2003 年的基本状况为:区内污染企业达五十余家,产品种类繁杂且更换快,污水量和漏水水质逐日逐月均有较大起伏。污水处理厂的进水主要为染料,医药、化工等企业的生产废水,水质复杂,可生化性差。运行投产后,相当长的一段时间内出水指标达不到设计要求。

该工业区污水处理厂改造前的工艺流程如图 13.11 所示。

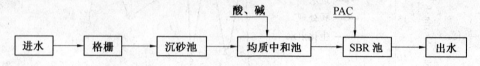

图 13.11 上海某工业区污水处理厂工艺流程示意图

SBR 池是生物反应的主要构筑物,设计的思路是:序批式反应器(SBR)工艺灵活可调,适于工业废水的处理;再投加粉末活性炭(PAC),利用其吸附功能和来自均质池的进水的生物载体作用,提高对难降解物质或毒害物质的去除能力。SBR 池的池型如图 13.12 所示。

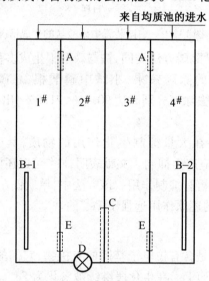

图 13.12 SBR 反应池构造

注:$1^{\#}$、$2^{\#}$、$3^{\#}$、$4^{\#}$—反应槽;A—导流窗;B-1、B-2—滗水器;C—反应池通道;
D—排泥口;E—水力推进器,流量 5 000 $m^3 \cdot h^{-1}$

为了实现连续进出水,SBR 池沿宽度平均分为四个槽。两个侧槽($1^{\#}$、$4^{\#}$)轮流进水进行曝气反应、沉淀和出水;中间两槽($2^{\#}$、$3^{\#}$)进行曝气反应不沉淀,作用是调节两个侧槽调换的时间。侧槽的污泥用水力推进器推回中间两槽,以保持全池污泥均匀。

由于进水水质极其复杂,单纯的生物处理工艺对工业废水中的难降解物质的作用不大。因此,色度、NH_3—N、PO_4^{3-}—P 等的排放浓度达不到二级排放标准(GB 18918—2002)。

该污水处理厂现有的好氧活性污泥法工艺和前期实验研究所采用的厌氧-好氧悬浮填料生物膜法工艺都不能使出水达标排放,因此要想仅通过单纯的生化处理工艺就能得到令人满意的处理效果是极其困难的。由于该厂的进水主要是工业废水,废水中含有大量的人工合成有机物质,这是生物难降解的主要原因。此外,该厂水质还有一个特点:在生化处理过程中,氨氮浓度不断升高,抑制了生物硝化的进行,估计是由含氮有机物的不断降解导致的。

市计划委对其改造提出以催化铁电解法为生物预处理工艺,提高废水的可生化性能;通过投加悬浮填料改善生物的硝化条件,增加反硝化段以达到生物脱氮的目的;改建后的工艺要同时达到除磷的要求。工艺改造后处理单元变动情况如下:

①增加初沉池,以提高进水的 SS 去除率,为后续的催化铁电解法工艺创造条件,减少在该工艺段的堵塞与结块。

②增加催化铁电解工艺,水力停留时间为 2 h,回流比为 2 ~ 4,设计铁消耗量为40 mg · L^{-1}。

③原均质池只起到水质均化的作用,增加了催化铁电解工艺后,不仅水力停留时间增加,而且由于有回流措施,均质效果也得到了增强。因此,原均质池的均质功能已无必要,为了强化生物硝化效果,将其改为硝化池,并投加悬浮填料以提高硝化细菌的比例。

④完全保留原四槽式切换氧化沟构筑物,但为了减少工艺的过程短流和水流短流,根据已有科研成果改变运行程序,以提高原有构筑物的生化处理水平。

催化还原铁电解法完全不同于传统的处理工艺,目前还没有成熟的生产经验可以借鉴。实验研究表明催化铁电解法,适用的水质范围广,耗铁量小,可以提高多种化学物质的生化性,有必要进行生产性现场实验,以进一步证实其效果,验证工程的可行性,并通过现场实验取得工艺设计参数。

催化铁电解预处理工艺在改善有机物可生化性的同时,也为生物脱氮创造了条件。生物脱氮的控制因素是生物硝化,生物硝化不仅世代时间长,而且对温度、毒物浓度及水质、水量的冲击反应敏感。此外,悬浮填料可以保证足够长的世代时间,能抗击一定的毒物冲击。因此,通过研究确定该厂改造后的新处理工艺为:催化铁电解-悬浮填料生物膜法与该厂原有的四槽切换 SBR 工艺的组合。

13.2.2　催化铁电解预处理的生产性实验

尽管第 1 节的连续流实验证明了催化铁电解法作为生物预处理方法的优越性,但这毕竟是一种完全新型的水处理工艺,催化铁反应池的流型及催化铁电解滤料形式,既关系到预处理反应的效果,又关系到工程的施工、运行和维护,而类似的工程装置尚未有大规模的工程实践,因此工程化的问题就显得十分迫切。滤料的形式主要考虑为单元化的滤料,即铜、铁及适量的填充料混合以一定的密度组成立体单元,以方便施工投加,以及运行维护与加工质量监控。单元化的滤料还要配合反应器的流型,以避免因阻力分布不均而造成水流短流。当流型与单元化滤料确定以后,还要考虑池内流态,保证反应器各处有足够的水流紊动,以保证界面传质效果,使原电池反应顺利进行。

生产性实验的目的是为该厂的实际处理工程做准备,实验研究前对工艺的设计主要有以下几方面。

1. 反应器形式

催化铁电解反应床在组成上类似于滤床,反应床内水流阻力大,其配水、短流的减小是一项重要问题;反应床内层层叠叠的刨花,具有巨大的水平投影沉淀面积,既类似滤床又类似斜板斜管沉淀池,进水中大量的悬浮物容易在床内积累。平流推流式的方式中,滤料必须布满整个水流截面以免短流,但悬浮物容易在下部积累,断面均匀布水困难。竖流、上流式的方式中,布水比较均匀,悬浮物容易排除,但缺点是水深较大,单元面积不宜过大。该污水处理厂决定采用这种反应器流形,为了强化水流紊动,提高传质速率,该厂设定内回流比为 2。

2. 滤料组合形式

催化铁电解法由铁刨花、铜刨花和适量填充料组成，简称为滤料。其中铁刨花属于耗材，需要定期更换。因此，滤料的投加方式是一个重要的问题。在工程上，直接投加产生的问题，主要是换料时的出料过程中对土建构筑物的损伤，也有运行时的腐蚀问题等。对于竖流、上流式反应器要防止滤料漏散，以免堵塞配水装置。此外，还要考虑滤料层意外堵塞的检修问题。对于这些问题，唯一较好的解决办法就是采用单元化滤料装置。单元化滤料装置可以吊装，为配合上流反应器的形式，结构为筐式，下部为筛板，周围四壁有封闭的板，以免水流中途短流。因此单元化滤料装置自成一配水系统。这样就较好地解决了换料、维修、配水等问题，且可工厂化生产，易于控制生产质量，有希望成为定型的环保产品。

生产性实验主要研究催化铁预处理反应池的工程化问题，同时对该厂的水处理工艺进行全过程模拟，包括工艺、反应池的几何形状、流型及流态的模拟，运行程序的模拟，反应过程的模拟，滤料单元相似和装配投加的模拟。以尽量暴露新系统在运行上、操作上、维护与管理方面的问题，同时检验新系统的实际运行效果，优化运行工况，为生产实践提供运行参数与维护管理方面的技术支持。预处理段设计处理水量为 $2\ m^3 \cdot h^{-1}$，水力停留时间为 $1.87\ h$；后继生物处理工艺为厂方的四槽式 SBR 反应器，处理水量 $0.5\ m^3 \cdot h^{-1}$，总的水力停留时间为 $24\ h$。

溶解氧是生产运行中控制的主要因素。由于催化铁电解法理论上是还原工艺，机理是通过电化学还原转化进水中的难降解有机物，因此溶解氧的影响应该更大。小试和中试中一般采取密闭反应器，以保证无氧状态。但在工程上若采用密闭反应器，不仅增加了工程投资，而且增加了运行操作的难度，使运行具有危害性(有害气体聚积等)。

催化铁电解法还有一个重要功能，就是产生 Fe^{3+} 促进后继生物处理能力的提高。溶解氧增加，可以强化这一功能。

实验研究发现，废水中存在微量的溶解氧($DO<1.5\ mg \cdot L^{-1}$)，对废水中有机物的电化学还原效果，不仅没有负面影响，而且显示出一定的促进作用。可用下述电极电位公式解释：

$$Fe^{2+}+2e^- \longrightarrow Fe$$

$$E = E^{\theta}_{Fe^{2+}/Fe} + \frac{RT}{2Fe}\ln\left[\ Fe^{2+}\ \right]$$

式中，Fe^{2+}浓度降低，电极电位值减小，单质铁的失电子能力增加。

由于微量的溶解氧首先氧化液相主体中的 Fe^{2+}，对带有强拉电子基团的难降解有机物在铜电极上的还原反应影响不大。若大量曝气，高浓度的溶解氧将会影响单质铁对难降解有机物的还原，但此时大量产生的 Fe^{3+}，则对混凝反应有利，且有助于后续生化反应的进行。

生产性实验研究了催化铁预处理段及全流程对废水的处理效果。

缺氧工况($DO<0.5\ mg \cdot L^{-1}$)下，铁对有机物的还原作用较好而混凝作用较弱。色度的去除效果较为明显，出水色度均在 60 倍以下，因进水色度低于 100 且出水中含有 Fe^{3+}，这导致表观色度的平均去除率只有 38.5%；而 COD 去除率很低，一般为 14% 左右，磷酸盐的去除率可以达到 57.0%。出水一般为浅黄色，总铁含量较少(表 13.1)。

表13.1　催化铁预处理段不同运行条件下的实验结果

去除效果	缺氧 （DO<0.5 mg·L⁻¹）	微氧 （0.9≤DO≤1.4 mg·L⁻¹）	曝气 （DO>4.6 mg·L⁻¹）
COD 去除率/%	14.1±6.0	54.4±9.4	44.1±13.1
色度去除率/%	38.4±6.2	41.2±10.1	37.1±19.4
PO_4^{3-}–P 去除率/%	57.1±1.4	87.6±9.2	71.3±2.0
铁离子含量/（mg·L⁻¹）	14.1±6.0	54.4±9.4	44.1±13.1
反冲洗情况	运行 30 d 后需进行排泥和反冲洗，以活化铁滤料	可持续运行，偶尔进行排泥和反冲洗即可	可持续运行，基本不需排泥和反冲洗

曝气工况（DO>4.6 mg·L⁻¹）下，铁对有机物的还原作用较弱而铁离子的混凝用较强，COD 去除率有明显的提高，平均可达 44.0% 左右，色度的去除效果比缺氧工况时略差，但出水色度也都在 70 倍以下，因进水色度低，表观色度的去除率平均 37.22%，磷酸盐的去除率高达 71.2%。

微氧工况（0.9≤DO≤1.4 mg·L⁻¹）下，COD 的去除率比较高，一般可达到 54.5%，而色度的去除效果比以上两种工况都强，出水色度均在 30 倍以下，表观色度去除率达到 41.3%，磷酸盐的去除率则达到 87.5%，是比较理想的工况条件。

13.2.3　废水中氨氮对催化材料铜消耗的影响

铜作为铁电解的电极材料在理论上是不消耗的，为了避免铜材内部形成"微点池"电解，并在废水中形成重金属污染，铜材要求选择含铜量超过 99% 的紫铜。尽管如此，紫铜在废水中也有可能受到溶解氧或其他氧化性物质的腐蚀形成铜离子，再者废水含有氨氮，能与氧化铜反应生成深蓝色的铜氨络离子。通常在废水处理中，氨氮的存在较为普遍，因而不能忽视其对催化材料可能产生的影响。

在没有铁屑保护的情况下，废水中的氨氮会对铜造成较大腐蚀，在铵溶液中铜与水解生成的氨发生如下络合反应，我们会看到铜氨络离子形成的深蓝色：

$$2Cu+8NH_3+O_2+2H_2O \longrightarrow 2[Cu(NH_3)_4]^{2+}+4OH^- \qquad ①$$

溶液中可以观察到白色的混浊：

$$Cu^{2+}+2OH^- = Cu(OH)_2 \qquad ②$$

由式①可知，每生成 1 mol 铜氨络离子，将消耗 1 mol 氢离子，同时生成 1 molOH⁻，导致了 pH 的升高；而式②的反应将使溶液的 pH 下降。

图 13.13 为铜刨花在低浓度氨氮溶液中浸泡 6 h，溶液中生成的铜离子浓度变化曲线。
腐蚀速率：

$$y=0.008\ 7x+0.015\ 6(x<100\ mg·L^{-1}) \qquad R^2=0.946\ 3$$

式中　y——单位时间内生成铜离子的浓度，mg/(L·h)⁻¹；

　　　x——废水中氨氮的浓度，mg·L⁻¹。

当存在铁屑时，会与铜形成原电池反应，铜作为阴极得到保护。溶液中除了存在上述式①的反应之外，还存在以下反应：

$$[Cu(NH_3)_4]^{2+} \longrightarrow Cu^{2+}+4NH_3 \qquad ③$$

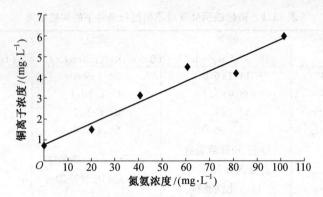

图 13.13　低氨氮人工废水中单质铜的腐蚀

$$Fe+Cu^{2+}\longrightarrow Fe^{2+}+Cu \tag{④}$$

式③与式④相加得

$$Fe+\left[Cu(NH_3)_4\right]^{2+}\longrightarrow Fe^{2+}+Cu+4NH_3$$

由此可以看出,催化铁电解过程中,铜材料将受到阳极铁屑的保护,以减少或避免其消耗。

13.2.4　催化铁电解法的工程实践及生产运行效果

1.基本情况

(1)反应器单元分隔及连接形式。

某化工区污水处理厂日处理水量是 6×10^4 t,根据小试和中试结果,预处理段水力停留时间为 2 h,由此得出该厂催化铁预处理池体积为 5 000 m³。正如前面讲述的,上流式反应器水平面积不能过大,催化铁还原池必须分成若干单元,该厂分成了 12 个单元。又因为每个单元运行一个阶段后需要进行排泥操作,因此每个单元必须可以单独运转,所有单元以并联的方式连接。上流式流型流态均匀,处理效果好,但流程复杂,单元的进、出水管道多。

(2)清渣排泥方式。

单元化滤料内容易积累悬浮物(SS)。反应床内 SS 的积累并不是电化学产生的铁离子的混凝作用造成的,因为在 pH 为中性的无氧条件下,Fe^{2+} 难以产生混凝作用,也难以生成 $Fe(OH)_3$ 沉淀,悬浮物几乎全部是进水带入的。因此,该厂在催化铁预处理段前增加了初次沉淀池。为了有效地排除进入反应床中的悬浮物,进水可采用快速落水的方式。目前采用的是:将池底部多余的空间(泥斗外)设计成储气包,当需要落水排泥(滤料层的悬浮物)时,快速排气,池内水进入储气包,使得水面迅速下降,同时产生剧烈紊动,达到较好的冲刷排渣目的。

(3)工程实施后运行的基本情况。

改造后,该厂是 2005 年 1 月正式通水的,至 2007 年 7 月,已正式运行了一年半的时间,催化铁单元化装置经历了一年中多种运行条件的考验,我们从中对催化铁预还原处理单元的运行特点、规律及运行效果已有一定的认识,催化还原处理单元具备了正常运行所要求的硬件条件和运行管理方面的软件条件。

在催化还原池安装滤料以前,运行方面存在的主要问题有:

①单元化滤料是否会明显增加水流阻力,造成水流分配不均匀。

②单元化滤料中的金属材料,特别是铁屑,会不会脱落,从而对机械运行造成危害。

③单元化滤料会不会堵塞、板结,并因而失效。

对于这些问题,我们在生产现场研究中得出以下结果:

①催化铁滤料的阻力很小,与池配水系统阻力相比,可忽略不计;且 6 个池阻力非常接近,水头差异很小,各池水流分布十分均匀。

②一年半来,在多次快速落水排渣的操作中,不增发现单元化滤料中任何金属材料的脱落;填料高度变化小,铁刨花机械强度只是略有下降,不会从框中脱落到水池,对其他机械造成伤害。

③一年半来,在多次快速落水排渣的操作中,不增发现单元化滤料有堵塞、板结的现象。这证明快速落水排渣操作对防止堵塞和板结是有效的。

2. 处理效果的现场测试研究

经过一年半的运行,按照有关管理部门严格制定的取样及分析测试要求,得到了大量的实验数据,初步证明了催化铁还原单元处理效果优于原设计指标。但通过分析我们也发现,监测分析数据时有不符合逻辑的情况,如初沉池出水的色度远高于进水的。造成这些问题的原因是进水水质波动剧烈,进出水样对应性差,因此这些监测分析数据尽管能反映出总体的处理情况,但难以表达处理装置对具体废水的瞬时处理效果。为此,我们设计了如下现场取样方法,以弄清装置在具体时刻对某种进水的处理效果。催化铁预处理采取水力停留时间跟踪法,即进水水样和出水水样的取样时间,间隔一个水力停留时间,在催化铁预处理池中为 2 h。这种取样方法,在一定程度上可以消除水质波动产生的影响。每次取三个单元池表面溢流出水水样,平行测定,计算效果时以平均值计,事实证明三个池水样

根据现场测试的数据可知,COD 的去除率为 29.7%,色度去除率为 60.0%,总磷的去除率为 53.6%,出水 Fe^{3+} 的浓度 7.5 mg·L^{-1},比进水增加了约 4.9 mg·L^{-1}。

3. 工程投入运行后长期处理效果

该厂由权威部门在 2006 年 9 月、10 月、12 月及 2007 年 1~3 月进行了 132 d 水质监测测定,数据见表 13.2。

表 13.2　该厂长期运行水质指标统计

参数	BOD_5		COD_{Cr}		色度		氨氮		总磷	
	进水	出水	进水	出水	进水	出水	进水	出水	进水	出水
平均值	119	14.9	320	67.5	135	26.8	25.4	3.9	5.0	1.9
最大值	685	21.5	1 655	115	1 026	258	36.7	8.9	9.7	3.6
最小值	60	6.8	132	26.2	15	5.0	15.4	1.6	3.2	1.0

从监测数据可以得出以下结论:

①近几年由于该市产业结构的改变,该厂的进水水质有了较大的变化,进水 COD_{Cr}、氨氮、总磷浓度从 2001 年的 487 mg·L^{-1}、33.0 mg·L^{-1}、5.16 mg·L^{-1} 降低至 2007 年的 320 mg·L^{-1}、25.3 mg·L^{-1}、4.9 mg·L^{-1},但主要是由工业废水组成的这一性质仍然没有改变,进水色度可高达 1024 倍。

②工艺改建后,处理能力显著增强,出水效果得到改善,出水 COD_{Cr}、氨氮、总磷浓度从 2001 年的 129.9 mg·L^{-1}、28.6 mg·L^{-1}、2.29 mg·L^{-1} 降低至 2007 年的 67.6 mg·L^{-1}、

$3.8 \, mg \cdot L^{-1}$、$1.8 \, mg \cdot L^{-1}$，已达到了我国废水处理的一级 B 标准。

③从 COD 的处理情况看，处理率达到 78.90%，去除情况良好，132 d 中有 3 d 出水超过 100 mg/L，分别为 $114 \, mg \cdot L^{-1}$、$105 \, mg \cdot L^{-1}$、$105 \, mg \cdot L^{-1}$，其中 $114 \, mg \cdot L^{-1}$ 为进水浓度最高日，进水浓度达 1 655 $mg \cdot L^{-1}$，因此当天 COD 去除率的计算值为 93.1%。

④工艺改建后，生物脱氮效果明显提高，氨氮去除率达 85.0%。而改建前几乎没有生物脱氮效果，氨氮去除率仅为 13.32%，可以认为是被微生物同化去除的。

⑤工艺改建后，除磷效果比较明显，总磷去除率为 63.32%。而改建前总磷的去除率为 55.62%，改建后生物除磷功能并没有增加，且由于强化了生物脱氮，泥龄大大增长，生物除磷效率只应下降，因此除磷效率提高的原因是由于催化铁预处理段与生物段结合，起到了化学与生化共同作用除磷的效果。

⑥色度去除率高达 80.42%。色度的去除，基本上有三种途径：由于电化学还原破坏了分子中的发色基团而去除色度；Fe^{3+} 的混凝作用去除色度；生物降解发色类有机物去除色度。而由于生物降解对色度的去除是很有限的，因此色度的去除以前两者为主。

4. 运行情况总评

增加催化铁预处理的目的，是提高进水的可生化性，强化生物处理工艺。由目前该厂污水处理效果来看，改建目的已完全达到。

催化铁反应池经一年多的运行考验，证明该工艺效果显著、运行稳定、有较好的操作弹性，工艺已趋成熟。

13.3 印染废水的脱色及生物预处理工艺

13.3.1 概况

某省大型综合印染企业，年产量 $1.6 \times 10^{8} \, m$，总资产 18 亿元人民币。每日产生污水量 $1.2 \times 10^{4} \, t$ 左右，其污水主要包括预处理段的退浆废水、煮炼废水、漂白废水和丝光废水以及后续染色、蜡印等工序产生的难处理废水。

废水水质变化见表 13.3。

表 13.3 废水水质变化

指标		COD/($mg \cdot L^{-1}$)	pH	色度/倍	占总水量百分比/%
前段水	退浆废水	10 000 ~ 40 000	11 ~ 13	600 ~ 800	10 ~ 15
	丝光废水	600 ~ 1200	含碱 5 g · L^{-1}	100 ~ 300	5
后段水	印染废水	1 000 ~ 1 400	9 ~ 11	600 ~ 1 200	75 ~ 80
其他废水	蜡印废水	25 000 ~ 34 000	11 ~ 14	1 000 ~ 2 000	5 ~ 10

其水质的主要特点为：

①退浆废水中浆料可能是 PVA，也可能是淀粉，这是由布料决定的。废水的可生化性变化比较大。

②丝光废水经过碱回收后，含碱量仍然比较高，以 NaOH 计，高达 5 g · L^{-1}，而且该废水

中悬浮物较多,易沉淀,色度较小。

③后段印染废水的水质色度变化大,废水颜色主要与产品有关,所用染料包括绝大多数种类的染料,但偶氮类等影响市场准入的染料已不再应用。

④由于 2005 年前后花布利润较大,该厂蜡印生产线扩大。蜡印废水含有大量的松香等,水质 COD 高,pH 也高,属于难处理废水。

13.3.2　催化铁电解法连续流小试研究

根据该省某化工区污水处理厂长期的生产性研究发现:作为生物预处理工艺,催化铁电解法在无氧条件下可以较好地还原难降解有机物、去除部分色度,铁的消耗量小,混凝作用不强;而在微氧条件下运行,催化铁对难降解有机物的还原及废水色度的去除并没有受到影响,且混凝作用比无氧条件有所提高,但铁的消耗量明显增加了。本节研究催化铁电解法在无氧和微氧条件下预处理印染废水的效果。

催化铁电解反应器小试装置如图 13.14 所示,总体积为 10 L。

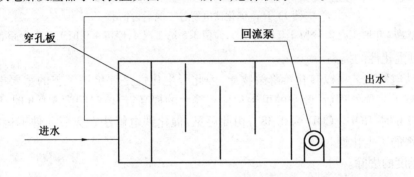

图 13.14　催化铁反应器示意图

反应器采用隔板翻水式流型,内填由铁屑、铜屑和催化材料组成的催化铁体系,使用潜水泵循环水流,以达到增加水流紊动、提高固液界面反应速率的目的。

1. 催化铁电解工艺无氧运行方式的研究

在传统铁反应器中,加入某些导电材料,如铜片、碳粒等,即构成了催化铁电解工艺,其优点之一是扩大了废水 pH 的适应范围,在处理其他类废水的应用中已经得到了验证。这里将以碱性印染废水为处理对象,以废水在铁反应器中的停留时间为控制因素,考察在无氧运行方式下,催化铁电解工艺处理印染废水的效果(表 13.4 和图 13.15)。

表 13.4　实验水质

COD/(mg·L^{-1})	BOD/(mg·L^{-1})	pH	色度/倍
900 ~ 1 150	140 ~ 180	8.0 ~ 8.5	800

(1)对 COD 的去除。

随着停留时间的延长,COD 的去除率逐渐提高,当停留时间由 2 h 提高至 3 h 时,COD 去除率提高较快。当停留时间为 5.0 h 时,COD 的去除率达到最大值 31%。由于进水 pH 较高,所形成的 Fe^{3+} 也较少,加之运行方式为无氧,铁还原作用占主导地位,难降解物质得电子生成各种还原产物。该阶段 COD 的去除,以混凝沉降作用为主。

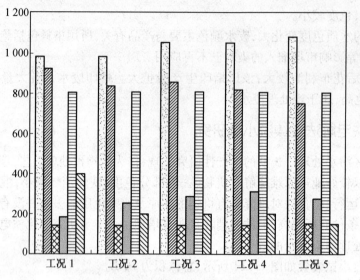

图 13.15　催化铁电解各工况运行情况

工况 1,停留 2.0 h;工况 2,停留 3.0 h;工况 3,停留 3.5 h;工况 4,停留 4.0 h;工况 5,停留 5.0 h

（2）可生化性的提高。

催化铁电解工艺可以转化难降解物质,因此可生化性是评价该工艺的重要指标。经过催化铁电解工艺预处理后,废水的可生化性有较大的提高:停留时间为 3.0 h 时,BOD_5/COD 为 0.3;4.0 h 时,BOD_5/COD 为 0.38。由此可见,催化铁电解法在无氧条件下运行时,能较大提高废水的可生化性。

（3）色度的去除。

随着预处理段停留时间的延长,色度的去除率逐渐提高,停留时间为 3.0~4.0 h 时,色度去除率为 75%;停留时间为 5.0 h 时,色度去除率最大为 81%。印染废水成分复杂,主要是以芳烃和杂环化合物为母体,并带有显色基团（如—N＝N—、—N＝O）及极性基团（如—SO_3Na、—OH、—NH_2）。色度是废水中污染物质的表现方式,色度的去除实质上是显色基团转化为不显色的基团的转变,如氮–氮键或者极性基团等的断链加氢,从而更容易被生物降解。

经催化铁电解床反应后,pH 下降,出水 pH 为 7.2~7.6。实验证明,催化铁电解床有较强的缓冲能力,酸性或弱碱性的原水经反应后都会接近于中性。

2. 催化铁电解工艺有氧运行方式的研究

催化铁电解工艺在无氧运行方式中,对难降解有机物表现出较好的还原作用,色度去除率、可生化性有明显的提高。但反应效率偏低,在反应时间为 4.0 h 时才表现出较好的效果。实验在催化铁电解法微曝气的有氧条件下进行（表 13.5 和图 13.16）。

表 13.5　实验水质

COD/(mg·L^{-1})	BOD/(mg·L^{-1})	pH	色度/倍
920~1 250	120~180	5.0~8.5	800

（1）对 COD 的去除。

当停留时间为 2.0 h 时,随着进水 pH 的降低,反应器出水 COD 也随之降低。pH＝5.0

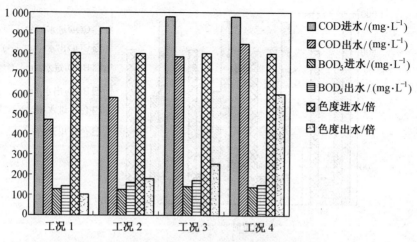

图 13.16　微氧状态下催化铁电解各工况运行情况

工况 1,pH 5.0;工况 2,pH 6.0;工况 3,pH 6.8;工况 4,pH 8.0

时,COD 的去除率较高,为 49%;当 pH＝8.0 时,COD 去除率最低,仅为 13%。由此可见,对于微氧方式运行,pH 越低,COD 的去除效果越好。进水为酸性时,铁反应生成大量铁离子,经曝气形成的氢氧化铁具有良好的絮凝作用,从而通过混凝沉淀去除部分 COD。当进水 pH＞7.0 时,产生的铁离子量比较少,混凝沉淀效果不明显,所以 COD 的去除率较低,仅为 13%。

(2)可生化性 BOD_5/COD 的提高。

与无氧运行方式相比,微曝气运行时,废水 pH 的高低影响到废水可生化性的提高。当 pH＝5.0 时,出水的 BOD_5/COD 有较大的提高,达到 0.29;随着 pH 的升高,出水 BOD_5/COD 逐渐降低,pH＝6.0 时可生化性尚可,而当 pH＝8.0 时,废水的可生化性已经比较差了。pH 较低时,铁的腐蚀剧烈,产生大量新生态的氢,对难降解有机物有很强的还原能力。因此,在进水 pH＞7.0,微曝气运行方式,对难降解物质的还原作用降低,对废水生化性的提高效果不如无氧方式明显。

(3)色度的去除。

当进水 pH＜7.0 时,采用微曝气运行方式,对色度的去除效果比较好。进水 pH 越低,色度去除率越高,当 pH＝5.0 时,去除率高达 88%;随着 pH 的升高,色度的去除率也逐渐降低,当进水 pH＞7.0 时,去除率最低,仅为 13%。酸性条件下,铁发生剧烈的腐蚀,产生大量的铁离子和新生态的氢,新生态氢能还原印染废水中的显色物质,如偶氮键或某些极性基团等,从而使色度降低。当进水 pH 为碱性时,由于铁的腐蚀较慢,再加上氧对电子的争夺,无论是混凝、新生态氢的氧化还是单质铁的还原作用都比较弱,因此出水色度较高。

(4)停留时间的影响。

采用微曝气方式运行,废水 pH＝6.0,确定废水在催化铁反应器中的停留时间。实验结果如图 13.17 所示。

当反应时间由 30 min 延长到 90 min 时,COD、可生化性以及色度去除率都有较大的提高:COD 去除率由 22% 提高到 38%;可生化性由 0.19 提高到 0.27;色度去除率由 63% 提高到 88%。继续延长反应时间,虽然 COD、可生化性以及色度去除率都有所提高,但增长幅度

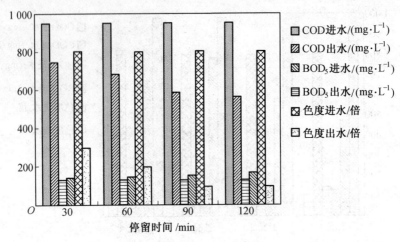

图 13.17　停留时间的影响

较低,当反应时间为 120 min 时,COD 去除率为 41%,可生化性 BOD_5/COD 为 0.3,色度去除率为 88%。

微曝气的运行方式下,通过氧化液体相主体的 Fe^{2+},加快了铁表面的氧化,反应速率加快。与无氧方式相比,可采用更短的停留时间。进水的 pH 越低,停留时间就越短。

13.3.3　催化铁电解工艺预处理中试实验研究

本实验重点研究了催化材料与铁的混合方式和比例以及运行方式,在此基础上对染料废水、综合废水以及退浆废水进行了连续流实验。结果表明:经预处理后的印染废水,其可生化性能得到很大的提高,经过后继生物处理,出水 COD 为 $200 \sim 300$ mg·L^{-1},色度去除率高达 90%。此外,预处理后的废水对生物接触氧化池内 PVC 载体挂膜有促进作用,载体生物膜量增多,降解有机物功能得到强化。

为了考察生产性长期运行时,铁的活性、布水方式等因素的变化,在该厂生产现场设计了中试实验。催化还原床反应器形式采用底部布水的上流式,上部出水采用周边出水方式,以保持较好的流态。以无氧方式运行时,仅开启循环泵扰动,以改善废水与反应材料的相互扩散条件;当以微氧方式运行时,用循环泵布水的环形穿孔管曝气,能保证反应所必需的氧,装置运行具有灵活性。在中试中,后继生物处理采用生物接触氧化法,内填悬浮 PVC 圆柱形填料。

1. 实验内容

催化铁反应器的停留时间为 3.0 h,后继生物处理的停留时间为 24 h,内填悬浮填料,填充率为 35%,采用 PVC 圆柱形载体,日处理水量为 8 m^3。

中试进水直接从调节池抽取,包含了印染厂所有种类的废水,随着企业节水措施的强化,与小试阶段相比,废水的 COD、色度以及 pH 等都有所提高(表 13.6)。

表 13.6　实验水质

指标	COD/(mg·L^{-1})	色度/倍	pH
进水	$1\,100 \sim 1\,500$	$800 \sim 1\,200$	$7.0 \sim 9.0$

本阶段共进行了三个工况的研究:工况 1 通过循环泵循环以保证反应器内足够的相面

摩擦,脱除铁表面的钝化物质,保持铁足够的活性;工况 2 通过曝气方式,使反应器以有氧方式运行,保持反应器内足够的氧气;工况 3 也是曝气方式,但是控制了曝气量,以保持反应器内足够的缺氧状态,曝气只起到扰动状态,为反应介质和污水的反应提供条件。

2. 实验结果分析

(1)对 COD 的去除。

由实验结果可知,在中试的三个工况中,经过后继生物接触氧化后,COD 的去除效果比较接近,其中工况 1 采用无氧方式运行,COD 去除率最好,为 73%;其次是微氧曝气方式运行,COD 去除率为 69%;采用曝气方式运行,COD 的去除率最低,为 63%。这表明,曝气对于催化铁电解工艺预处理印染废水的效果是不利的,这一结论与小试的结论基本一致。值得注意的是,与小试相比,在工况 1 和 3 中,经过铁床的 COD 去除率有明显的提高。采用上流式进水方式后,无论是无氧还是微氧曝气,流态都要比小试中平流式的效果好,反应比较充分。

(2)对可生化性的影响。

当采用无氧方式运行时,废水经催化铁反应器后,可生化性提高很多,由进水的 0.12 提高到反应后的 0.39;反应器采用微氧曝气方式时,可生化性提高也很明显,由进水的 0.11 提高到 0.32;当采用曝气方式时,可生化性提高较低,由进水的 0.12 仅增加到 0.19。废水的可生化性提高的幅度,直接影响到后继生物接触氧化的效果,生物处理后,工况 1、3 的最终出水浓度都比较低,分别为 328 $mg \cdot L^{-1}$、378 $mg \cdot L^{-1}$。

(3)对色度的去除。

催化铁工艺对色度的去除最为明显,工况 1、3 色度的去除率为 81%,工况 2 中色度的去除率也达到 75%。无氧运行方式对色度的去除最为有利。实验中发现,当废水中的活性染料等可溶性染料较多时,无氧运行方式对色度的去除要好于曝气运行方式的。可见,铁的还原性在色度的去除中发挥了更重要的作用,显色基团或极性基团在无氧状态下更容易被转化。

(4)铁屑的活化。

因中试使用的废水 pH 较高,易于在铁表面形成铁的氢氧化物沉淀,当催化铁反应池反应能力降低时,在进水管中通入硫酸,控制反应器内废水的 pH 在 6.0 ~ 7.0 之间,然后采用短时间曝气,曝气时间为 1 ~ 2 h,曝气结束后,继续采用无氧的运行方式,催化铁反应池对废水的预处理效果可以恢复到原来水平。

第 14 章 联合还原工艺

14.1 催化铁法与生物法耦合短程脱氮硝化反硝化工艺

研究发现,催化铁电解法作为生物预处理工艺可以大幅度提高难降解工业废水的可生物处理性,主要是利用无氧条件下催化铁对有机物的电化学还原作用,去除难降解有机物的强拉电子基团。电化学过程中产生的铁离子,可以明显提高活性污泥法中污泥的沉降性能和生物膜法中生物膜的挂膜性能。在微生物生理生化的基础原理中,尚未发现亚铁离子对废水生物处理中的微生物的毒害或抑制作用,在一定条件下甚至可能提高微生物的生物活性,实验研究也没有发现铁离子对后续生物处理的生物活性有负面影响。基于上述依据,进行了催化铁反应床与好氧生物处理直接耦合的尝试,从而开发出催化铁/生物法耦合短程脱氮工艺和催化铁/生物法耦合同时脱氮除磷工艺。

实验证明,催化铁/生物法耦合反应器能实现稳定的短程硝化反硝化生物脱氮。即在较高的 DO 浓度、较宽的 pH 条件下,仍可以实现短程脱氮;证实了在常温条件(20~25 ℃)下,通过控制进水氨氮浓度,微调城市废水的 pH,完全可以实现短程硝化反硝化生物脱氮。研究发现,一定浓度的铁离子有助于亚硝酸菌的增殖,使亚硝化过程对 pH、DO 浓度以及温度的敏感度降低。

14.1.1 耦合短程脱氮工艺影响因素的控制研究

1. 耦合生物反应器的启动

实验采用两个 SBR 反应器,如图 14.1 和图 14.2 所示。反应器的内径为 20 cm,有效容积为 20 L。搅拌器、pH 计探头、溶氧探头以及加热装置都固定在反应器内。该 SBR 反应器的材料为有机玻璃,内设三层水平多孔挡板,用于固定催化铁材料及搅拌装置。

催化铁选取 38CrMoAl 铁刨花,实验所采用的废水取自上海市曲阳污水处理厂的调节池,主要为生活污水,其基本水质见表 14.1。

表 14.1 生活污水基本水质

COD /(mg·L^{-1})	BOD /(mg·L^{-1})	NH$_4^+$ /(mg·L^{-1})	NO$_3^-$ /(mg·L^{-1})	NO$_2^-$ /(mg·L^{-1})	SS/(mg·L^{-1})	温度/℃
300~800	100~150	40~80	<3	<1	>200	10~20

1$^\#$反应器为内设催化铁床的生物耦合反应器,2$^\#$反应器为常规反应器。SBR 运行周期的操作程序见表 14.2。

表 14.2 SBR 运行周期

阶段	进水	反应	沉淀	排水	闲置
时间/h	0.5	6~9	1~2	0.5	1~2

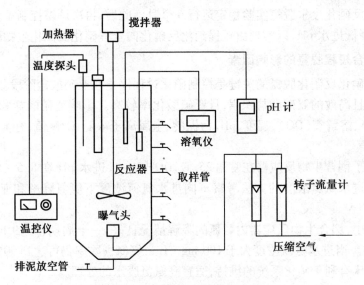

图 14.1 SBR 反应器操作示意图

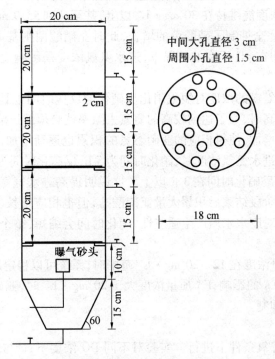

图 14.2 SBR 反应器设计示意图

正式运行前要进行驯化,即进入驯化阶段。为了使亚硝酸盐得到积累,氨氮浓度控制在 70～100 mg·L^{-1},温控仪控制水温在 25～30 ℃之间,用 NaOH 调节废水的 pH 在 8～9 之间。

1$^{\#}$反应器内铁刨花的初始量为 70 g,培养 2 个月后,反应器内总铁含量达到 20 mg·L^{-1},出水颜色为淡黄色,并出现亚硝酸盐的累积,NO$_2^-$的质量浓度大于 3 mg·L^{-1}。此时,2$^{\#}$反应器同样出现亚硝酸盐的累积。接着进入调整阶段,曝气时间仍为 7～9 h,增加反硝化时间为 2～3 h,系统内亚硝酸盐的量降至接近零。

短程硝化反硝化废水脱氮实验稳定运行 6 个月。此后,再次调整控制条件,降低氨氮浓度,有规律地降低进水 pH,以实现由短程硝化反硝化向全程硝化反硝化生物脱氮的转化。

2. 生物耦合短程脱氮的影响因素

实现短程硝化反硝化脱氮的关键是控制硝化过程停止在亚硝酸盐阶段。短程硝化的标志是出现稳定且高效的亚硝酸盐积累,且亚硝酸化率较高。影响亚硝酸盐积累的主要因素有游离氨(FA)、溶解氧(DO)、温度、pH、污泥龄、金属离子浓度、C/N 值、有害抑制剂等。

(1)游离氨。

实验研究了耦合生物反应器在常温 25 ℃、DO = 3 ~ 4、进水 pH 在 8.5 ~ 9.0 的条件下,采用逐渐加大进水氨氮浓度的方法考察不同进水氨氮浓度下氨氮降解和亚硝酸盐积累的情况。

实验过程中,耦合生物反应器内氨氮的降解情况良好,一个周期(7 ~ 9 h)内,氨氮的去除率达到 85%。当进水氨氮浓度大于 100 mg·L^{-1},氨氮去除率仍可达到 90%。这说明,反应器内添加铁床有利于硝化系统的维持,适宜高氨氮废水的处理。

在进水 pH 变化不大的情况下,25 ℃时,进水氨氮浓度控制在 100 mg·L^{-1}以上,硝化阶段结束后亚硝酸盐的浓度能维持在 30 mg·L^{-1}以上,甚至达到 53.9 mg·L^{-1}。这是因为,高氨氮导致 FA 的增加,完全抑制了硝酸菌的增长,此时亚硝酸菌则基本不受影响,实现了亚硝酸盐的积累。这说明在 pH 不变的情况下,进水氨氮浓度是影响短程硝化反硝化的重要因素。

实验还发现,进水氨氮的浓度对短程硝化反硝化的反应时间也具有一定的影响。理论上,当进水氨氮浓度提高时,为了达到较高的氨氮去除率就必须延长硝化反应时间。实验则发现,硝化反应时间的增加,使得相应的亚硝态氮的积累也逐渐增加,所需的反硝化时间也增大了。实验中,在低进水氨氮浓度时,硝化时间为 5 h,反硝化时间为 3 h;在高进水氨氮浓度时,硝化时间为 6 h,反硝化时间在 3 h 以上。这说明提高进水氨氮浓度虽然可以促进亚硝酸菌的生殖,在硝化阶段结束后积累大量亚硝酸盐,但也相应延长了反硝化时间;而随着反应的进行,亚硝酸菌对废水水质产生适应性,硝化时间会缩短,整个运行周期的反应时间也将会缩短。

实验发现:FA 质量浓度在 12 ~ 20 mg·L^{-1}范围时,系统可以稳定地实现短程脱氮,且亚硝酸盐的累积量不受 FA 的影响;FA 质量浓度大于 20 mg·L^{-1}时,亚硝酸盐的累积量减少,亚硝化作用受到明显抑制。

(2)溶解氧(DO)。

硝化反应必须在好氧条件下进行。实验对不同 DO 浓度下,1$^{\#}$与 2$^{\#}$反应器硝化结束后氨氮的降解情况进行了研究。

实验发现低溶氧对硝化脱氮的影响巨大,氨氮的去除率明显降低,进而导致亚硝酸盐的累积量减少,硝化结束后,仍检测不到硝酸盐,亚硝酸盐的浓度也极低,耦合反应器的亚硝氮累积量较 2$^{\#}$反应器稍多。

增加溶解氧浓度,1$^{\#}$反应器的氨氮去除率明显升高,优于 2$^{\#}$反应器,且亚硝酸盐的累积量较高。

DO 的提高导致亚硝化速率加快有以下两个原因:一方面,高溶解氧能加速铁刨花的腐蚀,使混合液中铁离子的浓度明显增加,铁离子对亚硝化有明显的促进作用,是维持亚硝酸菌成为优势菌的主要因素,从而实现亚硝酸菌的增殖。另一方面,亚硝酸菌的世代周期为8～36 h,而硝酸菌的世代周期为12～59 h,由于亚硝酸菌的世代周期短,当促进其生长的因子存在时,比硝酸菌增殖快;当水中溶解氧浓度提高时,对氨氮亚硝化过程的促进作用比较强,从而导致亚硝酸菌的生长速率大于硝酸菌,而积累的高浓度亚硝酸盐对硝酸菌又有毒害作用,使其增殖受到影响;再者,氨氮亚硝化要利用溶解氧,而亚硝酸硝化利用来自水分子的化合态氧,多了一个化学过程,反应也容易受到限制。

继续增加溶解氧浓度,$1^{\#}$ 与 $2^{\#}$ 反应器内的氨氮降解明显加快,6 h 内氨氮基本降解完全。此时,$2^{\#}$ 开始向全程硝化反硝化脱氮转化,亚硝酸盐的含量继续降低。在高溶氧量状态下仍能维持亚硝酸盐的累积,这是耦合反应器与常规 SBR 生物脱氮明显的不同之处。由此可得出结论,在 DO 较高的条件下,混合液中 Fe^{3+} 浓度与高 FA 是造成短程脱氮的主要影响因素。图 14.3 是耦合反应器在平均 DO 浓度分别为 1.5 $mg \cdot L^{-1}$、4.0 $mg \cdot L^{-1}$、8.0 $mg \cdot L^{-1}$ 条件下的亚硝化情况。由此可知,DO>2.0 $mg \cdot L^{-1}$ 是维持耦合反应器短程脱氮的条件之一。

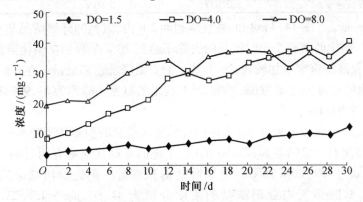

图 14.3　耦合反应器不同 DO 浓度下的亚硝态氮积累

(3)pH

pH 对硝化过程有至关重要的影响。理论证明,每将 1 g NH_4^+ 氧化为 NO_2^-,消耗碱度7.14 g(以 $CaCO_3$ 计)。而对于硝化反应来说,一般污水的碱度往往是不够的,造成硝化反应过程中 pH 急剧降低。硝化菌对 pH 的变化十分敏感,当 pH 在 7.0～8.0 时活性最强,在 pH超出这个范围时活性大大降低;而亚硝酸菌生长的最适 pH 为 8.0～9.0。所以,根据硝酸菌与亚硝酸菌的 pH 适宜范围的不同,就可以通过控制 pH 实现亚硝酸菌的增殖,从而把硝化控制在亚硝酸盐阶段。最近的研究表明,亚硝酸盐的积累率很高;亚硝酸盐的生成速率在pH 为 8.0 附近时达到最大;而硝酸盐的生成速率在 pH 为 7.0 附近时达到最大。所以在混合体系中,亚硝酸菌和硝酸菌的最适 pH 分别为 8.0 和 7.0 左右。利用亚硝酸菌和硝酸菌最佳 pH 的不同,通过控制混合液的 pH 就能控制硝化类型及硝化产物。

常规短程脱氮反应中,pH 的最佳控制范围是 8.5～8.8。当 pH 控制在适宜亚硝酸菌生长的范围内,且进水氨氮较高时,可以实现短程脱氮。在短程脱氮过程中,通过提高 pH,可以达到实现亚硝酸菌增殖,缩短硝化时间的目的,从而节省动力费用。

由于整个硝化过程消耗碱度,直接影响硝化过程中 pH 的变化,所以 pH 直接反映硝化和反硝化阶段的进程。由于系统内氨氮的浓度变化幅度和 pH 的变化幅度存在对应关系,从而可以通过 pH 的变化对短程脱氮进行实时控制,调整曝气时间与搅拌时间,这相对于传统控制有显著的优越性。首先,以氨氮降解结束为时间控制点,可以避免因过度曝气带来的动力损耗;其次,可以节省反应时间,有利于硝化系统的稳定运行。

(4)温度。

实验研究了 pH=8.5,DO=2~3 mg·L^{-1},MLSS=4 500 mg·L^{-1} 的情况下,进水氨氮浓度在85~90 mg·L^{-1} 之间,温度分别为 20 ℃、25℃、30 ℃,硝化时间为 6 h,反硝化时间为 2 h。系统内氨氮的降解和亚硝酸盐的积累情况见表 14.3。

表 14.3　不同温度下氨氮的去除和亚硝化比增长速率

指标	30 ℃	25℃	20 ℃
进水 NH_4^+—N/(mg·L^{-1})	89.25	85.35	87.33
出水 NH_4^+—N/(mg·L^{-1})	6.16	15.41	27.24
出水 NO_2^-—N/(mg·L^{-1})	41.07	23.85	15.69
NH_4^+—N 去除率/%	93.09	81.94	68.81
亚硝化比增长速率/d^{-1}	0.037	0.019	0.011

由氨氮降解曲线(图 14.4)可知,在反应初期 2 h 内,氨氮的降解情况基本相同,曲线的下降较为平缓。硝化的前两个小时氨氮的去除率达到20%左右。在硝化阶段的后 4 h 内,30 ℃废水的氨氮降解速率增加较快,20 ℃废水的氨氮降解速率最慢。在 6 h 的硝化阶段结束后,20 ℃废水的氨氮去除率为68.80%,25℃废水的氨氮去除率为81.9%,30 ℃废水的氨氮去除率最高,为93.1%。

从亚硝酸盐浓度曲线上来看,曝气前 1 h 内,亚硝酸盐的积累情况基本相同,后 5 h 内亚硝酸盐的积累情况有明显的差异,T=30 ℃时,系统的亚硝化速率有明显的提高,亚硝酸盐的积累量增加,高于 20 ℃和25 ℃时亚硝酸盐的积累量。硝化阶段结束后,温度分别为20 ℃、25 ℃、30 ℃时系统内亚硝酸盐的浓度分别为 41.07 mg·L^{-1}、23.85 mg·L^{-1}、15.69 mg·L^{-1}。这说明了:①耦合反应器在常温条件下仍可实现亚硝酸盐的积累,这是由于铁床对亚硝酸菌的促进作用使亚硝酸菌成为优势菌,从而造成了亚硝酸盐的积累;②耦合生物硝化反应也遵循硝化反应速率随温度的升高而提高的规律。

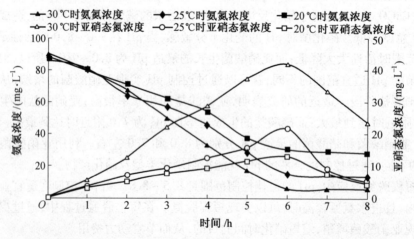

图 14.4　耦合反应器内温度分别为 20 ℃、25℃、30 ℃时氨氮、亚硝态氮浓度变化

由于高温废水在硝化阶段结束后积累的亚硝酸盐量多,故在 2 h 反硝化后,系统内仍存在一定量的亚硝酸盐没有被反硝化,需要延长反硝化时间才能使亚硝酸盐全部转化为氮气。

因此,一般情况下,30 ℃时短程脱氮的反硝化时间在 3 h 以上。这说明提高反应温度可以促进亚硝酸菌的生殖,在硝化阶段结束后会积累大量的亚硝酸盐,需延长反硝化时间;但随着反应的进行,亚硝酸菌对废水水质可能产生了适应性,硝化时间将缩短。

通过对耦合生物反应器(1#)与常规 SBR 反应器(2#)进行不同温度的对比性实验,来研究铁对维持硝化反应温度的影响。实验结果表明,相同温度下,1#系统氨氮的降解速率明显高于 2#系统的,常温下 6 h 氨氮去除率可到达 80%,硝化结束后亚硝酸盐累积量也有所增加,系统内亚硝酸盐累积率大于 2#系统。由此可知,生物铁活性污泥更易在常温状态下造成短程硝化的产生,且硝化时间明显缩短。在常温状态下,1#与 2#反应器内的活性污泥均可被驯化,实现稳定的短程脱氮;在进水氨氮浓度相同的情况下,投加铁刨花的耦合反应器内的亚硝酸盐的平均累积量大于未投加铁刨花的反应器内的。即使在温度较低的情况下,通过驯化后的生物铁活性污泥仍然可以实现以亚硝酸菌为优势菌的状态,进行短程脱氮反应。

(5)铁离子浓度。

在曝气状态下,铁刨花与废水能充分接触,提高了铁的腐蚀程度,使得废水中含有大量的铁离子。根据铁离子对硝酸菌和亚硝酸菌效应的不同,通过实验来考察混合液中铁离子浓度对硝化以及硝化方式的影响。

$DO = 4 \ mg \cdot L^{-1}$,实验中所测得的 Fe^{2+} 与 Fe^{3+} 均为混合过滤后水样中所含的可溶铁离子。表 14.4 列出了溶液中平均可溶性总铁在 $15 \sim 98 \ mg \cdot L^{-1}$ 范围内时,氨氮的去除以及亚硝酸盐的累积情况;图 14.5 则表示铁离子与亚硝化率的关系。由图表可知,铁离子浓度与亚硝化过程有密切的关系,一定浓度的铁离子之所以对硝化过程有促进作用,主要是因为加速了氨氮向亚硝酸盐的转化,而对亚硝酸盐向硝酸盐的转化则没有明显的促进作用。由于铁离子对亚硝酸菌和硝酸菌的效应存在差异,就导致了硝化过程结束后反应器内亚硝酸盐的积累,实现了短程硝化反硝化生物脱氮。

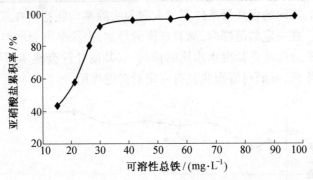

图 14.5　铁离子浓度对亚硝酸盐累积率的影响

由表 14.4 可知,当铁离子浓度 $>70 \ mg \cdot L^{-1}$ 时,其对亚硝化过程的促进作用不明显,但由于此时亚硝酸菌已成为优势菌,硝酸菌的增殖不会很快,很难实现由短程脱氮向全程脱氮的转化。

经过一段时间的稳定运行,沉淀后的出水水样中铁离子浓度也比较稳定。实验发现,尽管混合液中的可溶性总铁含量较高,但沉淀后的出水水质清澈,铁离子含量较低,基本维持在 $3 \sim 7 \ mg \cdot L^{-1}$。

表 14.4　铁离子浓度对硝化过程的影响

周期	平均总铁/(mg·L⁻¹)	进水 NH₄⁺/(mg·L⁻¹)	出水 NH₄⁺/(mg·L⁻¹)	出水 NO₂⁻/(mg·L⁻¹)	出水 NO₃⁻/(mg·L⁻¹)	亚硝酸盐累积率/%	硝酸盐累积率/%
1	15.22	80.12	26.21	12.7	16.33	43.8	56.2
2	21.3	83.6	19.3	13.12	9.18	58.83	41.17
3	26.51	83.56	17.68	27.55	6.93	78.85	21.15
4	30.15	89.5	6.18	37.6	3.2	92.15	7.85
5	41.52	80.76	4.6	39.80	1.06	>95	—
6	54.68	93.1	5.2	47.66	—	>95	—
7	60.32	85.68	4.65	42.20	—	>95	—
8	74.1	80.56	11.18	31.15	—	>95	—
9	82.0	90.18	17.21	23.3	—	>95	—
10	97.5	93.1	26.87	25.18	—	>95	—

（6）盐度。

一些工业废水中含有较高的盐度。实现含盐废水的短程硝化反硝化将大大节省处理成本，提高处理效率。研究盐度对短程脱氮的影响，需要对污泥进行耐盐性的培养驯化。在培养驯化的前期，以生活污水为处理废水，以出现亚硝酸盐的积累为主要目的，驯化期为一个月。系统内出现亚硝酸盐的积累后，向反应器内添加人工配置的无机盐混合液，严格控制进水氨氮浓度、pH 和温度等条件。各种无机盐的比例按照海水中各种离子的比例进行配比，其组成如表 14.5 所示。

表 14.5　无机盐混合液成分组成　　　　　　　　单位:mg·L⁻¹

项目	Na⁺	K⁺	Ca²⁺	Mg²⁺	SO₄²⁻	Cl⁻	总盐度
浓度	10 770	399	412	1 290	1 712	19 354	35 186

由图 14.6 可知，不同的含盐量条件下，7 h 氨氮去除率均能稳定在 85% 以上，硝化结束后检测不到硝酸盐。在一定的范围内，随着盐度的增加，去除率也会增加。这说明生物铁污泥中的亚硝酸菌在充分适应含盐废水水质的情况下，其耐盐性会逐步得到提高。盐度不仅不会抑制亚硝酸菌生长，反而对短程脱氮有一定的促进作用。

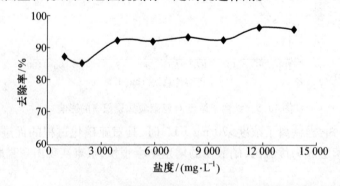

图 14.6　无机盐混合液投加体积与氨氮去除率的关系

由实验可知，硝化过程中氨氮的降解速率随着含盐量的增加而有所加快;随着含盐量的增加，亚硝酸盐的积累也逐渐增加，亚硝化率提高。但由于反硝化阶段积累的亚硝酸盐较多，反硝化时间也就更长。

实验结果表明,适当的含盐量可以提高污泥的絮凝性,还对生物处理系统起到稳定作用。通过实验证实亚硝酸菌有很高的耐盐性,在盐度为 13 500 mg · L^{-1} 的废水中仍能保持良好的活性。

14.1.2　耦合反应器中污泥的生物学特性

1. 生物铁活性污泥的微生物量

耦合反应器由普通 SBR 反应器内置铁床而成,因其活性污泥中含有一定量的 Fe(OH)$_3$ 而形成生物铁活性污泥,这是耦合生物反应器中活性污泥最主要的特征。实验发现,经过一段时间的运行,1$^\#$ 和 2$^\#$ 反应器内的污泥浓度都达到较高值。其中,1$^\#$ 污泥中的 Fe(OH)$_3$ 沉淀明显增多,导致 MLSS 持续增长,在 120 天时达到 8 076 mg · L^{-1},2$^\#$ 反应器稳定在 6 500 mg · L^{-1} 左右。但经过一段时间的运行,通过定量排泥,2$^\#$ 反应器污泥中的无机部分可稳定在一定范围内。这种情况下,用 MLVSS(挥发性悬浮固体浓度)作指标要优于 MLSS(悬浮固体浓度)。运行一个月后生物铁污泥的 f 值(MLVSS/MLSS)由原来的 0.76 下降为 0.65;经过长期运行后,则一直稳定在 0.6 ~ 0.65。

2. 生物耦合工艺改善污泥沉降性能

通过实验,研究生物铁活性污泥和普通活性污泥絮凝沉降性能的差异。图 14.7 为相同条件下,即 DO = 4.0 mg · L^{-1},进水 pH = 8.5,T = 25 ℃,污泥沉降曲线的对比。由图 14.7 可知,1$^\#$ 生物铁污泥成层沉降阶段的沉速为 115 mL · min^{-1}、SV = 25%;2$^\#$ 污泥成层沉降阶段的沉速为 80 mL · min^{-1}、SV = 40%。这说明 1$^\#$ 反应器内污泥沉降性能和压缩性能都明显好于 2$^\#$ 反应器的。

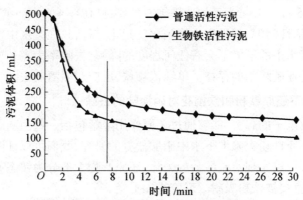

图 14.7　1$^\#$ 和 2$^\#$ 反应器污泥沉降曲线的对比

由于无机盐的存在,1$^\#$ 与 2$^\#$ 反应器在长期运行过程中,活性污泥的 SVI 有明显的区别。研究 1$^\#$ 耦合反应器与 2$^\#$ 反应器 SVI 值的变化情况可知,生物耦合反应器内的污泥沉降性能好于普通 SBR 反应器。

14.1.3　污泥生物学形态的研究

1. 硝化菌与亚硝化菌种的鉴定

为了明确亚硝酸菌的增值情况,需要对两种活性污泥中硝化菌属进行数量的鉴定。硝酸菌和亚硝酸菌的计数方法采用最大可能数 MPN(Most Probable Number)法。

2#SBR 反应器接种污泥中微生物菌种的分离结果显示:硝酸菌的数量远大于亚硝酸菌的数量,硝酸菌数量为 3.6×10^8 cfu · mL^{-1} 污泥,而亚硝酸菌数量仅为 2.7×10^7 cfu · mL^{-1} 污泥,硝酸菌与亚硝酸菌数量比为 13.3。

1# 反应器生物铁污泥接种微生物的分离结果则显示了亚硝化菌的大量增殖。根据鉴定结果,硝酸菌数量仅为 1.6×10^7 cfu · mL^{-1} 污泥,而亚硝化菌则达到了 7.8×10^8 cfu · mL^{-1} 污泥。亚硝酸菌与硝酸菌的数量比为 48.75。菌种分离结果充分显示了亚硝酸菌的大幅增殖。

2. 微生物形态

生物铁污泥的微生物主要为球杆状和球状,基本上没有丝状菌,球状菌细胞外部分泌的黏性物质形成菌胶团,使细菌被紧密包围在一起。因此,生物铁活性污泥在运行良好的状态下,微生物的特征为:以球状菌为主,外部细胞分泌物的包裹使其紧密结合在一起,微生物繁殖旺盛。

经测定,1# 生物铁污泥的含铁量为 0.306 mg · L^{-1},活性良好,微生物分布密集。2# 污泥中丝状菌大量增长,絮状菌数量明显减少,菌胶团松散。

14.1.4　单质铁对脱氮的影响

1. 单质铁与氨氮直接发生化学反应的可能性

为了判别单质铁对亚硝酸盐的积累是通过何种性质的反应(生物、化学)完成的,设计了如下反应:按照耦合反应器内废水和铁刨花的质量比,将铁刨花与废水置于同一反应器中,不添加活性污泥,充氧进行反应。pH 在 8.0 左右,25 ℃,初始氨氮浓度分别选取了两个梯度 50 mg · L^{-1} 与 95 mg · L^{-1},为了加速铁刨花的腐蚀,DO $= 4.0$ mg · L^{-1},反应时间为 8 h。实验结果表明:没有活性污泥,就没有生物硝化反硝化过程,只在废水中投加铁刨花,两种初始氨氮浓度不同的废水中的氨氮不会有任何程度的降解,去除率为零。这证明了,维持短程脱氮最基本的条件是亚硝酸菌的存在。单纯依靠铁,反应对氨氮的去除没有效果。

2. 不同 pH 条件下还原铁粉和铁刨花对硝酸盐的去除

零价铁具有释放电子的趋势,能够通过还原作用降解包括一些阴离子在内的化学物质。根据目前国内外对还原铁粉去除地下水中硝酸盐氮的研究,我们可以证明:还原铁粉在酸性条件下通过还原反应可以实现对硝酸盐的去除,还原产物大部分为铵态氮,只有极少量的亚硝酸盐氮产生,或者直接被铁粉吸附。反应式如下:

$$NO_3^- + 10H^+ + 4Fe \Longrightarrow NH_4^+ + 3H_2O + 4Fe^{2+}$$

$$\Delta G^\theta = -460 \text{ kJ} \cdot \text{mol}^{-1}$$

为了判断耦合短程脱氮中,单质铁是否参与了上述反应从而导致亚硝酸盐的累积,我们设计如下实验:用铁刨花作还原材料,分别在不同 pH 条件下,与初始浓度为 50 mg · L^{-1} 的硝酸盐溶液进行反应。为排除其他物质的干扰,硝酸盐溶液用纯水与硝酸钾配置,为使其混合充分,采用摇床振荡,转速 120 r · min^{-1}。

结果表明,酸性条件下,铁粉对硝酸盐氮的去除有明显的促进作用,pH $= 2$ 时,10 min 内硝酸盐氮的去除率即可达到 50%。随着 pH 的升高,硝酸盐的去除率明显降低。中性溶液中,硝酸盐的去除率低于 10%;碱性条件下,铁粉与硝酸盐氮不发生反应,去除率为零。

上述实验证明:pH 是影响硝酸盐去除率的最重要的因素,随着酸性的增强,铁的还原能力也逐渐增强;反应的还原产物主要为氨氮,在氧化还原反应过程中还生成了其他的含氮中间产物,如 N_2O、NO_2、N_2H_4 等,这些产物是不稳定的,很快又分解掉或者转化为氨氮。

14.1.5　耦合反应器同时反硝化

为了明确耦合生物短程脱氮过程的反应机理以及可能存在的生化反应,通过实验对耦合短程脱氮硝化过程中氮的转化做了初步研究。图 14.8 为常温 25 ℃,pH 为 8.5~9.0,DO 为 4~5 mg·L^{-1} 条件下,一个运行周期内氮的平衡曲线。实验检测了总氮、亚硝酸盐氮、氨氮和有机氮的变化情况。由于整个过程中硝酸盐氮的检出量极低,故图 14.8 中未给出硝酸盐氮的变化曲线。

由氮平衡图可以看出,硝化过程中总氮有明显的降低,硝化过程结束后总氮损失了 25% 左右。由于在整个硝化过程中有机氮的含量一直比较稳定,且硝酸盐氮的检出量很低,因此可以推断:整个硝化过程为亚硝化伴随着好氧反硝化(SND),生成的气体逸出反应器。

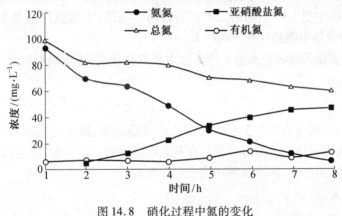

图 14.8　硝化过程中氮的变化

14.2　催化铁电解法去除废水中阴离子表面活性剂

14.2.1　LAS 废水处理技术研究现状

表面活性剂分子的结构特点是具有不对称性。整个分子可以分为两个部分:一部分是亲油的(lipophilic)非极性基团,又叫做疏水基(hydrophobic group)或亲油基;另一部分是亲水的极性基团,又叫做亲水基(hydrophilic group)。因此,表面活性剂分子具有两亲性。洗衣粉的有效成分是十二烷基苯磺酸钠,它是一种典型的表面活性剂,亲水基是—OSO_3^-,疏水基是含有苯环的碳氢链。

通常按表面活性剂分子的化学结构可以将其分成不同类型。由于表面活性剂的亲油基基本上只含有碳、氢两种元素,故在亲油性上表现的差异不是很明显。但各种表面活性剂分子中的亲水基却可以有较大的差异,所以人们总是按照表面活性剂分子中亲水基的结构和性质来划分其类型。按离子类型可分为:离子型表面活性剂和非离子型表面活性剂。而离子型表面活性剂按其在水中生成的表面活性离子的种类,又可以分为阴离子型表面活性剂、阳离子型表面活性剂以及两性表面活性剂等。此外,还有一些特殊表面活性剂(图14.9)。

$$\text{表面活性剂}\begin{cases}\text{离子型表面活性剂}\begin{cases}\text{阳离子型表面活性剂(如 }C_{17}H_{35}COO^-Na^+)\\\text{阴离子型表面活性剂(如 }C_{11}H_{23}CH_2NH_3^+Cl^-)\\\text{两性表面活性剂(如 }C_{12}H_{25}NH_2^+CH_2CH_2COO^-)\end{cases}\\\text{非离子型表面活性剂}[\text{如}(R\text{—}OCCH_2CH_2O\text{—})_nH,n=\text{正整数}]\\\text{特种表面活性剂}[\text{如 }CF_3(CF_2)_6COO^-Na^+]\end{cases}$$

图 14.9　表面活性剂的分类

目前我国应用比较多的表面活性剂中:阴离子表面活性剂(以直链烷基苯磺酸钠 LAS 为主)占总量的 70%;非离子表面活性剂占总量的 20%;其他表面活性剂占 10%。大部分通过废水最后以乳化胶体状排入自然界,其首要污染物 LAS 进入水体后,与其他污染物结合形成一定的分散胶体颗粒,对工业废水和生活废水的物化、生化特性都有很大的影响。废水中的 LAS 本身具有一定的毒性,对动植物和人体有慢性毒害作用;LAS 还会引起水中传氧速率的降低,使水体的自净功能受阻。

我国环境标准中把 LAS 列为第二类污染物质。我国《生活饮用水卫生规范》规定生活饮用水中 LAS 的含量不能超过 $0.3\ mg\cdot L^{-1}$。

目前阴离子表面活性剂废水的处理方法主要有物理法、化学法和生物法。

1. 泡沫分离法

泡沫分离法是向待处理的废水中通入大量的压缩空气,产生大量气泡,使废水中的 LAS 吸附于气泡表面上,随气泡浮升至水面并富集形成泡沫层,除去泡沫层即可将 LAS 从水中分离出来,使废水得到净化。泡沫分离法在我国已经实现了工业化,且运行良好。分离形成的泡沫用机械消泡器去除,浓缩液回用或进一步处理。

2. 膜分离技术

膜分离法是指利用膜的高渗透选择性来分离溶液中的溶剂和溶质。可用膜分离法中的超滤和纳滤技术来处理 LAS 废水。当废水中的 LAS 主要以分子和离子的形式存在时,用纳滤技术处理效果更好。一般纳滤膜更适用于 LAS 浓度较低情况下的处理。由于 LAS 为阴离子表面活性剂,所以在膜材料方面应选用带有阴离子型或负电性较强的膜材料。膜分离的关键是寻找高效高渗透的膜,提高处理量,并解决好膜污染问题。

3. 化学絮凝法

混凝沉淀法的特点是适用于高浓度 LAS 废水的处理。在化学混凝处理中,pH 是影响混凝处理效果的一个主要因素。表 14.6 给出了几种常用混凝剂处理 LAS 废水的最佳 pH 值。

表 14.6　常用混凝剂处理 LAS 废水的最佳 pH

混凝剂	聚合硫酸铁	硫酸亚铁	硫酸铝	聚合氯化铝
最佳 pH	8~10	8~10	5~6	5~6

有资料表明,可以用三氯化铁、硫酸亚铁、三氯化铝或硫酸铝,在 pH 为弱酸性时沉淀氢氧化铁或氢氧化铝,并用吸附十二烷基苯磺酸钠的方法去除十二烷基苯磺酸钠。铁系混凝剂的效果一般比较好。

4. 催化氧化法

催化氧化法是利用催化氧化过程中产生的具有强氧化能力的羟基自由基（OH·）使许多难降解的有机污染物分解为 CO_2 或其他简单的、易降解的化合物。

5. 吸附法

常用的吸附剂包括活性炭、沸石、硅藻土等各种固体物料。吸附工艺多用于饮用水中 LAS 的去除。对于 LAS 废水，用活性炭法处理效果较好，活性炭吸附符合弗兰德利希公式。但由于活性炭再生的能耗大，且再生后吸附能力亦有不同程度的降低，因而其应用受到了限制。

6. 生物氧化

LAS 被定为生物可降解物质，其生物降解步骤主要有两个：第一步，微生物通过烷烃单氧酸酶的催化作用，将直链末端的甲基转变成羟基，然后又将其氧化为醛基、羧酸，最终变成 CO_2 和 H_2O；第二步是脱去苯环上的磺基，磺基脱除后，转变成硫酸盐。LAS 在水面形成的泡沫对氧气向水中的扩散有阻碍作用。通常对于好氧生物处理工艺，进水 LAS 的浓度要求控制在 80 mg·L^{-1} 以下。

7. 微电解法

用铁碳微电解/石灰乳混凝沉淀法处理高浓度（300 mg·L^{-1}）LAS 废水，效果比较好，LAS 的去除率达到 97%，COD 的去除率在 90% 以上，出水中的 LAS 和 COD 均能达到国家排放标准。

除了用铁屑及铁碳法处理表面活性剂，张乐群等（2005）用海绵铁处理 LAS 也取得了较为理想的效果。海绵铁的主要成分为铁氧化物。海绵铁与传统的铁屑滤料虽然组成相似，但海绵铁具有比表面积大，比表面能高，电化学富集、氧化还原性能、物理吸附以及絮凝沉淀较强等优点。

14.2.2 催化铁电解法处理 LAS 废水可行性的研究

1. 催化铁电解法实验

将 100 g 清洗好的铁刨花与 10 g 铜屑均匀混合，放入 500 mL 广口试剂瓶中并压实，堆积密度约为 0.3 kg·L^{-1}，加入 350 mL 待处理的废水，盖上试剂瓶塞，放入摇床恒温振荡，无特殊说明，摇床转速为 100 r·min^{-1}。

2. 混凝法实验

$FeCl_3$ 和 $FeSO_4$ 的混凝实验在六联搅拌器中进行，将混凝剂加入到装有 500 mL LAS 溶液的 1 000 mL 的烧杯中，快速搅拌（200 r·min^{-1}）2 min，再慢速搅拌（50 r·min^{-1}）15 min，然后静置沉降 60 min，取上清液测定。

3. 催化铁电解法最佳反应时间的确定

反应开始阶段，LAS 的去除速率很快，10 min 时去除率已达到 47%；到 90 min 时，LAS 和 COD 的去除率均达到了 85%，此后催化铁系统的去除效果没有明显变化。因此，最佳反应时间为 90 min。

（1）催化铁电解法处理 LAS 的效果研究

将 100 g 铁刨花和 10 g 铜屑混合均匀后，置于 500 mL 广口瓶中压实，加入初始浓度为 500 mg·L^{-1} 的 LAS 废水，每次反应 90 min，取上清液测定；反应后保留剩余反应液，并向广口瓶中注满自来水，盖上瓶盖，以防止铁铜填料因暴露而氧化；到下次反应时，倒出上次剩余的旧溶液，加入新反应液直接进行实验。

实验结果如图 14.10 所示，表明用催化铁电解法处理 LAS 废水具有稳定的处理效果。对于初始浓度为 500 mg·L^{-1} 的 LAS 废水，经催化铁电解法处理 90 min 后，出水 LAS 浓度为 100 mg·L^{-1} 左右，平均去除率达到 78%。在实际 LAS 废水处理中，可将催化铁电解法用作高浓度（大于 100 mg·L^{-1}）LAS 废水的预处理工艺，这样不仅能有效地降低废水中 LAS 的含量，而且处理后溶液中的铁离子有利于后续生化工艺的进行，能很好地改善活性污泥的沉降性能以及生物膜的固着性能。

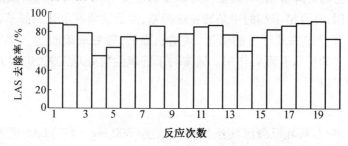

图 14.10　催化铁内电解法处理 LAS 废水

（2）催化铁电解法的机理研究

催化铁电解法处理废水是基于电化学中原电池的反应原理，单质铁在电解反应的第一步生成 Fe^{2+}，在溶解氧存在的条件下，Fe^{2+} 继续被氧化成 Fe^{3+}，系统中大量存在的 Fe^{2+} 和 Fe^{3+} 在水中能发生水解反应，生成具有较长线形结构的多核羟基络合物，如 $[Fe_3(OH)_4]^{5+}$、$[Fe_5(OH)_7]^{8+}$ 等，这些含铁的羟基络合物能有效降低胶体的电位，通过电中和、吸附架桥及絮体的卷扫等作用使胶体凝聚，再通过沉淀将胶体分离去除；不溶性铁的氢氧化物也可以通过表面配合和静电吸附去除污染物。配合作用是以污染物为配合体与铁的氢氧化物配合，具体可以表示为

$$L-H(aq)+(HO)OFe(s) \longrightarrow L-OFE(s)+H_2O$$

静电吸附使铁的氢氧化物颗粒带有明显的电荷，它能够吸附去除带有与其相反电荷的污染物。除此之外，催化铁电解系统中的铁铜填料表面，也对污染物有一定的吸附作用。

采用催化铁电解法处理 LAS 废水，LAS 初始浓度为 500 mg·L^{-1}。实验测定了在三种 pH 条件下，催化铁电解法处理 LAS 废水的过程中 LAS 和 COD 的去除情况（图 14.11）。

在三种不同的 pH 条件下，铁铜系统处理 LAS 的去除率均可达到 80%。从 LAS 和 COD 的去除情况来看，二者的变化基本一致，由此可推断催化铁电解法处理 LAS 主要是絮凝和吸附作用，而不存在还原作用。为进一步证实此结论，对反应过程中的废水进行了紫外-可见光分析。结果表明，初始 LAS 废水中含有明显的苯环的特征吸收峰，随着反应的进行，铁铜系统中苯环特征吸收峰的高度逐渐降低。这说明铁铜系统对 LAS 有较好的去除效果；同时反应过程中并没有新的吸收峰出现，这说明催化铁电解处理 LAS 过程中没有新的还原产物生成。

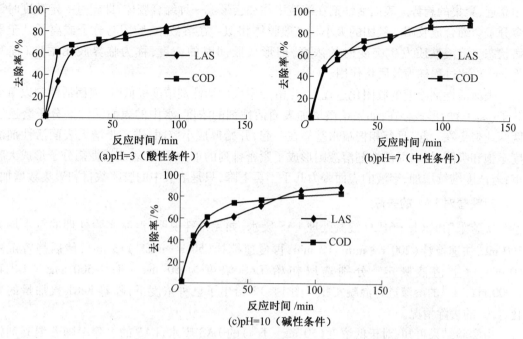

图 14.11　不同 pH 条件下铁铜系统处理 LAS 情况

14.2.3　铁离子对 LAS 混凝去除的过程

研究表明,铁铜构成的电解系统无法将 LAS 还原,并且反应的中间产物 $Fe(OH)_2$ 对 LAS 也没有还原作用。因此,铁盐的混凝作用在 LAS 的去除中起重要的作用。下面将研究铁离子混凝去除 LAS 的过程,并考察其处理效果。

1. Fe^{3+} 的凝聚作用和 LAS 溶液的胶团化过程

三价铁在水溶液中不是以单纯的 Fe^{3+} 的形式存在,而是带有 6 个结晶水,即 $[Fe(H_2O)_6]^{3+}$,生成各种形式的多核羟基配位化合物,其水解反应的产物随 pH 的变化而不同,部分典型的水解反应如下:

$$[Fe(H_2O)_6]^{3+} =\!=\!= [Fe(OH)(H_2O)_5]^{2+} + H^+$$

$$[Fe(OH)(H_2O)_5]^{2+} =\!=\!= [Fe(OH)(H_2O)_4]^{2+} + H^+$$

$$2[Fe(OH)(H_2O)_5]^{2+} =\!=\!= [Fe_2(OH)_2(H_2O)_8]^{4+} + 2H_2O$$

二聚体的进一步缩合生成了更高级的高分子聚合物,由于羟基间的桥联而形成了 $[Fe_2(OH)_2(H_2O)_8]^{4+}$ 及 $[Fe_3(OH)_4(H_2O)_5]^{5+}$ 等离子。逐步水解的结果是形成了各种不溶于水的氢氧化铁沉淀物,如 $Fe(H_2O)_3(OH)_3(s)$。这些沉淀物和带正电荷的水合单核离子及多核离子配位化合物能吸附带负电荷的胶体粒子。

表面活性剂分子一般是由非极性的、亲油(疏水)的碳氢链部分,和极性的、亲水(疏油)的基团共同组成的。如十二烷基硫酸钠分子中,亲油基为十二烷基,亲水基为—SO_4^-。这种分子会在水溶液体系中(包括表面和界面)相对于水介质采取独特的定向排列,并形成一定的组织结构。

由于亲油基的疏水作用,水溶液中的表面活性剂分子的碳氢链有脱离水包围而自身互相靠近、聚集的趋势。表面活性剂在溶液中往往会形成一种缔合胶体,即超过一定浓度时许多分子会缔合成胶团。胶团的大小与一般胶体相似。在溶液中,胶团与分子或离子处于平衡状态。溶液性质发生突变时的浓度,即形成胶团时的浓度,称为临界胶团浓度(简写为 cmc)。此过程称为胶团化作用。

表面活性剂溶液的胶团化过程为:当溶液中表面活性剂浓度极低时,表面活性剂以单个分子(离子)的形式存在;如果稍微增加表面活性剂的浓度,水中的表面活性剂分子会三三两两地聚集在一起,且互相把疏水基靠在一起,开始形成小胶团;进一步增大表面活性剂浓度至饱和吸附时,表面活性剂溶液则形成了紧密排列的单分子膜,表面活性剂分子形成大胶束;若浓度继续增加,溶液的表面张力几乎不再下降,只是溶液中的胶团数目和聚集数增加。

2. 铁盐对 LAS 的去除

实验采用 $FeCl_3 \cdot 6H_2O$ 混凝处理 LAS 废水,如无特殊说明,混凝实验处理的废水均为 500 mL,快速搅拌($200\ r \cdot min^{-1}$)2 min,再慢速搅拌($50\ r \cdot min^{-1}$)15 min,然后静置沉降 60 min,取上清液测定。分别选取初始 LAS 浓度为 $50\ mg \cdot L^{-1}$、$500\ mg \cdot L^{-1}$ 和 $1\ 000\ mg \cdot L^{-1}$ 的溶液进行混凝实验。图 14.12 给出了三种浓度下,随着 $FeCl_3$ 投加量的变化,LAS 的去除情况。

由实验结果可知,对于低浓度($50\ mg \cdot L^{-1}$)的 LAS 废水,LAS 的去除率随着混凝剂投加量的增加而升高,当三氯化铁投加量达到 $60\ mg \cdot L^{-1}$ 时,LAS 的去除率不再增加。对于高浓度的 LAS 废水($500\ mg \cdot L^{-1}$ 和 $1\ 000\ mg \cdot L^{-1}$),在 $FeCl_3 \cdot 6H_2O$ 的投加量低于 $40\ mg \cdot L^{-1}$ 时,LAS 都没有明显的去除;当 $FeCl_3 \cdot 6H_2O$ 的投加量达到 $50 \sim 60\ mg \cdot L^{-1}$ 时,LAS 的去除效果发生突变,之后再增加混凝剂用量,LAS 去除的变化不大。

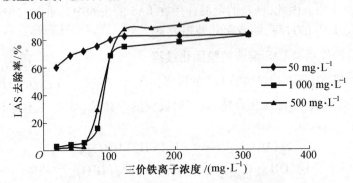

图 14.12 $FeCl_3$ 混凝处理 LAS 的去除情况

测定反应前后溶液的 pH 分别为 6.8 和 2.9,这是因为在溶液中三氯化铁经历下列反应:

$$FeCl_3 + 3H_2O = Fe(OH)_3 \downarrow + 3H^+ + 3Cl^-$$

不断水解生成的 H^+ 使溶液的 pH 降低。同时其中一部分:

$$Fe(OH)_3 + HCl \longrightarrow FeOCl \longrightarrow FeO^+ + Cl^-$$

由于多个 $Fe(OH)_3$ 聚集能形成胶核 $[Fe(OH)_3]_m$,根据 Fajans 规则,这种 $[Fe(OH)_3]_m$ 胶核应该是选择性吸附能与 $[Fe(OH)_3]_m$ 形成不溶物的 FeO^+ 离子,而不是 H^+ 和 Cl^-。因此氢氧化铁溶胶为正溶胶。氢氧化铁溶胶的胶团也可由下式表示成

$$\{[\mathrm{Fe(OH)}_3]_m \cdot n\mathrm{FeO}^+ \cdot (n-x)\mathrm{Cl}^-\}^{x+} \cdot x\mathrm{Cl}^-$$

带正电的氢氧化铁胶团能够通过电中和作用和胶体的吸附作用,将溶液中带负电荷的胶体去除。

阴离子型表面活性剂 LAS 带有与氢氧化铁溶胶相反的电荷,当加入适量的 LAS 后,其会通过静电吸引而吸附于带电氢氧化铁粒子表面并将表面电荷中和,静电斥力消除,使氧化铁粒子凝聚或通过疏水链的疏水吸附桥连絮凝。继续向溶液中投加 LAS,电荷被中和的氢氧化铁粒子在 LAS 浓度较高时可通过疏水链的疏水吸附而吸附一层离子型表面活性剂,其离子头伸入水相使氧化铁粒子重新带电,分散稳定于水溶液中。因此,在上面的混凝实验中,当溶液中 Fe^{3+} 的浓度低于 $80\ \mathrm{mg \cdot L}^{-1}$ 时,对初始浓度为 $50\ \mathrm{mg \cdot L}^{-1}$ 的 LAS 溶液有着较高的去除率,而对初始浓度为 $500\ \mathrm{mg \cdot L}^{-1}$ 和 $1\ 000\ \mathrm{mg \cdot L}^{-1}$ 的 LAS 溶液却几乎没有去除作用。

同时,观察反应过程中溶液产生的现象,可以发现:对于 $50\ \mathrm{mg \cdot L}^{-1}$ 的 LAS 溶液,当 $\mathrm{FeCl}_3 \cdot 6\mathrm{H}_2\mathrm{O}$ 的投加量为 $100\ \mathrm{mg \cdot L}^{-1}$ 时,溶液中便出现黄色絮体;而对于两个浓度较高的 LAS 溶液,当 $\mathrm{FeCl}_3 \cdot 6\mathrm{H}_2\mathrm{O}$ 的投加量达到 $300\ \mathrm{mg \cdot L}^{-1}$ 时,溶液仍无絮体生成,但溶液由初始的无色透明状变为白色乳浊状。向 LAS 溶液中投加硫酸镁达到一定量时,同样会使溶液由无色透明状变为白色乳浊状。

对于离子型表面活性剂,随着无机盐的加入,临界胶团浓度会显著降低。在这里起作用的主要是与表面活性离子所带电荷相反的无机离子(常称之为反离子)。无机电解质影响离子型表面活性剂临界胶团浓度的原因是,加入电解质使反离子在溶液中的浓度上升,促使更多的反离子与表面活性离子结合。这使得胶团的表面电荷密度减少,或缔合成为胶团的表面活性离子的平均电荷量减小,电性排斥变弱,其结果是,易于形成胶团,临界胶团浓度降低。通常,临界胶团浓度的对数与反离子浓度的对数呈线性关系。有这样的规律:反离子价数越大,水合半径越小,影响越大。

也就是说,对于 $500\ \mathrm{mg \cdot L}^{-1}$ 和 $1\ 000\ \mathrm{mg \cdot L}^{-1}$ 的 LAS 溶液,当 $\mathrm{FeCl}_3 \cdot 6\mathrm{H}_2\mathrm{O}$ 的投加量较低时,Fe^{3+} 的加入仅仅改变了其临界胶束浓度,使溶液的性状发生改变;同时由于溶液中 LAS 的量过多,使得氢氧化铁溶胶不能絮凝沉淀,因而无法去除 LAS。

硫酸亚铁在水中溶解时,将分解成 Fe^{2+} 和 SO_4^{2-}。$\mathrm{FeSO}_4 \cdot 7\mathrm{H}_2\mathrm{O}$ 与 $\mathrm{FeCl}_3 \cdot 6\mathrm{H}_2\mathrm{O}$ 混凝处理 LAS 的结果相似,其用量却远大于 $\mathrm{FeCl}_3 \cdot 6\mathrm{H}_2\mathrm{O}$ 的。对于初始浓度为 $500\ \mathrm{mg \cdot L}^{-1}$ 的 LAS 溶液,当 LAS 去除率为 87% 时,Fe^{2+} 的投加量为 $300\ \mathrm{mg \cdot L}^{-1}$,而 Fe^{3+} 仅需 $170\ \mathrm{mg \cdot L}^{-1}$ 即可。因此,对于混凝处理 LAS,硫酸亚铁的效果不如氯化铁,主要是由于氢氧化亚铁胶体的凝聚速度慢,使铁离子的利用率降低。

3. 催化铁系统对 LAS 的去除作用

实验测定了催化铁电解法处理 LAS 废水(初始浓度为 $500\ \mathrm{mg \cdot L}^{-1}$)过程中溶解氧和 pH 的变化情况。由表 14.7 可知,催化铁电解法处理 LAS,在反应进行 10 min 时,溶液中溶解氧的含量迅速降低,同时溶液的 pH 由初始的 6.5 上升到 10.5。这是由于铁单质在中性条件下的水溶液中发生了吸氧腐蚀,铁的腐蚀消耗了系统中的溶解氧,使溶液中的溶解氧含量降低,同时铁吸氧腐蚀后产生大量的 OH^-,使溶液的 pH 上升。溶解氧和 pH 的变化表明,催化铁电解反应系统中,反应初期铁的腐蚀速率是比较快的。

表 14.7　催化铁内电解法处理 LAS 废水过程中溶解氧及 pH 变化情况

反应时间/min	0	10	20	40	60	90	120
溶解氧/$(mg \cdot L^{-1})$	4.37	1.57	0.89	0.84	0.82	0.82	0.65
pH	6.5	10.5	10.7	10.7	10.7	10.8	10.8

为了进一步定量的考察催化铁对 LAS 的絮凝去除效果,设计如下实验:

①EDTA 对铁盐絮凝作用的掩蔽情况。

②催化铁处理 LAS 絮凝作用的研究。

③饱和 EDTA 对铁铜系统的影响。

④铁铜系统处理 LAS 吸附作用的研究。

(1)EDTA 掩蔽铁盐絮凝实验

通过在 $FeCl_3$ 和 $FeSO_4$ 的混凝实验中加入 EDTA,考察 EDTA 对铁离子凝聚作用的掩蔽情况。在 500 mL 初始浓度为 500 mg·L^{-1} 的 LAS 溶液中力加入一定量的 EDTA 后,分别进行混凝实验。混凝剂的用量取前面混凝实验中的最佳用量,即 $FeCl_3 \cdot 6H_2O$ 的投加量为 600 mg·L^{-1}、$FeSO_4 \cdot 7H_2O$ 的投加量为 1 500 mg·L^{-1}。

由实验结果可知,EDTA 与铁离子发生络合,导致铁离子不能水解生成胶体,从而掩蔽了铁离子对 LAS 的絮凝作用。在溶液中 EDTA 同铁离子是按 1∶1 的比例发生络合,因此掩蔽 600 mg·L^{-1} 的 $FeCl_3 \cdot 6H_2O$ 和 1 500 mg·L^{-1} 的 $FeSO_4 \cdot 7H_2O$ 所需 EDTA 的理论值分别为 850 mg·L^{-1} 和 2 000 mg·L^{-1}。实验过程中,随着 EDTA 投加量的增加,其掩蔽效果增强,当 EDTA 投加量达到理论值后,再继续增加 EDTA,并不能显著地提高其掩蔽效果。同时,实验结果还表明,不论是对于 Fe^{3+},还是 Fe^{2+},EDTA 的加入都不能完全掩蔽掉铁离子的絮凝作用。即使加入过量的 EDTA,铁离子对 LAS 都仍有 12% ~15% 的去除效果。

EDTA 掩蔽铁离子对 LAS 絮凝作用的实验表明,向 LAS 溶液中投加 EDTA 的确能够掩蔽铁离子的絮凝作用,当投加足量的 EDTA 时,其对铁离子絮凝(LAS)作用的掩蔽程度可达到 85% 左右。

(2)催化铁系统处理 LAS 的絮凝作用。

实验向初始浓度为 500 mg·L^{-1} 的 LAS 溶液中投加 EDTA。表 14.8 给出了不同的 EDTA 加入量对铁铜系统处理 LAS 效果的影响

表 14.8　EDTA 对铁铜系统处理 LAS 的影响

EDTA 加入量/$(mg \cdot L^{-1})$	0	500	800	1 000	1 200	1 500	2 000	3 000	5 000
LAS 去除率/%	86.5	77.6	75.1	59.5	58.1	33.2	15.2	13.5	13.1

研究 EDTA 对催化铁反应系统处理 LAS 溶液的影响的实验,反应溶液为初始浓度为 500 mg·L^{-1} 的 LAS 溶液,EDTA 加入量为 2000 mg·L^{-1},同时做未加 EDTA 的对比实验。加入 EDTA 的反应,在开始时 LAS 的去除率缓慢增长,反应 40 min 后,LAS 的去除率不再有明显变化,最高去除率为 20% 左右。观察反应后的 LAS 溶液,加入 EDTA 的溶液中无明显的混浊及絮状体生成,而未加 EDTA 的系统则可以看到大量黄色絮体及沉淀。这说明加入的 EDTA 与溶液中的铁离子发生了络合,从而掩蔽了铁离子对 LAS 的混凝作用。实验结果表明,初期 LAS 的去除可能是由于铁铜系统的吸附作用。

14.2.4　催化铁电解法处理 LAS 影响因素研究

催化铁电解法处理 LAS,主要是利用铁铜系统中由于电解作用而产生的铁离子的混凝作用来去除 LAS。因此,系统中铁离子的产生情况,以及 LAS 的性质都会对处理效果产生影响。鉴于此,通过实验对如下反应因素进行了考察。

1. LAS 浓度的影响

将 100 g 清洗好的铁刨花与 10 g 铜屑混合均匀后,放入 500 mL 的广口试剂瓶中压实,铁刨花的堆积密度约为 $0.3\ kg\cdot L^{-1}$,加入 350 mL 不同初始浓度的 LAS 废水,盖上试剂瓶塞,放入摇床恒温振荡,摇床转速为 100 r/min。测定反应过程中 LAS 和 COD 的去除情况。

对于初始浓度较低($\leqslant 100\ mg\cdot L^{-1}$)的 LAS 废水,经过催化铁电解法处理 120 min 后,其去除率均能达到 95% 以上;对于 $10\ mg\cdot L^{-1}$ 的 LAS 废水,反应 10 min 时,溶液中 LAS 含量仅为 $1.2\ mg\cdot L^{-1}$,之后 LAS 的去除速率迅速降低,到 20 min 后,LAS 和 COD 的值都不再减少。$FeCl_3\cdot 6H_2O$ 混凝处理 LAS 的实验表明,当混凝剂投加量为 $600\ mg\cdot L^{-1}$ 时,初始浓度为 $10\ mg\cdot L^{-1}$ 的 LAS 废水的去除率仅为 66%,而对 $50\ mg\cdot L^{-1}$ 的则为 82%。因此可以认为对低浓度 LAS 的去除,铁铜系统的吸附作用占了很大部分。

在反应初期,LAS 的去除速率较快,这主要是由于催化铁电解法处理 LAS 主要是利用系统中铁吸氧腐蚀产生的铁离子的絮凝作用,而反应初期,系统中溶解氧含量高,铁的腐蚀速率就快,铁离子产生得较多,就能大量地絮凝去除溶液中的 LAS;随着反应的进行,系统中的溶解氧降低,铁的腐蚀速率变慢,LAS 的去除速率也降低。

对于高浓度的 LAS 废水,随着初始 LAS 浓度的增加,其 LAS 和 COD 的去除率降低,但 LAS 的绝对去除量则是增加的。这从 $FeCl_3$ 混凝处理 LAS 的实验中也可得到,当混凝剂的投加量为 $600\ mg\cdot L^{-1}$ 时,对浓度为 $500\ mg\cdot L^{-1}$ 和 $1\ 000\ mg\cdot L^{-1}$ 的 LAS 废水的去除率分别为 87% 和 74%。

在水溶液中,LAS 的临界胶团浓度为 1.2×10^{-3} mol/L(约 $460\ mg\cdot L^{-1}$),当 LAS 的浓度大于该值时,LAS 的量增加,溶液中单个 LAS 分子的浓度不再增加,而是形成胶团。相对于 LAS 分子来说,其形成的胶团易被氢氧化铁胶体凝聚去除。因此,当混凝剂投加量一定时,增加 LAS 的浓度,可以提高 LAS 的绝对去除量。

2. 溶液初始 pH 的影响

阴离子表面活性剂 LAS 在酸性和碱性溶液中都是稳定的,但溶液的 pH 对系统中铁的腐蚀和铁离子的水解凝聚都有很大的影响。一般来说,铁在酸性溶液中,以析氢腐蚀为主,此时的腐蚀过程是

阳极反应　　　　　　　　　　　$Fe \longrightarrow Fe^{2+}+2e^-$

阴极反应　　　　　　　　　　$2H^+ +2e^- \longrightarrow H_2 \uparrow$

总反应的　　　　　　　　　$Fe+2H^+ \longrightarrow Fe^{2+}+H_2 \uparrow$

析氢腐蚀以带电氢离子为去极化剂,其迁移速率快,扩散能力强,腐蚀速率也快;阴极产物以氢气泡逸出,搅拌电极表面溶液有利于腐蚀的进行。而在中性和碱性溶液中,铁的腐蚀是以中性氧分子为去极化剂进行的,只能靠扩散和对流传输,腐蚀速率慢。

阳极反应　　　　　　　　　　　$Fe \longrightarrow Fe^{2+}+2e^-$

阴极反应

$$\frac{1}{2}O_2+H_2O+2e^- \longrightarrow 2OH^-$$

二次反应

$$Fe^{2+}+2OH^- \longrightarrow Fe(OH)_2$$

总的反应

$$Fe+\frac{1}{2}O_2+H_2O \longrightarrow Fe(OH)_2$$

式中腐蚀产物 $Fe(OH)_2$ 是二次产物。若溶氧充足，$Fe(OH)_2$ 还会继续被氧化。同时溶液的 pH 对铁离子的絮凝效果也有较大的影响，对于三价铁盐，最适宜絮体形成的 pH 是 5.0~6.0，而硫酸亚铁盐絮凝剂的最适 pH 则大于8.0。为此，通过实验考察废水 pH 对催化铁电解法处理 LAS 的影响。

实验过程中用 NaOH 和硫酸调节溶液的初始 pH。分别测定反应过程中 LAS 和 COD 的浓度变化以及 pH 的变化情况，测定反应后溶液中的铁离子含量(表 14.9)。

表 14.9 不同 pH 条件下反应后溶液中铁离子的含量

pH	1.5	3.0	6.5	10.0	12.0
总 Fe/(mg·L^{-1})	3 120	53.8	18.0	14.3	10.3
Fe^{2+}/(mg·L^{-1})	921	5.42	3.11	2.53	2.0
Fe^{3+}/(mg·L^{-1})	2 200	48.3	14.8	14.8	8.32

总体来说，在强碱条件下(pH=12)，pH 对铁铜系统处理 LAS 的影响不大；在强酸条件下，LAS 的去除效果同其他 pH 条件相当，LAS 的去除速率比较稳定，反应后溶液中铁离子含量高，溶液呈明显的黄色。因此，催化铁电解法处理 LAS 废水的适宜 pH 范围为 1.5~10。

14.2.5 催化铁电解法处理多种表面活性剂

尝试采用催化铁电解法处理几种常见的表面活性剂。根据上述研究结果，催化铁系统除去 LAS 主要是利用铁离子的絮凝作用。由于其他几种表面活性剂尚无标准测定方法，因此，实验以反应前后溶液的 COD 值来表示催化铁电解法絮凝去除各种表面活性剂的情况。

阴离子表面活性剂是表面活性剂中应用比例最高的。实验所用的月桂酸钠属于羧酸盐型阴离子表面活性剂，羧酸盐在 pH<7 的水溶液中不稳定，会因生成不溶的自由酸而失去活性；十二烷基苯磺酸钠是实际应用中使用最广的，在酸碱溶液中性质稳定，且具有良好的发泡性和去污性；十二烷基硫酸钠具有良好的乳化和起泡性能。

阳离子表面活性剂大部分是含氮的有机化合物，包括各种各样的胺盐和季铵盐，实验所用的十六烷基三甲基氯化铵、溴化十六烷基吡啶和十二烷基三甲基苄基溴化铵均属于季铵盐。这一类阳离子表面活性剂在水中的溶解度比较大，在大多数酸碱性水溶液中也稳定，即 pH 变化对其没有影响。阳离子表面活性剂具有其他表面活性剂所没有的特征：一般都具有杀菌、抑菌的作用，常用作消毒剂、杀菌剂；另一方面易吸附于一般固体表面，使固体表面性质改变。同时阳离子表面活性剂还有柔软作用、抗静电作用、防腐蚀作用以及沉淀蛋白质作用。

非离子表面活性剂发展非常迅速，应用广泛，现已成为在数量上仅次于阴离子表面活性剂而大量被使用的产品。非离子表面活性剂如实验用的聚乙烯醇，在水中不电离，其亲水基主要由一定数量的含氧基团(一般为醚基和羟基)构成。由于它在溶液中是以分子状态存在的，所以稳定性高、不易受强电解质的影响，也不易受酸、碱的影响，在固体表面也难发生强烈的吸附。

上述实验用表面活性剂的初始浓度均配置为 500 mg·L^{-1}左右,反应时间为 120 min;取反应后出水,快速离心 5 min 后进行测定。

对于实验中 7 种不同的表面活性剂,催化铁电解法对十二烷基苯磺酸钠(LAS)和十二烷基硫酸钠(SDS)表现出较好的去除效果。如前面研究所讲,在中、碱性条件下,铁由于发生吸氧腐蚀而变成铁离子,即催化铁电解系统可以认为是能够提供大量铁离子的铁盐混凝系统。铁离子在水溶液中发生水解,形成的沉淀物和带正电荷的水合单核离子及多核离子配位化合物会吸附带负电荷的 SDS 和 LAS 胶体粒子,从而使之混凝除去。同时由于 SDS 的 cmc 高于 LAS 的,也就是说在相同浓度下,SDS 难以形成胶团,而胶团的形成更有利于氢氧化铁溶胶将其絮凝去除。

对于十二烷基羧酸盐,其 cmc 比另外两种阴离子表面活性剂高出一个数量级,在相同浓度下,更难形成胶团;同时其高价金属盐(如钙、镁、铝、铁)不溶于水,也就是说,在催化铁系统中,十二烷基羧酸钠是通过与铁离子反应生成沉淀而被去除的,不是以混凝的机理去除的。观察反应后的铁铜体系,可以看到铁表面有明显的亮红色斑点,即为十二烷基羧酸铁沉淀。

阳离子表面活性剂的临界胶团浓度比阴离子表面活性剂的低,理论上更容易形成胶团,有利于絮凝作用。但铁铜系统中,铁离子水解所形成的水合单核离子及多核离子配位化合物多带正电荷,因此对于同样带正电荷的阳离子表面活性剂的凝聚效果就不如阴离子表面活性剂的。同时阳离子表面活性剂中,大部分是含氮的有机化合物,即有机胺的衍生物,有机胺在铁表面能发生化学吸附,烷基胺中氮的未共用电子对和铁原子以配位键相结合,而在铁表面形成一层单分子保护膜,对铁起了缓蚀作用,抑制了系统中铁的腐蚀,从而造成铁铜系统对阳离子表面活性剂去除效果的下降。

同时大多数表面活性剂溶液经催化铁系统处理后,pH 均有升高。这是由于反应过程中,铁发生了吸氧腐蚀:

$$2Fe+O_2+2H_2O \longrightarrow 2Fe^{2+}+4OH^-$$

使系统中生成大量 OH$^-$,导致溶液的 pH 升高。而十二烷基三甲基苄基溴化铵反应后溶液的 pH 却略微降低,同时其去除效果也最差,原因可能是十二烷基三甲基苄基溴化铵相对于另外两种阳离子表面活性剂更容易吸附于铁、铜表面,这种吸附对铁形成良好的缓蚀作用,铁不能发生腐蚀,因而溶液的 pH 无法上升。

对于非离子表面活性剂聚乙烯醇,由于其在溶液中以分子形态存在,且不易受电解质的影响,同时也难以被氢氧化铁溶胶凝聚,所以催化铁电解法对聚乙烯醇的去除效果不显著。

研究表明,催化铁电解法对硫酸酯型以及磺酸盐型阴离子表面活性剂有良好的去除效果,其主要去除机制应该与催化铁电解法处理 LAS 的机理相同;对于羧酸盐型阴离子表面活性剂,由于生成高价的金属盐沉淀,而使得去除效果不理想;对于阳离子表面活性剂,尽管催化铁系统对其有着一定的去除效果,但因季铵盐型阳离子表面活性剂都是良好的缓蚀剂,尤其是实验中所用的十二烷基三甲基苄基溴化铵,严重抑制铁的腐蚀,对催化铁系统处理有机物产生不利的影响;而对于非离子表面活性剂,由于其本身难溶于水,同时又不易被氢氧化铁溶胶凝聚,因此最好不采用催化铁电解法处理。

14.3 曝气催化铁混凝工艺

14.3.1 曝气催化铁法的发展

催化铁法是利用原电池原理,通过 Fe^0 的还原作用转化毒害有机物,提高毒害有机物的可生化性。如果在催化铁工艺中增加曝气,就可以促进铁的氧化;同时,生成的 Fe^{3+} 具有很强的絮凝能力,可以吸附去除污水中的悬浮物、胶体颗粒以及磷酸根,达到混凝沉淀的效果,由此形成了曝气催化铁方法。与普通的催化铁工艺相比,主要有以下区别。

①处理目标污染物的差异:以往的研究主要是以工业废水中的毒害有机物为对象;而本工艺主要针对城市污水中的磷及部分悬浮有机物和胶体物质。

②主要的去除机理不同:传统的催化铁法是利用催化铁系统的还原作用,脱除有机物上的拉电子基团,或者破坏其原有的双键,从而提高其可生化性;而曝气催化铁工艺则强化了铁离子的絮凝作用,利用铁单质在含氧溶液中发生吸氧腐蚀,产生的铁离子通过混凝沉淀作用,将污水中的胶体颗粒和磷去除。

③增设曝气装置,填料反应池廊道底部铺设曝气管,可通过气泵或鼓风机对反应池进行曝气。

14.3.2 曝气催化铁对实际工业废水的预处理

对于第 13 章中讲到的某市工业区废水,现有的生化处理装置难以使出水的 COD、TP 以及色度达到排放标准。本节通过增加曝气对催化铁法开展功能拓展研究,通过连续流小试对工业区废水处理进行实验。分析预处理前后 COD、色度、磷酸盐、氨氮、pH 等指标的变化,得到该方法处理实际工业废水的效果。实验内容包括:①影响处理效率的因素,包括铁与废水的接触面积、铁表面的腐蚀程度、废水处理的停留时间等;②铁的消耗速率,以及环境因素对铁消耗的影响;③反应器中污泥的积累情况。

催化材料铜屑的用量参照文献。连续流实验装置如图 14.13 所示。催化铁段反应器设计有效容积为 $400 \times 150 \times 110 = 6.6(L)$,设计反应器停留时间为 2 h。

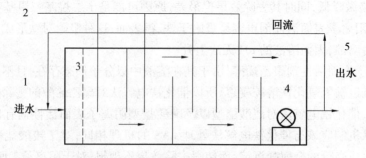

图 14.13 曝气催化铁电解反应器装置图
1—进水;2—曝气管;3—布水管;4—回流泵;5—出水

1. 有机物的去除机理

进行连续流实验,以不曝气系统作为对照实验,反应器在密封状态下运行,其余条件与曝气预处理反应器相同,曝气催化铁处理的 COD 平均去除率为 52%,不曝气预处理为 23%。

研究发现,在预处理过程中有机物去除的原因主要有曝气作用及铁离子的絮凝作用。

2. 磷酸盐的去除

在曝气催化铁预处理废水的过程中,发现其对磷酸盐的去除有一个稳定的效果。如图 14.14 所示为系统连续运行两个星期进出水的磷酸盐浓度(以含磷量表示)的变化情况。以不曝气系统作为对照,反应器在密封状态下运行。

从图 14.14 中可以看出,不曝气的系统在运行几天后就不再有除磷效果,而曝气系统的出水磷酸盐的浓度比较稳定,平均去除率约为 70%,出水浓度均小于 1 $mg \cdot L^{-1}$,达到一级 B 排放标准。不曝气系统在刚开始运行时对磷酸盐有一定的去除效果,其主要原因是开始时铁刨花中带入了少量的 Fe^{3+};而随着反应的进行,在没有曝气的系统中,Fe^{3+} 逐渐减少,除磷效果也越来越差。

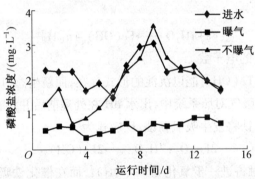

图 14.14　废水处理后磷酸盐浓度变化

曝气造成铁离子含量的增加以及 pH 的升高,对去除磷酸根非常有利,原理类同于现行污水除磷中常用的化学除磷法。铁盐除磷的反应方程式为

主反应　　　　　　　　　　　$Fe^{3+}+PO_4^{3-} \longrightarrow FePO_4 \downarrow$

副反应　　　　　　　　　　$Fe^{3+}+HCO_3^- \longrightarrow Fe(OH)_3 \downarrow + CO_2$

铁盐除磷的过程如下:Fe^{3+} 一方面与磷酸根生成难溶盐,使其沉淀去除;另一方面通过水解发生各种聚合反应,生成具有较长线形结构的多核羟基络合物,如 $[Fe_2(OH)_2]^{4+}$、$[Fe_3(OH)_4]^{5+}$、$[Fe_5(OH)_9]^{6+}$、$[Fe_5(OH)_8]^{7+}$、$[Fe_5(OH)_7]^{8+}$、$[Fe_6(OH)_{12}]^{6+}$、$[Fe_7(OH)_{12}]^{9+}$、$[Fe_7(OH)_{11}]^{10+}$、$[Fe_9(OH)_{20}]^{7+}$ 和 $[Fe_{12}(OH)_{34}]^{2+}$ 等。这些含铁的羟基络合物能有效地降低或者消除水体中胶体的 ζ 电位,通过电中和、吸附架桥及絮体的卷扫等作用使胶体凝聚,再通过沉淀将磷分离去除。使用铁盐的最佳控制 pH 在 8 左右。因此,该工艺有良好的除磷效果。

通过两者出水总铁的测定也可以发现,尽管不曝气处理系统出水的总铁明显高于曝气处理系统的,但前者并不能有效地去除磷酸盐。由此可见,曝气过程中形成的三价铁是去除磷酸盐的关键因素。催化铁法在曝气过程中对磷酸盐的去除,可使后续生化处理中的生物除磷工艺得到简化,同时也解决了硝化细菌与聚磷菌泥龄之间的矛盾。

3. pH 的变化情况

前面已经多次提到,铁的腐蚀可以分为两种,在偏酸性条件下铁将发生析氢腐蚀,反应如下:

$$Fe+2H^+ \longrightarrow Fe^{2+}+H_2$$

反应中 H^+ 作为一种电子受体,也可以是某一种能够接受电子的化合物,相应的反应式变为

$$Fe+M_1+2H^+ \longrightarrow Fe^{2+}+M_2$$

式中　M_1——电子受体;

　　　　M_2——生成的产物。

上述反应过程可以看作是广义的析氢反应。在反应初期,由于氢离子的消耗可能会使溶液的 pH 有一定程度的上升,但由于铁离子存在水解反应,又使溶液的 pH 下降。铁离子的水解反应式为

$$Fe+nH_2O \longrightarrow Fe(OH)_n+n[H]$$

式中　n——单质铁失去的电子数。

在非强酸性溶液中,$Fe(OH)_n$ 能以沉淀的形式存在,而新生态 $[H]$ 则被用于还原有机物或生成 H_2。在本实验不曝气对照系统中,出水 pH 在处理前后并没有明显的变化。

而在偏碱性溶液中,铁将发生吸氧腐蚀,反应式为

$$2Fe+O_2+2H_2O \longrightarrow 2Fe(OH)_2$$

$Fe(OH)_2$ 与氧气接触将进一步氧化为 $Fe(OH)_3$,而在催化铁曝气实验中,废水经过处理后 pH 有了明显的升高。因此,可以认为曝气作用是 pH 升高的主要原因,铁的腐蚀对 pH 的影响不大。废水中的有机物在曝气过程中失去电子,氧气在得到电子的同时会发生如下反应:

$$O_2+2H_2O+4e^- \longrightarrow 4OH^-$$

对废水进行单纯曝气实验时发现(曝气时间与连续流停留时间相同),有机物的去除率约为 13%,pH 从 7.2 上升至 8.0,上升程度与曝气催化铁过程中废水 pH 的变化基本一致。其中 pH 随时间的变化情况如图 14.15 所示。

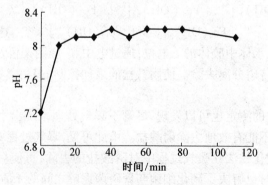

图 14.15　曝气对废水 pH 的影响

4. 处理效率的影响因素

（1）铁的接触面积。

在催化铁预处理工艺中,单位体积废水能接触的铁的表面积越大,其处理效果就越好。取铁刨花平均厚度为 0.2 mm,宽度为 4 mm,铁的密度为 7.86×10^3 kg·m^{-3},根据反应器内铁的使用量计算得到铁的体积,根据铁刨花的平均厚度及宽度计算得到所用铁刨花的总表面积。表 14.10 为不同铁水比的两个工况,在停留时间相等的情况下对这两个工况的 COD、磷酸盐及色度的去除效率进行分析。

表 14.10　工况 1 和 2 的铁水比

工况	反应器容积 /×10^{-3} m^3	铁刨花质量 /kg	铁刨花计算表面积 /m^2	铁水接触面积比 /（m^2·m^{-3}）
1	8.8	3.1	4.16	474
2	6.6	0.65	0.85	132

针对不同的铁水比进行连续流实验,稳定运行一周,COD 及磷酸盐的去除率如图 14.16 和图 14.17 所示。

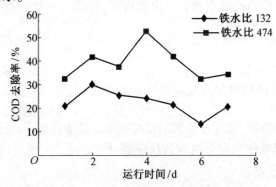

图 14.16　不同铁水比对 COD 去除效率的影响

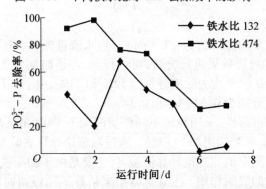

图 14.17　不同铁水比对磷酸盐去除效率的影响

从图中可以看到,铁水接触面积比大的工况下,其 COD 及磷酸盐的去除效率明显比较好,工况 1 下 COD 的平均去除率为 39%,而工况 2 下 COD 的平均去除率仅为 22%。表 14.11 为两工况连续运行时色度的去除情况,同样可以看出,铁水接触面积比大的工况下出水的色度明显要浅一些。

表 14.11　　不同铁水面积比处理出水的色度(倍)

进水	129	129	129
出水(工况1)	15	31	31
出水(工况2)	63	63	63

一般的铁刨花厚度为 0.1~0.3 mm,铁刨花除了具有较大的比表面积外,还具有一定的立体形状,这对保证反应器内有一定的孔隙率及废水与刨花的良好接触都很有利。

(2)铁表面的初始腐蚀程度。

在反应器 A 中加入表面光洁的铁刨花及一定比例的铜屑;在反应器 B 中加入已使用两周的铁刨花及等比例的铜屑,铁刨花表面已有一定程度的腐蚀,用清水洗净后放入反应器内。反应器 B 内铁刨花的质量与 A 中的相等。

由实验结果可知,表面光洁的铁刨花对 COD 的去除率有一个稳定的增长;而表面经过腐蚀的铁刨花在反应初期 COD 的去除率增长迅速,经过一定时间后趋于稳定,其增长的速率与光洁的铁刨花接近。经过腐蚀的铁刨花在反应初期 COD 去除率的快速增长与其粗糙的表面有关,可能是由于其对水中的一些 SS 或有机物进行了吸附,在经过一段反应时间后,其表面达到吸附平衡,COD 的去除率便不再以较快的速率增长,而是保持与光洁表面铁刨花 COD 去除的增长率相当的速率增长。由此可知,经过一定腐蚀的铁刨花对 COD 的去除有一定的促进作用。

5. 反应动力学

通过连续流实验可以得到反应的一级反应速率常数,以此为依据对反应器内废水的反应情况进行描述,得出停留时间与反应效率的相应关系,并对得到的反应器模型进行实验验证。

以污染指标 COD 为例,描述反应器的反应效率。反应过程中回流比高达 70 倍,反应器内水流紊动剧烈,可以看作为完全混合式反应器,即 $c_e = c_m$,一级反应时完全混合反应器的反应关系式为

$$c_e = \frac{c_i}{1 + kt}$$

式中　c_i——进水的 COD 浓度。

测得实验所用回流泵的流量约为 4 L·min^{-1},进水流量为 3.3 L·h^{-1},计算得到回流比为 72.7。通过对废水的处理效果进行分析,可以得到:停留时间为 2 h,催化铁在曝气和不曝气状态下,两周内 COD 的平均去除率分别为 52% 和 23%,由上式计算得到反应器在两种状态下的反应速率常数分别为 0.542 h^{-1} 和 0.149 h^{-1}。

为检验上述模型的可靠性,采用测定不同停留时间下 COD 的去除率进行验证,实验时不进行曝气,故反应速率常数选用 0.149 h^{-1}。通过对理论计算去除率与实验测定去除率进行比较,可以看出,实际测定值比理论计算值偏高,主要是由于初期铁铜材料对 SS 的截留作用和金属表面对有机物的吸附作用。上式可以用来估算不同停留时间下的处理效果,或者根据所要求的处理效果大致确定反应器的水力停留时间。

6. 铁消耗的影响因素

(1)溶解氧的影响。

废水中溶解氧的存在对铁的消耗具有一定的影响,在不曝气与曝气条件下,催化铁反应的出水溶解氧的平均浓度分别为 1.5 mg·L^{-1} 和 6.1 mg·L^{-1}。

根据铁刨花的实际消耗量,计算得到曝气状态下铁的消耗量为 57.4 mg·L^{-1}。而密封

的催化铁反应器中铁的消耗量约为 $8.2\ mg \cdot L^{-1}$。显然,在曝气状态下铁的消耗要远大于不曝气状态下的。从表观上看,曝气状态下的铁刨花经过半年运行已变得较为疏松,但是仍能保持基本结构,而密封反应器中的铁刨花仍然具有较好的弹性,腐蚀程度较低。

(2)pH 对出水铁离子浓度的影响。

废水 pH 的变化对单质铁的消耗速率有较大的影响,通过调节废水的 pH 进行序批式实验,从反应开始运行测定不同时刻铁离子的浓度,直到溶液中铁离子的浓度不再有明显的改变为止。图 14.18 为 pH 在 2.9、5.4、7.1 时,处理段在曝气和不曝气状态下,反应器溶液中铁离子浓度的变化情况。

从图 14.18 中可以看出,当反应进行 4 h 以上时,各个 pH 条件下溶液中的铁离子浓度均不再有明显的改变。当废水的 pH＝2.9 时,溶液中产生大量的铁离子,质量浓度为 80～90 $mg \cdot L^{-1}$,铁刨花很大部分被氢离子消耗。从曝气与不曝气的对比可以看出,两者的铁离子浓度差别不大,这说明在该 pH 条件下,曝气过程中产生的 Fe^{3+} 不能通过混凝作用有效地去除有机物。当废水的 pH 接近中性时,曝气状态下的铁离子浓度要低于不曝气反应器中的铁离子浓度,这是由于 Fe^{3+} 在该 pH 条件下形成了沉淀,有利于实际废水中有机物的混凝去除。显然,催化铁处理工艺的适宜 pH 应为中性或偏酸性,pH 不宜过低,一般应该大于 3。

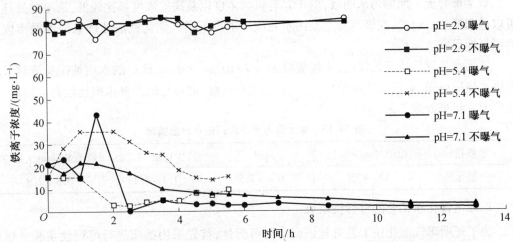

图 14.18　曝气与不曝气情况下 pH 对出水铁离子浓度的影响

在连续流小试运行实验中,进水 pH 为 7～8,接近中性,曝气与不曝气催化铁处理的出水,前两周铁离子的平均浓度分别为 3.5 $mg \cdot L^{-1}$ 和 8.2 $mg \cdot L^{-1}$。对反应器污泥中的铁离子总量进行测定,其含铁量分别为 18.6 g 和 10.4 g。由此可见,在中性进水条件下,曝气可以让部分铁离子因形成絮凝沉淀而去除。

7. 反应器中污泥的积累

催化铁反应器经过一定时间的运行后,其内部的污泥量会有所增加,其中一部分来自进水的 SS,另一部分则为运行过程中新增长的污泥。为研究运行过程中反应器内污泥的积累情况,在反应器运行 1 个月后,对反应器中污泥总量及 VSS 含量进行了测定。

取出其中的铁刨花,将其表面附着的污泥清洗后与反应器中的溶液混合,测定其 SS 及 VSS。计算值见表 14.12。

表 14.12　电解反应器的 SS 及 VSS 的积累量

测定值	SS/g	VSS/g	$\frac{\text{VSS}}{\text{SS}}$/%	SVI
曝气运行	114.79	40.05	34.9	26
不曝气运行	118.25	35.76	30.2	31

从表 14.10 中可以看出,无论是曝气状态还是不曝气状态,二者污泥中的无机物均为其主要成分,VSS 的含量不到 40%,这与污泥中含有铁盐有关,污泥经过焚烧后可以看到赤红色的铁氧化物残渣。曝气和不曝气运行状态下,污泥的 SVI 分别为 26 和 31,这说明污泥中以无机物居多,沉降性能良好,而曝气状态下污泥的沉降性能略好于不曝气状态下的。

以进水流量为 3.3 L·h^{-1} 计算,运行 22 d,催化铁反应器内曝气与不曝气状态下,污泥的增长量(以 SS 计算)分别为 65.9 mg·L^{-1} 与 67.9 mg·L^{-1},其中 VSS 的增长量分别为 23.0 mg·L^{-1} 与 20.5 mg·L^{-1}。

14.3.3 曝气催化铁法处理低浓度城市废水

对某市合流一期的污水而言,由于其有机物浓度以及磷的浓度都比较低,简单的处理就可以达到要求。对此,在该市特大型污水处理厂进行了曝气催化铁法处理低浓度城市废水的可行性研究。

该污水处理厂位于长江边,工程规模为 1.7×10^6 m^3·d^{-1}。该厂的水质情况见表 14.13。由进水情况可知,有机物浓度较低,比较容易处理达标,而对总磷的要求则比较高。因此,对该厂为一级半处理工艺。

表 14.13　某大型污水处理厂进水水质情况

水质指标	COD/(mg·L^{-1})	pH	TP/(mg·L^{-1})	磷酸盐/(mg·L^{-1})
进水	120~250	6.4~7.5	1.1~4.1	0.8~2.9

1. 曝气催化铁工艺的可行性研究

为了证明曝气催化铁工艺处理该废水的可行性,首先采用摇床进行可行性实验。摇床实验采用催化铁体系,铁铜质量比为 10∶1,堆积密度约为 0.25 kg·L^{-1},摇床实验所用的瓶子为 500 mL,取废水 400 mL。每次摇 2 h,转速为 120 r·min^{-1}。2 h 后将废水倒出,静置 1 h 后测定各项指标,处理后废水呈淡黄色,静置后废水的底部有少许沉淀。测定次数均为一次测定。

通过对摇床实验进出水的 COD、总磷及磷酸盐的变化情况进行分析,我们得到:出水 COD 大约为 80 mg·L^{-1},平均去除率达到 60%;出水总磷为 0.38 mg·L^{-1},平均去除率为 85%;出水磷酸盐为 0.19 mg·L^{-1},平均去除率达到 90%。COD 出水可达到城镇污水处理厂的二级排放标准,而总磷的去除可达到一级 A 标准。

2. 中试实验装置

设计一套曝气催化铁工艺的中试装置,如图 14.19 所示。加设初沉池的目的是去除较大的颗粒以及悬浮物。否则较高的 SS 流入曝气池,会造成曝气池的堵塞,增加反冲洗的频率,降低处理效果。这里所说的曝气池并不是生化处理装置,而是催化铁反应池,单质铁通过原电池反应,被分子态氧氧化成 Fe^{3+},Fe^{3+} 不仅能与磷酸盐生产沉淀,将磷从水体中除去,还具有较强的混凝能力,其水解产物具有吸附能力,可以吸附除去粒径较小的悬浮物及胶体物质。这些沉淀物以及由混凝吸附所形成的颗粒可以在二沉池中成长为较大的絮体,通过重力沉降从水体中去除。

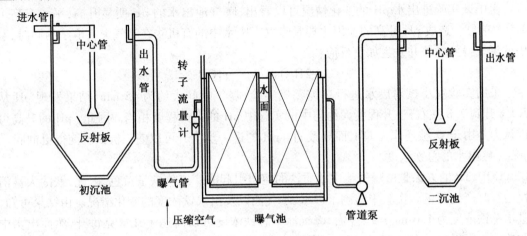

图 14.19 曝气催化铁工艺装置

曝气池的尺寸为 160 cm×90 cm×130 cm,有效容积为 1.3 m³,流态为推流式,共三个廊道。滤料块的尺寸为 900 mm×600 mm×280 mm,共 6 个滤料筐,两侧均有角钢挡水,左右两个侧面的开孔率大于 40%,前后面不透水,下面的开孔率大于 30%,以便落渣。由于填料的底部与池底留有一段空隙(便于落渣),虽然容易导致纵向短流,但可以通过曝气来解决。曝气时,位于池底的穿孔曝气管会产生大量气泡,发生剧烈的纵向混合,既解决了短流问题,又提高了紊流强度,滤料下均有角钢支撑。曝气池底部铺有曝气管。

进入曝气催化铁反应池的污水的流速控制在 1.5 ~ 3.5 m³·h⁻¹,水力停留时间为 45 ~ 60 min。实验中,溶解氧控制在 3 mg·L⁻¹以上。

3. 中试结果与讨论

(1)COD 的去除。

曝气催化铁工艺不仅流程简单,而且容易稳定。COD 的平均去除率为 43%,出水 COD 的平均值为 104 mg·L⁻¹。在城市污水 COD 中,比例较大的物质是悬浮颗粒和胶体物质,细小的颗粒性物质仅靠重力沉降不能很好地从水体中除去。在曝气条件下单质铁被氧化成 Fe^{3+},新形成态 Fe^{3+} 具有较好的絮凝能力,从而通过絮凝反应和二沉池沉淀作用分离去除悬浮颗粒态和胶体态的 COD。

(2)磷的去除。

中试实验中监测了总磷以及磷酸盐的变化情况,由结果可知:总磷的去除率为 63%,出水总磷浓度为 1.00 mg·L⁻¹;磷酸盐的去除率可以达到 73%,出水磷酸盐浓度大约为 0.53 mg·L⁻¹。虽然出水情况较摇床实验的结果差,但是也能达到城镇污水处理厂的二级排放标准。生活污水中溶解性磷酸盐大约占到总磷的 50%以上,如果能有效地除去磷酸根,则可以达到控制水体中总磷的目的。在污水的各种阴离子中,磷酸根对 Fe^{3+} 水解反应的影响最为突出。通过曝气,原电池反应形成的 Fe^{3+} 不仅通过生成 $FePO_4$ 沉淀除磷,Fe^{3+} 和 OH^- 及 PO_4^{3-} 之间的强亲和力,也使溶液中可能有 $Fe_{2.5}PO_4(OH)_{4.5}$、$Fe_{1.6}H_2PO_4(OH)_{3.8}$ 等难溶配合物生成,且生成的配合物表面有很强的吸附作用,可以通过吸附作用除去更多的磷,从而大大降低出水中磷酸盐和总磷的浓度。

(3)pH 变化情况。

由中试实验进出水 pH 的变化情况可以看出,曝气池出水的 pH 明显升高,平均升高了 0.5 个单位。造成 pH 升高的原因主要是曝气。废水中的有机物在曝气失去电子的同时,水中的氧气得到电子并发生如下反应:

$$O_2 + 2H_2O + 4e^- \longrightarrow 4OH^-$$

采用实验室小试对废水进行单纯曝气实验,曝气时间大约为 45 min,结果发现 pH 从 7.1 上升到 7.8 左右,上升程度大约与中试实验中 pH 的上升程度相当。因此,pH 的升高可以认为是由于 O_2 被还原为 OH^- 而导致的。pH 的进一步上升可以使三价铁沉淀得更彻底。

(4)出水的总铁浓度。

COD、TP 的去除是由曝气池中单质铁的溶出引起的。三价铁呈黄色,因此,铁的大量消耗会暂时产生黄色。实验中监测了进水、曝气池以及出水铁浓度的变化情况。由结果可知,进水总铁浓度为 1.6 mg·L^{-1} 左右,曝气池中总铁浓度可以高达十几毫克每升,然而出水中的总铁浓度平均只有 2.8 mg·L^{-1}。曝气池中的溶解性铁随出水一起流入二沉池,并在二沉池中发生沉淀,最终使出水的铁浓度很低。因此,使用该工艺处理城市生活污水并不会引起出水铁离子的大幅度增加,即不会造成二次污染。

4.曝气催化铁工艺的影响因素研究

(1)水力停留时间。

图 14.20 为 COD、总磷以及磷酸盐随时间变化的关系曲线图。

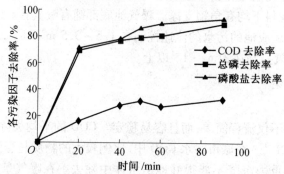

图 14.20　COD、总磷、磷酸盐去除率随时间的变化

由图 14.20 可知,曝气 20 min 时,总磷、磷酸盐的去除率已经趋于稳定,达到 70% 以上。但此时 COD 的去除率只有 16%,还没有稳定。当曝气 40 min 时,总磷、磷酸盐、COD 的去除率都趋于稳定。40 min 时,COD、总磷、磷酸盐分别为 103 mg·L^{-1}、0.62 mg·L^{-1}、0.50 mg·L^{-1}。即使再延长曝气时间,出水水质也不会有太大的改善。由此可见,水力停留时间以 45~60 min 为宜。

(2)溶解氧量。

曝气量是影响该装置经济有效运行的重要因素。曝气催化铁工艺是在催化铁法的基础上增加了曝气,通过促进铁的腐蚀,形成大量具有较强絮凝能力的 Fe^{3+},从而有效地除去水中的磷和有机物。因此,出水水质情况与曝气量的大小有着直接的关系。

图 14.21 为不同的 DO 浓度下总磷、磷酸盐和 COD 的去除情况。当溶解氧浓度低于 2 $mg \cdot L^{-1}$ 时,各污染因子去除情况的变化不是很明显。继续增加溶解氧的浓度,当 DO>4 时,COD、总磷、磷酸盐的去除率全部趋于稳定。此时出水的 COD、总磷、磷酸盐分别为 73 $mg \cdot L^{-1}$、0.73 $mg \cdot L^{-1}$、0.31 $mg \cdot L^{-1}$,均优于出水排放标准。通过对溶解氧因素的研究可知,将 DO 浓度控制在 4 $mg \cdot L^{-1}$ 左右,既可以保证出水不低于城镇污水排水标准,又可以有效地节省动力费用。

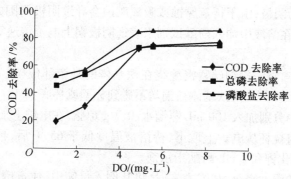

图 14.21　不同溶解氧浓度下各污染因子的去除情况

14.4　镀阴极电解法及其固定床反应器的研究

催化铁电解法已得到大规模的应用,但在理论与实践两方面,还有不少研究工作需要完善。在理论方面:催化铁电解法的电化学反应机理,已经得到较为充分的阐述,但有关金属表面反应的情形却不甚了解,如反应时单质铁表面的什么位置为首先被腐蚀的区域、铜铁接触面积大小(比例)是否会影响反应速率等。在实践方面,目前催化铁电解技术在应用中选择铜刨花、铜丝等作为阴极,由于铜的市场价不断走高,使该方法的投资费用不断增加。铜作为催化电极,效果主要取决于电极的面积,如果能在保持铜电极电化学催化的基础上,大幅度降低铜的使用量,将有利于减少该方法的投资,是很有研究价值的课题。此外,电解电化学反应机理,如有机物在阴极上得电子的过程,若能有直观的反映,也是对催化铁电解法机理的有力支持。

本节从考察双金属的表面反应出发,阐明金属表面的反应情形;研究在铁基体上直接镀铜替代单质铜电极的可行性;通过对比实验考察两种催化铁电解法对染料脱色的效果,探讨电极形式的改变对反应效率的影响;为便于镀铜电解法广泛用于工业废水处理,形成定型的污水处理产品,开发了固定反应床;对传统化学置换镀铜工艺进行改进,确立适合 Cu/Fe 电解体系的新型镀铜工艺参数。研究过程中,还在不同工况条件下进行了实验,考察多种催化铁体系的处理效果,解决工艺运行中的问题,为镀铜催化铁体系的实际应用奠定基础。

14.4.1　Cu/Fe 电解法表面反应的研究

1. 实验原理与方法

金属铁与铜单质接触后形成的电偶腐蚀,加快了金属铁在电解质溶液中的腐蚀,即加快了 Fe^{2+} 从铁表面的溶出。由于各种分子、离子在普通电解质中的扩散速率较大,无法直接观测铁表面的腐蚀过程,实验通过添加试剂固定电解质溶液,使腐蚀过程固定在某一范围内发生,便于以直观的方法初步表征 Cu/Fe 双金属体系的腐蚀速率及铁表面腐蚀强点等微观问题,为后续铁镀铜实验的研究提供理论基础。

实验采用琼脂固定电解质溶液,以降低其中各种分子、离子的扩散速率,将腐蚀过程固定在某一范围内发生。金属铁作为阳极,腐蚀后产生大量 Fe^{2+},由于铁氰化钾能与 Fe^{2+} 生成蓝色的滕式蓝沉淀,因此可以通过在溶液中添加铁氰化钾来表征阳极铁表面上的腐蚀强点等现象。金属铜作为阴极,由于析氢腐蚀或吸氧腐蚀会导致阴极周围的 pH 升高,而酚酞指示剂遇碱变红,可以在溶液中加入酚酞试剂来表征阴极铜上电子传递等问题,具体实验步骤如下:

①取一段铁基体,将一段铜丝紧密缠绕在铁基体的某个部位(或者中部镀铜),用绳将其悬挂在 100 mL 的量筒中,使铁基体与铜丝不碰到杯壁或杯底。

②向一个烧杯中分别加入 100 mL 蒸馏水、0.7 g 琼脂,在电炉上加热溶解。

③琼脂溶解后将烧杯从电炉上取下,待溶液温度低于 65 ℃后,再向溶液中加入 2 mL 0.1 mol·L^{-1} 的铁氰化钾和 2 mL 酚酞指示剂。

④当上述溶液的温度降至 50 ℃左右时,将其倒入量筒中,注意倒入时溶液不应接触到铁基体,冻胶中不应留有气泡,然后密封。完全冷却后,铁基体与铜丝被固定于冻胶中。反应方程式为

$$3Fe^{2+}+2K_3[Fe(CN)_6] \Longrightarrow 6K^+ + Fe_3[Fe(CN)]\downarrow$$

2. 铜丝/铁双金属体系反应表面的研究

(1)实验材料。

本研究以铁刨花(35CrMo)或钢棒(高碳钢)为阳极,以铜丝为阴极,并进行对比实验。实验前将两根铁基体在盐酸中浸泡 20 min,除去铁基体表面的锌或铁锈,然后用水洗去基体上的盐酸,晾干后,将铜丝紧密绕在其中一根铁刨花或者钢棒中部。为保证实验结果的准确性及重现性,实验中所使用的铁刨花或钢棒出自同一材料。

(2)铜丝/铁刨花双金属体系反应表面的研究。

用蒸馏水配置冻胶,观察对比铜对反应体系的还原效果和反应历程的影响。

反应开始 10 min,铁刨花周围几乎没有红色,而铜丝周围却产生少量红色,这说明铜能起到传递电子的作用。在铁体系中,铜的引入增大了有效反应区域,初步证明了阴极的电化学反应,且起了很重要的作用。反应 4 h 后,由于铜阴极上传递了大量的电子,其周围溶液中的溶解氧或氢离子得到电子后生成了大量的氢氧根离子,使得铜阴极周围的 pH 升高,酚酞溶液遇碱变红。铁刨花周围的红色比铜的要深得多,这说明将铜引入铁体系,加快了铁基体的腐蚀,能在相同时间内还原更多的物质,也证明了在相同时间内 Cu/Fe 双金属体系的反应速率要比单纯的铁体系高,这一结论符合金属铜作为电化学催化剂加速阳极铁腐蚀的理论。

(3)铜丝/钢棒双金属体系反应表面的研究。

① 铜的引入对电子传递的影响。为了证明铜能起到传递电子的作用,即污染物能在铜电极发生还原反应,实验中将铜丝的一端缠在铁基体的下部,另一端悬在铁基体下面。反应 1 h 后,垂在铁基体下端的铜丝周围存在明显红色,说明该段铜丝周围的 pH 有所升高,即金属铜起到了传递电子的作用,有机物能在铜上获得电子发生还原。这说明有机物不但能在

铁表面发生还原反应,在铜电极表面也能得电子发生还原反应,从而证明了反应体系的电化学还原过程和铜的电化学催化作用。

② 冻胶中不加有机试剂。由于铁刨花成卷曲状且表面高低不平,用其作为腐蚀阳极难以直接观测阳极铁表面的腐蚀活化点、腐蚀程度及腐蚀历程,实验采用表面相对较均匀的钢棒作为腐蚀阳极,以便于直观观测阳极铁表面腐蚀活化点、腐蚀程度及腐蚀历程。

实验开始前钢棒表面有少许暗色。反应 4 h 后,钢棒表面产生一些蓝色沉淀,这是由于铁基体发生腐蚀反应产生的 Fe^{2+} 与冻胶中的铁氰化钾生成了蓝色沉淀,间接说明铜铁电偶腐蚀效应加速了阳极铁的腐蚀。因为加铜后铁表面的蓝色沉淀远远多于不加铜的铁表面,由此可说明铜的存在加速了阳极铁的腐蚀,增加了铁释放电子的速率,从而提高了有机物还原反应的速率。

此外,实验中发现铜铁接触点附近产生轻微的蓝色沉淀,在两头附近生成较多的蓝色沉淀。这说明铜铁接触点上存在铁的腐蚀,但腐蚀量相对较少。通过电导率仪测出冻胶的电导率为 $0.966\ mS \cdot cm^{-1}$,由于冻胶的电导率比较高,阴阳两极间溶液的电阻小,产生的欧姆压降较小,Cu/Fe 双金属体系产生的电偶电流会分散到离铁铜接触点较远的阳极铁表面上,阳极铁所受的腐蚀相对均匀。铁表面存在显微级的变形或应力状态差异,变形较大和应力集中的部位腐蚀电位更负,首先被腐蚀。铁表面腐蚀较强点应为两头或者表面突起等变形较大和应力集中的部位,这些部位的腐蚀电位相对更负,较易腐蚀;而铜铁接触点不一定是变形较大和应力集中的部位。因此,出现由于离阴极较近的阳极快速腐蚀导致阴极铜大量脱落的现象的可能性比较小,这为铁镀铜电解法的可行性提供了实验依据。

③ 冻胶中添加硝基苯溶液。以上实验均用蒸馏水配置冻胶,未添加其他试剂。由于硝基苯的还原过程会因消耗氢离子而使溶液呈碱性,相对于纯净水所配置的冻胶,在冻胶中加入硝基苯溶液能更明显地表征铁表面电化学腐蚀等问题。因此下面的实验中,在配置琼脂溶液时加入硝基苯,使其在冻胶中的浓度为 $500\ mg \cdot L^{-1}$。

反应 3 h 后,中部系有铜丝的钢棒表面上的蓝色沉淀及红色远远大于纯钢棒的,也远远大于 Cu/Fe 双金属体系中的绕有铜丝的钢棒的;而纯钢棒上的沉淀及红色与 Cu/Fe 双金属体系中的纯钢棒几乎相同,仅有少量蓝色沉淀。这说明单纯铁体系还原硝基苯的速率比较慢,铜的引入加速了铁的腐蚀,且具有强拉电子基团的有机物也能明显提高双金属体系中铁的腐蚀速率。作为预处理,Cu/Fe 双金属体系比单纯铁体系更具有优势,能相对快速地还原难降解有机物。

3. 铁镀铜双金属体系反应表面的研究

上述实验均以铜丝作为腐蚀阴极,为了直观地考察镀铜阴极对还原体系的影响,选用钢棒作腐蚀阳极,实验前在盐酸中浸泡 1 h,以除去其表面的锌或铁锈。然后用水洗去钢棒上的盐酸并晾干。在钢棒中部缓慢滴上 10 滴质量浓度为 $10\ mg \cdot L^{-1}$ 的硫酸铜镀液,使钢棒中部存在一层镀铜层;同时以纯钢棒为阳极作对比。

反应 4 h 后,镀铜钢棒表面产生了大量蓝色沉淀,腐蚀比单纯的钢棒要严重。由于该阴极铜是通过置换反应直接镀在阳极铁表面,故两极间距离极小,因而电阻也极小,欧姆压降可以忽略,Cu/Fe 双金属体系产生的电偶电流会分散到离铁铜接触点更远的阳极铁表面上。同样,钢棒表面存在细小的变形、凹凸不平或者应力状态分布不均匀,应力相对集中的点的腐蚀电位较负,腐蚀也较为厉害。因此,由于阳极铁基体表面上电偶电流的分布相对均匀,铁铜接触点不一定为变形较大或者应力集中点,从而铜铁接触点上铁的腐蚀并非是腐蚀强点,出现铜铁接触点上铁基体大量腐蚀而导致铜单质大量脱落的情况的可能性较小。

此外,铁镀铜双金属体系中,电偶电流可以分散到离铁铜接触点较远的阳极铁表面上,即阳极铁表面上电偶电流分布相对均匀,不会聚集在离阴极较近的阳极上,减少了铁基体上出现局部某处腐蚀程度远大于其他各处的现象的可能性,从而减少了由于成形滤料局部大量腐蚀生成大量沉淀阻塞水流通路而导致水力短流或结块的可能性。

14.4.2　镀铜催化铁电解法的应用研究

金属铁与其他电位高的金属相接触或金属铁中含有杂质时,会形成腐蚀电池,加快金属铁在电解质溶液中的腐蚀速率,相应地也加快了阴极上的还原反应速率。在金属铁基体表面镀上少量铜,使铜铁紧密接触,两极间电阻较小,欧姆阻抗较低,能使铁基体腐蚀相对均匀。在铁基体上镀铜还可以提高 Cu/Fe 双金属体系的阴极面积,增大有效反应区域,进一步提高双金属腐蚀的效率,加速铁的氧化,使作为电子受体的有机物的比例大大增加,使更多种类的重金属离子及有机污染物在电极上得到还原,提高还原效果。

铁镀铜电极的制备是通过化学置换镀铜法获得的。化学置换镀铜是指没有外电流通过,用化学置换的方法,将铜单质沉积在铁基体表面。这里将考察催化铁电解法中用镀铜代替铜丝作为阴极的可行性。

1. 镀铜电极最佳镀铜率的选择

不同镀铜率的 Cu/Fe 双金属催化还原体系对染料的脱色效果可能不同。下面将在不同脱色对象、不同影响因素下,对比不同镀铜率下铁刨花对染料脱色率的差别,以确定最适宜的镀铜率。

(1)铁镀铜电极材料的制备。

本研究用铁刨花作为阳极,为了准确地对实验结果进行比较判断并维持实验的重现性,要保证实验过程中还原剂材料的一致性,本节研究使用的铁刨花材料出自同一型号的钢材,合金钢 35CrMO。专制铁刨花呈弯曲状,宽约 6 mm,厚约 1 mm,使用前需将铁刨花除油清洗。

称取经过除油清洁处理的铁刨花 160 g,放入 500 mL 的广口瓶中压实,堆积密度约为 0.32 kg·L^{-1}。按照一定的镀铜率配置不同浓度的硫酸铜溶液各 450 mL,加入反应瓶中。密封后置于摇床,摇床转速为 100 r·min^{-1},振荡 2 h 后,将反应瓶中溶液倒出并用水进行充分清洗后备用。反应生成的铜沉积在铁刨花表面,与其形成 Cu/Fe 双金属体系。本实验中制备的 Cu/Fe 双金属体系的镀铜率分别为 0、0.1%、0.3%、0.5%、0.8% 和 1%。

(2)多种染料脱色效果的对比。

染料的色度可以用吸光度进行表征,其测量波长的确定可通过紫外分光光度计进行全波段扫描,吸光度最大的波长即为测定染料的波长。实验前做好染料的浓度-吸光度标准曲线,色度去除率可表示为

$$色度去除率(\%) = \frac{(A_{反应前} - A_{反应后})}{A_{反应前}} \times 100\%$$

式中　$A_{反应前}$——反应前染料的浓度;

　　　$A_{反应后}$——反应后染料的浓度。

此外,为保持每次实验的初始条件相同,实验结束后用 1% 的硫酸分别浸泡六瓶铁刨花 10 min,去除其表面的吸附物或沉淀,然后倒出并用水清洗,最后在瓶中装满水防止其氧化,并且密封存放。

（3）还原棕 GG

选择还原棕 GG 为脱色对象,分别向 1#、2#、3#、4#、5#、6# 广口瓶中加入 450 mL 质量浓度为 300 mg·L^{-1} 的此种染料,溶液的初始 pH = 7.0,密封后置于摇床中进行反应。反应温度为 25 ℃,摇床转速为 100 r·min^{-1},定时取样测定。

反应开始 20 min 后,各个比例铁镀铜电解体系对还原棕 GG 的脱色率均达到 92%,而单纯铁电解体系的脱色率只有 46.6%；反应进行到 80 min 时,单纯铁电解体系对还原棕 GG 的脱色率才达到 95%。脱色作用以电化学反应还原还原棕 GG 为主,另外由于还原棕 GG 是不溶性染料,铁镀铜电解法中铁的腐蚀较快,产生的大量铁离子,对还原棕 GG 有良好的混凝去除作用；而单纯铁电解法中铁的腐蚀速率相对较慢,因而产生的铁离子对还原棕 GG 的混凝去除相对较弱。

（4）中性灰 2BL。

选择可溶性中性灰 2BL 为脱色对象,浓度为 400 mg·L^{-1},溶液的初始 pH 为 6.5,密封后置于摇床中进行反应。

经拟合计算可知,$\ln c$ 与时间 t 之间是较好的线性关系,相关系数 (R^2) 较高,由于该体系属于多相体系,涉及多种反应原理和反应过程,所以该类反应动力学为表观一级反应,即铁刨花和 Cu/Fe 双金属体系对中性灰 2BL 的脱色反应符合准一级反应动力学方程:

$$\frac{\mathrm{d}c}{\mathrm{d}t} = -K_{\mathrm{obs}}t, \ln\left(\frac{c_0}{c}\right) = K_{\mathrm{obs}}$$

由结果可以看出,与单纯铁电解体系相比,相同时间内镀铜 Cu/Fe 双金属体系对中性灰 2BL 的脱色速率明显增大。反应 20 min 后,0.3% 镀铜率的铁刨花体系对中性灰 2BL 的脱色率已达到 67.2%,仅比单纯铁电解体系 120 min 时的脱色率 67.4% 低了 0.2%。镀铜率继续增大,铁镀铜电解体系对中性灰 2BL 脱色率的提高就不太明显了。

实验中,镀铜率从 0 增加到 0.3% 的过程中,表观反应速率常数 K_{obs} 明显增大；镀铜率继续增大,表观反应速率常数 K_{obs} 几乎不增加。由上述实验结果可知,开始时随着镀铜率的增大,沉积在铁刨花表面的金属铜的数量增多,与铁基体形成更多的电偶腐蚀电池,生成更多铁离子大大加强了混凝脱色作用,进而使得还原体系的表观反应速率常数 K_{obs} 明显增大,脱色效果也得到增强。随着镀铜率的继续增加,阴极的有效面积并没有相应增加,反应速率增强的趋势变得平缓,当增大到一定程度后,铁刨花表面被较多的金属铜包裹,导致阳极的有效面积降低,减少了阳极铁与溶液中染料分子的接触面积,使反应过程中的传质变得困难,脱色效果可能下降。

（5）中性枣红 GRL。

选择中性枣红 GRL 为脱色对象,浓度为 400 mg·L^{-1},溶液的初始 pH 为 9.1,密封后置于摇床中进行反应。

由结果可知,铁镀铜电解体系对中性枣红 GRL 的脱色率随时间变化趋势基本一致。反应 2 h 后,不同镀铜率的 Cu/Fe 双金属体系对中性枣红 GRL 的脱色率均达到 92% 以上,单纯铁电解体系的脱色率为 83.1%。随着镀铜率从 0 提高到 0.8%,表观反映速率常数 K_{obs} 也不断增加;继续提高镀铜率,表观一级反应速率常数 K_{obs} 基本不变。

(6)脱色效果的影响因素。

为进一步考察影响脱色效果的因素,对比在不同初始 pH、初始浓度下,不同镀铜率的铁刨花对染料的脱色效果。每次实验结束后用 1% 硫酸分别浸泡六瓶铁刨花 10 min,脱去其表面的吸附物或沉淀,然后倒出并用水清洗,最后在瓶中装满离子水并密封保存。

(7)pH。

质量浓度为 500 mg·L^{-1} 的中性枣红 GRL 染料,分别在溶液初始 pH 为 3.0、6.5、9.5 和 12.0 的条件下进行实验,用 H_2SO_4、NaOH 溶液调节 pH。密封后置于摇床中反应 2 h。

在溶液 pH 为 3.0 时,反应 80 min 后,镀铜率为 0.5%、0.8% 和 1% 的铁刨花对中性枣红 GRL 脱色率最好,已达到反应终点。三者的表观反应速率常数 K_{obs} 均为 0.04,相关系数为 0.99。而 0.3% 镀铜率的铁刨花对中性枣红 GRL 的 2 h 脱色率略高于 0.1% 镀铜率的铁刨花,其表观反应速率常数 K_{obs} 高出单纯铁电解体系 50%。溶液 pH 为 9.5 时,反应 2 h 后,镀铜率为 0.8%、1% 的铁刨花对中性枣红的脱色效果最好,达到 97.5%,单纯铁电解体系的脱色率为 82.2%;当溶液初始 pH 为 12.0 时,反应 2 h 后,单纯铁电解体系对中性枣红 GRL 的脱色率最低,约为 21%。

随着镀铜率的上升,铁刨花的表观反应速率常数 K_{obs} 也随之上升,对中性枣红 GRL 的脱色效果也有所增加。0.3% 镀铜率的铁刨花在酸性、中性和偏碱性条件下,2 h 后对中性枣红 GRL 的脱色率均在 90% 以上,在 pH 为 12.0 时,脱色率仍能达到 30%。

实验表明,在 pH<12 的条件下,铁镀铜电解体系对中性枣红 GRL 的脱色率均高于单纯铁电解体系的脱色率。随着溶液 pH 的增大,反应速率减小;在同一 pH 条件下,随着镀铜率的增大,表观反应速率常数 K_{obs} 也相应增大,但增大趋势逐渐减小,直至表观反应速率常数 K_{obs} 不再增大,甚至会出现减小。在酸性、中性和偏碱性条件下,对中性枣红的脱色以金属铁的直接还原和电化学还原为主,当溶液的 pH 为碱性时,电偶腐蚀对中性枣红 GRL 的还原成为主要作用。因此 Cu/Fe 双金属比单纯铁电解体系更能适应较宽范围的 pH,克服了普通铁屑法仅适于处理 pH 较低的废水的缺点。

(8)初始浓度。

初始 pH 为 9.5 的中性枣红 GRL 染料,分别在初始染料质量浓度为 500 mg·L^{-1}、800 mg·L^{-1} 和 1 000 mg·L^{-1} 的条件下进行实验。密封后置于摇床中反应 2 h。

在不同溶液初始浓度下,不同镀铜率的铁镀铜电解体系对中性枣红 GRL 的脱色率随时间的变化基本一致,均高于单纯铁电解体系的脱色率。当初始浓度为 1 000 mg·L^{-1} 时,反应 2 h 后,单纯铁电解体系对中性枣红 GRL 脱色率仅为 35.5%,且大部分脱色反应是在反应开始 40 min 内进行。镀铜双金属体系的脱色率为 53% 以上,各个铁镀铜电解体系降解有上升空间,仍有继续脱色中性枣红 GRL 的能力,而单纯铁电解体系降解曲线有趋于平缓的趋势,继续脱色能力低下。

(9)多批次实验。

为了初步确定短时间内铁镀铜的脱色效果,设计如下实验:重新取 6 个广口瓶,压入 160 g 的去油铁刨花,并按前面的镀铜率进行镀铜。分别在 6 个广口瓶中加入 450 mL 浓度为 400 mg·L^{-1} 的中性灰 2BL 染料,溶液的初始 pH 为 6.5,密封后置于摇床中反应。反应温度为 25℃,摇床转速为 100 r·min^{-1},反应 2 h 后取样测定。每次实验结束后不酸洗,瓶中溶液不倒出,直接用水灌满广口瓶,连续反应 14 d,结果如图 14.22 所示。

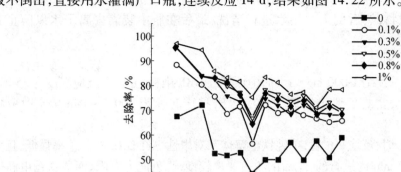

图 14.22　15 次批次实验 2 h 脱色率

从图 14.21 可以看出,2 h 后,随着镀铜率的提高,中性灰 2BL 的脱色率也相应提高,镀铜率为 0、0.1%、0.3%、0.5%、0.8% 和 1% 的铁刨花对中性灰的平均脱色率分别为 58.3%、73.5%、76.2%、78.7%、77.9% 和 83%。随着实验次数的增加,实验过程中产生并附着在铁刨花表面的铁的氧化物或氢氧化物也增多,对有机物的传质过程产生了一定的影响。所以从第 1 天实验到第 7 天实验出现了处理效率缓慢下降的现象。从第 8 天实验开始,各个体系 2 h 的处理效率时有升降,基本在一个固定值附近上下振荡。

早期有关铁表面钝化膜性质的研究说明,钝化膜的内层为磁铁矿(Fe_3O_4),是混合的 Fe(Ⅱ,Ⅲ)氧化物,外层为磁赤铁矿($\gamma-Fe_2O_3$),是 Fe(Ⅲ)氧化物。磁铁矿的电导性质类似于 Fe^0 的电导性,因而形成磁铁矿并不影响铁表面的电子传递;相对于磁铁矿,磁赤铁矿在结构、价态组成和导电性上与金属 Fe 有较大的差别,因而认为它是 Fe 被水钝化的产物。铁表面的钝化可能引起反应点的饱和,继而影响与浓度有关的反应速率。因此,随着铁刨花表面磁赤铁矿的增多,其对脱色反应的阻碍也随之增强。

综上所述,在一定镀铜率的范围内,铁刨花的镀铜率越高,其脱色效果也越好,但脱色效果的增加趋势逐渐变缓。由于阳极铁表面外层生成的磁赤铁矿与沉积在铁表面的大量铁的氢氧化物会影响脱色反应的进行,又因为这些外层沉积物呈疏松的树状结构,不能使反应完全中止,因而各反应体系的脱色效果下降到一定值后会保持基本的稳定。综上所述,实验结果和实验过程中存在的铜单质脱落问题,建议 Cu/Fe 双金属体系中铁表面的镀铜率以 0.2% ~ 0.3% 为宜。

2. 三种还原体系脱色效果比较

由于铁镀铜电解体系增大了阴极铜的面积,主要考察铁镀铜电解体系与原铁铜电解体系对染料的脱色还原效果,进一步证明镀铜 Cu/Fe 双金属体系对染料的脱色效果要优于原铁铜电解体系。选 5 种影响因素作为实验变量,对比不同影响因素下单纯铁电解体系、铁镀铜电解体系、原铁铜电解体系三种体系对染料的脱色效果。

取铜屑 27 g 与 160 g 去油铁刨花机械混合均匀,压入 500 mL 的广口瓶内,形成原铁铜电解体系;再分别取经过去油处理的铁刨花 160 g 及铁镀铜电解体系(镀铜率为 0.3%)各 160 g 压入两个 500 mL 的广口瓶中,形成单纯铁电解体系与铁镀铜电解体系。实验以高浓度的中性枣红 GRL 为脱色对象,每次实验结束用 1% 硫酸分别浸泡三瓶铁刨花 10 min,除去其表面吸附物或沉积物,然后倒出并用水进行清洗,最后在瓶中装满去离子水以防止其氧化。

(1)温度的影响。

初始 pH 为 9.5、浓度为 1 000 mg·L^{-1} 的中性枣红 GRL 染料,分别在反应温度为 35 ℃、45 ℃、60 ℃ 的条件下,密封后置于摇床中反应 2 h,摇床转速为 100 r·min^{-1},定时取样测定。

反应温度为 35 ℃ 时,反应 2 h 后,单纯铁电解体系对中性枣红 GRL 的脱色率最低,且大部分是在开始后的 20 min 内进行的,之后的脱色速率较慢,脱色能力有限,而原铁铜电解体系、铁镀铜电解体系的表观反应速率常数 K_{obs} 分别为单纯铁电解体系的 2 倍、3 倍。反应温度为 45 ℃ 时,三个体系 2 h 后的脱色率没有明显升高;温度为 60 ℃ 时,反应 2 h 后,单纯铁电解体系、铁镀铜电解体系、原铁铜电解体系对中性枣红 GRL 的脱色率分别为 36.2%、65.4% 和 50.7%。

铁镀铜电解体系具有大阴极、小阳极的结构特点,大大加快了阳极铁的腐蚀,且大阴极为染料分子的还原提供了更大的反应区域。原铁铜电解体系中,阴阳两极间存在欧姆压降,而铁镀铜电解体系中,两极间的欧姆压降几乎可以忽略,且在大面积阴极上的腐蚀电流密度较低,减弱了阴极的极化效应。由实验结果可知,温度为 35 ℃、45 ℃ 时,表观反应速率常数 K_{obs} 没有太大改变,说明温度的变化对三个体系脱色效果的影响较小。若是普通的化学反应,由阿伦尼乌斯公式可知,温度上升反应速率提高;而在电化学反应中,温度提高增大了体系的电阻,所以温度的影响并不符合阿伦尼乌斯公式所表述的规律。

(2)初始 pH 的影响。

浓度为 1 000 mg·L^{-1} 的中性枣红 GRL 染料,反应温度为 35 ℃,分别在初始 pH 为 3.0、6.5、9.5、12.0 的条件下,密封后置于摇床中反应 2 h。

在各个初始 pH 条件下,铁镀铜电解体系对中性枣红 GRL 的脱色效果均大于其他两个体系。在酸性、偏碱性条件下,铁镀铜电解体系、原铁铜电解体系的表观反应速率常数 K_{obs} 分别为单纯铁电解体系的 3 倍、2 倍。同样,进水为高浓度中性枣红 GRL 时,单纯铁电解体系对其脱色效果极其有限,在各个 pH 下 2 h 后的脱色率最高为 36.6%,大部分脱色是在前 40 min 内进行的,后续时间脱色速率较慢,使得各个 pH 下的相关系数较低。在各个 pH 下,铁镀铜电解体系、原铁铜电解体系 2 h 后的脱色率最高分别可达到 64.3%、50.9%。当 pH 上升至 12 时,铁表面易生成磁赤铁矿,其在结构、价态组成和导电性上与金属 Fe 有较大的差别,被认为是钝化的产物,进而阻碍铁表面的电子传递,影响反应的进行。

(3)初始浓度的影响。

初始 pH 为 9.5 的中性枣红 GRL 染料,反应温度为 35 ℃,分别在初始染料浓度为 500 mg·L^{-1}、800 mg·L^{-1} 和 1 000 mg·L^{-1} 的条件下进行实验,密封后置于摇床中反应 2 h,定时取样测定。

在初始质量浓度为 500 mg·L^{-1}、800 mg·L^{-1} 条件下,单纯铁电解体系表现出较强的还原能力,反应 2 h 后,对中性枣红 GRL 脱色率分别为 64.2%、56.4%。初始质量浓度为 1 000 mg·L^{-1} 时,单纯铁电解体系的脱色能力变差,在第 3 h 内对中性枣红的还原去除率只有不到 7%,后续脱色能力较差;在此浓度下,铁镀铜电解体系、原铁铜电解体系则表现出较好的脱色效果,分别为高出单纯铁电解体系约 30%、17%。各个浓度下铁镀铜电解体系对中性枣红 GRL 的 2 h 脱色率均高于其余两个体系的,且随着中性枣红 GRL 初始浓度的增加,铁镀铜电解体系对中性枣红 GRL 脱色效果的优势就更明显,这说明铁镀铜电解体系具有较好的抗水质冲击性能。

(4)初始溶解氧的影响。

向三个广口瓶中各加入 450 mL 质量浓度为 1 000 mg · L^{-1} 的中性枣红 GRL 染料,反应温度为 35 ℃,初始 pH 为 9.5,分别在初始溶解氧质量浓度为 0.49 mg · L^{-1}(反应前用氮气吹脱 30 min)、3.56 mg · L^{-1}、4.78 mg · L^{-1}(反应前用空气曝气 30 min)的条件下进行实验,密封后置于摇床中反应 2 h,定时取样测定。

当溶液溶解氧从 3.56 mg · L^{-1} 降为 0.49 mg · L^{-1} 时,三个体系对中性枣红 GRL 的脱色率均有明显的下降,铁镀铜体系下降最大,但其 2 h 脱色率仍为最高,单纯铁电解体系下降最少;当溶解氧从 3.56 mg · L^{-1} 上升为 4.78 mg · L^{-1} 时,三个体系对中性枣红 GRL 的脱色率、表观反应速率常数 K_{obs} 几乎不增大。该现象可由标准电极电位公式说明:

$$\varphi(Fe^{2+}/Fe) = \varphi(Fe^{2+}/Fe) + RT/2Fln\ c_{Fe^{2+}}$$

有溶解氧时,阴极便发生如下反应:

$$O_2 + 2H_2O + 4e^- \longrightarrow 4OH^- \qquad E^{\theta}(O_2/OH^-) = 0.40\ V$$

或

$$O_2 + 4H^+ + 4e^- \longrightarrow 2H_2O \qquad E^{\theta}(O_2/H_2O) = 1.23\ V$$

当溶解氧较低时,增加溶解氧的浓度,即增加了体系的电化学还原能力;而当溶解氧过高,氧化溶液中的 Fe^{2+} 后尚有剩余时,溶解氧将直接成为阴极的去极化剂,夺取电子,从而影响中性枣红 GRL 的脱色。因此,当溶液中溶解氧的质量浓度超过 3.5 mg · L^{-1} 时,染料的脱色率没有明显提高。建议在实际工况中采用微曝气的形式,保持溶液初始溶解氧质量浓度为 1.0 ~ 1.5 mg · L^{-1}。

(5)摇床转速的影响。

在三个广口瓶中加入质量浓度为 1 000 mg · L^{-1} 的中性枣红 GRL 染料,反应温度为 35 ℃,初始 pH 为 9.5,分别在摇床转速为 0 r · min^{-1}、50 r · min^{-1}、100 r · min^{-1}、130 r · min^{-1} 的条件下进行实验,密封后置于摇床中进行反应 2 h,定时取样测定。

在各个摇床转速下,铁镀铜电解体系对中性枣红的脱色效果均高于其他两个体系的。当摇床转速分别为 0 r · min^{-1}、50 r · min^{-1}、100 r · min^{-1}、130 r · min^{-1} 时,摇床转速对三个体系的处理效果有显著的影响:当摇床转速低于 50 r · min^{-1} 时,溶液中的染料分子与铜铁不能充分接触,传质过程受到影响,脱色率较低;随着摇床转速的提高,溶液中染料分子与三个体系的金属表面的传质速率增大,促进了反应的进行,即说明传质控制因素逐渐减弱时镀铜体系的还原能力就突出了。因此,在实际工程中应尽可能地提高传质速率,加快反应的进行。

3. 共存离子对镀铜双金属体系影响的研究

(1)氯离子。

在铁镀铜双金属还原有机物的过程中,铁刨花表面生成的氧化物或氢氧化物影响传质速率,导致还原速率下降。氯离子是金属铁发生孔蚀的激发剂,当铁镀铜电解体系在反应中的处理效果下降时,可以用氯化钠作为激活的添加剂。

　　称取铁刨花 160 g,清洗去油,镀铜率 0.3%,压入 500 mL 的广口瓶中。配制质量浓度为 500 mg·L^{-1} 的中性枣红 GRL 染料溶液,初始 pH 为 9.5,在氯离子投加量分别为 0 mg·L^{-1}、0.01 mg·L^{-1}、0.03 mg·L^{-1}、0.05 mg·L^{-1}、0.08 mg·L^{-1}、0.1 mg·L^{-1} 的条件下进行实验,密封后置于摇床中反应 2 h。每次实验结束用 1% 硫酸分别浸泡三瓶铁刨花 10 min,除去其表面的吸附物与沉积物,然后倒出并用水清洗,最后在瓶中装满离子水以防止其氧化。

　　随着溶液中氯离子浓度的增加,铁镀铜电解体系对中性枣红 GRL 的脱色速率明显增大。没有氯离子加入时,反应 2 h 后,铁镀铜电解体系对中性枣红 GRL 的脱色率为 63.1%;氯离子质量浓度增加到 0.03 mg·L^{-1} 时,脱色率达到 92.3%;氯离子质量浓度继续增加,中性枣红 GRL 的还原处理效率没有明显的提高。

　　氯离子存在溶液中时,会吸附在金属表面,由于其半径较小,具有较强的穿透性,能将氧原子排挤掉,与金属表面的阳离子结合成可溶性氯化物,不再阻碍铁表面的传质过程。因此,氯离子对铁的点蚀活化了铁表面,使铁镀铜电解体系对染料的脱色还原效率保持稳定。随着蚀孔内 Fe^{2+} 的浓度不断增加,氯离子从蚀孔外向孔内迁移以维持电中性,导致孔内 Fe^{2+} 浓度升高发生水解,反应方程式为

$$FeCl_2 + 2H_2O \longrightarrow Fe(OH)_2 + 2H^+ + 2Cl^-$$

　　Fe^{2+} 水解使孔内氢离子的浓度增加,孔蚀内金属处于活化溶解状态。于是孔蚀外金属因表面电位较正成为阴极,孔蚀内外金属构成了微电偶腐蚀电池,促使孔蚀内的金属铁不断溶解,点蚀便以自催化的方式继续进行。但在活化铁镀铜电解体系中,氯离子的投加量不可过大,否则,强烈的点蚀可能造成铜单质的脱落。

　　(2)氨根离子。

　　废水处理中,氨氮的存在较为普遍,因而不能忽视其对催化材料可能产生的影响,以及长期使用过程中可能造成的铜消耗。高浓度的氨水会与铜表面的氧化铜、硫化铜、碱式碳酸铜,甚至铜基体发生反应,生成铜氨配合离子,致使阴极的铜流失,并影响后续生物处理。配制 1 800 mL 浓度为 500 mg·L^{-1} 的中性枣红 GRL 染料溶液,初始 pH 为 9.5,每次取 450 mL 置于广口瓶中。在氨根离子(硫酸铵)投加量分别为 0 mg·L^{-1}、60 mg·L^{-1}、100 mg·L^{-1}、200 mg·L^{-1} 的条件下进行实验,密封后置于摇床中反应 2 h,定时取样测定。每次实验结束用 1% 硫酸分别浸泡三瓶铁刨花 10 min,除去其表面的吸附物与沉积物,然后倒出并用水清洗,最后在瓶中装满去离子水以防止其氧化。

　　随着氨根离子浓度的增加,铁镀铜电解体系对中性枣红 GRL 的脱色率增大。当氨根离子浓度增大到 100 mg·L^{-1} 时,继续增加其浓度对中性枣红 GRL 脱色率的提高就不明显了。由于亚铁离子能与氨根离子形成稳定的铁氨络合离子,铁表面的铁离子、亚铁离子浓度下降,减少了铁表面生成氧化物钝化层,使铁刨花表面保持新鲜的活性状态,从而提高了对中性枣红 GRL 的脱色率。随着氨根离子浓度的增大,铁的腐蚀速率逐渐成为控制步骤,因此脱色率提高的幅度降低。

　　通过采用原子吸收光谱仪测定每次反应的出水中的铜氨络合离子,可认为氨根离子质量浓度在 200 mg·L^{-1} 范围内时,较难形成铜氨络合离子,即阴极铜流失的可能性较小。

14.4.3　新型固定反应床的开发

1. 新型固定反应床的设计

催化铁电解法已在某市大型工业区的污水处理厂得到应用,取得了较好的效果。但在施工中也发现:①催化铁电解法使用大量的纯铜,总价远远高于其他材料,使得该方法的投资成本大幅提高;②催化铁电解法需要制作单元化滤料,其中铁刨花、纯铜屑和其他催化材料必须混合均匀。铁刨花和纯铜屑具有一定的形状、机械强度,又必须保持适当的堆积密度,要使三者混合均匀,施工上非常困难。

镀铜电解法的成功,使固定反应床的制成、定形产品化变得可能,以节省投资和施工难度,便于应用推广。

实验研究中选择方型反应器,采用上流式以保证水流分布均匀。为通过液压机将镀铜材料压制成定形滤料,并进行回流以增加固液两相传质速率,新型反应床的构造图如图14.23所示。

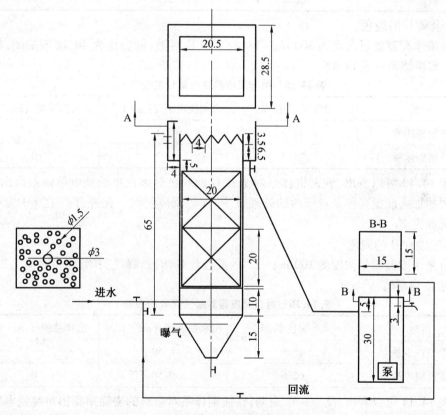

图 14.23　反应器设计图

该反应器为上流式反应器,底部进水,填料区下设有穿孔板以保证水流均匀穿过填料,减少由壁流导致的水力短流。在填料区放入两块事先压成形的镀铜催化铁材料,成形铁刨花的内部空间相对均匀,水流难以出现不均匀的现象;底部的斜斗为储泥区,反应过程中产生的沉淀在此处沉积,减少了沉淀物对填料区的影响;并在底部设置穿孔曝气管。该新型反应床建好后所需的运行与维护费用较少,操作简单,且易于管理。

此反应器共两套,其中一套的填料为单纯铁电解体的填料,另一套为铁镀铜电解体系填料(其中镀铜率定为 0.3%),两者为平行实验,测定批次连续流情况下铁镀铜电解体系填料处理效果的持续性。

2. 序批实验

(1)还原棕 GG 的脱色。

根据前期研究,铁电解法脱色染料的停留时间一般为 1~2 h,实验中用自来水配制质量浓度为 400 mg·L^{-1} 的还原棕 GG 溶液,回流比为 20,曝气关闭,停留时间为 1 h。

由结果(表 14.14)可以看出,铁镀铜体系对还原棕 GG 的脱色率比未镀铜铁体系的要高出 17%。

表 14.14　两套反应器对还原棕 GG 的去除

指标	1 h 脱色率/%	出水铁离子/(mg·L^{-1})	出水总铜/(mg·L^{-1})
单纯铁体系	35.3	2.2	—
铁镀铜体系	52.2	2.0	0

(2)金黄 G 的脱色

用自来水配制质量浓度为 300 mg·L^{-1} 的金黄 G 溶液,回流比为 40,曝气关闭,停留时间为 2 h。实验结果见表 14.15。

表 14.15　两套反应器对金黄 G 的去除

指标	2 h 脱色率/%	出水铁离子/(mg·L^{-1})	出水铜单质/(mg·L^{-1})
单纯铁体系	45.7	3.1	—
铁镀铜体系	78.3	3.7	0

由表 14.13 可以看出,铁镀铜体系对金黄 G 的脱色效果比单纯铁电解体系高出 32%。这说明铜的加入能提高体系对染料的处理效率,缩短反应时间。此外,Fe^{3+} 在 pH 为 4.1 时就已经沉淀完全。

(3)酸性红 B 的脱色。

用自来水配制质量浓度为 100 mg·L^{-1} 的酸性红 B 溶液,曝气关闭,停留时间为 2 h。实验结果见表 14.16。

表 14.16　两套反应器对酸性红 B 的去除

指标	2 h 脱色率/%	出水铁离子/(mg·L^{-1})	出水总铜/(mg·L^{-1})
单纯铁体系	45.8	8.50	—
铁镀铜体系	62.6	9.50	0

由表 14.14 可以看出,反应一个周期,铁镀铜体系对染料的去除率高出单纯铁电解体系 16% 左右。

运行 3 d 后,镀铜刨花表面覆盖了一层厚厚的氢氧化铁沉淀,铁刨花表面已被腐蚀为黑色的铁的氧化物,而单纯铁表面则较为干净,呈金属亮色。由此证明,铜的引入加快了铁的腐蚀。

3. 连续流实验

为了考察两套反应器对染料脱色效果的持续性,以下实验均为连续流实验。配置质量浓度为 100 mg·L^{-1} 的酸性红 B 为脱色对象,白天连续进水 6~7 h。

（1）无回流条件。

实验条件:进水流量为 8.4 L·h^{-1},进水 pH 为 7.2,进、出水 DO 分别为 3.5 mg·L^{-1}、0.5 mg·L^{-1},曝气关闭,回流关闭,水力停留时间为 2 h。结果如图 14.24 所示。

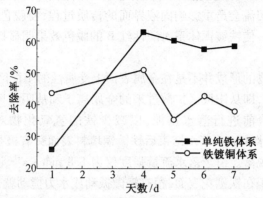

图 14.24　回流关闭条件下两套反应器对酸性红 B 的脱色

第 1 d 反应中,单纯铁电解体系铁对酸性红 B 的脱色效果较差,原因是铁表面较为干净,缺少作为宏观阴极的物质。第 2、3 d 没有进行实验,单纯铁电解体系表面产生腐蚀,生成少量铁的氧化物和氢氧化物,此过程可能会降低单纯铁电解体系阳极附近的氢氧根离子浓度,使阳极区趋于酸化,带负荷的离子如氯化物或硫酸盐趋于向阳极迁移,产生"点蚀效应"激活铁的腐蚀。因此从第 4 d 开始,铁刨花的脱色效果显著提高。对于铁镀铜电解体系,如前所述,反应过程中生成大量的氢氧化铁沉淀覆盖在金属表面,严重阻碍了铁表面的传质过程,导致其 5 d 的平均脱色率仅为 42.2%。

（2）大回流比条件。

实验采用大流量回流以加大液质传质速率,提高两套反应器对酸性红 B 的脱色效果。实验条件:回流流量为 336 L·h^{-1},进水流量 8.4 L·h^{-1},回流比为 40,进水 pH 为 7.2,进、出水 DO 分别为 3.5 mg·L^{-1}、0.5 mg·L^{-1},曝气关闭,水力停留时间为 2 h。结果如图14.25 所示。

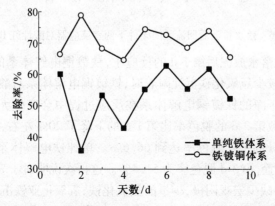

图 14.25　40 倍回流条件下两套反应器对酸性红 B 的脱色

从图 14.25 中可以看出,在大流量回流的条件下,铁镀铜电解体系的脱色效果高于铁刨花的,平均去除率为 70.3%,比回流关闭的铁镀铜电解体系的平均脱色率高出约 30%;而单纯铁刨花体系的平均去除率为 53.3%，与回流关闭的单纯铁电解体系的平均脱色率几乎相同。具体原因分析如下：单纯铁电解体系填料的表面只有一层较薄的沉积物，而铁镀铜电解体系填料的表面有很厚的沉积物，几乎将铁刨花淹没。对于单纯铁电解体系来说，大流量回流并不能提高其对酸性红 B 的脱色效果；而对于铁镀铜体系，由于铁镀铜填料表面已有一层很厚的沉积物，没有回流会严重影响固液界面的传质过程，使脱色效果降低；大流量的回流带走了大量的沉淀物，使铁镀铜体系对酸性红 B 的脱色效果明显提高。

（3）落水排泥效果。

一般情况下，沉淀物的形成并不是在金属表面上受腐蚀的阳极区直接发生的，而是在形成化学沉淀反应的地方，即从阳极区扩散过来的金属离子和从阴极区迁移来的 OH^- 相遇的地方。由此决定在实验前进行落水排泥，以减少铁的氢氧化物对传质效果的影响，以 $4.3\ L\cdot min^{-1}$ 的流量落水 8 min，落水结束后铁镀铜填料表面只有极少部分氢氧化铁沉淀附着，大部分已经随水流脱落。由于落水流量强度仅为 $1.8\ mm\cdot s^{-1}$，说明氢氧化铁并非吸附型沉淀，只是简单地沉积在铁刨花表面，稍有轻微振动或水力搅动就会脱落。

从上述两个反应器中各取出一根铁刨花，可以看出，单纯铁电解体系反应器取出的铁刨花表面仍有金属光泽，基本上没有 $Fe(OH)_3$ 沉淀，腐蚀较为轻微；从铁镀铜反应器中取出的铁刨花，表面同样基本没有黄色 $Fe(OH)_3$ 沉淀，但是表面已变为黑色，说明腐蚀较为严重。

实验条件为：进水流量 $8.4\ L\cdot h^{-1}$，进水 pH 为 7.2，进、出水 DO 分别为 $3.5\ mg\cdot L^{-1}$、$0.5\ mg\cdot L^{-1}$，回流关闭，曝气关闭，水力停留时间为 2 h。结果如图 14.26 所示。

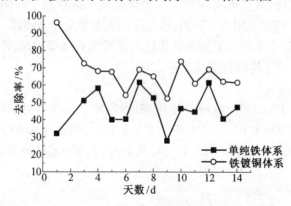

图 14.26　落水排泥后回流关闭条件下两套反应器对酸性红 B 的脱色

由图 14.26 可知，落水放泥后第 1 d 的反应中，铁镀铜电解体系的脱色率达到 95.5%，说明铁刨花表面在有较少氢氧化铁沉淀附着时，铁镀铜电解体系对酸性红 B 有显著的脱色效果。由于表面较为干净的铁镀铜电解体系在反应过程中会产生大量的铁的氢氧化物沉淀，阻碍传质过程，导致第 3 d 的脱色率比第 1 d 的下降了 20% 左右，之后 11 d 的脱色率保持在 65% 左右，后 13 d 的平均脱色率达到 66.6%。单纯铁电解体系第 1 d 的脱色率小于 35%，经过第 2 d 的闲置，第 3 d 脱色率为 51.4%。这再次说明对于表面干净的单纯铁电解体系来说，反应过程中缺少宏观阴极，少量的氢氧化铁、氢氧化亚铁沉积在铁刨花表面，可能间接产生点蚀效应与浓差腐蚀电池，提高单纯铁电解体系对酸性红 B 的脱色率。

每次实验均检测了其出水中总铜的含量。检测结果表明，出水中总铜的含量均低于标准分析方法中的最低检测限。

4. 两种催化铁体系效果的对比

这里主要考察不同初始 pH,及适当回流、曝气搅拌、落水排渣条件下,两套反应体系对酸性红 B 的脱色效果。

(1)初始 pH 为 3.2。

进水 pH 为 3.2,进、出水 DO 分别为 3.5 $mg \cdot L^{-1}$、0.5 $mg \cdot L^{-1}$,回流关闭,曝气关闭,水力停留时间为 2 h。

在进水 pH 为 3.2 的条件下,10 d 内单纯铁电解系对酸性红 B 的平均脱色率为52.6%,而铁镀铜电解体系的平均脱色率为 70.9%。说明在 pH 较低的情况下,铁镀铜电解体系具有较强的脱色能力。

(2)初始 pH 为 9.9。

进水 pH 为 9.9,进、出水 DO 分别为 3.5 $mg \cdot L^{-1}$、0.5 $mg \cdot L^{-1}$,回流关闭,曝气关闭,水力停留时间为 2 h。

在碱性条件下,铁刨花的脱色率下降,平均脱色率为 45.7%。而铁镀铜的也有下降,平均脱色率为 63.8%,仍比铁刨花的高。从以上两个实验可知,在酸性和碱性条件下,铁镀铜电解体系对酸性红 B 的脱色效果均好于单纯铁电解体系的,更能适应进水水质的波动,减少对后续生物处理的冲击。

(3)300% 回流条件下。

由于实际工程运行中,不可能采用 40 倍的大流量回流,实验考察在 300% 回流的条件下,两套反应装置对酸性红 B 脱色效果的对比。实验条件为:进水 pH 为 7.2,回流比为 3,曝气关闭,水力停留时间为 2 h。

单纯铁电解体系对酸性红 B 的平均脱色率为 51.2%,比未开循环的脱色率提高了 5% 左右;铁镀铜的平均脱色率为 67.8%,与未开循环的脱色率几乎相同。说明适当的水流紊动对反应有利,过大的水流紊动不再是反应的控制因素。

(4)空气微曝气条件下。

采用三倍循环并不能有效地提高两套反应装置对酸性红 B 的脱色效果,因此考虑以微曝气的形式,实现对铁的氢氧化物的两相反冲,并加速阳极铁的腐蚀。实验条件为:选水流量为 8.4 $L \cdot h^{-1}$,进水 pH 为 7.2,回流关闭。用空压机进行空气曝气,通过转子流量计控制曝气量在 60 $L \cdot h^{-1}$ 左右,进、出水 DO 分别为 3.5 $mg \cdot L^{-1}$、1.5 $mg \cdot L^{-1}$,水力停留时间为 2 h。结果如图 14.27 所示。

由图 14.27 可知,单纯铁电解体系对酸性红 B 2 h 的平均脱色率为79.6%,铁镀铜平均脱色率为 88.5%,分别比未曝气实验中相应提

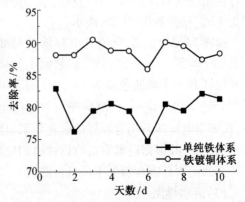

图 14.27 空气曝气条件下两套反应器对酸性红 B 的脱色

高了 28.2%、21.9%。说明在有气泡搅动的情况下,增加切向流速减小了扩散层厚度,加快了染料分子的传质,同时也增强了氧的传质,加速了铁的腐蚀;并且气泡加大了对铁表面附

着层的搅动,使附着在铁表面的沉淀脱落,使铁表面保持较为干净,加强了铁表面有机物的传质效率。

(5)氮气微曝气条件。

为了考察微曝气提高脱色率是由于增加了氧含量加速铁的腐蚀而使脱色率提高,还是由于增加了搅动提高了传质速率而提高了脱色率,用氮气取代空气进行曝气,实验设计如下:进水流量为 $8.4\ L\cdot h^{-1}$,进水 pH 为 7.2,回流关闭,采用氮气曝气,通过转子流量计控制氮气曝气量在 $60\ L\cdot h^{-1}$ 左右,进、出水 DO 分别为 $3.5\ mg\cdot L^{-1}$、$0.1\ mg\cdot L^{-1}$,水力停留时间为 2 h,批次运行两天,结果见表 14.17。

表 14.17　氮气微曝气条件下两套体系的脱色情况

指标	第一天脱色率/%	第二天脱色率/%	平均出水铁离子/$(mg\cdot L^{-1})$
单纯铁体系	81.1	80.8	11.1
铁镀铜体系	72.9	73.0	17.1

由表 14.15 可知,铁镀铜电解体系用氮气曝气时的平均脱色率比未曝气的平均脱色率高出 14%,比用空气曝气的平均脱色率低 7.5%。单纯铁电解体系采用氮气曝气的平均脱色率比未曝气的高 25%,比用空气曝气的低 7%。说明微曝气主要提高了水力搅动,减少了扩散层厚度,减少了附着在铁表面的氢氧化铁沉淀,增强了固液两相传质,使铁表面保持清洁,从而提高了有机物的扩散。

(6)空气微曝气条件下缩短停留时间。

由于微曝气能提高铁刨花体系对染料酸性红 B 的脱色效果,故考虑降低水力停留时间,在实际工程中可减少初期投资成本。实验条件为:进水流量为 $17.2\ L\cdot h^{-1}$,进水 pH 为 7.2,回流关闭,采用空压机进行空气曝气,通过转子流量计控制曝气量在 $60\ L\cdot h^{-1}$ 左右,水力停留时间为 1 h。结果如图 14.28 所示。

由图 14.28 可知,单纯铁电解体系对酸性红 B 的平均脱色率为 55.4%,铁镀铜电解体系对酸性红 B 的平均脱色率为 74%,比前者提高了约 19%。由此说明,在减少停留时间的条件

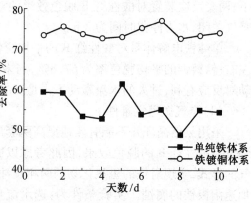

图 14.28　两套反应器对酸性红 B 的脱色

下,铁镀铜电解体系仍有较好的脱色效果,且铁的消耗量较少。因此实际工况中,建议采用微曝气工艺,并根据进水有机物的性质相应地减少水力停留时间。上述各实验中,铁镀铜电解体系的出水总铜含量低于最低检测限。

(7)落水排泥。

第一次落水排泥:运行 20 d 后进行一次落水排泥,落水强度为 $1.46\ mm\cdot s^{-1}$,落水时间为 8 min。

铁镀铜电解体系的底泥总量要远大于单纯铁电解体系的底泥总量;同样地,铁镀铜落水污泥中铁泥的浓度也远高于铁刨花的。这说明铁镀铜电解体系中铁阳极的腐蚀速率确实比单纯铁电解体系的快。

在铁镀铜电解体系中,底泥中铜单质总量约为 0.063 g,而落水污泥铜单质的总量约为 0.44 g,加上底泥中铜单质质量共约 0.45 g。部分铜单质的脱落主要是由于使用单一硫酸铜镀铜法,外层铜单质与铁基体没有紧密结合,在反应过程中脱落后随着氢氧化铁沉淀沉积在铁刨花表面。

第二次落水排泥:运行三个月后进行第二次落水排泥,落水强度为 1.46 mm·s^{-1},落水时间为 8 min。

在第二次落水排泥中,铁镀铜电解体系的污泥总量大于相应的单纯铁电解体系的污泥总量,再次证明铜的引入加速了阳极铁的腐蚀。

第二次落水排泥中铜单质总量为 0.105 g,低于第一次落水排泥的铜单质总量 0.45 g,加上由于曝气搅动而随出水排出的铜单质总量 0.32 g,三个月内铜单质脱落的总量为 0.875 g,是镀铜总量的 4.6%。以上数据说明,实验开始后 20 d 内铜单质脱落量相对较大,为 0.45 g;之后的 70 d,铜单质的脱落量相对较少,为 0.105 g。出现这种现象的原因是,新镀铜材料的外层铜层中存在结合力较低的铜单质,实验开始后会脱落,而随后铜单质的脱落可能是铜铁接触点上铁基体的腐蚀引起的。在镀铜双金属体系中,由铜铁接触点上铁基体的腐蚀导致铜单质大量脱落的可能性较小,脱落量也相对较低,需要较长时间才能完全脱落。

14.4.4　化学置换镀铜的研究

用硫酸铜法直接镀铜,镀层分布相对不均匀,局部铜层可能过厚;且外层铜层的结合力相对不足,易随水流脱落。以上两方面均会导致铜单质的浪费。下面将考察用新镀铜法加强铜层与铁基体结合力,在不完全覆盖铁刨花表面的条件下,使铜单质较为均匀的沉积在铁刨花表面,减少镀铜层局部过厚现象的产生,进而降低硫酸铜的消耗量。

1. 镀铜配方改进的研究

根据铁电解法对阳极铁的要求,镀铜层只能覆盖部分铁基体,使铁基体能接触废水形成还原反应。因此,铁电解新型滤料的镀铜要求与常规钢铁件的镀铜要求不尽相同,不能完全按照传统配方进行镀铜,否则会出现滤料表面覆盖紧密铜层,隔绝铁基体与废水接触,导致腐蚀电池效应无法产生的问题。应对传统配方进行调整,如改变镀液中硫酸铜的量,未来防止铁基体表面瞬间生成致密铜层,应减小镀液中硫酸铜的浓度。

调整两种传统配方的参数,并加入少量其他添加剂形成 6 种新配方,具体参数见表 14.18。

表 14.18　化学浸镀铜基础配方选择表一

工艺规范	配方 1	配方 2	配方 3	配方 4	配方 5	配方 6
硫酸铜/(g·L^{-1})	1.77	1.77	1.77	1.77	1.77	1.77
无机酸/(mL·L^{-1})			10	50	200	10
添加剂 1/(g·L^{-1})		0.1	0.1	0.1	0.1	
无机盐/(g·L^{-1})						10
添加剂 2/(g·L^{-1})						适量
温度/℃	室温	室温	室温	室温	室温	室温

实验中的铁基体为中碳钢钢棒,质量约为 15.1 g,使用前用 5% 的盐酸浸泡 5 min。在

单一硫酸铜镀铜法的基础上确定新配方所需硫酸铜的浓度,以0.3%镀铜率计算出所需硫酸铜的质量为0.177 g,溶入水中,配置成体积为100 mL、质量浓度为1.77 g·L^{-1}的镀液。其中,无机酸用于降低溶液中铜离子的浓度,添加剂1可降低置换反应的速率,即降低反应时的过电位,便于得到较为均匀的铜层,添加剂2由多种高分子化合物组成。

分别取6根钢棒,按表14.16中所列的配比进行镀铜。镀铜3 h后,可以看出,使用配方1的钢棒,镀层粗糙,颜色发暗,光亮度差,表面产生小突起;使用配方2、3、4、5的钢棒,铜层较薄,光亮度好,由于镀液中铜离子含量较低,又使用了降低镀速的添加剂1,使得镀速较慢;使用配方6的钢棒,颜色鲜红,表面有小突起出现。

进行到第10 h时,使用配方1的钢棒表面为深红色,颗粒粗糙,铜层与铁基体的结合极不紧密。使用配方2的钢棒表面已经生成黑色的铜的氧化物,表面颗粒也很粗糙,有明显的突起。使用配方3的钢棒表面光滑,镀层均匀,光亮度好。配方4中无机酸的加入量为配方3的5倍,因此表面有气泡产生,铁基体的腐蚀较为严重,造成无机酸的浪费;由于镀液中无机酸的浓度过高,硫酸铜溶解速度下降,导致镀速更慢,此时铜层只有薄薄一层。使用配方5的钢棒表面有大量气泡产生,铁基体严重腐蚀,大量无机酸被浪费。使用配方6的钢棒周围形成铜絮体,铜与铁基体的结合极为松散。

使用配方1、2、6的钢棒其铜层抗氧化性差,从镀液中拿出即被空气中的氧气氧化,可能对双金属反应体系对废水中有机物的还原产生影响。使用配方3、4、5的钢棒其铜层抗氧化性较强,拿出后仍保持原有颜色,但使用配方5的钢棒的铜层光亮度下降,呈暗红色。

为初步考察铜层与铁基体结合的紧密度,用力擦拭钢棒的上部,发现使用配方1、2、6的钢棒上铜层被抹去,露出黑亮色铁基体,铜层与铁基的结合力较低;使用配方3、4、5的钢棒上没有出现铜层脱落的情况,铜层与铁基体的结合力较好。

综上所述,由于硫酸铜浓度较低,镀速较低,无机酸、添加剂1的加入又使得镀速进一步降低,致使镀铜时间过长。使用配方1、2所得的铜层颗粒大,与基体结合不紧密,且易脱落,抗氧化性差。配方3在镀液中加入添加剂1与无机酸后,铜层与基体的结合较为紧密,颗粒细小,铜层不易脱落,具有抗氧化性强等特点。但配方4、5中无机酸的投加量过大,导致镀速过慢,且大部分无机酸与铁基体发生反应,使大量无机酸浪费。按配方6所得铜层的效果较差,可能是由于添加剂2中没有所需的多元醇式醛类化合物或高分子化合物添加剂,铜层抗氧化性差,结合力差。

2. 镀铜改进配方的选择

在配方中稍微增加硫酸铜的含量,减少并细化无机酸的投加量,在节省镀铜时间的前提下达到成本最优化选择,硫酸投加量调整后的配方如表14.19所示。其中,铁基体为铁刨花(35CrMo),质量约为31.4 g,使用前用5%的盐酸浸泡10 min,配置100 mL质量浓度为4.0 g·L^{-1}的镀液。

表14.19　化学浸镀铜基础配方选择表二

工艺规范	配方1	配方2	配方3	配方4
硫酸铜/(g·L^{-1})	4.0	4.0	4.0	4.0
无机酸/(mL·L^{-1})		1	3	5
添加剂1/(g·L^{-1})		0.1	0.1	0.1
温度/℃	室温	室温	室温	室温

镀铜进行 30 min 后,采用配方 1 的铁刨花表面的铜层为暗红色,表面附着大颗氢气气泡,且铜层较厚呈深红色,表面出现颗粒;由于减少了无机酸和添加剂 1 的用量,增大了硫酸铜的浓度,采用配方 2、3、4 镀铜的铁刨花上镀铜速度明显较快,铜层更厚,采用配方 2 的铁刨花上的镀铜速度要比后两者稍快,其铜层颜色更深。

从每个量筒中取出一小段铁刨花,可以发现,仅使用硫酸铜镀铜的铁刨花很快就被空气中的氧气氧化,而其余三者均能保持光亮的铜色,且不易脱落。

综上所述,由于未添加任何药剂,使用单一硫酸铜法镀铜的铜层与铁基体的结合不太紧密,在水中长期浸泡时,外层铜层易随水流脱落,仅剩下内部结合紧密的铜层。配方 2 大幅度减少了无机酸的使用量,降低了镀液的配置成本,并取得了较好的铜层,因此确定配方 2 为新的镀铜配方。但实际滤料镀铜中仍不需要实验中得到的如此致密的铜层,还应相应减少镀铜时间以降低铜层厚度。

3. 最佳镀铜时间的确定

在不同的镀铜时间下采用上面确定的新配方进行镀铜,对所得各镀铜双金属体系及采用原来单一硫酸铜镀铜法(老配方)所得的镀铜双金属体系的脱色效果进行对比。取 5 个广口瓶,分别在 5 个广口瓶中加入经去油处理的铁刨花 160 g,压实。按新配方配制镀铜溶液 2 500 mL,分别在 5 个广口瓶中各加入 450 mL 镀液,镀铜时间分别为 5、10、20、40、60 min,广口瓶编号分别为 $1^{\#}$、$2^{\#}$、$3^{\#}$、$4^{\#}$、$5^{\#}$;采用老配方镀铜的广口瓶编号为 $0^{\#}$。

在此 6 个广口瓶中分别加入 450 mL、浓度为 800 mg·L^{-1} 的中性枣红 GRL 溶液,密封后置于摇床中反应 2 h,摇床转速为 100 r·min^{-1},定时取样测定,结果如图 14.29 所示。

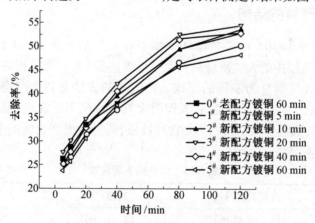

图 14.29　不同镀铜条件对双金属体系脱色中性枣红 GRL 的影响

由图 14.29 可知,$3^{\#}$ 瓶对中性枣红 GRL 的脱色效果最好,$2^{\#}$、$4^{\#}$ 瓶的脱色效果好于 $0^{\#}$ 瓶的,而 $1^{\#}$、$5^{\#}$ 瓶的比 $0^{\#}$ 瓶的差。采用新配方得到的镀铜,当铁刨花表面沉积的铜单质的量相对较少时,随着铜单质沉积量的增加,镀铜双金属体系对中性枣红的脱色效果也增强;铁刨花表面沉积的铜单质的量增加到一定量时,采用新配方所得的铜层会相对均匀地沉积在铁刨花表面,阻碍了溶液中染料分子的传质,导致脱色率出现下降。因此,在实际的镀铜过程中,滤料的镀铜时间应控制在 10 min 左右。

第4篇 大气和土壤中的氧化还原反应过程与环境污染

第15章 大气中污染物的转化与环境污染

15.1 大气层的结构与大气的组成

大气圈是包围在地球表面并随地球旋转的空气层(也称为大气或大气层),它是地球上一切生命赖以生存的气体环境。它为我们提供了呼吸的空气,阻挡了来自太阳和宇宙空间的大部分高能宇宙射线和紫外辐射,同时也是地球热量平衡的基础,为生物生存创造了一个适宜的温度环境。

15.1.1 大气层的结构

大气总质量约 5.3×10^{15} t,其中有 50% 集中在离地面 5.5 km 以下的层次内,而离地 36 ~ 1 000 km 的大气层中的大气质量只占大气总质量的 1%。为了更好地理解大气的有关性质,人们常常将大气划分为不同的层次。比较早的方法是将大气分为低层大气(低于 50 km)和高层大气。随着科学的发展,人们对大气了解的不断深入,根据大气在垂直方向上物理性质的差异,如温度、成分、电荷等物理性质,同时考虑到大气的垂直运动等情况,将大气分为五层,见表 15.1。

表 15.1 大气的主要层次

大气层次	海拔高度/km	温度/℃	主要成分
对流层	0 ~ (10 至 16)	15 ~ (−56)	N_2,O_2,CO_2,H_2O
平流层	(10 至 16) ~ 50	(−56) ~ (−2)	O_3
中间层	50 ~ 80	(−2) ~ (−92)	NO^+,O_2^+
热层	80 ~ 500	(−92) ~ 1 200	NO^+,O_2^+,O^+
散逸层	与星际空间无截然界限	可达数千	质子、氦核、电子等

(1)对流层。

对流层是大气圈最低的一层,其厚度比其他各层都薄,且随纬度和季节发生变化。由于对流程度在热带比寒带强烈,故其顶部高度随纬度增高而降低:热带约 16 ~ 17 km,温带 10 ~ 12 km,两极附近只有 8 ~ 9 km。夏季较厚,冬季较薄。对流层虽然较薄,但却集中了整

个大气质量的 $\frac{3}{4}$ 和几乎全部的水汽,主要的大气现象都发生在这一层中,是对人类活动影响最大的一层。对流层有三个主要特征:

①气温随高度的增加而降低。由于对流层主要是从地面得到热量,因此除个别情况外气温随高度的增加而降低。对流层中,气温随高度而降低的量值因所在地区、高度和季节等因素而异。平均而言,高度每增加 100 m,气温则下降 0.65 ℃,这称为气温垂直梯度,也叫气温直减率。

②空气的垂直对流运动强烈。近地面的空气受底边辐射的影响而膨胀上升,上面的冷空气下降,在垂直方向上出现强烈的对流,气体垂直上升的速度可达 30 ~ 40 m·s^{-1}。对流运动的强度主要随纬度和季节的变化而不同,一般低纬度较强高纬度较弱,夏季较强冬季较弱。伴随着对流运动,由污染源排放到大气中的污染物可被传送到远方,传送的过程中由于分散作用污染物的浓度降低。一般上冷下热有利于污染物的扩散,形成逆温时,容易发生污染事件。

③气象要素水平分布不均匀,天气现象复杂多变。由于对流层受地表的影响最大,而地表有海陆分异、地形起伏等差异,因此在对流层中,温度、湿度等的水平分布是不均匀的。伴随着气流的上下对流和水平运动,云、雨、雪、冰雹和雷电等气候现象都发生在对流层中。

(2)平流层。

平流层是指从对流层顶到海拔高度约 50 km 的大气层。在平流层内,随着高度的增加,气温最初保持不变或微有上升,大约到 30 km,气温随高度增加而显著增高。平流层的这种温度分布特征和它受地面影响小,特别是平流层内存在着的大量的臭氧能够直接吸收太阳辐射有关。平流层具有以下特点:

①平流层内气流比较平稳,空气没有对流运动,平流运动占显著优势。

②平流层内的空气比对流层稀薄得多,水汽、尘埃的含量甚微,很少出现天气现象。

③在高 15 ~ 60 km 的范围内,有厚约 20 km 的一层臭氧层。大气中的臭氧主要是由于在太阳短波辐射下,通过光化学作用,氧分子分解为氧原子后再和另外的氧分子结合而形成的。臭氧能吸收太阳紫外线,使臭氧层增暖,同时大大降低了到达地表的对生物有杀伤力的短波辐射(波长小于 0.3 μm)的强度,从而保护着地球生物和人类。

(3)中间层。

自平流层顶到 85 km 左右为中间层。该层的特点是空气更为稀薄,气温随高度的增加而迅速下降,并有相当强烈的垂直运动。在这一层顶部气温下降到-113 ℃至-83 ℃,原因是这一层中几乎没有臭氧,而氮和氧等气体所能吸收的波长更短的太阳辐射大部分被上层大气吸收了。

(4)热层。

热层是指从 80 km 到约 500 km 的大气层。热层的空气更加稀薄,大气质量仅占大气总质量的 0.5%。该层中的气温随高度的增加而迅速增高,这是由于波长小于 0.175 μm 的太阳紫外辐射都被该层中的大气物质(主要是原子氧)所吸收。在阳光和各种宇宙射线的作用下,该层的空气处于高度电离的状态,故该层又叫电离层。

(5)散逸层。

热层以上的大气层统称散逸层。散逸层的温度随高度的增加而略有增加。这层空气在太阳紫外线和宇宙射线的作用下,大部分分子发生电离,使质子的含量大大超过了中性氢原子的含量。散逸层的空气极为稀薄,其密度几乎与太空密度相同,故又常称为外大气层。由于空气受地心引力小,气体和微粒可以从这里飞出地球重力场进入太空。散逸层是地球大气的最外层,关于该层的上界到哪里还没有一致的看法。实际上地球大气与星际空间并没有截然的界限。

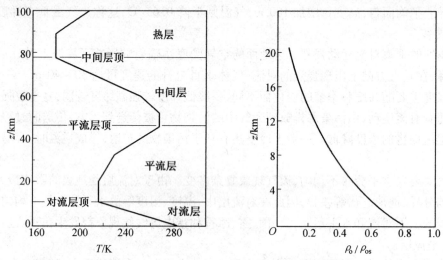

图 15.1　大气温度和密度的垂直分布

15.1.2　大气的主要成分

大气由多种气体混合组成的气体及悬浮其中的液态和固态杂质所组成。

(1)干空气。

大气中,除水汽、液体和固体杂质外的整个混合气体,称为干洁空气,简称干空气。表15.2 列举了大气的气体组成成分。

表 15.2　大气的气体组成成分

气体成分	分子式	所占体积	气体成分	分子式	所占体积
氮	N_2	78.08%	氙	Xe	8×10^{-5} mL·L^{-1}
氧	O_2	20.98%	甲烷	CH_4	2×10^{-3} mL·L^{-1}
氩	Ar	0.93%	一氧化二氮	N_2O	3×10^{-4} mL·L^{-1}
二氧化碳	CO_2	0.34 mL·L^{-1}	臭氧	O_3	$2\times10^{-5}\sim1\times10^{-2}$ mL·L^{-1}
氖	Ne	1×10^{-2} mL·L^{-1}	二氧化氮	NO_2	1×10^{-6} mL·L^{-1}
氪	Kr	1×10^{-3} mL·L^{-1}			

干空气中,氮、氧和氩三者共占大气总体积的 99.96%。其他气体含量甚微,其总量不超过 0.04%。在各种成分中,二氧化碳的含量因地而异,约为 0.02% ~ 0.04%。臭氧的含量随高度有较大变化,但因它们的含量都很少,不影响空气成分的总情况。大气中的二氧化碳、甲烷、一氧化二氮等都是温室气体,它们对太阳辐射吸收甚少,但却能强烈地吸收地面辐射,同时又向周围空气和地面放射长波辐射,因此它们有使近地面空气和地面增温的效应。

观测证明,近数十年这些温室气体的含量有与年俱增的趋势,这与人类活动有十分密切的关系。除表中所列出的气体外,干空气还存在含量很少、变化很大的一些化合物,如二氧化硫、一氧化碳和双氧水等。

（2）水汽。

大气中的水汽来自江、河、湖、海及潮湿物体表面的水分蒸发和植物的蒸腾,并借助空气的垂直交换向上输送。空气中的水汽含量有明显的时空变化,一般情况下是夏季多于冬季,在低纬暖水洋面和森林地区的低空水汽含量大,在高纬寒冷的干燥陆地上含量极少。在垂直方向上,空气中水汽的含量随高度的增加而减少。观测证明,在 1.5~2 km 的高度上,空气中的水汽含量已减少为地面的一半;在 5 km 的高度,减少为地面的 1/10;再向上含量就更少了。

大气中的水汽含量虽然不多,但它在天气变化中扮演着重要的角色。当大气温度发生变化时,它可以凝结或凝华为水滴或冰晶,成云致雨,降雪落雹,成为地面淡水的主要来源。水的相变和水分循环把大气圈、海洋、陆地和生物圈紧密地联系在一起,对大气的运动和能量变化以及地面和大气的温度都有重要的影响。

（3）大气气溶胶。

大气气溶胶的严格含义是指大气与悬浮在其中的固体和液体微粒共同组成的多相体系。大气中悬浮着的多种固体微粒和液体微粒,统称为大气气溶胶粒子。大气气溶胶粒子的直径多在 0.001~100 μm 之间,比气态分子大且比粗尘颗粒小,它们既不服从气体分子运动定律,也不易受地心引力作用而沉降,具有胶体的性质,其分散介质为大气环境,故称为气溶胶。气溶胶的来源可分为自然源和人为源,自然源主要是海洋、土壤、生物圈和火山等,如海水飞溅扬入大气后蒸发留下的盐粒、被风吹起的土壤微粒、火山爆发的烟尘还有微生物和植物的孢子花粉等;人为源主要是化石燃料的燃烧、工农业生产活动等。按其形成机制可分为一次气溶胶和二次气溶胶,直接从污染源排出的气溶胶称为一次气溶胶,一次气溶胶经化学反应而形成的称为二次气溶胶,如人类活动向大气中排放的 SO_2 和 NO_x 在大气中通过非均相化学反应转化成的硫酸盐和硝酸盐粒子。按其粒径可分为总悬浮颗粒物、可吸入粒子、粗粒子和细粒子,见表 15.3。研究表明,$PM_{2.5}$ 是人类活动所释放污染物的主要载体,携带有大量的重金属和有机污染物,它可通过呼吸过程深入到人体细胞长期存留在人体中,对人体健康有严重影响,细粒子的增加也会造成大气能见度的降低。

表 15.3 气溶胶粒子按粒径大小分类

中文名称	英文名称	粒径/μm	缩写
总悬浮颗粒物	Total suspendedparticulates	各种粒径	TSP
可吸入粒子	Inhalable particles	≤10	IP
粗粒子	Coarse particulate matter	2.5~10	$PM_{2.5-10}$
细粒子	Fine particulate matter	≤2.5	$PM_{2.5}$

（4）空气污染物质。

人类活动（包括生产活动和生活活动）及自然界都不断地向大气排放各种各样的物质,这些物质会在大气中存在一定的时间。当大气中某种物质的含量超过了正常水平而对人类和生态环境产生不良影响时,就成为空气污染物。近年来,随着工业、交通运输业的发展,空气中增加了许多污染物质,这些污染物质有污染气体,也有固体和液体气溶胶粒子。CO、SO_2、H_2S、NH_3 等都是污染气体,燃烧过程中排放的烟尘、工业生产过程中排放的粉尘等均为气溶胶污染物质。按污染物的形成过程可分为一次污染物和二次污染物,一次污染物是指直接从污染源排放的污染物质,如 CO、SO_2、NO 等,二次污染物是指由一次污染物经化学反应形成的污染物质,如臭氧(O_3)、硫酸盐颗粒物等。此外,大气污染物按照化学组分可以分为含硫化合物、含氮化合物、含碳化合物和含卤素化合物。污染物质的含量虽少,但对人类和环境的危害是不容忽视的。

15.2 大气污染物的光化学转化过程及光化学烟雾的形成

15.2.1 光化学反应基础

1. 光化学反应的概念及光化学定律

分子、原子、自由基或离子吸收光子而发生的化学反应,称为光化学反应。光化学反应不同于热化学反应:第一,光化学反应的活化主要是通过分子吸收一定波长的光来实现的,受温度的影响小,而热化学反应的活化主要是分子从环境中吸收热能来实现的;第二,光活化的分子与热活化的分子的电子分布及构型有很大不同,光激发态的分子实际上是基态分子的电子异构体;第三,被光激发的分子具有较高的能量,可以得到高内能的产物,如自由基、双自由基等。

吸收光能后的化学物种可发生光化学反应的初级过程和次级过程。初级过程是指化学物种吸收光能形成激发态物种及该激发态物种发生可能发生反应的过程。其基本步骤为:

a. 形成激发态物种 A+hv $\longrightarrow$ A^*　　　　hv—光量子;A^*—物种 A 的激发态

b. 物种 A 的激发态 A^* 可能发生以下反应过程

$$\begin{cases} \text{光物理过程} \begin{cases} \text{辐射跃迁(辐射荧光或磷光失活)}:A^* \longrightarrow A+hv \\ \text{无辐射跃迁(碰撞失活)}:A^*+M \longrightarrow A+M \end{cases} \\ \text{光化学过程} \begin{cases} \text{光解}:A^* \longrightarrow B_1+B_2+K \\ \text{与其他分子反应}:A^*+C \longrightarrow D_1+D_2+K \end{cases} \end{cases}$$

次级过程是指在初级过程中反应物、生成物之间进一步发生的反应过程,如大气中氯化氢的光化学反应过程:

$$HCl+hv \longrightarrow H\cdot +Cl\cdot \text{(初级过程)}$$
$$H\cdot +HCl \longrightarrow H_2+Cl\cdot \text{(次级过程:反应物与生成物反应)}$$
$$Cl\cdot +Cl\cdot \xrightarrow{M} Cl_2 \quad \text{(次级过程:生成物之间的反应)}$$

光化学第一定律(Grotthuss-Draper 定律):只有被分子所吸收的光,才能有效地导致光化学变化。从图 15.2 可知,并非任意波长的光都能被吸收,只有分子从基态到激发态所需的能量与光子的能量相匹配,才能导致电子能级的跃迁而产生电子激发态,从而引起光化学变化。

光化学第二定律又称光化学当量定律(Stark-Einstein 定律):在光化学初级过程中,系统每吸收一个光子,则活化一个分子(或原子)。

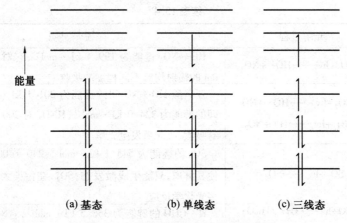

(a) 基态　　　　(b) 单线态　　　　(c) 三线态

图 15.2　分子能级及电子排布示意图

按照此定律,在光化学初级过程中,要活化 1 mol 分子,则需要 1 mol 光子,波长为 λ 的 1 个光子的能量为

$$\varepsilon = h v$$

式中　h——普朗克常量;

　　　v——光的频率。

因此 1 mol 光子的能量为

$$E = Lhv = Lhc/\lambda = \{0.1196 \times (\lambda/m)^{-1}\} \ (J \cdot mol^{-1})$$

式中　L——阿伏伽德罗常数。

光化学当量定律在绝大多数情况下是成立的,但当所用的光强度很高,如激光照射的情况下,则双光子和多光子吸收的可能性不能忽略。

2. 大气中重要吸光物质的光解

大气中重要的光吸收物质有 O_2、N_2、O_3、NO_2 等无机物以及甲醛和卤代烃等有机物质,这些物质在阳光作用下通过初级光化学过程产生了各种自由基和活性物质。表 15.4 介绍了几种与大气污染有直接关系的物质的光解过程。

表 15.4　重要吸光物质的光解过程

吸光物质	光解过程	说　　明
O_2	$O_2 + hv \longrightarrow O \cdot + O \cdot$	氧分子的键能为 493.8 kJ $\cdot$ mol^{-1},通常认为 240 nm 以下的紫外光可引起 O_2 的光解
N_2	$N_2 + hv \longrightarrow N \cdot + N \cdot$	氮分子的键能较大,为 939.4 kJ $\cdot$ mol^{-1},N_2 只对低于 120 nm 的光才有明显的吸收,它的光解反应仅限于臭氧层以上
O_3	$O_3 + hv \longrightarrow O \cdot + O_2$	臭氧是一个弯曲的分子,键能为 101.2 kJ $\cdot$ mol^{-1}。O_3 的解离能较低,相对应的光波长为 1 180 nm
NO_2	$NO_2 + hv \longrightarrow NO + O \cdot$	NO_2 的键能为 300.5 kJ $\cdot$ mol^{-1},NO_2 是城市大气中重要的吸光物质,在低层大气中可以吸收全部来自太阳的紫外光和部分可见光

续表15.4

吸光物质	光解过程	说　明
HNO_3	$HNO_3 + hv \longrightarrow HO\cdot + NO_2$	$HO—NO_2$ 键能为 199.4 kJ·mol^{-1}，它对波长 120～335 nm 的辐射均有不同程度的吸收
HNO_2	$HNO_2 + hv \longrightarrow HO\cdot + NO$ $HNO_2 + hv \longrightarrow H\cdot + NO_2$	亚硝酸 $HO—NO$ 间的键能为 201.1 kJ·mol^{-1}，H—ONO 间的键能为 324.0 kJ·mol^{-1}，HNO_2 对 200～400 nm 的光有吸收，吸光后发生光解
SO_2	$SO_2 + hv \longrightarrow SO_2^*$	SO_2 的键能为 545.1 kJ·mol^{-1}，240～400 nm 的光不能使其解离，只能生成激发态，SO_2^* 在污染大气中可参与许多光化学反应
H_2CO	$H_2CO + hv \longrightarrow H\cdot + HCO\cdot$ $H_2CO + hv \longrightarrow H_2 + CO$	$H—CHO$ 的键能为 356.5 kJ·mol^{-1}，它对 240～360 nm 波长范围内的光有吸收
卤代烃	$CH_3X + hv \longrightarrow CH_3\cdot + X\cdot$ X 代表 F,Cl,Br 或 I	卤代烃中卤代甲烷的光解对大气污染化学作用大，$CH_3—X$ 的键能随 X 原子序数的增大而减小

3. 大气中重要自由基的来源

自由基在其电子壳层的外层有一个不成对电子，因而有很高的活性，具有强氧化作用。大气中存在的自由基有 $HO\cdot$、$HO_2\cdot$、$R\cdot$（烷基）、$RO\cdot$（烷氧基）和 $RO_2\cdot$（过氧烷基）等，其中以 $HO\cdot$ 和 $HO_2\cdot$ 更为重要。

（1）大气中 $HO\cdot$ 和 $HO_2\cdot$ 的分布与来源

图 15.3 为用数学模式模拟的 $HO\cdot$ 的光化学过程进而计算出 $HO\cdot$ 的含量随纬度和高度的分布：$HO\cdot$ 的最高含量出现在热带，因为那里温度高，太阳辐射强，在两个半球之间 $HO\cdot$ 分布不对称，其全球平均值约为 7×10^{-5} 个·cm^{-3}。自由基的日变化曲线显示，它们的光化学生成率白天高于夜间，峰值出现在阳光最强的时间，夏季高于冬季，如图 15.4 所示。

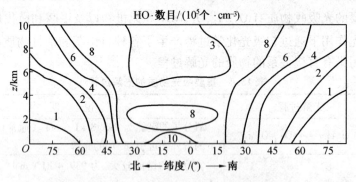

图 15.3　$HO\cdot$ 的含量随纬度和高度的分布

对清洁大气而言，O_3 的光解是大气中 $HO\cdot$ 的重要来源：

$$O_3 + hv \longrightarrow O\cdot + O_2$$

$$O_2 + H_2O \longrightarrow 2HO\cdot$$

对于污染大气，其中含有的 HNO_2 和 H_2O_2 的光解也可产生 $HO\cdot$：

$$HNO_2 + hv \longrightarrow HO\cdot + NO（HO\cdot 的重要来源）$$

$$H_2O_2 + hv \longrightarrow 2HO\cdot$$

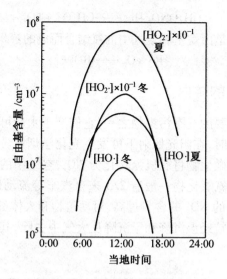

图 15.4　自由基日变化曲线

大气中 $HO_2\cdot$ 主要来源于醛的光解,尤其是甲醛的光解。任何光解过程只要有 $HO\cdot$ 或 $HCO\cdot$ 自由基生成,它们都可以与空气中的 O_2 结合生成 $HO_2\cdot$。其他醛类也有类似的反应,但它们在大气中的含量远远低于甲醛,因而不如甲醛重要。甲醛光解过程如下:

$$H_2CO + hv \longrightarrow H\cdot + HCO\cdot$$

$$H\cdot + O_2 \xrightarrow{M} HO_2\cdot$$

$$HCO\cdot + O_2 \longrightarrow HO_2\cdot + CO$$

另外,亚硝酸酯和 H_2O_2 的光解也可导致生成 $HO_2\cdot$:

$$CH_3ONO + hv \longrightarrow CH_2O\cdot + NO$$

$$CH_3O\cdot + O_2 \longrightarrow HO_2\cdot + H_2CO$$

$$H_2O_2 + hv \longrightarrow 2HO\cdot$$

$$HO\cdot + H_2O_2 \longrightarrow HO_2\cdot + H_2O$$

如体系中有 CO 存在,则

$$HO\cdot + CO \longrightarrow CO_2 + H\cdot$$

$$H\cdot + O_2 \longrightarrow HO_2\cdot$$

(2) $R\cdot$、$RO\cdot$ 和 $RO_2\cdot$ 等自由基的来源

大气中存在量最多的烷基是甲基,它主要来自乙醛和丙酮的光解:

$$CH_3CHO + hv \longrightarrow CH_3\cdot + HCO\cdot$$

$$CH_3COCH_3 + hv \longrightarrow CH_3\cdot + CH_3CO\cdot$$

这两个反应除生成甲基外,还生成了羰基自由基。

$O\cdot$ 和 $HO\cdot$ 与烃类发生氢摘除反应也可生成烷基自由基:

$$RH + O\cdot \longrightarrow R\cdot + HO\cdot$$

$$RH + HO\cdot \longrightarrow R\cdot + H_2O$$

大气中的甲氧基的主要来源是甲基亚硝酸酯和甲基硝酸酯的光解:

$$CH_3ONO + hv \longrightarrow CH_3O\cdot + NO$$

$$CH_3ONO_2 + h\nu \longrightarrow CH_3O\cdot + NO_2$$

大气中的过氧烷基都是由烷基和空气中的氧结合而成的：

$$R\cdot + O_2 \longrightarrow RO_2\cdot$$

15.2.2　氮氧化物的转化

氮氧化物是大气中主要的气态污染物之一，它们溶于水后可生成亚硝酸和硝酸。当氮氧化物与其他污染物共存时，在阳光照射下可发生光化学烟雾。氮氧化物的天然来源主要是生物有机体腐败过程中微生物将有机氮转化为 NO_x，空气中的氮和氧在雷电天气可化合生成 NO_x。城市空气中的氮氧化物一般有 2/3 来自汽车等流动燃烧源的排放，1/3 来自固定燃烧源的排放。大气中的 NO_x 的含量过高，对动植物和人体健康有很大危害。它们最终将转化为硝酸和硝酸盐微粒经湿沉降和干沉降从大气中去除，其中湿沉降是最主要的消除方式。

1. NO 的氧化

NO 是燃烧过程中直接向大气排放的污染物。NO 可与大气中的 $HO\cdot$ 和 $RO\cdot$ 直接反应生成亚硝酸和亚硝酸酯：

$$HO\cdot + NO \longrightarrow HNO_2$$
$$RO\cdot + NO\cdot \longrightarrow RONO$$

HNO_2 和 RONO 都极易发生光解。

NO 可通过许多氧化过程氧化为 NO_2。如 O_3 为氧化剂：$NO + O_3 \longrightarrow NO_2 + O_2$。$HO\cdot$ 与烃反应形成烷氧自由基，该自由基与大气中的氧气结合生成 $RO_2\cdot$，$RO_2\cdot$ 可将 NO 氧化为 NO_2：

$$HO\cdot + RH \longrightarrow R\cdot + H_2O$$
$$R\cdot + O_2 \longrightarrow RO_2\cdot$$
$$NO + RO_2\cdot \longrightarrow NO_2 + RO\cdot$$

空气中的氧可从生成的 $RO\cdot$ 中靠近 O· 的次甲基中摘除两个 H·，生成 $HO_2\cdot$ 和相应的醛：

$$O_2 + RO\cdot \longrightarrow R'CHO + HO_2\cdot$$
$$HO_2\cdot \longrightarrow NO_2 + HO\cdot$$

式中，R′ 比 R 少一个碳原子。

从以上反应式可以得出，在一个被 $HO\cdot$ 氧化的链循环中，往往有两个 NO 被氧化成 NO_2，同时 $HO\cdot$ 得到复原。在光化学烟雾的形成过程中，由于 $HO\cdot$ 引发了烃类化合物的链式反应，使得 $RO_2\cdot$ 和 $HO_2\cdot$ 的数量大增，从而使 NO 被迅速氧化成 NO_2，这就与 O_3 的氧化形成竞争，使 O_3 得以积累，以致成为光化学烟雾的重要产物。

2. NO_2 的转化

NO_2 的光解在大气污染中占有重要地位，它可以引发大气中生成 O_3 的反应。此外，NO_2 能与一系列的自由基如 $HO\cdot$、$O\cdot$、$HO_2\cdot$、$RO\cdot$ 和 $RO_2\cdot$ 等反应，也能与 O_3 和 NO_3 反应。其中，比较重要的是 $HO\cdot$、O_3 和 NO_3 的反应。

（1）$NO_2+HO\cdot \longrightarrow HNO_3$

此反应是大气中气态 HNO_3 的主要来源,同时也对酸雨和酸雾的形成起着重要的作用。白天大气中 $HO\cdot$ 浓度较夜间高,因而这一反应会在白天有效地进行。所产生的 HNO_3 与 HNO_2 不同,它在大气中的光解很慢,主要通过沉降作用去除。

（2）$NO_2+O_3 \longrightarrow NO_3+O_2$

此反应在对流层中是很重要的,尤其是 NO_2 和 O_3 浓度都较高时,它是大气中 NO_3 的主要来源。

（3）$NO_2+NO_3 \underset{}{\overset{M}{\rightleftharpoons}} N_2O_5$

这是一个可逆反应,生成的 N_2O_5 又可分解为 NO_2 和 NO_3。当夜间 $HO\cdot$ 和 NO 浓度不高,而 O_3 有一定浓度时,NO_2 会被氧化为 NO_3,随后发生如上反应生成 N_2O_5。

3. 过氧乙酰硝基酯(PAN)

PAN 是光化学烟雾产生危害的重要二次污染物,大气中测得 PAN 即可作为发生光化学烟雾的依据。PAN 不仅是光化学烟雾中刺激眼的主要有害物,还是植物的毒剂,造成皮肤癌的可能致变剂。由于它在雨水中解离成硝酸根和有机物,而参与降水的酸化。

PAN 没有天然源,只有人为源,其前体物是大气中氮氧化物和乙醛。在光的参与下,乙醛与 $HO\cdot$ 通过与氧反应生成过氧乙酰基,再与 NO_2 反应而得,PAN 的形成过程如下:

（1）乙烷氧化为乙醛:

$$C_2H_6+HO\cdot \longrightarrow C_2H_5\cdot +H_2O$$

$$C_2H_5\cdot +O_2 \overset{M}{\longrightarrow} C_2H_5O_2$$

$$C_2H_5O_2+NO \longrightarrow C_2H_5O\cdot +NO_2$$

$$C_2H_5O\cdot +O_2 \longrightarrow CH_3CHO+HO_2$$

（2）乙醛光解产生乙酰基:

$$CH_3CHO+h\nu \longrightarrow CH_3CO\cdot +H\cdot$$

（3）乙酰基被氧化为过氧乙酰基:

$$CH_3CO\cdot +O_2 \longrightarrow CH_3C(O)OO\cdot$$

（4）过氧乙酰基与 NO_2 化合:

$$CH_3C(O)OO\cdot +NO_2 \longrightarrow CH_3C(O)OONO_2$$

15.2.3　碳氢化合物的转化

大气中以气态形式存在的碳氢化合物主要是碳原子数为 1~10 的可挥发性烃类。它们是形成光化学烟雾的主要参与者,其他碳氢化合物大部分以气溶胶的形式存在于大气中。大气中存在的碳氢化合物主要包括烷烃、烯烃、环烃、芳香烃以及含氧碳氢化合物。

1. 烷烃的反应

烷烃可以与大气中的 $HO\cdot$ 和 $O\cdot$ 发生氢原子摘除反应:

$$RH+HO\cdot \longrightarrow R\cdot +H_2O$$

$$RH+O\cdot \longrightarrow R\cdot +HO\cdot$$

这两个反应都有烷基自由基生成,另一产物前者是稳定的 H_2O,后者是活泼的自由基 $HO\cdot$。前者的反应速率常数比后者至少大两个数量级,见表 15.5。

表 15.5　HO· 和 O· 与烷烃反应的速率常数

烃类	速率常数/(2.98×10^8 min^{-1})	
	HO·	O·
甲烷	16.5	0.0176
乙烷	443	1.37
丙烷	1 800	12.3
正丁烷	5 700	32.4
环乙烷	1.2×10^4	117

烷烃也可与空气中的 NO_3 发生氢原子摘除反应,但反应速率很慢,反应如下:

$$RH + NO_3 \longrightarrow R· + HNO_3$$

以上反应生成的烷基自由基 R· 与空气中的 O_2 结合生成 $RO_2·$,它可将 NO 氧化为 NO_2,并产生 RO· 。O_2 可以从 RO· 中摘除一个氢,最终生成 $HO_2·$ 和相应的醛或酮。反应过程如下:

$$R· + O_2 \longrightarrow RO_2·$$
$$RO_2· + NO \longrightarrow RO· + NO_2$$
$$RO· + O_2 \longrightarrow R'CHO + HO_2·$$

如果 NO 浓度低,自由基间可发生如下反应:

$$RO_2· + HO_2· \longrightarrow ROOH + O_2$$
$$ROOH + h\nu \longrightarrow RO· + HO·$$

O_3 一般不与烷烃发生反应。

2. 烯烃的反应

在一般大气条件下,烯烃主要与 HO· 、O_3 和 NO_3 发生反应。

① 烯烃与 HO· 主要发生加成反应,与 HO· 加成到烯烃上形成带有羟基的自由基,该自由基与空气中的氧结合为过氧自由基,过氧自由基具有强氧化性,可将 NO 氧化为 NO_2,新生成的带有羟基的烷氧自由基可分解为一个甲醛和一个 $·CH_2OH$,也可被 O_2 摘除一个 H· 生成相应的醛和 $HO_2·$ 。乙烯和丙烯的反应如下:

$$CH_2 = CH_2 + HO· \longrightarrow ·CH_2CH_2OH$$

$$CH_3CH = CH_2 + HO· \underset{b}{\overset{a}{<}} \begin{array}{l} CH_3\dot{C}HCH_2OH \\ CH_3CH\dot{C}H_2 \\ \qquad | \\ \qquad OH \end{array}$$

$$·CH_2CH_2OH + O_2 \longrightarrow ·CH_2(O_2)CH_2OH$$
$$·CH_2(O_2)CH_2OH + NO \longrightarrow ·CH_2(O)CH_2OH + NO_2$$
$$·CH_2(O)CH_2OH \longrightarrow H_2CO + ·CH_2OH$$
$$·CH_2(O)CH_2OH + O_2 \longrightarrow HCOCH_2OH + HO_2·$$
$$·CH_2OH + O_2 \longrightarrow H_2CO + HO_2·$$

② 烯烃与 O_3 的反应速率远小于与 HO· 的反应速率,但其在大气中的浓度远高于 HO· ,因而此反应不容忽视。O_3 加成到烯烃的双键上形成的臭氧化物会迅速分解为一个羰基化

合物和一个二元自由基,高能量的二元自由基可进一步分解为两个自由基以及一些稳定的化合物。乙烯与 O_3 的反应如下:

$$O_3 + CH_2{=}CH_2 \longrightarrow \left[\begin{array}{c} O{-}O \\ O \\ H_2C{-}CH_2 \end{array} \right] \longrightarrow H_2CO + H_2\dot{C}OO\cdot$$

$$H_2\dot{C}OO\cdot \left\{ \begin{array}{l} \longrightarrow CO + H_2O \\ \longrightarrow CO_2 + H_2 \\ \longrightarrow CO_2 + 2H\cdot \\ \longrightarrow HC\!\!\begin{array}{c}O\\ \|\\ OH\end{array} \\ \xrightarrow[2O_2]{M} CO_2 + 2HO_2\cdot \end{array} \right.$$

又如丙烯与 O_3 的反应:

$$O_3 + CH_3CH{=}CH_2 \longrightarrow \left| \begin{array}{c} O{-}O \\ CH_3 \; O \\ C\!\!-\!\!CH_2 \\ H \end{array} \right|$$

$$\begin{array}{l} \nearrow \; CH_3\dot{C}HOO\cdot + H_2CO \\ \searrow \; CH_3CHO + H_2\dot{C}OO\cdot \end{array}$$

$$CH_3\dot{C}HOO\cdot \left\{ \begin{array}{l} \longrightarrow CH_4 + CO_2 \\ \longrightarrow \cdot CH_3 + CO + HO\cdot \xrightarrow{O_2} CH_3O_2\cdot + CO + HO\cdot \\ \longrightarrow \cdot CH_3 + CO_2 + H\cdot \xrightarrow{2O_2} CH_3O_2\cdot + CO_2 + HO_2\cdot \\ \longrightarrow H\cdot + CO + CH_3O\cdot \xrightarrow{O_2} HO_2\cdot + CO + CH_3O\cdot \\ \longrightarrow HCO\cdot + CH_3O\cdot \xrightarrow{O_2} HCOO\!\!\begin{array}{c}O\\\|\end{array}\!\! + CH_3O\cdot \end{array} \right.$$

另外,二元自由基具有强氧化性:

$$R_1R_2\dot{C}OO\cdot + NO \longrightarrow R_1R_2\dot{C}O + NO_2$$

$$R_1R_2\dot{C}OO\cdot + NO_2 \longrightarrow R_1R_2\dot{C}O + NO_3$$

$$R_1R_2\dot{C}OO\cdot + SO_2 \longrightarrow R_1R_2\dot{C}O + SO_3$$

③烯烃与 NO_3 的反应速率比与 O_3 的反应速率大,反应机制如下:

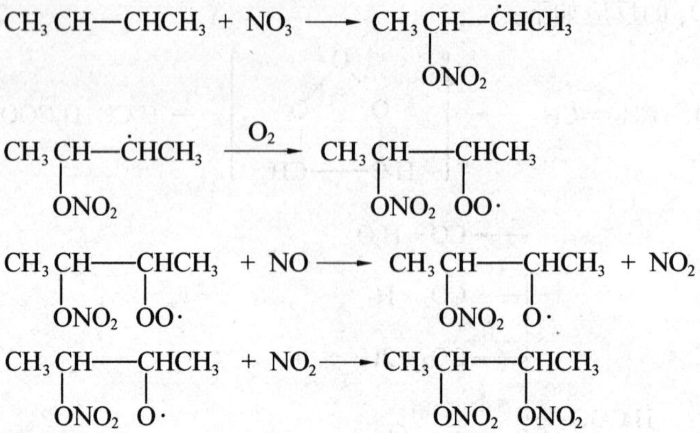

$$CH_3CH\!-\!CHCH_3 + NO_3 \longrightarrow CH_3\underset{ONO_2}{CH}\!-\!\dot{C}HCH_3$$

$$\underset{ONO_2}{CH_3CH}\!-\!\dot{C}HCH_3 \xrightarrow{O_2} CH_3\underset{ONO_2}{CH}\!-\!\underset{OO\cdot}{CHCH_3}$$

$$\underset{ONO_2}{CH_3CH}\!-\!\underset{OO\cdot}{CHCH_3} + NO \longrightarrow CH_3\underset{ONO_2}{CH}\!-\!\underset{O\cdot}{CHCH_3} + NO_2$$

$$\underset{ONO_2}{CH_3CH}\!-\!\underset{O\cdot}{CHCH_3} + NO_2 \longrightarrow CH_3\underset{ONO_2}{CH}\!-\!\underset{ONO_2}{CHCH_3}$$

在大气中多数情况下,短碳链烯烃的主要去除过程是与 HO· 反应,较长链烯烃的去除过程是通过在 NO_3 浓度高时主要与 NO_3 反应、在 NO_3 浓度低时主要与 O_3 反应而去除。

3. 环烃的氧化

大气中的环烃主要是在燃料燃烧过程中生成的,大多数以气态形式存在,城市中的浓度高于其他地区。环烃在大气中主要发生氢原子摘除反应,生成相对应的自由基、过氧自由基和氧自由基,如环己烷的反应:

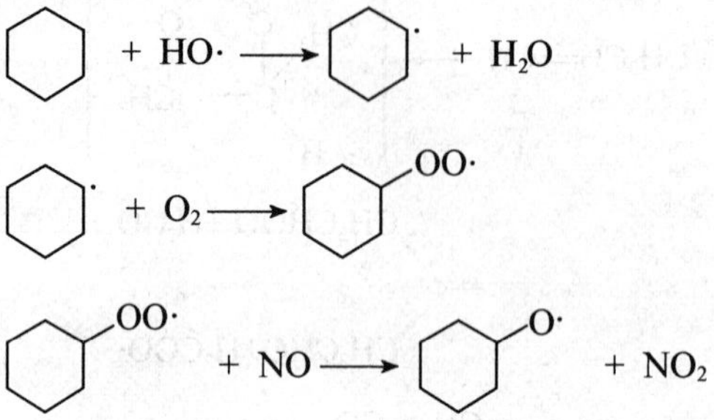

环己烯可与 O_3、NO_3 和 HO· 发生加成反应,如 O_3 可加成到环烯烃的双键上,然后开环生成带有双官能团的脂肪族化合物,最后转变为小分子化合物和自由基。

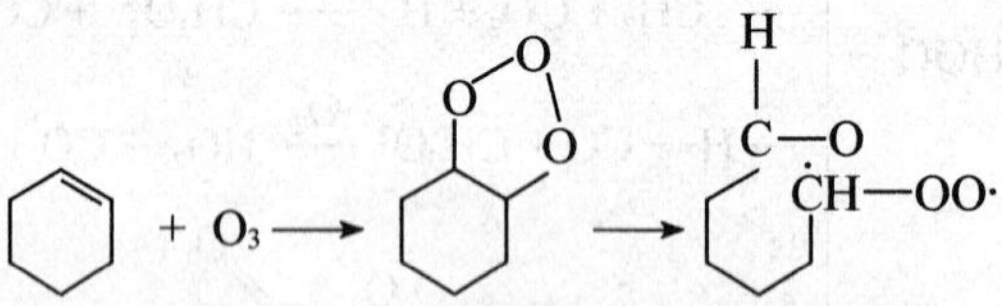

4. 芳香烃的反应

大气中的芳香烃主要来源于矿物燃料的燃烧和一些工业生产过程,芳香烃分为单环芳烃和多环芳烃。大气中的单环芳烃有苯、甲苯以及其他化合物,其中以甲苯的浓度最高。大气中的甲苯主要是与 HO· 发生加成反应和氢原子摘除反应,约 90% 的甲苯是发生加成反应,另外 10% 发生氢原子摘除反应。

甲苯与 HO· 发生加成反应生成的自由基可与空气中的 O_2 发生两种途径的作用,一种是发生氢原子摘除反应,另一种途径是生成过氧自由基。

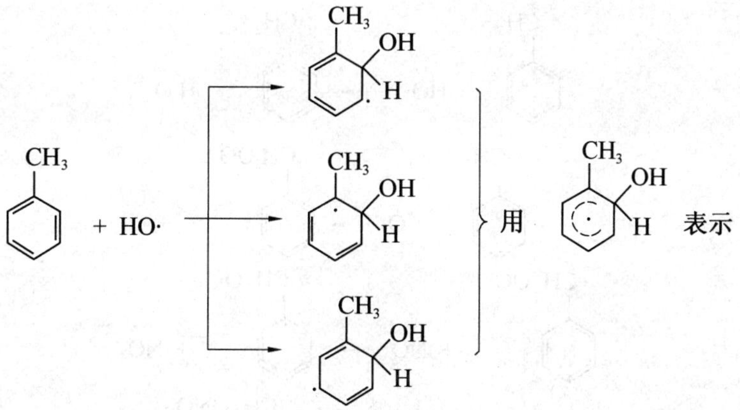

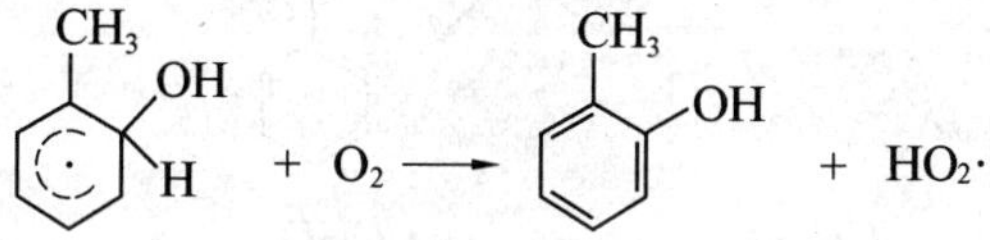

（氢原子摘除反应）

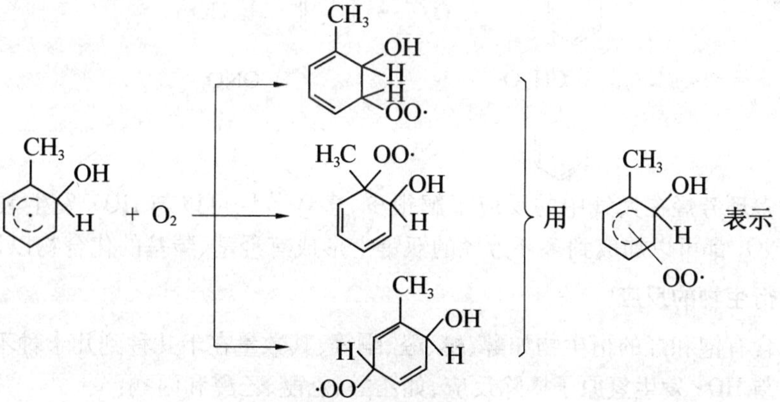

（生成过氧自由基）

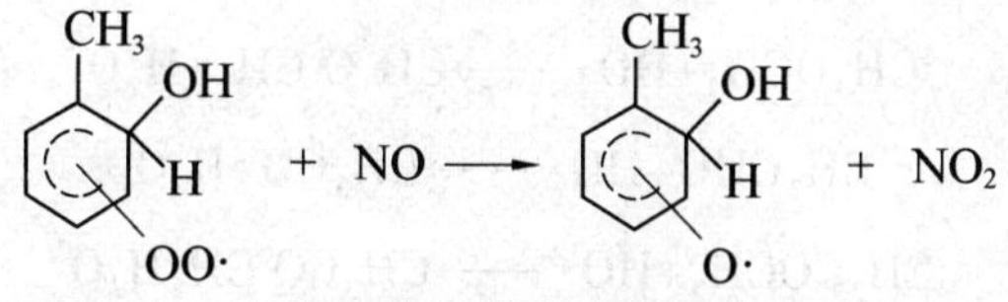

（过氧自由基的氧化性）

甲苯与 HO· 生成的自由基可与 NO₂ 发生反应,生成硝基甲苯:

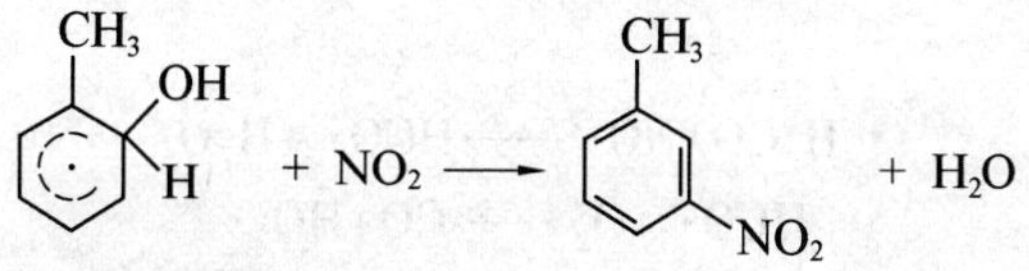

甲苯与 HO· 发生的氢原子摘除反应如下:

$$C_6H_5CH_3 + HO\cdot \longrightarrow C_6H_5\dot{C}H_2 + H_2O$$

$$C_6H_5\dot{C}H_2 + O_2 \longrightarrow C_6H_5CH_2OO\cdot$$

$$C_6H_5CH_2OO\cdot + NO \longrightarrow C_6H_5CH_2O\cdot + NO_2$$

$$C_6H_5CH_2O\cdot \longrightarrow C_6H_5CH_2ONO_2$$

$$C_6H_5CH_2O\cdot + O_2 \longrightarrow C_6H_5CHO + HO_2\cdot$$

$$C_6H_5CH_2O\cdot + NO_2 \longrightarrow C_6H_5CH_2ONO_2$$

人们对多环芳烃在大气中的反应了解很少,多环芳烃可以与 HO· 发生氢原子摘除反应,HO· 和 NO₃ 都可以加成到多环芳烃的双键上形成有羟基、羰基的化合物以及硝酸酯。

5. 烃类衍生物的反应

大气中含有饱和烃的衍生物如醇、醚、醛、酮等,其数量在十几种到几十种不等。它们在大气中主要与 HO· 发生氢原子摘除反应,如乙醇、乙醚、乙醛和丙酮:

$$CH_3CH_2OH + HO\cdot \longrightarrow CH_3\dot{C}HOH + H_2O$$

$$CH_3OCH_3 + HO\cdot \longrightarrow CH_3O\dot{C}H_2 + H_2O$$

$$CH_3CHO + HO\cdot \longrightarrow CH_3\dot{C}O + H_2O$$

$$CH_3COCH_3 + HO\cdot \longrightarrow CH_3CO\dot{C}H_2O$$

上述四种含氧有机化合物中醛对大气污染的影响最为严重。醛类,尤其是甲醛,即是一次污染物,又可由空气中的烃氧化产生。甲醛几乎参加了大气中所有的化学污染反应。主要可发生以下反应:

$$H_2CO + NO\cdot \longrightarrow HCO\cdot + H_2O$$

$$HCO\cdot + O_2 \longrightarrow CO + HO_2\cdot$$

$$H_2CO + HO_2\cdot \longrightarrow (HO)H_2COO\cdot$$

$$(HO)H_2COO\cdot + NO \longrightarrow (HO)H_2CO\cdot + NO_2$$

$$(HO)H_2CO\cdot + O_2 \longrightarrow HCOOH + HO_2\cdot$$

$$H_2CO + NO_3 \longrightarrow RCO\cdot + HNO_3$$

不饱和芳香烃的衍生物,如烯醇、烯醚、烯醛、烯酮等,以及相应的芳环化合物,在大气中主要发生与 HO· 的加成反应,其反应机制与烯烃和 HO· 的反应类似。

15.2.4　光化学烟雾

含有氮氧化物和碳氢化合物等一次污染物的大气,在阳光照射下发生光化学反应而产生二次污染物,这种由一次污染物和二次污染物的混合物所形成的烟雾污染现象,称为光化学烟雾。光化学烟雾的形成条件是大气中有氮氧化物和碳氢化合物存在,大气温度较低,而且有强的阳光照射,这样大气中就会发生一系列复杂的反应,生成二次污染物,如 O_3、醛、$PANH_2O_2$ 等。它的特征是烟雾呈蓝色,具有强氧化性,能使橡胶开裂,刺激人的眼睛、咽喉,伤害植物的叶子,并使大气能见度降低。

20 世纪 40 年代之后,随着全球工业和汽车业的发展,光化学烟雾在世界各地不断出现。1943 年美国洛杉矶首次出现光化学烟雾,因此,光化学烟雾也称洛杉矶型烟雾。继洛杉矶之后,光化学烟雾在世界各地不断出现,如日本的东京、大阪,英国的伦敦以及澳大利亚、德国等大城市。光化学烟雾的频繁发生及其造成的危害巨大,引起了人们对它的关注和研究。

为弄清光化学烟雾中各种物质的含量随时间的变化机理,有关学者进行了烟雾箱实验研究。在一个大容器中放入丙烯、NO_x 和空气的混合物,用模拟太阳光的人工光源照射,模拟大气光化学反应。图 15.5 为本实验的研究结果,从中可以看出,随实验时间的增长,NO向 NO_2 转化,NO_2 的光解导致 O_3 生成,碳氢化合物丙烯氧化生成活性自由基,活性自由基促进了 NO 向 NO_2 的转化,也致使其他二次污染物如 PAN、H_2CO 等生成。

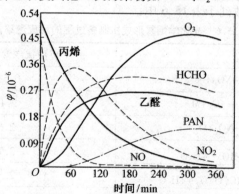

图 15.5　丙烯–NO_x–空气体系中一次及二次污染物的浓度变化曲线(Pitts,1975)

烟雾箱实验自由基传递反应如图 15.6 所示。

光化学烟雾的形成机制可概括为如下 12 个反应:

引发反应
$$NO_2 + hv \longrightarrow NO + O\cdot$$
$$O\cdot + O_2 + M \longrightarrow O_3 + M$$
$$NO + O_3 \longrightarrow NO_2 + O_2$$

自由基传递反应
$$RH + HO\cdot \xrightarrow{O_2} RO_2\cdot + H_2O$$
$$RCHO + HO\cdot \xrightarrow{O_2} RC(O)O_2\cdot + H_2O$$

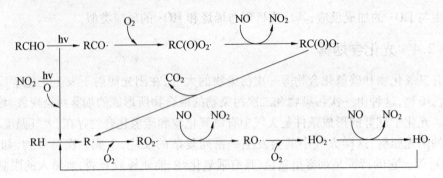

图 15.6　光化学烟雾中自由基传递示意图

$$RCHO+h\nu \xrightarrow{2O_2} RO_2\cdot +HO_2\cdot +CO$$

$$HO_2\cdot +NO \longrightarrow NO_2+HO\cdot$$

$$RO_2\cdot +NO \xrightarrow{O_2} NO_2+R'CHO+HO_2\cdot$$

$$RC(O)O_2\cdot +NO \xrightarrow{O_2} NO_2+RO_2\cdot +CO_2$$

终止反应

$$HO\cdot +NO_2 \longrightarrow HNO_3$$

$$RC(O)O_2\cdot +NO_2 \longrightarrow RC(O)O_2NO_2$$

$$RC(O)O_2NO_2 \longrightarrow RC(O)O_2\cdot +NO_2$$

以上反应的速率常数列于表 15.6 中：

表 15.6　光化学烟雾形成机制各过程的反应速率常数

反应	反应速率常数(298 K)/min^{-1}
$NO_2+h\nu \longrightarrow NO+O\cdot$	0.533(假设)
$O\cdot +O_2+M \longrightarrow O_3+M$	2.183×10^{-11}
$NO+O_3 \longrightarrow NO_2+O_2$	2.659×10^{-5}
$RH+HO\cdot \xrightarrow{O_2} RO_2\cdot +H_2O$	3.775×10^{-3}
$RCHO+HO\cdot \xrightarrow{O_2} RC(O)O_2\cdot +H_2O$	2.341×10^{-2}
$RCHO+h\nu \xrightarrow{2O_2} RO_2\cdot +HO_2\cdot +CO$	1.91×10^{-10}
$HO_2\cdot +NO \longrightarrow NO_2+HO\cdot$	1.214×10^{-2}
$RO_2\cdot +NO \xrightarrow{O_2} NO_2+R'CHO+HO_2\cdot$	1.127×10^{-2}
$RC(O)O_2\cdot +NO \xrightarrow{O_2} NO_2+RO_2\cdot +CO_2$	1.127×10^{-2}
$HO\cdot +NO_2 \longrightarrow HNO_3$	1.613×10^{-2}
$RC(O)O_2\cdot +NO_2 \longrightarrow RC(O)O_2NO_2$	6.893×10^{-2}
$RC(O)O_2NO_2 \longrightarrow RC(O)O_2\cdot +NO_2$	2.143×10^{-8}

　　用以上机制可以解释光化学烟雾的日变化曲线,图 15.7 为光化学烟雾的日变化曲线,图中显示了污染地区大气中 NO、NO$_2$、烃、醛及 O$_3$ 从早到晚的日变化情况。光化学烟雾白天生成,傍晚消失,污染出现在中午或稍后。

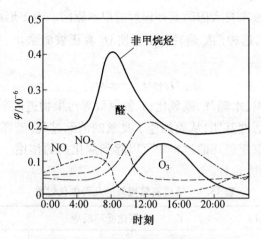

图 15.7　光化学烟雾日变化曲线

　　清晨,汽车尾气及其他污染源向大气中排放了大量的 NO 和碳氢化合物,夜间 NO 的氧化使大气中存在少量的 NO_2。日出时,NO_2 光解生成 $O·$,随后发生一系列次级反应。所产生的 $HO·$ 开始氧化碳氢化合物,进而与空气中的氧气作用生成 $HO_2·$、$RO_2·$、$RC(O)O_2·$ 等自由基,它们有效地将 NO 氧化为 NO_2,于是 NO_2 体积分数上升,NO 与碳氢化合物体积分数下降。当 NO_2 体积分数达到一定值时,O_3 开始积累。NO_2 与自由基发生的终止反应使 NO_2 的增长受限,当它的反应速率与 NO 向 NO_2 的转化速率相等时,NO_2 的体积分数达到最大。此时 O_3 仍不断增加。当 NO_2 的体积分数下降到一定程度,其光解产生的 $O·$ 不断减少,也就减小了 O_3 的生成速率。当 O_3 的增加与其消耗达到平衡时,O_3 的体积分数达到最大。下午,日光减弱,NO_2 光解受到限制,反应趋于缓慢,产物体积分数相继下降。

　　目前,改进技术控制汽车尾气、改善能源结构和加强监测与管理是防止光化学烟雾的主要对策。

15.3　臭氧层的形成与耗损

　　臭氧层存在于对流层上面的平流层中,主要分布在距地面 10～50 km 范围内,浓度峰值在 20～25 km 处。由于臭氧层能够吸收 99% 以上的来自太阳的紫外辐射从而使地球上的生命不会受到紫外辐射的伤害。臭氧层对地球上生命的出现、发展以及维持地球上的生态平衡起着重要作用。然而,随着科学和技术的不断发展,人类的许多活动已经影响到了平流层的大气化学过程,使臭氧层遭到了破坏。

15.3.1　臭氧层破坏的化学机理

平流层中的臭氧来源于平流层中 O_2 的光解:
$$O_2 + hv(\lambda \leqslant 243 \text{ nm}) \longrightarrow O· + O·$$
$$O· + O_2 + M \longrightarrow O_3 + M$$
平流层中臭氧的消除途径有两种:

(1)臭氧的光解过程:
$$O_3 + hv \longrightarrow O_2 + O·$$

该过程是臭氧层能够吸收来自太阳的紫外辐射的根本原因。由于形成的 $O·$ 很快就会与 O_2 反应,重新形成 O_3,因此,这种消除途径并不能使 O_3 真正被清除。

（2）O_3 和 $O·$ 的反应：

$$O_3+O· \longrightarrow 2O_2$$

由于人类活动的影响,水蒸气、氮氧化物、氟氯烃等污染物进入平流层,在平流层形成了 $HO_x·$、$NO_x·$ 和 $ClO_x·$ 等活性基团,从而加速了臭氧的消除过程,破坏了臭氧层的稳定状态。这些活性基团在加速臭氧层破坏的过程中可以起到催化剂的作用。表 15.7 列出了它们的来源、催化循环反应和消除过程。

表 15.7　造成臭氧损耗的几种催化过程

催化物	来源	催化循环反应	消除过程
NO_x	a. 土壤中硝酸盐的脱氮和铵盐的硝化 b. 超音速和亚音速飞机的排放 c. 氮气在宇宙射线的分解	$NO+O_3 \longrightarrow NO_2+O_2$ $NO_2+O· \longrightarrow NO+O_2$ 总反应：$O_3+O· \longrightarrow 2O_2$ 该反应主要发生在平流层的中上部	a. 被下沉气流带到对流层时溶于水随对流层的降水消除 b. 在平流层层顶紫外线的作用下发生光解
$HO_x·$	甲烷、水蒸气和氢气与激发态原子氧反应： $O_3+hv \longrightarrow O_2+O·$ $CH_4+O· \longrightarrow ·CH_3+HO·$ $H_2O+O· \longrightarrow 2HO·$ $H_2+O· \longrightarrow H·+HO·$	$1 H·+O_3 \longrightarrow HO·+O_2$ $HO·+O· \longrightarrow H·+O_2$ $2 HO·+O_3 \longrightarrow HO_2·+O_2$ $HO_2·+O· \longrightarrow HO·+O_2$ $3 HO·+O· \longrightarrow HO_2·+O_2$ $HO_2·+O_3 \longrightarrow HO·+2O_2$ 总反应：$O_3+O· \longrightarrow 2O_2$ 1、2 反应过程发生在较高的平流层,3 发生在较低的平流层	a. 自由基复合反应 $2HO_2· \longrightarrow H_2O_2+O_2$ $2HO· \longrightarrow H_2O_2$ $HO_2·+HO· \longrightarrow H_2O+O_2$ b. 与 NO_x 的反应 $HO·+NO_2 \xrightarrow{M} HONO_2$ $HO·+HNO_3 \longrightarrow H_2O+NO_3$ 总反应 $2HO·+NO_2 \longrightarrow H_2O+NO_3$ 形成的硝酸部分进入对流层随降水被去除
$ClO_x·$	a. 甲基氯的光解 $CH_3Cl \longrightarrow CH_3·+Cl·$ b. 氟氯甲烷的光解 $CFCl_3 \longrightarrow ·CFCl_2+Cl·$ $CF_2Cl_2 \longrightarrow ·CF_2Cl+Cl·$ c. 氟氯甲烷与激发态原子氧的反应 $O·+CF_nCl_{4-n} \longrightarrow ClO·+CF_nCl_{3-n}$	$Cl·+O_3 \longrightarrow ClO·+O_2$ $ClO·+O· \longrightarrow Cl·+O_2$ 与氧原子的反应是决定整个消除速率的步骤 总反应：$O_3+O· \longrightarrow 2O_2$	$ClO_x·$ 在平流层中的可形成 HCl： $Cl·+CH_4 \longrightarrow HCl+·CH_3$ $Cl·+HO_2· \longrightarrow HCl+O_2$ HCl 是平流层中含氯化合物的主要存在形式,部分 HCl 通过扩散进入对流层,然后随降水被清除

目前,人们普遍认为,人类排放到大气中的氟氯烃类化合物是导致臭氧层破坏的主要原因。此外,一些自然因素如火山喷发、极地低温、太阳黑子的活动等也会使平流层的臭氧水平发生变化。

15.3.2 臭氧层损耗的后果

据观测,目前臭氧层破坏比较严重的地方在地球的"三极"上,即南极地区、北极地区和青藏高原上空,北极地区臭氧层破坏较南极地区轻一些,青藏高原臭氧层破坏较北极地区又轻一些。地球上的这"三极"自然条件恶劣,人烟稀少,当地人们向大气中所排的氟氯烃数量有限。但由于"三极"地区上空的对流层较低,平流层的高度也随之降低,人们向大气中排放的氟氯烃会随着大气环流到达"三极"地区的上空。自 1985 年南极上空出现臭氧层空洞以来,地球上臭氧层被耗损的现象一直有增无减。现在在美国、加拿大、西欧、前苏联、中国、日本等上空,臭氧层开始变薄。

紫外辐射可以划分为三个波段:UV-A(320~400 nm)、UV-B(280~320 nm)和 UV-C(200~280 nm)。臭氧对 UV-A 的吸收量很少,基本全部进入对流层,但其对生物的危害很小;UV-C 可杀死生物体,但它几乎全部被臭氧吸收;UV-B 可杀死生物,对生物体有明显的生理效应,臭氧可吸收其大部分,是人们关注的焦点。平流层臭氧减少的最直接后果就是过滤紫外线的作用降低,使到达地球表面的短波紫外线辐射增加,特别是 UV-B 的增加。无论是动物、植物还是微生物,都会受到高能辐射剂量增加的危害。

已有研究表明,人体长期暴露于强紫外线的辐射下,会导致细胞内的 DNA 改变,使皮肤癌和白内障患者增加,破坏人的免疫力,使传染病的发病率增加。据估计,若臭氧总量减少1%,UV-B 段紫外辐射会增加 2%,皮肤癌变率会增加 2%~4%,扁平细胞癌变率会增加6%。过量的紫外辐射会使植物的生长和光合作用受到抑制,使农作物减产、质量下降,破坏森林生态系统。紫外辐射会使处于食物链底层的浮游生物的生产力下降,影响水生生物的生长发育,从而损害水生生态系统。紫外辐射的增加会加速建筑物、喷涂、包装及电线电缆等所用材料的老化,尤其是高分子材料的降解和老化变质。特别是在高温和阳光充足的热带地区,这种破坏作用更为严重,估计造成的损失全球每年达数十亿美元。

此外,氟氯烃类化合物也是温室气体,特别是 CFC-11 和 CFC-12,它们吸收红外线的能力比 CO_2 强得多。大气中每增加一个氟氯烃类化合物分子,就相当于增加了 10^4 个 CO_2 分子。所以,氟氯烃类化合物在破坏臭氧层的同时也加剧了温室效应。

15.3.3 臭氧层耗损物质及其替代物

臭氧层耗损物质主要包括氟氯烃类化合物、哈龙类化合物和卤代烃。

氟氯烃类化合物由于其具有优异的化学稳定性、不燃性和对人体安全等优点,被用于家用和商用冷藏、冷冻和空调等设备的制冷剂,聚氨酯、聚苯乙烯等的发泡剂,气溶胶的喷雾剂,工业用的清洗剂及服装干洗剂。

含溴化合物哈龙(主要是 Halon-1211 和 Halon-1301)对电器着火(计算机房、飞机等)的灭火是非常有用的,在热力作用下较弱的 C-Br 键断裂生成的溴原子能终结火焰中自由基的链反应。此类化合物能像氟氯烃类化合物一样迁移进入平流层,因 C—Br 键比 C—Cl 键弱,此类化合物比相应的氯代物更易光解。同氯原子的反应类似,通过光解释放的溴原子将引发臭氧分解的链反应。

卤代烃的种类较多,被广泛用于工业溶剂、灭火剂、干洗剂的四氯化碳(CCl_4),作为工业去油剂和干洗剂的甲基氯仿(CH_3CCl_3),来自汽车尾气及废聚氯乙烯塑料燃烧、农业废弃物燃烧的氯甲烷(CH_3Cl),主要用于做土壤熏剂的甲基溴(CH_3Br)等。

要淘汰以上物质,必须找到相应的替代物。目前各国都在加紧替代物的开发,主要是氟氯烃类化合物的替代物,国际上已采用 HFCs(CH_2F_2,CHF_2CF_3)等不含氯的替代物。国外普遍采用 HFC-134a(CH_2FCF_3)作为家用冰箱和汽车空调的制冷剂,我国在家用空调中已全部使用 HCFC-22($CHClF_2$)。从长远来看,开发生物圈中固有的、不起任何破坏作用的替代物质是未来发展的方向。

2011 年 4 月 7 日世界气象组织发表最新报告说,臭氧层这个保护地球生命免受紫外线辐射伤害的天然屏障遭受破坏的程度目前已达到了前所未有的程度,未来数年世界各国必须对臭氧层保护问题给予高度关注。

15.4　酸　性　降　水

酸性降水是指通过降水(如雨、雪、雾、冰雹等)将大气中的酸性物质迁移到地面的过程。最常见的就是酸雨。这种降水过程称为湿沉降。与其相对应的还有干沉降,这是指大气中的酸性物质在气流的作用下直接迁移到地面的过程。酸性物质到达地面的这两种过程共同称为酸沉降。这里主要讨论湿沉降过程。

20 世纪 50 年代,英国的 Smith 最先观察到酸雨,并提出"酸雨"这个名词。在此之后,降水的酸性有增强的趋势,当欧洲以及北美洲均发现酸雨对地表水、土壤、森林、植被等有严重的危害后,酸雨的问题受到了普遍重视,进而成为目前全球性的环境问题。自人们发现这一问题之后,各国相继大力开展酸雨的研究工作,纷纷建立酸雨监测网站,制定长期的研究计划。近年来这方面研究工作的发展相当迅速。

15.4.1　降水的化学组成及 pH 的背景值

1. 降水的化学组成

(1)降水的组成。

降水的组成通常包括以下几类:

①大气中的固定气体成分,O_2、N_2、CO_2、H_2 及稀有气体。

②无机物,土壤衍生的矿物离子 Al^{3+}、Fe^{3+}、Mn^{2+}、Ca^{2+} 和硅酸盐等;海洋盐类离子 Na^+、Cl^-、Br^-、SO_4^{2-}、HCO_3^{2-} 及少量的 Mg^{2+}、Ca^{2+}、K^+、I^- 和 PO_4^{3-};气体转化产物 SO_4^{2-}、NO_3^-、Cl^-、H^+ 和 NH_4^+;人为排放源 As、Cd、Cr、Co、Pb、Zn、Ag、Sn 和 Hg 等金属元素及其化合物。

③有机物,有机酸、醛类、烷烃、烯烃和芳烃。

④光化学反应产物,H_2O_2、O_3 和 PAN 等。

⑤不溶物,雨水中的不溶物来自土壤粒子和燃料燃烧排放的尘粒中不能溶于雨水的部分。

(2)降水中的离子成分。

降水中最重要的离子是 SO_4^{2-}、NO_3^-、Cl^-、H^+、NH_4^+ 和 Ca^{2+}。因为这些离子参与了地表土

壤的平衡,对陆地和水生生态系统有很大影响。

降水中的 SO_4^{2-} 的自然来源为岩石矿物的风化,土壤中有机物、动植物和废弃物的分解,但更多的来自于燃料燃烧排放出的颗粒物和 SO_2,因此在工业区和城市的降水中 SO_4^{2-} 的含量一般较高,且冬季高于夏季。降水中 SO_4^{2-} 含量各地区有很大差别,大致为 $1\sim20~\mathrm{mg\cdot L^{-1}}$($10\sim210~\mathrm{\mu mol\cdot L^{-1}}$)。我国城市降水中 SO_4^{2-} 含量高于外国,这与我国燃煤污染严重有关。

降水中的含氮化合物的主要存在形式是 NO_3^-、NO_2^- 和 NH_4^+ 含量小于 $1\sim3~\mathrm{mg\cdot L^{-1}}$,其中 NH_4^+ 含量高于 NO_3^-。NH_4^+ 的主要来源是土壤和海洋挥发及生物腐败等天然来源排放的 NH_3。NH_4^+ 的分布与土壤类型有较明显的关系,碱性土壤地区降水中 NH_4^+ 含量相对较高。NO_3^- 一部分来自人为污染排放的尘粒和 NO_x,另有相当一部分可能来自空气放电产生的 NO_x。

此外,降水中的 Ca^{2+} 也是一种不可忽视的离子,虽然在国外的降水中 Ca^{2+} 浓度较小,但在我国,降水中的 Ca^{2+} 却提供了相当大的中和能力。

2. 降水 pH 的背景值

在未被污染的大气中,可溶于水且含量比较高的酸性气体是 CO_2,如果只把 CO_2 作为影响天然降水 pH 的因素,根据 CO_2 在大气中的体积分数与纯水的平衡干系可求得此时水的 pH=5.6。因此,多年来国际上将此值看做未受污染的大气水 pH 的背景值,把 pH 为 5.6 作为判断酸雨的界限,pH 小于 5.6 的降雨称为酸雨。

近年来通过对降水的多年观测,已经有人对 pH 为 5.6 能否作为酸性降水的界限及判别人为污染的界限提出异议。因为,实际上大气中除 CO_2 外,还存在着各种酸、碱性气态和气溶胶物质,它们的量虽少,但对降水的 pH 也有贡献,即未被污染的大气降水的 pH 不一定正好是 5.6。同时,作为对降水 pH 影响较大的强酸,如硫酸和硝酸,也有其天然产生的来源,它们对雨水的 pH 也有贡献。此外,有些地域大气中可能存在碱性尘粒和碱性气体,如 NH_3 含量较高,这就会导致降水 pH 上升。因此,pH 为 5.6 不是一个判别降水是否受到酸化和人为污染的合理界限。

由于世界各地区自然条件不同,如地质、气象、水文等的差异会造成各地区降水 pH 的不同,表 15.8 列出了世界某些地区的降水 pH 的背景值,从中发现 pH 均小于或等于 5.0,因而把 5.0 作为酸雨 pH 的界定更符合实际情况。

表 15.8　世界某些降水背景点的 pH

地点	样本数	pH 平均值
中国丽江	280	5.00
Amsterdan（印度洋）	26	4.92
Porkflot（阿拉斯加）	16	4.94
Katherine（澳大利亚）	40	4.78
Sancarlos（委内瑞拉）	14	4.81
St. Georges（大西洋百慕大群岛）	67	4.79

15.4.2　酸雨的形成及化学组成

酸雨现象是大气物理过程和大气化学过程的综合效应。酸雨中含有多种无机酸和有机酸,降水的酸度主要来自于硫酸和硝酸等强酸,在我国多数情况下以硫酸为主,多年实测结果表明有机弱酸(甲酸和乙酸等)对降水酸度也有贡献。从污染源排放出的 SO_2 和 NO_x 是形成酸雨的主要起始物,其形成过程为

$$SO_2+[O]\longrightarrow SO_3$$
$$SO_3+H_2O\longrightarrow H_2SO_4$$
$$H_2SO_3+[O]\longrightarrow H_2SO_4$$
$$NO+[O]\longrightarrow NO_2$$
$$2NO_2+H_2O\longrightarrow HNO_3+HNO_2$$

式中　[O]——各种氧化剂。

大气中的 SO_2 和 NO_x 经氧化后溶于水形成硫酸、硝酸和亚硝酸,这是造成降水 pH 降低的主要原因。此外,进入大气中的许多气态和固态物质对降水 pH 也有影响,例如,大气光化学反应产生的 O_3 和 $HO_2\cdot$ 等为酸雨的形成过程提供了氧化剂,大气颗粒物中的 Mn、Cu、V 等酸性气体氧化过程的催化剂,天然和人为来源的 NH_3 及其他碱性物质对酸性降水起缓冲作用。当大气中的酸性气体浓度高时,如果中和酸的碱性物质很多,即缓冲能力很强,降水不会有很高的酸性,甚至可能成为碱性。在碱性土壤地区,大气颗粒物浓度高时,往往会出现这种情况。有时即使大气中 SO_2 和 NO_x 的浓度不高,但碱性物质相对较少,降水仍会有较高的酸性。因此,降水的酸度是酸碱平衡的结果,降水中的酸量大于碱量就会形成酸雨。

通过对酸性降水样品的化学分析,得出其化学组成有以下离子:

阳离子 H^+,Ca^{2+},HN_4^+,Na^+,K^+,Mg^{2+};

阴离子 SO_4^{2-},NO_3^-,Cl^-,HCO_3^-。

上述各种离子并非起着同等重要的作用。下面根据我国实测数据、从酸雨和非酸雨的比较来探讨关键性影响离子的组分。表 15.9 列出了我国北京和西南地区降水的一些化学实测数据。

表 15.9　我国部分地区降水酸度和主要离子含量

项　目		重庆	贵阳市区	贵阳郊区	北京市区
pH		4.1	4.0	4.7	6.8
主要离子含量/($\mu mol\cdot L^{-1}$)	H^+	73	94.9	18.6	0.16
	SO_4^{2-}	142	173	41.7	137
	NO_3^-	21.5	9.5	15.6	50.3
	Cl^-	15.3	8.9	5.1	157
	HN_4^+	81.4	63.3	26.1	141
	Ca^{2+}	50.5	74.5	22.5	92
	Na^+	17.1	9.8	8.2	141
	K^+	14.8	9.5	4.9	40
	Mg^{2+}	15.5	21.7	6.7	—

由表中数据可知,Cl⁻和 Na⁺的浓度相近,可认为这两种离子主要来自海洋,对降水酸度不产生影响。在阴离子总量中 SO_4^{2-} 占绝对优势,在阳离子总量中 H^+,Ca^{2+},HN_4^+ 占 80% 以上,这表明在我国降水酸度主要是 SO_4^{2-},Ca^{2+},HN_4^+ 三种离子相互作用而决定的。作为酸指标的 SO_4^{2-} 主要来自燃煤排放的 SO_2,作为碱指标的 Ca^{2+} 和 HN_4^+ 的来源比较复杂,既有人为源又有天然源,而且可能天然源是主要的。如果以天然源为主,就会与各地的自然条件,尤其是土壤性质有很大关系,据此可以在一定程度上解释我国酸雨分布的区域性原因。

15.4.3　影响酸雨形成的因素

(1)酸性污染物的排放及天气形势的影响。

现有的监测数据表明,降水酸度的时空分布与大气中 SO_2 和降水中 SO_4^{2-} 浓度的时空分布存在着一定的相关性,即某地 SO_2 污染越严重,降水中的 SO_4^{2-} 浓度就越高,降水 pH 就越低。也就是大气中酸性污染物的含量越多,降水的 pH 就越低。但这不是绝对的,如果气象条件和地形条件有利于污染物的扩散,则大气中污染物的浓度降低,酸雨就减弱,反之则加重。如我国西南地区燃煤中的含硫量高,很多情况下未经脱硫处理就直接用作燃料燃烧,SO_2 排放量高,再加上该地区气温高、湿度大,有利于 SO_2 的转化,因此造成了大面积强酸性的降雨区。

(2)大气中的 NH_3。

已有研究表明,降水 pH 值取决于硫酸、硝酸与 NH_3 及碱性尘粒的相互关系。NH_3 是大气中唯一常见的气态碱,对酸雨的形成是非常重要的。它易溶于水能与酸性气溶胶或雨水中的酸起中和作用,从而降低雨水的酸度。NH_3 也可以直接和 SO_2 反应使大气中的 SO_2 减少,避免其进一步转化为硫酸。

大气中 NH_3 的主要来源是有机物的分解和农田使用的含氮肥料的挥发。土壤中的 NH_3 挥发量随土壤 pH 的升高而增大。我国京津地区土壤 pH 为 7~8,而重庆、贵阳地区一般为 5~6,这是大气中 NH_3 含量北高南低的重要原因。土壤偏酸性生物地方,风沙扬尘的缓冲能力低。这两个因素合在一起可大致解释我国酸雨区多分布在南方的原因。

(3)颗粒物的酸度及其缓冲能力。

酸雨不仅与大气中酸性污染物和碱性气体的含量有关,同时也与大气颗粒物的含量与性质有关。大气颗粒物的组成复杂,主要来自土地飞起的扬尘,它的化学组成与土壤的化学组成基本相同,因此其酸碱性取决于土壤的性质。除土壤粒子外,矿物燃料燃烧进入大气中的颗粒物的酸碱性对酸雨也有一定的影响。颗粒物对酸雨的形成有两方面的作用:一是所含的金属对 SO_2 氧化成硫酸起催化作用;二是颗粒物本身的酸碱性对酸雨起中和增强的作用。显然,如果颗粒物本身是酸性的,就不能起中和作用,而且会成为酸的来源之一。

目前我国大气颗粒物的浓度普遍很高,为国外的几倍至几十倍,在酸雨的研究中自然是不容忽视的。对北京、成都、贵阳和重庆的大气总颗粒物的 pH 进行测定,用微量酸滴定并画出缓冲曲线,如图 15.8 所示。曲线若呈 45°,则表示加的酸全部被消耗,溶液缓冲能力强,pH 不发生改变;曲线若呈水平,则表示溶液不消耗酸,所加的酸使 pH 降低。从图中可以看出,北京颗粒物的缓冲能力大大高于西南地区,酸雨弱的成都高于酸雨重的贵阳和重庆,这表明无酸雨地区颗粒物的 pH 和缓冲能力均高于酸雨区。

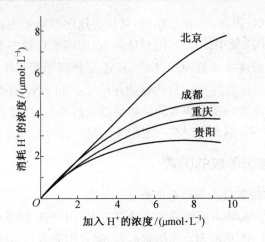

图 15.8　不同地区颗粒物的缓冲曲线

15.4.4　酸雨的环境影响及对策

自 20 世纪六七十年代以来,随着世界经济的发展和矿物燃料消耗量的逐步增加,向空气中排放的 SO_2 和 NO_x 等大气污染物的总量也不断增加,酸雨的分布有扩大的趋势。欧洲和北美洲东部是世界上最早发生酸雨的地区,但亚洲和拉丁美洲有后来居上的趋势。目前,全球形成了三大酸雨区:欧洲酸雨区,美国和加拿大东部酸雨区和我国长江以南、西藏以东酸雨区。酸雨污染可以发生在其排放地 500 ~ 2 000 km 的范围内,酸雨的长距离传送会造成典型的越境污染问题。在 1977 年联合国会议上将酸雨确定为全球性的污染问题。

酸雨以不同方式危害着水体环境、陆地环境、材料和人体健康。酸雨会导致环境的酸化,水质酸化会引起水生生物的死亡,进而引起水质恶化和水环境的污染。土壤酸化会抑制土壤微生物的活性,减慢土壤中有机物的分解和氮的固定,淋洗土壤中钙、镁、钾等营养元素,使土壤贫瘠化。酸雨直接危害植物的叶和芽,从而影响其生长发育,使农作物和树木死亡。酸雨对建筑物和名胜古迹、金属材料、油漆等的腐蚀作用,造成了严重的经济损失和文化遗产的破坏。大气中二氧化硫和氮氧化物等大气污染物的增加会导致呼吸系统疾病的增加。酸雨使地面水变成酸性,水体中金属元素的含量增高,饮用这种水或食用酸性河水中的鱼类会对人体健康产生危害。加拿大和美国的一些研究揭示,在酸性水域,鱼体内汞浓度很高,这些含高水平汞的水生生物被人类食用,势必会对人体健康带来有害影响。据报道,很多国家由于受到酸雨的影响,地下水中铝、铜、锌、镉的浓度已上升到正常值的 10 ~ 100 倍。

控制酸雨的技术措施主要有以下四点:

1. 使用低硫燃料

减少 SO_2 污染最简单的方法是改用含硫低的燃料。化石燃料中硫的重量约占 0.2% ~ 5.5%,原煤经过洗脱之后,SO_2 排放量可减少 30% ~ 50%,灰分约去除 20%。另外,改烧固硫型煤、低硫油,或以煤气、天然气代替原煤,也是减少硫排放的有效途径。

2. 改进燃烧技术

使用低 NO_x 的燃烧器来改进锅炉,可减少 NO_x 的排放。流化床燃烧技术近年来已得到应用,新型的流化床锅炉有极高的燃烧效率,几乎达到 99%,而且能去除 80% ~ 95% 的 SO_2

和 NO_x,还能去除相当数量的重金属。这种技术是通过向燃烧床喷射石灰或石灰石来完成脱硫脱氮的。

3. 烟道气脱硫脱氮

在烟道气排出烟囱前,喷以石灰或石灰石,其中的碳酸钙与 SO_2 反应,生成 $CaSO_3$,然后由空气氧化为 $CaSO_4$,可作为路基填充物或建筑材料,全世界约有 1 000 家工厂安装了烟道气脱硫设备,其中 100 家在美国。

4. 控制汽车尾气排放

使用低硫油,改进汽车发动机,安装尾气净化装置,减少 SO_2 和 NO_x 的排放。一般柴油车用油含硫量达 0.4% ,为工厂所用燃料含硫量的 3 倍。美国已规定柴油车用油含硫量应低于 0.2% 。汽车尾气中含有的氮氧化物可通过改良发动机和使用催化剂控制其排放量。

为综合控制燃煤污染,国际社会提倡实施一系列的清洁煤技术,包括燃煤加工、燃烧、转换和烟气净化各个方面的技术,这是解决二氧化硫排放最为有效的途径。美国能源部在 80 年代就把开发清洁能源和解决酸雨问题列为中心任务,从 1986 年开始实施了清洁煤计划。日本、西欧国家则比较普遍地采用了烟气脱硫技术。

控制酸雨的政策措施主要包括两方面:一是直接管制措施,其手段有建立空气质量标准、燃料质量标准和排放标准,实施排放许可证制度;二是经济刺激措施,其手段有排污税、产品税(包括燃料税)、排放交易和一些经济补助等。西方国家传统上较多采用直接管制手段,但 20 世纪 90 年代以来,很注重经济刺激手段的应用,西欧国家较多采用污染税(如燃料税和硫税)。美国 1990 年修订了清洁空气法,建立了一套二氧化硫排放交易制度。

目前,欧洲、北美、日本等在削减二氧化硫排放方面取得了很大进展,但控制氮氧化物的成效有待提高。

第16章 土壤的氧化还原过程与环境污染

16.1 土壤的氧化还原状况

氧化还原状况是土壤的重要物理化学性质之一,其变化可导致一系列有机和无机物质的转化、迁移和积累,成为物质循环中不可或缺的化学动力,因此引起了相关研究者的关注。土壤氧化还原反应的本质是电子传递过程,以氧化还原电位(E_H)和还原性物质量作为强度和数量指标,反映土壤的氧化还原状况。近年来,由于电化学方法的建立和改进,实现了自然条件下原位测定土壤的 E_H 和还原性物质,这对土壤氧化还原过程的研究起到了重大推进作用。

16.1.1 土壤氧化还原状况的特征及其影响因素

1. 土壤氧化还原状况的特征

(1)不均一性。

土壤是一个不均一的多相体系,在较为微观的局部,物理、化学和生物学环境也互有差异。因而即使在同类土壤剖面,甚至同一层次点与点之间的氧化还原状况都不尽一致,其中尤以水稻土明显。

(2)变异范围宽。

自然土壤和农用旱作土壤的氧化还原状况差别不大,属于氧化性土壤,其中旱作土壤的氧化性一般更甚于自然土壤。水稻土的氧化还原状况具有一个比自然土壤和农用旱地大得多的变动范围,包括氧化性、氧化还原性、还原性和强还原性四中氧化还原类型土壤。

(3)变异可逆性大。

土壤干湿过程所引起的氧化还原状况的周期性变化具有很大的可逆性,其中水分是决定转换方向的关键性因素。

(4)空间分异。

土壤的盐基状况或碳酸盐的积累决定了土壤 pH 值,土壤的 E_H 随 pH 而变(土壤的氧化还原状况一般有 H^+ 参与)。我国土壤的盐基饱和度由南向北增加,土壤的 pH 值也随之增高,因此,受制于 pH 变化的土壤 E_H 的空间分异被明显地反映出来。另外,在垂直方向上,土壤的氧化还原状况随海拔和植被类型呈现规律性变化的带谱,这种变化实际上是土壤有机质和水分的含量不同而引起的。

(5)强度因素与数量因素的关系。

反映氧化还原状况有强度和数量两个方面的因素,氧化还原电位为强度因素,还原性物质量为数量因素,它们之间的关系可用 Nemst 方程表示为

$$E_H = E^\theta + \frac{RT}{nF}\ln\frac{(氧化剂)}{(还原剂)}$$

①

式中　E_H——氧化还原电位;

　　　　E^θ——参与反应体系的标准氧化还原电位,它取决于体系本身的特性;(氧化剂)和
　　　　　　　(还原剂)分别为其活度;

　　　　R——气体常数;

　　　　T——绝对温度;

　　　　n——反应中电子得失数;

　　　　F——法拉第常数。

由式①可知,E^θ 和 n 对于特定的氧化还原体系而言是固定值,所以 E_H 由氧化剂和还原剂的活度比决定。对于这样一个体系,在定性上,E_H 值越大,则表示氧化剂所占的比例越大,即氧化性越强;在定量上,当土壤处于强还原条件下,氧化剂的活度趋近于零,铂电极和土壤溶液之间的电子交换电流几乎决定于占绝对优势的还原剂。这时式①中的第二项(包括反应物活度比)可并入 E^θ 项,以 $E^{\theta'}$ 表示,$\dfrac{RT}{nF}$ 为常数,用 a 表示,则式①可表示为

$$E_H = E^{\theta'} - a\lg(\text{还原剂}) \qquad\qquad ②$$

由式②可知,除 $E^{\theta'}$ 项外,所得的铂电极的混合电位取决于还原剂的数量,E_H 和还原性物质的数量的对数值间应存在直线关系。实际上,大量的原位测定材料表明,在 E_H 和还原性物质数量的对数值之间确实存在着良好的相关性。

2. 影响因素

有机物质对还原性物质数量的影响可分为直接和间接两个方面。有机物质的分解产物直接为土壤提供丰富的有机还原性物质,同时它作为主要的电子来源,与土壤中无机组分(如氧化铁、锰和硫酸盐)进行反应,将其还原成 Fe^{2+}、Mn^{2+} 和 S^{2-},间接使土壤中的无机还原性物质增加。水分状况影响有机物质的分解过程,直接影响氧化还原电位和还原性物质的数量。pH 是控制沉淀–溶解平衡的重要因素,可影响土壤溶液中还原性物质的数量。不同的土壤类型所含的还原性物质的种类和数量不同,还原性物质的数量一般随分解时间的推移而减少,减小的速度因有机物的种类不同而不同。

16.1.2　不同类型土壤的氧化还原状况

从利用角度考虑,可将各种土壤归纳为自然土壤、农用旱作土壤和水稻土三大类型,下面分别介绍它们的氧化还原状况。

1. 自然土壤

自然土壤是指自然植被下的土壤,主要包括林牧业所利用的森林土壤和草原土壤,它们的氧化还原状况受所处自然条件,如植被、气候(降水、温度等)诸因素的影响,具有氧化性土壤的特征。

丁昌璞等人的研究结果表明,自然土壤的 E_H 变动在 440 ~ 720 mV,其范围的下限超过了一般界定氧化性土壤的 E_H 值(400 mV),土壤的氧化性十分明显,氧化还原状况的垂直分布取决于植物群落的带状分布。在众多种类的自然土壤中,黄棕壤、褐土、灰钙土和风沙土的 E_H 较低,湿润地区的砖红壤、赤红壤、红壤和黄壤的还原性物质的量较高,还原性物质的量相当于 Mn^{2+} $0.00 \sim 4.01 \times 10^{-5}$ mol·L^{-1}。灰钙土和风沙土土壤剖面中还原性物质的量上

下基本一致,表层与底层的氧化还原电位相差较小,无明显的分布深度变化。其他自然土壤的 E_H 一般表层低于其下各层,差幅随植被群落而异,季风常绿阔叶林下土壤>针阔叶混交林下土壤>稀疏马尾松林下土壤>草被下土壤,即植被密集者>植被稀疏者,还原性物质分布深度的变化也大致循此顺序,这种差异与不同植被类型下土壤的有机质含量和水分状况密切相关。

2.农用旱作土壤

(1)经济林下土壤。

田间考察发现,经济林下土壤的 E_H 为 640 ~ 710 mV,还原性物质的量相当于 Mn^{2+} $0.60 ~ 1.60×10^{-5}$ mol·L^{-1},经济林下表层土壤的还原性物质的量一般低于自然林下者,且多集中于表层 20 cm 以内,含量随经济作物类型和种植方式的不同而异,表层和底层土壤的 E_H 差值一般也较自然林下者小,表明土壤的氧化性较强。

由表 16.1 可知,在椰子咖啡间作两层林下的土壤还原性物质的含量高于咖啡或橡胶单层林下者,其中以橡胶林下土壤的还原性物质的量最低,表层与下层土壤的 E_H 差值也很小,这是因为橡胶林的凋落物少,表土有机质含量为 12.1 g·kg^{-1},而椰子、咖啡间作的土壤中凋落物较多,有机质含量为 20.0 g·kg^{-1},其根系又多分布在土壤上部。

表 16.1　经济林下不同作物类型的砖红壤的氧化还原状况(丁昌璞等,1991)

作物 Crop	深度 Depth/cm	pH	电位 E_H/mV	还原性物质($×10^{-5}$ mol·L^{-1}) Reducing substances
椰子咖啡	0 ~ 10	4.9	650	1.60
	10 ~ 40	4.8	660	0.95
		4.6	690	0.73
咖啡	0 ~ 10	5.8	640	1.38
	10 ~ 25	6.6	650	1.08
	>25	6.3	670	0.70
橡胶	0 ~ 10	5.1	710	1.06
	10 ~ 40	4.9	700	0.76
	>40	5.1	690	0.60

(2)一般旱作土壤。

图 16.1 为不同地区旱作土壤的 E_H 和还原性物质量,除表层土壤的 E_H 略低和还原性物质量较高外,20 cm 以下土壤的 E_H 为 500 ~ 600 mV,还原性物质低于 $1.0×10^{-5}$ mol·L^{-1} 的亚锰,一般在 30 ~ 50 cm 处接近于零,表层土壤与下层的 E_H 差值为 20 ~ 30 mV。

将农用旱作土壤与自然土壤比较可以认为,一年内两种土壤基本处于氧化状态,不致因还原作用而发生明显的物质移动,无明显的物质淋溶;除表层土壤外,土壤的 E_H 和还原性物质的剖面分布甚为均匀,它们都属于氧化性土壤;湿润地区自然林下表层土壤的 E_H 与其下层者的差幅较大,经济林下者次之,旱作土壤者最小,反映了土壤氧化性程度的不同。

3.水稻土

水稻土的氧化还原状况与自然土壤和农用旱作土壤有很大的差别,最大的差别是水稻土的氧化还原状况的范围宽,包括了从氧化性到强还原性的土壤类型;而后者的范围窄,仅

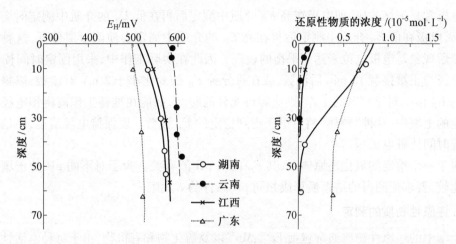

图 16.1　不同地区旱作土壤的氧化还原状况

限于氧化性程度的不同,不存在氧化性和还原性的转变。例如,湖南张家界、岳阳、北京、天津等地氧化性水稻土的 E_H 为 430 ~ 670 mV,还原性物质的量为 0.01×10^{-5} ~ 1.40×10^{-5} mol·L^{-1} 的亚锰,而还原性、强还原性水稻土的 E_H 则为 400 ~ 70 mV,还原性物质的量相当于 1.06×10^{-5} ~ 17.80×10^{-5} mol·L^{-1} 的亚锰。水稻土作为一个土类,覆盖了氧化还原状况不同的同类土壤。

其次是,水稻土的氧化还原状况随灌排出现周期性的变化,尤以耕作层对水分条件的感应最为强烈。淹水前土壤处于氧化状态,氧是控制电位的体系,E_H 值较高,还原性物质的量很低或检测不出;淹水后各土层向还原状态发展,E_H 下降,还原性物质的量增加,其中以耕作层的 E_H 降幅为最大,甚至达 570 mV,还原性物质的量亦大量积累,强还原性物质可占总量的 80% ~ 90%,这说明水稻土的耕作层是对氧化还原反应最为敏感的层次。水稻土氧化还原状况的周期性变化和还原过程占优势的特点,是其区别于自然土壤和农用旱作土壤的最本质的标志。

水稻土的氧化还原状况受制于水分条件,根据地下水位高低及其对土壤氧化还原状况的影响,可将水稻土分为以下三种主要类型:氧化性类型、氧化还原性类型和还原性类型。

16.1.3　土壤氧化还原状况的研究方法

由于土壤的氧化还原状况易变,以在田间进行原位测定最为理想,因此,要设计和制作便于携带的仪器和直接入土的电极,使测定结果接近自然状态。下面简要介绍土壤的氧化还原电位、还原性物质和土壤 pH 值的测定方法。

1. 氧化还原电位的测定

当土壤与空气接触时,土壤的氧化还原状况可能发生迅速而剧烈的变化。以下为土壤氧化还原电位的常规测量方法:将铂电极直接插入土壤,铂电极与参比电极(饱和甘汞电极或大面积的 Ag|AgCl 电极)的距离为 1 ~ 3 cm。就大田土壤来说,由两电极间的电阻上的电压降引起的测量误差对测定的 E_H 值没有影响,但对于可溶盐含量低的酸性土壤,尤其是土壤非常干燥时,两电极的位置以靠近为宜。土壤的氧化还原状况是十分不均匀的,所以在测定氧化还原电位时必须多点测定,一般要求重复 5 ~ 7 次。

电极常显记忆效应,即电极在高 E_H 介质中测定后再在低 E_H 的介质中测定时会使测量值偏高,电极在低 E_H 介质中测定后再在高 E_H 的介质中测定会使测量值偏低,这种电位响应的滞后现象是电极电位未达到平衡的表现。因此在实际工作中,采用固定时间读 E_H 值,如在电极与土壤接触 15 min 后读数,或在每分钟 E_H 的变化小于 2 mV 时读数,以得到相对可比的 E_H 值。对于精密的工作,则应等待充分的时间,如能在准备工作前将铂电极先插入被测定的土壤中,这种"预热"将有助于得到稳定的 E_H 读数。要保持电极清洁,清洁铂电极的响应时间比脏电极短。

对于一个给定的氧化还原体系,其 E_H 值与 pH 值有关。为了对不同 pH 的土壤的结果进行比较,要求把测得的结果换算成相同 pH 条件的 E_H 值。

2. 还原性物质的测定

土壤中的还原性物质通常包括 Fe^{2+}、Mn^{2+} 以及硫化物和有机物,由于每种电活性物质具有特征性的半波电位,因而理论上有可能选择适当的外加电压对其进行区分。但实际上,土壤中的情况很复杂,不可能用一般的伏安法精确区分各种半波电位彼此相近的还原性物质,实验表明,在外加电压为 0.35 V 和 0.70 V 时,测量扩散电流可以概略区分土壤中的还原性物质。

(1)亚铁亚锰离子的测定。

恒电位伏安法(简称伏安法)既可用于室内还原性物质的区分,也可对还原性物质进行野外原位测定。它是利用极化电极上的电流-电压关系来测定溶液中的可还原或可氧化的物质的方法。碳电极的阳极电位和阴极电位的范围宽,价格低廉,成为伏安法中最广泛应用的工作电极;伏安法中使用的参比电极要求其具有不极化性和低电阻的特点,一般而言,饱和甘汞电极和 $Ag|AgCl$ 电极在伏安法中通常作为不极化电极(参比电极)。

土壤中还原性物质的室内测定可用任何经典极谱仪,野外测定则用自制便携式 VA—1 型伏安仪(中国科学院南京土壤研究所)。原位测定方法为:将石墨棒电极和 $Ag|AgCl$ 电极直接插入土壤至一定深度,两电极之间的距离尽可能靠近,以减小测量线路的电阻。对于渍水土壤或湿土,石墨棒电极与土壤很容易接触良好;如果土壤干燥,则在石墨棒电极端附近的土中加数滴水。外加电压+0.35 V 至石墨棒电极,2 min 后读电流值。然后取出石墨棒电极,更新表面,再作测定。为了避免土壤不均匀性引起的误差,重复测定几次,取其平均值,然后将外加电压调至+0.70 V,同法进行测定。在一定条件下,测得的扩散电流减去相同外加电压时的残余电流,可直接用作估量土壤中还原性物质数量的参数。测定的数量单位可用扩散电流(μA),或电流密度($\mu A \cdot cm^{-2}$,即扩散电流除以电极表面积),或用相当于 $MnSO_4$ 标准溶液的浓度表示。

(2)硫化物的测定。

在还原性土壤中,大部分硫化物的存在形态为 HS^- 或 H_2S,少量为 S^{2-}。校准曲线中 pS^{2-} 的线性范围下限仅为 6 左右,因此不可能从测得的电极电位直接对照校准曲线求得 pS^{2-} 值,而只能通过曲线外推获得测定结果。原位测定时,两支电极可直接插入土中,一般需要 10 min 左右可以得到稳定的电极电位。在实验室测定时,可将硫电极(工作电极)和外套管为 $0.1 \ mol \cdot L^{-1} KNO_3$ 溶液的双盐桥甘汞电极(参比电极)插入盛放在密闭容器中的土壤悬液中,在磁力搅拌下进行测定。电极的挑选、硅油处理、膜面的仔细抛光以及使用前电

极在 10^{-3} mol·L^{-1} 或 10^{-2} mol·L^{-1} 的 S^{2-} 溶液中活化 2~3 min 等操作都有助于迅速达到电位的平衡,减少测量时间。

(3)正负电荷有机还原性物质的测定。

将培养 5~7 d 的植物溶液过滤,分别通过阴、阳离子交换树脂,定量各取一份,常温下用 0.004 mol·L^{-1} $KMnO_4$ 溶液进行滴定,作为反应前正、负电荷有机还原性物质的量。同量另取一份加入土壤(土:液=1:8),搅拌 15 min,离心,然后倾出清液,用标准 $KMnO_4$ 溶液滴定,即为反应后的正、负电荷有机还原性物质的量,通过反应前后的数量之差,可以得出正、负电荷有机还原性物质吸附量。为了避免氧化,操作宜在 N_2 气氛下进行。

3. pH 的测定

由于采样携至实验室后,土壤的 pH 有明显的变化,故土壤的 pH 宜在田间直接测定。测量仪器一般使用高输入阻抗的 pH 计或分辨率较高的电位仪,常用坚固型低阻锥形玻璃电极或厚膜平板状玻璃电极为工作电极,甘汞电极或大面积 Ag|AgCl 电极为参比电极。测定时先将参比电极插入土中,为防止多孔陶瓷塞被土粒封堵,可在土壤与电极之间垫一小片滤纸,在使用平板电极时,应使电极紧贴土壤。对于一般含水量的土壤,需 2~5 min 平衡,如果土壤过干,可在玻璃电极周围加数滴水。每次测定后,须清洗玻璃电极,再插到另一点测定,参比电极则不需移动,如此重复 3~5 次。在使用电位仪时,分别测量 pH 为 4.01 或 6.86 的缓冲溶液和土壤的电极电位,再根据待测体系的实测电极电位值进行计算。

16.2　氧化还原过程与土壤发生

土壤是一种历史自然体,具有自身特有的形成和发展规律,它的发生和形成与其所处的外部环境条件有着密不可分的联系。由于环境的千差万别,在不同的自然条件下,土壤的发生和形成各具特点,从而演变成各种不同属性的土壤类型。还原条件下土壤的形成过程是物质的淋溶过程,包括有机、无机物质的转化、迁移和重新组合,这些变化都体现于土壤的层次分化和发生层的形成中,是物理、化学和生物过程综合影响的结果。本节首先讨论土壤物质溶解的化学反应及其影响因素,然后介绍土壤中几种方式的物质溶解和迁移过程。

16.2.1　土壤物质的溶解

土壤中的某些矿质组分如铁、锰氧化物和含 Ca、Mg、K、Na 的硅酸盐矿物在土壤中的含量互有差异,但总地来说都能保持一定的稳定性,其溶解度很低。但在适当的条件下土壤矿质部分经过活化能进入土壤物质的循环,并参与土壤的形成过程。土壤中的各种元素的化合物在水中的溶解度不同,在土壤溶液中各种离子的溶解和淋溶强度也不同。从化学角度看,物质的淋溶过程主要包括还原溶解和络合溶解。

1. 溶解作用

(1)还原溶解。

变价元素处于氧化态时基本上是不活动的,但当其还原成低价态后则活动性大增。氧化态的高价元素作为电子受体进行价态降低的转化,这种还原溶解反应在成土过程中起着重要作用,促进了某些固态物质的活化和溶解。铁、锰氧化物即使在 pH 为 4~4.5 的强酸性土壤中的溶解度也很低,形成 Fe^{2+}、Mn^{2+} 后其溶解量大幅度增加,有时甚至达到比某些盐基性离子的量还高的程度。

土壤中铁、锰氧化物的还原溶解作用的强度因还原剂和作用时间而异。表16.2为红壤中 Fe^{2+}、Mn^{2+} 的量与不同植物培养液和作用时间的关系,由表可知,松叶培养液中 Mn^{2+} 量较低,茅草培养液 Mn^{2+} 量最高,这说明有机还原剂的还原性越强,溶解作用越明显。亚锰离子的溶解量随时间增长而增加,溶解作用的强度随时间的增加呈降低的趋势,可能是亚锰离子在培养液中的溶解量渐趋于饱和所致。结果也说明,亚锰的还原性较亚铁强。

表 16.2　红壤中铁、锰氧化物的还原溶解(吾又先,1989)

植物培养液	亚铁/$(mg \cdot kg^{-1})$					亚锰/$(mg \cdot kg^{-1})$				
	2 h	5 h	7 h	15 h	48 h	2 h	5 h	7 h	15 h	48 h
松叶	痕量	痕量	痕量	0.4	0.5	4.5	9.3	13.1	18.5	18.7
槐叶	0.7	痕量	痕量	痕量	0.3	13.0	16.2	17.8	19.7	19.4
竹叶	0.5	痕量	痕量	痕量	0.6	11.2	13.6	15.7	19.1	19.6
茅草	1.2	0.4	痕量	痕量	0.4	16.0	18.4	19.9	20.6	20.1

(2)络合溶解。

在化学反应上,络合溶解与还原溶解的主要区别是,络合溶解不改变铁、锰的价态,只是由于络合剂的极强的亲和力使铁、锰从固相转入液相。铁锰通过与具有某些官能团的有机物进行络合,促进了它们自身的溶解。对于已被还原的铁、锰,络合物的形成增加了其在土壤溶液中的溶解度,加强了铁、锰的淋溶作用,在土壤形成过程中起着不容低估的重要作用。

在氧化性土壤如某些自然土壤和旱地土壤中,铁主要以难溶性的氧化铁或氢氧化铁的形态存在,锰以溶解度很低的三价或四价的复杂氧化物的形态存在。在还原条件下,Fe^{2+}、Mn^{2+} 可形成 $Fe(OH)_2$、$Mn(OH)_2$ 沉淀,在有足量 CO_2 或 S^{2-} 时,可产生 $FeCO_3$、$MnCO_3$ 或 FeS 沉淀。

Fe^{2+}、Mn^{2+} 可与土壤溶液中或土壤固相上的有机物质形成络合物。图16.2为赤红壤有机质含量与螯合态亚铁量的关系,结果显示,有机质提供络合剂的数量越大,形成 Fe^{2+}-络合物的量越多,黄壤性水稻土和红壤中络合态亚铁的结果与此相同,Mn^{2+}-络合物的形成情形也符合此规律。研究表明,Fe^{2+}-络合物的稳定常数比 Mn^{2+}-络合物大,氧化后的有机物质对 Fe^{2+}、Mn^{2+} 具有更强的络合能力。在土壤的物质淋溶中,氧化铁、氧化锰的大部分都以水溶态被淋溶而导致土壤的性态改变、层次分化和发生层的形成,对氧化性自然土壤的发生演化所起的作用尤为突出。

土壤形成过程中的各种化学反应的反应速度和作用强度因土壤类型的不同而有所区别。大量研究表明,土壤物质溶解涉及的还原溶解和络合溶解的化学过程,以在水稻土中最为明显,水稻土中铁、锰等变价元素参与的溶解-沉淀、氧化-还原和络合-解离平衡的强度和速度均远远大于氧化性自然土壤和旱地土壤。这三种物质溶解的化学平衡在成土过程中同时存在,机理上并无质的差异,重叠作用于土壤,从而引起强烈的物质淋溶,加速了该类土壤的形成过程,新垦红壤改植水稻后,短期内即可呈现成土特征的基本原因就在于此。

2. 影响溶解的因素

在实际的土壤测量中,E_H(强度因素)和 Fe^{2+}、Mn^{2+} 含量(数量因素)之间的关系符合

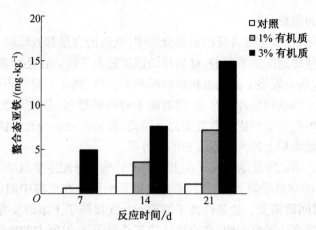

图 16.2　赤红壤中的有机质含量与螯合态亚铁量的关系(于天仁等,1996)

Nernst 方程,即 E_H 越低,Fe^{2+}、Mn^{2+} 含量越高,溶解作用越强。土壤的 pH 值对土壤溶液中亚铁、亚锰的数量有明显影响,这主要是由于各种沉淀态亚铁、亚锰的溶解度受 pH 值的影响,而沉淀态亚铁、亚锰在亚铁、亚锰总量中所占的比例又相当大。pH 值对亚铁、亚锰的络合–解离平衡也有影响,H^+ 可以与 Fe^{2+}、Mn^{2+} 争夺络合基。有机质对亚铁、亚锰数量的影响表现在还原作用和螯合作用两个方面,一般情况下,有机质量越多,离子态和螯合态的亚铁亚锰、水溶态总量也越多。不同土壤中氧化铁、氧化锰的含量和结晶程度各异,对还原剂所表现的"缓冲容量"不尽相同,铁锰的"老化"对其抗络合溶解有明显的影响。

16.2.2　溶解作用引起的土壤变化

在土壤形成过程中,溶解作用引起的土壤变化主要有矿物分解、元素迁移和颗粒组成的变化。

1. 矿物的分解

含钾矿物长期被溶解致使黏粒的脱钾,水稻土中脱钾过程的强度与原来土壤含钾矿物的风化程度有关。以由紫色土发育的水稻土为例,紫色土富有含钾矿物,主要为水云母,伴有少量的蛭石和高岭石,发育成水稻土后,水云母减少,蛭石和高岭石增多,脱钾较为明显。在由含钾矿物中等的黄棕壤发育的水稻土中,黏粒的含钾量也有所降低,水云母随之减少。但在由高度风化、强烈脱钾的砖红壤发育的水稻土中,黏粒的含钾量反而增多,可能是因为灌溉施肥以致土壤发生"复钾",也可能是由于把含钾矿物带进了土壤中。

黏粒的离铁作用主要是在还原溶解和络合溶解的共同影响下出现的,这种作用的结果是导致黏粒部分的含铁矿物减少,遭受还原溶解和络合溶解的水稻土表层,其含铁量较淀积层和母质土壤低。水稻土的潜育层也因地下水作用而离铁,某些红壤下部红、白相间的网纹层是潜育过程的产物。水稻土黏粒的离铁强度随土壤发育程度而增强,对耕作层的黏粒而言,离铁作用越强,含铁量较母质土壤越少;对于淀积层(包括犁底层)而言,含铁量则比母质土壤多。总之,土壤黏粒离铁作用强度的趋势是,强度发育水稻土>中度发育水稻土>弱度发育水稻土>母质土壤,氧化性自然土壤和旱地土壤中的离铁作用应比水稻土弱。

2. 元素的迁移

土壤中元素的迁移主要表现在剖面中铁、锰的还原淋溶和氧化淀积,盐基性离子的迁移表现在不同层次的重新分配。

在水稻土氧化铁、氧化锰含量的剖面分布中,铁锰的含量都较母质含量低。这两种元素在相同条件下的移动速度是不同的,锰的移动速度远大于铁。在还原条件下,铁锰转化为低价态并向下迁移,在犁底层下氧化沉积形成淀积层。铁、锰在剖面中还原溶解和氧化淀积的分化行为在水稻土形成初期即已开始,随着成土时间的推移,分化程度逐渐增强,这反映了土壤外部形态和内在化学组成的数量变化。因此,有关研究者一直以铁、锰的剖面分化特征为一个指标来判断水稻土的发育程度和形成过程。

Ca^{2+}、Mg^{2+}、K^+、Na^+ 等盐基性离子在土壤中的的重新分配主要取决于它们的随水移动和 Fe^{2+}、Mn^{2+} 对它们的交换吸附,这两种因素的共同影响使其在土壤中的分布具有明显的剖面特征,且随成土时间而演变。盐基性离子的重新分配反映了土壤的发育程度,因而也可以据此判断水稻土的发育。研究表明,在交换性盐基总量中,Ca^{2+} 所占的比例最大,可高达 90%;其次为 Mg^{2+},变动于 10%~20% 之间;K^+、Na^+ 则淋失较多,这应该与 Ca^{2+} 的吸附性大于 K^+、Na^+ 有关。

3.机械组成的改变

土壤由各种大小不同的土粒组合而成,土壤的机械组成是指各粒级土粒在土壤中所占的相对比例(质量百分数)。由于溶解作用对土壤黏粒矿物的破坏和胶体随水的机械淋移,土壤的机械组成在成土过程中发生明显的改变。例如,由红壤发育的水稻土的黏粒含量均比母质土壤低,发育越久,减少越多;而在潜育层中,粉砂粒含量有明显增加,由于其胶体的原有性质在一定程度上发生了改变,对酸、碱的缓冲能力较其他土层弱。

16.2.3   土壤中物质溶解和迁移的几种类型

成土过程中的物质溶解和迁移受常年或季节性氧化还原作用的影响。由于成土条件不同,物质溶解和迁移引起的土壤发生过程有异,形成了各种类型具有相应剖面特征的土壤层次。下面介绍土壤的物质溶解和迁移过程的几种类型,即土壤发生过程的几种情况。

1.灰化过程

在寒冷和温暖的湿润地区,灌木丛、针叶林、阔叶林下的土壤中普遍存在离铁现象的灰化过程。灰化土成土过程中最为显著的特征是灰化层(A_1、A_2)的形成。土壤表面残落物层(A_0 层)的强酸性分解产物下淋并与土壤进行还原、溶解反应,导致 A_0 层以下土层中的 Al、Fe、Mn、Ca、Mg、K、Na 等元素大量淋失而形成富 Si 的 A_1、A_2 层,其下则为腐殖质-铁铝淀积层,呈现出差异明显的土壤层次分化。A_1、A_2 层中的交换性盐基量、组成及其饱和度随灰化过程而变化,可作为土壤物质淋溶的灰化程度的指标。由灰化作用而形成的灰化土主要分布在前苏联、北美、北欧及我国大兴安岭北端和青藏高原东部山地。

2.白浆化过程

白浆土主要分布在吉林东部、黑龙江东部和北部,这些地区降水较多,土壤通透性差,表层和亚表层因下部黏土层顶托而常处于周期性滞水状态,有利于有机质的积累和矿物的离铁,使大量 Fe^{2+}、Mn^{2+} 下渗而在 E_H 值较高的下部土层中氧化淀积。腐殖质层下灰白色漂洗层的形成是白浆土白浆化过程的特征性层次。白浆化过程不会引起黏粒矿物的强烈破坏,只是黏粒的机械淋移相当明显而已。白浆化过程主要是滞水侧渗的漂洗淋溶,与灰化过程的水分类型和物质变化显著不同。长江中下游各种白土的形成过程也类似于白浆土,但研究者认为这类同灰化土形态相似而属性有别的土壤不是灰化过程的结果而是潴育淋溶的结果。

3. 沼泽化过程

沼泽土是在气候湿润、地形低洼、地下水位高于地表、长期渍水、湿生植被生长旺盛的条件下形成的。沼泽化过程是沼泽土成土的特征性过程,沼泽化过程的特征是,土壤表层的有机物质的泥炭化(或腐殖质化)和下部土层的潜育化。土壤上部的有机物质厌氧分解,大量还原性物质使下层土壤长期处于还原状态,潜育作用强烈,形成蓝色或蓝灰色的潜育层,泥炭层和潜育层即为沼泽土剖面特征性的形态标志。潜育层是具有还原性强、离铁作用明显和阳离子交换量降低的化学特点的发生层。

4. 潜育化过程

"潜育"一词一般用于长期或季节性渍水、离铁作用强、E_H 值很低的各类土壤。具有潜育层特点的水稻土为潜育性水稻土,按其成土过程的氧化还原性质,分为 APBG 型(氧化还原型)和 AG 型(还原型),前者在犁底层(P)下有发育良好的氧化淀积层(B),剖面因地下水影响而形成潜育层(G),此层离铁作用明显,铁、锰含量远低于其他土层,黏粒铝铁率和铝锰率高。因此,从地下水引起水稻土剖面底部的还原过程看,潜育层和表层一样,也是铁、锰的淋失层。在潜育层之上,往往还会出现因旱季地下水下降而处于氧化状态的 BG 层,该层的铁含量也较母质层低,这是因为氧化铁被还原而受到一定程度的淋失。AG 型表层土以下的土壤软烂,潜育发达,含大量水溶态亚铁、亚锰,若地下水达于土表,终年渍水,整个土层则为呈泥糊状的特殊类型的全潜性水稻土。

16.3　氧化还原反应与重金属污染

重金属是指比重等于或大于 5.0 的金属,如 Mn、Fe、Co、Ni、Zn、Cd、Hg 等;As 是一种准金属,由于其化学性质和环境行为与重金属有许多相似之处,通常将其包括在重金属范围内。由于土壤中 Fe、Mn 含量较高,因而一般认为它们不是土壤污染元素,但在强还原条件下,Fe、Mn 所引起的毒害亦应引起足够的重视。

重金属污染是指人类活动将重金属带入土壤中,致使重金属含量明显高于背景值含量,并可能造成现存或潜在的土壤质量退化、生态与环境恶化的现象。土壤中的重金属元素不易随水移动,不能为微生物分解,可被生物所富集,在土壤中不断积累,甚至可转化为毒性更强的化合物。所以土壤环境一旦遭受重金属污染,就很难修复,因而应特别关注重金属对土壤的污染,这些元素在过量情况下有较大的生物毒性,并可通过食物链对人体健康造成危害。土壤的氧化还原状况会使重金属元素发生价态变化,进而影响其在土壤中的化学行为和生物有效性。

16.3.1　重金属的沉淀–溶解平衡与重金属的释放

淹水还原过程会导致土壤 pH 升高,促进重金属的水解和沉淀反应,强还原条件下硫化物的形成也是影响重金属离子溶解度的重要因素。SO_4^{2-} 被还原形成的 S^{2-} 能与多数重金属离子形成难溶的金属硫化物,降低重金属的溶解度,大多数金属硫化物在强酸性条件下的溶解度很低。

水稻土中的硫分为有机硫和无机硫两大类,有机硫为主要的存在形态,无机硫占总硫的 4%～14%,主要以硫化物和硫酸盐等形态存在。有机硫经矿化产生硫酸盐,在强还原条件下,硫酸盐发生还原反应,产生 H_2S 和 S^{2-}。季节性的干湿交替是水稻土的重要特征。淹水初期酸性水稻土 pH 较低,这时还原产生的硫主要以 H_2S 的形态存在,随着淹水时间延长,土壤 pH 升高,S^{2-} 比例增加。硫酸盐还原产生的 H_2S 和 S^{2-} 会和土壤中的重金属离子生成重金属硫化物沉淀。多数重金属硫化物的溶度积比 FeS 和 MnS 小得多,当土壤中硫含量较高时,才可与土壤中铁、锰氧化物还原释放的 Fe^{2+} 和 Mn^{2+} 生成 FeS 和 MnS 沉淀。当排水落干时,S^{2-} 在好氧条件下发生氧化反应,硫化物转化为硫酸盐,硫化物中的重金属被释放出来。

根际微域氧化还原条件的变化也导致 S 的氧化还原反应的发生,水稻根际既有硫还原微生物,也有硫氧化微生物,它们处于动态平衡之中。在稻根表面富集的 SO_4^{2-} 可以影响类金属含氧酸根阴离子如 SeO_3^{2-}、SeO_4^{2-}、AsO_2^- 和 $HAsO_4^{2-}$ 的吸附-解吸、吸收-颉颃。总之,氧化还原反应影响土壤中硫的形态转化,进而影响重金属在土壤中的化学形态、活性及其生物有效性。

水稻土干湿交替过程中氧化还原状况的变化所引起的最重要的化学变化之一是铁和锰的形态转化。铁、锰氧化物结合态重金属是与铁、锰氧化物结合在一起或本身就成为氢氧化物沉淀的这部分重金属,铁、锰氧化物和氢氧化物具有较大的比表面积,对重金属有很高的吸附容量。重金属一般以专性吸附方式被铁、锰氧化物吸附,被吸附的重金属离子不易通过离子交换反应释放到溶液中,但在淹水还原条件下,吸附于铁、锰氧化物表面的重金属离子随着铁、锰的还原溶解而释放。此外,淹水过程使酸性土壤的 pH 升高,这将促进释放到溶液中的重金属离子发生水解,甚至形成氢氧化物沉淀返回固相,增加其在土壤黏土矿物表面的吸附量。土壤淹水过程还会导致硫酸盐还原,土壤溶液中 S^{2-} 浓度增加,进而影响重金属离子的沉淀-溶解平衡。

16.3.2　变价重金属污染元素的化学行为

当土壤的氧化还原条件发生变化时,土壤中的无机变价金属元素也会发生相应的形态变化,下面介绍人们关注最多的汞、铬和砷。

1. 汞的形态转化

汞在自然界的含量很少,岩石圈中汞含量约为 $0.1\ mg \cdot kg^{-1}$,土壤中的汞含量为 $0.01～0.3\ mg \cdot kg^{-1}$,平均为 $0.03\ mg \cdot kg^{-1}$。汞进入土壤后,由于土壤黏土矿物和有机质的强烈吸附作用,95% 以上的汞能被土壤迅速吸附或固定,因此汞容易积累在土壤表层。

汞是一种特殊的重金属元素,土壤中的汞可分为金属汞、无机化合态汞和有机化合态汞,它们在一定条件下可以相互转化。汞在土壤中呈三种价态:0、+1、+2,土壤环境的 E_H 和 pH 决定了汞的存在价态。在正常的 E_H 和 pH 范围内,土壤中汞以零价存在的重要特点,这是因为汞具有很高的电离势。它也可以自由离子或可溶化合物的形态存在于土壤溶液中,或以静电吸附态、专性吸附态、有机螯合态和硫化物、碳酸盐、氢氧化物、磷酸盐等形式的沉淀态存在于土壤固相部分。当土壤处于还原条件时,二价汞可被还原为零价的金属汞,有机汞在有促进还原的有机物的参与下,也可转变为金属汞。在氧化条件下,汞能够以任何形态稳定存在,其活动性和生物有效性降低。

汞的形态转化与土壤中的微生物活动密切相关。土壤中的无机汞化合物主要有 $HgSO_4$、$Hg(OH)_2$、$HgCl_2$ 和 HgO,它们的溶解度相对较低,在土壤中的迁移能力很弱。但在土壤微生物的作用下,这些无机形态汞可以发生甲基化而转化为有剧毒的甲基汞。微生物在好氧或厌氧条件下都可以合成甲基汞,在好氧条件下主要形成甲基汞,它是脂溶性物质,可被微生物吸收、积累并转入食物链,对人体造成危害;在厌氧条件下主要形成二甲基汞,在微酸性环境中,二甲基汞又可转化为甲基汞。

土壤中的金属汞可挥发进入大气环境中,并可发生远距离传输。大气中的金属汞也可通过沉降到达地表,进入土壤中。

2. 铬的形态转化

铬(Ⅲ)是人体中正常糖脂代谢所不可缺少的微量,缺铬会引起动脉硬化等多种疾病,但过量铬(Ⅲ)对人体产生毒害作用。通常认为,铬(Ⅵ)对人体的毒性比铬(Ⅲ)强 100 倍,是已经被确认的致癌物之一,它还会引起呼吸道疾病、鼻黏膜溃疡、鼻中膈穿孔、喉炎和胃肠道疾病。铬还是一种致敏原,铬(Ⅵ)的化合物具有刺激性和腐蚀性。由于铬(Ⅲ)经水解作用形成的 $Cr(OH)_3$ 的溶解度很小,在 pH>5 的水体中不会达到有害的浓度。但无论是铬(Ⅲ)还是铬(Ⅵ),其潜在的危险都十分明显。

铬在土壤中的总体含量为 $5\sim1\,000$ mg·kg^{-1},平均含量约为 20 mg·kg^{-1}。铬在土壤中主要有两种价态和四种化学形态:三价 Cr 离子,即 Cr^{3+} 和 CrO_2^-;六价 Cr 离子,即 CrO_4^{2-} 和 $Cr_2O_7^{2-}$。在土壤 pH、氧化还原电位、有机质含量、无机胶体组成、质地以及共存的其他化合物的影响下,这四种化学形态之间会发生相互转化,其中主要是受土壤 pH 和 E_H 的制约。在土壤常见的 pH 和 E_H 范围内,尤其在其有机质含量大于 2% 时,铬(Ⅵ)可以迅速还原成铬(Ⅲ)。除还原反应外,铬(Ⅵ)很容易被土壤固相吸附,在强酸性土壤中一般很少有游离的铬(Ⅵ)化合物存在。但在弱酸性或弱碱性土壤中,可以存在游离的铬(Ⅵ)的化合物,例如,荒漠土壤中存在 K_2CrO_4。

不同形态的铬的毒性也存在很大的差异,铬(Ⅵ)有很强的毒性,即使在低浓度条件下也会对植物和微生物产生很大的毒害作用。一般铬(Ⅵ)进入土壤的初期,土壤胶体对铬(Ⅵ)的吸附作用占主导地位;随反应时间的延长,铬(Ⅵ)被土壤有机质还原为铬(Ⅲ)的反应成为主导过程,低 pH 条件有利于铬(Ⅵ)的还原。在土壤 pH 适宜和有氧化剂存在的条件下,铬(Ⅲ)可以被氧化成铬(Ⅵ),MnO_2 是铬(Ⅲ)的主要氧化剂,氧化反应的最佳 pH 范围为 $4.5\sim6.5$,低 pH 和高 pH 都不利于氧化反应的进行。但在天然水体中,溶解氧在碱性条件下也能将铬(Ⅲ)氧化为铬(Ⅵ)。

3. 砷的形态转化

砷是灰色类金属元素,俗称砒,其氧化物 As_2O_3 俗称砒霜,两者都是剧毒物质。土壤中砷含量的变化范围为 $1\sim50$ mg·kg^{-1},均值为 5 mg·kg^{-1}。土壤中的砷主要以砷(Ⅲ)和砷(Ⅴ)价态存在,当氧化还原条件发生变化时,它们可以相互转化,其毒性也相应变化。人们对砷(Ⅲ)和砷(Ⅴ)进入土壤后的形态变化规律已有一个普遍的认识,不论哪种形态的无机砷进入土壤后,浸提剂所能浸提的总砷量总比原先加入的砷量小得多,这是因为土壤对砷有很强的吸附和固定能力。砷(Ⅲ)和砷(Ⅴ)在土壤中的相互转化最终会达到一个动态平衡,两种形态之间的相对比例主要决定于土壤的氧化还原电位。

砷及砷化合物的毒性与其价态、水溶性的大小有关,还原态三价砷及其化合物的毒性大于五价砷,土壤对五价砷的吸附和固定能力大于三价砷,即砷在还原条件下的溶解度更大。受砷污染的土壤淹水后,土壤中的三价砷向五价砷转化,溶解性和毒性增强,对作物的生长不利;而当土壤排水落干时,土壤呈氧化状态,大部分的砷以五价砷的形态存在,易被土壤胶体吸附固定,此时砷对作物的毒性也大大减弱。

有关研究表明,在还原条件下,土壤中的无机硫是影响砷存留的主要因素,因为硫酸盐还原产生的 S^{2-} 可与三价砷形成难溶的砷的硫化物,降低砷的溶解度。在氧化条件下铁铝氧化物矿物则是影响 As 存留与释放的主要因素,因为这些氧化物是砷的主要吸附载体。

16.3.3　水稻根表的铁膜与重金属的生物有效性

水稻长期生长在淹水条件下,它可以通过茎和叶将氧气由地上部输送到根区,在根际形成微域氧化环境。在这一前提条件下,淹水还原产生的 Fe^{2+} 可在根表氧化成 Fe^{3+},其水解反应形成的红棕色铁氧化物胶膜覆盖在水稻根表,形成一层铁膜。铁膜是一种无定形的胶体物质,它能吸附环境中的阴、阳离子,从而影响植物对这些离子的吸收。因此,水稻根表的铁膜对重金属的生物有效性有重要影响。

Greipsson 和 Crowder(1992)研究了铁膜对水稻耐铜和镍毒害的影响,发现当营养液中分别含有可对植物产生毒害浓度的 Cu、Ni 及 Cu+Ni 时,根表覆有铁膜的水稻的总生物量、根和叶片的生长量均高于无铁膜处理。实际上,根际环境中的大多数金属和非金属元素均可在水稻根表铁膜中富集,这一过程可以降低水稻根系对重金属离子的吸收和地上部对重金属元素的积累,缓解重金属离子对水稻的毒害。

根表铁氧化物胶膜是土壤中重金属离子进入水稻体内的界面,铁氧化物胶膜的物理和化学性质直接影响了这些离子由土壤向植株体内的转移。有研究表明,铁膜对水稻吸收养分和污染元素的影响与铁膜的厚度和数量有关,少量铁膜可以促进水稻对 Zn、P 的吸收,而大量铁膜则对吸收起抑制作用。水稻根表铁膜对介质中 Cd 的吸收也有相似的作用,当铁膜较薄时,它促进水稻对 Cd 的吸附,因为少量铁氧化物的存在有利于 Cd 在根表面富集和向植物体内迁移,增加植物对 Cd 的吸收,但当根表铁氧化物淀积到一定程度时,则阻碍根系吸收 Cd。

植物在抗重金属毒害方面主要有两大机制:外部抗性机制和内部抗性机制,而根表覆有铁膜的植物可以从内、外两方面来帮助植物减轻重金属毒害。根表铁膜能吸附有毒元素或与之形成共沉淀,将重金属滞留在植株体之外。根表覆有铁膜的水生植物能较容易地在重金属污染土壤或强酸性的矿区土壤上生存。

根表铁氧化物胶膜是植物根系氧化活动的结果,因为植物种类、栽培方式及生长条件不同,铁膜在根表的沉积形式也不同。但研究表明,植物根表形成的铁氧化物膜与土壤中的铁氧化物及其胶膜具有相似的电化学性质,对土壤中的许多阴、阳离子有极强的富集能力,在减轻重金属对植物的毒害方面起着重要作用。

16.4　氧化还原反应与有机污染物的降解

土壤中的有机污染物主要包括有机农药、三氯乙醛(酸)、矿物油类、表面活性剂、废塑料制品以及工矿企业中排放的"三废"中的有机污染物。有机污染物通过不同途径进入土壤,并在土壤中积累,不但影响土壤环境,而且可以通过植物吸收进入食物链,危害人体健康。

16.4.1　有机污染物的生物降解

土壤中的氧化还原反应不同于一般均质溶液中的氧化还原反应,它主要涉及一系列表面反应过程,包括吸附和电子转移等步骤。在土壤中铁和锰的氧化还原体系是重要的反应体系。$Mn(Ⅲ/Ⅳ)$ 和 $Fe(Ⅲ)$ 的氧化物在缺氧条件下可被还原剂还原溶解。对于有机污染物而言,大部分有机污染物具有氧化还原性和亲电子性,很多天然的和外源的有机官能团都可以充当氧化物和水合氧化物的还原剂。有机物质的生物降解是在有氧、反硝化或锰的参与下进行的,相应的氧化还原反应为

(1)氧化反应

$$CH_2O(NH_3)_{0.15}+1.3O_2 \longrightarrow HCO_3^-+0.15NO_3^-+1.15H^++0.15H_2O$$

(2)反硝化作用

$$CH_2O(NH_3)_{0.15}+0.89NO_3^- \longrightarrow HCO_3^-+0.52N_2+0.11H^++0.67H_2O$$

(3)锰的还原作用

$$CH_2O(NH_3)_{0.15}+2.225MnO_2(s)+3.45H^+ \longrightarrow HCO_3^-+0.075N_2+2.225Mn^{2+}+2.45H_2O$$

式中,$CH_2O(NH_3)_{0.15}$ 为有机物质 $CH_2O_{106}(NH_3)_{16}(H_3PO_4)$ 的简写式。

16.4.2　石油污染物的氧化降解

在厌氧降解丙二醇的过程中,$Fe(Ⅲ)$ 和 $Mn(Ⅳ)$ 作为电子接受体,硫酸盐可以作为氧化剂降解偶氮染料活性橙和石油污染物。O_2、NO_3^-、Fe 和 SO_4^{2-} 对石油污染物中的苯、甲苯、乙苯和二甲苯的氧化降解途径分别为

(1)苯:

$$C_6H_6+7.5O_2+3H_2O \longrightarrow 6H^++6HCO_3^-$$

$$C_6H_6+6NO_3^- \longrightarrow 6HCO_3^-+3N_2$$

$$C_6H_6+30FeOOH+54H^+ \longrightarrow 42H_2O+6HCO_3^-+30Fe^{2+}$$

$$C_6H_6+3.754SO_4^{2-}+3H_2O \longrightarrow 2.25H^++6HCO_3^-+3.75HS^-$$

(2)甲苯:

$$C_7H_8+9O_2+3H_2O \longrightarrow 7H^++7HCO_3^-$$

$$C_7H_8+7.2NO_3^-+0.2H^+ \longrightarrow 0.6H_2O+7HCO_3^-+3.6N_2$$

$$C_7H_8+36FeOOH+65H^+ \longrightarrow 51H_2O+7HCO_3^-+36Fe^{2+}$$

$$C_7H_8+4.5SO_4^{2-}+3H_2O \longrightarrow 2.5H^++7HCO_3^-+4.5HS^-$$

（3）乙苯和二甲苯：

$$C_8H_{10}+10.5O_2+3H_2O \longrightarrow 8H^++8HCO_3^-$$

$$C_8H_{10}+8.4NO_3^-+0.4H^+ \longrightarrow 1.2H_2O+8HCO_3^-+4.2N_2$$

$$C_8H_{10}+42FeOOH+76H^+ \longrightarrow 60H_2O+8HCO_3^-+42Fe^{2+}$$

$$C_8H_{10}+5.25SO_4^{2-}+3H_2O \longrightarrow 2.75H^++8HCO_3^-+5.25HS^-$$

16.4.3　酚类化合物的降解

Fe(Ⅲ)对酚类化合物具有矿化作用,研究表明,酚类物质能否发生矿化作用主要取决于分子结构中是否有两个邻位的羟基或者邻位至少一个是羟基而另外一个是甲氧基。锰氧化物比铁氧化物具有更强的氧化能力,对酚类化合物的氧化降解更为有效。

各种酚类化合物由于自身还原能力的不同和结构上的差异,与土壤氧化锰发生氧化还原时被氧化的程度也不一样,其反应相对强弱的顺序为:邻苯二酚>氢醌≥间苯三酚>间苯二酚≈3,5-二羟基甲苯>2,4,6-三氯苯酚>苯酚>2,4-二氯苯酚>3,5-二硝基水杨酸≈邻硝基苯酚。从理论上讲,不同酚类化合物作用情况的差别主要是由苯环上取代基的种类和取代位置的不同所致。当苯环上的取代基为羟基时,羟基属于给电子的活化基团,使苯环上的电子云密度增加,有利于电子转移,这类酚化合物的还原能力较强。从取代位置来看,活性基团取代邻位和对位比取代间位的活化作用更强,钝化基团取代邻位和对位比取代间位的钝化作用更强。土壤氧化锰与酚类化合物之间的氧化还原反应与氧化锰的含量有密切的关系。

植物生长过程中其根和叶会分泌酚类化合物,并释放到土壤中,植物残体在土壤中分解也会产生酚类化合物,土壤氧化锰对酚类化合物的氧化降解发挥了重要的作用。研究表明,氧化锰的强氧化作用导致邻苯二酚、氢醌和间苯二酚等酚类化合物发生氧化聚合反应,这是酚类化合物非生物降解的重要途径。当焦酚(邻苯三酚)与氧化锰共存时,焦酚甚至发生开环反应(苯环破坏),并在氧化锰的作用下彻底分解,释放出 CO_2。增加光照和提高温度都能促进酚类化合物和氧化锰体系中酚类苯环的开环反应和酚的彻底降解,CO_2 的释放量也显著增加。

锰氧化物在土壤中广泛存在,在氧化锰的作用下,土壤中的酚类污染物发生氧化聚合或彻底分解,从而降低了酚类化合物的毒性和生物有效性。此外,腐殖酸是土壤体系种常见的具有还原作用的物质,可以还原降解氯代脂肪烃。

16.5　氧化还原反应与土壤酸化

氧化还原反应的发生伴随着电子的转移,大多数的氧化还原反应也需要质子的参与。这类反应式为

$$氧化剂+ne^-+mH^+ \Longrightarrow 还原剂$$

在 25 ℃时,其 Nernst 方程表示为

$$E_H=E^\theta+\frac{0.059}{n}\lg\frac{氧化剂}{还原剂}-0.059\frac{m}{n}pH$$

由以上公式可知,作为反应物质的 H^+,对 E_H 值的大小具有直接的影响,它不但影响氧化还原反应的方向,而且影响氧化还原反应的产物及反应进行的程度。因此,土壤中的氧化

还原反应的发生可以影响到土壤的酸度,影响土壤酸度的主要氧化还原体系有 Fe、Mn、N 和 S 等。

16.5.1　铁、锰的氧化还原对土壤酸度的影响

1. 铁系的氧化还原反应

土壤中的 Fe 在氧化条件下基本上以难溶性的氧化铁或氢氧化铁的状态存在,如针铁矿、赤铁矿、纤铁矿、磁赤铁矿和无定形氧化铁等。铁系的氧化还原反应主要有:

$$Fe_2O_3 + 6H^+ + 2e^- \Longleftrightarrow 2Fe^{2+} + 3H_2O$$
$$Fe(OH)_3 + 3H^+ + e^- \Longleftrightarrow Fe^{2+} + 3H_2O$$
$$FeOOH + 3H^+ + e^- \Longleftrightarrow Fe^{2+} + 2H_2O$$

2. 锰系的氧化还原反应

在氧化性土壤中 Mn 主要以四价或三价的复杂氧化物形态存在,主要有软锰矿、黑锰矿、褐锰矿等形态。锰体系的氧化还原反应主要有:

$$MnO_2 + 4H^+ + 2e^- \Longleftrightarrow Mn^{2+} + 2H_2O$$
$$Mn_2O_3 + 6H^+ + 2e^- \Longleftrightarrow 2Mn^{2+} + 3H_2O$$
$$Mn_3O_4 + 8H^+ + 2e^- \Longleftrightarrow 3Mn^{2+} + 4H_2O$$

由铁系和锰系的氧化还原反应方程式可知,铁和锰的氧化物发生还原反应时消耗土壤溶液中的 H^+,使 pH 值升高,土壤酸度降低;当 Fe^{2+} 或 Mn^{2+} 被氧化时,以上反应方程式向左进行,释放出 H^+,使 pH 值下降,土壤酸度增强,甚至发生土壤酸化。

土壤中 Fe、Mn 的氧化还原反应是土壤发生过程中,特别是水稻土形成过程中的重要的化学反应。无论是酸性水稻土还是碱性水稻土,当淹水种稻后土壤中发生一系列氧化还原反应,使土壤 pH 逐渐向中性靠拢。酸性水稻土淹水后 pH 升高的主要原因是 Fe、Mn、S 等的还原反应过程消耗质子;碱性水稻土淹水过程 pH 的降低主要是有机物分解不完全产生的低相对分子质量的有机酸所致。在土壤渍水、排干时土壤的氧化还原电位发生剧烈的变化,使铁系和锰系氧化还原反应的方向发生改变,产生的影响表现得特别明显,例如,南方潴育性水稻土淹水后,土壤 pH 迅速升高,而落干后 pH 迅速降低。

16.5.2　酸性硫酸盐土中铁和硫的氧化还原反应与土壤酸化

酸性硫酸盐土广泛分布于热带、亚热带的沿海三角洲平原和低洼地区,是一种极为劣质的土壤类型,它发育于富含还原性硫化物的成土母质。土壤母质中的硫一般以硫化物形态存在,如黄铁矿、闪锌矿、孔雀石、硫铁镍矿、辉钴石等。在通气条件下,这些硫化物可氧化为硫酸盐,并释放出 H^+,导致土壤酸化,其中最典型的是形成的酸性硫酸盐土。

在开采黄铁矿的矿区,尾矿被带至土表并氧化生成硫酸,也能造成周围土壤的酸化。在由黄铁矿沉积物发育的酸性硫酸盐土中,黄铁矿被氧化而导致土壤强烈酸化。研究表明,当土壤排水后,硫化物氧化产生的酸可使局部土壤的 pH 值降低至 2~3。

黄铁矿经三个步骤的生物化学氧化产生硫酸,产生的硫酸一部分用于置换出土壤胶体上的 K^+,并与土壤中的 Al、Fe 和 Ca 等形成化合物,如黄钾铁矾,这些化合物水解时又产生大量的酸,进一步加重了土壤的酸化。反应方程式为

$$FeS_2 + \frac{3}{4}O_2 + \frac{3}{2}H_2O \longrightarrow Fe(OH)_3 + S_2$$

$$S_2 + 3O_2 + 2H_2O \longrightarrow 2SO_4^{2-} + 4H^+$$

$$FeS_2 + 14Fe^{3+} + 8H_2O \longrightarrow 15Fe^{2+} + 2SO_4^{2-} + 16H^+$$

$$KFe_3(OH)_6(SO_4)_2 + 3H_2O \longrightarrow 3Fe(OH)_3 + 3H^+ + K^+ + 2SO_4^{2-}$$

在还原条件下,某些微生物的参与可还原 SO_4^{2-},降低土壤的酸度,反应方程式为

$$SO_4^{2-} + 8H^+ + 8e^- \longrightarrow S^{2-} + 4H_2O$$

在半干旱地区,当排水不良时,土壤中沉积的硫酸盐被还原:

$$NaSO_4 + H_2CO_3 + CH_4(g) \longrightarrow 2NaHCO_3 + H_2S(g) + 2H_2O$$

生成的 H_2S 以气体的形式释放到大气中,$NaHCO_3$ 随水分的蒸发在土壤表面积累。因此,在排水不良的土壤中,硫酸盐还原为硫化物的反应会增加土壤的碱性。

在湿润气候地区的沼泽地也常有 H_2S 气体的释放,在钠质土壤中,上述反应产生的碱以溶性 Na_2CO_3 的形式存在,使土壤呈强碱性。但在非钠质土壤中,当土壤的主要交换性盐基离子是 Ca^{2+} 和 Mg^{2+} 时,硫的还原通常形成硫酸钙和硫酸镁沉淀,并不会使土壤产生强碱性。

在自然与人为扰动的条件下,土壤中的某些氧化还原过程可使土壤不断地向大气中释放 H_2S、SO_x 等有毒气体,污染空气,进而造成酸沉降,腐蚀地面建筑物和金属材料,并导致土壤酸化,在某些条件下可能形成恶性循环。近年来,华南地区酸雨频繁,这除了本区工业飞速发展等原因外,土壤中 SO_2 等气体的排放也是一个不可忽视的因素。

16.5.3　硝化–反硝化与土壤酸化

氮元素在土壤中发生形态转化的过程也需要 H^+ 的参与,NH_4^+–N 的硝化反应是导致土壤酸化的一个重要原因。反应式为

$$NH_4^+ + 2O_2 \longrightarrow NO_3^- + 2H^+ + 2H_2O$$

由这一反应过程可知,1 mol NH_4^+–N 的氧化可产生 2 mol 的 H^+。如果 NO_2^- 被植物吸收,同时植物释放出等量 OH^-,那么 1 mol NH_4^+–N 的硝化反应会导致 1 mol H^+ 留在土壤中,加速土壤酸化。土壤表面对 NO_3^- 的吸附能力很弱,硝化反应产生的 NO_2^- 很容易随地表径流和渗漏水淋失进入地表水和地下水,使土壤酸化加速。

过去一般认为酸性条件下硝化反应会受到抑制,但近年来的研究发现,即使在 pH 低至 3.0 的酸性土壤中仍可发生硝化反应。如图 16.3 所示,采自江西、安徽和江苏的三种酸性土壤在恒温通气培养条件下土壤 pH 值随培养时间的增加而逐渐降低。由图 16.4 可知,在培养过程中,土壤 NH_4^+–N 含量不断减少,NO_3^-–N 含量不断增加,这说明土壤发生了硝化反应,硝化反应在酸性条件下仍能导致土壤 pH 值的降低。

在高度集约化的农业生产中,为了追求高产,往往向土壤中施入大量的铵态氮肥,NH_4^+–N的硝化反应会释放出大量的 H^+,这是导致集约化生产土壤酸化的一个重要原因。如果有大棚覆盖,土壤的淋溶过程会受到抑制,这一酸化过程甚至会与土壤的次生盐渍化同时发生。

NH_3 的挥发以及硝化和反硝化过程释放的氮氧化物(NO_x)可增加大气中含氮化合物的

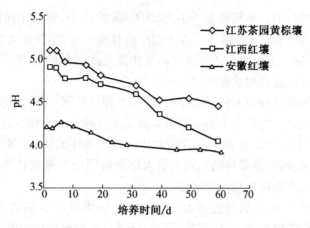

图 16.3　酸性土壤恒温培养过程中 pH 的动态变化

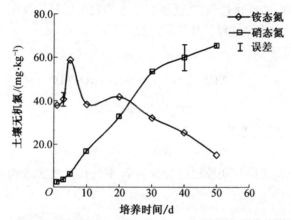

图 16.4　安徽红壤恒温培养过程中铵态氮和硝态氮的动态变化

含量。氮氧化物在大气中很不稳定,会很快氧化并与水汽结合生成酸,挥发到大气中的 NH_3 也会与酸反应产生 NH_4^+,氮氧化物和铵根离子又以干湿酸沉降的方式进入土壤,加速土壤酸化。

16.6　氧化还原反应与地表水体的富营养化

土壤氧化还原反应,特别是水/旱轮作条件下氧化还原的周期性变化对土壤 N、P 的形态产生重要影响,并影响 N、P 由农田向地表水体的迁移。近年来,我国地表水体的富营养化日趋严重,其中来自农田生态系统淋失的 N 和 P,是导致该类污染物浓度增加的重要原因。

16.6.1　氮的形态转化和迁移

施入土壤的氮肥一般以铵态氮肥和尿素为主,尿素水解后也转化为 NH_4^+-N。在淹水还原条件下,NH_4^+-N 的硝化反应受到抑制,无机氮主要以 NH_4^+-N 的形态存在。由于土壤通常带负电荷,对阳离子进行静电吸附,因此 NH_4^+-N 不易随地表径流水和渗漏淋失。在土壤呈氧化状态时,土壤中的 NH_4^+-N 转化为 NO_3^- 和 NO_2^- 或 NO_2^--N,带负电荷的土壤胶体对 NO_3^- 和 NO_2^- 具有静电排斥作用,NO_3^- 和 NO_2^- 在土壤中的移动性比 NH_4^+-N 大得多,易随渗漏水和地表径流水淋失。因此,土壤氧化还原条件的变化及由此引起的 N 形态的转化是影响其由农田向地表水和地下水迁移的重要原因。

我国南方地区的普遍种植方式是水旱轮作,淹水种稻期间土壤大部分时间呈还原状态,种植小麦和油菜等旱地作物期间土壤大部分时间呈氧化状态。土壤氧化还原状况的这种变化影响土壤中 N 的形态转化,从而影响 N 由农田向地表水体的迁移。对江苏太湖流域稻田系统的长期观测结果表明,尽管种稻期间土壤大部分时间处于淹水状态,水分充足,但土壤氮随地表径流和渗漏水的损失量却低于麦季。

水稻土淹水造成了氧化层和还原层的分异,在氧化层中溶解氧和 E_H 较高,有利于 NO_3^-、Fe^{3+} 等氧化态物质的积累,还原层的情况与其相反。在氧化层中可以发生硝化反应,即 NH_4^+ 变为 NO_2^- 和 NO_3^- 的氧化过程;在还原层中主要发生反硝化反应,即 NO_3^- 在反硝化菌作用下被还原成 N_2O 和 N_2 的过程。其反应式为

氧化层的硝化反应:

$$NH_4^+ + \frac{3}{2}O_2 \longrightarrow NO_2^- + H_2O + 2H^+$$

$$NO_2^- \longrightarrow NO_3^- + 2H^+$$

还原层的反硝化反应通式:

$$NO_3^- \longrightarrow NO_2^- \longrightarrow N_2O \longrightarrow N_2$$

总之,水稻土中氧化层与还原层的分异对 N 素转化产生多方面的影响,从而导致 N 的损失。

16.6.2 土壤磷的释放

P 是植物必需的重要营养元素,土壤中 P 主要有有机态磷和无机态磷两类。有机磷随土壤有机质含量的增加而增加,无机磷主要以水溶态磷、磷酸铝盐、磷酸铁盐、磷酸钙盐和闭蓄态磷酸盐等形态存在。红黄壤类土壤中富含大量铁、铝氧化物,对 PO_4^{3-} 有很强的吸附和固定能力,所以这类土壤中总 P 含量较高、P 的有效性不高。当土壤淹水还原后,随着氧化铁的还原溶解,原被吸附或固定于氧化物表面的部分 P 释放进入溶液,导致 P 的有效性增加。

P 本身并不参与土壤的氧化还原反应,但氧化还原状况的变化会明显影响其活性。在淹水条件下,土壤耕层被水分饱和,空气大部分被排除,土壤处于还原状态,土壤中发生的一系列物理、化学和生物过程有利于土壤 P 有效性的提高,充足的水分有利于 PO_4^{3-} 的移动和扩散,对水稻的生长有利,同时也增加了 P 由农田向地表水迁移的风险。江苏太湖地区稻/麦轮作农田系统的长期观测结果表明,P 在稻季随径流的流失量高于麦季。

16.6.3 湖泊底泥中磷的释放

与土壤中 P 的存在形态相似,湖泊底泥中 P 的形态也可分为无机磷和有机磷,无机磷又可进一步区分为弱吸附态磷、铝结合态磷、铁结合态磷、钙结合态磷、闭蓄态磷。研究表明,底泥释放的 P 主要来源于 Fe-P 和 Al-P 两种形式,弱吸附态磷在总无机磷中所占比例

最小,钙结合态磷和闭蓄态磷在自然条件下很难被释放。

湖泊底泥中铁结合态磷平均含量占总 P 的 3.03% ~ 8.61%,它在水体中的迁移转化与 E_H 有密切联系,水体及沉积物的氧化还原状态直接受溶解氧含量的影响。当水体处于氧化状态时,E_H 升高,可能发生 $Fe^{2+} \longrightarrow Fe^{3+}$ 的化学转化,随后 Fe^{3+} 水解形成的 $Fe(OH)_3$ 是一种高效吸附剂,能吸附水体中的 P,Fe^{3+} 还可以与水体中的 PO_4^{3-} 结合形成稳定的磷酸铁沉淀,水体中可溶 P 的含量降低。当水体溶解氧含量下降时,E_H 降低,容易发生 $Fe^{3+} \longrightarrow F_e^{2+}$ 的转化,随着 $Fe(OH)_3$ 的还原溶解,磷酸盐表面的 $Fe(OH)_3$ 胶体保护层转化为 $Fe(OH)_2$,被 $Fe(OH)_3$ 胶体吸附的 P 被释放出来,此时底泥中的 PO_4^{3-} 会脱离沉积物进入间隙水释放到水体中,使水体总 P 量升高。由此可见,铁氧化物对 P 的快速吸附和释放控制着水体中 PO_4^{3-} 的浓度,从而直接影响底泥-水界面 P 的交换。

16.7　氧化还原反应与温室气体排放

与土壤氧化还原反应关系最密切的两类温室效应气体为 CH_4 和 NO_x。研究结果表明,水稻种植期间水稻土产生大量的温室气体 CH_4 和 NO_x。在过去的 200 年里,地球大气中的 CH_4 浓度由 0.8 $mg \cdot kg^{-1}$ 上升到 1.77 $mg \cdot kg^{-1}$,N_2O 由 270 $\mu g \cdot kg^{-1}$ 上升到 319 $\mu g \cdot kg^{-1}$,其中水稻土的 CH_4 排放量尤为突出。

16.7.1　产甲烷过程

合成 CH_4 的微生物称为产甲烷菌,属于原核生物中的古细菌。O_2 对产甲烷菌具有致命的毒性,因此,产甲烷菌只能在缺 O_2 条件下生存,产甲烷作用也只能在厌氧条件下实现。产甲烷过程是有机物降解的最终步骤,产甲烷过程中电子传递最终受体不是 O_2,而是含碳小分子化合物,最常见的是 CO_2 和 CH_3COOH,反应式为

$$CO_2 + 4H_2 \longrightarrow CH_4 + 2H_2O$$
$$CH_3COOH \longrightarrow CH_4 + CO_2$$

产甲烷作用也可以利用其他含碳小分子有机物,如甲酸、甲醇、二甲巯醚和甲硫醇等作为电子受体。在 E_H 低至 $-20 \sim (-300)$ mV 的范围时适合产甲烷菌的活动,因此,有机质含量越高、淹水时间越长的水稻土产生的 CH_4 也越多。

16.7.2　硝化过程和反硝化过程

产生 N_2O 不需要产生 CH_4 时的苛刻的还原条件,它产生的最适宜 E_H 为 400 mV 和 0 mV 左右,400 mV 左右时生物硝化作用为 N_2O 的主要来源,0 mV 左右时反硝化作用为 N_2O 的主要来源。土壤生物过程、土地利用以及农事活动对 N_2O 排放有重要影响。

生物硝化过程是指在通气条件下,土壤中的硝化微生物将铵盐转化为硝酸盐的过程。这一过程中也能释放出部分 NO 和 N_2O,反应过程为

$$NH_4^+ \rightarrow NH_2OH \rightarrow NO \rightarrow NO_2^- \rightarrow NO_3^- + N_2O$$

上式的机制是铵氧化细菌在 O_2 缺乏的情况下利用 NO_2^- 作为电子受体产生 N_2O,或者 NO_2^- 本身化学分解产生 N_2O。

生物反硝化过程是指在通气不良的条件下,土壤中异养型和自养型微生物利用 NO_3^- 作为电子受体氧化有机物或无机物 S^{2-}、Fe^{2+} 等,逐步还原成 NO_2^-、NO、N_2O 和 N_2 的过程,反应通式为

$$NO_3^- \rightarrow NO_2^- \rightarrow NO \rightarrow N_2O \rightarrow N_2$$

增加土壤水分和有机质含量的增加能提高反硝化速率、降低 N_2O/N_2 值,低温、低 pH 和 O_2 的存在会降低反硝化速率,但能提高 N_2O/N_2 值。

化学反硝化作用是 NO_3^- 或 NO_2^- 被化学还原剂还原为 N_2O 或 N_2 和 NO_2^- 的化学歧化作用及 NO_2^- 的化学还原作用形成 NO。该过程所形成的产物量远低于微生物参与的硝化和反硝化过程所形成的产物量。

由以上讨论可知,在强还原条件下厌氧的产甲烷菌产生 CH_4,硝化和反硝化细菌分别在供氧充足和氧气匮乏时产生 N_2O,而 CH_4 和 N_2O 是两类比较重要的温室气体。因此,土壤的氧化还原状况与温室气体排放之间有着密切的联系。

参考文献

[1] 孙德智. 环境工程中的高级氧化技术[M]. 北京:化学工业出版社,2002.

[2] 唐受印,戴友之. 废水处理水热氧化技术[M]. 北京:化学工业出版社,2002.

[3] 马鲁铭. 废水的催化还原处理技术[M]. 北京:科学出版社,2008.

[4] 王凯雄,朱优峰. 水化学[M]. 北京:化学工业出版社,2010.

[5] 张光明,常爱敏,张盼月. 超声波水处理技术[M]. 北京:中国建筑工业出版社,2006.

[6] 张晓健,黄霞. 水与废水物化处理的原理与工艺[M]. 北京:清华大学出版社,2011.

[7] 曲久辉,刘会娟. 水处理电化学原理与技术[M]. 北京:科学出版社,2007.

[8] 储金宇,吴春笃,陈万金,等. 臭氧技术及应用[M]. 北京:化学工业出版社,2002.

[9] 刘伟. 新型水处理药剂高铁酸盐[M]. 北京:中国建筑工业出版社,2007.

[10] 北京师范大学,华中师范学院,南京师范学院. 无机化学[M]. 北京:人民教育出版社,
1981.

[11] 纪红兵,佘远斌. 绿色氧化与还原[M]. 北京:中国石化出版社,2005.

[12] FERNANDO J BELTRAN,周云端,祝万鹏. 水和废水的臭氧反应动力学[M]. 北京:中
国建筑工业出版社,2007.

[13] 龚兆胜,赵正平. 广义氧化还原[M]. 昆明:云南科技出版社,2011.

[14] 丁昌璞,徐仁扣. 土壤的氧化还原过程及其研究法[M]. 北京:科学出版社,2011.

[15] 李保山. 基础化学[M]. 北京:科学出版社,2003.

[16] WERNER STUMM, JAMES J MORGAN. Aquatic Chemistry[M]. New York:John Wiley
& Sons, 1996.

[17] 王晓东,杨秋华,刘宁. 超临界水氧化法处理有机废水的研究进展[J]. 工业水处理,
2001,21(7):1-3.

[18] 沈阳化工研究院环保室. 农药废水处理[M]. 北京:化学工业出版社,2000.

[19] 戴树桂. 环境化学[M]. 北京:高等教育出版社,2006.